Teubner Studienbücher

Christian Großmann, Hans-Görg Roos

Numerische Behandlung partieller Differentialgleichungen

Christian Großmann, Hans Görg Roos

Numerische Behandlung partieller Differentialgleichungen

3., völlig überarbeitete und erweiterte Auflage

Teubner

Bibliografische Information der Deutschen Bibliothek
Die Deutsche Bibliothek verzeichnet diese Publikation in der Deutschen Nationalbibliografie;
detaillierte bibliografische Daten sind im Internet über <http://dnb.ddb.de> abrufbar.

Prof. Dr. rer. nat. Christian Großmann
Geboren 1946 in Ottendorf-Okrilla. 1965-1972 Studium der Mathematik, 1971 Diplom und 1973 Promotion an der TH Ilmenau. 1972 wiss. Assistent an der TU Dresden, 1975/76 Studienaufenthalt an der Akademie der Wissenschaften, Nowosibirsk. 1979 Habilitation, 1980 Dozent und seit 1983 o. Professor an der TU Dresden. 1986/87 sowie von 1992-1998 Professor Universität Kuwait.

Prof. Dr. rer. nat. Hans-Görg Roos
Geboren 1949 in Diesdorf/Altm. 1968-1971 Studium der Mathematik, 1971 Diplom, 1975 Promotion, 1980 Habilitation an der TH Magdeburg. 1984 Dozent und seit 1987 o. Professor an der TU Dresden.

1. Auflage 1992
2. Auflage 1994
3., völlig überarbeitete und erweiterte Auflage November 2005

Lektorat: Ulrich Sandten / Kerstin Hoffmann

Der B. G. Teubner Verlag ist ein Unternehmen von Springer Science+Business Media.
www.teubner.de

Umschlaggestaltung: Ulrike Weigel, www.CorporateDesignGroup.de

Gedruckt auf säurefreiem und chlorfrei gebleichtem Papier.

ISBN-13: 978-3-519-22089-3   e-ISBN-13: 978-3-322-80153-1
DOI: 10.1007/978-3-322-80153-1

Vorwort

Der Beginn der Arbeit an unserem Buch „Numerik partieller Differentialgleichungen"
liegt nun mehr als 15 Jahre zurück. In der Zwischenzeit ist es mit seinen zwei Auflagen
für viele Studenten und mathematisch Interessierte zu einem Standardlehrbuch auf diesem Gebiet geworden. Aufbauend auf eigenen Erfahrungen aus der Nutzung des Buches
in Vorlesungen seit 1992, auf Hinweisen von Kollegen und Studierenden, wie auch unter Beachtung des in der Zwischenzeit erfolgten Wissenzuwachses auf dem Gebiet der
Numerik partieller Differentialgleichungen haben wir uns entschieden, eine anstehende
neue Auflage mit einer grundsätzlichen Neubearbeitung zu verbinden, so daß über weite
Strecken praktisch ein neues Lehrbuch entstanden ist. Dieses liegt nun, leider später als
erhofft, vor, sein Titel „Numerische Behandlung partieller Differentialgleichungen" soll
einerseits die natürliche Verwandtschaft mit dem Vorgängerbuch unterstreichen, andererseits die strukturelle Neubearbeitung betonen.

Unverändert ist es unsere Motivation, Studenten, aber auch mathematisch interes-
sierten Naturwissenschaftlern und Ingenieuren ein einbändiges Lehrbuch zur Verfügung
zu stellen, in dem *grundlegende* Diskretisierungstechniken für die *wesentlichen* Klassen
partieller Differentialgleichungen behandelt werden und der Bogen gespannt wird von
der *Analysis der gegebenen Aufgabe über die Diskretisierung und deren Analyse bis hin
zu Fragen der algorithmischen Umsetzung.*

Das Buch widmet sich schwerpunktmäßig der Diskretisierung partieller Differentialgleichungen mit der Methode der finiten Elemente (FEM), vorrangig von linearen
Problemen zweiter Ordnung. Aber auch die Finite-Differenzen-Verfahren (FDM) werden ausführlich vorgestellt. Die zugehörige Konvergenzuntersuchungen erfolgen dabei
weitgehend durch klassische Taylorentwicklungen und Fourieranalysis. Dies ermöglicht
dem Anfänger einen einfacheren Zugang zu FDM. Darüber hinaus werden eine Reihe von
weiteren Aspekten der Differenzenverfahren beleuchtet (z.B. Konvergenzuntersuchungen
mittels diskreter Maximumprinzipien wie auch die aus der russischen Literatur bekannte
Methode der energetischen Ungleichungen), und es erfolgt neben der FEM-Einordnung
von Finite-Volumen-Methoden (FVM) ebenso eine Darstellung dieser im FDM-Kontext.
Ferner werden in einem gesonderten Kapitel Verfahren zur effektiven Lösung der durch
Diskretisierung erzeugten endlichdimensionalen Gleichungen aufbereitet und analysiert.
Zudem enthält das Buch zwei Kapitel, die den besonderen Intentionen der Autoren ent-
sprechen: singulär gestörte Probleme und Variationsungleichungen.

Unser Anliegen ist stets, Grundideen und grundlegende Beweistechniken so einfach
wie möglich exemplarisch darzustellen und nicht etwa mit komplizierten technischen

Details das maximal mögliche an Allgemeinheit zu erreichen.

Uns ist natürlich bewußt, daß es nicht möglich ist, in einem Lehrbuch zur Numerik partieller Differentialgleichungen auf jetzt wenig mehr als 500 Seiten alle mit diesem Gegenstand verbundenen wesentlichen Aspekte behandeln zu können, und so stellt der Inhalt dieses Buches eine subjektive Auswahl dar. Zu kurz kommen etwa Approximation mit spektralen Methoden, gitterfreie Diskretisierungen, Randelementmethoden, Wavelets, Gleichungen höherer Ordnung, Systeme partieller Differentialgleichungen der Strömungsmechanik und mathematischen Physik, und generell werden nichtlineare Probleme nur exemplarisch (Erhaltungsgleichungen, Variationsungleichungen) behandelt.

Das Buch ist zwar als eine Einführung in die Numerik partieller Differentialgleichungen gedacht, soll den Leser aber an den aktuellen Stand der Forschung heranführen. Diesem Ziel dienen Abschnitte über aktuelle Entwicklungen, die bisher wenig in vergleichbaren Lehrbüchern zu finden sind, wie adaptive FEM, die diskontinuierliche Galerkin-Methode, grenzschichtangepaßte Gitter und optimale Steuerung partieller Differentialgleichungen. Zahlreiche Hinweise auf weiterführende Literatur in dem bewußt ausführlich gehaltenen, nach Büchern und Zeitschriftenartikeln untergliederten Literaturverzeichnis, sollen dem Leser ermöglichen, sich in dem sehr stark anschwellenden Strom wissenschaftlicher Arbeiten zur Numerik partieller Differentialgleichungen und angrenzender Gebiete zurechtzufinden.

Unser Ziel war es nicht, den Inhalt dieses Buches so zu komprimieren, daß er in einer Vorlesung komplett überstrichen werden kann. In einer vierstündigen Vorlesung zur Numerik partieller Differentialgleichungen wird bei uns in Dresden in der Regel etwa die Hälfte dieses Stoffes behandelt und dann später in weiterführenden Vorlesungen partiell ergänzt.

Vielen Mitarbeitern des Institutes für Numerische Mathematik sind die Autoren für interessante Diskussionen und eine Reihe von Hinweisen und Verbesserungsvorschlägen zu Dank verpflichtet, und hier vor allem Prof. Dr. A. Felgenhauer, Dipl.-Math. S. Franz, Prof. Dr. M. Hinze, Dr. T. Linß, Dr. B. Mulansky, Dr. A. Noack, Dr. E. Pfeifer, Mag. H. Pfeifer, Dr. H.-P. Scheffler; auch die Mehrzahl der aufgenommenen Übungsaufgaben entstammt verschiedenen Lehrveranstaltungen mehrerer Kollegen des Institutes.

Für Hinweise und Anregungen zum Abschnitt zur optimalen Steuerung danken wir Prof. Dr. F. Tröltzsch (TU Berlin).

Unserer Dank gilt ebenso dem Teubner-Verlag für die stets gute Zusammenarbeit und die aufgebrachte Geduld bis zur Fertigstellung des Buches.

Dresden, September 2005

Inhaltsverzeichnis

Notation

Sätze, Lemmata u.s.w. werden innerhalb eines Kapitels mit Angabe des Kapitel fortlaufend numeriert (z.B. Satz 3.17).

Gleichungen werden innerhalb der Abschnittes eines Kapitels fortlaufend numeriert, wobei die Nummer des betreffenden Abschnittes mit angegeben wird. Bei Verweisen über ein Kapitel hinaus die wird zusätzlich die Kapitelnummer mit angegeben.

Häufige verwendete Bezeichnungen:

$a(\cdot,\cdot)$	Bilinearform
D^+, D^-, D^0	Differenzenquotienten
D^α	Ableitung $\|\alpha\|$ − ter Ordnung zum Multiindex α
I	Identität
I_h^H, I_H^h	Einschränkungs- und Fortsetzungsoperatoren
$J(\cdot)$	Funktional
L	Differentialoperator, L^* adjungierter Operator dazu
L_h	Differenzenoperator
$O(\cdot), o(\cdot)$	Landau − Symbole
P_l	Menge aller Polynome vom Höchstgrad l
Q_l	Menge aller Polynome, die das Produkt von Polynomen vom Höchstgrad l in jeder Variablen sind
$\mathbb{R}, \mathbb{N}$	reelle Zahlen, natürliche Zahlen
V	Banachraum
V^*	zum Banachraum V gehöriger Dualraum
$dim\,V$	Dimension von V
V_h	endlichdimensionaler Finite-Elemente-Raum
$\|\cdot\|_V$	Norm von V
$(\cdot,\cdot)$	Skalarprodukt in V, wenn V Hilbertraum
$f(v)$ oder $\langle f, v\rangle$	Wert des Funktionals $f \in V^*$ bei Anwendung auf $v \in V$
$\|f\|_*$	Norm des linearen Funktionals f
$\rightarrow$ $\rightharpoonup$	starke bzw. schwache Konvergenz
$\oplus$	direkte Summe
$\mathcal{L}(U, V)$	Raum der stetigen linearen Abbildungen von U in V
$\mathcal{L}(V)$	Raum der stetigen linearen Abbildungen von V in V

$U \hookrightarrow V$	stetige Einbettung von U in V
$Z^\perp$	orthogonales Komplement von Z bezüglich des Skalarproduktes in einem Hilbertraum V
Ω	Grundgebiet bezüglich der räumlichen Veränderlichen
$\partial\Omega = \Gamma$	Rand von Ω
$int\,\Omega$	Inneres von Ω
$meas\,\Omega$	Maß von Ω
n	äußerer Normalenvektor bezüglich $\partial\Omega$
$\frac{\partial}{\partial n}$	Ableitung in Richtung von n
$\omega_h,\ \Omega_h$	Menge von Gitterpunkten
$C^l(\Omega),\ C^{l,\alpha}(\Omega)$	Räume differenzierbarer bzw. Hölder-stetiger Funktionen
$L_p(\Omega)$	Räume zur p-ten Potenz integrabler Funktionen ($1 \le p \le \infty$)
$\|\cdot\|_\infty$	Norm im $L_\infty(\Omega)$
$\mathcal{D}(\Omega)$	unendlich oft differenzierbare Funktionen mit kompaktem Träger in Ω
$W_p^l(\Omega)$	Sobolev-Raum
$H^l(\Omega),\ H_0^l(\Omega)$	Sobolev-Räume für $p=2$
$H(div;\Omega)$	spezieller Sobolev-Raum
TV	Raum der Funktionen mit endlicher Totalvariation
$\|\cdot\|_l$	Norm im H^l
$|\cdot|_l$	Seminorm im H^l
$t,\ T$	Zeit mit $t \in (0,T)$
$Q = \Omega \times (0,T)$	Grundgebiet bei parabolischen Aufgaben
$L_2(0,T;X)$	quadratisch integrierbare Funktionen mit Werten im Banachraum X
$W_2^1(0,T;V,H)$	spezieller Sobolev-Raum
$supp\,v$	Träger der Funktion v
∇ oder $grad$	Gradient
div	Divergenz
$\triangle$	Laplace $-$ Operator
$\triangle_h$	diskreter Laplace-Operator
$h_i,\ h$	Diskretisierungsparameter bezüglich der räumlichen Veränderlichen
$\tau_j,\ \tau$	Diskretisierungsparameter bezüglich der zeitlichen Veränderlichen
$det(A)$	Determinante der Matrix A
$cond(A)$	Kondition der Matrix A
$\rho(A)$	Spektralradius der Matrix A
$\lambda_i(A)$	Eigenwerte der Matrix A
$\mu[A]$	logarithmische Norm der Matrix A
$diag(a_i)$	Diagonalmatrix mit den Elementen a_i
$span\{\varphi_i\}$	lineare Hülle der Elemente φ_i
$conv\{\varphi_i\}$	konvexe Hülle der Elemente φ_i
Π	Projektionsoperator
Π_h	Interpolationsoperator bezüglich des Finiten-Elemente-Raumes

Kapitel 1

Partielle Differentialgleichungen: Grundbegriffe und explizite Lösungsdarstellungen

1.1 Klassifikation und Korrektheit

Eine partielle Differentialgleichung ist eine Gleichung, welche neben der gesuchten Funktion $u : \overline{\Omega} \to \mathbb{R}$ auch Ableitungen der gesuchten Funktion enthält, wobei Ω eine offene Teilmenge des $\mathbb{R}^d$ mit $d \geq 2$ ist (im Fall $d = 1$ spricht man von gewöhnlichen Differentialgleichungen).

Wo treten partielle Differentialgleichungen auf? Wie entsteht bei der Modellierung eines Anwendungsproblems eine Differentialgleichung?

Als Beispiel betrachten wir die Temperatur $T = T(x, t)$ eines Stoffes in einem quellen- und senkenfreien Gebiet Ω ohne konvektiven Einfluß zum Zeitpunkt t. Ist die Temperatur ungleichmäßig verteilt, ergibt sich ein Energiefluß $J = J(x, t)$, der die Temperatur auszugleichen sucht. Das Fouriersche Gesetz des Wärmeausgleichs besagt, daß J proportional ist zum Gradienten der Temperatur:

$$J = -\sigma \operatorname{grad} T.$$

Hierbei bezeichnet σ eine materialabhängige Konstante, die Wärmeleitfähigkeit. Das Prinzip der Energieerhaltung in jedem Teilgebiet $\widetilde{\Omega} \subset \Omega$ führt zu der Erhaltungsgleichung

$$\frac{d}{dt} \int_{\widetilde{\Omega}} \gamma \varrho T = - \int_{\partial\widetilde{\Omega}} n \cdot J = \int_{\partial\widetilde{\Omega}} \sigma n \cdot \operatorname{grad} T. \tag{1.1}$$

Dabei ist $\partial\widetilde{\Omega}$ der Rand von $\widetilde{\Omega}$, γ die Wärmekapazität, ϱ die Dichte und n der äußere Normaleneinheitsvektor bezüglich $\partial\widetilde{\Omega}$. Mit Hilfe des Gauß'schen Integralsatzes folgert man aus der Gültigkeit von (1.1) für beliebiges $\widetilde{\Omega} \subset \Omega$

$$\gamma \varrho \frac{\partial T}{\partial t} = \operatorname{div}(\sigma \operatorname{grad} T). \tag{1.2}$$

Dies ist die Wärmeleitungsgleichung, eine der Grundgleichungen der mathematischen Physik.

Wie klassifiziert man partielle Differentialgleichungen?

Es gibt lineare Gleichungen, d.h. solche, in denen die gesuchte Funktion und ihre Ableitung nur linear auftreten, und nichtlineare Gleichungen. Naturgemäß sind nichtlineare Gleichungen komplizierter als lineare. *Wir beschränken wir uns in diesem Buch im Wesentlichen auf lineare Probleme und diskutieren nichtlineare nur punktuell.*

Ein zweites Klassifikationsmerkmal ist die Ordnung der höchsten auftretenden Ableitung der gesuchten Funktion. Drei Prototypen von Gleichungen der mathematischen Physik, nämlich

die Poisson-Gleichung $\qquad\qquad -\Delta u = f,$

die Wärmeleitungsgleichung $\quad u_t - \Delta u = f \qquad$ und

die Wellengleichung $\qquad\qquad u_{tt} - \Delta u = f$

sind von zweiter Ordnung. *Gleichungen zweiter Ordnung spielen auch die zentrale Rolle in diesem Buch.* Die biharmonische Gleichung bzw. Plattengleichung

$$\Delta\Delta u = 0$$

ist eine lineare Gleichung vierter Ordnung. Wegen ihrer Bedeutung in der Festkörpermechanik widmen wir uns exemplarisch Problemen vierter Ordnung.

Wesentlich ist natürlich auch, ob eine Gleichung für eine unbekannte Funktion oder ein System von Gleichungen für mehrere unbekannte Funktionen vorliegt. In vielen Fällen kann man Systeme aber ähnlich wie eine skalare Gleichung behandeln. In der Strömungsmechanik spielt das System der Stokes'schen Gleichungen eine fundamentale Rolle. Einige der Besonderheiten dieses Systems werden diskutiert.

Gegeben sei nun ein linearer Differentialausdruck zweiter Ordnung der Form

$$Lu := \sum_{i,j=1}^{n} a_{ij}(x)\, \frac{\partial^2 u}{\partial x_i \partial x_j} \qquad \text{mit} \qquad a_{ij} = a_{ji}. \tag{1.3}$$

Für $n = 2$ bezeichnen wir die unabhängigen Variablen mit x_1, x_2 oder mit x, y; für $n = 3$ entsprechend mit x_1, x_2, x_3 oder mit x, y, z. Repräsentiert eine der Variablen jedoch die Zeit, so ist die Verwendung von t üblich. L wird nun die quadratische Form Σ, definiert durch

$$\Sigma(\xi) := \sum_{i,j}^{n} a_{ij}(x)\xi_i\xi_j$$

zugeordnet. Die Definitheit dieser quadratischen Form läßt sich charakterisieren über die Eigenwerte der Matrix

$$A := \begin{bmatrix} a_{11} & a_{12} & \dots & \dots \\ \dots & & & \\ a_{n1} & \dots & & a_{nn} \end{bmatrix}.$$

Der Differentialausdruck (1.3) heißt in einem Punkt *elliptisch*, wenn sämtliche Eigenwerte von A von Null verschieden sind und dasselbe Vorzeichen besitzen. Der *parabolische* Fall liegt vor, wenn ein Eigenwert Null, alle anderen dasselbe Vorzeichen haben. Im *hyperbolischen* Fall dagegen ist A regulär, und ein Eigenwert unterscheidet sich von allen übrigen durch sein Vorzeichen.

Die Tricomi-Gleichung

$$x_2 \frac{\partial^2 u}{\partial x_1^2} + \frac{\partial^2 u}{\partial x_2^2} = 0$$

etwa ist für $x_2 > 0$ elliptisch, für $x_2 = 0$ parabolisch und für $x_2 < 0$ hyperbolisch. Im Fall konstanter Koeffizienten jedoch kann der Typ der Gleichung in verschiedenen Punkten nicht verschieden sein. Wir merken uns als wichtigste Beispiele der genannten Klassen:

Poissongleichung   — elliptisch,

Wärmeleitungsgleichung   — parabolisch,

Wellengleichung   — hyperbolisch.

Warum ist diese Klassifikation von Bedeutung?

Um ein praktisches Problem vollständig beschreiben zu können, genügt es i.a. nicht, sich auf eine Differentialgleichung zu beschränken. Man muß vielmehr gewisse Zusatzbedingungen stellen. Das Stellen von Zusatzbedingungen ist jedoch eine nicht unproblematische Sache: je nach Art dieser Bedingungen kommt man zu einem korrekt oder inkorrekt gestellten Problem.

Nehmen wir einmal an, daß das gegebene Problem die abstrakte Form

$$Au = f$$

besäße, wobei A jetzt eine Abbildung $A : V \to W$ mit Banach-Räumen V und W bezeichnet. Man spricht dann von einem korrekt gestellten Problem, wenn für jedes $f \in W$ eine eindeutige Lösung $u \in V$ existiert und hinreichend kleine Änderungen von f eine beliebig kleine Änderung der Lösung implizieren (bei praktischen Anwendungen – Meßfehler! – ist diese Forderung natürlich sinnvoll).

Beispiel 1.1 (ein inkorrektes Problem für eine elliptische Gleichung nach Hadamard)

$$\Delta u = 0 \quad \text{in} \quad (-\infty, \infty) \times (0, \delta)$$

$$u|_{y=0} = \varphi(x), \quad \frac{\partial u}{\partial y}\Big|_{y=0} = 0 \quad \text{mit speziell} \quad \varphi(x) = \frac{\cos x}{n}$$

Die Lösung des Problems ist $u(x,y) = \dfrac{\cos nx \, \cosh ny}{n}$; für große n ist φ klein, u aber nicht. $\square$

Beispiel 1.1 zeigt: Für ein elliptisches Problem kann die Vorgabe von Anfangsbedingungen problematisch sein.

Beispiel 1.2 (ein inkorrektes Problem für eine hyperbolische Gleichung)

Betrachtet wird die Gleichung

$$\frac{\partial^2 u}{\partial x_1 \partial x_2} = 0 \quad \text{in} \quad \Omega = (0,1)^2$$

mit den Zusatzbedingungen

$$u|_{x_1=0} = \varphi_1(x_2), \quad u|_{x_2=0} = \psi_1(x_1), \quad u|_{x_1=1} = \varphi_2(x_2), \quad u|_{x_2=1} = \psi_2(x_1)$$

und den Kompatibilitätsvoraussetzungen

$$\varphi_1(0) = \psi_1(0), \quad \varphi_2(0) = \psi_1(1), \quad \varphi_1(1) = \psi_2(0), \quad \varphi_2(1) = \psi_2(1).$$

Durch zweimalige Integration erhält man

$$u(x_1, x_2) = F_1(x_1) + F_2(x_2)$$

mit beliebigen Funktionen F_1, F_2. Nun kann man zwar die ersten beiden Zusatzbedingungen erfüllen, alle vier aber nicht. Im Raum der stetigen Funktionen ist das Problem somit nicht korrekt gestellt. $\square$

Das Beispiel 1.2 zeigt: für ein hyperbolisches Problem kann die Vorgabe von Randwerten problematisch sein. Woran liegt das?

Zum Differentialausdruck gemäß (1.3) gehört die charakteristische Differentialgleichung erster Ordnung

$$\sum_{i,j} a_{ij} \frac{\partial \omega}{\partial x_i} \frac{\partial \omega}{\partial x_j} = 0.$$

Die Fläche (für zwei unabhängige Variable ist dies eine Kurve)

$$\omega(x_1, x_2, \ldots, x_n) = C$$

heißt *Charakteristik* zu (1.3). Für den Fall zweier unabhängiger Variablen gibt es für elliptische Probleme keine reellen Charakteristiken, für parabolische Probleme gibt es durch jeden Punkt genau eine Charakteristik, für hyperbolische Probleme zwei.

Eine fundamentale Tatsache ist nun, daß man auf einer Charakteristik Γ die Anfangswerte

$$u|_\Gamma = \varphi \qquad \frac{\partial u}{\partial \lambda}\Big|_\Gamma = \psi$$

(λ ist eine Richtung, die keine Tangente an Γ ist) nicht beliebig vorgeben kann, sondern daß sie durch eine gewisse Beziehung miteinander verknüpft sind.

Für die parabolische Gleichung

$$u_t - u_{xx} = 0$$

z.B. sind die Charakteristiken $t = $ const. Sachgemäß ist deshalb nur eine Anfangsbedingung $u|_{t=0} = \varphi(x)$, denn aus der Differentialgleichung folgt sofort $u_t|_{t=0} = \varphi''(x)$.

Für die hyperbolische Gleichung

$$u_{tt} - u_{xx} = 0$$

jedoch sind die Charakteristiken $x + t = $ const und $x - t = $ const. Deshalb ist $t = $ const nicht charakteristisch und $u|_{t=0} = \varphi$ und $u_t|_{t=0} = \psi$ ist sachgemäß.

Fassen wir zusammen: *Die Bedingungen dafür, daß ein Problem korrekt gestellt ist, hängen sowohl vom Typ der Differentialgleichung als auch von der Wahl von Rand- und Anfangsbedingungen ab.*

Als grobe Richtlinie für sachgemäße Zusatzbedingungen bzw. korrekt gestellte Probleme kann folgende Zusammenstellung dienen:

elliptische Gleichungen	plus	Randbedingungen
parabolische Gleichungen	plus	Randbedingungen in den räumlichen Variablen
	plus	Anfangsbedingung zur Zeit $t = 0$.
hyperbolische Gleichungen	plus	Randbedingungen in den räumlichen Variablen
	plus	zwei Anfangsbedingungen zur Zeit $t = 0$

1.2   Fouriersche Methode und Integraltransformationen

Für partielle Differentialgleichungsprobleme kann man nur in wenigen Fällen explizite Lösungsdarstellungen angeben. *Deshalb sind numerische Methoden für viele praktische Probleme die einzige Möglichkeit zur Lösung.* Trotzdem ist man daran interessiert, in einfachen Fällen explizite Lösungsdarstellungen zu kennen, u.a. deshalb, um die Leistungsfähigkeit numerischer Codes verifizieren zu können. Letzteres ist für uns der Hauptgrund, in diesem Kapitel auf explizite Lösungsdarstellungen einzugehen.

Betrachtet wird zunächst die (normierte) Wärmeleitungsgleichung

$$\begin{aligned} u_t - \Delta u &= f \quad \text{in} \quad \Omega \times (0, T) \\ u|_{t=0} &= \varphi(x) \end{aligned} \qquad (2.1)$$

mit gegebenen, zumindest quadratisch integrierbaren Funktionen f und φ und homogenen Randbedingungen auf $\partial\Omega$. Vorzugsweise sind das

a) Dirichletsche Bedingungen oder Randbedingungen erster Art : $u|_{\partial\Omega} = 0$

b) Neumannsche Bedingungen oder Randbedingungen zweiter Art : $\dfrac{\partial u}{\partial n}|_{\partial\Omega} = 0$

c) Robinsche Bedingungen oder Randbedingungen dritter Art : $\dfrac{\partial u}{\partial n} + \alpha u|_{\partial\Omega} = 0.$

Im letzteren Fall wird $\alpha > 0$ vorausgesetzt. Es sei nun ein bezüglich des L_2-Skalarproduktes orthonormiertes System $\{u_n\}_{n=1}^{\infty}$ von Eigenfunktionen des involvierten elliptischen Operators, in unserem Fall von $-\Delta$ mit den entsprechenden homogenen Randbedingungen bekannt. Dann gilt also

$$-\Delta u_n = \lambda_n u_n$$

mit einem Eigenwert λ_n. Der Typ des Operators und der Randbedingungen sichert ferner $\lambda_n \geq 0$ für alle n.

Zur Abkürzung bezeichnen wir mit $(\cdot\,,\,\cdot)$ das L_2-Skalarprodukt über Ω. Man entwickelt nun f nach den Eigenfunktionen $\{u_n\}$:

$$f(x,t) = \sum_{n=1}^{\infty} f_n(t)u_n(x)\,, \quad f_n(t) = (f, u_n).$$

Der Ansatz

$$u(x,t) = \sum_{n=1}^{\infty} c_n(t)u_n(x)$$

mit zunächst unbekannten Funktionen $c_n(\cdot)$ für die Lösung u liefert dann

$$c_n'(t) + \lambda_n c_n(t) = f_n(t), \quad c_n(0) = \varphi_n,$$

dabei sind die φ_n die Fourierkoeffizienten der Entwicklung von φ nach dem System $\{u_n\}$. Die Lösung dieser gewöhnlichen Differentialgleichung ergibt schließlich die explizite Lösungsdarstellung

$$u(x,t) = \sum_{n=1}^{\infty} \varphi_n u_n(x)e^{-\lambda_n t} + \sum_{n=1}^{\infty} u_n(x) \int_0^t e^{-\lambda_n(t-\tau)} f_n(\tau)d\tau. \tag{2.2}$$

Bemerkung 1.1 Analog zu dem Gesagten besitzt die Lösung der Poissongleichung

$$-\Delta u = f$$

mit homogenen Randbedingungen unter der Voraussetzung $\lambda_n > 0$ (gilt stets außer im Fall homogener Neumann Bedingungen) die Form

$$u(x) = \sum_{n=1}^{\infty} \frac{f_n}{\lambda_n} u_n(x)\,; \tag{2.3}$$

während sich für die Wellengleichung mit Anfangsbedingungen

$$u_{tt} - \Delta u = f, \quad u|_{t=0} = \varphi(x), \quad u_t|_{t=0} = \psi(x)$$

und homogenen Randbedingungen ergibt (φ_n und ψ_n sind die Fourierkoeffizienten von φ, ψ)

$$\begin{aligned} u(x,t) &= \sum_{n=1}^{\infty} \left(\varphi_n u_n(x) \cos(\sqrt{\lambda_n}\, t) + \frac{\psi_n}{\sqrt{\lambda_n}}\, u_n(x) \sin(\sqrt{\lambda_n}\, t) \right) \\ &\quad + \sum_{n=1}^{\infty} \frac{1}{\sqrt{\lambda_n}}\, u_n(x) \int_0^t \sin\sqrt{\lambda_n}(t-\tau)f_n(\tau)d\tau. \quad\square \end{aligned} \tag{2.4}$$

Natürlich hat man die gewünschte Eigenfunktion nur selten explizit zur Hand. Im eindimensionalen Fall mit $\Omega = (0, 1)$ gilt z.B.

bei $\quad u(0) = u(1) = 0$: $\qquad\qquad \lambda_n = \pi^2 n^2, \, n = 1, 2, \ldots;$ $\qquad u_n(x) = \sqrt{2} \sin \pi n x$

bei $\quad u'(0) = u'(1) = 0$: $\qquad\qquad \lambda_0 = 0;$ $\qquad\qquad\qquad\qquad u_0(x) \equiv 1$

$\qquad\qquad\qquad\qquad\qquad\qquad\qquad \lambda_n = \pi^2 n^2, \, n = 1, 2, \ldots;$ $\qquad u_n(x) = \sqrt{2} \cos \pi n x$

bei $\quad u(0) = 0, \, u'(1) + \alpha u(1) = 0$: $\quad \lambda_n$ genügt $\alpha \tan \xi + \xi = 0$; $\quad u_n(x) = d_n \sin \lambda_n x.$

(im letzten Fall ergeben sich die d_n aus der Bedingung, dass die L_2-Norm der Eigenfunktionen u_n gleich Eins ist)

Im mehrdimensionalen Fall kennt man Eigenwerte und Eigenfunktionen im wesentlichen für den Kubus und die Kugel (s. [Mic78], Kapitel 20). Für ein Rechteck

$$\Omega = \{(x, y) : 0 < x < a, \, 0 < y < b\}$$

gilt z.B. bei homogenen Dirichlet-Bedingungen:

$$\lambda_{m,n} = \left(\frac{m\pi}{a}\right)^2 + \left(\frac{n\pi}{b}\right)^2; \quad u_{m,n} = c \sin \frac{m\pi x}{a} \sin \frac{n\pi y}{b} \quad \text{mit} \quad c = \frac{2}{\sqrt{ab}}.$$

Man kann das Konvergenzverhalten der verallgemeinerten Fourierentwicklungen (2.2), (2.3) und (2.4) detailliert studieren und daraus Bedingungen dafür ableiten, ob klassische oder verallgemeinerte Lösungen (vgl. Kapitel 3) repräsentiert werden.

Insgesamt ist festzustellen: *Die Anwendbarkeit der Fourierschen Methode im räumlich mehrdimensionalen Fall verlangt eine sehr einfache Gebietsgeometrie und einfache (konstante Koeffizienten) elliptische Operatoren, eventuell erst nach einer Koordinatentransformation wie etwa bei der Kugel.*

Da Fourierintegrale als Grenzfall von Fourierreihen entstehen, kann man im Fall $\Omega = R^m$ versuchen, mittels Fouriertransformation Lösungsdarstellungen abzuleiten. Natürlich wird auch die Laplace-Transformation in gewissen Fällen eingesetzt, oder es wird nur bezüglich eines Teils der gegebenen Variablen eine geeignete Integraltransformation realisiert. In jedem Fall erfordert aber die Anwendbarkeit von Integraltransformationen zur expliziten Lösungsdarstellung eine ähnlich einfache Struktur des gegebenen Problems wie die Fouriersche Methode.

Exemplarisch betrachten wir das sogenannte Cauchy-Problem für die Wärmeleitungsgleichung:

$$u_t - \Delta u = 0 \quad \text{für} \quad x \in R^m, \qquad u|_{t=0} = \varphi(x) \qquad\qquad (2.5)$$

Für $g \in C_0^\infty(R^m)$ ist die Fourier-Transformierte $\hat{g}$ definiert durch

$$\hat{g}(\xi) = \frac{1}{(2\pi)^{m/2}} \int\limits_{R^m} e^{-ix\cdot\xi} g(x) \, dx.$$

Wegen

$$\left(\widehat{\frac{\partial^k g}{\partial x_j^k}}\right)(\xi) = (i\xi_j)^k \hat{g}(\xi)$$

führt die Fourier-Transformation von (2.5) zur gewöhnlichen Differentialgleichung

$$\frac{\partial \hat{u}}{\partial t} + |\xi|^2 \hat{u} = 0 \quad \text{mit} \quad \hat{u}|_{t=0} = \hat{\varphi} .$$

Im Bildraum erhält man also $\hat{u}(\xi, t) = \hat{\varphi}(\xi) e^{-|\xi|^2 t}$.

Die Rücktransformation führt dann nach einigem Rechnen zur bekannten *Poisson-schen Formel*

$$u(x,t) = \frac{1}{(4\pi t)^{m/2}} \int\limits_{R^m} e^{-\frac{|x-y|^2}{4t}} \varphi(y) \, dy . \tag{2.6}$$

Analog zum Konvergenzverhalten von Fourierreihen kann man hieraus auch verifizieren, in welchem Sinne die Integraldarstellung wirklich eine Lösung darstellt (s. [Mic78, Kapitel 25]). Aus der Poissonschen Formel folgt, daß sich die Wärme mit unendlicher Ge-

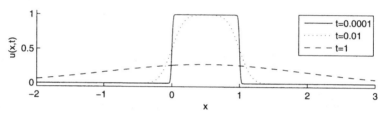

Abbildung 1.1   Lösung für $t = 0.0001$, $t = 0.01$ und $t = 1$

schwindigkeit ausbreitet. Abbildung 1.1 etwa zeigt die Temperatur für $t = 0.0001, 0.01, 1$ im Fall von

$$\varphi(x) = \begin{cases} 1 & \text{wenn} \quad 0 < x < 1 \\ 0 & \text{andernfalls.} \end{cases}$$

Trotz dieser inkorrekten Widerspiegelung der Physik kann man viele Wärmeleitprobleme mit Hilfe der Wärmeleitungsgleichung ausreichend gut beschreiben.

1.3 Maximumprinzip, Fundamentallösung, Greensche Funktion und Abhängigkeitsgebiete

1.3.1 Elliptische Randwertaufgaben

Betrachtet werden in diesem Abschnitt lineare elliptische Differentialausdrücke der Form

$$Lu(x) := -\sum a_{ij}(x) \frac{\partial^2 u}{\partial x_i \partial x_j} + \sum b_i(x) \frac{\partial u}{\partial x_i} + c(x) u ,$$

in einem beschränkten Gebiet Ω. Vorausgesetzt wird dabei:

(1)   Symmetrie und Elliptizität: $a_{ij} = a_{ji}$,   und es existiert ein $\lambda > 0$ mit

$$\sum a_{ij}\xi_i\xi_j \geq \lambda \sum \xi_i^2 \qquad \text{für alle } x \in \Omega \text{ und } \xi \in R^n \tag{3.1}$$

(2)   alle Koeffizienten a_{ij}, b_i, c sind beschränkt.

Solche elliptischen Differentialausdrücke genügen Maximumprinzipien, s.[PW67], [GT83] für eine ausführliche Darstellung.

SATZ 1.1   *(Randmaximumprinzip)*   *Es sei $c \equiv 0$ und $u \in C^2(\Omega) \cap C(\bar{\Omega})$. Dann gilt:*

$$Lu(x) \leq 0 \quad \forall\, x \in \Omega \qquad \Longrightarrow \qquad \max_{x \in \bar{\Omega}} u(x) \leq \max_{x \in \partial\Omega} u(x).$$

Sehr hilfreich zur Gewinnung von a priori-Abschätzungen ist ferner

SATZ 1.2   *(Vergleichsprinzip)*   *Es sei $c \geq 0$ und $v, w \in C^2(\Omega) \cap C(\bar{\Omega})$. Dann gilt:*

$$\left.\begin{array}{rcll} Lv(x) & \leq & Lw(x) & \forall\, x \in \Omega, \\ v(x) & \leq & w(x) & \forall\, x \in \partial\Omega \end{array}\right\} \qquad \Longrightarrow \qquad v(x) \leq w(x) \quad \forall\, x \in \bar{\Omega}.$$

Hat man ein Paar v, u mit den obigen Eigenschaften und ist u die exakte Lösung einer entsprechenden Randwertaufgabe, so nennt man v Unterlösung. Oberlösungen werden analog definiert.

Betrachtet wird mit gegebenen stetigen Funktionen f, g nun das Dirichlet-Problem in der klassischen Form (zu „schwachen" Lösungen s. Kapitel 3):

Gesucht ist ein $u \in C^2(\Omega) \cap C(\bar{\Omega})$ - eine klassische Lösung - mit

$$\begin{array}{rcll} Lu & = & f & \text{in} \quad \Omega \\ u & = & g & \text{auf} \quad \partial\Omega \,. \end{array} \tag{3.2}$$

Dann folgt aus Satz 1.2: *Problem (3.2) besitzt höchstens eine Lösung.*

Wie steht es nun aber mit der Existenz klassischer Lösungen?

Leider existiert solch eine klassische Lösung nicht in jedem Fall. Schwierigkeiten verursachen

- *ein nicht ausreichend glatter Rand Γ des Gebietes*
- *nichtglatte Daten des Problems*
- *Punkte, in denen Randbedingungen unterschiedlicher Art "zusammenstoßen".*

Zunächst ist es erforderlich, die Glätte des Randes eines Gebietes präzise zu characterisieren.

Definition 1.1 Ein beschränktes Gebiet Ω *gehört zur Klasse $C^{m,\alpha}$*
(kurz $\partial\Omega \in C^{m,\alpha}$), wenn es endlich viele offene Kugeln K_i gibt mit:
(i) $\cup K_i \supset \partial\Omega$, $K_i \cap \partial\Omega \neq 0$;
(ii) Es gibt eine Funktion $y=f^{(i)}(x)$ aus $C^{m,\alpha}(\bar{K}_i)$, wodurch die Kugel K_i eineindeutig auf ein Gebiet im $\mathbb{R}^n$ abgebildet wird, dabei geht $\partial\Omega \cap \bar{K}_i$ in einen Teil der Ebene $y_n = 0$

und $\Omega \cap K_i$ in ein einfach zusammenhängendes Gebiet im Halbraum $\{y : y_n > 0\}$ über.
Die Funktionaldeterminante

$$\frac{\partial(f_1^{(i)}(x), ..., f_n^{(i)}(x))}{\partial(x_1, ..., x_n)}$$

sei von Null verschieden für $x \in \bar{K}_i$.

Diese etwas komplizierte Definition beschreibt präzise die Aussage bzw. Forderung, der Rand sei "hinreichend glatt", mit wachsendem m wächst die Glätte des Randes. Gebiete der Klasse $C^{0,1}$ heißen insbesondere *Gebiete mit regulärem Rand* oder *Lipschitz-Gebiete*, beschränkte konvexe Gebiete besitzen z.B. reguläre Ränder. Eine Bedeutung von Gebieten mit regulärem Rand bzw. Lipschitz-Gebieten besteht darin, daß in fast allen Randpunkten ein eindeutig bestimmter äußerer Normalvektor existiert und für Funktionen $v_i \in C^1(\Omega) \cap C(\bar{\Omega})$ der Gauß' sche Integralsatz

$$\int_\Omega \sum_i \frac{\partial v_i}{\partial x_i} \, d\Omega = \int_\Gamma \sum_i v_i \, n_i \, d\Gamma$$

gilt.

SATZ 1.3 *Es sei $c \geq 0$, das Gebiet Ω besitze einen regulären Rand und die Daten der Randwertaufgabe (3.2) seien glatt (mindestens α-Hölderstetig). Dann besitzt (3.2) eine eindeutige Lösung.*

Dieser Satz ist ein Spezialfall einer allgemeineren Aussage in [91] hinsichtlich sogenannter "zulässiger" Gebiete.

Für die klassische Konvergenzanalysis von Differenzenverfahren benötigt man starke Glattheitseigenschaften der Lösung ($u \in C^{m,\alpha}(\bar{\Omega})$ mit m$\geq$ 2). Solche Glattheitseigenschaften liegen schon in einfachsten Fällen nicht vor, wie die folgenden Beispiele zeigen:

Beispiel 1.3 Gegeben sei die Randwertaufgabe

$$\begin{aligned} -\triangle u &= 0 \quad \text{in} \quad \Omega = (0,1) \times (0,1), \\ u &= x^2 \quad \text{auf} \quad \Gamma. \end{aligned}$$

Nach obigem Satz existiert eine eindeutige klassische Lösung. Für diese kann aber nicht $u \in C^2(\bar{\Omega})$ gelten. Denn dann folgt aus den Randbedingungen $u_{xx}(0,0) = 2, u_{yy}(0,0) = 0$ im Widerspruch zur Differentialgleichung. $\square$

Beispiel 1.4 Im Gebiet

$$\Omega = \{(x,y) \,|\, x^2 + y^2 < 1, \, x < 0 \,\text{oder}\, y > 0\}$$

mit einer einspringenden Ecke löst $u(r, \varphi) = r^{2/3} \sin((2\varphi)/3)$ die Laplace-Gleichung $-\triangle u = 0$ und erfüllt die (stetigen) Randbedingungen

$$\begin{aligned} u &= \sin((2\varphi)/3) \,\text{für}\, r = 1, \, 0 \leq \varphi \leq 3\pi/2 \\ u &= 0 \quad \text{sonst auf}\, \partial\Omega. \end{aligned}$$

Trotzdem sind die ersten Ableitungen der Lösung unbeschränkt, d.h. $u \notin C^1(\bar{\Omega})$. $\square$

Das im Beispiel 1.4 auftretende Phänomen kann man etwas allgemeiner folgendermaßen beschreiben. Γ_i, Γ_j seien glatte Teile des Randes eines 2D-Gebietes, $\pi \alpha_{ij}$ sei der Winkel, mit dem Γ_i und Γ_j "zusammenstoßen", und r sei der Abstand von der durch das Zusammenstoßen von Γ_i und Γ_j definierten Ecke. Dann ist in der Umgebung der Ecke folgendes Verhalten zu erwarten:

$$u \in C^1 \quad \text{für} \quad \alpha \leq 1,$$

$$u \in C^{1/\alpha}, \quad u_x, u_y = O(r^{\frac{1}{\alpha}-1}) \quad \text{für } \alpha > 1.$$

Im obigen Beispiel ist $\alpha = \frac{3}{2}$. Im Zusammenhang mit Finite-Element-Methoden beleuchten wir später auch die Regularität schwacher Lösungen in Gebieten mit Ecken.

Während beim Zusammenstoßen von Dirichletbedingungen für $\alpha \leq 1$ noch die C^1-Eigenschaft der Lösung gesichert werden kann, gilt diese Eigenschaft beim Zusammenstoßen von Dirichletbedingungen und Randbedingungen 2. und 3. Art nur noch für $\alpha < \frac{1}{2}$. Einzelheiten zu dieser Problematik findet man in [120].

Für Gebiete mit sehr glattem Rand und im Fall sehr glatter Koeffizienten ist die Lösung elliptischer Randwertaufgaben ausreichend glatt, es gilt z.B.

SATZ 1.4 *Es sei $c \geq 0, \varphi \equiv 0$, das Gebiet Ω gehöre zur Klasse $C^{2,\alpha}$ und die Daten des Problems (3.2) seien glatt (mindestens $C^\alpha(\bar{\Omega}), \alpha > 0$). Dann existiert eine eindeutige Lösung $u \in C^{2,\alpha}(\bar{\Omega})$.*

Dieser Satz ist ein Spezialfall eines allgemeineren Existenzsatzes von [1]. Wesentlich ist auch, daß sich mit wachsender Glattheit des Gebietes und der Daten die Glattheit der Lösung erhöht.

Sucht man trotz $\partial\Omega \notin C^{2,\alpha}$ nach mindestens $C^{2,\alpha}(\bar{\Omega})$-Lösungen, so sind zusätzliche Voraussetzungen, die *Kompatibilitätsbedingungen*, nötig. Für das Problem

$$Lu = f \quad \text{in} \quad \Omega = (0,1) \times (0,1),$$

$$u = 0 \quad \text{auf} \quad \Gamma$$

sind das z.B. die Voraussetzungen $f(0,0) = f(1,0) = f(0,1) = f(1,1) = 0$. Detaillierte Resultate über das Verhalten elliptischer Gleichungen in Gebieten mit Ecken findet man in [Gri85].

Nach der Existenzfrage widmen wir uns nun wieder Lösungsdarstellungen. Natürlich wird die Aufgabe, eine Lösungsdarstellung für (3.2) zu gewinnen, dadurch erschwert, daß man gleichzeitig Differentialgleichung und Randbedingung zu erfüllen hat. Würde es keine Randbedingungen geben ($\Omega = R^n$) und hätte L beliebig glatte Koeffizienten, so liefert die Theorie der Distributionen den hilfreichen Begriff der *Fundamentallösung* oder auch *Grundlösung*. Eine Fundamentallösung K ist eine Distribution mit

$$LK = \delta,$$

δ ist dabei die Dirac'sche δ-Funktion, genauer: δ-Distribution. Im Falle konstanter Koeffizienten gilt weiter: $S * K$ löst $LK = S$. Hier bezeichnet $S * H$ die Faltung der Distribution S und K, im Falle regulärer Distributionen s und k hat man

$$(s * k)(x) = \int s(x - y)k(y)\, dy = \int s(y)k(x - y)\, dy.$$

Für viele wichtige Differentialausdrücke mit konstanten Koeffizienten kennt man die Grundlösungen, sie sind i.a. reguläre Distributionen, also darstellbar durch lokal integrierbare Funktionen.

Als Beispiel betrachten wir jetzt speziell für den Rest dieses Abschnittes den Laplace-Operator

$$Lu := -\Delta u = -\sum_{i=1}^{n} \frac{\partial^2 u}{\partial x_i^2}\,. \tag{3.3}$$

Dieser besitzt die Fundamentallösung

$$K(x) = \begin{cases} -\dfrac{1}{2\pi}\,\ln|x| & \text{für } n = 2 \\[2mm] \dfrac{1}{(n-2)|w_n||x|^{n-2}} & \text{für } n \geq 3\,, \end{cases}$$

dabei ist $|w_n|$ der Inhalt der Einheitskugel im R^n.

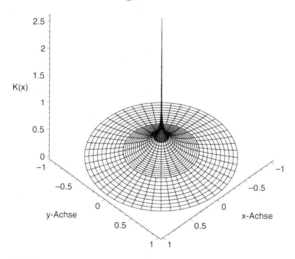

Abbildung 1.2   Fundamentallösung K für $d = 2$

Ist nun f integrierbar und besitzt einen kompakten Träger, so gilt mit $K(x, \xi) := K(x - \xi) = K(\xi - x)$ die Darstellung

$$u(\xi) = \int_{R^n} K(x, \xi)\, f(x)\, dx \tag{3.4}$$

für die Lösung von $Lu = f$.

Gibt es eine ähnliche Darstellung wie (3.4) nun auch für die Lösung von $-\Delta u = f$ in beschränkten Gebieten? Zunächst gilt (vgl. [Hac86])

SATZ 1.5 $\Omega \subset R^n$ *sei beschränkt, besitze einen glatten Rand* Γ, *und es sei* $u \in C^2(\bar{\Omega})$. *Dann gilt für beliebiges* $\xi \in \Omega$:

$$u(\xi) = \int_\Omega K(x,\xi)(-\Delta u(x))\, d\Omega + \int_\Gamma \left(u(x) \frac{\partial K(x,\xi)}{\partial n_x} - K(x,\xi)\frac{\partial u(x)}{\partial n_x} \right) d\Gamma. \quad (3.5)$$

Diese Beziehung ist auch Ausgangspunkt für die Einführung von Potentialen und der Überführung von Randwertaufgaben in Randintegralgleichungen.

Ersetzt man in (3.5) K durch

$$K(x,\xi) = G(x,\xi) - w_\xi(x)\,,$$

wobei $w_\xi(x)$ eine harmonische Funktion ($\Delta w = 0$) ist mit $w_\xi(x) = -K(x,\xi)$ für alle $x \in \partial\Omega$, dann folgt aus (3.5) die Darstellung

$$u(\xi) = \int_\Omega G(x,\xi)(-\Delta u(x))\, d\Omega + \int_{\partial\Omega} u\,\frac{\partial G(x,\xi)}{\partial n_x}\, d\Omega. \quad (3.6)$$

G heißt *Greensche Funktion*. G genügt also derselben Gleichung wie K, ist aber auf $\partial\Omega$ gleich Null!

Der Charakter von G widerspiegelt den globalen Einfluß von lokalen Störungen von f oder $g := u|_{\partial\Omega}$ auf die Lösung.

Explizit kennt man die Greensche Funktion nur für einfache Gebiete, z.B. die Halbebene, Viertelebene oder eine Kugel. Für die Kugel $|x| < a$ im R^n z.B. gilt mit der Bezeichnung $\xi^* = a^2\xi/|\xi|^2$

$$G(x,\xi) = \begin{cases} \dfrac{1}{2\pi}\left[\ln|x-\xi| - \ln\dfrac{|\xi|}{a}\,|x-\xi^*| \right] & \text{für} \quad n = 2 \\[3mm] K(x,\xi) - \left(\dfrac{a}{|\xi|}\right)^{n-2} K(x,\xi^*) & \text{für} \quad n > 2\,. \end{cases}$$

Hieraus ergibt sich für die Lösung von

$$\Delta u = 0 \quad \text{in} \quad |x| < a$$
$$u = g \quad \text{auf} \quad \partial\Omega$$

insbesondere die bekannte *Poissonsche Integralformel*

$$u(\xi) = \frac{a^2 - |\xi|^2}{a|w_n|} \int_{|x|=a} \frac{g(x)}{|x-\xi|^n}\, d\Omega\,.$$

Während man die Existenz der Greenschen Funktion unter sehr schwachen Voraussetzungen sichern kann, ist es keinesfalls so, daß selbst für glatte $\partial\Omega$ und glatte Randwerte
g die Darstellung (3.6) für $f \in C(\bar{\Omega})$ zu einer klassischen Lösung $u \in C^2(\bar{\Omega})$ führt. Hinreichend dafür ist die α-Hölderstetigkeit von f, $f \in C^\alpha(\bar{\Omega})$.

Es sei darauf hingewiesen, daß man Greensche Funktionen für allgemeinere Differentialoperatoren analog wie für den Laplace-Operator definieren kann und daß zur Gewinnung einer Darstellung ähnlich wie (3.6) im Fall von Neumann-Bedingungen eine
Greensche Funktion zweiter Art existiert, s.[Hac86].

1.3.2   Parabolische Aufgaben und Anfangs-Randwertaufgaben

Als typisches parabolisches Problem betrachten wir folgende Anfangs-Randwertaufgabe
für die Wärmeleitungsgleichung:

$$
\begin{aligned}
u_t - \Delta u &= f && \text{in} && Q = \Omega \times (0, T) \\
u &= 0 && \text{auf} && \partial\Omega \times (0, T) \\
u &= g && \text{für} && t = 0, \ x \in \Omega.
\end{aligned}
\tag{3.7}
$$

Dabei sei Ω ein beschränktes Gebiet und ∂Q_p der „parabolische" Rand von Q, nämlich

$$
\partial Q_p = \{(x, t) \in \bar{Q} : x \in \partial\Omega \text{ oder } t = 0\}.
$$

Die folgenden beiden Sätze sind z.B. in [PW67] bewiesen:

SATZ 1.6 *(Randmaximumprinzip)*   *Es sei* $u \in C^{2,1}(Q) \cap C(\bar{Q})$. *Dann gilt:*

$$
u_t - \Delta u \leq 0 \quad \text{in } Q \quad \Longrightarrow \quad \max_{(x,t)\in\bar{Q}} u(x,t) = \max_{(x,t)\in\partial Q_p} u(x,t).
$$

Ähnlich wie für elliptische Gleichungen gilt auch

SATZ 1.7 *(Vergleichsprinzip)*   *Es seien* $v, w \in C^{2,1}(Q) \cap C(\bar{Q})$. *Dann gilt:*

$$
\left.
\begin{aligned}
v_t - \Delta v &\leq w_t - \Delta w && \text{in } Q \\
v &\leq w && \text{auf } \partial\Omega \times (0, T) \\
v &\leq w && \text{für } t = 0
\end{aligned}
\right\}
\quad \Longrightarrow \quad v \leq w \quad \text{auf } \overline{Q}.
$$

Hieraus ergibt sich wieder die Eindeutigkeit klassischer Lösungen von (3.7).
    Die Fundamentallösung des Wärmeleitungsoperators ist

$$
K(x, t) = \begin{cases}
\dfrac{1}{2^n \pi^{n/2} t^{n/2}} e^{-\frac{|x|^2}{4t}} & \text{für} \ \ t > 0, \ x \in R^n \\[2mm]
0 & \text{für} \ \ t \leq 0, \ x \in R^n.
\end{cases}
\tag{3.8}
$$

Hieraus folgt sofort für die Lösung von

$$u_t - \Delta u = f \quad \text{in} \quad R^n \times (0, T) \tag{3.9}$$
$$u = 0 \quad \text{für} \quad t = 0.$$

die Lösungsdarstellung

$$u(x, t) = \int_u^t \int_{R^n} K(x - y, t - s) f(y, s) \, dy \, ds . \tag{3.10}$$

Für die homogene Anfangswertaufgabe

$$u_t - \Delta u = 0 \quad \text{in} \quad R^n \times (0, T) \tag{3.11}$$
$$u = g \quad \text{für} \quad t = 0$$

kennen wir die Lösungdarstellung bereits (gewonnen mit Fourier-Transformation in Abschnitt 1.2):

$$u(x, t) = \int_{R^n} K(x - y, t) g(y) \, dy . \tag{3.12}$$

Und tatsächlich kann man beweisen:

SATZ 1.8 *Für die Lösungen von (3.9) bzw. (3.11) gilt:*

  a) *Ist f hinreichend glatt und sind entsprechende Ableitungen in $R^n \times (0, T)$ für alle $T > 0$ beschränkt, so definiert (3.10) eine klassische Lösung des Problems (3.9): $u \in C^{2,1}(R^n \times (0, \infty)) \cap C(R^n \times [0, \infty))$.*

  b) *Ist g stetig und beschränkt, so definiert (3.12) eine klassische Lösung von (1.19), dabei gilt sogar $u \in C^\infty$ für $t > 0$ („Glättungseffekt").*

Im Teil b) des Satzes kann man die Bedingung der Beschränktheit von g ersetzen durch

$$|g(x)| \leq M e^{\alpha |x|^2}.$$

Zum anderen folgt für Funktionen g mit kompaktem Träger K für die Lösung der homogenen Anfangswertaufgabe die Abschätzung

$$|u(x, t)| \leq \frac{1}{(4\pi t)^{n/2}} e^{-\frac{dist|x, K|^2}{4t}} \int_K |g(y)| \, dy ,$$

u geht also für $t \to \infty$ exponentiell gegen Null.

Natürlich kann man die Integrale in (3.10) oder (3.12) nur in wenigen Fällen explizit berechnen. Für den Spezialfall der räumlich eindimensionalen Aufgabe

$$u_t - u_{xx} = 0, \qquad u|_{t=0} = \begin{cases} 1 & x < 0 \\ 0 & x > 0 \end{cases}$$

jedoch gilt mit der Fehlerfunktion

$$erf(x) = \frac{2}{\sqrt{\pi}} \int\limits_0^x e^{-t^2} dt$$

die Darstellung   (folgt durch Substitution in (3.10))

$$u(x,t) = \frac{1}{2} \left(1 - erf(x/2\sqrt{t})\right) .$$

Hingewiesen sei noch auf einen Zusammenhang zwischen den Lösungsdarstellungen (3.10) und (3.12), dem *Duhamel-Prinzip*.
Löst nämlich $z(x,t,s)$ die homogene Anfangswertaufgabe

$$z_t - z_{xx} = 0, \quad z|_{t=s} = f(x,s),$$

so ist

$$u(x,t) = \int\limits_0^t z(x,t,s) \, ds$$

eine Lösung der inhomogenen Aufgabe

$$u_t - u_{xx} = f(x,t), \quad u|_{t=0} = 0 .$$

Ähnlich wie für elliptische Randwertaufgaben gibt es auch für die Wärmeleitungs-gleichung in $Q = \Omega \times (0,T)$ mit einem beschränkten Gebiet Ω Lösungsdarstellungen mit Hilfe Greenscher Funktionen bzw. Wärmeleitungskernen. Diese sind i.a. so kompliziert, daß wir auf eine allgemeine Beschreibung verzichten. Z.B. gilt für

$$u_t - u_{xx} = f(x,t), \quad u|_{x=0} = u|_{x=l} = 0, \quad u|_{t=0} = 0 .$$

die Lösungsdarstellung

$$u(x,t) = \int\limits_0^t \int\limits_0^l f(\xi,\tau) \, G(x,\xi,t-\tau) \, d\xi \, d\tau$$

mit

$$G(x,\xi,t) = \frac{1}{2l} \left[\vartheta_3 \left(\frac{x-\xi}{2l}, \frac{t}{l^2} \right) - \vartheta_3 \left(\frac{x+\xi}{2l}, \frac{t}{l^2} \right) \right] .$$

Hierbei ist ϑ_3 die klassische Theta-Funktion

$$\vartheta_3(z,\tau) = \frac{1}{\sqrt{-i\tau}} \sum_{n=-\infty}^{\infty} \exp\left[-i\pi(z+n)^2/\tau\right] .$$

Nur in Ausnahmefällen gibt es „elementare" Lösungsdarstellungen, z.B. für

$$u_t - u_{xx} = 0 \quad \text{in} \quad x > 0, t > 0 \quad \text{mit} \quad u|_{t=0} = 0, \quad u|_{x=0} = h(t).$$

Dann gilt nämlich

$$u(x,t) = \frac{1}{2\sqrt{\pi}} \int\limits_0^t \frac{x}{(t-\tau)^{3/2}} \, e^{\frac{-x^2}{4(t-\tau)}} \, h(\tau) \, d\tau \, .$$

Manchmal werden elliptische Randwertaufgaben mit Hilfe numerischer Algorithmen für parabolische Randwertaufgaben gelöst. Diese Möglichkeit beruht auf folgender Aussage:

SATZ 1.9 *Es seien* Ω *beschränktes Gebiet mit glattem Rand,* f, g *stetige Funktionen. Dann konvergiert für* $t \to \infty$ *die Lösung des Anfangs-Randwertproblems*

$$\begin{aligned} u_t - \Delta u &= 0 \quad \text{in} \quad \Omega \times (0,T) \\ u &= g \quad \text{für} \quad x \in \partial\Omega \\ u &= f \quad \text{für} \quad t = 0 \end{aligned}$$

gleichmäßig in $\bar\Omega$ *gegen die Lösung der elliptischen Randwertaufgabe*

$$\begin{aligned} \Delta u &= 0 \quad \text{in} \quad \Omega \\ u &= g \quad \text{auf} \quad \partial\Omega \, . \end{aligned}$$

1.3.3 Hyperbolische Anfangs- und Anfangs-Randwertaufgaben

Hyperbolische Probleme unterscheiden sich wesentlich von elliptischen und parabolischen Problemen. Dies beginnt schon damit, daß die Dimension des Problems eine wesentliche Rolle spielt, hier werden die Fälle $n = 1, 2, 3$ diskutiert. In allen drei Fällen kennt man die Fundamentallösung für die Wellengleichung

$$u_{tt} - c^2 \Delta u = 0 \, ,$$

die Fundamentallösung ist aber für $n = 3$ eine singuläre Distribution [Tri72]. Deshalb verzichten wir auf die Darstellung dieses Zugangs und geben einige „klassische" Lösungsdarstellungen an.

Betrachtet wird zunächst als typisches hyperbolisches Problem folgende Anfangswertaufgabe für die Wellengleichung:

$$\begin{aligned} u_{tt} - c^2 \Delta u &= f \quad \text{in} \quad R^n \times (0,T) \\ u|_{t=0} &= g, \quad u_t|_{t=0} = h \, . \end{aligned}$$

Das Duhamel-Prinzip führt auch hier dazu, daß Lösungsdarstellungen für die homogene Aufgabe Lösungsdarstellungen für die inhomogene Aufgabe ergeben. Löst nämlich $z(x,t,s)$ die homogene Aufgabe

$$z_{tt} - c^2 \Delta z = 0, \quad z|_{t=s} = 0, \quad z_t|_{t=s} = f(x,s),$$

so löst

$$u(x,t) = \int_0^t z(x,t,s)\,ds$$

das inhomogene Problem

$$u_{tt} - c^2 \Delta u = f(x,t), \quad u|_{t=0} = 0, \quad u_t|_{t=0} = 0.$$

Deshalb konzentrieren wir uns auf das homogene Problem

$$\begin{aligned}
u_{tt} - c^2 \Delta u &= 0 \quad \text{in} \quad R^n \times (0,T) \\
u|_{t=0} &= g, \quad u_t|_{t=0} = h.
\end{aligned} \tag{3.13}$$

Im eindimensionalen Fall folgt aus der Darstellung $u = F(x+ct) + G(x-ct)$ der allgemeinen Lösung der homogenen Gleichung sofort die *d'Alembertsche Formel*:

$$u(x,t) = \frac{1}{2}(g(x+ct) + g(x-ct)) + \frac{1}{2c}\int_{x-ct}^{x+ct} h(\xi)\,d\xi. \tag{3.14}$$

Aus dieser Darstellung kann man wichtige Schlüsse ziehen.

(a) Sind $g \in C^2$ und $h \in C^1$, so definiert (3.14) eine C^2-Lösung; einen Glättungseffekt wie bei parabolischen Aufgaben gibt es nicht.

(b) Die Lösung im Punkt (x,t) wird nur von den Werten von g und h im Intervall $[x-ct,\ x+ct]$ beeinflußt – dem Abhängigkeitsgebiet. Umgekehrt besitzt ein Punkt ξ auf der x-Achse nur einen Einfluß auf das Intervall $[\xi - ct_0, \xi + ct_0]$ zur Zeit $t = t_0$, und der Einfluß einer Störung im Punkte ξ macht sich im Punkte $x = x^*$ erst zur Zeit $t^* = |x^* - \xi|/C$ bemerkbar (endliche Ausbreitungsgeschwindigkeit von Störungen).

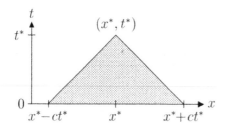
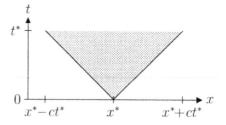

Abbildung 1.3 Abhängigkeitsgebiet   Einflußgebiet

Im zwei- und dreidimensionalen Fall gibt es ähnliche Formeln, zumeist nach *Kirchhoff* benannt. Im 2D-Fall gilt:

$$u(x_1, x_2, t) = \frac{1}{4\pi} \frac{\partial}{\partial t} \left(2t \int\limits_{|\xi|<1} \frac{g(x_1 + ct\xi_1, x_2 + ct\xi_2)}{\sqrt{1 - |\xi|^2}} \right) + \frac{t}{4\pi} \left(2 \int\limits_{|\xi|<1} \frac{h}{\sqrt{1 - |\xi|^2}} \right).$$

Das Abhängigkeitsgebiet für den Punkt (x, t) ist der Kreis $\{x + ct\xi \text{ mit } |\xi| \leq 1\}$, das Einflußgebiet eines Punktes ein Kegel mit der Spitze in dem gegebenen Punkt. Für $g \in C^2$, $h \in C^1$ kann jetzt sogar nur $u \in C^1$ gesichert werden.

Im dreidimensionalen Fall ist die Situation etwas anders. Hier hat man (mit Oberflächenintegralen 1.Art)

$$u(x, t) = \frac{1}{4\pi} \frac{\partial}{\partial t} \left(t \int\limits_{|\xi|=1} g(x + ct\xi) \, dS_\xi \right) + \frac{t}{4\pi} \int\limits_{|\xi|=1} h(x + ct\xi) \, dS_\xi.$$

Jetzt sind Abhängigkeitsgebiet und Einflußgebiet nur Oberfläche einer Kugel bzw. Oberfläche eines Kegels entsprechend dem *Huygens-Prinzip*. Dies bedeutet z.B., dass eine Störung in einem Punkt ξ in einem anderen Punkt x^* genau zur Zeit $t^* = |x^* - c|/c$ beobachtet werden kann, später jedoch nicht mehr (,, sharp signals").

Kommen nun in einem beschränkten Gebiet Randbedingungen hinzu, so stellt man fest: *Bei Anfangs-Randwertaufgaben kann die Lösung entlang der Charakteristiken Unstetigkeiten besitzen.*

Betrachten wir hierzu die Lösung von

$$u_{tt} - c^2 u_{xx} = 0$$

in einem Parallelogramm, begrenzt von Charakteristiken.

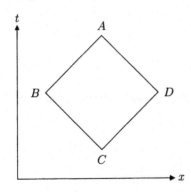
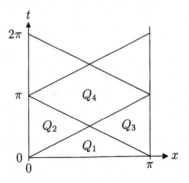

Abbildung 1.4   Begrenzung durch Charakteristiken   Einbeziehung von Randbedingungen

Dann ergibt sich aus der Darstellung

$$u(x, t) = F(x + ct) + G(x - ct) \qquad \text{und} \qquad F(A) = F(D), \; F(B) = F(C)$$

sowie $G(A) = G(B)$; $G(C) = C(D)$ sofort

$$u(A) + u(C) = u(B) + u(D) \, . \tag{3.15}$$

Für das Beispiel der Anfangs-Randwertaufgabe

$$u_{tt} - u_{xx} = 0 \qquad \text{in} \qquad 0 < x < \pi,$$

$$u|_{t=0} = 1, \quad u_t|_{t=0} = 0; \qquad u|_{x=0} = 0, \ u|_{x=\pi} = 0$$

folgt aus der d'Alembertschen Formel dann $u \equiv 1$ in Q_1 (s.Abb. 1.4). Gemäß (3.15) folgt $u \equiv 0$ in Q_2 und Q_3. Die erneute Anwendung von (3.15) liefert $u \equiv -1$ in Q_4. (Dies kann man auch dadurch bestätigen, dass man die Lösungsdarstellung

$$u(x,t) = \frac{4}{\pi} \sum_{n=0}^{\infty} \frac{\sin(2n+1)\,x \cos(2n+1)\,t}{(2n+1)}$$

aus Abschnitt 1.2 analysiert).

Ursache der Unstetigkeit ist die Inkompatibilität der Daten; Bedingungen der Form

$$u|_{t=0} = g(x); \qquad u|_{x=0} = \alpha(t)$$

vertragen sich natürlich nur für $g(0) = \alpha(0)$. Für eine C^2-Lösung benötigt man darüberhinaus bei $u_t|_{t=0} = h(x)$ noch

$$\alpha'(0) = h(0) \quad \text{und} \quad \alpha''(0) = c^2 g''(0) \, .$$

Glatte Lösungen hyperbolischer Anfangs-Randwertaufgaben erfordern also bestimmte Kompatibilitätsbedingungen.

Kapitel 2

Differenzenverfahren

2.1 Grundkonzept von Differenzenverfahren: Gitterfunktionen und Differenzen-Operatoren

In dem Klassiker von Collatz „Numerische Behandlung von Differentialgleichungen"
(1950) findet man folgende Aussage: *Das Differenzenverfahren ist ein bei Randwertaufgaben allgemein anwendbares Verfahren. Es ist leicht aufstellbar und liefert bei groben
Maschenweiten im allgemeinen bei relativ kurzer Rechnung einen für technische Zwecke
oft ausreichenden Überblick über die Lösungsfunktion. Insbesondere gibt es bei partiellen Differentialgleichungen Bereiche, bei denen das Differenzenverfahren das einzig
praktisch brauchbare Verfahren ist, und bei denen andere Verfahren die Randbedingungen nur schwer oder gar nicht zu erfassen vermögen.*

Diese Wertung besitzt auch heute hinsichtlich der leichten Übertragbarkeit der Dis-
kretisierungsidee vom eindimensionalen auf den mehrdimensionalen Fall für nicht zu
komplizierte Randwertaufgaben ihre Gültigkeit, ist jedoch durch die spätere Entwicklung der Methode der finiten Elemente zu relativieren. Die theoretische Fundierung von
Differenzenverfahren auf dem klassischen Wege über Konsistenzabschätzungen mittels
Taylorscher Formel und elementare Stabilitätsabschätzungen ist zwar relativ einfach,
besitzt jedoch den Nachteil unrealistischer Voraussetzungen an die Glätte der gesuchten
Lösung. Nichtklassische Zugänge zu Differenzenverfahren, wie sie z.B. in dem in der west-
lichen Welt zu wenig bekannten Standardwerk [Sam84], aber auch versteckt in [Hac86]
und in [Hei87] dargestellt sind, ermöglichen Abschwächungen dieser Forderungen. Wir
werden dazu auch in Abschnitt 2.5 die Grundidee der Finite-Volumen-Verfahren skizzieren.

Der Ausgangspunkt für Finite-Differenzen-Verfahren (FDM) zur numerischen Behandlung partieller Differentialgleichungen besteht darin, anstelle der gesuchten Lösungsfunktion nur Näherungswerte derselben in einer endlichen Anzahl von Punkten, den so
genannten Gitterpunkten, zu bestimmen. Die in partiellen Differentialgleichungen auftretenden Ableitungen sind dabei geeignet durch Differenzen von Funktionswerten der
Näherungslösung in den gewählten Gitterpunkten zu ersetzen. Diese Differenzenapproximationen von Ableitungen können auf unterschiedliche Weise gewonnen werden, z.B.

mittels der Taylorschen Formel, mittels lokaler Bilanzgleichungen oder über entsprechende Interpretationen von Finite-Element-Methoden (s. Kapitel 4). Die erstgenannten beiden Zugänge sind i.allg. im engeren Sinne als Finite-Differenzen-Methoden bzw. Finite-Volumen-Methoden in der Literatur bekannt und ihre Grundprinzipien werden für elliptische Differentialgleichungen im Abschnitt 2.5 dargestellt. Konstruktion und Konvergenzeigenschaften von Finite-Differenzen-Methoden für parabolische bzw. hyperbolische Probleme werden im Abschnitt 2.6 bzw. 2.3 und 2.7 angegeben.

Zur Einführung in die typische Vorgehensweise bei Finite-Differenzen-Methoden betrachten wir folgendes Beispiel. Gesucht wird eine hinreichend glatte Funktion u, die bei vorgegebenem f der Poisson-Gleichung im Einheitsquadrat genügt und auf dessen Rand gleich Null ist:

$$\begin{aligned}
-\Delta u &= f \quad \text{in} \quad \Omega := (0,1)^2 \subset \mathbb{R}^2, \\
u &= 0 \quad \text{auf} \quad \Gamma := \partial\Omega.
\end{aligned} \tag{1.1}$$

Bei der Finite-Differenzen-Methode ermittelt man nun Näherungswerte $u_{i,j}$ für die Werte der unbekannten Funktion $u(x_{i,j})$ in einer endlichen Anzahl von Punkten, den Gitterpunkten $\{x_{i,j}\}$. Diese Gitterpunkte seien in unserem Beispiel

$$x_{i,j} = (i\,h,\, j\,h)^T \in \mathbb{R}^2,\ i,\, j = 0, 1, \ldots, N.$$

Dabei ist $h := 1/N$ mit $N \in \mathbb{N}$ die Schrittweite des Gitters.

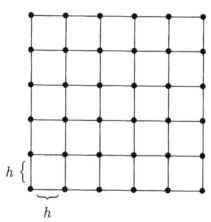

Abbildung 2.1 Diskretisierungsgitter

Während die vorgegebenen Randwerte (hier homogene) in auf dem Rande liegenden Gitterpunkten direkt übernommen können, sind die in der in Differentialgleichung von Aufgabe (1.1) auftretenden Ableitungen geeignet durch Differenzenquotienten zu approximieren. Die Taylorschen Formel liefert z.B.

$$\begin{aligned}
\frac{\partial^2 u}{\partial x_1^2}(x_{i,j}) &\approx \frac{1}{h^2}\left(u(x_{i-1,j}) - 2u(x_{i,j}) + u(x_{i+1,j})\right), \\
\frac{\partial^2 u}{\partial x_2^2}(x_{i,j}) &\approx \frac{1}{h^2}\left(u(x_{i,j-1}) - 2u(x_{i,j}) + u(x_{i,j+1})\right).
\end{aligned}$$

Ersetzt man nun damit in den gewählten inneren Gitterpunkten die partielle Differentialgleichung, so erhält man damit unter Beachtung der Funktionswerte in den Gitterpunkten auf dem Rand insgesamt eine näherungsweise Beschreibung des Ausgangsproblems
(1.1) durch das lineare Gleichungssystem

$$4u_{i,j} - u_{i-1,j} - u_{i+1,j} - u_{i,j-1} - u_{i,j+1} = h^2 f(x_{i,j}),$$
$$u_{0,j} = u_{N,j} = u_{i,0} = u_{i,N} = 0, \qquad i,j = 1,\ldots,N-1. \quad (1.2)$$

Dieses Gleichungssystem ist für jedes $N \in \mathbb{N}$ eindeutig lösbar und liefert unter Glattheitsvoraussetzungen an die gesuchte Lösung u des Ausgangsproblems Näherungswerte
für diese in den Gitterpunkten, d.h. $u_{i,j} \approx u(x_{i,j})$, wie später noch gezeigt werden wird.
Typisch für Finite-Differenzen-Methoden sind also folgende Punkte:

- das Grundgebiet, in dem die Differentialgleichung gelten soll, wird mit einer hinreichend großen Zahl von Testpunkten (Gitterpunkten) überzogen,
- Ableitungen in den Gitterpunkten werden näherungsweise durch finite Differenzen
  ersetzt unter Einbeziehung von Nachbarpunkten des Gitters.

Neben der partiellen Differentialgleichung sind in der Regel auch Rand- bzw. Anfangsbedingungen zu erfüllen. Im Unterschied zu Rand- und Anfangswertaufgaben gewöhnlicher Differentialgleichungen ist bei komplizierter Geometrie des Grundgebietes die Realisierung eines Differenzenverfahrens im räumlich mehrdimensionalen Fall nicht trivial.
Wir betrachten als einfachstes Grundgebiet die Menge $\Omega := (0,1)^n \subset \mathbb{R}^n$, der Ab-
schluß dieser Menge sei $\overline{\Omega}$. Zur Diskretisierung in $\overline{\Omega}$ wird eine Menge $\overline{\Omega}_h$ von Gitterpunkten gewählt, z.B. die durch ein in Richtung aller Koordinatenachsen äquidistantes
Gitter mit der Schrittweite $h := 1/N$ erzeugten. Dabei bezeichnet $N \in \mathbb{N}$ die Zahl der
Gitterlinien in jeder Richtung. Im betrachteten Fall erhält man

$$\overline{\Omega}_h := \left\{ \begin{pmatrix} x_1 \\ \vdots \\ x_n \end{pmatrix} \in \mathbb{R}^n : x_1 = i_1 h, \ldots, x_n = i_n h, \ i_1, \ldots, i_n = 0, 1, \ldots, N \right\}$$

$$(1.3)$$

als Gesamtheit der *Gitterpunkte*. Je nach Zugehörigkeit der Gitterpunkte zum Gebiet Ω
oder dem Rand Γ bezeichne

$$\Omega_h := \overline{\Omega}_h \cap \Omega, \qquad \Gamma_h := \overline{\Omega}_h \cap \Gamma \qquad\qquad\qquad (1.4)$$

Zur Diskretisierung einer Aufgabe gehört im Unterschied zu deren Lösung u, die über $\overline{\Omega}$
erklärt ist, eine *diskrete Lösung* $u_h : \overline{\Omega}_h \to \mathbb{R}$. Die diskrete Lösung u_h ist also lediglich in
den endlich vielen Gitterpunkten definiert. Man nennt derartige Abbildungen über $\overline{\Omega}_h$
auch *Gitterfunktionen*. Zu deren Beschreibung werden die Räume

$$U_h := \{ u_h : \overline{\Omega}_h \to \mathbb{R} \}, \quad U_h^0 := \{ u_h \in U_h : u_h|_{\Gamma_h} = 0 \}, \quad V_h := \{ v_h : \Omega_h \to \mathbb{R} \}$$

eingeführt.

Zur Verkürzung der Schreibweise von Differenzenquotienten werden zur Diskretisierungsschrittweite $h > 0$ gehörend folgende *Differenzen-Operatoren* definiert:

$$(D_j^+ u)(x) \; := \; \frac{1}{h} \left(u(x + h\,e^j) - u(x) \right), \quad \textit{Vorwärts-Differenzenquotient}$$

$$(D_j^- u)(x) \; := \; \frac{1}{h} \left(u(x) - u(x - h\,e^j) \right), \quad \textit{Rückwärts-Differenzenquotient}$$

$$D_j^0 \; := \; \tfrac{1}{2}(D_j^+ + D_j^-), \qquad\qquad \textit{zentraler Differenzenquotient.}$$

Dabei bezeichnet e^j den Einheitsvektor in Richtung der j-ten Koordinatenachse. Analog werden wir für Differenzenoperatoren auch Bezeichnungen D_x^+, D_y^+, D_t^+ usw. verwenden, falls die unabhängigen Variablen entsprechend benannt sind. Mit den obigen Differenzen-Operatoren können im Fall achsenparalleler Gitter Differenzenquotienten für Gitterfunktionen definiert werden.

Wir wenden uns nun Räumen von Gitterfunktionen zu und stellen einige häufig verwendete Normen in diesen vor. Der Raum U_h^0 der auf Γ_h verschwindenden Gitterfunktionen wird mit einer geeigneten Norm $\|\cdot\|_h$ versehen. Für die nachfolgenden Konvergenzuntersuchungen werden in U_h^0 folgende Normen eingeführt:

$$\|u_h\|_{0,h}^2 := h^n \sum_{x_h \in \Omega_h} |u_h(x_h)|^2, \quad \forall u_h \in U_h^0, \tag{1.5}$$

die *diskrete L_2-Norm,*

$$\|u_h\|_{1,h}^2 := h^n \sum_{x_h \in \Omega_h} \sum_{j=1}^n |[D_j^+ u_h](x_h)|^2, \quad \forall u_h \in U_h^0, \tag{1.6}$$

die *diskrete H^1-Norm* sowie

$$\|u_h\|_{\infty,h} := \max_{x_h \in \overline{\Omega}_h} |u_h(x_h)|, \quad \forall u_h \in U_h^0, \tag{1.7}$$

die *diskrete Maximumnorm.* Ferner wird in U_h^0 das *diskrete Skalarprodukt*

$$(u_h, v_h)_h := h^n \sum_{x_h \in \Omega_h} u_h(x_h)\, v_h(x_h), \quad \forall u_h,\, v_h \in U_h^0 \tag{1.8}$$

eingeführt. Mit diesem gilt insbesondere

$$\|u_h\|_{0,h}^2 = (u_h, u_h)_h \qquad \text{bzw.} \qquad \|u_h\|_{1,h}^2 = \sum_{j=1}^n (D_j^+ u_h, D_j^+ u_h)_h, \quad \forall u_h \in U_h^0.$$

Die Normen $\|\cdot\|_{0,h}$, $\|\cdot\|_{\infty,h}$ und das Skalarprodukt $(\cdot,\cdot)_h$ sind, da ausschließlich Punkte $x_h \in \Omega_h$ zu ihrer Definition verwendet werden, ebenfalls für den Raum V_h erklärt. Sie liefern für diesen auch Normen und werden im weiteren entsprechend genutzt.

Im Fall ungleichabständiger Gitter sind die Faktoren h^n durch Gewichtsfaktoren $\mu_h(x_h)$ zu ersetzen. Diese lassen sich mittels den Gitterpunkten x_h geeignet zugeordneter dualer Teilgebieten $D_h(x_h)$ durch

$$\mu_h(x_h) := \operatorname{meas} D_h(x_h) := \int_{D_h(x_h)} dx, \qquad x_h \in \overline{\Omega}_h$$

definieren. Im äquidistanten Fall und $\Omega = (0,1)^n \subset \mathbb{R}^n$ kann man z.B.

$$D_h(x_h) = \{\, x \in \Omega \,:\, \|x - x_h\|_\infty < h/2 \,\} \tag{1.9}$$

setzen. Damit gilt $\mu_h(x_h) = h^n$, $\forall x_n \in \Omega_h$, und das dem allgemeineren Fall entsprechende Skalarprodukt

$$(u_h, v_h)_h := \sum_{x_h \in \Omega_h} \mu_h(x_h)\, u_h(x_h)\, v_h(x_h), \quad \forall u_h,\, v_h \in U_h^0$$

stimmt mit dem durch (1.5) definierten überein. Für allgemeinere Gebiete und Gitter wird eine Möglichkeit zur Konstruktion dualer Gebiete in Verbindung mit Finite-Volumen-Methoden später angegeben und analysiert. Definiert man analog zum Fall reeller Funktionen für $p \in (1,\infty)$ auch diskrete Normen

$$\|u_h\|_{L_p,h} := \left(\sum_{x_h \in \Omega_h} \mu_h(x_h)\, |u_h(x_h)|^p \right)^{1/p},$$

so gilt für $\dfrac{1}{p} + \dfrac{1}{q} = 1$ die *diskrete Höldersche Ungleichung*

$$|(u_h, v_h)_h| \le \|u_h\|_{L_p,h}\, \|v_h\|_{L_q,h}.$$

Der Grenzfall $p = 1$, $q = +\infty$ kann hierbei mit einbezogen werden. Dies liefert neben diskreten Maximumprinzipien (vgl. Abschnitt 2.1) eine andere Möglichkeit zur Gewinnung von gleichmäßigen Fehlerabschätzungen, d.h. Abschätzungen in der diskreten Maximum-Norm $\|\cdot\|_{\infty,h}$.

Schränkt man Funktionen $u \in C(\overline{\Omega})$ trivial durch Übernahme der Funktionswerte ein, d.h.

$$[r_h u](x_h) = u(x_h), \quad x_h \in \overline{\Omega}_h, \tag{1.10}$$

so gilt für diesen Restriktionsoperator sowohl

$$\lim_{h \to 0} \|r_h u\|_{0,h} = \|u\|_{L_2(\Omega)} \qquad \text{als auch} \qquad \lim_{h \to 0} \|r_h u\|_{\infty,h} = \|u\|_{L^\infty(\Omega)}.$$

Bekanntlich sind in endlichdimensionalen Räumen beliebige Normen zueinander äquivalent. Die entsprechenden Äquivalenzkonstanten hängen jedoch i.allg. von der Dimension des Raumes, damit also von der Diskretisierungsschrittweite h ab. Für die Normen $\|\cdot\|_{0,h}$, $\|\cdot\|_{\infty,h}$ hat man speziell

$$\min_{x_h \in \overline{\Omega}_h} \mu_h(x_h)^{1/2}\, \|u_h\|_{\infty,h} \le \|u_h\|_{0,h} \le \operatorname{meas}(\Omega)^{1/2}\, \|u_h\|_{\infty,h}, \quad \forall\, u_h \in U_h^0, \tag{1.11}$$

und damit gilt unter Beachtung von

$$\min_{x_h \in \overline{\Omega}_h} \mu_h(x_h) = h^n, \qquad \text{meas}\,(\Omega) = 1$$

im vorliegenden Fall die Ungleichungskette

$$h^{n/2}\,\|u_h\|_{\infty,h} \leq \|u_h\|_{0,h} \leq \|u_h\|_{\infty,h}, \quad \forall\, u \in U_h\,. \tag{1.12}$$

Folglich ist zu erwarten, daß bei Konvergenzuntersuchungen für Finite-Differenzen-Verfahren das Verhalten des Fehlers $\|r_h u - u_h\|_h$ für $h \to 0$ stark von der gewählten Norm $\|\cdot\|_h$ abhängt. Es ist bei linearen Problemen üblich, den Fehler vorwiegend in der diskreten L_2-Norm, der diskreten Maximumnorm, eventuell noch der diskreten H^1-Norm zu untersuchen. Dies werden auch wir im folgenden tun.

Wie lassen sich Differenzenapproximationen gewinnen? Für hinreichend glatte Funktionen $u : \mathbb{R}^n \to \mathbb{R}$ gilt nach der Taylorschen Formel

$$u(x+z) = \sum_{k=0}^{m} \frac{1}{k!} \left(\sum_{j=1}^{n} z_j \frac{\partial}{\partial x_j} \right)^k u(x) + R_m(x,z). \tag{1.13}$$

Dabei bezeichnet $R_m(x,z)$ das entsprechende Restglied, das z.B. in Lagrange-Form durch

$$R_m(x,z) = \frac{1}{(m+1)!} \left(\sum_{j=1}^{n} z_j \frac{\partial}{\partial x_j} \right)^{(m+1)} u(x+\theta z) \;\; \text{mit einem} \;\; \theta = \theta(x,z) \in (0,1)$$

darstellbar ist. Manchmal ist die Integralform des Restgliedes nützlich. Mit Hilfe von (1.13) können Abschätzungen für den bei der Ersetzung einer Ableitung durch eine entsprechende Differenzenformel erzeugten Fehler gewonnen werden. So erhält man aus (1.13) für festes $x \in \mathbb{R}^n$ beispielsweise die Abschätzung

$$\left| \left[\frac{\partial^2 u}{\partial x_j^2} - D_j^- D_j^+ u \right](x) \right| \leq \frac{1}{12} \max_{|\xi| \leq h} \left| \frac{\partial^4 u}{\partial x_j^4}(x+\xi) \right| h^2. \tag{1.14}$$

Die Taylorsche Formel liefert eine systematische Möglichkeit zur Erzeugung weiterer Differenzenapproximationen für Ableitungen, wie z.B.

$$\frac{\partial u}{\partial x_j}(x) = \frac{1}{2h} \left(-3u(x) + 4u(x+he^j) - u(x+2he^j) \right) + O(h^2).$$

In der Tat folgt aus (1.13) speziell

$$u(x+h\,e^j) = u(x) + \frac{\partial u}{\partial x_j}(x)\,h + \tfrac{1}{2} \frac{\partial^2 u}{\partial x_j^2}(x)\,h^2 + R_1,$$

$$u(x+2h\,e^j) = u(x) + 2\,\frac{\partial u}{\partial x_j}(x)\,h + 2\,\frac{\partial^2 u}{\partial x_j^2}(x)\,h^2 + R_2$$

mit Restgliedern $R_1 = O(h^3)$, $R_2 = O(h^3)$, und damit gilt die angegebene Differenzen-approximation.

Ein partielles Differentialgleichungsproblem einschließlich der Rand- und/oder Anfangsbedingungen kann in abstrakter Form dargestellt werden durch

$$F u = f \qquad (1.15)$$

mit geeignet gewählten Funktionenräumen U, V, einer Abbildung $F : U \to V$ und einem $f \in V$. Analog kann das zugehörige diskrete Problem durch

$$F_h u_h = f_h \qquad (1.16)$$

mit $F_h : U_h \to V_h$, $f_h \in V_h$ und diskreten Räumen U_h, V_h beschrieben werden. Ferner sei $r_h : U \to U_h$ eine Einschränkung der betrachteten Funktionen auf Gitterfunktionen.

Definition 2.1 *Die Größe* $\|F_h(r_h u) - f_h\|_{V_h}$ *wird als (zu $u \in U$ gehöriger) Konsistenzfehler bezeichnet.*

Mit Hilfe des Restgliedes der Taylorformel läßt sich unter Glattheitsvoraussetzungen an die Lösung u von (1.15) und geeigneter Diskretisierung f_h der Konsistenzfehler abschätzen.

Definition 2.2 *Eine Diskretisierung heißt konsistent, falls gilt:*

$$\|F_h(r_h u) - f_h\|_{V_h} \to 0 \qquad \text{für} \quad h \to 0.$$

Hat man für den Konsistenzfehler eine qualitative Abschätzung der Art

$$\|F_h(r_h u) - f_h\|_{V_h} = O(h^p),$$

so spricht man von der Konsistenzordnung p.

Konvergenz eines Verfahrens definiert man ähnlich:

Definition 2.3 *Ein Diskretisierungsverfahren heißt konvergent bzw. konvergent von der Ordnung q, falls für den Fehler gilt:*

$$\|r_h u - u_h\|_{U_h} \to 0 \qquad \text{für} \quad h \to 0 \qquad \text{bzw.} \qquad \|r_h u - u_h\|_{U_h} = O(h^q).$$

Konvergenz beweist man oft durch den Nachweis von Konsistenz und *Stabilität der Diskretisierung.*

Definition 2.4 *Ein Diskretisierungsverfahren heißt stabil, falls eine Konstante $S > 0$ existiert mit*

$$\|v_h - w_h\|_{U_h} \leq S \, \|F_h v_h - F_h w_h\|_{V_h} \qquad \text{für alle} \quad v_h, w_h \in U_h \qquad (1.17)$$

gilt.

Stabilität der Diskretisierung sichert auch, daß sich Rundungsfehler im diskreten Problem wenig auf das Ergebnis auswirken. Aus den gegebenen Definitionen folgt unmittelbar der folgende abstrakte Konvergenzsatz.

SATZ 2.1 *Es seien die stetige und diskrete Aufgabe eindeutig lösbar, und das Diskretisierungsverfahren sei konsistent und stabil. Dann ist es auch konvergent. Dabei konvergiert das Verfahren mindestens mit der durch die Konsistenz gegebenen Ordnung.*

Beweis: Da $u_h \in U_h$ Lösung der diskreten Aufgabe ist, gilt $F_h u_h = f_h$. Mit der Stabilität folgt

$$S \, \|r_h u - u_h\|_{U_h} \leq \|F_h(r_h u) - F_h u_h\|_{V_h} = \|F_h(r_h u) - f_h\|_{V_h}.$$

Die Konsistenz liefert nun die Konvergenz des Verfahrens, und es überträgt sich durch die Ungleichungskette auch die Konsistenzordnung auf die Konvergenzordnung. ∎

Bemerkung 2.1 Im Fall linearer diskreter Operatoren F_h entspricht die Stabilität der Diskretisierung der Existenz einer von h unabhängigen Konstanten $c > 0$ mit $\|F_h^{-1}\| \leq c$.

Im Fall nichtlinearer Operatoren F_h wird i. allg. die Gültigkeit der Stabilitätsungleichung (1.17) lediglich in einer Umgebung der diskreten Lösung u_h gefordert. □

Es sei darauf hingewiesen, daß all diese eine Diskretisierung charakterisierende Eigenschaften stark von den verwendeten Räumen und deren Normen abhängig sind. Insbesondere spricht man im Sinne der Definition 2.4 auch präziser von $U_h - V_h$-Stabilität.

Trotz grundlegender Gemeinsamkeiten bei Differenzenverfahren sind deren Anwendung und vor allem Konvergenzuntersuchungen für einzelne Aufgabenklassen relativ spezifisch. Wir werden daher nach einer kurzen Einführung zu einem allgemeinen Konvergenzkonzept die wichtigsten Aufgabenklassen getrennt betrachten und die entsprechenden Differenzenverfahren unter Beachtung ihrer Spezifika analysieren.

2.2 Einführende Beispiele zur Konvergenzanalysis

Bevor wir Differenzenverfahren speziell für hyperbolische, elliptische sowie parabolische Aufgaben eingehender analysieren, illustrieren wir einige Grundgedanken zur Konvergenzanalysis von Differenzenverfahren anhand zweier einfacher Beispiele.

Betrachtet wird zunächst die lineare Randwertaufgabe

$$Lu := -u''(x) + \beta \, u'(x) + \gamma \, u(x) = f(x), \quad x \in (0,1), \qquad u(0) = u(1) = 0 \quad (2.1)$$

mit konstanten Koeffizienten $\beta, \gamma \in \mathbb{R}$ mit $\gamma \geq 0$. Diese Aufgabe besitzt für $f \in C[0,1]$ eine eindeutige klassische Lösung u. Diese besitzt für $f \in C^k[0,1]$, $k \in \mathbb{N}$ ferner die Glattheit $u \in C^{k+2}[0,1]$. Damit lassen sich unter entsprechenden Annahmen bezüglich f realistisch Abschätzungen von Diskretisierungsfehlern aus der Taylorschen Formel gewinnen.

Mit $\Omega := (0,1)$ und

$$\Omega_h := \{ x_j = j\,h, \ j = 1,\ldots,N-1 \}, \qquad \overline{\Omega}_h := \{ x_j = j\,h, \ j = 0,1,\ldots,N \}$$

mit $h := 1/N$, $N \in \mathbb{N}$ kann (2.1) diskretisiert werden durch

$$[L_h u_h](x_h) := \left[\left(-D^- D^+ + \beta\, D^0 + \gamma \right) u_h \right](x_h), \quad x_h \in \Omega_h, \quad u_h \in U_h^0. \tag{2.2}$$

Nach der Definition der Differenzenquotienten ist dies äquivalent zu

$$-\frac{1}{h^2}(u_{j-1} - 2u_j + u_{j+1}) + \frac{\beta}{2h}(u_{j+1} - u_{j-1}) + \gamma\,u_j \;=\; f_j, \ j = 1,\ldots,N-1,$$
$$u_0 = u_N = 0. \tag{2.3}$$

Dabei bezeichnen $u_j := u(x_j)$, $f_j := f(x_j)$. Dieses Verfahren heißt üblicherweise *gewöhnliches Differenzenverfahren*.

Mit der durch $[r_h u](x_j) := u(x_j)$ definierten Einschränkung der Lösung u von Aufgabe (2.1) auf das Gitter $\overline{\Omega}_h$ erhält man aus (2.3) für die Differenz $w_h := u_h - r_h u$ nun

$$-\frac{1}{h^2}(w_{j-1} - 2w_j + w_{j+1}) + \frac{\beta}{2h}(w_{j+1} - w_{j-1}) + \gamma\,w_j \;=\; d_j, \ j = 1,\ldots,N-1,$$
$$w_0 = w_N = 0 \tag{2.4}$$

bzw. in kompakter Form

$$L_h w_h = d_h, \quad w_h \in U_h^0. \tag{2.5}$$

Dabei ist der Defekt $d_h : \Omega_h \to \mathbb{R}^{N-1}$ gegeben durch

$$d_j := f_j - [L_h r_h u](x_j), \quad j = 1,\ldots,N-1.$$

Mit der analog zu r_h definierten Einschränkung $q_h : C(\Omega) \to (\Omega_h \to \mathbb{R})$ gilt

$$d_h = q_h\, Lu - L_h r_h u, \tag{2.6}$$

und mit der Taylorschen Formel erhält man im Fall $u \in C^4[0,1]$ für den Konsistenzfehler sowohl

$$\|d_h\|_{0,h} \le c\,h^2 \qquad \text{als auch} \qquad \|d_h\|_{\infty,h} \le c\,h^2 \tag{2.7}$$

mit einer Konstanten $c > 0$. Im betrachteten Beispiel ist die Diskretisierung also in beiden Normen konsistent mit der Ordnung $q = 2$.

Ist der diskrete Operator wie im vorliegenden Fall invertierbar, dann liefert (2.5) wie beim Beweis von Satz 2.1 die Fehlerabschätzung

$$\|w_h\| \le \|L_h^{-1}\|\,\|d_h\|. \tag{2.8}$$

In welcher Norm und wie schätzt man nun aber $\|L_h^{-1}\|$ ab? Für die Analyse in der L_2-Norm bieten sich im Fall konstanter Koeffizienten Fourier-Enwicklungen an, diese

Technik skizzieren wir im Anschluß (für den allgemeinen Fall und die Methode der energetischen Ungleichungen siehe Abschnitt 4). Zur Analyse in der Maximumnorm kommen wir später.

Um bei diesem einführenden Beispiel mit möglichst einfachen Argumenten auszukommen, betrachten wir nachfolgend lediglich den Fall $\beta = 0$, d.h. das Randwertproblem

$$-u''(x) + \gamma u(x) = f(x), \quad x \in (0,1), \qquad u(0) = u(1) = 0 \tag{2.9}$$

und die zugehörige Diskretisierung

$$\begin{aligned}[L_h u_h]_l := -\frac{1}{h^2}(u_{l-1} - 2u_l + u_{l+1}) + \gamma u_l &= f_l, \ l = 1, \dots, N-1, \\ u_0 = u_N &= 0.\end{aligned} \tag{2.10}$$

Wir folgen nun im Diskreten der aus der Theorie der Fourierreihen bekannten Idee, aus einer Fourierentwicklung von f mittels eines entsprechenden Ansatzes eine Fourierentwicklung von u bestimmen zu können. Mit Blick auf die homogenen Dirichlet-Randbedingungen definieren wir Vektoren $v_h^j \in U_h^0$, $j = 1, \dots, N-1$ durch

$$[v_h^j]_l := \sqrt{2}\,\sin(j\pi x_l)\,; j = 1, \dots, N-1,\ x_l \in \overline{\Omega}_h. \tag{2.11}$$

Diese Vektoren bilden eine orthonormale Basis von U_h^0, d.h. es gilt

$$(v_h^j, v_h^k)_h = \delta_{jk}$$

und $v_0^j = v_N^j = 0$. Zudem ist

$$\left[L_h v_h^j\right]_l = \left(\frac{4}{h^2}\sin^2(\frac{j\pi h}{2}) + \gamma\right) v_l^j, \quad j,l = 1, \dots, N-1.$$

Damit sind die $v_h^j \in U_h^0$ Eigenvektoren von L_h mit den zugehörigen Eigenwerten

$$\lambda_j = \frac{4}{h^2}\sin^2(\frac{j\pi h}{2}) + \gamma, \quad j = 1, \dots, N-1. \tag{2.12}$$

Stellt man w_h, d_h aus (2.5) jeweils über der Basis $\{v_h^j\}$ dar, d.h.

$$w_h = \sum_{j=1}^{N-1} \omega_j\, v_h^j, \qquad d_h = \sum_{j=1}^{N-1} \delta_j\, v_h^j$$

mit Koeffizienten ω_j, $\delta_j \in \mathbb{C}$, $j = 1, \dots, N-1$, dann gilt mit den zu v_h^j dazugehörigen Eigenwerten λ_j die Darstellung

$$\sum_{j=1}^{N-1} \lambda_j\, \omega_j\, v_h^j = \sum_{j=1}^{N-1} \delta_j\, v_h^j.$$

Mit der linearen Unabhängigkeit der Vektoren v_h^j folgt hieraus

$$\omega_j = \delta_j / \lambda_j, \quad j = 1, \dots, N-1$$

und mit der aus der Orthonormalität resultierenden Parsevalschen Gleichung

$$\|w_h\|_{0,h}^2 = \sum_{j=1}^{N-1} |\omega_j|^2 = \sum_{j=1}^{N-1} \left|\frac{\delta_j}{\lambda_j}\right|^2 \leq \frac{1}{|\lambda_1|^2} \sum_{j=1}^{N-1} |\delta_j|^2 = \frac{1}{|\lambda_1|^2} \|d_h\|_{0,h}^2.$$

Aus (2.12) folgt damit

$$\|w_h\|_{0,h} \leq \frac{1}{4 h^{-2} \sin^2(\frac{\pi h}{2}) + \gamma} \|d_h\|_{0,h}.$$

Wegen $\lim\limits_{h\to 0} h^{-2}\sin^2(\frac{\pi h}{2}) = \pi^2/4$ ist somit die betrachtete Diskretisierung für $\gamma \geq 0$ stabil in der L_2-Norm.

Aus Stabilität und Konsistenz folgt dann für den Fehler

$$\|r_h u - u_h\|_{0,h} = \left(h \sum_{l=1}^{N-1} (u_l - u(x_l))^2 \right)^{1/2} \leq c h^2. \tag{2.13}$$

Wir wenden uns nun der Konvergenz in der diskreten Maximumnorm zu. Aus der Ungleichung (1.12) und (2.13) folgt sofort die Abschätzung

$$\|r_h u - {}_h \|_{\infty,h} = h^{-1/2} \|r_h u - u_h\|_{0,h} \leq c h^{3/2}. \tag{2.14}$$

Diese Abschätzung ist im allgemeinen jedoch nicht optimal.

Ist $\gamma > 0$, so folgt aus der strengen Diagonaldominanz der Koeffizientenmatrix des erzeugten Gleichungssystems die Stabilität in der diskreten Maximumnorm und damit

$$\|r_h u - u_h\|_{\infty,h} \leq c h^2. \tag{2.15}$$

Für den allgemeinen Fall $\gamma \geq 0$ kann man den Beweis mit Hilfe diskreter Vergleichssätze oder mit Hilfe von Aussagen über M-Matrizen führen, siehe Abschnitt 4.

Als zweites Beispiel betrachten wir mit der räumlich eindimensionalen parabolischen Aufgabe

$$\begin{aligned}
\frac{\partial u}{\partial t}(x,t) - \frac{\partial^2 u}{\partial x^2}(x,t) + \gamma u(x,t) &= f(x,t), & x \in (0,1),\ t > 0, \\
u(0,t) = u(1,t) &= 0, & t > 0, \\
u(x,0) &= u_0(x), & x \in (0,1)
\end{aligned} \tag{2.16}$$

ein zu (2.9) gehöriges instationäres Problem. Dabei bezeichnet $\gamma > 0$ eine Konstante und f, u_0 gegebene Funktionen. Analog zur vorher untersuchten Randwertaufgabe (2.9) besitzt auch die Anfangs-Randwert-Aufgabe (2.16) eine eindeutig bestimmte, hinreichend glatte Lösung u, falls die Daten f, u_0 entsprechend glatt sind und gewissen Kompatibilitätsbedingungen genügen. Wendet man über zeitlich und räumlich äquidistanten Gittern zur Approximation der Zeitableitung $\partial/\partial t$ den rückwärtigen Differenzenquotienten D_t^- und zur Approximation der Ortsableitung $\partial^2/\partial x^2$ den symmetrischen

Differenzenquotienten $D_x^- D_x^+$, so erhält man das Problem

$$
\begin{aligned}
[(D_t^- - D_x^- D_x^+ + \gamma\, I)u_{h,\tau}](x_i, t^k) &= f_{i,k}, & i = 1, \ldots, N-1,\ k = 1, \ldots, M, \\
u_{0,k} = u_{N,k} &= 0, & , k = 1, \ldots, M, \\
u_{i,0} &= u_0(x_i), & i = 1, \ldots, N-1
\end{aligned}
$$

(2.17)

zur Bestimmung der diskreten Lösung $u_{h,\tau} = \{u_{i,k}\}$. Dabei bezeichnen N, $M \in \mathbb{N}$ zu wählende Parameter, die die Orts- bzw. Zeitschrittweite der Diskretisierung $h := 1/N$, $\tau := T/M$ bestimmen, und die Punkte $t^k := k\,\tau$, $k = 0, 1, \ldots, M$ definieren das Zeitgitter. Komponentenweise dargestellt hat (2.17) die Form

$$
\begin{aligned}
\frac{1}{\tau}(u_{i,k} - u_{i,k-1}) - \frac{1}{h^2}(u_{i-1,k} - 2u_{i,k} + u_{i+1,k}) + \gamma\, u_{i,k} &= f_{i,k}, \\
u_{0,k} = u_{N,k} &= 0, \\
u_{i,0} &= u_0(x_i)
\end{aligned}
$$

(2.18)

mit entsprechenden Indexbereichen. Faßt man für die diskreten Werte $u_{i,k} \approx u(x_i, t^k)$ und $f_{i,k} := f(x_i, t^k)$ zu festem Zeithorizont t^k jeweils zu Vektoren $u^k \in U_h^0$ bzw. f^k zusammen, so läßt sich (2.18) mit den im stationären Fall definierten Operatoren L_h, r_h kompakt schreiben durch

$$
\begin{aligned}
\frac{1}{\tau}(u^k - u^{k-1}) + L_h u^k &= f^k, & k = 1, \ldots, M, \\
u^0 &= r_h u_0.
\end{aligned}
$$

(2.19)

Unter Beachtung der Linearität des Operators L_h folgt hieraus für $w^k := u^k - r_h u(\cdot, t^k)$ die Darstellung

$$
\begin{aligned}
\frac{1}{\tau}(w^k - w^{k-1}) + L_h w^k &= R^k, & k = 1, \ldots, M, \\
w^0 &= 0.
\end{aligned}
$$

(2.20)

Dabei läßt sich die Norm der Defekte R^k bei hinreichender Glattheit der Lösung u des Ausgangsproblems mit einer Konstanten $c > 0$ abschätzen durch

$$
\|R^k\|_{0,h} \le c\,(\tau + h^2), \quad k = 1, \ldots, M.
$$

Mit (2.20) liefert die Dreiecksungleichung nun

$$
\|w^k\|_{0,h} \le \|(I + \tau L_h)^{-1}\|_{0,h}\, \|w^{k-1}\|_{0,h} + \tau c\,(\tau + h^2), \quad k = 1, \ldots, M.
$$

Wegen der bereits für den stationären Fall gezeigten positiven Definitheit von L_h hat man $\|(I + \tau L_h)^{-1}\|_{0,h} \le 1$, und damit folgt insgesamt

$$
\|w^k\|_{0,h} \le \|w^{k-1}\|_{0,h} + \tau c\,(\tau + h^2), \quad k = 1, \ldots, M.
$$

Wird noch $w^0 = 0$ beachtet, so erhält man schließlich

$$
\|w^k\|_{0,h} \le k\,\tau c\,(\tau + h^2), \quad k = 1, \ldots, M
$$

und mit $M\,\tau = T$

$$\max_{k=0,1,...,M} \|u^k - r_h u(\cdot, t^k)\|_{0,h} \leq T\,c\,(\tau + h^2).$$ (2.21)

Die verwendete diskrete Norm $\|\cdot\|_{h,\tau}$ stellt eine Mischform zwischen der euklidischen Norm in Ortsrichtung und der Maximumnorm in Zeitrichtung dar.

Mit Hilfe diskreter Maximumprinzipien können im vorliegenden Beispiel unter entsprechenden Glattheitsvoraussetzungen auch diskret gleichmäßige Abschätzungen der Form

$$\max_{k=0,1,...,M} \max_{i=1,...,N-1} |u_{i,k} - u(x_i, t^k)| \leq c\,(\tau + h^2)$$

gezeigt werden. Wir kommen in Abschnitt 6 darauf zurück.

2.3 Transportprobleme und Erhaltungsgleichungen

Betrachtet werden partielle Differentialgleichungen erster Ordnung der Form

$$u_t(x, t) + \operatorname{div}(F(x, t, u(x, t)) = 0, \quad x \in \mathbb{R}^n,\ t > 0$$ (3.1)

über dem Gesamtraum. Dabei bezeichnet $F : \mathbb{R}^n \times \mathbb{R} \times \mathbb{R} \to \mathbb{R}^n$ eine differenzierbare Abbildung. Ferner sei $u(\cdot, 0)$ vorgegeben, d.h. neben der DGL (3.1) wird die Erfüllung der Anfangsbedingung

$$u(x, 0) = u_0(x), \quad x \in \mathbb{R}^n$$ (3.2)

mit einer vorgegebenen Funktion u_0 gefordert. Der Divergenz-Operator in (3.1) wird bzgl. der Ortsvariablen definiert. Es gilt also

$$\operatorname{div} q := \sum_{j=1}^{n} \frac{\partial q_j}{\partial x_j}$$

für glatte Vektorfelder $q : \mathbb{R}^n \to \mathbb{R}^n$. Mit der Kettenregel erhält man unter entsprechenden Glattheitsforderungen die zu (3.1) äquivalente Darstellung

$$u_t(x, t) + \sum_{j=1}^{n} \left(\frac{\partial F_j}{\partial x_j} + \frac{\partial F_j}{\partial u}\,\frac{\partial u}{\partial x_j} \right) = 0, \quad x \in \mathbb{R}^n,\ t > 0,$$ (3.3)

also

$$u_t(x, t) + v(x, t) \circ \nabla u(x, t) = f(x, t), \quad x \in \mathbb{R}^n,\ t > 0$$ (3.4)

mit $$v_j(x, t) := \frac{\partial u}{\partial x_j}(x, t),\ j = 1, \ldots, n \quad \text{und} \quad f(x, t) := -\sum_{j=1}^{n} \frac{\partial F_j}{\partial x_j}(x, t).$$

Dabei ist der Nabla-Operator ∇, d.h. der Gradient, wie schon der Divergenz-Operator lediglich bezüglich der Ortsvariablen zu verstehen. Im linearen Fall mit variablen Koeffizienten, d.h. der Aufgabe (3.4) mit einer gegebenen Abbildung $v : \mathbb{R}^n \times \mathbb{R} \to \mathbb{R}^n$ werden durch Kurven $(x(s), s)$, $s \in \mathbb{R}_+$, die

$$x'(s) = v(x(s), s), \quad s \in \mathbb{R}_+$$

genügen, Charakteristiken definiert. Längs dieser läßt sich die gesuchte Lösung von Aufgabe (3.1) durch gewöhnliche Anfangswertaufgaben beschreiben. Es sei $v : \mathbb{R}^n \times \mathbb{R} \to \mathbb{R}^n$ stetig und Lipschitz-stetig bezüglich des ersten Arguments. Dann sichert der Satz von Picard-Lindelöf für beliebige $(x, t) \in \mathbb{R}^n \times \mathbb{R}$ die globale Existenz einer eindeutigen Lösung des zugehörigen gewöhnlichen Anfangswertsystems

$$x'(s) = v(x(s), s), \quad s \in \mathbb{R}, \qquad x(t) = x. \tag{3.5}$$

Damit ist jedem $(x, t) \in \mathbb{R}^n \times \mathbb{R}$ ein eindeutig bestimmtes $\hat{x} := x(0) \in \mathbb{R}^n$ zugeordnet. Andererseits liefert die Kettenregel für die mittelbare Abbildung $u(x(\cdot, \cdot))$ die Darstellung

$$\frac{d}{ds} u(x(s), s) = u_t(x(s), s) + x'(s) \circ \nabla u(x(s), s), \quad s \in \mathbb{R}_+.$$

Unter Beachtung der Transportgleichung (3.1) und der Definition von $\hat{x}$ ist $u(x, t)$ eindeutig bestimmt durch

$$u(x, t) = u_0(\hat{x}) + \int_0^t f(x(s), s) \, ds.$$

Im Fall konstanter Koeffizienten, d.h. $v \in \mathbb{R}^n$ erhält man

$$x(s) = x + v \cdot (s - t), \quad s \in \mathbb{R}$$

als Lösung von (3.5) und damit $\hat{x} = x - vt$. Speziell für homogene Probleme, d.h. $f \equiv 0$, sind die Lösungen längs von Charakteristiken konstant. Die gesuchte Lösung läßt sich also darstellen durch

$$u(x, t) = u_0(x - vt), \quad t \geq 0.$$

Wir verweisen hier bereits darauf, daß im Fall nichtlinearer Transportprobleme Charakteristiken sich schneiden können, was auch bei stetigen Ausgangsdaten zu Unstetigkeiten (Schocks) der Lösung führen kann.

2.3.1 Der eindimensionale lineare Fall

Es sei $F(x, t, u) = a u$ mit einer Konstanten a, d.h. wir betrachten ein homogenes lineares Transportproblem mit konstanten Koeffizienten. Dann besitzt (3.1) die Form

$$u_t + a u_x = 0, \quad x \in \mathbb{R}, \, t > 0, \qquad u = u_0(x) \quad \text{für} \quad t = 0 \tag{3.6}$$

und die exakte Lösung läßt sich darstellen durch

$$u(x,t) = u_0(x - at). \tag{3.7}$$

Wir diskutieren nun Diskretisierungen von (3.6) auf einem äquidistanten Gitter mit $x_j = j \cdot h$, $t^k = k \cdot \tau$. Ohne Beschränkung der Allgemeinheit sei $a > 0$ vorausgesetzt ($a < 0$ kann analog behandelt werden).

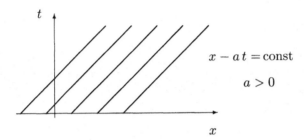

Abbildung 2.2   Charakteristiken des Transportproblems

Als *explizite* Diskretisierung bei Verwendung von drei Gitterpunkten in Orts-Richtung erhält man
$$D_t^+ u = a \left(\omega D_x^+ + (1 - \omega) D_x^- \right) u \tag{3.8}$$

mit einem Parameter $\omega \in [0,1]$. Bei Verwendung von $\omega \in \{0, 1/2, 1\}$ gibt es zunächst drei Möglichkeiten (siehe Abbildung 2.3). Mit der Abkürzung $\gamma := (a\tau)/h$ gilt für die einzelnen Varianten

$$\begin{aligned}
\text{(a)} \quad u_j^{k+1} &= u_j^k + \tfrac{1}{2}\gamma(u_{j-1}^k - u_{j+1}^k), \\
\text{(b)} \quad u_j^{k+1} &= (1 - \gamma)u_j^k + \gamma u_{j-1}^k, \\
\text{(c)} \quad u_j^{k+1} &= (1 + \gamma)u_j^k - \gamma u_{j+1}^k.
\end{aligned} \tag{3.9}$$

Diese Verfahren sind durch die nachfolgend dargestellten Differenzensterne charakterisiert.

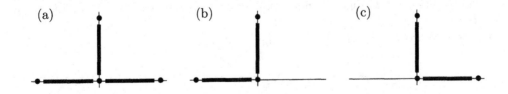

Abbildung 2.3   Differenzensterne zu den expliziten Diskretisierungen (3.9)

Der Charakteristikenverlauf legt nahe, daß die Variante (b) zu bevorzugen ist. Dies wird auch durch folgende Überlegung unterstrichen. Für die exakte Lösung von (3.6) gilt das Maximumprinzip

$$\inf_x u(x,t) \le u(x,t+\tau) \le \sup_x u(x,t), \qquad \forall x \in \mathbb{R}, \quad t \ge 0, \ \tau > 0. \tag{3.10}$$

Mit der Norm $\| \cdot \|_\infty$ in Raum der über $\mathbb{R}$ wesentlich beschränkten Funktionen läßt sich dies kurz schreiben durch

$$\|u(\cdot, t+\tau)\|_\infty \le \|u(\cdot, t)\|_\infty.$$

Soll die entsprechende Ungleichung

$$\inf_j u_j^k \le u_j^{k+1} \le \sup_j u_j^k, \qquad \forall j, \ k \in \mathbb{N}, \quad k \ge 0, \tag{3.11}$$

d.h.

$$\|u^{k+1}\|_{\infty,h} \le \|u^k\|_{\infty,h},$$

auch für den diskreten Fall gelten, dann ist ebenfalls Variante (b) zu wählen. Für (a),(c) ist die Eigenschaft (3.11) nicht zu sichern, während die Bedingung

$$\gamma = a\frac{\tau}{h} \le 1 \qquad \text{(Courant-Friedrichs-Levi-Bedingung)} \tag{3.12}$$

(*CFL-Bedingung*) dafür im Fall (b) offenbar hinreichend ist. Gleichzeitig folgt aus der CFL-Bedingung die Stabilität des Schemas (b) in der Maximumnorm, wie im folgenden Satz gezeigt wird. Wegen der Verwendung einseitiger Differenzenquotienten heißen (b) und (c) auch *upwind-Schemata*.

SATZ 2.2 *Die Funktion u_0 sei Lipschitz-stetig differenzierbar. Dann ist das explizite upwind-Schema (b) in der Maximumnorm konsistent von der Ordnung 1. Ist die CFL-Bedingung erfüllt, dann gilt das diskrete Maximumprinzip (3.11). Über beliebigen, aber endlichem Zeithorizont $[0,T]$ ist das Schema (b) damit auch stabil in der Maximumnorm und konvergent von der Ordnung 1.*

Beweis: Zunächst untersuchen wir die Konsistenzordnung, verwenden aber nicht standardmäßig Taylorentwicklungen, sondern nutzen aus, daß die exakte Lösung die Form (3.7) besitzt.

Aus dem Hauptsatz der Integralrechnung erhält man

$$
\begin{aligned}
u(x_j, t^{k+1}) - u(x_j, t^k) &= \int_{t^k}^{t^{k+1}} u_t(x_j, t)\, dt, \\
u(x_j, t^k) - u(x_{j-1}, t^k) &= \int_{x_{j-1}}^{x_j} u_x(x, t^k)\, dx.
\end{aligned}
\tag{3.13}
$$

Da die Lösung u der Differentialgleichung (3.1) genügt, gilt speziell auch

$$u_t(x_j, t^k) + a\, u_x(x_j, t^k) = 0.$$

Mit (3.13) folgt hieraus

$$\frac{u(x_j, t^{k+1}) - u(x_j, t^k)}{\tau} + a\frac{u(x_j, t^k) - u(x_{j-1}, t^k)}{h}$$
$$= \frac{1}{\tau}\int_{t^k}^{t^{k+1}} (u_t(x_j, t) - u_t(x_j, t^k))\, dt + a\frac{1}{h}\int_{x_{j-1}}^{x_j} (u_x(x, t^k) - u_x(x_j, t^k))\, dx.$$

Wegen der Linearität des Differenzenoperators und den aus der Lösungsdarstellung folgenden Beziehungen $u_x = u_0'$, $u_t = -a\, u_0'$ hat man für $w_j^k := u_j^k - u(x_j, t^k)$ damit

$$\frac{w_j^{k+1} - w_j^k}{\tau} + a\frac{w_j^k - w_{j-1}^k}{h} = \frac{a}{\tau}\int_{t^k}^{t^{k+1}} (u_0'(x_j - at) - u_0'(x_j - at^k))\, dt$$
$$- \frac{a}{h}\int_{x_{j-1}}^{x_j} (u_0'(x - at^k) - u_0'(x_j - at^k))\, dx. \tag{3.14}$$

Die Lipschitz-Stetigkeit von u_0' liefert die Konsistenz des Diskretisierungsschemas mit der Ordnung 1.

Die Gültigkeit des diskreten Maximumprinzips (3.11) folgt im Fall $\gamma \in (0,1]$ unmittelbar aus (b) und der Dreiecksungleichung. Ferner folgt aus (3.14)

$$w_j^{k+1} = (1-\gamma)w_j^k + \gamma w_{j-1}^k + \tau r_j^k, \quad j \in \mathbb{Z},\; k = 0, 1, \ldots, M-1 \tag{3.15}$$

mit

$$r_j^k := \frac{a}{\tau}\int_{t^k}^{t^{k+1}} (u_0'(x_j - at) - u_0'(x_j - at^k))\, dt - \frac{a}{h}\int_{x_{j-1}}^{x_j} (u_0'(x - at^k) - u_0'(x_j - t^k))\, dx. \tag{3.16}$$

Wegen

$$\left|\int_{t^k}^{t^{k+1}} (u_0'(x_j - at) - u_0'(x_j - at^k))\, dt\right| \le a\, L\int_{t^k}^{t^{k+1}} dt = \tfrac{1}{2}a\, L\tau,$$

$$\left|\int_{x_{j-1}}^{x_j} (u_0'(x - at^k) - u_0'(x_j - t^k))\, dx\right| \le L\int_{x_{j-1}}^{x_j} dx = \tfrac{1}{2}L\, h$$

gilt

$$|r_j^k| \le \frac{a}{2}(h + a\tau)L, \quad j \in \mathbb{Z},\; k = 0, 1, \ldots, M-1, \tag{3.17}$$

mit der Lipschitz-Konstanten L der Funktion u_0'. Mit der CFL-Bedingung und der Dreiecksungleichung erhält man aus (3.15) nun

$$\|w^{k+1}\|_{\infty,h} \leq \|w^k\|_{\infty,h} + \tau \frac{a}{2}(h + a\tau)L, \quad k = 0, 1, \ldots, M-1$$

und unter Beachtung der Anfangsbedingung $\|w^k\|_{\infty,h} = 0$ auch

$$\|w^k\|_{\infty,h} \leq k\tau \frac{a}{2}(h + a\tau)L, \quad k = 1, \ldots, M.$$

Dabei bezeichne $M \in \mathbb{N}$ die Anzahl der Zeitschritte der Diskretisierung, d.h. $\tau = T/M$. Es gilt also

$$\|w\|_{\infty,h,\tau} := \max_{k=0,1,\ldots,M} \|w^k\|_{\infty,h} \leq \frac{aT}{2}(h + a\tau)L. \quad \blacksquare$$

Bemerkung 2.2 Unter höheren Glattheitsforderungen an u_0' und Beachtung der aus der Differentialgleichung (3.6) folgenden Identität $u_{tt} = a^2 u_{xx}$ liefert die Taylorentwicklung ferner

$$\frac{u(x, t+\tau) - u(x, t)}{\tau} + a\frac{u(x, t) - u(x-h, t)}{h} = u_t + au_x + \frac{a\tau - h}{2}au_{xx} + O(h^2 + \tau^2). \quad \square$$

Bemerkung 2.3 Das Schema (b) erhält man auch durch folgende Überlegung. Ist $\gamma \leq 1$, so schneidet die Charakteristik (siehe Abbildung 2.4) die Gerade $t = t^k$ in einem Punkt P^*. Naheliegend ist, u_j^{k+1} als Ergebnis einer *linearen Interpolation* von u_{j-1}^k und u_j^k zu definieren. Dieser Gedanke läßt sich auch auf Probleme mit variablen Koeffizienten übertragen und gestattet somit lokal eine Anpassung der Diskretisierung an die Charakteristiken. $\square$

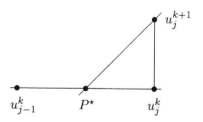

Abbildung 2.4   Diskretisierung unter Nutzung der Charakteristiken

Alternativ zur in Satz 2.2 gegebenen Stabilitätsuntersuchung in der Maximumnorm untersuchen wir jetzt L_2-Stabilität mittels Fourier-Analyse. Im Unterschied zu Abschnitt 2.2, in dem orthonormale Basen im Raum der Gitterfunktionen genutzt wurden, folgen wir hier einer z.B. in [Str04] gegebenen Darstellung, die auf der Fourier-Transformation basiert. Grund dafür ist, daß jetzt anders als in Abschnitt 2.2 das Gitter unendlich viele Gitterpunkte hat. Diese Technik ist insbesondere für zeitabhängige Probleme sehr populär. Sie besitzt aber den Nachteil, daß die Differentialoperatoren konstante Koeffizienten besitzen müssen und Randbedingungen nur mit Schwierigkeiten berücksicht werden können.

Es bezeichne φ_j die durch

$$\varphi_j(x) := \sqrt{\frac{h}{2\pi}}\, e^{\mathrm{i}\, j\, x}, \quad j \in \mathbb{Z} \tag{3.18}$$

definierten komplexen Funktionen. Diese Funktionen bilden eine orthogonale, abzählbare Basis des $L_2(-\pi, \pi)$ im zugehörigen komplexen Skalarprodukt

$$\langle v, w \rangle := \int_{-\pi}^{\pi} v(x)\, \overline{w(x)}\, dx, \qquad \forall v, w \in L_2(-\pi, \pi).$$

Dabei gilt

$$\langle \varphi_j, \varphi_l \rangle = h\, \delta_{j,l}, \quad \forall j, l \in \mathbb{Z} \tag{3.19}$$

mit dem Kronecker-Symbol $\delta_{j,l}$. Jeder Gitterfunktion $u_h = \{u_j\}_{j \in \mathbb{Z}} \in l^2$ läßt sich durch

$$\hat{u}(x) := \sum_{j=-\infty}^{\infty} u_j\, \varphi_j(x)$$

umkehrbar eindeutig eine Funktion $\hat{u} \in L_2(-\pi, \pi)$ zuordnen; ihre Fourier-Transformierte. Aus (3.19) folgt unmittelbar die entsprechende Umkehrformel

$$u_j = \frac{1}{h} \int_{-\pi}^{\pi} \hat{u}(x)\, \overline{\varphi_j(x)}\, dx = \frac{1}{\sqrt{h\, 2\pi}} \int_{-\pi}^{\pi} \hat{u}(x)\, e^{-\mathrm{i}\, j\, x}\, dx, \qquad j \in \mathbb{Z}$$

zur Bestimmung der Gitterfunktion u_h aus $\hat{u}$. Mit (3.19) gilt auch die Parsevalsche Gleichung

$$\|u_h\|_{0,h}^2 = h \sum_{j=-\infty}^{\infty} u_j^2 = \langle \hat{u}, \hat{u} \rangle = \|\hat{u}\|_0^2. \tag{3.20}$$

Auf ihrer Grundlage können Stabilitätsuntersuchung in der L_2-Norm für Differenzenverfahren mit Hilfe der zugeordneten Fourier-Transformierten realisiert werden. Dabei erweist sich folgende Beobachtung als extrem nützlich:
Sind zwei Gitterfunktionen v_h und w_h durch die Beziehung $v_i = w_{i\pm 1}$ miteinander verknüpft, so impliziert dies für ihre Fourier-Transformierten

$$\hat{v}(x) = e^{\mp \mathrm{i}\, x}\, \hat{w}(x). \tag{3.21}$$

Damit bewirkt ein Differenzenoperator im Bildbereich der Fourier-Transformation die Multiplikation mit einem (komplexen) trigonometrischen Polynom!

Betrachtet werde nun wieder (3.6), jedoch für einen endlichen Zeithorizont $[0, T]$. Mit der Zahl $M \in \mathbb{N}$ der Zeitintervalle wird die Zeitschrittweite $\tau = T/M$ gesetzt. Wir wählen die Norm

$$\|u\|_{h,\tau} := \max_{0 \leq k \leq M} \|u^k\|_{0,h} . \tag{3.22}$$

Dabei ist darauf hinzuweisen, daß im Fall des hier betrachteten räumlich unbeschränkten Gebietes sich die euklidische Norm $\|u^k\|_{0,h}$ nicht mittels Maximumnorm $\|u^k\|_{\infty,h}$ nach oben abschätzen läßt. Deshalb stellen wir die Zusatzforderung, daß u_0 einen kompakten Träger besitzt.

SATZ 2.3 *Die Funktion u_0 sei Lipschitz-stetig differenzierbar, und u_0' besitze einen kompakten Träger. Dann ist das explizite upwind-Schema (b) in der durch (3.22) definierten Norm konsistent von der Ordnung 1. Ist die CFL-Bedingung erfüllt, dann ist das Schema (b) über endlichem Zeithorizont $[0, T]$ stabil in der Norm (3.22) und damit konvergent von der Ordnung 1.*

Beweis: Wie im Beweis zu Satz 2.2 gezeigt wurde, gilt für $w_j^k := u_j^k - u(x_j, t^k)$ die Darstellung

$$w_j^{k+1} = (1 - \gamma) w_j^k + \gamma w_{j-1}^k + \tau r_j^k \quad j \in \mathbb{Z}, \ k = 0, 1, \ldots, M - 1 \tag{3.23}$$

mit den durch (3.16) definierten r_j^k. Wir schätzen zunächst die Gitterfunktionen $r^k := \{r_j^k\}_{j \in \mathbb{Z}}$ in der diskreten Norm $\| \cdot \|_{0,h}$ ab. Wegen des kompakten Trägers von u_0' existiert ein $\rho > 0$ mit

$$u_0'(x) = 0 \qquad \text{für alle } x \text{ mit} \quad |x| \geq \rho.$$

Wegen (3.16) folgt damit

$$\|r_k\|_{0,h}^2 = h \sum_{j \in \mathbb{Z}} |r_j^k|^2 \leq h \left(\frac{2\rho}{h} + 1 \right) \left(\frac{a}{2} (h + a\tau) L \right)^2, \quad k = 0, 1, \ldots, M - 1.$$

Also existiert ein $c > 0$ mit

$$\|r_k\|_{0,h} \leq c (h + a\tau), \quad k = 0, 1, \ldots, M - 1,$$

und das Schema ist konsistent in der durch (3.22) definierten Norm.

Aus (3.23) folgt wegen (3.21) für die Fourier-Transformierten der entsprechenden Gitterfunktionen

$$\hat{w}^{k+1} = ((1 - \gamma) + \gamma e^{ix})\hat{w}^k + \tau \hat{r}^k.$$

Damit ergibt sich

$$\|\hat{w}^{k+1}\|_0 \leq \max_{x \in [-\pi, \pi]} |(1 - \gamma) + \gamma e^{ix}| \|\hat{w}^k\|_0 + \tau \|\hat{r}^k\|_0.$$

Da wegen der CFL-Bedingung $\max\limits_{x\in[-\pi,\pi]} |(1-\gamma)+\gamma e^{i x}| = 1$ gilt, folgt aus (3.20)

$$\|w^{k+1}\|_{0,h} \le \|w^k\|_{0,h} + \tau c(h + a\tau), \quad k = 0, 1, \ldots$$

und unter Beachtung der Anfangsbedingung $\|w^k\|_{\infty,h} = 0$ nun

$$\|w^k\|_{0,h} \le k\tau c(h + a\tau), \quad k = 1, \ldots, M.$$

Dabei bezeichnet $M \in \mathbb{N}$ die Anzahl der Zeitschritte der Diskretisierung, d.h. $\tau = T/M$. Es gilt also letztlich

$$\|w\|_{h,\tau} = \max\limits_{k=0,1,\ldots,M} \|w^k\|_{0,h} \le T c(h + a\tau). \quad \blacksquare$$

Bemerkung 2.4 Allgemein entscheidet in einer Ungleichung vom Typ

$$\|\hat{w}^{k+1}\|_0 \le V_F \|\hat{w}^k\|_0 + \tau \|\hat{K}_F\|_0, \quad k = 0, 1, \ldots$$

der *Verstärkungsfaktor* V_F über Stabilität bzw. Instabilität des Verfahrens. V_F is das Maximum eines (komplexen) trigonometrischen Polynoms V. Gibt es ein x-Intervall, für das $V > \delta > 1$ mit einem von x, τ unabhängigen δ gilt, ist das Verfahren instabil. Hinreichend für Stabilität ist $V_F \le 1$, aber auch die Bedingung

$$V_F \le 1 + \mu\tau \tag{3.24}$$

wegen $\lim_{\tau\to 0}(1+\tau)^{1/\tau} = e$. $\square$

Wir untersuchen zunächst das upwind-Schema (b) weiter. Ist $\gamma > 1$, so gilt

$$|(1-\gamma)+\gamma e^{i\pi}| = 2\gamma - 1 > 1.$$

Wegen der Stetigkeit der Funktion $e^{i x}$ existiert zu $\delta \in (1, 2\gamma - 1)$ auch ein $\sigma \in (0, \pi/2)$ mit

$$|(1-\gamma)+\gamma e^{i x}| \ge \sigma \quad \forall x \in [-\pi + \sigma, \pi - \sigma].$$

Hieraus folgt die Instabilität des Verfahrens, die CFL-Bedingung ist also auch notwendig für Stabilität.

Wir wenden uns kurz den beiden anderen Verfahren (a) bzw. (c) zu. Im Fall (a) hat man für das Polynom V

$$\left| \left(1 + \frac{1}{2}\gamma\left(e^{i x} - e^{-i x}\right) \right) \right| = 1 + \gamma\sin(x),$$

und wie voranstehend gibt es stets ein $\delta > 1$ und ein Intervall $[\alpha, \beta] \subset [-\pi, \pi]$ derart, daß

$$|1 + \gamma\sin(x)| \ge \delta, \quad \forall x \in [\alpha, \beta].$$

Da $\gamma > 0$ gilt, ist dies für jede Wahl der Diskretisierungsschrittweiten $h > 0$ und $\tau > 0$ möglich. Ähnlich ergibt sich die Instabilität des Schemas (c).

Beide Verfahren genügen auch nicht dem diskreten Maximumprinzip, Stabilität in der Maximumnorm liegt nicht vor.

Bemerkung 2.5 Eine mehr heuristische Motivierung der CFL-Bedingung ist die folgende Überlegung: die Konsistenzuntersuchung des Schemas führte auf die Beziehung

$$\frac{u(x,t+\tau)-u(x,t)}{\tau}+a\frac{u(x,t)-u(x-h,t)}{h} = u_t+au_x+\frac{a\tau-h}{2}au_{xx}+O(h^2+\tau^2). \quad (3.25)$$

Mit einer Anfangsbedingung bei $t=0$ verlangt eine korrekt gestellte parabolische Aufgabe das "richtige" Vorzeichen von u_{xx} gemäß $a\tau-h \leq 0$, dies ist äquivalent zur CFL-Bedingung.

Der zusätzlich auftretende Term $\frac{a\tau-h}{2}au_{xx}$ bewirkt im Fall $a\tau-h<0$, daß praktisch neben der durch die Differentialgleichung gegebenen Konvektion auch ein Diffusionterm $\frac{a\tau-h}{2}au_{xx}$, *numerische Diffusion* genannt, auftritt, die zu einer unerwünschten Abflachung steiler Flanken bei der numerischen Lösung führt. $\square$

In den vorangehenden Untersuchungen wurde von einem äquidistanten Raumgitter, d.h. $\{x_j\}_{j\in\mathbb{Z}}$ mit $x_j-x_{j-1}=h$, $j\in\mathbb{Z}$, ausgegangen. Es soll noch kurz skizziert werden, wie sich die Fourier-Technik auf allgemeinere Gitter übertragen läßt. Für allgemeine Gitter $\{x_j\}_{j\in\mathbb{Z}}$ bezeichne

$$h_j := x_j-x_{j-1} > 0, \quad \text{und} \quad h_{j+1/2} := \frac{1}{2}(h_j+h_{j+1}), \quad j\in\mathbb{Z}.$$

Für Gitterfunktionen $u_h = (u_j)_{j\in\mathbb{Z}}$ wird entsprechend die angepaßte euklidische Norm $\|\cdot\|_{0,h}$ dann definiert durch

$$\|u_h\|_{0,h}^2 := \sum_{j\in\mathbb{Z}} h_{j+1/2}\, u_j^2.$$

Mit modifizierten komplexen Basisfunktionen

$$\varphi_j(x) := \sqrt{\frac{h_{j+1/2}}{2\,\pi}}\, e^{\mathrm{i}\,j\,x}, \quad j\in\mathbb{Z} \qquad (3.26)$$

lassen sich Gitterfunktionen u_h wie im Fall äquidistanter Gitter Funktionen $\hat{u}$, ihre Fourier-Transformierten, zuordnen durch

$$\hat{u}(x) := \sum_{j=-\infty}^{\infty} u_j\,\varphi_j(x).$$

Die Funktionen φ_j bilden eine orthogonale, abzählbare Basis des $L_2(-\pi,\pi)$ bezüglich des komplexen Skalarproduktes

$$\langle v,w\rangle := \int_{-\pi}^{\pi} v(x)\,\overline{w(x)}\,dx, \qquad \forall v,\, w\in L_2(-\pi,\pi)$$

und mit

$$\langle\varphi_j,\varphi_l\rangle = h_{j+1/2}\,\delta_{j,l}, \quad \forall j,l\in\mathbb{Z} \qquad (3.27)$$

gilt auch die Parsevalsche Gleichung

$$\|u_h\|_{0,h}^2 = \sum_{j=-\infty}^{\infty} h_{j+1/2}\, u_j^2 = \langle \hat{u}, \hat{u} \rangle = \|\hat{u}\|_0^2.$$

Auf diese Weise können die prinzipiellen Überlegungen der Konvergenzanalysis unter schwachen Zusatzbedingungen, wie z.B. Beschränkung der Quotienten h_j/h_{j+1} und h_{j+1}/h_j, auf ungleichabständige Gitter übertragen werden. Es sei darauf hingewiesen, daß in diesem allgemeineren Fall auch Quotienten benachbarter Schrittweiten h_j in einer modifizierten CFL-Bedingung auftreten.

Bemerkung 2.6 Beschränkt man sich nicht auf explizite Dreipunkt-Approximationen, sondern diskretisiert

$$u_j^{k+1} = \sum_{l=-m}^{m} c_l\, u_{j+l}^k$$

(Konsistenz verlangt dann $\sum_{l=-m}^m c_l = 1, \quad \sum_{l=-m}^m l\, c_l = -\gamma$),
so muß $c_l \geq 0$ gelten, um das diskrete Maximumprinzips (3.11) für das Schema zu sichern. Dies ist aber für Verfahren höherer Konsistenzordnung nicht möglich. Bei Beibehaltung des obigen diskreten Maximumprinzipes ist die bestmögliche Konvergenzordnung in dieser Verfahrensklasse lediglich eins. □

Im Fall eines Transportproblems über einem endlichen Intervall, d.h.

$$\begin{aligned}
u_t + a\, u_x &= 0, \quad x \in [c,d] \subset \mathbb{R}, \quad t > 0, \\
u(\cdot, 0) &= u_0, \quad \text{auf } [c,d], \qquad u(c, \cdot) = g, \quad t > 0,
\end{aligned} \tag{3.28}$$

sind neben den bereits analysierten expliziten auch implizite Diskretisierungen sachgemäß. Es sei darauf hingewiesen, dass die Vorgabe einer Randbedingung am linken Rand sachgemäß ist, da dann auf beliebigen Charakteristiken stets nur ein Funktionswert vorgegeben ist. Analog zu (3.8) erhält man als *implizite* Diskretisierung bei Verwendung von drei Gitterpunkten in Orts-Richtung nun

$$D_t^- u = a\,(\omega D_x^+ + (1-\omega)\, D_x^-)\, u \tag{3.29}$$

mit einem Parameter $\omega \in [0,1]$. Mit der Abkürzung $\gamma := (a\,\tau)/h$ liefert dies für $\omega = 0$ bzw. $\omega = 1$ die Varianten

$$\begin{aligned}
\text{(b)} \quad (1+\gamma)\, u_j^k - \gamma u_{j-1}^k &= u_j^{k-1}, \\
\text{(c)} \quad (1-\gamma)\, u_j^k + \gamma u_{j+1}^k &= u_j^{k-1}.
\end{aligned} \tag{3.30}$$

In der nachfolgenden Abbildung ist die Form der zugehörigen Differenzensterne angegeben.
Dabei entsprechen die Verfahren (b), (c) den expliziten mit gleicher Bezeichnung. Im

Abbildung 2.5 Differenzensterne zu den implizite Diskretisierungen (3.30)

Unterschied zu diesen ist bei impliziten Verfahren jedoch die Variante (b) für beliebige Schrittweiten h, $\tau > 0$ in der L_2-Norm stabil, während (c) nur für $\gamma \geq 1$ stabil ist. Mit der bei den expliziten Verfahren bereits genutzten Fourier-Analyse erhält man für (b)

$$|1 + \gamma - \gamma e^{\mathbf{i} x}| \geq |1 + \gamma| - |\gamma e^{\mathbf{i} x}| = 1, \qquad \forall x \in [-\pi, \pi]$$

und damit

$$\left| \frac{1}{1 + \gamma - \gamma e^{\mathbf{i} x}} \right| \leq 1, \qquad \forall x \in [-\pi, \pi].$$

Im Fall (c) hat man unter der Bedingung $\gamma \geq 1$

$$|1 - \gamma + \gamma e^{-\mathbf{i} x}| \geq |\gamma e^{\mathbf{i} x}| - |1 - \gamma| = \gamma - (\gamma - 1) = 1, \qquad \forall x \in [-\pi, \pi],$$

also wegen

$$\left| \frac{1}{1 - \gamma + \gamma e^{-\mathbf{i} x}} \right| \leq 1, \qquad \forall x \in [-\pi, \pi]$$

Stabilität, falls $\gamma \geq 1$ gilt.

2.3.2 Eigenschaften nichtlinearer Erhaltungsgleichungen

Betrachtet wird die Aufgabe

$$u_t + f(u)_x = 0, \qquad u(\cdot, 0) = u_0 \tag{3.31}$$

unter der für diesen Abschnitt generellen Voraussetzung $f'' > 0$.

Wie im linearen Fall spielen die Charakteristiken eine wichtige Rolle. Durch Differentiation und Vergleich mit der Differentialgleichung erhält man diese aus

$$\frac{dx}{dt} = f'(u(x(t), t)).$$

Unter entsprechenden Glattheitsvoraussetzungen liefert der Ansatz

$$u(x, t) = u_0(x - f'(u(x, t))t) \tag{3.32}$$

mit der Kettenregel für Ableitungen

$$u_x = u_0' \cdot (1 - f''(u) u_x t), \qquad u_t = u_0' \cdot (-f'(u) - f''(u) u_t t).$$

Wegen $f'' > 0$ lassen sich diese Gleichungen stets nach u_x bzw. u_t auflösen. Dies liefert

$$u_x = \frac{u_0'}{1 + u_0' f''(u)t}, \qquad u_t = -\frac{f'(u)u_0'}{1 + u_0' f''(u)t}. \tag{3.33}$$

Daraus folgt

LEMMA 2.1 *Ist $u_0' > 0$, so existiert eine klassische Lösung der gegebenen Aufgabe, implizit dargestellt durch (3.32).*

Ist nun aber $u_0' < 0$, so gibt es einen Zeitpunkt t^*, zu dem sich die Charakteristiken durch zwei gegebene Punkte x_0, x_1 schneiden (siehe Abbildung 2.6), ein solches t^* genügt

$$f'(u_0(x_0))t^* + x_0 = f'(u_0(x_1))t^* + x_1$$

(t^* existiert, da $u_0(x_1) < u_0(x_0)$). Selbst im Fall stetiger u_0 kann die Lösung also in

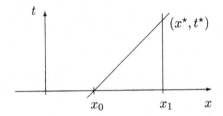

Abbildung 2.6 Sich schneidende Charakteristiken

endlicher Zeit Unstetigkeiten aufweisen.

Beispiel 2.1 Als spezielle nichtlineare Transportgleichung spielt die *Burgers*-Gleichung

$$u_t + uu_x = 0$$

in Anwendungen eine wichtige Rolle. Ihre Charakteristiken sind Geraden. Wählt man speziell als (stetige) Anfangsbedingung

$$u(x,0) = \begin{cases} 1 & x < 0 \\ 1 - x & 0 \le x \le 1 \\ 0 & x > 1, \end{cases}$$

so ist die Lösung für $t > 1$ unstetig:

$$u(x,t) = \begin{cases} 1 & x < t \text{ oder } x < 1 + (t-1)/2 \\ (1-x)/(1-t) & t \le x \le 1 \\ 0 & x > 1 \text{ oder } x > 1 + (t-1)/2. \end{cases}$$

$\square$

Natürlich muß man im Falle unstetiger Lösungen zunächst den Lösungsbegriff präzisieren. Dazu geht man zu schwachen Lösungen über. Multiplikation der Differentialgleichung mit einer C_0^1-Funktion ϕ (diese besitzt einen kompakten Träger in $(-\infty, \infty) \times (0, \infty)$) und partielle Integration liefert

$$\int_x \int_t (u\, \phi_t + f(u)\, \phi_x) + \int_x u_0\, \phi(x, 0) = 0 \quad \text{für alle} \quad \phi \in C_0^1. \tag{3.34}$$

Diese Bedingung charakterisiert jedoch schwache Lösungen nicht eindeutig, wie noch im Beispiel 2.2 gezeigt wird. Dafür kann aber das Verhalten einer glatten Kurve $(x(t), t)$, längs der eine Lösung eine Unstetigkeit besitzt, beschrieben werden. Wird im Falle einer Unstetigkeitskurve das Gesamtgebiet $D := \mathbb{R} \times (0, +\infty)$ zerlegt in die disjunkten Teilgebiete

$$D_1 := \{\, (x, t) \in D \,:\, x < x(t)\, \}, \qquad D_2 := \{\, (x, t) \in D \,:\, x > x(t)\, \},$$

so liefert die partielle Integration von (3.34) längs des gemeinsamen Randstücks die Bedingung

$$\frac{dx}{dt} = \frac{f(u_L) - f(u_R)}{u_L - u_R} \qquad (\textit{Rankine-Hugoniot-Bedingung}), \tag{3.35}$$

wobei

$$u_L := \lim_{\varepsilon \to 0^+} u(x(t) - \varepsilon, t), \qquad u_R := \lim_{\varepsilon \to 0^+} u(x(t) + \varepsilon, t).$$

Beispiel 2.2 Betrachtet wird erneut die Burgers-Gleichung, jetzt mit einer unstetigen Anfangsbedingung:

$$u_t + u u_x = 0,$$

$$u_0(x) = \begin{cases} 0 & x < 0 \\ 1 & x > 0. \end{cases} \tag{3.36}$$

Der Charakteristikenverlauf deutet bereits auf ein ungewöhnliches Lösungsverhalten hin (siehe Abbildung 2.7). Es sei nun $\alpha \in (0, 1)$ ein beliebiger Parameter und

$$u(x, t) = \begin{cases} 0 & \text{für} \quad x < \alpha t/2, \\ \alpha & \text{für} \quad \alpha t/2 < x < (1 + \alpha) t/2, \\ 1 & \text{für} \quad (1 + \alpha) t/2 < x. \end{cases} \tag{3.37}$$

Man rechnet leicht nach, daß $u(x, t)$ schwache Lösung ist, d.h. (3.34) genügt. Damit gibt es also unendlich viele Lösungen von (3.34). Natürlich gelten auch die Rankine-Hugoniot-Bedingungen längs der beiden Unstetigkeitskurven $x(t) = \alpha t/2$ bzw. $x(t) = (1 + \alpha) t/2$, wie man unmittelbar zeigen kann. $\square$

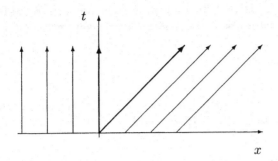

Abbildung 2.7 Charakteristiken zu Problem (3.36)

Entscheidender Punkt bei der eindeutigen Festlegung physikalisch relevanter schwacher Lösungen ist die sogenannte Entropie-Bedingung. Zu ihrer Motivierung betrachten wir zunächst klassische Lösungen. Es sei $U(\cdot)$ eine differenzierbare konvexe Funktion, und es sei zugehörig $F(\cdot)$ so gewählt, dass

$$F' = U'f' \tag{3.38}$$

gilt. $F(u)$ heißt dabei *Entropie-Fluß* und U(u) *Entropie-Funktion*. (ein Beispiel ist $U(u) = \frac{1}{2}u^2$, $F(u) = \int_0^u sf'(s)ds$). Ist u klassische Lösung, so gilt also für jede Entropie-Funktion und den dazugehörigen Entropie-Fluß die Beziehung

$$U(u)_t + F(u)_x = 0. \tag{3.39}$$

Im Fall schwacher Lösungen kann durch parabolische Regularisierung und partielle Integration (vgl. [Krö97]) die *Entropie-Bedingung*

$$\int_x \int_t U(u)\Phi_t + F(u)\Phi_x + \int_x U(u_0)\Phi(x,0) \ge 0, \qquad \forall \Phi \in C_0^1,\ \Phi \ge 0 \tag{3.40}$$

gewonnen werden. Dabei sind auch unstetige F und U zulässig, in Differenzierbarkeitspunkten muß aber (3.38) weiter gelten. Kruzkov[79] gab speziell an (mit beliebigem Parameter c)

$$\begin{aligned} U_c(u) &= |u - c|, \\ F_c(u) &= (f(u) - f(c))sgn\,(u - c) \end{aligned} \tag{3.41}$$

und bewies

LEMMA 2.2 *Ist $u_0 \in L_1 \cap TV$, so existiert eine eindeutige Lösung der Variationsgleichung (3.34) im Raum $L_\infty(0,T;L_1 \cap TV)$, die die Entropiebedingung (3.40) erfüllt.*

Der in diesem Lemma verwendete Raum TV ist dabei der Teilraum der lokal integrierbaren Funktionen, für die die Totalvariation

$$TV(f) = ||f||_{TV} = \sup_{h \ne 0} \int \frac{|f(x+h) - f(x)|}{|h|}$$

endlich ist.

Bemerkung 2.7 Es gibt weitere Bedingungen, die ebenfalls Entropie-Bedingung genannt werden. Hat man etwa längs $(x(t), t)$ eine Unstetigkeit, so nennt man auch (mit $s = dx/dt$)

$$f'(u_L) > s > f'(u_R) \tag{3.42}$$

Entropie-Bedingung. Aus (3.42) folgt insbesondere $u_L > u_R$. In [Lax72] findet man, wie man (3.42) aus (3.40) herleitet, zudem Aussagen über den mehrdimensionalen Fall. $\square$

Mit Hilfe der Entropie-Bedingung in der Form (3.42) kann man vollständig die Lösungen von

$$u_t + uu_x = 0, \qquad u(x,0) = u_0(x) := \begin{cases} u_L & x < 0 \\ u_R & x > 0 \end{cases} \tag{3.43}$$

bei konstanten u_L, u_R diskutieren. Diese Aufgabe heißt *Riemann-Problem*.

Ist $u_L < u_R$, so kann die Lösung nicht unstetig sein. Es gilt

$$u(x,t) = \begin{cases} u_L & \text{für } x < u_L \cdot t, \\ u_L + (u_R - u_L)(x - u_L \cdot t)/((u_R - u_L)t) & \text{für } u_L \cdot t \leq x \leq u_R \cdot t, \\ u_R & \text{für } u_R \cdot t < x. \end{cases}$$

Mit wachsendem t wird also der Abstand zwischen den beiden konstanten Zweigen

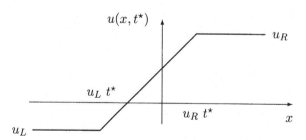

Abbildung 2.8 Lösungsverhalten bei Problem (3.43)

u_L, u_R immer größer (siehe Abb. 2.8). Als Spezialfall enthalten ist die Entropie-Lösung von Beispiel 2.2

$$u(x,t) = \begin{cases} 0 & x < 0 \\ x/t & 0 \leq x \leq t \\ 1 & t < x \end{cases},$$

die im Gegensatz zu den unstetigen, nicht die Entropie-Bedingung erfüllenden Lösungen stetig ist.

Es sei nun $u_L > u_R$. Dann gilt

$$u(x,t) = \begin{cases} u_L & \text{für} \quad x < \dfrac{f(u_L) - f(u_R)}{u_L - u_R} t, \\[3ex] u_R & \text{für} \quad x > \dfrac{f(u_L) - f(u_R)}{u_L - u_R} t, \end{cases}$$

für die Burgers-Gleichung mit $f(u) = \frac{1}{2}u^2$ speziell

$$u(x,t) = \begin{cases} u_L & \text{für} \quad x < \frac{1}{2}(u_L + u_R)t, \\[2ex] u_R & \text{für} \quad x > \frac{1}{2}(u_L + u_R)t. \end{cases}$$

Im Fall $\quad u_L + u_R = 0 \quad$ (z.B. $u_L = +1, u_R = -1$) $\quad$ liegt ein *stationärer Schock* vor, ist $u_L + u_R \neq 0$, so verschiebt sich die Unstetigkeitsstelle mit sich verändernder Zeit t.

Abschließend notieren wir noch, daß für stückweise stetige Lösungen der Erhaltungsgleichungen folgende Eigenschaften gelten (siehe [Lax72]):

$$
\begin{array}{lrcl}
(a) & \min_x u(x,t) & \leq & u(x,t+\tau) \leq \max_x u(x,t) \\[1ex]
(b) & TV(u(\cdot, t+\tau)) & \leq & TV(u(\cdot, t)) \\[1ex]
(c) & \|u(\cdot, t+\tau))\|_1 & \leq & \|u(\cdot, t)\|_1.
\end{array}
\qquad (3.44)
$$

2.3.3 Differenzenverfahren für nichtlineare Erhaltungsgleichungen

Im vorangehenden Abschnitt 2.3.2 wurden einige spezifische Fakten zur Analysis nichtlinearer Erhaltungsgleichungen bereitgestellt. Diese Eigenschaften nutzen wir nun zur Bewertung numerischer Schemata, d.h. wir werden überprüfen, inwieweit Diskretisierungsverfahren diese Eigenschaften sachgemäß widerspiegeln.

Betrachtet wird wieder die Aufgabe

$$u_t + f(u)_x = 0, \qquad u(\cdot, 0) = u_0 \qquad (3.45)$$

unter der generellen Voraussetzung $f'' > 0$. Es sei bemerkt, daß sich mit $f(u) = \frac{1}{2}u^2$ insbesondere auch die Burgers-Gleichung

$$\frac{\partial u}{\partial t} + u u_x = 0, \qquad u(x,0) = \begin{cases} -1 & x < 0 \\ 1 & x \geq 0 \end{cases} \qquad (3.46)$$

in diese Aufgabenklasse einordnen läßt.

Die direkte Übertragung der expliziten Verfahren (3.8) mit drei Gitterpunkten in Orts-Richtung liefert für den vorliegenden nichtlinearen Fall

$$D_t^+ u = (\omega D_x^+ + (1 - \omega) D_x^-) f(u) \qquad (3.47)$$

mit einem Parameter $\omega \in [0,1]$. Wendet man ein beliebiges Verfahren der Form (3.47), z.B. das durch $\omega = 1/2$ beschriebene Schema

$$\frac{u_i^{k+1} - u_i^k}{\tau} + \frac{f(u_{i+1}^k) - f(u_{i-1}^k)}{2h} = 0, \qquad (3.48)$$

auf (3.46) an, so ergibt sich

$$u_i^k = \begin{cases} -1, & \text{falls} \quad x_i < 0 \\ 1, & \text{falls} \quad x_i \geq 0. \end{cases}$$

Das Verfahren konvergiert zwar, jedoch nicht gegen die eindeutig bestimmte Entropie-Lösung (vgl. dazu die Ausführungen zum Riemann-Problem in Abschnitt 2.3.2). Es sind also im nichtlinearen Fall geeignete Modifikationen erforderlich, um sinnvolle Schemata zu erzeugen. Ein relativ allgemeiner Ansatz für explizite Diskretisierungsverfahren für nichtlineare Erhaltungsgleichungen (3.45) besteht in

$$\frac{u_i^{k+1} - u_i^k}{\tau} + \frac{1}{h} \left(g(u_{i+1}^k, u_i^k) - g(u_i^k, u_{i-1}^k) \right) = 0 \tag{3.49}$$

bzw.

$$u_i^{k+1} = H(u_{i-1}^k, u_i^k, u_{i+1}^k). \tag{3.50}$$

mit

$$H(u_{i-1}^k, u_i^k, u_{i+1}^k) := u_i^k - q \left(g(u_{i+1}^k, u_i^k) - g(u_i^k, u_{i-1}^k) \right), \tag{3.51}$$

und $q := \tau/h$. Dabei bezeichnet $g(\cdot, \cdot)$ eine geeignet gewählte Funktion, die *numerischer Fluß* genannt wird.

Zur Sicherung der Konsistenz des Schemas (3.49) wird generell vorausgesetzt, dass

$$g(s,s) = f(s) \qquad \forall s \in \mathbb{R} \tag{3.52}$$

gilt. Ist g differenzierbar, so wird die Konsistenzbedingung $\quad \partial_1 g + \partial_2 g = f'(u) \quad$ automatisch durch die Kettenregel gesichert.

Nachfolgend geben wir einige wichtige Diskretisierungsverfahren an, die sich durch entsprechende Wahl des numerischen Flusses in das allgemeine Verfahren (3.49) einordnen lassen. Wird

$$g(v,w) := \frac{1}{2} \left((f(v) + f(w)) - \frac{1}{q}(v - w) \right)$$

gewählt, so liefert (3.49) das *Lax-Friedrichs-Schema*

$$u_i^{k+1} = u_i^k - \frac{q}{2}[f(u_{i+1}^k) - f(u_{i-1}^k)] + \frac{u_{i+1}^k - 2u_i^k + u_{i-1}^k}{2}. \tag{3.53}$$

Die dem Lax-Friedrichs-Schema zugrunde liegende Idee zur Stabilisierung besteht darin, eine diskreten Version von $\frac{h}{2q} u_{xx}$ zu (3.48) hinzuzufügen. Da damit bei entsprechender Glattheit der Lösung u der Stabilisierungsterm in den Konsistenzfehler mit $O(h/q)$, eingeht, legt dies nahe, $q = 1$ zu wählen.

Mit der Wahl

$$g(v,w) := \begin{cases} f(v) & , \text{ falls } \quad v \geq w \quad \text{und} \quad f(v) \geq f(w) \\ f(w) & , \text{ falls } \quad v \geq w \quad \text{und} \quad f(v) \leq f(w) \\ f(v) & , \text{ falls } \quad v \leq w \quad \text{und} \quad f'(v) \geq 0 \\ f(w) & , \text{ falls } \quad v \leq w \quad \text{und} \quad f'(w) \leq 0 \\ f((f')^{-1}(0)) & , \text{ sonst.} \end{cases}$$

erhält man aus (3.49) das *Godunov-Schema*

$$u_i^{k+1} = u_i^k - q(f(u_{i+1/2}^k) - f(u_{i-1/2}^k)). \tag{3.54}$$

Dabei werden die Größen $u_{i+1/2}^k$ entsprechend der nachfolgenden Regel bestimmt: Es sei $f(u_{i+1}^k) - f(u_i^k) = f'(\xi_{i+1/2}^k)(u_{i+1}^k - u_i^k)$. Dann setzen wir

$$u_{i+1/2}^k = u_i^k, \quad \text{falls} \quad f'(u_i^k) > 0 \quad \text{und} \quad f'(\xi_{i+1/2}^k) > 0,$$

$$u_{i+1/2}^k = u_{i+1}^k, \quad \text{falls} \quad f'(u_{i+1}^k) < 0 \quad \text{und} \quad f'(\xi_{i+1/2}^k) < 0,$$

$$u_{i+1/2}^k \qquad \text{ist Nullstelle von} \quad f'(u) = 0 \quad \text{in den anderen Fällen .}$$

Wird

$$g(v,w) := \tfrac{1}{2}[f(v) + f(w) - \int_v^w |f'(s)|ds].$$

gesetzt, so liefert (3.49) das *Enquist-Osher-Schema*

$$u_i^{k+1} = u_i^k - q\left(\int_{u_{i-1}}^{u_i} f'_+ ds + \int_{u_i}^{u_{i+1}} f'_- ds \right), \tag{3.55}$$

wobei $f'_+(s) := \max(f'(s),0), \quad f'_-(s) := \min(f'(s),0)$.

Wir sagen nun: Das Schema (3.50), (3.51) heißt *monoton*, falls H in allen Argumenten eine nichtfallende Funktion ist.

Der entscheidende Vorteil monotoner Schemata ist, daß die Eigenschaften (3.44) des stetigen Problems auf das diskrete Problem übertragen werden, und man die Konvergenz gegen die richtige (Entropie-) Lösung nachweisen kann.

LEMMA 2.3 *Für ein monotones Schema der Form (3.50), (3.51) gilt*

$$\min(u_{i-1}^k, u_i^k, u_{i+1}^k) \leq u_i^{k+1} \leq \max(u_{i-1}^k, u_i^k, u_{i+1}^k). \tag{3.56}$$

Beweis: Wegen der Monotonie des Schemas folgt zunächst aus $u_i^k \leq v_i^k$ die Eigenschaft $u_i^{k+1} \leq v_i^{k+1}$ für alle i. Es sei nun $v_j^k = \sup_m u_m^k$ für alle j. Dann ist $v_j^k \geq u_j^k$ für alle j, also $v_j^{k+1} \geq u_j^{k+1}$ für alle j. Wegen der Konservativität des Schemas werden konstante Folgen in sich selbst abgebildet ($v_j^{k+1} = v_j^k$), also gilt $u_i^{k+1} \leq \sup_m u_m^k$. Daraus folgt sofort die Behauptung, deren zweiten Teil man analog beweist. ∎

Die Abschätzung (3.56) ist das diskrete Analogon zu (3.44, a). Wir kommen jetzt zu (3.44,b) bzw. (3.44,c). Für Gitterfunktionen u_h sind entsprechend definiert

$$\|u_h\|_{1,h} := \sum h|u_i| \qquad \text{und} \qquad \|u_h\|_{TV,h} := \sum |u_{i+1} - u_i|.$$

LEMMA 2.4 *Es seien $u_h^k, v_h^k \in L_{1,h}$, und zugehörig seien u_h^{k+1} bzw. v_h^{k+1} durch einen Verfahrenschritt eines monotonen Schemas der Form (3.50), (3.51) erzeugt. Dann sind auch $u_h^{k+1}, v_h^{k+1} \in L_{1,h}$, und es gilt*

$$(b) \qquad ||u_h^{k+1} - v_h^{k+1}||_{1,h} \leq ||u_h^k - v_h^k||_{1,h},$$

$$(c) \qquad ||u_h^{k+1}||_{TV,h} \leq ||u_h^k||_{TV,h}. \tag{3.57}$$

Beweis: Wir zeigen, daß aus (b) die Abschätzung (c) folgt. Der Nachweis von (b) ist allerdings etwas aufwendiger, und wir verweisen hierzu auf [38].

Es bezeichne $\pi : L_{1,h} \to L_{1,h}$ den durch Indexverschiebung

$$(\pi u_h)_i := u_{i+1} \qquad \text{mit} \quad u_h = (u_i)_{i \in \mathbb{Z}}$$

definierten Operator, und es sei $H(u_h)$ der zum Diskretisierungsschema gehörige Operator, d.h

$$(H(u_h))_i := H(u_{i-1}, u_i, u_{i+1}), \quad i \in \mathbb{Z}.$$

Damit gilt $\pi H(u_h) = H(\pi u_h)$. Hieraus folgt

$$h||u_h^{k+1}||_{TV,h} = \sum h|u_{i+1}^{k+1} - u_i^{k+1}| = \sum h|\pi u_i^{k+1} - u_i^{k+1}| = ||\pi u_h^{k+1} - u_h^{k+1}||_{1,h}$$

$$= ||H(\pi u_h^k) - H(u_h^k)||_{L_1} \leq ||\pi u_h^k - u_h^k||_{1,h} = h||u_h^k||_{TV,h}.$$

Damit ist gezeigt: Aus (b) folgt (c). ∎

SATZ 2.4 *Gegeben sei ein monotones, konservatives Schema (3.50), (3.51) mit stetigem, konsistenten numerischen Fluß. Dann konvergiert die numerische Lösung gegen die Entropie-Lösung der Erhaltungsgleichung, die Konvergenzordnung ist maximal eins.*

Der Beweis dieses Satzes beruht wesentlich auf den Lemmata 2.3, 2.4, ist aber technisch sehr aufwendig. Für den Spezialfall von Schemata des Typs des Lax-Friedrichs-Schemas findet man einen sehr übersichtlichen Beweis in [81], für den allgemeinen Fall in [60].

Bemerkung 2.8 Die Schemata von Lax-Friedrichs, Godunov und Enquist-Osher sind monoton unter einer Zusatzbedingung. Für das Lax-Friedrichs-Schema gilt z.B.

$$\frac{\partial H}{\partial u_i^k} = 0, \quad \frac{\partial H}{\partial u_{i-1}^k} = \frac{1}{2}(1 + qf'(u_{i-1}^k)), \quad \frac{\partial H}{\partial u_{i+1}^k} = \frac{1}{2}(1 - qf'(u_i^k)),$$

so daß Monotonie vorliegt für

$$q \max_u |f'(u)| \leq 1 \quad \text{(CFL-Bedingung)}. \tag{3.58}$$

Diese Bedingung stimmt im linearen Fall mit der klassischen CFL-Bedingung überein. □

Da monotone Schemata maximal die Ordnung 1 besitzen, versucht man, die Mono-
toniebedingung abzuschwächen. Dazu wird definiert:

Das Schema (3.50), (3.51) heißt *TVNI* (total variation nonincreasing) bzw. *TVD*,
wenn

$$||u_h^{k+1}||_{TV,h} \leq ||u_h^k||_{TV,h}$$

gilt.

Ein monotones Schema ist nach Lemma 2.4 stets TVNI, die Umkehrung gilt nicht.
Für Schemata der Form

$$u_i^{k+1} = u_i^k + C_{i+1/2}^+(u_{i+1}^k - u_i^k) + C_{i-1/2}^-(u_i^k - u_{i-1}^k). \tag{3.59}$$

hat man (vgl. [59])

LEMMA 2.5 *Gilt $C_{i+1/2}^+ \geq 0$, $C_{i+1/2}^- \geq 0$, $C_{i+1/2}^- + C_{i+1/2}^+ \leq 1$, so ist das Schema
(3.59) TVNI.*

Beweis: Aus

$$u_i^{k+1} = u_i^k + C_{i+1/2}^+(u_{i+1}^k - u_i^k) + C_{i-1/2}^-(u_i^k - u_{i-1}^k)$$

$$u_{i+1}^{k+1} = u_{i+1}^k + C_{i+3/2}^+(u_{i+2}^k - u_{i+1}^k) + C_{i+1/2}^-(u_{i+1}^k - u_i^k)$$

folgt

$$u_{i+1}^{k+1} - u_i^{k+1} = C_{i-1/2}^-(u_i^k - u_{i-1}^k) + (1 - C_{i+1/2}^- - C_{i+1/2}^+)(u_{i+1}^k - u_i^k) + C_{i+3/2}^+(u_{i+2}^k - u_{i+1}^k)$$

und weiter

$$|u_{i+1}^{k+1} - u_i^{k+1}| \leq (1 - C_{i+1/2}^- - C_{i+1/2}^+)|u_{i+1}^k - u_i^k| + C_{i-1/2}^-|u_i^k - u_{i-1}^k| + C_{i+3/2}^+|u_{i+2}^k - u_{i+1}^k|.$$

Summation liefert hieraus die Behauptung. ∎

Zielstellung bei der Konstruktion von TVNI-Schemata ist eine höhere Konsistenzordnung als eins. Bekannt als Schema zweiter Ordnung ist das *Lax-Wendroff-Schema*,
gekennzeichnet durch

$$g(v,w) = \frac{1}{2}[f(v) + f(w)] - qf'\left(\frac{v+w}{2}\right)(f(v) - f(w)). \tag{3.60}$$

An dem Beispiel

$$u_t + \sin(\pi u)u_x = 0 \quad u(x,0) = \begin{cases} -1 & x < 0 \\ 1 & x \geq 0 \end{cases}$$

sieht man aber (vgl. die Ergebnisse für Aufgabe (3.46)), daß das Lax-Wendroff-Schema
auch diskrete Lösungen liefern kann, die gegen eine falsche Lösung konvergieren.

Orientiert an (3.60) kann man in der Klasse der Schemata mit

$$g(v, w) = \frac{1}{2} \left[f(v) + f(w) - \frac{1}{q} Q(qb)(w - v) \right],$$ (3.61)

wobei gilt

$$b := \begin{cases} (f(w) - f(v))/(w - v) & \text{für } w \neq v, \\ f'(v) & \text{für } w = v \end{cases}$$

und $qb = \lambda$ ($Q(\lambda)$ ist eine noch zu wählende Funktion), nach TVNI-Schemata suchen. Rechnet man (3.61) um in die Form (3.59), so kommt man zu

$$C^{\pm} = \frac{1}{2} Q(\lambda) \mp \lambda.$$

Aus Lemma 2.5 folgt damit

LEMMA 2.6 *Es sei*

$$|x| \leq Q(x) \leq 1 \quad \text{für} \quad 0 \leq |x| \leq \mu < 1$$ (3.62)

bei erfüllter CFL-Bedingung

$$q \max |f'| \leq \mu \leq 1 \quad .$$

Dann ist das Schema (3.61) ein TVNI-Schema.

Leider führt die Bedingung (3.61) wieder zu Schemata der maximalen Ordnung 1. Harten [59] gab aber eine Möglichkeit an, 3-Punkt-TVNI-Schemata in 5-Punkt-TVNI-Schemata höherer Ordnung zu transformieren. Dies geschieht mittels

$$f(v_i) := f(v_i) + qg(v_{i-1}, v_i, v_{i+1})$$

in (3.61), (3.51) bei geschickter Wahl von g. Einzelheiten findet man dazu in der Originalarbeit [59].

Eine mögliche Verallgemeinerung von (3.50), (3.51) besteht in Diskretisierungen der Form

$$u_i^{k+1} = H(u_{i-l}^k, u_{i-l+1}^k, \cdots, u_i^k, \cdots, u_{i+l}^k)$$

mit

$$H(u_{i-l}^k, u_{i-l+1}^k, \cdots, u_i^k, \cdots, u_{i+l}^k) = u_i^k - q \left[g(u_{i+l}^k, \cdots, u_{i-l+1}^k) - g(u_{i+l-1}^k, \cdots, u_{i-l}^k) \right]$$

und der Konsistenzbedingung

$$g(u, u, \cdots, u) = f(u).$$

Neben den TVNI- oder TVD-Schemata gibt es in der Literatur eine ganze Reihe weiterer Versuche, Schemata mit Eigenschaften zu konstruieren, die die Konvergenz gegen die Entropie-Lösung sichern, z.B. quasimonotone Schemata, MUSCL-Schemata, und viele andere [Krö97].

Übung 2.1 Mögliche Diskretisierungen der Transportgleichung

$$u_t + bu_x = 0 \quad (0 < b = const.)$$

mit der Anfangsbedingung $u|_{t=0} = u_0(x)$ sind

$$a) \quad \frac{u_i^{k+1} - u_i^{k-1}}{2\tau} + b\frac{u_{i+1}^k - u_{i-1}^k}{2h} = 0$$

$$b) \quad \frac{u_i^{k+1} - u_i^k}{\tau} + b\frac{u_i^{k+1} - u_{i-1}^{k+1}}{h} = 0.$$

Man diskutiere Vor- und Nachteile beider Verfahren.

Übung 2.2 Man untersuche das folgende Schema zur Diskretisierung der Transportgleichung (gemäß Übung 2.1) auf L_2- Stabilität und diskutiere seine Konsistenz:

$$\frac{u_i^{k+1} - u_i^k}{\tau} + \frac{b}{h}[\frac{u_i^{k+1} + u_i^k}{2} - \frac{u_{i-1}^{k+1} + u_{i-1}^k}{2}] = 0.$$

Übung 2.3 Eine Mehrschichtapproximation zur Diskretisierung der Transportgleichung sei

$$u_i^{k+1} = \sum_{\mu,\nu} \alpha_\nu^\mu u_{i+\mu}^{k+\nu}$$

mit $\mu = 0, \pm 1, \pm 2, \cdots, \pm p; \nu = 1, 0, -1, \cdots, -q$.
a) Man gebe hinreichende Bedingungen an für Konsistenz der Ordnung K.
b) Man beweise, daß es in der Klasse der expliziten Zweischichtschemata kein monotones Verfahren im Sinne von $\alpha_\nu^\mu \geq 0$ gibt.
c) Man konstruiere Beispiele monotoner Mehrschichtschemata und diskutiere deren Konsistenzordnung.

Übung 2.4 Integration der Erhaltungsgleichung liefert die Massenbilanzgleichung

$$\frac{d}{dt} \int_a^b u(x,t)dx = f(u(a,t)) - f(u(b,t)).$$

Man folgere aus der Massenbilanzgleichung durch geeignete Grenzwertbildung die Sprungbedingung von Rankine-Hugoniot.

Übung 2.5 Man untersuche den Grenzwert $\lim_{\varepsilon \to 0} u(x,t,\varepsilon)$ der parabolischen Aufgabe

$$\begin{aligned} u_t - \varepsilon u_{xx} + bu_x &= 0 \quad \text{in} \quad (-\infty, \infty) \times (0, \infty) \\ \text{mit} \quad u_{t=0} &= u_0(x) \end{aligned}$$

bei konstantem $b > 0$.

Übung 2.6 Gegeben sei das parabolische Problem

$$u_t - \varepsilon u_{xx} + u u_x = 0$$

mit der Anfangsbedingung

$$u(x,0) = \begin{cases} u_L & \text{für} \quad x < 0 \\ u_R & \text{für} \quad x > 0. \end{cases}$$

Man untersuche, ob eine Lösung der Form

$$u(x,t,\varepsilon) = U(x - \frac{u_L + u_R}{2}t)$$

existiert. Wenn ja, studiere man deren Verhalten für kleine ε.

Übung 2.7 Die Burgers-Gleichung

$$u_t + u u_x = 0$$

mit der Anfangsbedingung

$$u(x,0) = \begin{cases} 1 & \text{für} \quad x < 0 \\ 0 & \text{für} \quad x > 0 \end{cases}$$

werde diskretisiert gemäß

$$\frac{u_i^{k+1} - u_i^k}{\tau} + u_i^k \frac{u_i^k - u_{i-1}^k}{h} = 0.$$

a) Man untersuche die Konsistenz des Verfahrens.
b) Gegen welche Funktion konvergiert die numerische Lösung?

Übung 2.8 Man gebe für das Lax-Friedrichs- und für das Enquist-Osher-Schema zur Diskretisierung der Erhaltungsgleichung

$$u_t + f(u)_x = 0$$

den Konsistenzfehler explizit an. Wie verhalten sich diese beiden Schemata numerisch bei Anwendung auf das Beispiel von Übung 2.7?

2.4 Differenzenverfahren für elliptische Randwertaufgaben

2.4.1 Elliptische Randwertaufgaben

Betrachtet werden Randwertaufgaben mit einem linearen Differentialoperator L zweiter Ordnung der Form

$$Lu := -\sum_{i,j=1}^{n} a_{ij}(x) \frac{\partial^2 u}{\partial x_i \partial x_j} + \sum_{i=1}^{n} b_i \frac{\partial u}{\partial x_i} + cu \tag{4.1}$$

oder

$$Lu := -\sum_{i=1}^{n} \frac{\partial}{\partial x_i} \left(\sum_{j=1}^{n} a_{ij}(x) \frac{\partial}{\partial x_j} \right) u(x) + \sum_{i=1}^{n} b_i \frac{\partial u}{\partial x_i} + cu \tag{4.2}$$

in den n unabhängigen Variablen $x = (x_1, \ldots, x_n)$. Wesentlich für die Charakterisierung ist dessen Hauptteil (vgl. Abschnitt 1.1)

$$-\sum_{i,j=1}^{n} a_{ij} \frac{\partial^2}{\partial x_i \partial x_j} \qquad \text{bzw.} \qquad -\sum_{i=1}^{n} \frac{\partial}{\partial x_i} \left(\sum_{j=1}^{n} a_{ij}(\cdot) \frac{\partial}{\partial x_j} \right).$$

Elliptische Probleme liegen vor, wenn ein $\alpha_0 > 0$ existiert, so daß für alle x eines Gebietes Ω die Definitheitsbedingung

$$\sum_{i,j=1}^{n} a_{ij}(x)\xi_i\xi_j \geq \alpha_0 \sum_{i=1}^{n} \xi_i^2 \quad (\xi \in \mathbb{R}^n \quad \text{beliebig}) \tag{4.3}$$

gilt. Man sagt dann, daß der Operator L *gleichmäßig elliptisch* über Ω ist. Liegt der Hauptteil des Operators in der Divergenz-Form (4.2) vor, so sollte die Diskretisierung direkt auf diese angewandt werden (vgl. (4.8)) und nicht nach Überführung (im Fall glatter Funktionen a_{ij}) auf die Form (4.1).

Der häufig in der Praxis vorkommende Laplace-Operator Δ ist im gesamten $\mathbb{R}^n$ gleichmäßig elliptisch. Grundsätzlich setzen wir in diesem Abschnitt voraus, daß die Bedingung (4.3) erfüllt ist. Ferner bezeichnet Ω stets das Gebiet, in dem die gegebene Differentialgleichung zu untersuchen ist, und $\partial\Omega = \Gamma$ dessen Rand. Typische Zusatzbedingungen, die bei geeigneter Wahl die Korrektheit elliptischer Aufgaben sichern, sind Randbedingungen. Das Problem: Man finde ein u, so daß für gegebene L, f, φ, Ω

$$\begin{aligned} Lu &= f \quad \text{in} \quad \Omega, \\ u &= \phi \quad \text{auf} \quad \Gamma \end{aligned} \tag{4.4}$$

gilt, heißt dann *elliptische Randwertaufgabe*. Die Art der Randbedingungen charakterisiert die Bezeichnung Randbedingung 1. Art oder *Dirichletsche* Randbedingung. Es sei $n(x) \in \mathbb{R}^n$ die äußere Normalenrichtung in einem Punkt $x \in \Gamma$, ein zur Tangentialebene senkrecht stehender Einheitsvektor. Dann beschreibt

$$\frac{\partial u}{\partial n} = n \cdot \nabla u = \psi \quad \text{auf} \quad \Gamma$$

Randbedingung eine 2. Art (*Neumannsche* Randbedingung) und

$$\frac{\partial u}{\partial n} + \sigma u = \psi \qquad (\sigma \neq 0)$$

Randbedingung 3. Art (*Robinsche* Randbedingung).
Hauptsächlich konzentrieren wir uns im vorliegenden Abschnitt auf das Dirichlet-Problem (4.4), gehen aber gelegentlich auf Besonderheiten bei anderen Randbedingungen ein.

2.4.2 Der klassische Zugang zu Differenzenverfahren

Als Modellproblem zur Finite-Differenzen-Methode für elliptische Randwertprobleme betrachten wir in diesem Unterabschnitt die folgende lineare Randwertaufgabe zweiter Ordnung in Divergenzform:

$$\begin{aligned}
-\operatorname{div}(A\operatorname{grad}u) &= f \quad \text{in } \Omega := (0,1)^n \subset \mathbb{R}^n, \\
u &= 0 \quad \text{auf } \Gamma := \partial\Omega
\end{aligned} \tag{4.5}$$

Dabei sei A einer hinreichend glatte Matrix-Funktion $A : \overline{\Omega} \to \mathbb{R}^{n \times n}$ mit den Elementen A_{ij} und $f : \Omega \to \mathbb{R}$ ebenfalls ausreichend glatt. Mit einer Konstanten $\alpha_0 > 0$ gelte

$$z^T A(x)\, z \geq \alpha_0\, z^T z, \qquad \forall x \in \overline{\Omega}, \quad \forall z \in \mathbb{R}^n. \tag{4.6}$$

Speziell für $A \equiv I$ stellt (4.5) die Poisson-Gleichung mit homogenen Dirichletschen Randbedingungen dar. Sowohl die Struktur des Differentialoperators, die Randbedingungen als auch die Geometries des Gebietes Ω in (4.5) sind denkbar einfach. Trotzdem lassen sich an diesem Modellproblem wichtige Aspekte der FDM darstellen.
   Wir wählen zur Diskretisierung der Abschließung $\overline{\Omega}$ des Grundgebietes eine Menge $\overline{\Omega}_h$ von Gitterpunkten. Hierzu verwenden wir das durch (1.3) bereits im Abschnitt 2.1 definierte Gitter

$$\overline{\Omega}_h := \left\{ \begin{pmatrix} x_1 \\ \vdots \\ x_n \end{pmatrix} \in \mathbb{R}^n : x_1 = i_1\, h, \ldots, x_n = i_n\, h, \ i_1, \ldots, i_n = 0, 1, \ldots, N \right\}.$$

Ebenso wie dort bezeichne

$$\Omega_h := \overline{\Omega}_h \cap \Omega, \qquad \Gamma_h := \overline{\Omega}_h \cap \Gamma$$

und

$$U_h := \{ u_h : \overline{\Omega}_h \to \mathbb{R} \}, \quad U_h^0 := \{ u_h \in U_h : u_h|_{\Gamma_h} = 0 \}, \quad V_h := \{ v_h : \Omega_h \to \mathbb{R} \}$$

entsprechende Räume von Gitterfunktionen.
   Zur Diskretisierung des in Aufgabe (4.5) auftretenden Differentialoperators

$$L\,u := -\operatorname{div}(A\operatorname{grad}u) \tag{4.7}$$

eignet sich der durch

$$L_h u_h := -\sum_{i=1}^{n} D_i^- \left(\sum_{j=1}^{n} A_{ij} D_j^+ u_h \right) \tag{4.8}$$

gegebene Differenzenoperator $L_h : U_h \to V_h$. So wird das Ausgangsproblem (4.5) näherungsweise durch das endlichdimensionale Problem

$$u_h \in U_h^0 : \qquad L_h u_h = f_h \tag{4.9}$$

mit der durch $f_h(x_h) := f(x_h)$, $x_h \in \Omega_h$ definierten diskreten rechten Seite $f_h \in V_h$ ersetzt. Aus (1.13) erhält man die punktweise Konsistenzabschätzung

$$\left| \left[\frac{\partial^2 u}{\partial x_j^2} - D_j^- D_j^+ u \right](x_h) \right| \leq \frac{1}{12} \left\| \frac{\partial^4 u}{\partial x_j^4} \right\|_{C(\overline{\Omega})} h^2, \quad \forall x_h \in \Omega_h.$$

Für hinreichend glatte Funktionen u folgt dann speziell im Fall der Poisson-Gleichung ($A = I$; dabei bezeichnet I stets die Einheitsmatrix (identischer Operator) der passenden Dimension) wegen $L_h = -\sum_{j=1}^{n} D_j^- D_j^+$ die Abschätzung

$$| [(L - L_h) u](x_h) | \leq \frac{n}{12} \|u\|_{C^4(\overline{\Omega})} h^2, \quad \forall x_h \in \Omega_h. \tag{4.10}$$

Präziser steht auf der rechten Seite von (4.10) der Ausdruck

$$\frac{h^2}{12} \sum_{j=1}^{n} \max_{\overline{\Omega}} \left| \frac{\partial^4 u}{\partial x_j^4} \right|$$

Im allgemeinen Fall erhält man analog nur die Ordnung 1:

$$| [(L - L_h) u](x_h) | \leq c \|A\| \|u\|_{C^3(\overline{\Omega})} h, \quad \forall x_h \in \Omega_h. \tag{4.11}$$

Im Fall der Poisson-Gleichung wird in der Literatur auch häufig $\Delta_h := -L_h$ als *diskreter Laplace-Operator* bezeichnet.

Der Operator $-\Delta_h$ läßt sich für $n = 2$ bei direkter Elimination der Randwerte und zeilenweiser Numerierung der dann verbleibenden diskreten Lösung $u_h = (u_{i,j})_{i,j=1}^{N-1}$, d.h.

$$u_h = (u_{1,1}, u_{2,1}, \dots, u_{N-1,1}, u_{1,2}, \dots, u_{N-1,2}, \dots, u_{N-1,N-1})^T \in \mathbb{R}^{(N-1)^2},$$

durch die blocktridiagonale Matrix

$$-\Delta_h := \frac{1}{h^2} \begin{bmatrix} T & -I & & & 0 \\ -I & T & -I & & \\ & -I & \ddots & \ddots & -I \\ & & \ddots & \ddots & \\ 0 & & & -I & T \end{bmatrix} \quad \text{mit} \quad T := \begin{bmatrix} 4 & -1 & & & 0 \\ -1 & \ddots & \ddots & & \\ & \ddots & \ddots & \ddots & -1 \\ 0 & & & -1 & 4 \end{bmatrix} \tag{4.12}$$

darstellen. Typisch für die Diskretisierung partieller Differentialgleichungen mit Differenzenverfahren ist, daß die erzeugten endlichdimensionalen diskreten Probleme eine hohe
Dimension, aber spezielle Struktur aufweisen. Insbesondere ist die Koeffizientenmatrix
bei linearen Problemen und entsprechend die Jacobi-Matrix bei nichtlinearen Problemen
nur schwach besetzt. So besitzt z.B. die durch (4.12) definierte Matrix $-\Delta_h$ maximal
fünf von Null verschiedene Elemente je Zeile. Zur numerischen Lösung der mittels FDM
erzeugten diskreten Gleichungssysteme sind daher stets angepaßte Verfahren zu nutzen
(vgl. Kapitel 8).

Da die diskrete Lösung u_h nur in Gitterpunkten definiert ist, kann die Approximationsgüte von u_h für die gesuchte Lösung u zunächst nur über dem Gitter $\overline{\Omega}_h$ bewertet
werden. Eine andere Möglichkeit besteht darin, die diskrete Lösung z.B. durch Interpolation auf $\overline{\Omega}$ fortzusetzen und die so erhaltene Fortsetzung von u_h mit u zu vergleichen.
Dieser Weg tritt im Unterschied zu den FDM generisch bei der Diskretisierung mittels
Finiter Elemente auf. Wir wenden für Konvergenzuntersuchungen bei FDM vorrangig
den ersten Weg an und skizzieren den zweiten später kurz.

Für eine Fehlerabschätzung gehen wir wie schon früher aus von

$$L_h\, e_h \; = \; d_h \tag{4.13}$$

mit dem Fehler $e_h := u_h - r_h u$.
Dabei gilt für den Konsistenzfehler $d_h := f_h - L_h r_h u$ die Abschätzung

$$\|d_h\|_{\infty,h} \le c\,\|u\|_{C^3(\overline{\Omega})}\, h \qquad \text{bzw.} \qquad \|d_h\|_{\infty,h} \le c\,\|u\|_{C^4(\overline{\Omega})}\, h^2. \tag{4.14}$$

Wir schätzen nun $\|e_h\|_{0,h}$ durch $\|d_h\|_{0,h}$ mit einer neuen Technik ab und beweisen
gleichzeitig L_2-Stabilität: mit der *Methode der energetischen Ungleichungen* (von der russischen FDM-Schule eingeführt und dort oft so bezeichnet). Hingewiesen sei darauf, daß
unsere bisher verwendeten Fourier-Techniken hier versagen, weil die jetzt untersuchten
Probleme keine konstanten Koeffizienten besitzen.

Eine wichtige Hilfsaussage ist:

LEMMA 2.7 *Es seien u_h, v_h beliebige Gitterfunktionen aus U_h^0. Dann gilt*

$$(D_j^-\, u_h, v_h)_h = -(u_h, D_j^+\, v_h)_h,$$

d.h., der Operator $-D_j^+$ ist adjungiert zu D_j^- bezüglich des Skalarproduktes $(\cdot, \cdot)_h$.

Beweis: Aus der Definition von D_j^- folgt

$$
\begin{aligned}
(D_j^-\, u_h, v_h)_h &= h^n \sum_{x_h \in \Omega_h} \frac{1}{h}\,(u_h(x_h) - u_h(x_h - h\, e^j))\, v_h(x_h) \\
&= h^{n-1} \sum_{x_h \in \Omega_h} (u_h(x_h)\, v_h(x_h) - u_h(x_h - h\, e^j)\, v_h(x_h)).
\end{aligned}
$$

Unter Beachtung von $u_h(x_h) = v_h(x_h) = 0$, $x_h \in \Gamma_h$ erhält man durch Umordnung
hieraus

$$
\begin{aligned}
(D_j^-\, u_h, v_h)_h &= h^{n-1} \sum_{x_h \in \Omega_h} u_h(x_h)\,(v_h(x_h) - v_h(x_h + h\, e^j)) \\
&= h^n \sum_{x_h \in \Omega_h} u_h(x_h)\, \frac{1}{h}\,(v_h(x_h) - v_h(x_h + h\, e^j))
\end{aligned}
$$

und damit die Behauptung. ∎

Bemerkung 2.9 Lemma 2.7 stellt eine *diskrete Greenschen Formel*, d.h. die Übertragung der Greenschen Formel auf Gitterfunktionen, dar. □

Als unmittelbare Folgerung aus Lemma 2.7 ergibt sich

$$(L_h u_h, v_h)_h = \sum_{i,j=1}^{n} (A_{ij}(x_h)D_j^+ u_h, D_i^+ v_h)_h, \quad \forall u_h, v_h \in U_h^0. \tag{4.15}$$

Mit der vorausgesetzten gleichmäßigen positiven Definitheit von $A(\cdot)$ auf $\overline{\Omega}$ gilt damit

$$(L_h u_h, h_h)_h \geq \alpha_0 \sum_{j=1}^{n} (D_j^+ u_h, D_j^+ u_h)_h = \alpha_0 \|u_h\|_{1,h}^2, \quad \forall u_h \in U_h^0. \tag{4.16}$$

Zur Verbindung zwischen den Normen $\|\cdot\|_{0,h}$ und $\|\cdot\|_{1,h}$ gilt die folgende *diskrete Friedrichs'schen Ungleichung*.

LEMMA 2.8 *Es existiert eine nur vom Gebiet Ω abhängige Konstante $c > 0$ derart, daß*

$$\|u_h\|_{0,h} \leq c\|u_h\|_{1,h}, \quad \forall u_h \in U_h^0. \tag{4.17}$$

Beweis: Es seien $x_h \in \Omega$ und $j \in \{1, \ldots, n\}$ beliebig, aber fest gewählt. Dann existiert wegen $u_h(x_h) = 0, \forall x_h \in \Gamma_h$ ein $\hat{l} = \hat{l}(x_h) \leq N - 1$ mit

$$|u_h(x_h)| = \left| \sum_{l=0}^{\hat{l}} \left(u_h(x_h + (l+1)\,h\,e^j) - u_h(x_h + l\,h\,e^j) \right) \right|.$$

Hieraus folgt unter Verwendung der Cauchy-Schwarz-Ungleichung

$$|u_h(x_h)| \leq \sum_{l=0}^{\hat{l}} |u_h(x_h + (l+1)\,h\,e^j) - u_h(x_h + l\,h\,e^j)|$$

$$= h \sum_{l=0}^{\hat{l}} |D_j^+ u_h(x_h + l\,h\,e^j)| \leq h\sqrt{N} \left(\sum_{l=0}^{\hat{l}} |D_j^+ u_h(x_h + l\,h\,e^j)|^2 \right)^{1/2}.$$

Unter Beachtung von $h = N^{-1}$ erhält man damit

$$\|u_h\|_{0,h}^2 = h^n \sum_{x_h \in \Omega_h} |u_h(x_h)|^2$$

$$\leq h^{n+2}N \sum_{x_h \in \Omega_h} \sum_{l=0}^{\hat{l}(x_h)} |D_j^+ u_h(x_h + l\,h\,e^j)|^2$$

$$\leq h^{n+2}N^2 \sum_{x_h \in \Omega_h} |D_j^+ u_h(x_h)|^2$$

$$\leq h^n \sum_{j=1}^{n} \sum_{x_h \in \Omega_h} |D_j^+ u_h(x_h)|^2 = \|u_h\|_{1,h}^2,$$

also gilt die Behauptung, und zwar im vorliegenden Spezialfall mit $c = 1$. ∎

Wegen der in Lemma 2.8 gegebenen Abschätzung bildet $\|\cdot\|_{1,h}$ auf U_h^0 eine Norm. Ferner folgt aus (4.16) auch die Regularität von L_h, und die diskreten Gleichungen (4.9) sind für beliebige $f_h \in V_h$ eindeutig lösbar.

SATZ 2.5 *Die Lösung u des Modellproblems (4.5) genüge $u \in C^3(\overline{\Omega})$. Dann existieren Konstanten $c_1, c_2 > 0$ derart, daß gilt*

$$\|u_h - r_h u\|_{0,h} \le c_1 \|u_h - r_h u\|_{1,h} \le c_2 \|u\|_{C^3(\overline{\Omega})}\, h.$$

Im speziellen Fall $A = I$ und bei $u \in C^4(\overline{\Omega})$ gilt mit Konstanten $\tilde{c}_1, \tilde{c}_2 > 0$ die Abschätzung

$$\|u_h - r_h u\|_{0,h} \le \tilde{c}_1 \|u_h - r_h u\|_{1,h} \le \tilde{c}_2 \|u\|_{C^3(\overline{\Omega})}\, h^2.$$

Beweis:
Die aus Lemma 2.7 abgeleitete Ungleichung (4.16) und Cauchy-Schwarz liefern

$$\alpha_0 \|e_h\|_{1,h}^2 \le \|e_h\|_{0,h}\, \|d_h\|_{0,h}. \tag{4.18}$$

Mit Lemma 2.8 gilt somit

$$\alpha_0 \|e_h\|_{1,h}^2 \le \|e_h\|_{1,h}\, \|d_h\|_{0,h}.$$

Hieraus folgt sofort die Behauptung in der Norm $\|\cdot\|_{1,h}$ und damit auch in der Norm $\|\cdot\|_{0,h}$. ∎

Bemerkung 2.10 (eine Diskretisierung der Ordnung 2)
Natürlich fragt man sich, warum man zur Diskretisierung

$$-\sum_{i=1}^{n} D_i^- \left(\sum_{j=1}^{n} A_{ij}\, D_j^+ u_h \right)$$

verwenden soll und nicht

$$-\sum_{i=1}^{n} D_i^+ \left(\sum_{j=1}^{n} A_{ij}\, D_j^- u_h \right).$$

Beide Verfahren besitzen im allgemeinen Fall die Ordnung 1. Ein Verfahren zweiter Ordnung erhält man durch die Kombination

$$L_h^{neu} u_h := -\frac{1}{2}\left(\sum_{i=1}^{n} D_i^- \left(\sum_{j=1}^{n} A_{ij}\, D_j^+ u_h \right) + \sum_{i=1}^{n} D_i^+ \left(\sum_{j=1}^{n} A_{ij}\, D_j^- u_h \right) \right).$$

Der Nachweis der Stabilität erfolgt analog wie oben. Im zweidimensionalen Fall entsprechen beide Verfahren erster Ordnung 4-Punkt-Sternen zur Approximation der gemischten Ableitung u_{xy}, während das Verfahren zweiter Ordnung einem 7-Punkte-Stern entspricht. $\square$

Bemerkung 2.11 Konvergenzabschätzungen in der diskreten L_2-Norm $\|\cdot\|_{0,h}$ können auch mit Hilfe des Spektrums der Matrix L_h gewonnen werden. Speziell für $A = I$ und $n = 2$ bilden die Vektoren $v_h^{k,l} \in U_h^0$, $k,l = 1,2,\ldots,N-1$ mit den Komponenten

$$[v_h^{k,l}]_{i,j} = \sin\left(\frac{k\pi i}{N}\right) \sin\left(\frac{l\pi j}{N}\right), \quad i,j,k,l = 1,2,\ldots,N-1 \tag{4.19}$$

ein vollständiges orthogonales Eigensystem von L_h für den Raum U_h^0. Für die zugehörigen Eigenwerte gilt

$$\lambda_{k,l}^h = \frac{2}{h^2}\left(\sin^2\left(\frac{k\pi}{2N}\right) + \sin^2\left(\frac{l\pi}{2N}\right)\right), \quad k,l = 1,2,\ldots,N-1. \tag{4.20}$$

Hieraus folgt unmittelbar die Abschätzung

$$\frac{4}{h^2}\sin^2(\frac{\pi}{2N})\|v_h\|_{0,h} \leq \|L_h v_h\|_{0,h}, \quad \forall v_h \in U_h^0.$$

Wegen $N \geq 2$ erhält man hieraus

$$\pi^2\|v_h\|_{0,h} \leq \|L_h v_h\|_{0,h}, \quad \forall v_h \in U_h^0,$$

also eine im betrachteten Spezialfall schärfere Schranke als die im Beweis des obigen Satzes der mittels Lemmata 2.7, 2.8 hergeleiteten. Im Fall allgemeinerer Gebiete oder nichtäquidistanter Diskretisierungen sind jedoch die Eigenwerte und Eigenvektoren i.allg. nicht explizit verfügbar. Dann lassen sich mittels Verallgemeinerungen der Lemmata 2.7, 2.8 grobe untere Schranken für die Eigenwerte von L_h gewinnen. $\square$

Wir leiten im folgenden Fehlerschranken in der Maximumnorm her. Die durch die Ungleichungskette (1.11) gelieferten Abschätzungen gestatten einen einfachen Übergang von Schranken für $\|u_h - r_h u\|_{0,h}$ zu L^∞-Abschätzungen. Dieser Weg ist aufgrund der dabei auftretenden Ordnungsreduktion recht grob. Mit Hilfe von z.B. diskreten Vergleichsprinzipien lassen sich dagegen für wichtige Diskretisierungen elliptischer Randwertprobleme bzgl. der Konvergenzordnung scharfe Schranken für $\|u_h - r_h u\|_{\infty,h}$ gewinnen. Zur Vereinfachung beschränken wir uns dabei auf den Fall $A = I$, d.h. den diskreten Laplace-Operator. Dafür gilt analog zum stetigen Fall (vgl. Sätze 1.1, 1.2) sowohl ein diskretes Randmaximumprinzip als auch ein diskretes Vergleichsprinzip.

LEMMA 2.9 (diskretes Randmaximumprinzip) Es gilt

$$-[\Delta_h v_h](x_h) \leq 0 \quad \forall x_h \in \Omega_h \implies \max_{x_h \in \overline{\Omega}_h} v_h(x_h) \leq \max_{x_h \in \Gamma_h} v_h(x_h). \tag{4.21}$$

Beweis: Es sei $\tilde{x}_h \in \overline{\Omega}_h$ mit

$$v_h(\tilde{x}_h) \geq v_h(x_h) \quad \forall x_h \in \overline{\Omega}_h.$$

Nimmt man an, daß (4.21) nicht gelte, dann kann stets $\tilde{x}_h \in \Omega_h$ so ausgewählt werden, daß für mindesten einen der direkten Nachbarpunkte $x_h^* \in \overline{\Omega}_h$ zusätzlich $v_h(\tilde{x}_h) > v_h(x_h^*)$ gilt. Wegen

$$-[\Delta_h v_h](x_h) = 2n\, v_h(x_h) - \sum_{j=1}^{n} \left(v_h(x_h + h\, e^j) + v_h(x_h - h\, e^j) \right)$$

folgt damit $-[\Delta_h v_h](\tilde{x}_h) > 0$ im Widerspruch zur Voraussetzung in (4.21). Damit war die Annahme falsch, und es gilt die Aussage des Lemmas. ∎

LEMMA 2.10 *(diskretes Vergleichsprinzip) Es gilt*

$$\left.\begin{array}{rll} -[\Delta_h v_h](x_h) & \leq & -[\Delta_h w_h](x_h), \quad \forall x_h \in \Omega_h, \\ v_h(x_h) & \leq & w_h(x_h), \qquad\quad\; \forall x_h \in \Gamma_h \end{array}\right\} \implies v_h(x_h) \leq w_h(x_h),\, \forall x_h \in \overline{\Omega}_h$$

Beweis: Wegen der Linearität von L_h ist die Aussage des Lemmas äquivalent zu:

$$\left.\begin{array}{rll} -[\Delta_h z_h](x_h) & \leq & 0, \quad \forall x_h \in \Omega_h, \\ z_h(x_h) & \leq & 0, \quad \forall x_h \in \Gamma_h \end{array}\right\} \implies z_h(x_h) \leq 0,\, \forall x_h \in \overline{\Omega}_h \tag{4.22}$$

für $z_h := v_h - w_h$. Die Gültigkeit von (4.22) folgt aber unmittelbar aus Lemma 2.9. ∎

SATZ 2.6 *Die Lösung u des Poisson-Problems mit homogenen Dirichlet-Bedingungen im n-dimensionalen Einheitswürfel, also (4.5) mit $A = I$, genüge $u \in C^4(\overline{\Omega})$. Dann gilt*

$$\|u_h - r_h u\|_{\infty,h} \leq \frac{n}{96} \|u\|_{C^4(\overline{\Omega})} h^2. \tag{4.23}$$

Beweis: Der Nachweis des Satzes erfolgt mittels einer Vergleichslösung und dem in Lemma 2.10 angegeben diskreten Vergleichsprinzip. Es sei $v_h \in U_h$ definiert durch

$$v_h(x_h) := \sigma\, x_1\, (1 - x_1), \quad x_h = (x_1, \ldots, x_n) \in \overline{\Omega}_h$$

mit einem Parameter $\sigma \in \mathbb{R}$. Dies liefert

$$-[\Delta_h v_h](x_h) = 2\sigma, \quad \forall x_h \in \Omega_h. \tag{4.24}$$

Wählt man $\sigma = \dfrac{n}{24} \|u\|_{C^4(\overline{\Omega})} h^2$, so folgt aus (4.10) und (4.24)

$$-[\Delta_h(u_h - r_h u)](x_h) \leq -[\Delta_h v_h](x_h), \quad \forall x_h \in \Omega_h.$$

Wegen $\sigma \geq 0$ gilt außerdem $u_h - r_h u \leq v_h$ auf Γ_h. Mit Lemma 2.10 und der Struktur von v_h folgt

$$[u_h - r_h u](x_h) \leq v_h(x_h) \leq \frac{1}{4}\sigma, \quad \forall x_h \in \overline{\Omega}_h.$$

Analog erhält man

$$[u_h - r_h u](x_h) \leq v_h(x_h) \geq -\frac{1}{4}\sigma, \quad \forall x_h \in \overline{\Omega}_h,$$

und mit der Wahl des Parameters $\delta > 0$ folgt hieraus die nachzuweisende Abschätzung. ∎

Die im Beweis zu Satz 2.6 angewandte Vorgehensweise basiert auf dem diskreten Vergleichsprinzip und einer geeignet konstruierten Vergleichsfunktion v_h. Die typischen Schritte zum Nachweis einer von der Diskretisierungsschrittweite $h > 0$ unabhängigen Konstanten $c > 0$ mit $\|L_h^{-1}\|_{\infty,h} \leq c$ finden sich in der Theorie der M-*Matrizen* wieder, die nachfolgend skizziert wird.

Orientiert an der Vorzeichenkonstellation der Matrixelemente definiert man:

Definition 2.5 (a) Eine Matrix A heißt L_0-*Matrix*, wenn $a_{ij} \leq 0$ gilt für $i \neq j$.
(b) Eine Matrix heißt L-*Matrix*, wenn $a_{ii} > 0$ gilt und außerdem $a_{ij} \leq 0$ für $i \neq j$.
(c) Eine L_0-Matrix, für die A^{-1} existiert und $A^{-1} \geq 0$ gilt, heißt M-*Matrix* .

Man nennt ferner eine Matrix A *inversmonoton*, wenn bezüglich der natürlichen vektoriellen Halbordnung gilt:

$$A x \leq A y \quad \Longrightarrow \quad x \leq y.$$

Dies ist äquivalent zu: A^{-1} existiert und $A^{-1} \geq 0$. Deswegen kann man auch sagen: Eine M-Matrix ist eine inversmonotone L_0-Matrix.

Es gibt nun verschiedene Möglichkeiten, ausgehend von der L_0- oder L-Eigenschaft einer Matrix und gewissen Zusatzbedingungen auf die M-Matrix-Eigenschaft zu schließen und gleichzeitig $\|A^{-1}\|$ abzuschätzen. Im Zusammenhang mit der Diskretisierung von Differentialgleichungen kann man oft das nachfolgende M-Kriterium anwenden.

SATZ 2.7 *(M-Kriterium) Es sei A eine L_0-Matrix. A ist inversmonoton genau dann, wenn es einen Vektor $e > 0$ gibt mit $Ae > 0$. Es gilt zudem die Abschätzung*

$$\|A^{-1}\| \leq \frac{\|e\|}{\min_k (Ae)_k} \, . \tag{4.25}$$

Beweis:
(1) Ist A inversmonoton, so kann man $e = A^{-1}(1, 1, \cdots, 1)^T$ setzen.
(2) Es sei $e > 0$ ein Vektor mit $Ae > 0$. Ausgeschrieben bedeutet die zweite Ungleichung

$$\sum_j a_{ij} e_j > 0,$$

wegen $a_{ij}e_j \leq 0$ für $i \neq j$ folgt $a_{ii} > 0$. Damit ist die Matrix $A_D := diag(a_{ii})$ invertierbar. Wir setzen

$$P := A_D^{-1}(A_D - A), \quad \text{so daß gilt} \quad A = A_D(I - P).$$

Nach Konstruktion ist $P \geq 0$. Weiter ergibt sich

$$(I - P)e = A_D^{-1}Ae > 0, \quad \text{also } Pe < e.$$

Führt man die spezielle Norm

$$\|x\|_e := \max_i \frac{|x_i|}{e_i}$$

ein, und ist $\|P\|_e$ die zugeordnete Matrixnorm, so folgt aus $P \geq 0$ und damit $Pz \geq Py$ für $z \geq y$ aus

$$\|P\|_e = \sup_{\|x\|_e=1} \|Px\|$$

sofort die Beziehung $\|P\|_e = \|Pe\|_e$. Nun ist aber

$$\|Pe\|_e = \max_i \frac{(Pe)_i}{e_i},$$

$Pe < e$ impliziert damit $\|P\|_e < 1$. Damit existiert aber $(I - P)^{-1}$, und es gilt

$$(I - P)^{-1} = \sum_{j=0}^{\infty} P^j.$$

Da $A = A_D(I - P)$ ist, existiert auch A^{-1}, und $P \geq 0$ impliziert $A^{-1} \geq 0$. (3) Es sei $Aw = f$. Dann gilt

$$\pm w = \pm A^{-1}f \leq \|f\|_\infty A^{-1}(1, ..., 1)^T.$$

Die Ungleichung $Ae \geq \min_k(Ae)_k(1, ..., 1)^T$ impliziert aber

$$A^{-1}(1, \cdots, 1)^T \leq \frac{e}{\min_k(Ae)_k}.$$

Also gilt insgesamt

$$\|w\|_\infty \leq \frac{\|e\|_\infty}{\min_k(Ae)_k}\|f\|_\infty . \blacksquare$$

Oft gelingt es, einen Vektor e (ein *majorisierendes Element* bezüglich der Matrix A) zu finden und auf dieser Basis $\|A^{-1}\|$ abzuschätzen. Andererseits ist es manchmal möglich, die strenge Diagonaldominanz oder die irreduzible Diagonaldominanz von A auszunutzen.

Definition 2.6 (a) A heißt *streng diagonal dominant*, wenn gilt

$$|a_{ii}| > \sum_{j=1, j \neq i}^{n} |a_{ij}|,$$

schwach diagonal dominant, wenn das Gleichheitszeichen zugelassen ist.

(b) A heißt *irreduzibel*, wenn keine Permutationsmatrix P existiert, so daß

$$PAP^T = \begin{bmatrix} B_{11} & B_{12} \\ 0 & B_{22} \end{bmatrix}.$$

(c) A besitzt die *Ketteneigenschaft*, wenn für beliebige zwei Indizes i, j eine Folge von Nichtnullelementen der Form

$$a_{i,i_1}, a_{i_1,i_2}, \cdots, a_{i_m,j}$$

existiert.

(d) A heißt *irreduzibel diagonal dominant*, falls A schwach diagonal dominant ist, in mindestens einer Zeile aber die strikte Ungleichung erfüllt und A irreduzibel ist.

Ketteneigenschaft und Irreduzibilität sind äquivalent. Nach [OR70] gilt

SATZ 2.8 *A sei eine L-Matrix. Ist A außerdem strikt diagonal dominant oder diagonal dominant und irreduzibel, dann ist A eine M-Matrix.*

Im Fall der strengen Diagonaldominanz ist $e = (1, \cdots, 1)^T$ majorisierendes Element, aus Satz 2.7 folgt

$$\|A^{-1}\| \leq \frac{1}{\min_k (a_{kk} - \sum_{j \neq k} |a_{jk}|)} \quad .$$

Bei Stabilitätsuntersuchungen für Differentialgleichungsprobleme kann man versuchen, strenge Diagonaldominanz nachzuweisen, oder ein geeignetes majorisierendes Element anzugeben (in beiden Fällen kennt man dann die Stabilitätskonstanten).

Exemplarisch sei gezeigt, wie sich der Beweis von Satz 2.6 in der Terminologie der M-Matrizen formulieren läßt. Der diskrete Operator $-\Delta_h$ wird durch eine Matrix A beschrieben, die eine L-Matrix ist. Ferner ist diese schwach diagonal dominant und irreduzibel, also nach Satz 2.8 eine M-Matrix. Die im Beweis von Satz 2.6 genutzte Vergleichsfunktion v_h interpretiert als Vektor e liefert ein majorisierendes Element mit $Ae = 2(1, \ldots, 1)^T$; es gilt $\|e\| = \frac{1}{4}$. Daraus folgt $\|A^{-1}\| \leq \frac{1}{8}$ und mit (4.10) die Abschätzung (4.23).

Wie schon früher bemerkt wurde, benötigt man zum Nachweis der Konvergenz des gewöhnlichen Differenzenverfahrens mittels Konsistenzabschätzungen über die Taylorsche Formel zumindest die Regularität $u \in C^{2,\alpha}(\bar{\Omega})$ der Lösung. Man erhält unter diesen schwächeren Voraussetzungen allerdings "nur" die Ordnung h^α. Logischerweise fragt man sich, ob man nicht unter schwächeren Voraussetzungen Konvergenz der

Ordnung 2 für das Standard-Differenzenverfahren nachweisen kann. Dies ist in der Tat möglich, z.B., indem man in der Analyse von Differenzenverfahren unter Nutzung diskreter Sobolev-Räume der Analysis von Finite-Elemente-Verfahren folgt oder die von Finite-Elemente-Verfahren (oder Finite-Volumen-Verfahren) erzeugten diskreten Probleme als Differenzenverfahren interpretiert.

Diese Aussage wird durch praktische Erfahrungen mit dem Differenzenverfahren bestätigt, wie folgendes Beispiel zeigt. Für die Lösung von

$$-\triangle u \;=\; 1 \quad \text{in} \quad \Omega = (0,1)^2,$$
$$u \;=\; 0 \quad \text{auf} \quad \Gamma$$

gilt z.B. nicht $u \in C^{2,\alpha}(\bar{\Omega})$ mit positivem α.

Um die Konvergenzgeschwindigkeit eines Verfahrens praktisch einschätzen zu können, bedient man sich oft der sogenannten *numerischen Konvergenzrate*. In einem Punkt P gelte bei bekanntem u(P)

$$|u(P) - u_h(P)| \sim C h^\beta.$$

Dann gilt bei halber Schrittweite $h/2$

$$|u(P) - u_{h/2}(P)| \sim C \left(\frac{h}{2}\right)^\beta.$$

Logarithmieren liefert die numerische Konvergenzrate

$$\beta = (\ln |u(P) - u_h(P)| - \ln |u(P) - u_{h/2}(P)|)/(\ln 2). \tag{4.26}$$

Man kann diese Konvergenzrate analog definieren, wenn das Verhältnis der Schrittweiten nicht 2 ist oder man den Fehler nicht punktweise mißt, sondern in irgendeiner Norm. Kennt man die exakte Lösung nicht, so arbeitet man mit Näherungen auf drei Gittern. Für das obige Beispiel sei $P = (\frac{1}{2}, \frac{1}{2})$. Die "exakte" Lösung kann man durch Separation mittels Reihendarstellung auswerten und erhält $u(\frac{1}{2}, \frac{1}{2}) = 0.0736713....$
Das Differenzenverfahren liefert

h	$u_h(P)$	$u(P) - u_h(P)$	β
1/8	0.0727826	$8.89 \cdot 10^{-4}$	-
1/16	0.0734457	$2.26 \cdot 10^{-4}$	1.976
1/32	0.0736147373	$5.66 \cdot 10^{-5}$	1.997
1/64	0.0736571855	$1.41 \cdot 10^{-5}$	2.005

Die numerische Konvergenzrate deutet also darauf hin, daß für dieses Beispiel trotz der Eigenschaft $u \notin C^{2,\alpha}(\bar{\Omega})$ die Konvergenzordnung 2 beträgt.

2.4.3   Diskrete Greensche Funktionen

Das durch Diskretisierung einer linearen elliptischen Randwertaufgabe erzeugte endlich-dimensionale Problem

$$[L_h u_h](x_h) = f_h(x_h) \quad \forall x_h \in \Omega_h, \qquad u_h = 0 \quad \text{auf} \ \Gamma_h \tag{4.27}$$

stellt ein i.a. reguläres lineares Gleichungssystem dar. Definiert man durch

$$L_h G_h(x_h, \xi_h) = \begin{cases} 1/\mu_h(x_h) & \text{, falls } x_h = \xi_h \\ 0 & \text{, sonst} \end{cases} \tag{4.28}$$

mit den Gewichten $\mu_h(x_h)$ des Skalarproduktes $(\cdot, \cdot)_h$ eine *diskrete Greensche Funktion* $G_h(\cdot, \cdot) : \Omega_h \times \Omega_h \to \mathbb{R}$, so kann die Lösung von (4.27) dargestellt werden in der Form

$$u_h(\xi_h) = \sum_{x_h \in \Omega_h} \mu_h(x_h) \, G_h(x_h, \xi_h) \, f_h(x_h) \qquad \xi_h \in \Omega_h,$$

bzw. unter Verwendung des diskreten Skalarproduktes durch

$$u_h(\xi_h) = \left(G_h(\cdot, \xi_h), f_h \right)_h \qquad \xi_h \in \Omega_h. \tag{4.29}$$

Neben der formalen Analogie zum stetigen Fall können hieraus auch Stabilitätsabschätzungen und damit Konvergenzaussagen gewonnen werden. Unter Verwendung eines Einschränkungsoperators r_h gilt mit den zuhörigen Defekt $d_h := L_h r_h u - f_h$ und der diskreten Lösung u_h wegen der Linearität von L_h nun

$$L_h \left(r_h u - u_h \right) = d_h.$$

Mit (4.27), (4.29) folgt

$$[r_h u - u_h](\xi_h) = \left(G_h(\cdot, \xi_h), d_h \right)_h \qquad \xi_h \in \Omega_h.$$

Mit $p, q > 0$ und $\frac{1}{p} + \frac{1}{q} = 1$ gilt dann

$$|[r_h u - u_h](\xi_h)| \le \|G_h(\cdot, \xi_h)\|_{L_p,h} \|d_h\|_{L_q,h} \qquad \xi_h \in \Omega_h.$$

Hieraus kann man bei Kenntnis einer von h unabhängigen Schranke für $\max\limits_{\xi_h \in \Omega_h} \|G_h(\cdot, \xi_h)\|_{L_p,h}$ unmittelbar Fehlerschranken in der Maximumnorm angeben, nämlich

$$\|r_h u - u_h\|_{\infty,h} \le \max_{\xi_h \in \Omega_h} \|G_h(\cdot, \xi_h)\|_{L_p,h} \|d_h\|_{L_q,h}. \tag{4.30}$$

Bemerkung 2.12 Im eindimensionalen Fall ist die diskrete Greensche Funktion gleichmäßig beschränkt. Dann sagt uns (4.30), daß der Fehler in der Maximumnorm durch den Konsistenzfehler in der L_1-Norm abgeschätzt werden kann. Daraus folgt z.B., daß in einzelnen (etwa randnahen Punkten) die Konsistenzordnung eins sein darf, ohne die Ordnung zwei des Verfahrens zu stören. $\square$

Im mehrdimensionalen Fall ist die diskrete Greensche Funktion nicht gleichmäßig beschränkt. Wir untersuchen exemplarisch ihr Verhalten im Fall des diskreten Laplace-Operators auf dem Einheitsquadrat auf einem äquidistanten Netz der Schrittweite h.

Kennt man Eigenfunktionen und Eigenwerte, kann man G_h explizit darstellen:

$$G_h(x, \xi) = \sum_{k,l=1,\cdots,N-1} \frac{v_h^{kl}(x) \, v_h^{kl}(\xi)}{\lambda_h^{kl}}$$

Mit den Darstellungen aus Bemerkung 2.11 erhalten wir die Abschätzung

$$0 \le G_h(x, \xi) \le c \sum_{k,l=1,\cdots,N-1} \frac{1}{k^2 + l^2}.$$

Die Quadratsumme wird nun durch ein Integral über einen Viertelkreis mit dem Radius $\sqrt{2}/h$ abgeschätzt. Einführung von Polarkoordinaten ergibt wegen

$$\int_1^{\sqrt{2}/h} \frac{dr}{r} = \ln(\sqrt{2}/h)$$

letztlich die Abschätzung

$$0 \le G_h(x, \xi) \le c \ln \frac{1}{h}. \tag{4.31}$$

In Standardsituationen gilt

$$\max_{\xi_h} \|G_h(\cdot, \xi_h)\|_{L_1,h} \le c; \tag{4.32}$$

dann kann man aus dem Konsistenzfehler in der Maximumnorm auf den Fehler in dieser Norm von der gleichen Ordnung schließen. Wir skizzieren einen Beweis von (4.32) wieder für den Fall des diskreten Laplace-Operators im Einheitsquadrat über einem Gitter mit Schrittweite h in x- und y-Richtung.

Definiert man

$$G_h^\Sigma(x_i, \xi_k, \eta_l) = h \sum_{y_j} G_h(x_i, y_j, \xi_k, \eta_l),$$

so ist wegen der Nichtnegativität von G_h unser G_h^Σ gleich der diskreten L_1-Norm von $G_h(x_i, \cdot, \xi_k, \eta_l)$. Erzeugt man aber durch Multiplikation mit h und Summation über y_j eine (dann eindimensionale) Differenzengleichung für G_h^Σ, so folgt aus der gleichmäßigen Beschränktheit deren eindimensionaler diskreten Greenschen Funktion letzlich

$$\max_{x_i, \xi_k, \eta_l} \|G_h(x_i, \cdot, \xi_k, \eta_l)\|_{L_1,h} \le C.$$

Aus dieser anisotropen Abschätzung folgt (4.32).

W.B. Andreev untersucht in zahlreichen Arbeiten das Verhalten von diskreten Grundlösungen; diese stehen in enger Verwandtschaft zu den diskreten Greenschen Funktionen.

2.4.4 Differenzensterne und Diskretisierung in allgemeineren Gebieten

Die diskreten Operatoren von Differenzenverfahren charakterisiert man gern durch *Differenzensterne*. Diese enthalten die Nachbarn und zugehörigen Gewichte, mit denen der diskrete Operator in einem Gitterpunkt gebildet wird. Der Stern in Abbildung 2.9 beschreibt die Fünfpunkt-Diskretisierung des Laplace-Operators über einem äquidistanten Gitter. Mit einem allgemeineren Stern nach Abbildung 2.10 assoziiert man den Ausdruck

$$h^{-2} \sum_{i,j} c_{i,j} u_h(x + ih, y + jh).$$

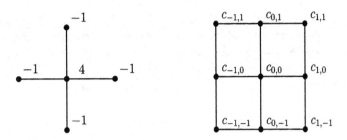

Abbildung 2.9 Fünfpunkt-Stern   **Abbildung 2.10**   Neunpunkt-Stern

Durch Einbeziehung weiterer Gitterpunkte zur Diskretisierung läßt sich die Konsistenzordnung erhöhen. Dabei sind vor allem solche Diskretisierungen wünschenswert, die möglichst nur benachbarte Gitterpunkte einbeziehen. Derartige Differenzensterne heißen *kompakt*, d.h. für sie gilt $c_{\alpha,\beta} \neq 0$ nur für $-1 \leq \alpha, \beta \leq 1$ (s. Abbildung 2.11).

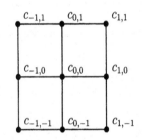   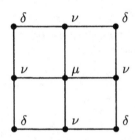

Abbildung 2.11 kompakter Neunpunkt-Stern   konsistenter Neunpunkt-Stern

Aus einer Taylor-Analyse folgt, daß unter diesen Neunpunkt-Formeln konsistente Approximationen des Laplace-Operators der Ordnung 2 eine Gestalt besitzen gemäß Abbildung 2.11 mit $\mu + 4\nu + 4\delta = 0, \quad \nu + 2\delta = -1$.
Für $\delta = 0, \nu = -1$ erhält man die Fünfpunkt-Formel, für $\nu = \delta = -\frac{1}{3}$ den

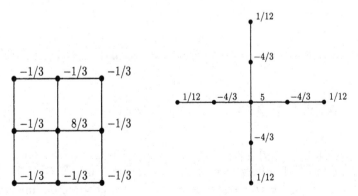

Abbildung 2.12   spezieller Neunpunkt-Stern   nichtkompakter Neunpunkt-Stern

speziellen Neunpunkt-Stern der Abbildung 2.12. Man prüft leicht nach, daß es nicht möglich ist, durch geeignete Wahl von ν und δ die Konsistenzordnung von mindestens 3 zu erreichen. In der Klasse der kompakten Neunpunkt-Schemata kann man folglich die Konsistenzordnung der Diskretisierung nur erhöhen, indem man bei der Diskretisierung der "rechten Seite" von $-\triangle u = f$ auch Informationen weiterer Diskretisierungspunkte einbezieht.

Wählt man speziell $\nu = -\frac{2}{3}$, $\delta = -\frac{1}{6}$ und setzt

$$f_h := \frac{1}{12}(f(x-h,y) + f(x+h,y) + f(x,y-h) + f(x,y+h) + 8f(x,y)),$$

so ergibt sich unter der sehr einschränkenden Voraussetzung $u \in C^6(\bar{\Omega})$ ein Verfahren der Ordnung 4 für die Poissongleichung. Der Beweis läßt sich analog zur Konvergenz der Standarddiskretisierung 2. Ordnung führen.

Läßt man die Forderung der Kompaktheit der Schemata fallen, kann man Differenzensterne höherer Genauigkeit konstruieren. Ein Beispiel der Ordnung 4 ist der Stern in Abbildung 2.12 angegeben. Wegen der Schwierigkeiten in randnahen Punkten werden solche Formeln selten angewandt. Üblicher ist es, das Differenzenverfahren der Ordnung 2 mit einem Extrapolations- oder Defektkorrekturschritt (vgl. [MS83]) zu verbinden.

Die Randwertaufgabe

$$\begin{aligned} -\triangle u &= f \quad \text{in} \quad \Omega, \\ u &= \varphi \quad \text{auf} \quad \Gamma \end{aligned} \tag{4.33}$$

wird nun in einem beliebigen zusammenhängenden Gebiet mit regulärem Rand betrachtet. Wir legen erneut ein quadratisches Gitter über den $\mathbb{R}^2$ und definieren die Menge der inneren Gitterpunkte $(x,y) \in \Omega_h$ wie oben. Jeder innere Gitterpunkt, dessen vier Nach-

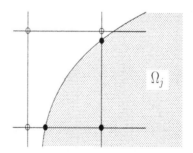

Abbildung 2.13   krummliniger Rand

barpunkte $(x+h,y)$, $(x-h,y)$, $(x,y+h)$, $(x,y-h)$ nicht alle innere Gitterpunkte sind, erzeugt Randpunkte (Verbindungsstrecken gehören nicht zu Ω). Ist z.B. (x,y) innerer Gitterpunkt und $(x-h,y) \notin \Omega$, so gibt es einen (x,y) zugeordneten linken Randpunkt, d.h. ein $s \in (0,1]$ mit $(x-sh,y) \in \Gamma$. Jeder innere Gitterpunkt kann "linke", "rechte", "obere" und "untere" zugeordnete Randpunkte erzeugen; die Vereinigung aller dieser

Punkte heißt Menge der Randpunkte Γ_h (vgl. Abb. 2.13).

Ein innerer Gitterpunkt, der einen Nachbarn des Γ_h besitzt, heißt randnah, die Menge dieser Punkte bezeichnen wir mit Ω_h^*, die restlichen mit Ω_h' ("randferne" innere Gitterpunkte). In einem nicht konvexen Gebiet kann ein Punkt randnah sein, obwohl $(x \pm h, y)$, $(x, y \pm h)$ zu Ω gehören (vgl. Abb. 2.14). In den randfernen Gitterpunkten wird wie üblich

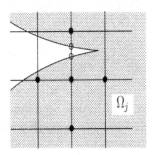

Abbildung 2.14   einspringender Rand

mit der Fünfpunkt-Formel diskretisiert. In den randnahen Punkten überträgt man die Diskretisierung

$$\frac{2}{h_k + h_{k+1}} \left(\frac{u_k - u_{k+1}}{h_{k+1}} + \frac{u_k - u_{k-1}}{h_k} \right)$$

des Differentialausdrucks $-u''$ auf einem nichtäquidistanten Gitter auf den zweidimensionalen Fall. Bekanntlich gilt nun aber: Gemessen in der Maximumnorm, besitzt der Konsistenzfehler dieser Approximation nur noch die Ordnung 1 (Taylorentwicklung führt zu einem Term der Ordnung $O(h_{k+1} - h_k)$, der auf äquidistanten Gittern verschwindet). Es seien

$$(x - s_l h, y), (x + s_r h, y), (x, y - s_u h), (x, y + s_o h) \quad (0 < s \le 1)$$

die vier Nachbarpunkte von (x, y). Dann entsteht folgende Diskretisierung des Laplace-Operators:

$$(\triangle_h u)(x, y) := \frac{2}{h^2} \left[\frac{1}{s_r(s_r + s_l)} u(x + s_r h, y) + \frac{1}{s_l(s_r + s_l)} u(x - s_l h, y) + \right. \tag{4.34}$$

$$\left. \frac{1}{s_o(s_o + s_u)} u(x, y + s_o h) + \frac{1}{s_u(s_o + s_u)} u(x, y - s_u h) - (\frac{1}{s_l s_r} + \frac{1}{s_o s_u}) u(x, y) \right].$$

In den inneren Gitterpunkten fällt (4.34) mit der Fünfpunkt-Formel zusammen. Die Diskretisierung von (4.33) lautet basierend auf (4.34)

$$\begin{aligned} -\triangle_h u_h &= f_h \quad \text{in } \Omega_h, \\ u_h &= \varphi_h \quad \text{auf } \Gamma_h. \end{aligned} \tag{4.35}$$

Wie oben begründet, beträgt die Konsistenzordnung (gemessen in der Maximum-norm) in den randnahen Punkten nur noch 1. Ein wie im Beweis von Satz 2.6 verwende-tes Stabilitätsresultat kann man sofort auch auf die neue Situation übertragen. Denn die Diskretisierung erzeugt offensichtlich eine L_0-Matrix, und ein majorisierendes Element in Form der Einschränkung einer quadratischen Funktion auf das Gitter findet sich mit $(x - x_0)(x_0 + d - x)/2$, wenn Ω im Streifen $(x_0, x_0 + d)$ liegt. Dann folgt aber lediglich Konvergenz des Verfahrens der Ordnung 1.

Mit einem verbesserten Stabilitätsresultat kann man trotzdem eine Abschätzung der Form

$$\|u - u_h\|_\infty \le M_1 d^2 \frac{h^n}{8} + M_2 h^{2+m}$$

nachweisen (vgl. [Sam84]). $M_1 h^n$ ist dabei der Konsistenzfehler in den randfernen Git-terpunkten, $M_2 h^m$ der Konsistenzfehler in den randnahen Gitterpunkten (man beachte, dass man im Konvergenzresultat hinsichtlich des Konsistenzfehlers in den randnahen Gitterpunkten zwei h-Potenzen gewinnt!).

Daraus folgt dann insgesamt für $(x,y) \in \bar\Omega_h$

$$|u(x, y) - u_h(x, y)| \le h^2 \left(\frac{1}{48} d^2 \|u\|_{C^{3,1}(\bar\Omega)} + \frac{2}{3} \|u\|_{C^{2,1}(\bar\Omega)} h \right), \tag{4.36}$$

also die Konvergenz von der Ordnung 2 auch für die beschriebene Diskretisierung der Aufgabe (4.35) in einem beliebigen Gebiet.

Bemerkung 2.13 Bei dem eben beschriebenen Verfahren wird in randnahen Punkten die Differentialgleichung diskretisiert. Eine andere Möglichkeit besteht darin, in einem randnahen Punkt die Gleichung in das diskrete Problem aufzunehmen, die aus *linearer Interpolation* durch zwei Nachbarpunkte entsteht. Man erhält ebenfalls ein Verfahren zweiter Ordnung (vgl. [Hac86]). □

Übung 2.9 Gegeben sei die Randwertaufgabe

$$\begin{aligned} -\triangle u(x, y) &= 1 \quad \text{in} \quad \Omega = (0, 1) \times (0, 1), \\ u(x, y) &= 0 \quad \text{auf} \quad \Gamma = \partial\Omega. \end{aligned}$$

a) Man wende das Differenzenverfahren an und ermittle eine Näherung für $u(1/2, 1/2)$.
b) Man ermittle eine Darstellung für die exakte Lösung (Fourierentwicklung), berechne $u(1/2, 1/2)$ auf 6 Dezimalstellen genau und vergleiche mit dem Ergebnis von a).

Übung 2.10 Gegeben sei die Randwertaufgabe

$$-\triangle u = 0 \quad \text{in} \quad (-1, -1)^2 \setminus (-1, 0)^2$$

mit den Randbedingungen

$$u(x, y) = \begin{cases} 1 - 6x^2 + x^4 & \text{auf } y = 1 \text{ und } y = -1 \\ 1 - 6y^2 + y^4 & \text{auf } x = 1 \text{ und } x = -1 \\ x^4 & \text{auf } y = 0 \text{ mit } -1 \le x \le 0 \\ y^4 & \text{auf } x = 0 \text{ mit } -1 \le y \le 0. \end{cases}$$

a) Man weise nach, daß die exakte Lösung symmetrisch ist bezüglich der Geraden $y = x$.

b) Man ermittle eine Näherungslösung mit dem Differenzenverfahren und vergleiche mit der exakten Lösung.

Übung 2.11 Es sei $\Omega = \{(x,y) : 1 < |x| + |y| < 2.5\,\}$.
Man löse die Randwertaufgabe

$$-\triangle u = 0 \quad \text{in} \quad \Omega$$

mit

$$u = \begin{cases} 0 & \text{für} \quad |x| + |y| = 2.5 \\ 1 & \text{für} \quad |x| + |y| = 1 \end{cases}$$

näherungsweise mit dem Differenzenverfahren unter Verwendung eines quadratischen Gitters mit der Schrittweite $h = 1/2$ (man beachte Symmetrien).

Übung 2.12 Es wird das Dirichlet-Problem

$$\begin{aligned} -\triangle u &= f \quad \text{in} \quad (0,1)^2, \\ u|_\Gamma &= 0 \end{aligned}$$

betrachtet. Die Diskretisierung erfolgt auf einem quadratischen Netz mit der Maschenweite $h = 1/(N+1)$ nach folgendem Schema:

$$\frac{1}{6h^2} \begin{bmatrix} -1 & -4 & -1 \\ -4 & 20 & -4 \\ -1 & -4 & -1 \end{bmatrix} u_h = \frac{1}{12} \begin{bmatrix} 0 & 1 & 0 \\ 1 & 8 & 1 \\ 0 & 1 & 0 \end{bmatrix} f.$$

a) Man beweise:

$$(f_1 \le f_2) \wedge (u_{h,1}|_\Gamma \le u_{h,2}|_\Gamma) \Longrightarrow u_{h,1} \le u_{h,2}.$$

b) Man zeige die L_∞-Stabilität des Schemas, d.h.

$$\|u_h\|_\infty \le C\|f\|_\infty,$$

und gebe einen möglichst guten Wert für die Konstante C an.

c) Man löse das diskrete Problem für $N = 1, 3, 5$ mit

$\quad \alpha) f(x,y) = \sin \pi x \sin \pi y,$

$\quad \beta) f(x,y) = 2(x + y - x^2 - y^2).$

Hinweis: Es können die zu erwartenden Symmetrieeigenschaften der Lösung ausgenutzt werden.

Übung 2.13 Man beweise: Es gibt kein kompaktes Neunpunkt-Schema zur Approximation des Laplace-Operators mit der Konsistenzordnung 3.

2.4.5 Gemischte Ableitungen, Operatoren vierter Ordnung und Randbedingungen 2. und 3. Art

Gemischte Ableitungen

Im Abschnitt 2.4.2 wurde für Gleichungen zweiter Ordnung in Divergenform die L_2-Stabilität der Diskretisierung nachgewiesen. Wir wenden uns jetzt der Frage zu, wie es bei Gleichungen mit gemischten Ableitungen um die Stabilität in der Maximumnorm steht. Bisher hatten wir nur die Poissongleichung diesbezüglich untersucht.

Wir betrachten nun im zweidimensionalen Fall mit $\Omega := (0,1)^2 \subset \mathbb{R}^2$ die lineare Randwertaufgabe

$$-\left(a_{11}\frac{\partial^2 u}{\partial x^2} + 2a_{12}\frac{\partial^2 u}{\partial x \partial y} + a_{22}\frac{\partial^2 u}{\partial y^2}\right) + b_1\frac{\partial u}{\partial x} + b_2\frac{\partial u}{\partial y} + cu = f \quad \text{in} \quad \Omega$$
$$u = \varphi \quad \text{auf} \quad \partial\Omega. \tag{4.37}$$

Alle Daten seien mindestens stetig, die Elliptizitätsbedingung sei erfüllt und zudem gelte die Beziehung $c \geq 0$. In diesem Abschnitt konzentrieren wir uns erneut auf ein regelmäßiges quadratisches Gitter der Schrittweite h.

Es ist naheliegend, u_{xx}, u_{yy}, u_x und u_y wie üblich durch zentrale Differenzenquotienten der Ordnung 2 zu approximieren. Wie approximiert man aber die gemischte Ableitung u_{xy} ?

Zunächst könnte man auf die Idee kommen, einfach z.B. auf die Approximation $(u(x,y+h) - u(x,y-h))/(2h)$ von u_y den zentralen Differenzenquotienten in x-Richtung anzuwenden:

$$\frac{\partial^2 u}{\partial x \partial y} \approx \frac{1}{4h^2}(u(x+h,y+h) - u(x-h,y+h) - u(x+h,y-h) - u(x-h,y-h)). \tag{4.38}$$

Man erhält den Differenzenstern nach Abbildung 2.15.

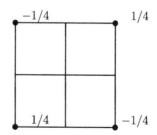

Abbildung 2.15 spezieller Vierpunkt-Stern

Die vier hier verwendeten Punkte zur Diskretisierung kommen ausschließlich bei der Diskretisierung von u_{xy} vor und zeichnen sich durch unterschiedliches Vorzeichen aus. Dies hat zur Folge, daß als Konsequenz die Gesamtmatrix der Diskretisierung keine M-Matrix sein kann. Eine M-Matrix strebt man aber aus zwei Gründen an: Erstens wird die Stabilitätsanalyse einfach, und zweitens (dies ist der Hauptgrund) genügt ein elliptischer Differentialoperator zweiter Ordnung einem Vergleichssatz bzw. Maximumprinzip (vgl.

Satz 2.6), so daß es natürlich ist, ähnliche Eigenschaften des diskreten Problems zu erzeugen.

Eine Taylor-Analyse zeigt, daß ein konsistenter Neunpunkt-Stern zur Diskretisierung von u_{xy} allgemein die Form besitzt

$$\frac{1}{4} \begin{bmatrix} -1-\alpha-\beta+\gamma & 2(\alpha-\gamma) & 1-\alpha+\beta+\gamma \\ 2(\alpha+\beta) & -4\alpha & 2(\alpha-\beta) \\ 1-\alpha-\beta-\gamma & 2(\alpha+\gamma) & -1-\alpha+\beta-\gamma \end{bmatrix}$$

(α, β, γ sind beliebige Parameter). Für $\alpha = \beta = \gamma = 0$ entsteht (4.38). Man kann sich überlegen, daß es nicht möglich ist, durch geeignete Wahl von α, β, γ zu erreichen, daß alle Außerdiagonalelemente das gleiche Vorzeichen besitzen.

Unter den Sternen der Ordnung zwei ($\beta = \gamma = 0$) gibt es aber Sterne, so dass die vier Koeffizienten $c_{11}, c_{1,-1}, c_{-1,-1}, c_{-1,1}$ nicht unterschiedliches Vorzeichen besitzen. Für speziell $\alpha = 1, -1$ entstehen die Differenzensterne

$$(a) \quad \frac{1}{2} \begin{bmatrix} -1 & 1 & 0 \\ 1 & -2 & 1 \\ 0 & 1 & -1 \end{bmatrix} \qquad (b) \quad \frac{1}{2} \begin{bmatrix} 0 & -1 & 1 \\ -1 & 2 & -1 \\ 1 & -1 & 0 \end{bmatrix}; \qquad (4.39)$$

der erste Stern wird zweckmäßig angewandt im Fall $-a_{12} > 0$ und der zweite Stern im Fall $-a_{12} < 0$. Die Diskretisierung des Hauptteils des Differentialoperators entspricht dann zusammengefaßt der Differenzenapproximation

$$\frac{1}{h^2} \begin{bmatrix} a_{12}^- & -(a_{22}-|a_{12}|) & -a_{12}^+ \\ -(a_{11}-|a_{12}|) & 2(a_{11}+a_{22}-|a_{12}|) & -(a_{11}-|a_{12}|) \\ -a_{12}^+ & -(a_{22}-|a_{12}|) & a_{12}^- \end{bmatrix} \qquad (4.40)$$

(mit $a_{12}^+ := \max(a_{12},0) \geq 0$ und $a_{12}^- := \min(a_{12},0) \leq 0$), die Diskretisierung des "Nebenteils" $b_1 u_x + b_2 u_y + c$ der Approximation

$$\frac{1}{2h} \begin{bmatrix} 0 & b_2 & 0 \\ -b_1 & 2hc & b_1 \\ 0 & -b_2 & 0 \end{bmatrix}. \qquad (4.41)$$

Das erhaltene Verfahren ist insgesamt konsistent von der Ordnung 2. Unter der Voraussetzung

$$a_{ii} > |a_{12}| + \frac{h}{2}|b_i| \qquad (i = 1,2)$$

ist die M-Matrixeigenschaft gesichert und unser üblicher Konvergenzbeweis in der Maximumnorm funktioniert.

SATZ 2.9 *Unter den Voraussetzungen $a_{ii} > |a_{12}| + \frac{h}{2}|b_i|$ und $u \in C^{3,1}(\bar{\Omega})$ gilt für das durch (19),(20) erzeugte Differenzenverfahren die Fehlerabschätzung*

$$|u(x,y) - u_h(x,y)| \leq Ch^2 \qquad \text{für alle} \quad (x,y) \in \bar{\Omega}_h.$$

Bemerkung 2.14 Ist $|b|$ nicht sehr groß, so ist die Voraussetzung $a_{ii} > |a_{12}| + \frac{h}{2}|b_i|$ noch nicht sehr einschneidend, da ja die Elliptizität $a_{11}a_{22} > a_{12}^2$ sichert. Ist allerdings $|b|$ groß (*konvektionsdominanter Fall*), so erhält man praktisch nicht realisierbare Schrittweitenforderungen. Deshalb sind dann spezielle Überlegungen notwendig. $\square$

Bemerkung 2.15 Durch die obigen Darlegungen zu den Problemen bei der Diskretisierung der gemischten Ableitung u_{xy} wird noch einmal deutlich, daß Differentialoperatoren in Divergenz-Form, d.h. Operatoren der Form $L = -\mathrm{div}(A\,\mathrm{grad})$, selbst für hinreichend glatte A nicht durch vorherige Differentiation in die in Aufgabe (4.33) betrachtete Form zu überführen. Stattdessen sollte hier die Diskretisierung (4.8) direkt angewendet werden, da sich so die positive Definitheit der Matrixfunktion A auf die diskrete Aufgabe überträgt. $\square$

Operatoren vierter Ordnung

Als einfaches, aber wichtiges Beispiel eines elliptischen Randwertproblems vierter Ordnung betrachten wir

$$\Delta\Delta u \;=\; f \quad \text{in} \quad \Omega,$$
$$u = 0, \quad \frac{\partial u}{\partial n} \;=\; 0 \quad \text{auf} \quad \Gamma \tag{4.42}$$

Aufgaben dieser Art treten bei der Modellierung der Plattenbiegung auf. Die Randbedingungen entsprechen dabei wegen der Vorgabe der Normalenableitungen auf dem Rand dem Fall der eingespannten Platte. Bei der frei beweglichen Platte sind die Randbedingungen durch

$$u = 0, \quad \frac{\partial^2 u}{\partial n^2} \;=\; 0 \quad \text{auf} \quad \Gamma \tag{4.43}$$

mit der zweiten Ableitung in Richtung der äußeren Nomalen zu ersetzen. Beachtet man, daß im vorliegenden Fall auch alle zweiten Ableitungen längs Tangentialrichtungen verschwinden, so kann (4.43) auch in der folgenden Form geschrieben werden

$$u = 0, \quad \Delta u \;=\; 0 \quad \text{auf} \quad \Gamma, \tag{4.44}$$

eine für die Anwendung des Randmaximum-Prinzips geeignete Art der Randbedingungen. Der in (4.42) auftretende Differentialoperator

$$L := \Delta\,\Delta$$

wird auch *biharmonischer Operator* genannt. Speziell im zweidimensionalen Fall besitzt dieser in euklidischen Koordinaten die Form

$$Lu \;=\; \frac{\partial^4 u}{\partial x^4} \;+\; 2\,\frac{\partial^4 u}{\partial x^2 \partial y^2} \;+\; \frac{\partial^4 u}{\partial y^4}.$$

Mit $L = -\Delta(-\Delta)$ und der Standarddiskretisierung

$$[-\Delta u_h]_{i,j} = \frac{1}{h^2} \left(4u_{i,j} - u_{i-1,j} - u_{i+1,j} - u_{i,j-1} - u_{i,j+1} \right)$$

von $-\Delta$ über einem gleichmäßigen Gitter der Schrittweite h erhält man durch zweimalige Anwendung dieser die Diskretisierung

$$\begin{aligned}
[\Delta\Delta u_h]_{i,j} = \ & \frac{1}{h^4} \Big(20u_{i,j} - 8(u_{i-1,j} + u_{i+1,j} + u_{i,j-1} + u_{i,j+1}) \\
& + 2(u_{i-1,j-1} + u_{i-1,j+1} + u_{i+1,j-1} + u_{i+1,j+1}) \\
& + u_{i-2,j} + u_{i+2,j} + u_{i,j-2} + u_{i,j+2} \Big).
\end{aligned}$$

Diese wird durch den nachfolgend dargestellten Differenzenstern beschrieben. Das Rand-

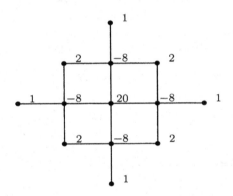

Abbildung 2.16   Differenzenstern zum biharmonischen Operator

wertproblem vierter Ordnung

$$\begin{aligned}
\Delta\Delta u \ &= \ f \quad \text{in} \quad \Omega, \\
u = 0, \quad \Delta u \ &= \ 0 \quad \text{auf} \quad \Gamma,
\end{aligned} \tag{4.45}$$

läßt sich als System von Gleichungen zweiter Ordnung schreiben in der Form

$$\begin{aligned}
-\Delta u \ &= \ v \quad \text{in} \quad \Omega, \\
-\Delta v \ &= \ f \quad \text{in} \quad \Omega, \\
u = 0, \quad v \ &= \ 0 \quad \text{auf} \quad \Gamma.
\end{aligned} \tag{4.46}$$

Die Konsistenzuntersuchungen können nun für hinreichend glatte Lösungen u direkt von denen der Diskretisierung der Poisson-Gleichung übernommen werden. Die inverse Monotonie sichert ferner die Stabilität der Standarddiskretisierung in der Maximumnorm und damit Konvergenz.

Randbedingungen 2. und 3. Art

In einem Randpunkt sei die Randbedingung

$$\nu \cdot \nabla u + \mu u = \varphi \qquad \text{auf} \quad \Gamma \tag{4.47}$$

zu diskretisieren, ν sei nicht tangential zu Γ (ist ν der äußere Normalenvektor, so liegt für $\mu = 0$ die klassische Randbedingung 2.Art vor, für $\mu \neq 0$ eine Randbedingung 3.Art).

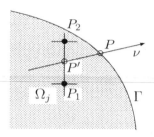

Abbildung 2.17   spezielle Randbedingung

In $P = (x^*, y^*)$ sei

$$y - y^* = \frac{\nu_1}{\nu_2}(x - x^*) \qquad \text{bzw.} \qquad \nu_1(x - x^*) - \nu_2(y - y^*) = 0$$

die Gerade mit dem Anstieg ν. Diese Gerade schneide erstmalig eine Gitterlinie im Punkte P' (s. Abbildung 2.17). Dann ist

$$\frac{\partial u}{\partial \nu} \approx \frac{u(P) - u(P')}{|PP'|} \tag{4.48}$$

eine Approximation erster Ordnung für $\nu \cdot \nabla u$. Ist P' Gitterpunkt, so erhält man durch Einsetzen von (4.48) in (4.47) unmittelbar eine Diskretisierung in P. Andernfalls seien P_1, P_2 die Nachbarpunkte aus $\bar{\Omega}_h$ auf der von ν geschnittenen Gitterlinie. Dann kann man $u(P')$ mittels linearer Interpolation durch $u(P_1), u(P_2)$ unter Beibehaltung der Approximationsordnung 1 für die Diskretisierung von (4.47) in P ersetzen.

Übung 2.14 a) Man gebe den zum Differentialausdruck

$$A_h = -D_{1,h}^2 - D_{2,h}^2 + \alpha I_{1,h} I_{2,h} D_{1,h} D_{2,h}$$

gehörenden Differenzenstern auf einem quadratischen Gitter an (bezüglich der Notation siehe Übung 1.11).

b) Ist A_h eine konsistente Approximation von

$$A := -\triangle + \alpha \frac{\partial^2}{\partial x_1 \partial x_2} ?$$

Übung 2.15 Man beweise, daß ein konsistenter Neunpunkt-Stern zur Diskretisierung von $\partial^2/(\partial x\partial y)$ allgemein die Form

$$
\frac{1}{4}
\begin{bmatrix}
-1-\alpha-\beta+\gamma & 2(\alpha-\gamma) & 1-\alpha+\beta+\gamma \\
2(\alpha+\beta) & -4\alpha & 2(\alpha-\beta) \\
1-\alpha-\beta-\gamma & 2(\alpha+\gamma) & -1-\alpha+\beta-\gamma
\end{bmatrix}
$$

besitzt. Ist es möglich, die freien Parameter α, β, γ so zu wählen, daß alle Außerdiagonalelemente das gleiche Vorzeichen besitzen?

Übung 2.16 Gegeben sei ein Viertelkreisring

$$
K = \left\{ \begin{pmatrix} x \\ y \end{pmatrix} \in \mathbb{R}^2_+ : 1 \le x^2+y^2 < 4 \right\}
$$

Auf K sei folgendes Randwertproblem zu lösen:

$$
\Delta u = 0 \quad \text{in} \quad K
$$

unter den Randbedingungen

$$
\begin{aligned}
u(x,0) &= x, & x \in [1,2], & \qquad u(0,y) &= y, & y \in [1,2], \\
u(x,y) &= 1, & x, y > 0,\ x^2+y^2 = 1, & \qquad u(x,y) &= 2, & x, y > 0,\ x^2+y^2 = 4.
\end{aligned}
$$

a) Man gebe den Laplace-Operator in Polarkoordinaten an.

b) Es ist eine gewöhnliche Differenzennäherung für diesen Operator unter Verwendung eines den Polarkoordinaten angepaßten Gitters anzugeben.

c) Man löse die obige Randwertaufgabe näherungsweise auf einem Gitter, welches durch die Schnittpunkte der Kreise $x^2+y^2 = 1$, $x^2+y^2 = 2.25$ und $x^2+y^2 = 4$ mit den Geraden $y = 0$, $y = \frac{1}{3}\sqrt{3}x$, $y = \sqrt{3}x$ und $x = 0$ entsteht.

d) Analog Teil c) bestimme man näherungsweise die Lösung der Potentialgleichung $\Delta u = 0$, die den Randbedingungen

$$
\begin{aligned}
u(x,0) &= x,\ \ln(x) \in [1,2], & \qquad u(0,y) &= \ln(y),\ y \in [1,2], \\
u(x,y) &= 0,\ x, y > 0,\ x^2+y^2 = 1, & \qquad u(x,y) &= \ln(2),\ x, y > 0,\ x^2+y^2 = 4.
\end{aligned}
$$

genügt. Exakte Lösung zum Vergleich: $u(x,y) = \frac{1}{2}\ln(x^2+y^2)$.

2.4.6   Lokale Gitteranpassung

Der bei der Diskretisierung von Ableitungen lokal auftretende Konsistenzfehler hängt sehr stark vom Verhalten der die Fehlerterme bestimmenden höheren Ableitungen ab. Eine naheliegende Idee besteht daher darin, Informationen darüber möglichst zur Wahl des Gitters zu verwenden. Bei bestimmten Aufgaben, z.B. bei Konvektion-Diffusions-Problemen (vgl. Kapitel 6) ist a-priori das prinzipielle Lösungsverhalten bekannt. Dies ermöglicht dann eine Anpassung des Gitter an lokale Eigenschaften der Lösung (vgl. die

Ausführungen zu grenzschichtangepaßten Gittern in Kapitel 6). Eine andere oft genutzte
Vorgehensweise besteht darin, adaptiv das Gitter lokal zu verfeinern. Dazu sind gewisse
Fehlerindikatoren oder möglichst scharfe Fehlerschätzer einerseits und Gitterverfeine-
rungstechniken andererseits erforderlich. Im Abschnitt 4.7 werden Fehlerschätzer und
Gitterverfeinerungen für Finite-Elemente-Methoden beschrieben.

Nachfolgend soll eine Strategie zur Nutzung *hängender Knoten* im $\mathbb{R}^2$ zur Diskretisierung des Operators $-\Delta$ beschrieben werden, die analog auch für adaptive Finite-
Elemente-Diskretisierungen einsetzbar ist. Im Unterschied zu den Finite-Elemente-Verfahren, bei denen z.B. Stetigkeitsforderungen an über Zerlegungen stückweise definierte
Funktionen wichtig sind, besteht der Vorteil für Finite-Differenzen-Methoden darin, daß
weitgehend einfache Differenzensterne zur Diskretisierung genutzt werden können.

Gegeben sei ein ebenes Rechteckgitter und ein durch einen Fehlerindikator oder Fehlerschätzer markierter Gitterpunkt, in dessen Umgebung das Gitter lokal verfeinert werden soll. Wird ein durch Gitterlinien beschriebenes Rechteck lokal durch Einfügen zwei
neuer, von Rand zu Rand laufender Linien zerlegt, so entsteht im Innern ein regulärer
Gitterpunkt, während die Punkte, in denen die Linien den Rand des Rechtecks treffen
sogenannte *hängende Knoten* bilden. In diesen Punkten enden zunächst Gitterlinien.
Durch zusätzliche Fortsetzung in das jeweilige Nachbarrechteck werden Hilfsknoten (slave knots) erzeugt. In diesen bestimmt man durch Interpolation den Funktionswert und
kann so auch in den hängenden Knoten mit einem kompletten Differenzenstern arbeiten.
Die Abbildung 2.18 illustriert die genannten Möglichkeiten zur Vervollständigung eines

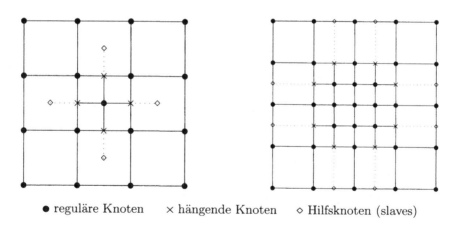

• reguläre Knoten   × hängende Knoten   ◇ Hilfsknoten (slaves)

Abbildung 2.18 Verfeinerung eines Rechtecks   Verfeinerung um einen Gitterpunkt

Gitters mit hängenden Knoten mittels Hilfsknoten.

Übung 2.17 Gegeben seien das Gebiet Ω und eine Menge Gitterpunkte Ω_h beschrieben
durch Abbildung 2.19.

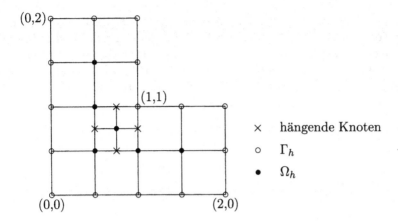

Abbildung 2.19 Verfeinerung eines Rechtecks am Beispiel

Auf diesem Gitter löse man mit Hilfe des Differenzenverfahrens näherungsweise die Randwertaufgabe

$$-\Delta u = 1 \quad \text{in} \quad \Omega,$$
$$u = 0 \quad \text{auf} \quad \Gamma = \partial\Omega.$$

Dabei sind die Mittelpunkte der Nachbarquadrate als Hilfsknoten (slave knots) zu verwenden und die erforderlichen Näherungswerte in diesen durch bilineare Interpolation zu gewinnen. Zur Reduktion der diskreten Aufgabe beachte man vorliegende Symmetrien.

2.5 Differenzenverfahren und Finite-Volumen-Verfahren

Finite-Volumen-Verfahren bilden ein relativ allgemeines Diskretisierungskonzept für gewisse Klassen von partiellen Differentialgleichungen. Den Ausgangspunkt bilden dabei Bilanzgleichungen über Kontrollvolumen. Unter Ausnutzung der partiellen Integration werden dabei Teile dieser Bilanzgleichungen über den Kontrollvolumen in Bilanzgleichungen über den zugehörigen Rändern überführt. Flüsse über die Rändern koppeln dann die Bilanzen benachbarter Kontrollvolumen untereinander. Dadurch können lokal Erhaltungsgesetze, ein z.B. für Anwendungen in der Strömungsmechanik wichtiger Aspekt, gesichert werden. Ferner können bei Anwendung auf elliptische Probleme generisch Diskretisierungen erzeugt werden, für die analog zum stetigen Randmaximumprinzip auch ein diskretes Randmaximumprinzip gilt (vgl. Lemma 2.11).

Ursprünglich wurde diese Vorgehensweise als Konzept zur Erzeugung von Differenzenverfahren auf unregelmäßigen Gittern vorgeschlagen (vgl. [Hei87]). Heute erfolgt die Konvergenzanalysis neben der Interpretation als Differenzenverfahren vorwiegend mittels Zuordnung einer Finiten-Elemente-Methode und deren Untersuchung [Bey98]. Eine eigenständige Konvergenzanalysis für Finite-Volumen-Methoden im elliptischen Fall scheint es nicht zu geben. Zu Finiten-Volumen-Methoden für Erhaltungsgleichungen konsultiere man [Krö97].

Die Grundidee der Finite-Volumen-Verfahren kann in unterschiedlicher Weise bei der Konstruktion der Kontrollvolumen, der Lage der Freiheitsgrade und der Diskretisierung der Randflüsse umgesetzt werden. So unterscheidet man z.B. *cell-centered* Methoden, bei denen Kontrollvolumen um Gitterpunkte ohne explizite Nutzung von Ecken einer Triangulation erzeugt werden und *vertex-centered* Methoden, bei denen als Ecken der Kontrollvolumen bereits vorhandene Ecken einer Triangulation genutzt werden.

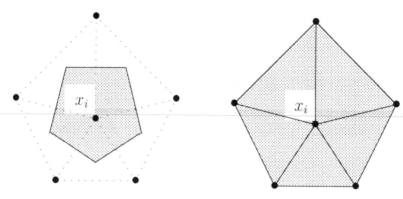

Abbildung 2.20   cell-centered   vertex-centered

Im vorliegenden Abschnitt wird einer spezielle cell-centered Methode auf der Grundlage von Voronoi-Boxen vorgestellt und deren Konvergenz in der diskreten Maximumnorm untersucht. Im Kapitel 4 untersuchen wir in Abschnitt 4.5 den Zusammenhang zur Finiten-Element-Methode und skizzieren Fehlerabschätzungen in dieser Situation angepaßten Normen.

Als Modellaufgabe betrachten wir jetzt das elliptische Randwert-Problem

$$-\Delta u = f \quad \text{in} \quad \Omega, \qquad u = g \quad \text{auf} \quad \Gamma := \partial\Omega \tag{5.1}$$

in einem konvexen Polyeder als Grundgebiet. Es bezeichne

$$x_i \in \Omega, \ i = 1, \ldots, N \qquad \text{und} \qquad x_i \in \Gamma, \ i = N+1, \ldots, \overline{N}$$

innere Diskretisierungspunkte bzw. Randpunkte. Entsprechend definieren wir Indexmengen

$$J := \{1, \ldots, N\}, \qquad \overline{J} := J \cup \{N+1, \ldots, \overline{N}\}.$$

Den gewählten inneren Gitterpunkten $x_i \in \Omega$ werden durch

$$\Omega_i := \bigcap_{j \in J_i} B_{i,j} \quad \text{mit} \quad J_i := \overline{J} \setminus \{i\}, \ B_{i,j} := \{ x \in \Omega : |x - x_i| < |x - x_j| \} \tag{5.2}$$

Teilgebiete zugeordnet. Wegen der vorausgesetzten Eigenschaften von Ω sind diese, als *Voronoi-Boxen* bezeichneten Mengen selbst auch konvexe Polyeder. Es wird ferner vorausgesetzt, daß $\mu_{n-1}(\overline{\Omega}_i \cap \Gamma) = 0$ gilt, wobei μ_{n-1} den Inhalt eines Randstückes im Sinne

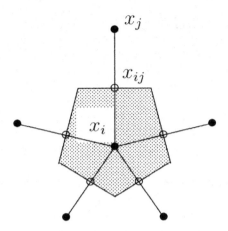

Abbildung 2.21 Voronoi-Box

des $\mathbb{R}^{n-1}$ bezeichnet. Die genannte Forderung kann stets durch Wahl hinreichend vieler Randpunkte $x_j \in \Gamma$ und deren geeignete Positionierung gesichert werden. Es bezeichne N_i die Indexmenge wesentlicher Nachbarn von x_i, d.h.

$$N_i := \{\, j \in J_i \,:\, \mu_{n-1}(\overline{\Omega}_j \cap \overline{\Omega}_i) > 0 \},$$

und wir setzen

$$\Gamma_{i,j} := \overline{\Omega}_i \cap \overline{\Omega}_j, \ j \in N_i, \ i \in J \quad \text{und} \quad \Gamma_i = \bigcup_{j \in N_i} \Gamma_{ij}.$$

Unter Regularitätsvoraussetzungen besitzt die Ausgangsaufgabe (5.1) eine eindeutige klassische Lösung u. Für diese gilt natürlich

$$-\int_{\Omega_i} \Delta u \, d\Omega_i = \int_{\Omega_i} f \, d\Omega_i, \qquad i \in J,$$

und unter Beachtung der Zerlegung des Randes von Ω_i und des Gaußschen Satzes folgt damit

$$-\sum_{j \in N_i} \int_{\Gamma_{i,j}} \frac{\partial u}{\partial n_{i,j}} \, d\Gamma_{i,j} = \int_{\Omega_i} f \, d\Omega_i, \qquad i \in J \tag{5.3}$$

für die Flüsse $\dfrac{\partial u}{\partial n_{i,j}}$. Dabei bezeichnet $n_{i,j}$ den äußeren Normalenvektor auf $\Gamma_{i,j}$. Nach Konstruktion (5.2) der Ω_i wird die Verbindungsstrecke $[x_i, x_j]$ durch das Randstück $\Gamma_{i,j}$ halbiert. Bezeichnet $x_{i,j} := [x_i, x_j] \cap \Gamma_{i,j}$, so gilt mit der euklidischen Norm $|\cdot|$ wegen $n_{i,j} = (x_j - x_i)/|x_j - x_i|$ für hinreichend glatte u damit

$$\frac{\partial u}{\partial n_{i,j}}(x_{i,j}) = \frac{u(x_j) - u(x_i)}{|x_j - x_i|} + O\left(|x_j - x_i|^2\right), \qquad j \in N_i, \ i \in J.$$

Unter Verwendung dieser Näherung für die Normalenableitung liefert mit (5.3) und den Abkürzungen

$$m_{i,j} := \mu_{n-1}(\Gamma_{i,j}), \qquad \text{und} \qquad d_{i,j} := |x_j - x_i|$$

dies die Diskretisierung

$$-\sum_{j \in N_i} \frac{m_{i,j}}{d_{i,j}} (u_j - u_i) = \int_{\Omega_i} f \, d\Omega_i, \qquad i \in J. \tag{5.4}$$

Werden die Randbedingungen durch

$$u_i = g(x_i), \qquad i \in \overline{J} \setminus J \tag{5.5}$$

berücksichtigt, dann erhält man insgesamt ein lineares Gleichungssystem

$$A_h u_h = f_h \tag{5.6}$$

zur Bestimmung des Vektors $u_h = (u_i)_{i \in J} \in \mathbb{R}^N$ der gesuchten Näherungswerte u_i für $u(x_i)$, $i \in J$. Dabei sind die Koeffizientenmatrix $A_h = (a_{i,j})$ und die rechte Seite $f_h \in \mathbb{R}^N$ gemäß (5.4) definiert durch

$$a_{i,j} = \begin{cases} \sum\limits_{l \in N_i} \dfrac{m_{i,l}}{d_{i,l}}, & \text{falls} \quad j = i \\[2mm] -\dfrac{m_{i,j}}{d_{i,j}}, & \text{falls} \quad j \in N_i \cap J \\[2mm] 0, & \text{sonst} \end{cases} \qquad \text{und} \qquad f_i = \int_{\Omega_i} f \, d\Omega_i + \sum_{l \in N_i \setminus J} \frac{m_{i,l}}{d_{i,l}} g(x_l).$$

Bemerkung 2.16 Überzieht man z.B. im zweidimensionalen Fall das Einheitsquadrat mit einem achsenparallelen quadratischen Gitter, so erzeugt die Finite-Volumen-Methode den bekannten 5-Punkte-Differenzenstern (man beachte allerdings die im Vergleich zum Differenzenverfahren andere Skalierung des diskreten Problems). In der Tat ist also die FVM eine Verallgemeinerung des Differenzenverfahrens auf unstrukturierte Gitter! □

LEMMA 2.11 *Das diskrete Problem (5.6) ist invers-monoton, d.h. es gilt das diskrete Vergleichsprinzip*

$$\left. \begin{array}{rcll} -\sum\limits_{j \in N_i} \dfrac{m_{i,j}}{d_{i,j}} (u_l - u_i) & \leq & 0, & i \in J, \\[3mm] u_i & \leq & 0, & i \in \overline{J} \setminus J \end{array} \right\} \quad \Longrightarrow \quad u_i \leq 0, \quad i \in \overline{J}.$$

Beweis: Sei $k \in \overline{J}$ ein Index mit

$$u_k \geq u_j \quad \forall j \in \overline{J}.$$

Wir führen den Beweis indirekt, d.h. wir nehmen an, daß $u_k > 0$ gilt. Wegen der Ungleichung $u_i \leq 0$, $i \in \overline{J} \setminus J$ muß damit $k \in J$ gelten. Ferner folgt aus $u_k > 0$ und der

Verbindung der Teilmengen Ω_i untereinander bis zu den Randpunkten auch, daß sich $k \in J$ so auswählen läßt, daß für mindestens ein $l \in N_k$ gilt $u_k > u_l$. Hieraus folgt mit $u_k \geq u_j \quad \forall j \in \overline{J}$ nun $\sum_{j \in N_k} \frac{m_{k,j}}{d_{k,j}} u_k > \sum_{j \in N_k} \frac{m_{k,j}}{d_{k,j}} u_j$. Dies liefert

$$-\sum_{j \in N_k} \frac{m_{k,j}}{d_{k,j}} (u_j - u_k) > 0$$

im Widerspruch zu $-\sum_{j \in N_i} \frac{m_{i,j}}{d_{i,j}} (u_l - u_i) \leq 0, \quad i \in J$. Damit war die Annahme falsch, und das Lemma ist bewiesen. ∎

Bemerkung 2.17 Der Beweis zu Lemma 2.11 stimmt mit dem zu Lemma 2.9 überein und beruht letztlich darauf, daß die betrachtete Finite-Volumen-Diskretisierung stets M-Matrizen erzeugt. Dies stellt einen wesentlichen Vorzug der Finite-Volumen-Methode für elliptische Probleme in Divergenzform dar. □

Mit Hilfe von Lemma 2.11 und geeigneter Vergleichsfunktionen lassen sich bei hinreichender Glattheit der gesuchten Lösung u Fehlerabschätzungen für die FVM in der Maximumnorm gewinnen. Das folgende Lemma stellt eine derartige Vergleichsfunktionen bereit.

LEMMA 2.12 *Es bezeichne* $v : \mathbb{R}^n \to \mathbb{R}$ *die durch* $v(x) := -\frac{\alpha}{2} |x|^2 + \beta$ *mit Parametern* $\alpha, \beta \in \mathbb{R}$ *definierte Funktion. Dann gilt*

$$-\sum_{j \in N_i} \frac{m_{i,j}}{d_{i,j}} (v(x_j) - v(x_i)) = n\alpha \int_{\Omega_i} d\Omega_i, \quad i \in J.$$

Beweis: Nach Konstruktion von v gilt

$$\nabla v(x) = -\alpha x \qquad \text{und} \qquad -\Delta v(x) = n\alpha, \quad \forall x \in \mathbb{R}^n. \tag{5.7}$$

Mit dem Gauß'schen Satz hat man damit

$$-\sum_{j \in N_i} \int_{\Gamma_{i,j}} \frac{\partial v}{\partial n_{i,j}} d\Gamma_{i,j} = -\int_{\Omega_i} \Delta v \, d\Omega_i = n\alpha \int_{\Omega_i} d\Omega_i, \quad i \in J. \tag{5.8}$$

Da v eine quadratische Funktion ist, liefert der zentrale Differenzenquotient eine exakte Darstellung zugehöriger Richtungsableitungen. Speziell in den Punkten $x_{i,j} \in \Gamma_{i,j}$ gilt also

$$-\frac{1}{d_{i,j}} (v(x_j) - v(x_i)) = -\frac{\partial v}{\partial n_{i,j}} (x_{i,j}) = -\nabla v(x_{i,j})^T n_{i,j},$$

und mit der Darstellung des Gradienten und der Tatsache, daß $n_{i,j}$ auf $\Gamma_{i,j}$ senkrecht steht, folgt

$$
\begin{aligned}
-\frac{1}{d_{i,j}}(v(x_j) - v(x_i)) &= -\frac{\partial v}{\partial n_{i,j}}(x_{i,j}) = \alpha\, x_{i,j}^T n_{i,j} = \alpha\, x^T n_{i,j} + \alpha\, (x_{i,j} - x)^T n_{i,j} \\
&= \alpha\, x^T n_{i,j} = -\frac{\partial v}{\partial n_{i,j}}(x), \quad \forall\, x \in \Gamma_{i,j}.
\end{aligned}
$$

Unter Beachtung von (5.8) liefert dies

$$
\begin{aligned}
-\sum_{j \in N_i} \frac{m_{i,j}}{d_{i,j}}(v(x_j) - v(x_i)) &= -\sum_{j \in N_i} \int_{\Gamma_{i,j}} \frac{\partial v}{\partial n_{i,j}}\, d\Gamma_{i,j} \\
&= -\int_{\Omega_i} \Delta v\, d\Omega_i = n\,\alpha \int_{\Omega_i} d\Omega_i, \quad i \in J. \qquad \blacksquare
\end{aligned}
$$

Als nächstes untersuchen wir den Konsistenzfehler unserer Diskretisierung in der Maximumnorm.

Der Diskretisierungsparameter h wird definiert durch

$$
h_i := \left(\max_{j \in N_i} \mu_{n-1}(\Gamma_{i,j}) \right)^{1/(n-1)}, \quad h := \max_{i \in J} h_i. \tag{5.9}
$$

Für die betrachtete Familie von Voronoi-Boxen für $h \le h_0$ setzen wir folgendes voraus:

- (V1) die Anzahl wesentlicher Teilränder je Voronoi-Box sei beschränkt, d.h. es gelte $\max_{i \in J}\{\mathrm{card}\, N_i\} \le m_*$ mit einem $m_* \in \mathbb{N}$

- (V2) $x_{i,j} := [x_i, x_j] \cap \Gamma_{i,j}$ sei der geometrische Schwerpunkt des Teilrandes $\Gamma_{i,j}$

Hingewiesen sei darauf, daß aus der Definition von h_i und (V1) folgt, daß der Durchmesser von Ω_i die Größenordnung $O(h_i)$ besitzt. Die Voraussetzung (V2) ist natürlich recht einschneidend und wird nur von sehr regelmäßigen Gittern erfüllt.

LEMMA 2.13 *Die Voraussetzungen (V1) und (V2) seien erfüllt und es gelte für die Lösung u des Ausgangsproblems (5.1) $u \in C^4(\overline{\Omega})$. Dann gibt es eine Konstante c mit*

$$
\left| \sum_{j \in N_i} \frac{m_{i,j}}{d_{i,j}}(u(x_j) - u(x_i)) + \int_{\Omega_i} f\, d\Omega_i \right| \le c\, h_i^{n+1}, \quad i \in J.
$$

Zum Beweis analysieren wir die Diskretisierungsfehler

$$
\sigma_{i,j} := \left| \frac{m_{i,j}}{d_{i,j}}(u(x_j) - u(x_i)) - \int_{\Gamma_{i,j}} \frac{\partial u}{\partial n_{i,j}}\, d\Gamma_{i,j} \right|
$$

auf den einzelnen Teilrändern $\Gamma_{i,j}$. Da $\frac{1}{d_{i,j}}(u(x_j) - u(x_i))$ einen zentralen Differenzen-quotienten zur Approximation der Richtungsableitung $\frac{\partial u}{\partial n_{i,j}}(x_{i,j})$ bildet und $u \in C^4(\overline{\Omega})$ vorausgesetzt wurde, existieren Konstanten c mit

$$\left| \frac{1}{d_{i,j}}(u(x_j) - u(x_i)) - \frac{\partial u}{\partial n_{i,j}}(x_{i,j}) \right| \leq c\,d_{i,j}^2 \leq c\,h_i^2, \quad i \in J, \; j \in N_i. \tag{5.10}$$

Zur Vermeidung zusätzlicher Indizes bezeichnen hier und im weiteren c jeweils generische Konstanten, die i.allg. an den unterschiedlichen Plätzen auch unterschiedliche Werte besitzen. Unter Beachtung der Voraussetzung (5.15), der festen endlichen Anzahl von wesentlichen Teilrändern und der Cauchy-Schwarzschen Ungleichung folgt aus (5.10) die Abschätzung

$$\left| \sum_{j \in N_i} \frac{m_{i,j}}{d_{i,j}}(u(x_j) - u(x_i)) - \sum_{j \in N_i} m_{i,j} \frac{\partial u}{\partial n_{i,j}}(x_{i,j}) \right|$$

$$\leq \left(\sum_{j \in N_i} m_{i,j}^2 \right)^{1/2} \left(\sum_{j \in N_i} \left| \frac{1}{d_{i,j}}(u(x_j) - u(x_i)) - \frac{\partial u}{\partial n_{i,j}}(x_{i,j}) \right|^2 \right)^{1/2} \tag{5.11}$$

$$\leq c\,h_i^{n+1}, \quad i \in J.$$

Wir definieren durch

$$T_i u := \sum_{j \in N_i} \left(\int_{\Gamma_{i,j}} \frac{\partial u}{\partial n_{i,j}} - m_{i,j} \frac{\partial u}{\partial n_{i,j}}(x_{i,j}) \right), \quad i \in J$$

auf $C^3(\overline{\Omega}_i)$ lineare, stetige Funktionale. Mit einer Konstanten c gilt

$$|T_i u| \leq c\,\mu_{n-1}(\Gamma_i) \max_{|\alpha|=1} \max_{x \in \Gamma_i} |[D^\alpha u](x)|. \tag{5.12}$$

Da nach Voraussetzung $x_{i,j}$ der geometrische Schwerpunkt von $\Gamma_{i,j}$ ist, hat man

$$\int_{\Gamma_{i,j}} z \, d\Gamma_{i,j} = m_{i,j}\, z(x_{i,j}) \qquad \text{für alle } z \in \mathcal{P}_1, \tag{5.13}$$

wobei $\mathcal{P}_1$ die Polynome vom Grad 1 auf Γ_{ij} bezeichnet. Nach Konstruktion der Operatoren T_i gilt somit für alle quadratischen Polynome auf Γ_{ij}

$$T_i z = 0 \qquad \text{für alle } z \in \mathcal{P}_2.$$

Mit (5.12), der Linearität von T_i sowie der Dreiecksungleichung folgt

$$\begin{aligned} |T_i u| &\leq |T_i(u - z)| + |T_i z| \leq |T_i(u - z)| \\ &\leq c\,\mu_{n-1}(\Gamma_i) \max_{|\alpha|=1} \max_{x \in \Gamma_i} |[D^\alpha(u - z)](x)| \qquad \text{für alle } z \in \mathcal{P}_2. \end{aligned} \tag{5.14}$$

Es sei z_i das quadratische Taylor-Polynom zu u mit der Entwicklungsstelle x_i, d.h.

$$z_i(x) = u(x_i) + \nabla u(x_i)^T (x - x_i) + \frac{1}{2}(x - x_i)^T H(x_i)(x - x_i) \qquad x \in \overline{\Omega}_i$$

mit der Hesse-Matrix $H(x) = \left(\dfrac{\partial^2 u}{\partial x_r \, \partial x_s}(x) \right)$. Für das quadratische Taylor-Polynom z_i gilt mit einem $c > 0$ nun

$$|[D^\alpha(u - z_i)](x)| \leq c\,\|x - x_i\|^2 \qquad \forall x \in \overline{\Omega}_i, \quad |\alpha| = 1.$$

Mit (5.13), (5.14) folgt somit die Existenz von Konstanten $c > 0$ derart, daß

$$|T_i u| \leq c\,\mu_{n-1}(\Gamma_i)\,h_i^2 \leq c\,h_i^{n+1} \qquad i \in J.$$

Insgesamt hat man dann

$$\left| \sum_{j \in N_i} \frac{m_{i,j}}{d_{i,j}}(u(x_j) - u(x_i)) + \int_{\Omega_i} f\,d\Omega_i \right|$$

$$\leq \left| \sum_{j \in N_i} \frac{m_{i,j}}{d_{i,j}}(u(x_j) - u(x_i)) - \sum_{j \in N_i} m_{i,j} \frac{\partial u}{\partial n_{i,j}}(x_{i,j}) \right|$$

$$+ \left| \sum_{j \in N_i} m_{i,j} \frac{\partial u}{\partial n_{i,j}}(x_{i,j}) - \int_{\Gamma_i} \frac{\partial u}{\partial n_i}\,d\Gamma_i \right| + \left| \int_{\Omega_i} \Delta u\,d\Omega_i + \int_{\Omega_i} f\,d\Omega_i \right|$$

$$\leq c\,\mu_{n-1}(\Gamma_i)\,h_i^2 \leq c\,h_i^{n+1}, \qquad i \in J. \quad \blacksquare$$

Bemerkung 2.18 Die Vorgehensweise im Beweis dieses Lemmas mit Hife der Operatoren T_i entspricht der Anwendung des bei Konvergenzuntersuchungen von Finite-Elemente-Methoden üblichen Bramble-Hilbert-Lemmas (vgl. Kapitel 4). $\square$

SATZ 2.10 *Die Voraussetzungen von Lemma 2.13 seien erfüllt. Ferner existiere eine positive Konstante c_1, so dass die Zerlegung $\{\Omega_i\}_{i \in J}$ der Bedingung*

$$\mu_n(\Omega_i) \geq c_1\,h_i^n \quad \text{für alle} \quad i \in J \tag{5.15}$$

genügt.
Dann gilt für den Fehler der FVM die Abschätzung

$$\|u_h - r_h u\|_{\infty,h} \leq c\,h. \tag{5.16}$$

Beweis: Wir führen den Beweis mit Hilfe des diskreten Vergleichsprinzips aus Lemma 2.11, der Vergleichfunktionen gemäß Lemma 2.12 und des durch Lemma 2.13 gegebenen Konsistenzfehlers.

Es bezeichne $w_h := u_h - r_h u$, d.h.

$$w_i := u_i - u(x_i), \quad i \in \overline{J}.$$

Durch die direkte Übernahme der Dirichletschen Randbedingungen hat man

$$w_i = u_i - u(x_i) = 0, \quad i \in \overline{J} \backslash J. \tag{5.17}$$

Mit der Verfahrensvorschrift, deren Linearität und mit Lemma 2.13 hat man ferner

$$\left| \sum_{j \in N_i} \frac{m_{i,j}}{d_{i,j}} (w_j - w_i) \right| = \left| \sum_{j \in N_i} \frac{m_{i,j}}{d_{i,j}} (u_j - u_i) - \sum_{j \in N_i} \frac{m_{i,j}}{d_{i,j}} (u(x_j) - u(x_i)) \right|$$

$$\leq \left| \sum_{j \in N_i} \frac{m_{i,j}}{d_{i,j}} (u_j - u_i) + \int_{\Omega_i} f \, d\Omega_i \right|$$

$$+ \left| \sum_{j \in N_i} \frac{m_{i,j}}{d_{i,j}} (u(x_j) - u(x_i)) + \int_{\Omega_i} f \, d\Omega_i \right|$$

$$= \left| \sum_{j \in N_i} \frac{m_{i,j}}{d_{i,j}} (u(x_j) - u(x_i)) + \int_{\Omega_i} f \, d\Omega_i \right| \leq c \, h_i^{n+1}. \tag{5.18}$$

Mit der Vergleichsfunktion $v(x) := -\frac{\alpha}{2} \|x\|^2 + \beta$ und $z_i := w_i - v(x_i)$, $i \in \overline{J}$ sowie mit Lemmata 2.12, 2.13 folgt nun

$$- \sum_{j \in N_i} \frac{m_{i,j}}{d_{i,j}} (z_j - z_i) \leq c \, h_i^{n+1} - n \, \alpha \int_{\Omega_i} d\Omega_i, \quad i \in J.$$

Wählt man nun $\alpha = c^* h$ mit hinreichend großem c^* und

$$\beta := \frac{\alpha}{2} \max_{i \in \overline{J} \backslash J} \|x_i\|^2$$

so folgt wegen (5.15)

$$- \sum_{j \in N_i} \frac{m_{i,j}}{d_{i,j}} (z_j - z_i) \leq 0, \quad i \in J, \quad \text{und es gilt} \quad z_i \leq 0, \quad i \in \overline{J} \backslash J.$$

Mit dem diskreten Randmaximum-Prinzip aus Lemma 2.11 erhält unter Beachtung der Struktur von v

$$w_i \leq c \, h, \quad i \in \overline{J}.$$

Analog zeigt man die Existenz eines $c > 0$ mit

$$w_i \geq -c \, h, \quad i \in \overline{J}.$$

Zusammen liefern diese beiden Ungleichungen den Nachweis der Behauptung. ∎

Bemerkung 2.19 Der obige Konvergenznachweis nutzt wesentlich die sehr starke Voraussetzung, daß die Lotpunkte $x_{i,j}$ von der Gitterpunkten auf die Teilränder $\Gamma_{i,j}$ mit den geometrischen Schwerpunkte dieser zusammenfallen. Dies schränkt die Struktur der Gebiete Ω_i wesentlich ein. Wir haben den obigen Konvergenzbeweis trotzdem angegeben, da er recht gut die prinzipielle Struktur von Finite-Volumen-Methoden im Kontext von Differenzen-Verfahren illustriert. Andererseits lassen sich durch Zuordnung von nicht-konformen Finite-Elemente-Methoden zu Finite-Volumen-Methoden auch unter weit geringeren Voraussetzungen Konvergenzaussagen für Finite-Volumen-Methoden in der H^1- bzw. L_2-Norm gewinnen. Wir verweisen hierzu z.B. auf Abschnitt 4.5 und [Hac89], [116]. □

Bemerkung 2.20 Die für die Modellaufgabe (5.1) dargestellte Finite-Volumen-Methode läßt sich leicht auf den Fall (inhomogene isotrope Medien)

$$-\mathrm{div}\left(k(\cdot)\,\mathrm{grad}\,u\right) = f \quad \text{in} \quad \Omega, \qquad u = g \quad \text{auf} \quad \Gamma := \partial\Omega \tag{5.19}$$

mit einer vorgegebenen Funktion $k \in C(\overline{\Omega})$ übertragen. Anstelle von (5.4) kann man dann die lokale Bilanzgleichung

$$-\sum_{j \in N_i} \frac{m_{i,j}\,k(x_{i,j})}{d_{i,j}} \left(u_j - u_i\right) = \int_{\Omega_i} f\,d\Omega_i, \qquad i \in J$$

nutzen. □

Bemerkung 2.21 Das Konzept von Finite-Volumen-Methoden, mit Hilfe des Gauß'schen Satzes lokale Bilanzgleichungen auf Randintegrale zu überführen, kann allgemein bei Differentialoperatoren in Divergenzform genutzt werden. Als weiteres Beispiel sei die Erhaltungsgleichung

$$u_t + f(u)_x = 0$$

genannt. Bei Verwendung achsenparalleler Boxen

$$\Omega_{i,k} := (x_i - h/2, x_i + h/2) \times (t^k - \tau/2, t^k + \tau/2)$$

um Gitterpunkte (x_i, t^k) liefert die lokale Bilanz

$$\int_{\Omega_{i,k}} (u_t + f(u)_x)\,dx\,dt = 0$$

nach Anwendung des Gauß'schen Satzes

$$\int_{x_{i-1/2}}^{x_{i+1/2}} (u(x, t^{k+1/2}) - u(x, t^{k-1/2}))\,dx + \int_{t^{k-1/2}}^{t^{k+1/2}} (f(x_{i+1/2}, t) - f(x_{i-1/2}, t))\,dt = 0.$$

Durch Approximation der Randflüsse gelangt man damit zu entsprechenden Diskretisierungen (vgl. (3.49)). □

Behandlung von Neumann-Randbedingungen

Die über den Kontrollvolumen nach Anwendung des Gaußschen Satzes auftretenden Randintegrale erlauben eine direkte Einbeziehung von Neumannschen Randbedingungen. In diesem Fall sind auf den betreffenden Teilrändern *keine* Diskretisierungspunkte zu wählen, da hier die dort vorgegebenen Randbedingungen unmittelbar berücksichtigt werden. Zur Illustration dieser Vorgehensweise betrachten wir das folgende einfache Beispiel.

$$
\begin{aligned}
-\Delta u(x,y) &= f(x,y), & x,y &\in (0,1), \\
u(x,0) = u(x,1) &= 0, & x &\in [0,1], \\
-\frac{\partial u}{\partial x}(0,y) = g_1(y), \qquad \frac{\partial u}{\partial x}(1,y) &= g_2(y), & y &\in (0,1),
\end{aligned}
\tag{5.20}
$$

mit gegebenen Funktionen f, g_1, g_2. Wir verwenden Doppelindizes zur Markierung der Gitterpunkte, um die vorliegende einfache Struktur effektiv zu nutzen. Für gewähltes $M \in \mathbb{N}$ bezeichne $h := 1/M$ die Diskretisierungsschrittweite, und wir wählen

$$
x_l := -\frac{h}{2} + l\,h, \quad l = 1,\dots,M \qquad \text{und} \qquad y_m := m\,h, \quad m = 0,1,\dots,M.
$$

Diesen insgesamt $\overline{N} = M(M+1)$ Punkten werden die Indexmengen

$$
J = \{1,\dots,M\}\times\{1,\dots,M-1\} \subset \mathbb{N}^2 \quad \text{und} \quad \overline{J} = \{1,\dots,M\}\times\{0,1,\dots,M\} \subset \mathbb{N}^2
$$

entsprechend der Vorgabe der Dirichlet-Daten zugeordnet. Die zu $(x_l, y_m) \in J$ gehörige Voronoi-Box ist gegeben durch

$$
\Omega_{i,j} = \left\{ \begin{pmatrix} x \\ y \end{pmatrix} \in \Omega \,:\, |x - x_i| < \frac{h}{2},\ |y - y_j| < \frac{h}{2} \right\}.
$$

Die Anwendung der oben beschriebenen Finite-Volumen-Methode liefert die linearen Gleichungen

$$
\begin{aligned}
u_{i-1,j} + u_{i+1,j} + u_{i,j-1} + u_{i,j+1} - 4u_{i,j} &= \int_{\Omega_{i,j}} f(x,y)\,dx\,dy, \\
i = 2,\dots,M-1,\ j &= 1,\dots,M-1,
\end{aligned}
\tag{5.21}
$$

$$
\begin{aligned}
u_{2,j} + u_{1,j-1} + u_{1,j+1} - 3u_{1,j} &= \int_{\Omega_{1,j}} f(x,y)\,dx\,dy - \int_{y_j-h/2}^{y_j+h/2} g_1(y)\,dy, \\
j &= 1,\dots,M-1,
\end{aligned}
\tag{5.22}
$$

$$
\begin{aligned}
u_{M-1,j} + u_{M,j-1} + u_{M,j+1} - 3u_{M,j} &= \int_{\Omega_{M,j}} f(x,y)\,dx\,dy - \int_{y_j-h/2}^{y_j+h/2} g_2(y)\,dy, \\
j &= 1,\dots,M-1
\end{aligned}
\tag{5.23}
$$

sowie
$$
u_{i,j} = 0, \qquad (i,j) \in \overline{J}\setminus J.
\tag{5.24}
$$

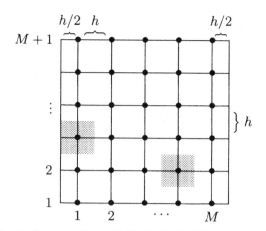

Abbildung 2.22 Voronoi-Boxen für teilweise Neumann-Bedingungen

Bemerkung 2.22 Bei der praktischen Realisierung der Finite-Volumen-Methode sind die auftretenden Integrale durch geeignete Quadraturformeln zu ersetzen. Bei dem in diesem Abschnitt diskutierten Konvergenzbeweis mittels Vergleichsprinzipien ergeben sich hieraus keine wesentlichen Änderungen. Es sind lediglich die Quadraturfehler in den Konsistenzabschätzungen zu berücksichtigen. □

Übung 2.18 Man diskretisiere die Randwertaufgabe

$$-\triangle u = f \quad \text{in} \quad (0,1) \times (0,1)$$

bei homogenen Dirichlet-Bedingungen mittels eines regelmäßigen Quadratnetzes nach der beschriebenen Finite-Volumen-Methode, wobei die Diskretisierungspunkte die Gitterpunkte des Netzes sind. Man vergleiche die entstehende Differenzenapproximation mit dem klassischen Differenzenverfahren.

Übung 2.19 Man diskretisiere den Laplace-Operator auf einem Netz aus gleichseitigen Dreiecken der Seitenlänge h mit der oben behandelten Finite-Volumen-Methode unter Verwendung der Eckpunkte als Gitterpunkte. Man interpretiere das Resultat als Differenzenapproximation und untersuche den Konsistenzfehler.

Übung 2.20 Die elliptische Randwertaufgabe

$$- \operatorname{div}\left((1 + x^2 + y^2)\operatorname{grad} u(x,y)\right) = e^{x+y} \quad \text{in } \Omega := (0,1)^2,$$
$$u(x,y) = 0 \quad \text{auf } \Gamma_D,$$
$$\frac{\partial}{\partial n} u(x,y) = 0 \quad \text{auf } \Gamma_N$$

mit $\Gamma_D := \{(x,y) \in \Gamma : xy = 0\}$, $\Gamma_N := \Gamma \backslash \Gamma_D$ ist mit der Finite-Volumen-Methode über einem gleichabständigen Gitter der Schrittweite $h = 1/N$ zu diskretisieren. Als

Voronoi-Box verwende man dabei

$$\Omega_{ij} := \{ (x,y) \in \Omega : |x - x_i| < h/2, \ |y - y_j| < h/2 \}, \quad i, j = 0, 1, \dots, N.$$

Wie lauten die damit erzeugten diskreten Gleichungen?

2.6 Parabolische Anfangs-Randwert-Probleme

Es seien $\Omega \subset \mathbb{R}^n$ ein beschränktes Gebiet und L ein bzgl. des Ortes gleichmäßig elliptischer Differentialoperator. Die partielle Differentialgleichung

$$\frac{\partial}{\partial t} u(x,t) + [Lu](x,t) = f(x,t), \quad x \in \Omega, \ t \in (0,T]$$

mit den Rand- und Anfangsbedingungen

$$u(x,t) = g(x,t), \quad (x,t) \in \Gamma \times (0.T] \qquad \text{und} \qquad u(x,0) = u_0(x), \quad x \in \overline{\Omega}$$

bildet ein parabolisches Anfangs-Randwert-Problem. Dabei sind die Daten f, g, u_0 vorgegeben. Wir konzentrieren uns erneut auf Dirichlet-Randbedingungen, Neumann- oder Robin-Bedingungen kann man ähnlich behandeln.

Bei der Diskretisierung parabolischer Aufgaben mit Differenzen-Verfahren werden sowohl die Zeitableitung als auch die Ortsableitungen durch Differenzenquotienten approximiert. Zur Diskretisierung des räumlich wirkenden elliptischen Differentialoperators L lassen sich die im voranstehenden Abschnitt beschriebenen Techniken einsetzen.

2.6.1 Räumlich eindimensionale Aufgaben

Betrachtet wird die Anfangs-Randwertaufgabe

$$\begin{aligned} \frac{\partial u}{\partial t} - \frac{\partial^2 u}{\partial x^2} &= f(x,t) && \text{in } (0,1) \times (0,T], \\ u(0,t) &= g_1(t), \ u(1,t) = g_2(t), && u(x,0) = u_0(x). \end{aligned} \tag{6.1}$$

In diesem Fall ist speziell $\Omega = (0,1)$ und $\Gamma = \{0,1\} \subset \mathbb{R}$. Der Einfachheit halber verwenden wir äquidistante Gitter sowohl in Orts- als auch in Zeitrichtung. Es bezeichne $x_i = ih$, $i = 0, 1, \dots, N$, $t^j = j \cdot \tau$, $j = 0, 1, \dots, M$ mit $h := 1/N$, $\tau := T/M$ und u_i^k einen Näherungswert für $u(x_i, t^k)$ der exakten Lösung im Gitterpunkt (x_i, t^k).

Wir ersetzen nun die Ableitungen durch einfache Differenzenapproximationen. Da die Differentialgleichung nur erste Ableitungen nach t enthält, kann man mit Zweipunkt-Approximation in t-Richtung (als einfachste Möglichkeit) auskommen; man spricht im Ergebnis von *Zweischichtschemata*. In x-Richtung benötigt man im einfachsten Fall drei Diskretisierungspunkte, insgesamt bewegen wir uns damit in der Klasse der *Sechs-Punkt-Schemata* (vgl. Abbildung 2.23) für die Diskretisierung der gegebenen linearen parabolischen Anfangs-Randwertaufgabe.

Nutzt man zur Diskretisierung der zweiten partiellen Ableitung in Ortsrichtung

$$D^- D^+ u_i^k := \frac{1}{h^2} \left(u_{i-1}^k - 2u_i^k + u_{i+1}^k \right),$$

so läßt sich unter Verwendung eines freien Parameters σ (nur sinnvoll $\sigma \in [0,1]$) ein Sechs-Punkt-Schema allgemein schreiben in der Form

$$\frac{u_i^{k+1} - u_i^k}{\tau} = D^-D^+ \left(\sigma u_i^{k+1} + (1-\sigma)u_i^k \right) + \tilde{f}_i^k \qquad \begin{array}{l} i = 1, \ldots, N-1 \\ k = 1, \ldots, M-1 \end{array} \qquad (6.2)$$

mit den diskreten Anfangs- und Randbedingungen

$$u_i^0 = u_0(x_i), \qquad u_0^k = g_1(t^k), \quad u_N^k = g_2(t^k). \qquad (6.3)$$

In (6.2) bezeichnet $\tilde{f}_i^k$ eine geeignete Approximation für $f(x_i, t^k)$, die nachfolgend präzisiert wird.

Für unterschiedliche Werte von σ erhält man folgende wichtige Spezialfälle:

- Das *explizite* Verfahren für $\sigma = 0$

$$u_i^{k+1} = (1 - 2\gamma)u_i^k + \gamma(u_{i-1}^k + u_{i+1}^k) + \tau f(x_i, t^k); \qquad (6.4)$$

- das rein *implizite* Verfahren für $\sigma = 1$

$$(1 + 2\gamma)u_i^{k+1} - \gamma(u_{i+1}^{k+1} + u_{i-1}^{k+1}) = u_i^k + \tau f(x_i, t^{k+1}); \qquad (6.5)$$

- das *Crank-Nicolson*-Verfahren für $\sigma = \frac{1}{2}$

$$2(\gamma+1)u_i^{k+1} - \gamma(u_{i+1}^{k+1} + u_{i-1}^{k+1}) = 2(1-\gamma)u_i^k + \gamma(u_{i+1}^k + u_{i-1}^k) + 2\tau f(x_i, t^k + \frac{\tau}{2}). \quad (6.6)$$

Dabei bezeichnet $\gamma := \tau/h^2$. Nur im Fall $\sigma = 0$ entsteht ein *explizites* Verfahren, bei dem die neuen Näherungswerte u_i^{k+1} zur Zeitschicht $t = t^{k+1}$ unmittelbar, ohne ein Gleichungs*system* zu lösen, aus der alten Zeitschicht berechnet werden können. In allen anderen Fällen (vgl. (6.5), (6.6)) sind die Verfahren *implizit*, man erhält ein lineares Gleichungssystem zur Bestimmung die neuen Näherungswerte; in unserer Klasse sind dies tridiagonale Gleichungssysteme.

Die sich für unterschiedliche Wahl von σ ergebenden Verfahren unterscheiden sich hin-

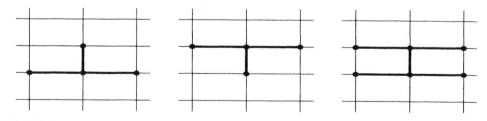

Abbildung 2.23   Differenzensterne zu (6.4) - (6.6)

sichtlich ihrer Konsistenz- und Stabilitätseigenschaften. Es sei wieder $Q = \Omega \times (0, T)$, in unserem Fall $Q = (0, 1) \times (0, T)$.

LEMMA 2.14 *Das allgemeine Schema (6.2), (6.3) besitzt folgende Konsistenzordnungen in der Maximumnorm:*

(a) $O\left(h^2 + \tau\right)$ *bei beliebigem* σ *und* $\tilde{f}_i^k = f(x_i, t^k)$ *für* $u \in C^{4,2}(\overline{Q})$

(b) $O\left(h^2 + \tau^2\right)$ *bei* $\sigma = \frac{1}{2}$ *und* $\tilde{f}_i^k = f(x_i, t^k + \frac{\tau}{2})$ *für* $u \in C^{4,3}(\overline{Q})$.

Dabei bezeichnet $C^{l,m}(\overline{Q})$ *den Raum der bezüglich* x *bzw.* t *jeweils* l- *bzw.* m-*fach über* $\overline{Q}$ *stetig differenzierbaren Funktionen.*

Beweis: Wir beweisen (b) und überlassen den Beweis von (a) dem Leser. Die Taylorsche Formel liefert:

$$\frac{u(x, t + \tau) - u(x, t)}{\tau} = u_t + \frac{1}{2} u_{tt} \tau + O(\tau^2),$$

(wir lassen das Argument (x, t) weg, wenn keine Mißverständnisse zu befürchten sind)

$$\frac{1}{2} \left(\frac{u(x - h, t + \tau) - 2u(x, t + \tau) + u(x + h, t + \tau)}{h^2} \right.$$

$$\left. + \frac{u(x - h, t) - 2u(x, t) + u(x + h, t)}{h^2} \right) = \frac{1}{2}(2u_{xx} + u_{xxt}\tau + O(\tau^2 + h^2))$$

$$f(x, t + \frac{\tau}{2}) = f(x, t) + \frac{\tau}{2} f_t + O(\tau^2).$$

Für den Konsistenzfehler e_{kons} ergibt sich durch entsprechende Kombination

$$e_{\text{kons}} = u_t - u_{xx} - f + \frac{1}{2} \tau (u_{tt} - u_{xxt} - f_t) + O(\tau^2 + h^2).$$

Da u der Differentialgleichung genügt und durch Differentiation der Differentialgleichung $u_{tt} - u_{xxt} = f_t$ entsteht, folgt die Behauptung. ∎

Wie schon bei elliptischen Randwertaufgaben muß man sagen, dass die Voraussetzung $u \in C^{4,2}(\overline{Q})$ äußerst hart und in den seltensten Fällen erfüllt ist. Dies bedeutet aber wiederum nicht, daß diese Klasse von Verfahren zu verwerfen sei, sondern lediglich, daß der einfache klassische Konvergenzzugang über Konsistenz und Stabilität unrealistische Voraussetzungen erfordert.

Wir wenden uns nun Stabilitätsfragen zu und beginnen mit der Stabilität in der Maximumnorm. Der Einfachheit halber setzen wir in (6.1) homogene Randbedingungen voraus.

Schreibt man (6.2) in der Form

$$-\gamma\sigma u_{i-1}^{k+1} + (2\sigma\gamma + 1)u_i^{k+1} - \sigma\gamma u_{i+1}^{k+1} = F_i^k$$

mit

$$F_i^k = (1 - \sigma)\gamma u_{i-1}^k + (1 - 2(1 - \sigma)\gamma)u_i^k + (1 - \sigma)\gamma u_{i+1}^k + \tau \tilde{f}_i^k,$$

so folgt aus der strengen Diagonaldominanz sofort

$$\max_i |u_i^{k+1}| \le \max_i |F_i^k|.$$

Setzt man nun neben $0 \le \sigma \le 1$ noch $1 - 2(1 - \sigma)\gamma \ge 0$ voraus, so folgt weiter

$$\max_i |u_i^{k+1}| \le \max_i |F_i^k| \le \max_i |u_i^k| + \tau \max_i |\tilde{f}_i^k|.$$

Wendet man diese Ungleichung von Zeitschicht zu Zeitschicht an, so erhält man

$$\max_k \max_i |u_i^{k+1}| \le \max |u_0(x)| + \tau \sum_{j=0}^{k} \max_i |\tilde{f}_i^j|. \tag{6.7}$$

Diese Ungleichung ist nichts anderes als die *Stabilität* des Verfahrens *in der diskreten Maximumnorm*. Die Forderung $1 - 2(1 - \sigma)\gamma \ge 0$ ist äquivalent zur Ungleichung $(1 - \sigma)\tau/h^2 \le 1/2$. Während diese Ungleichung für $\sigma = 1$ (rein implizites Verfahren) automatisch erfüllt ist, liefert die Ungleichung für $\sigma \ne 1$ eine Restriktion für das Verhältnis von Zeit- und Ortsschrittweite. Eine Bedingung dieses Typs ist für die numerische Stabilität eines Verfahrens wesentlich, numerische Experimente zeigen dies deutlich.

Konsistenz und Stabilität führen zu folgendem Konvergenzsatz:

SATZ 2.11 *Es seien* $(1 - \sigma)\tau/h^2 \le 1/2$ *und* $u \in C^{4,2}(\overline{Q})$ *sowie* $\tilde{f}_i^k = (f(x_i, t^k))$. *Dann gilt*

$$\max_{i,k} |u(x_i, t^k) - u_i^k| \le C(h^2 + \tau).$$

Für das Crank-Nicolson-Verfahren $(\sigma = \frac{1}{2})$ *gilt speziell für* $\tau/h^2 \le 1$

$$\max_{i,k} |u(x_i, t^k) - u_i^k| \le C(h^2 + \tau^2) \qquad \text{für} \qquad u \in C^{4,3}(\overline{Q}).$$

Stabilitätsuntersuchungen in der diskreten Maximumnorm sind in analoger Weise auch für allgemeinere parabolische Aufgaben mit variablen Koeffizienten vom Typ

$$c(x,t)\frac{\partial u}{\partial t} - \left[\frac{\partial}{\partial x}\left(A(x,t)\frac{\partial u}{\partial x} \right) + r(x,t)\frac{\partial u}{\partial x} - q(x,t)u \right] = f(x,t)$$

mit $A(x,t) \ge \alpha_0 > 0$, $q(x,t) \ge 0$ möglich (vgl. z. B. [Sam84]).

Wir wenden uns nun der Stabilitätsuntersuchung in der L_2-Norm zu.

In der gegebenen Randwertaufgabe (6.1) setzen wir $f \equiv 0$ und homogene Randbedingungen voraus und betrachten das Schema

$$\frac{u_i^{k+1} - u_i^k}{\tau} = D^-D^+(\sigma u_i^{k+1} + (1 - \sigma)u_i^k), \ u_0^k = u_N^k = 0, \ u_i^0 = u_0(x_i). \tag{6.8}$$

Das explizite Verfahren mit $\sigma = 0$ wurde bereits in Abschnitt 2.2 in the L_2-Norm analysiert. Dabei wurde genutzt, daß die durch

$$[v^j]_l = \sqrt{2}\, \sin(j\pi lh), \quad j = 1, \ldots, N - 1, \ l = 0, 1, \ldots, N$$

gegebenen v^j diskrete Eigenfunktionen des Operators $L_h = -D^-D^+$ sind und bzgl. des Skalarprodukts $(\cdot,\cdot)_h$ eine orthonormale Basis des diskreten Ortsraumes U_h^0 bilden. Die zugehörigen Eigenwerte seien wieder λ_j, $j = 1,\ldots, N-1$. Entwickelt man nun die diskreten Lösungen $u^k = (u_i^k) \in U_h$ über dieser Basis, d.h. stellt man $u^k \in U_h^0$ mit Koeffizienten $\omega_j^k \in \mathbb{R}$ durch

$$u^k = \sum_{j=1}^{N-1} \omega_j^k\, v^j, \quad k = 0, 1, \ldots M$$

dar, so erhält man aus (6.8) unter Beachtung, daß v^j Eigenfunktionen von $-D^-D^+$ sind,

$$\frac{\omega_j^{k+1} - \omega_j^k}{\tau} = -\lambda_j\,(\sigma\,\omega_j^{k+1} + (1-\sigma)\omega_j^k), \quad j = 1,\ldots, N-1,\ k = 0,1,\ldots, M-1.$$

Dabei sind ω_j^0 die Fourier-Koeffizienten der gegebenen Funktion u_0, d.h.

$$\omega_j^0 = (u_0, v^j)_h \quad j = 1,\ldots, N-1.$$

Aufgelöst nach den Variablen der neuen Zeitschicht liefert die obige Darstellung

$$\omega_j^{k+1} = q(\tau\lambda_j)\,\omega_j^k, \quad j = 1,\ldots, N-1,\ k = 0,1,\ldots, M-1 \qquad (6.9)$$

mit dem Verstärkungsfaktor

$$q(s) := \frac{1 - (1-\sigma)\,s}{1 + \sigma\,s}. \qquad (6.10)$$

Speziell gilt:

$$q(s) = 1 - s \quad \text{für} \quad \sigma = 0 \quad \text{(explizites Verfahren)}$$

$$q(s) = \frac{1 - \frac{1}{2}s}{1 + \frac{1}{2}s} \quad \text{für} \quad \sigma = \tfrac{1}{2} \quad \text{(Crank – Nicolson)},$$

$$q(s) = \frac{1}{1 + s} \quad \text{für} \quad \sigma = 1 \quad \text{(rein implizites Verfahren)}.$$

Man nennt das Verfahren *stabil für alle harmonischen Schwingungen*, wenn gilt

$$|q(\tau\lambda_j)| \le 1 \quad \text{für alle Eigenwerte} \quad \lambda_j. \qquad (6.11)$$

Mit der Parsevalschen Gleichung folgt für in diesem Sinne stabile Verfahren die Abschätzung

$$\|u^k\| \le \|u^0\| \quad k = 0,1,\ldots, M,$$

also der Stabilität in der diskreten L_2-Norm. Dies ist, wie das folgende Lemma zeigt, eine schwächere Forderung als die Stabilität in der diskreten Maximumnorm!

LEMMA 2.15 *Bezüglich der diskreten L_2-Norm sind das implizite Verfahren und das Crank-Nicolson-Verfahren stabil. Für das explizite Verfahren ergibt sich die Stabilitätsbedingung $\tau/h^2 \le \frac{1}{2}$.*

Beweis: Wegen $\lambda_j > 0$ für alle Eigenwerte von $-D^- D^+$ folgt die erste Aussage sofort aus der obigen Darstellung. Weiter gilt für das explizite Verfahren $|q(\tau \lambda_j)| \leq 1$ genau dann, wenn $\tau \lambda_j \leq 2$ ist. Die Eigenwerte λ_j sind im vorliegenden Fall explizit bekannt (vgl. Bemerkung 2.11):

$$\lambda_j = \frac{4}{h^2} \sin^2(\frac{j \pi h}{2}), \quad j = 1, \ldots, N-1.$$

Daraus folgt die Behauptung. ∎

Obwohl die für den Spezialfall (6.1) diskutierte Fourier-Stabilitätstechnik durch ihre Einfachheit besticht, muß man deutlich im Auge haben, daß sie auf Stabilität in der L_2-Norm abzielt und den Nachteil besitzt, vorwiegend auf lineare Probleme mit konstanten Koeffizienten anwendbar zu sein. Ferner sind zumindest Schranken für die Eigenwerte der Diskretisierung des örtlichen Differentialoperators L erforderlich. Die im Gegensatz dazu oft auf der Basis inverser Monotonie erfolgende Stabilitätsuntersuchung in der Maximumnorm ist auf den ersten Blick vielleicht einschränkender, dafür aber auch für gewisse Klassen nichtlinearer Probleme und Probleme mit nichtkonstanten Koeffizienten anwendbar.

2.6.2 Räumlich mehrdimensionale Aufgaben

Der Einfachheit halber sei $\Omega = (0,1)^2 \subset \mathbb{R}^2$ und das Ausgangsproblem besitze die Form

$$\begin{aligned} \frac{\partial u}{\partial t} - \Delta u &= f \quad \text{in} \quad \Omega \times (0,T], \\ u &= 0 \quad \text{auf} \quad \Gamma \times (0,T], \\ u(\cdot, 0) &= g \quad \text{auf} \quad \overline{\Omega}. \end{aligned}$$

Das implizite Verfahren

$$\frac{1}{\tau}(u^k - u^{k-1}) - \Delta_h u^k = f^k, \quad k = 1, \ldots, M \tag{6.12}$$

liefert eine Folge linearer Gleichungssysteme zur Bestimmung der Gitterfunktionen $u^k \in U_h^0$ mit vorgegebenem u^0. Dabei bezeichnet Δ_h eine Diskretisierung des Laplace-Operators Δ über dem Ortsgitter. Hierfür eignen sich natürlich alle im Abschnitt 2.4 diskutierten Diskretisierungen für elliptische Aufgaben. In jedem Verfahrensschritt sind beim impliziten Verfahren (6.12) stets lineare Gleichungssysteme i.allg. großer Dimension vom Typ diskreter elliptischer Probleme zu lösen. Betrachtet man dagegen das explizite Verfahren

$$\frac{1}{\tau}(u^k - u^{k-1}) - \Delta_h u^{k-1} = f^{k-1}, \quad k = 1, \ldots, M, \tag{6.13}$$

so sind zwar keine Gleichungssysteme zu lösen, doch die Stabilität erfordert eine Schrittweitenbegrenzung

$$\tau \leq \frac{1}{2}h^2.$$

Beim Crank-Nicolson-Verfahren

$$\frac{1}{\tau}(u^k - u^{k-1}) - \frac{1}{2}(\Delta_h u^k + \Delta_h u^{k-1}) = \frac{1}{2}(f^k + f^{k-1}), \quad k = 1, \dots, M \tag{6.14}$$

ist die Stabilität in der L_2-Norm für beliebige Schrittweiten h, τ gesichert, nicht jedoch die Stabilität in der L_∞-Norm. Insbesondere bei Daten geringer Glattheit können beim Crank-Nicolson-Verfahren Oszillationen auftreten, die z.B. wegen des Randmaximum-Prinzips bei der stetigen Ausgangsaufgabe ausgeschlossen werden können. Dadurch wird die Einsetzbarkeit des Crank-Nicolson-Verfahren im Fall von Aufgaben mit Daten geringer Glattheit eingeschränkt.

Weitere Ansätze zur Diskretisierung mehrdimensional örtlicher Probleme werden später im Rahmen der Finite-Elemente-Methoden diskutiert. Ferner bieten Semidiskretisierungen auch ein allgemeines Prinzip zur Gewinnung von Differenzen-Verfahren für höherdimensionale Probleme durch Reduktion auf Probleme niedrigerer Dimension.

Wir wenden uns einer Modifikation des impliziten Verfahrens zu, bei der gegenüber der Originalversion einfacher zu behandelnde lineare Gleichungssysteme erzeugt werden. Dazu betrachten wir das Konzept der ADI-Methoden (alternating direction implicit), eine spezielle näherungsweise Realisierung des impliziten Verfahrens für räumlich mehrdimensionale Probleme. Beachtet man

$$\begin{aligned} I - \tau \Delta_h &= I - \tau(D_x^- D_x^+ + D_y^- D_y^+) \\ &= (I - \tau D_x^- D_x^+)(I - \tau D_y^- D_y^+) - \tau^2 D_x^- D_x^+ D_y^- D_y^+, \end{aligned}$$

so kann unter Glattheitsvoraussetzungen, die die Beschränktheit von $D_x^- D_x^+ D_y^- D_y^+ u$ für die Lösung u sichern, anstelle von (6.12) das Verfahren

$$(I - \tau D_x^- D_x^+)(I - \tau D_y^- D_y^+) u^k = u^{k-1} + \tau f^k, \quad k = 1, \dots, M \tag{6.15}$$

genutzt werden, ohne daß die Konsistenzordnung dadurch reduziert wird. Ferner genügt das Verfahren wegen

$$(I - \tau D_x^- D_x^+)^{-1} \geq 0, \qquad (I - \tau D_y^- D_y^+)^{-1} \geq 0$$

auch dem diskreten Randmaximumprinzip. Dies sichert unter den zur Sicherung der genannten Konsistenzordnung hinreichenden Glattsheitsbedingungen die Konvergenz des Verfahrens (6.15) in der Maximumnorm mit der Ordnung $O(h^2 + \tau)$. Ein wesentlicher Vorteil gegenüber dem impliziten Verfahren besteht darin, dass die diskreten Operatoren $(I - \tau D_x^- D_x^+)$, $(I - \tau D_y^- D_y^+)$ jeweils tridiagonalen Matrizen entsprechen. Damit sind die in (6.15) auftretenden linearen Gleichungssysteme durch schnelle LU-Faktorisierung (Thomas-Algorithmus, Progonga-Methode) effektiv lösbar.

Eine Übertragung des Verfahrenskonzepts auf höhere Raumdimensionen ist ebenso leicht möglich wie auch dessen Anwendung auch auf allgemeinere Gebiete und Randbedingungen. Eine zu (6.15) äquivalente Darstellung ist

$$\begin{aligned} (I - \tau D_x^- D_x^+) u^{k-1/2} &= u^{k-1} + \tau f^k, \\ (I - \tau D_y^- D_y^+) u^k &= u^{k-1/2}. \end{aligned} \qquad k = 1, \dots, M \tag{6.16}$$

Man bezeichnet dieses Verfahren daher in der Literatur auch als Halbschritt-Verfahren.

Übung 2.21 Die Temperaturverteilung in einem Stab der Länge 1 genügt der Wärmeleitungsgleichung

$$u_t = u_{xx},$$

wobei t die Zeit und x die Längenkoordinate ist.
Für die Temperatur u in den beiden Endpunkten des Stabes gelte in Abhängigkeit von der Zeit t

$$u(0,t) = u(1,t) = 12 \sin 12\pi t \quad \text{für} \quad t \geq 0,$$

während der Stab am Anfang die Temperatur 0 besitze.

Man berechne die Temperaturverteilung genähert nach dem expliziten Euler-Verfahren unter Verwendung der Ortsschrittweite $h = 1/6$ und der Zeitschrittweite $\tau = 1/72$. Zur Zeit $t = 1/12$ herrscht an beiden Enden des Stabes die Temperatur $u = 0$. Diese Nulltemperatur breitet sich im Stab aus. Wie lange dauert es, bis sie den Mittelpunkt des Stabes erreicht hat?

Übung 2.22 Randbedingungen der Form

$$u_x(0,t) = f(t)$$

können bei der numerischen Behandlung der Wärmeleitungsgleichung

$$u_t = u_{xx}$$

durch die Approximation

$$u(0, t+\tau) \approx u(0,t) + \frac{2\tau}{h^2}[u(h,t) - u(0,t) - hf(t)]$$

(warum?) berücksichtigt werden.
Man diskretisiere auf dieser Basis die Anfangs-Randwertaufgabe

$$
\begin{aligned}
u_t - u_{xx} &= 0 \quad \text{in} \quad (0,1) \times (0,1), \\
u(x,0) &= 0 \\
u(0,t) &= 10^6 t \quad , \, u_x(1,t) = 0
\end{aligned}
$$

mit dem expliziten Euler-Verfahren unter Verwendung der Schrittweiten $h = 0.2$, $\tau = 0.01$ bzw. $h = 0.1$, $\tau = 0.01$ bis $t = 0.08$.
Man vergleiche die numerischen Ergebnisse.

Übung 2.23 Man gebe eine explizite Differenzenapproximation für die Differentialgleichung

$$\frac{\partial u}{\partial t} = \frac{\partial}{\partial x}\left((1+x^2)\frac{\partial u}{\partial x}\right)$$

an.

Zusätzlich zur Differentialgleichung seien die Bedingungen

$$u(x,0) = 1000 - |1000x|,$$
$$u(-1,t) = u(1,t) = 0$$

gegeben. Man löse die entsprechende Anfangs-Randwertaufgabe näherungsweise für $0 \leq t \leq 0.2$ auf einem Gitter mit der Ortsschrittweite $h = 0.4$ und der Zeitschrittweite $\tau = 0.04$.

Übung 2.24 Man untersuche das Schema (*Leapfrog*-Schema)

$$u_i^{k+1} - u_i^{k-1} - 2\gamma(u_{i-1}^k + u_{i+1}^k) + 4\gamma u_i^k = 0$$

mit $\gamma = \tau/h^2$ zur Diskretisierung der homogenen Wärmeleitungsgleichung auf Konsistenz und Stabilität.

Übung 2.25 Eine Modifikation des Leapfrog-Schemas (Übung 2.24) ist das *du Fort-Frankel*-Schema

$$u_i^{k+1} - u_i^{k-1} - 2\gamma\left[u_{i-1}^k - (u_i^{k+1} + u_i^{k-1}) + u_{i+1}^k\right] = 0.$$

Man untersuche Stabilität und Konsistenz.

Übung 2.26 Gegeben sei die Anfangs-Randwertaufgabe

$$u_t - u_{xx} = x + t \quad \text{in} \quad (0,1) \times (0,1),$$
$$u(x,0) = \phi(x),$$
$$u(0,t) = u(1,t) = 0$$

mit einer stetigen Funktion ϕ, von der neben $\phi(0) = \phi(1) = 0$ noch $|\phi(x)| \leq \alpha$ mit einer kleinen positiven Konstanten α bekannt ist. Man zeige, dass

$$u_i^k = \alpha(-2r - \sqrt{4r^2 + 1})^k \sin\frac{\pi i}{2} \quad \text{mit} \quad r = \tau/h^2$$

eine Lösung der durch Diskretisierung entstehenden Aufgabe

$$u_i^{k+1} = u_i^{k-1} + \frac{2\tau}{h^2}(u_{i+1}^k - 2u_i^k + u_{i-1}^k),$$
$$u_0^k = u_N^k = 0, \quad |u_i^0| \leq \alpha,$$

$i = 0, 1, \ldots, N$, $h = 1/N$, N gerade ist.
Konvergiert diese Lösung für $h \to 0$, $\tau \to 0$, $\tau/h^2 = konst.$ gegen die Lösung der Ausgangsaufgabe?

Übung 2.27 Man zeige für die im ADI-Verfahren (6.15) auftretenden Operatoren in der diskreten euklidischen Norm den Abschätzungen

$$\|(I - \tau D_x^- D_x^+)^{-1}\| \leq 1 \quad \text{und} \quad \|(I - \tau D_y^- D_y^+)^{-1}\| \leq 1$$

genügen. Was folgt daraus für die Stabilität des Verfahrens in der L_2-Norm?

Übung 2.28 Gegeben sei die Anfangs-Randwertaufgabe

$$
\begin{aligned}
u_t(x,t) - u_{xx}(x,t) &= x + t &&\text{in } (0,1) \times (0,1) \\
u(0,t) = u(1,t) &= 0 &&\text{für } t \in [0,1] \\
u(x,0) &= \sin \pi x &&\text{für } x \in [0,1] \, .
\end{aligned}
$$

Man zeige, daß $0 < u(0.5, 0.5) \le 0.75$ gilt.

Übung 2.29 Man untersuche das Schema

$$
\frac{1}{2\tau}(u_{i,k+1} - u_{i,k-1}) - \frac{1}{h^2}(u_{i-1,k} - 2u_{i,k} + u_{i+1,k}) = 0
$$

zur Diskretisierung der homogenen Wärmeleitungsgleichung $u_t - u_{xx} = 0$ auf Konsistenz und Stabilität.

2.6.3   Semidiskretisierungen

Die (vertikale) Linienmethode

Bei der Diskretisierung parabolischer Anfangs-Randwertprobleme kann man - wie in den voranstehenden Abschnitten - sofort bezüglich der örtlichen und der zeitlichen Variablen diskretisieren. Es ist jedoch insbesondere hinsichtlich einer präzisen theoretischen Untersuchung mitunter vorteilhaft, diese beiden Teilschritte nacheinander zu analysieren. In diesem Kapitel wird zuerst bezüglich der räumlichen Variablen diskretisiert - diese Variante heißt *(vertikale) Linienmethode*.

Wir betrachten die Anfangs-Randwertaufgabe

$$
\begin{aligned}
\frac{\partial u}{\partial t} + L\,u &= f &&\text{in } &&\Omega \times (0,T], \\
u &= 0 &&\text{auf } &&\partial\Omega \times (0,T], \\
u(\cdot, 0) &= u_0(x) &&\text{auf } &&\overline{\Omega}
\end{aligned}
\tag{6.17}
$$

mit einem gleichmäßig elliptischen Differentialoperator L. Das Gebiet $\Omega \subset \mathbb{R}^n$ sei beschränkt und besitze eine glatten Rand. Analog zu Kapitel 2.4 können auch Gebiete mit hinreichend regulärem Rand zugrunde gelegt als auch andere Randbedingungen berücksichtigt werden.

Diskretisiert man (6.17) bezüglich der räumlichen Veränderlichen mit einem beliebigen Diskretisierungsverfahren (Finite-Differenzen-Verfahren, Finite-Volumen-Methode, Finite-Elemente-Methode, ...), so erhält man durch diese *Semidiskretisierung* ein Anfangswertproblem gewöhnlicher Differentialgleichungen.

Beispiel 2.3 Betrachtet wird die Anfangs-Randwertaufgabe

$$
\begin{aligned}
u_t - u_{xx} &= f &&\text{in } (0,1) \times (0,T), \\
u(0, \cdot) &= u(1, \cdot) = 0, \\
u(\cdot, 0) &= u_0.
\end{aligned}
$$

Zur Diskretisierung in Ortsrichtung verwenden wir ein äquidistantes Gitter mit der Schrittweite h und das klassische Differenzenverfahren. Sei $u_i(t)$ eine Näherung für $u(x_i, t)$ und $f_i(t) := f(x_i, t)$. Dann entsteht das gewöhnliche Differentialgleichungssystem

$$\frac{du_i}{dt} = \frac{u_{i-1} - 2u_i + u_{i+1}}{h^2} + f_i, \ u_0 = u_N = 0, \ i = 1, \ldots, N-1$$

mit der Anfangsbedingung $u_i(0) = u_0(x_i)$ zur Bestimmung der Funktionen u_i. $\square$

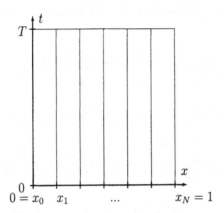

Abbildung 2.24 Vertikale Linienmethode

Die weiteren Eigenschaften von Semidiskretisierungen hängen sowohl vom verwendeten örtlichen Diskretisierungsverfahren (Differenzenverfahren, Finite Elemente,..) als auch von den Verfahren zur Behandlung der erzeugten Anfangswertaufgaben gewöhnlicher Differentialgleichungen ab. Wählt man speziell wie im obigen Beispiel Differenzenverfahren zur Diskretisierung in Ortsrichtung und lineare Einschrittverfahren zur Zeitintegration, so liefert dies gerade die im voranstehenden Abschnitt diskutierten Techniken.

Im Kapitel über Finite-Elemente-Methoden für instationäre Probleme werden wir die Semidiskretisierung mit finiten Elementen genauer analysieren. Typisch für Semidiskretisierungen ist, daß die erzeugten Systeme gewöhnlicher Differentialgleichungen für $h \to 0$ beliebig steif werden und damit zu ihrer Integration angepaßte Techniken erfordern.

Die Rothe-Methode (horizontale Linienmethode)

Alternativ zur oben beschriebenen Linienmethode erfolgt bei der *Rothe-Methode* die Semidiskretisierung einer parabolischen Anfangs-Randwert-Aufgabe in Zeitrichtung, vorwiegend durch das implizite Euler-Verfahren.

Betrachten wir wieder das Problem (6.17) und bezeichnen mit u^k Näherungen für die gesuchte Lösung $u(\cdot, t^k)$ auf der Zeitschicht $t = t^k$, dann liefert dies die semidiskrete

Aufgabe

$$\frac{u^k - u^{k-1}}{\tau_k} + Lu^k = f^k \quad \text{in} \quad \Omega, \qquad k = 1, \ldots, M \qquad (6.18)$$
$$u^k = 0 \quad \text{auf} \quad \Gamma$$

mit den lokalen Zeitschrittweiten $\tau_k := t^k - t^{k-1}$. Die Aufgabe (6.18) bildet ein System elliptischer Randwertprobleme, das theoretisch sukzessiv von u^0 ausgehend für $k = 1, \ldots, M$ gelöst werden kann. Für kleine Zeitschrittweiten sind dies zwar singulär gestörte Probleme mit Reaktionsterm, doch u^{k-1} liefert unter Regularitätsvoraussetzungen an das Ausgangsproblem eine sehr gute Ausgangsnäherung für u^k.

Wir illustrieren das Grundkonzept der Rothe-Methode anhand der einfachen Anfangs-Randwertaufgabe

$$\frac{\partial u}{\partial t} - \frac{\partial^2 u}{\partial x^2} = \sin(x) \quad x \in (0, \pi), \ t \in (0, T],$$
$$u(0, t) = u(\pi, t) = 0 \qquad t \in (0, T],$$
$$u(x, 0) = 0, \qquad x \in [0, \pi].$$

Die exakte Lösung dieser Aufgabe ist $u(x, t) = (1 - e^{-t}) \sin x$. Das Intervall $[0, T]$ werde äquidistant mit der Schrittweite τ unterteilt und eine Näherung $u^k(x)$ zum Zeitpunkt t^k für $u(x, t^k)$ bestimmt aus

$$\frac{u^k(x) - u^{k-1}(x)}{\tau} - \frac{d^2}{dx^2} u^k(x) = \sin(x), \quad u^k(0) = u^k(\pi) = 0.$$

In diesem Beispiel kann man u^k explizit berechnen und erhält

$$u^k(x) = \left[1 - \frac{1}{(1 + \tau)^k} \right] \sin(x).$$

Setzt man noch

$$u^\tau(x, t) := u^{k-1}(x) + \frac{t - t^{k-1}}{\tau} (u^k(x)) - u^{k-1}(x)) \quad \text{auf} \quad [t^{k-1}, t^k],$$

so gewinnt man eine für alle t definierte Näherung $u^\tau(x, t)$ für $u(x, t)$. Aus

$$\lim_{\tau \to 0} \frac{1}{(1 + \tau)^{t^k/\tau}} = e^{-t^k} \quad \text{folgt} \quad \lim_{\tau \to 0} \| u^\tau - u \|_\infty,$$

d.h., die konstruierte Näherung konvergiert gleichmäßig gegen die exakte Lösung .

Die Rothe-Methode ist eine beliebte Technik zum Beweis von Existenzaussagen für zeitabhängige Probleme durch Zurückführung auf Folgen stationärer Probleme. Ferner kann man auch Vorgehensweisen für stationäre Aufgaben (z.B. Gittersteuerung) mit Hilfe der Rothe-Methode auf den instationären Fall übertragen. Dabei ist zu beachten, daß die elliptischen Probleme wegen des Parameters τ vor dem entscheidenden Term sehr sorgsam untersucht werden müssen.

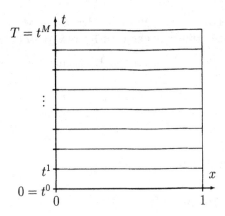

Abbildung 2.25 Horizontale Linienmethode

Man kann die oben beschriebene Rothe-Methode verallgemeinern, indem man statt des impliziten Euler-Verfahrens allgemeinere Methoden zur Zeitdiskretisierung zuläßt. So können z.B. auch spezielle Einschrittverfahren mit Kontrolle des zeitlichen (und auch räumlichen) Diskretisierungsfehlers genutzt werden. In [97] werden Runge-Kutta-Methoden untersucht, insbesondere Fragen der *Ordnungsreduktion* in Abhängigkeit von Eigenschaften des gegebenen Differentialoperators.

Übung 2.30 Die rotationssymmetrische Temperaturverteilung $w(r,t)$ in einem unendlich langen Kreiszylinder mit dem Radius R genügt der parabolischen Differentialgleichung

$$\frac{\partial w}{\partial t}(r,t) = \alpha^2 \frac{1}{r}\frac{\partial}{\partial r}(r\frac{\partial}{\partial r}w)(r,t) \quad \text{für } r \in (0,R)\,,\ t \in (0,\infty)$$

mit den Anfangs- und Randbedingungen

$$w(r,0) = h(r) \quad , \quad w(R,t) = 0\,.$$

Dabei bezeichnet $\alpha \neq 0$ eine gegebene Konstante.

(a) Durch Separationsansatz bestimme man $w(r,t)$.

(b) Man semi-diskretisiere das betrachtete Problem äquidistant in Ortsrichtung und stelle das zugehörige Anfangswertproblem auf.

Übung 2.31 Betrachtet werde die Anfangs-Randwertaufgabe

$$\begin{aligned}
u_t(x,t) - \Delta u(x,t) &= 1 \quad \text{in } \Omega \times (0,T], \\
u(x,t) &= 0 \quad \text{in } \Gamma \times (0,T], \\
u(x,0) &= 0 \quad \text{für } x \in \bar{\Omega},
\end{aligned} \tag{6.19}$$

mit $\Omega := (0,1) \times (0,1) \subset \mathbb{R}^2$, $\Gamma := \partial\Omega$ und gegebenem $T > 0$.

(a) Diskutiere die Semidiskretisierung mit Hilfe der Rothe-Methode mit einer Zeitschrittweite $\tau := T/M$. Wie lauten die entstehenden Randwertprobleme?

(b) Man wende auf (6.19) das ADI-Verfahrens bei äquidistanter Diskretisierung in beiden Ortsrichtungen mit der Schrittweite $h := 1/N$ und zur Diskretisierung in Zeitrichtung mit $\tau := T/M$ an. Wie lassen sich erforderliche Matrixfaktorisierungen effektiv ausnutzen? Man bestimme numerisch eine Näherungslösung von (6.19) für $N = 10$ und $M = 5$ bei $T = 2$.

Übung 2.32 Die Anfangs-Randwertaufgabe

$$\frac{\partial u}{\partial t} - \frac{\partial^2 u}{\partial x^2} = \sin x \quad \text{in} \quad (0, \pi/2) \times (0, T)$$

mit den Zusatzbedingungen

$$u|_{t=0} = 0 \quad , \quad u|_{x=0} = 0, \quad u_x|_{x=\pi/2} = 0$$

ist mit der Rothe-Methode zu diskretisieren. Man vergleiche die gewonnene Näherungslösung mit der exakten Lösung.

2.7 Hyperbolische Probleme 2. Ordnung

Es bezeichne wieder $\Omega \subset \mathbb{R}^n$ ein beschränktes Gebiet und L einen bzgl. der räumlichen Variablen gleichmäßig elliptischen Differentialoperator. Die partielle Differentialgleichung

$$\frac{\partial^2}{\partial t^2} u(x,t) + [Lu](x,t) = f(x,t), \quad x \in \Omega, \ t \in (0, T] \tag{7.1}$$

mit den Rand- und Anfangsbedingungen

$$\begin{aligned} u(x,t) &= 0, & (x,t) \in \Gamma \times (0.T] \\ u(x,0) &= p(x), \quad \frac{\partial}{\partial t} u(x,0) = q(x), & x \in \overline{\Omega} \end{aligned} \tag{7.2}$$

bildet ein hyperbolisches Anfangs-Randwert-Problem zweiter Ordnung. Die Daten f, g, p und q sind gegeben.

Es bezeichne L_h eine Diskretisierung des elliptischen Differentialoperators L über einem räumlichen Gitter Ω_h. Ferner sei das Zeitintervall $[0, T]$ äquidistant unterteilt mit den Gitterpunkten $t^k := k\,\tau$, $k = 0, 1, \ldots, M$ und der Zeitschrittweite $\tau := T/M$. Zur Approximation der Zeitableitung $\frac{\partial^2}{\partial t^2}$ verwenden wir die Standarddiskretisierung $D_t^- D_t^+$ zweiter Ordnung. Wir betrachten im weiteren die folgenden zwei Grundtypen von Differenzenverfahren:

$$D_t^- D_t^+ u^k + L_h\, u^k = f^k, \qquad k = 1, \ldots, M-1 \tag{7.3}$$

und

$$D_t^- D_t^+ u^k + \frac{1}{2} L_h \left(u^{k+1} + u^{k-1} \right) = f^k, \qquad k = 1, \ldots, M-1. \tag{7.4}$$

Dabei bezeichnen $u^k \in U_h^0$ Gitterfunktionen, die über dem Ortsgitter Ω_h zum Zeitniveau t^k Näherungen für $u(x, t^k)$ liefern. Im Fall räumlich eindimensionaler Gebiete lassen sich (7.3) und (7.4) durch die abgebildeten Differenzensterne darstellen. Verfahren (7.3) stellt

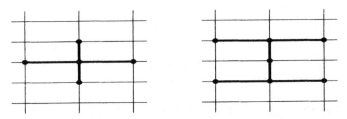

Abbildung 2.26 Differenzensterne zu (7.3), (7.4)

ein explizites Verfahren dar. In der Tat folgt aus (7.3)

$$u^{k+1} = \left(2I - \tau^2 L_h \right) u^k - u^{k-1} + \tau^2 f^k, \quad k = 1, \ldots, M-1.$$

Im Unterschied dazu stellt (7.4) ein implizites Verfahren dar, denn es führt auf die linearen Gleichungssysteme

$$\left(I + \frac{1}{2} \tau^2 L_h \right) u^{k+1} = 2 u^k - \left(I + \frac{1}{2} \tau^2 L_h \right) u^{k-1} + f^k, \quad k = 1, \ldots, M-1$$

zur rekursiven Bestimmung von $u^{k+1} \in U_h^0$. Bei beiden Verfahren sind die diskreten Startvektoren u^0, $u^1 \in U_h$ am Anfang festzulegen. Während u^0 direkt durch

$$u^0 = p_h, \tag{7.5}$$

vorgegeben ist, muß die Zeitableitung für $t = 0$ diskretisiert werden, z.B. durch die Approximation $(u^1 - u^0)/\tau = q_h$. Unter Beachtung von (7.5) liefert dies

$$u^1 = p_h + \tau q_h. \tag{7.6}$$

Dabei bezeichnen p_h, $q_h \in U_h$ die punktweisen Einschränkungen von p bzw. q auf das Raumgitter $\overline{\Omega}_h$.

Wir untersuchen nun die L_2-Stabilität der betrachteten Verfahren (7.3) bzw. (7.4) unter Nutzung der Eigenentwicklungen des diskreten elliptischen Operators L_h. Dabei wird vorausgesetzt, daß L_h selbstadjungiert ist. Diese Eigenschaft liegt z.B. vor für symmetrische, positiv definite Matrizen A und

$$L_h = -\sum_j D_i^- \sum_j a_{ij} D_j^+ \qquad \text{als Diskretisierung von} \qquad L = -\operatorname{div}(A \operatorname{grad})$$

(vgl. Kapitel 2.4). Unter dieser Voraussetzung existiert in U_h^0 ein vollständiges und bzgl. $(\cdot,\cdot)_h$ orthonormales System von Eigenvektoren $v_h^j \in U_h^0$, $j = 1, \ldots, N$. Wir haben also

$$L_h v_h^j = \lambda_j v_h^j, \qquad (v_h^j, v_h^l)_h = \delta_{jl} \qquad j, l = 1, \ldots, N. \tag{7.7}$$

Da A symmetrisch und positiv definit ist, sind alle Eigenwerte reell und es gilt für alle Eigenwerte $\lambda_j > 0$. Ferner gibt es unter Zusatzannahmen an das räumliche Gitter Konstanten c_0, $c_1 > 0$ derart, daß

$$c_0 \leq \lambda_j \leq c_1 h^{-2}, \quad j = 1, \ldots, N \tag{7.8}$$

gilt. Dabei ist h ein geeignetes Maß für die Feinheit der Diskretisierung. Speziell für den räumlich eindimensionalen Fall $\Omega = (0,1) \subset \mathbb{R}$ bzw. zweidimensionalen Fall $\Omega = (0,1)^2 \subset \mathbb{R}^2$ und gleichabständiges Gitter hat man

$$\lambda_j = \frac{4}{h^2} \sin^2 \left(\frac{j \pi h}{2} \right), \quad j = 1, \ldots, N$$

bzw.

$$\lambda_{j,l} = \frac{4}{h^2} \left(\sin^2 \left(\frac{j \pi h}{2} \right) + \sin^2 \left(\frac{l \pi h}{2} \right) \right) \quad j, l = 1, \ldots, N$$

mit der Schrittweite $h = 1/(N+1)$. Damit gilt (7.8) in diesem Fall für $c_0 = \pi^2$, $c_1 = 4$ bzw. $c_0 = 2\pi^2$, $c_1 = 8$.

LEMMA 2.16 *Bezüglich der diskreten L_2-Norm ist das implizite Verfahren (7.4) für beliebige Schrittweiten h, τ stabil. Unter der Regularitätsvoraussetzung, daß das räumliche Gitter mit Konstanten c_0, $c_1 > 0$ asymptotisch die Abschätzung (7.8) ermöglicht, ist das explizite Verfahren (7.3) in der diskreten L_2-Norm stabil, falls die die Beziehung $\tau \leq 2 c_1^{-1/2} h$ zwischen Zeit- und Ortsschrittweite gilt.*

Beweis: Es bezeichne $w^k := u^k - r_h u(\cdot, t_k) \in U_h$, $k = 0, 1, \ldots, M$ mit der Lösung u des stetigen Problems (7.1), (7.2) und der punktweisen Restriktion r_h auf das Ortsgitter. Wegen der Dirichletschen Randbedingungen und deren direkter Übername ins diskrete Problem hat man $w^k \in U_h^0$. Unter Verwendung der Basis $\{v_h^j\}$ von U_h^0 existieren $\xi_j^k \in \mathbb{R}$ mit

$$w^k = \sum_{j=1}^N \xi_j^k v_h^j. \tag{7.9}$$

Mit (7.7) liefert dies für die zu (7.3) bzw. (7.4) gehörende homogene Differenzengleichung nun

$$\frac{1}{\tau^2} \left(\xi_j^{k+1} - 2\xi_j^k + \xi_j^{k-1} \right) + \lambda_j \xi_j^k = 0, \qquad j = 1, \ldots, N, \ k = 1, \ldots, M-1$$

bzw.

$$\frac{1}{\tau^2} \left(\xi_j^{k+1} - 2\xi_j^k + \xi_j^{k-1} \right) + \frac{\lambda_j}{2} \left(\xi_j^{k+1} + \xi_j^{k-1} \right) = 0, \quad j = 1, \ldots, N, \ k = 1, \ldots, M-1.$$

Für jedes $j \in \{1, \ldots, N\}$ hat man eine Differenzengleichung 2. Ordnung mit konstanten Koeffizienten zur Bestimmung von $\xi^k := \xi_j^k$ der Form

$$\frac{1}{\tau^2}\left(\xi^{k+1} - 2\xi^k + \xi^{k-1}\right) + \lambda \xi^k = 0, \qquad k = 1, \ldots, M-1 \tag{7.10}$$

bzw.

$$\frac{1}{\tau^2}\left(\xi^{k+1} - 2\xi^k + \xi^{k-1}\right) + \frac{\lambda_j}{2}\left(\xi^{k+1} + \xi^{k-1}\right) = 0, \qquad k = 1, \ldots, M-1. \tag{7.11}$$

Die zugehörigen charakteristischen Gleichungen lauten damit

$$\kappa^2 - \left(2 - \tau^2\lambda\right)\kappa + 1 = 0 \qquad \text{bzw.} \qquad \left(1 + \frac{\tau^2\lambda}{2}\right)\kappa^2 - 2\kappa + 1 + \frac{\tau^2\lambda}{2} = 0.$$

Im ersten Fall gilt

$$|\kappa_{1/2}| \leq 1 \quad \Longleftrightarrow \quad 1 - \frac{\tau^2\lambda}{2} \geq -1.$$

Beachtet man, daß für $\tau^2\lambda = 4$ das charakteristische Polynom $\kappa = 1$ als doppelte Nullstelle besitzt, ist das explizite Verfahren (7.3) genau dann in der L_2-Norm stabil, wenn für die Zeitschrittweite τ und alle (von der Ortsschrittweite h abhängigen) Eigenwerte gilt

$$1 - \frac{\tau^2\lambda}{2} > -1.$$

Mit der Eigenwertschranke (7.8) erhält man hieraus die hinreichende Stabilitätsbedingung

$$\tau \leq 2\,c_1^{-1/2}\,h. \tag{7.12}$$

Im Fall des impliziten Verfahrens besitzt für beliebige Schrittweiten $h, \, \tau > 0$ das charakteristische Polynom stets zwei unterschiedliche, zueinander konjugiert komplexe Nullstellen. Für dies gilt $|\kappa_{1/2}| = 1$. Damit ist das Verfahren ohne Einschränkungen an die Schrittweiten stets in der L_2-Norm stabil. ■

Bemerkung 2.23 Es ist darauf hinzuweisen, daß die erhaltene Schrittweitenbeschränkung weit weniger restriktiv ist als die für die explizite Diskretisierung parabolischer Probleme erhaltene (vgl. Satz 2.11). Dies ergibt sich als Folge des qualitativ unterschiedlichen Ausbreitungsverhaltens der Lösung von hyperbolischen und parabolischen Problemen. Bei hyperbolischen Problemen tritt nur eine endliche Ausbreitungsgeschwindigkeit auf, während bei den im vorangehenden Abschnitt betrachteten parabolischen Aufgaben generisch eine unbegrenzte Ausbreitungsgeschwindigkeit existiert. □

Aus Stabilität und Konsistenz folgt wie üblich Konvergenz. Wir untersuchen nachfolgend lediglich ein zweidimensionales Modellproblem. Für den allgemeineren Fall verweisen wir z.B. auf [Sam84], [Str04] bzw. auf entsprechende Untersuchungen zu Finite-Elemente-Methoden in Kapitel 5.

SATZ 2.12 *Das hyperbolische Anfangs-Randwert-Problem*

$$
\begin{aligned}
u_{tt} - \Delta u &= f \quad in \quad \Omega \times (0, T], \\
u &= g \quad auf \quad \Gamma \times (0, T], \qquad u = p, \quad u_t = q \quad auf \quad \Gamma \times \{0\}
\end{aligned}
\tag{7.13}
$$

mit $\Omega = (0,1)^2 \subset \mathbb{R}^2$ *besitze eine hinreichend glatte Lösung* u. *Die Aufgabe werde über einem gleichmäßigen räumlichen Gitter diskretisiert, wobei die Anfangsbedingungen durch (7.5), (7.6) einbezogen sind. Dann gilt für das implizite Verfahren (7.4) die Fehlerabschätzung*

$$
\max_{0 \leq k \leq M} \| u^k - r_h u(\cdot, t^k) \|_{2,h} = O(h^2 + \tau^2).
\tag{7.14}
$$

Ist ferner bezüglich der Zeit- und Ortsschrittweite die Bedingung $\tau \leq 4\sqrt{2}\,h$ *erfüllt, dann hat man für das Verfahren (7.3) ebenfalls (7.14).*

Beweis: Mit der Stabilitätsaussage von Lemma 2.16 können wir uns auf den Konsistenznachweis konzentrieren. Wegen $u^0 = r_h p = r_h u(\cdot, t^0)$ gilt

$$
\| u^0 - r_h u(\cdot, t^0) \|_{2,h} = 0.
$$

Aus $u(x_h, \tau) = u(x_h, 0) + \tau\, u_t(x_h, 0) + O(\tau^2)$, $\forall\, x_h \in \Omega_h$ und $t^1 = \tau$ sowie (7.6) folgt

$$
\| u^1 - r_h\, u(\cdot, t^1) \|_{2,h} = O(\tau^2).
$$

Mit $w^k := u^k - r_h u(\cdot, t^k)$, $k = 0, 1, \ldots, M$ gilt also

$$
\| w^0 \|_{2,h} = 0, \qquad \| w^1 \|_{2,h} = O(\tau^2).
\tag{7.15}
$$

Für die weiteren Zeitschichten zeigt man unter Verwendung der Taylor-Entwicklung

$$
\frac{1}{\tau^2} \left(w^{k+1} - 2\,w^k + w^{k-1} \right) + \frac{1}{2} L_h(w^{k+1} + w^{k-1}) = O(\tau^2 + h^2)
$$

für (7.4) bzw.

$$
\frac{1}{\tau^2} \left(w^{k+1} - 2\,w^k + w^{k-1} \right) + L_h w^k = O(\tau^2 + h^2)
$$

für (7.3). Mit der in Lemma 2.16 gezeigten Stabilität folgt die Fehlerabschätzung. ∎

Bemerkung 2.24 Diskretisiert man die Anfangsbedingung $u_t(\cdot, 0) = q$ durch den zentralen Differenzenquotienten $\dfrac{u^1 - u^{-1}}{2\tau} = q_h$, dann kann die Hilfsgröße u^{-1} unter Verwendung der zusätzlichen Bedingung

$$D_t^- D_t^+ u^0 + L_h\, u^0 = f^0$$

eliminiert werden. Diese liefert

$$u^{-1} = 2\,u^0 - u^1 + \tau^2\,(f^0 - L_h\,u^0),$$

und mit $u^0 = p_h$ erhält man

$$u^1 = p_h + \frac{\tau^2}{2}\,(f^0 - L_h\,p_h) + \tau\,q_h \tag{7.16}$$

zur Diskretisierung der betrachteten Anfangsbedingung. $\square$

Analog zu den parabolischen Anfangs-Randwert-Problemen können auch die betrachteten hyperbolischen Aufgaben mittels Semidiskretisierung (Linienmethode) näherungsweise in ein System von Anfangswertproblemen überführt werden. Dies kann sowohl mittels Finite-Differenzen-Methoden als als durch Finite-Elemente- Techniken erfolgen. Wir skizzieren hier das erst genannte Vorgehen anhand des Problems (7.1), (7.2). Es sei $\Omega_h = \{x_i\}_{i=1}^N$ ein Gitter über Ω und L_h bezeichne eine darüber definierte Diskretisierung des elliptischen Operators L. Ferner seien $u_i : [0, T] \to \mathbb{R}^N$ den Gitterpunkten $x_i \in \Omega_h$ zugeordnete Funktionen

$$u_i(t) \approx u(x_i, t), \quad t \in [0, T].$$

Ersetzt man nun in (7.1), (7.2) den Operator L durch L_h und definiert $f_i := f(x_i, \cdot)$, dann liefert dies das Anfangswerproblem

$$\left.\begin{array}{rcl} \ddot{u}_i + [L_h u_h]_i &=& f_i \\ u_i(0) &=& p(x_i), \\ \dot{u}_i(0) &=& q(x_i) \end{array}\right\} \quad i = 1, \ldots, N. \tag{7.17}$$

Hierauf können nun angepaßte Integrationstechniken (z.B. BDF-Verfahren) für Systeme gewöhnlicher Differentialgleichungen angewandt werden, um eine vollständige Diskretisierung der Ausgangsaufgabe zu erhalten.

Das durch Semidiskretisierung erhaltene Anfangswertproblem ist jetzt von zweiter Ordnung. Die für endlichdimensionale Systeme häufig angewandte Umformung in ein System erster Ordnung mit doppelter Dimension und dessen Lösung mit Standardverfahren ist nicht generell zu empfehlen. Stattdessen sollten an die Struktur von (7.17) angepaßte Verfahren, wie z.B. das in Übung 2.33 betrachtete oder das in ingenieurtechnischen Anwendungen entwickelte *Newmark-Verfahren* (vgl. [JL01]) zur vollständigen Diskretisierung eingesetzt werden.

Ein Zeitschritt des Newmark-Verfahrens, angewandt auf (7.17), ist bei äquidistanter Zeitdiskretisierung mit der Schrittweite τ wie folgt definiert:

$$
\begin{aligned}
z_h^{k+1} + L_h u_h^{k+1} &= f_h^{k+1}, \\
v_h^{k+1} &= v_h^k + \tau \left((1-\gamma)\, z_h^k + \gamma\, z_h^{k+1} \right), \\
u_h^{k+1} &= u_h^k + \tau\, v_h^k + \frac{\tau^2}{2} \left((1-2\beta)\, z_h^k + 2\beta\, z_h^{k+1} \right).
\end{aligned}
\tag{7.18}
$$

Dabei bezeichnet u_h^k die Näherung für $u_h(t^k)$ und v_h^k sowie z_h^k sind Näherungen für die semidiskrete Geschwindigkeit $\dot{u}_h(t^k)$ bzw. Beschleunigung $\ddot{u}_h(t^k)$. Ferner sind γ, β Verfahrensparameter. Das Verfahren ist für $2\beta \geq \gamma \geq \frac{1}{2}$ ohne Zusatzforderungen an die Zeit- und Ortsschrittweiten stabil.

Übung 2.33 Betrachtet werde die 1D-Wellengleichung

$$
\begin{aligned}
u_{tt} - \alpha^2 u_{xx} &= f, & x \in (0,1),\ t \in (0,T], \\
u(0,t) = u(1,t) &= 0, & \\
u(x,0) &= p(x), & \\
u_t(x,0) &= q(x). &
\end{aligned}
$$

Man bestimme die Konsistenzordnung der Diskretisierung

$$
\begin{aligned}
\frac{1}{\tau^2} \left(u^{k+1} - 2u^k + u^{k-1} \right) - \frac{\alpha^2}{12} \left(\Delta_h u^{k+1} + 10\Delta_h u^k + \Delta_h u^{k-1} \right) \\
= \frac{1}{12} \left(f^{k+1} + 10 f^k + f^{k-1} \right)
\end{aligned}
\tag{7.19}
$$

der obigen Wellengleichung. Dabei bezeichne mit $u^k = (u_i^k) \in \mathbb{R}^{N-1}$

$$
\left[\Delta_h u^k \right]_i := \frac{1}{h^2} \left(u_{i+1}^k - 2u_i^k + u_{i-1}^k \right), \quad i = 1, \dots, N-1
$$

die zentrale Differenzenapproximation von u_{xx} und $h > 0$, $\tau > 0$ die Orts- und Zeitschrittweite.

Man untersuche die L_2-Stabilität des Schemas (7.19).

Übung 2.34 Für das implizite Verfahren (7.4) geben man analog zu den parabolischen Problemen eine ADI-Realisierung an und analysiere dessen Konsistenzordnung.

Kapitel 3

Schwache Lösungen, elliptische Differentialgleichungen und Sobolev-Räume

3.1 Einführung

In Kapitel 2 wurden Differenzenverfahren zur numerischen Behandlung partieller Differentialgleichungen diskutiert. Ihre Grundidee bestand darin, auftretende Ableitungen der gesuchten Funktion durch Informationen an diskreten Stellen zu approximieren, also Ableitungen näherungsweise durch geeignete Differenzenquotienten zu ersetzen.

Eine andere Klasse von Diskretisierungsverfahren sind die sogenannten *Ansatzverfahren*. Hierbei gibt man sich für eine Näherungslösung eine gewisse Struktur („Ansatz") mit einer endlichen Anzahl noch zu bestimmender Parameter vor. Dabei kann jedoch i.allg. nicht erwartet werden, daß sich damit die Differentialgleichung exakt erfüllen läßt. Man bestimmt die Parameter nun derart, daß die Differentialgleichung in einem vorgegebenen Sinne approximiert wird. Dazu kann man z.B. fordern, daß die Differentialgleichung lediglich in ausgewählten Punkten erfüllt wird; dieses Verfahren heißt Kollokation. Weit verbreiteter sind jedoch andere Verfahren, die oft von einem schwächeren Lösungsbegriff für die Differentialgleichung ausgehen.

Anstelle der punktweisen Gültigkeit der Differentialgleichung wird oft eine unter gewissen Zusatzbedingungen äquivalente Variationsaufgabe bzw. Variationsgleichung zugrunde gelegt. Die dabei auftretenden, durch Integrale definierten Funktionale erfordern die Verwendung angepaßter Funktionenräume, um die Lösbarkeit der erzeugten Aufgaben zu sichern. Gleichzeitig können auch die Glattheitsvoraussetzungen an die Ansatzfunktionen abgeschwächt werden, und es lassen sich Existenzaussagen unter geringeren Voraussetzungen an die in der Differentialgleichung auftretenden Funktionen gewinnen.

Wir betrachten als einfachstes Beispiel das lineare Zwei-Punkt-Randwertproblem

$$-u''(x) + b(x)u'(x) + c(x)u(x) = f(x) \quad \text{in} \quad \Omega := (0,1), \tag{1.1}$$

$$u(0) = u(1) = 0. \tag{1.2}$$

Dabei seien b, c und f gegebene stetige Funktionen, und das Problem besitze eine Lösung, d.h. es existiere eine zweimal stetig differenzierbare Funktion, die (1.1) und (1.2) genügt. Dann gilt für jede Lösung u von (1.1), (1.2) trivialerweise auch

$$\int_\Omega (-u'' + bu' + cu)v\, dx = \int_\Omega fv\, dx \tag{1.3}$$

mit beliebigen stetigen Funktionen v. Genügt umgekehrt eine Funktion $u \in C^2(\bar\Omega)$ für beliebiges $v \in C(\bar\Omega)$ der Beziehung (1.3), so genügt u auch der Differentialgleichung (1.1).

Für differenzierbare Funktionen v läßt sich (1.3) mittels partieller Integration umformen zu

$$-u'v \mid_{x=0}^1 + \int_\Omega u'v'\, dx + \int_\Omega (bu' + cu)v\, dx = \int_\Omega fv\, dx.$$

Unter der zusätzlichen Bedingung $v(0) = v(1) = 0$ ist dies äquivalent zu

$$\int_\Omega u'v'\, dx + \int_\Omega (bu' + cu)v\, dx = \int_\Omega fv\, dx. \tag{1.4}$$

Im Gegensatz zu (1.1) ebenso wie zu (1.3) kann diese Beziehung auch unter der schwächeren Differenzierbarkeitsforderung $u \in C^1(\bar\Omega)$ betrachtet werden. Zu klären bleibt eine geeignete Topologie, in der die zugeordneten Abbildungen wünschenswerte Eigenschaften, wie z.B. Stetigkeit, Beschränktheit, ... besitzen. Ein weitverbreitetes Handwerkzeug dazu sind die Sobolev-Räume. Dies sind Erweiterungen der L_p-Räume auf Räume von Funktionen mit verallgemeinerten Ableitungen ([Ada75] ist eine umfassende Darstellung der Theorie). Sobolev-Räume werden im Abschnitt 3.2 in einer auf das Anliegen des vorliegenden Buches zugeschnittenen Variante betrachtet.

Zunächst soll anhand des einfachen Modellproblems (1.1), (1.2) ein weiterer Zusammenhang zu anderen Aufgaben, den Variationsaufgaben, hergestellt werden. Wir setzen zusätzlich voraus, dass $b(x) \equiv 0$ und $c(x) \geq 0$ gelte, und definieren das Funktional

$$J(u) := \frac{1}{2} \int_\Omega (u'^2 + cu^2)\, dx - \int_\Omega fu\, dx. \tag{1.5}$$

Gesucht sei nun eine Funktion $u \in C^1(\bar\Omega)$ mit $u(0) = u(1) = 0$, für die gilt

$$J(u) \leq J(v) \qquad \text{für} \quad \text{alle} \quad v \in C^1(\bar\Omega) \quad \text{mit} \quad v(0) = v(1) = 0. \tag{1.6}$$

Notwendig und unter den getroffenen Voraussetzungen hinreichend dafür, daß eine Funktion u dieses Problem löst, ist das Verschwinden der ersten Variation $\delta J(u, v)$ für beliebige zulässige Variationsrichtungen v (vgl. z.B. [Zei90]). Dabei ist die erste Variation durch $\delta J(u, v) := \Phi'(0)$ mit $\Phi(t) := J(u + tv)$ für festes u, v und reelles t definiert. Für das durch (1.5) gegebene Funktional $J(\cdot)$ gilt

$$J(u + tv) = \frac{1}{2} \int_\Omega [(u' + tv')^2 + c(u + tv)^2]\, dx - \int_\Omega f \cdot (u + tv)\, dx\,,$$

und folglich erhält man

$$\Phi'(0) = \int_\Omega u'v'\, dx + \int_\Omega c\, uv\, dx - \int_\Omega fv\, dx.$$

Unter Beachtung der Voraussetzung $b(x) \equiv 0$ ist also $\delta J(u, v) = 0$ äquivalent zu der als *Variationsgleichung* bezeichneten Aufgabe (1.4). Damit haben wir auch eine Verbindung zwischen Randwertaufgaben und Variationsproblemen aufgezeigt. Die zum Variationsproblem (1.6) gehörige Differentialgleichung (1.1) wird Euler-Gleichung genannt. Zur Herleitung der Euler-Gleichung für allgemeinere Variationsprobleme, die auf Randwertaufgaben führen, sei z.B. auf [Zei90] verwiesen.

Die Variationsprobleme treten häufig in Naturwissenschaften und Technik als bekannte Grundprinzipien - etwa das Prinzip der minimalen Energie - auf und bilden einen eigenständigen Zugang zur Formulierung mathematischer Modelle. Die beim Übergang zu (1.4) genutzte - scheinbar willkürliche - Zusatzbedingung $v(0) = v(1) = 0$ steht in enger Wechselwirkung mit der Randbedingung (1.2). Dies wird später noch systematisch untersucht werden.

Wir betrachten als nächstes ein einfaches Modellproblem einer elliptischen Aufgabe über einem zweidimensionalen Grundgebiet. Es sei $\Omega \subset \mathbb{R}^2$ eine einfach zusammenhängende offene Menge mit einem (stückweise) glatten Rand Γ. Zu einer vorgegebenen Funktion $f : \bar\Omega \to \mathbb{R}$ sei eine zweimal stetig partiell differenzierbare Funktion u derart gesucht, dass

$$\begin{aligned} -\Delta u(\xi, \eta) &= f(\xi, \eta) \qquad \text{in} \quad \Omega\,, & (1.7)\\ u|_\Gamma &= 0 & (1.8) \end{aligned}$$

gilt. Die partielle Integration spielt auch hier - ebenso wie im Fall der Randwertaufgabe (1.1), (1.2) - eine wichtige Rolle zur Gewinnung schwächerer Formulierungen des durch (1.7), (1.8) beschriebenen Problems. Für beliebige Funktionen $v \in C^1(\bar\Omega)$ mit $v\,|_\Gamma = 0$ erhält man analog zu (1.4) die Beziehung

$$- \int_\Omega \Delta u\, v\, dx = \int_\Omega fv\, dx$$

bzw. nach partieller Integration wegen der Bedingung am Rand

$$\int_\Omega \left(\frac{\partial u}{\partial \xi} \frac{\partial v}{\partial \xi} + \frac{\partial u}{\partial \eta} \frac{\partial v}{\partial \eta} \right) dx = \int_\Omega fv\, dx. \qquad (1.9)$$

Dies ist die (1.7), (1.8) zugeordnete Variationsgleichung. Umgekehrt folgt aus (1.9) und $u \in C^2(\bar\Omega)$, daß u der Poissonschen Differentialgleichung (1.7) genügt.

Bisher unbeantwortet blieben die Fragen nach Existenz und Eindeutigkeit der Lösung der Randwertprobleme bei dieser Herangehensweise sowie nach der näherungsweisen Berechung von Lösungen mittels geeigneter endlichdimensionaler Approximationen. Dies wird in den folgenden Abschnitten untersucht werden.

3.2 Funktionenräume für Variationsformulierungen von Randwertaufgaben

Bei der klassischen Behandlung von Differentialgleichungen wird für die gesuchte Funktion einschließlich ihrer Ableitungen die Gültigkeit der durch die beschreibende Gleichung gegebenen Beziehung in jedem Punkt des Grundgebietes Ω gefordert. Damit sind die Räume $C^k(\bar{\Omega})$ der über Ω mindestens k-mal stetig differenzierbaren Funktionen mit auf den Rand stetig fortsetzbaren Funktions- und Ableitungswerten dieser Behandlungsweise angepaßt. Beim Übergang zu Variationsproblemen bzw. Variationsgleichungen wird über die Funktionen und ihre Ableitungen integriert, so daß nur die Existenz gewisser Integrale gesichert werden muß. Dies erfordert eine angepaßte Wahl der Funktionenräume, auf die wir hier näher eingehen wollen. Wir stellen dazu eine kurze Einführung in die erforderlichen funktionalanalytischen Begriffe voran.

Es sei U ein linearer Raum. Eine Abbildung $\| \cdot \| : U \to \mathbb{R}$ heißt *Norm*, falls sie folgende Eigenschaften besitzt:

i) $\|u\| \geq 0$ für alle $u \in U,$ $\|u\| = 0$ $\Leftrightarrow$ $u = 0,$

ii) $\|\lambda u\| = | \lambda | \, \|u\|$ für alle $u \in U,$ $\lambda \in \mathbb{R},$

iii) $\|u + v\| \leq \|u\| + \|v\|$ für alle $u, v \in U.$

Ein linearer Raum U mit der zugehörigen Norm heißt *normierter Raum*. Eine Folge $\{u^k\}$ wird *Cauchy-Folge* genannt, falls zu jedem $\varepsilon > 0$ eine Zahl $N(\varepsilon)$ derart existiert, dass

$$\|u^k - u^l\| \leq \varepsilon \qquad \text{für alle} \quad k, l \geq N(\varepsilon) \text{ gilt.}$$

Sowohl für Existenzaussagen als auch für die Konvergenz numerischer Verfahren ist die folgende Eigenschaft der Vollständigkeit eines normierten Raumes wichtig.

Ein normierter Raum heißt *vollständig*, wenn jede Cauchy-Folge $\{u^k\} \subset U$ in U konvergiert, d.h. es gibt ein $u \in U$ mit

$$\lim_{k \to \infty} \|u^k - u\| = 0.$$

Dies wird auch äquivalent bezeichnet durch

$$u = \lim_{k \to \infty} u^k.$$

Vollständige normierte Räume werden *Banach-Räume* genannt.

Es seien U, V normierte Räume mit den zugehörigen Normen $\|\cdot\|_U$ bzw. $\|\cdot\|_V$. Eine Abbildung $P : U \to V$ heißt *stetig im Punkt* $u \in U$, wenn für jede gegen u konvergente Folge $\{u^k\} \subset U$ gilt

$$\lim_{k \to \infty} Pu^k = Pu,$$

d.h.

$$\lim_{k \to \infty} \|u^k - u\|_U = 0 \quad \Rightarrow \quad \lim_{k \to \infty} \|Pu^k - Pu\|_V = 0.$$

Die verwendete unterschiedliche Markierung der Normen entsprechend den zugrunde liegenden Räumen werden wir jedoch später fallen lassen, sofern keine Gefahr der Fehlinterpretation besteht. Eine Abbildung heißt *stetig*, falls sie in jedem Punkt $u \in U$ stetig ist.

Eine Abbildung $P : U \to V$ heißt *linear*, falls

$$P(\lambda u + \mu v) = \lambda Pu + \mu Pv \quad \text{für alle } u, v \in U, \quad \lambda, \mu \in \mathbb{R}$$

gilt. Eine lineare Abbildung ist genau dann stetig, wenn es eine Konstante $M \geq 0$ gibt mit

$$\|Pu\| \leq M\|u\| \quad \text{für alle } u \in U.$$

Die Gesamtheit aller stetigen linearen Funktionale $f : U \to \mathbb{R}$ läßt sich durch

$$\|f\|_* := \sup_{v \neq 0} \frac{|f(v)|}{\|v\|}$$

normieren. Der dadurch erzeugte Raum der linearen stetigen Funktionale ist stets ein Banach-Raum. Er wird *Dualraum* zu U genannt und mit U^* bezeichnet. Als eine weitere Bezeichnung für den Wert von $f \in U^*$ im Punkt $u \in U$ wird häufig auch die Schreibweise $\langle f, u \rangle$ verwendet.

Eine Abschwächung des Konvergenzbegriffes in U läßt sich durch

$$\lim_{k \to \infty} \langle f, u^k \rangle = \langle f, u \rangle \quad \text{für alle } f \in U^*$$

angegeben. Genügen die Folge $\{u^k\}$ und der Punkt $u \in U$ dieser Gleichung, so heißt $\{u^k\}$ *schwach* gegen u *konvergent*. Dies wird durch

$$u^k \rightharpoonup u \quad \text{für} \quad k \to \infty$$

bezeichnet. Jede konvergente Folge ist auch schwach konvergent gegen das gleiche Grenzelement. Umgekehrt ist jedoch nicht jede schwach konvergente Folge auch konvergent.

Eine weitere Qualifizierung der Eigenschaften linearer Räume läßt sich durch ein Skalarprodukt erreichen. Eine Abbildung $(\cdot, \cdot) : U \times U \to \mathbb{R}$ heißt *Skalarprodukt*, falls folgende Eigenschaften erfüllt sind:

i) $(u, u) \geq 0$ für alle $u \in U,$ $(u, u) = 0$ $\Leftrightarrow$ $u = 0,$

ii) $(\lambda u, v) = \lambda(u, v)$ für alle $u, v \in U,$ $\lambda \in \mathbb{R},$

iii) $(u, v) = (v, u)$ für alle $u, v \in U,$

iv) $(u + v, w) = (u, w) + (v, w)$ für alle $u, v, w \in U.$

Durch $\|u\| := \sqrt{(u, u)}$ läßt sich mit Hilfe des Skalarproduktes stets eine Norm definieren. Ein vollständiger normierter Raum mit Skalarprodukt heißt reeller *Hilbert-Raum*. Aus den Eigenschaften des Skalarproduktes folgt die *Cauchy-Schwarzsche Ungleichung*

$$|(u, v)| \leq \|u\|\,\|v\| \text{für alle}   u, v \in U.$$

Von zentraler Bedeutung für die Verwendung von Hilbert-Räumen ist der

SATZ 3.1 (Rieszscher Darstellungssatz) *Es seien* V *ein Hilbert-Raum und* $f : V \to \mathbb{R}$ *ein stetiges lineares Funktional. Dann gibt es genau ein* $w \in V$ *derart, daß*

$$(w, v) = f(v)   \text{für alle } v \in V$$

gilt. Ferner ist $\|f\|_* = \|w\|$.

Für die Untersuchung von Variationsmethoden bzw. Variationsgleichungen sind die Lebesgue-Räume von großem Interesse. Es bezeichne $\Omega \subset \mathbb{R}^n$ (n=1,2,3) ein beschränktes Gebiet (offen, zusammenhängend) mit dem Rand $\Gamma := \partial\Omega$. Die Gesamtheit aller meßbaren und zur p-ten Potenz ($p \in [1, +\infty)$) über Ω integrierbaren Funktionen wird mit

$$L_p(\Omega) := \left\{ v : \int_\Omega |v(x)|^p \, dx < +\infty \right\}$$

bezeichnet, wobei als Norm

$$\|v\|_{L_p(\Omega)} := \left[\int_\Omega |v(x)|^p \, dx \right]^{1/p}$$

gewählt wird. Unter Beachtung der Eigenschaften des Lebesgue-Integrals (vgl. z.B. [Wlo82]) und der Zusammenfassung aller sich höchstens auf einer Menge vom Maße 0 unterscheidenden Funktionen, d.h. aller Funktionen u, v mit $\|u - v\| = 0$ in einer Restklasse, ist der Raum $L_p(\Omega)$ vollständig, also folglich ein Banach-Raum.

Im Fall $p = 2$ wird durch

$$(u, v) := \int_\Omega u(x)\, v(x)\, dx$$

ein Skalarprodukt erklärt, und $L_2(\Omega)$ ist damit ein Hilbert-Raum.

In Erweiterung der obigen Definitionen wird der Raum

$$L_\infty(\Omega) := \left\{ v : \operatorname*{ess\,sup}_{x \in \Omega} |v(x)| < +\infty \right\}$$

mit der Norm

$$\|v\|_{L_\infty(\Omega)} := \operatorname*{ess\,sup}_{x \in \Omega} |v(x)|$$

betrachtet. Hierbei bezeichnet ess sup das wesentliche Supremum, d.h. die kleinste obere Schranke bis auf Mengen vom Maße 0.

Eine sachgemäße Behandlung von Differentialgleichungen erfordert die Einbeziehung von Ableitungen in die Definition der benutzten Räume und Normen. Eine den Lebesgue-Räumen adäquate Erweiterung wird unter Benutzung verallgemeinerter Ableitungen mit den Sobolev-Räumen erreicht.

Zur Hervorhebung der Art der Abschließung verwenden wir das Symbol cl_V für die Abschließung einer Teilmenge $A \subset V$ in der Topologie eines Raumes V. Für $v \in C(\bar{\Omega})$ bezeichne

$$supp\, v := cl_{\mathbb{R}^n} \{ x \in \Omega : v(x) \neq 0 \}$$

den *Träger* von v, und wir definieren (Ω ist in unseren Betrachtungen stets ein beschränktes Gebiet)

$$C_0^\infty(\Omega) := \{ v \in C^\infty(\Omega) : \quad supp\, v \subset \Omega \}.$$

Wichtig in den weiteren Betrachtungen sind die Regeln der partiellen Integration im mehrdimensionalen Fall. So gilt für beliebige $u \in C^1(\bar{\Omega}), v \in C_0^\infty(\Omega)$

$$\int_\Omega \frac{\partial u}{\partial x_i} v \, dx = \int_\Gamma uv \cos(n, e^i) \, ds - \int_\Omega u \frac{\partial v}{\partial x_i} \, dx$$

und unter Beachtung von $v|_\Gamma = 0$ damit

$$\int_\Omega u \frac{\partial v}{\partial x_i} \, dx = - \int_\Omega \frac{\partial u}{\partial x_i} v \, dx. \tag{2.1}$$

Diese Identität bildet den Ausgangspunkt für die Verallgemeinerung des Ableitungsbegriffes über Lebesgue-Räumen. Zur Charakterisierung von Ableitungen im $\mathbb{R}^n$ wird ein Multiindex $\alpha := (\alpha_1, \ldots, \alpha_n)$, $\quad \alpha_i \geq 0$, ganzzahlig verwendet. Mit $|\alpha| = \sum_i \alpha_i$ bezeichnet

$$D^\alpha u := \frac{\partial^{|\alpha|}}{\partial x_1^{\alpha_1} \cdots x_n^{\alpha_n}} u$$

die Ableitung $|\alpha|$-ter Ordnung zum Multiindex α. In Übertragung von (2.1) wird eine meßbare Funktion u als verallgemeinert differenzierbar zum Multiindex α bezeichnet, falls eine meßbare Funktion w existiert mit

$$\int_\Omega u D^\alpha v \, dx = (-1)^{|\alpha|} \int_\Omega wv \, dx \quad \text{für alle } v \in C_0^\infty(\Omega). \tag{2.2}$$

Die Funktion $D^\alpha u := w$ wird dann *verallgemeinerte Ableitung* von u zum *Multiindex* α genannt.

Der Begriff des Gradienten ∇u wird entsprechend durch komponentenweise Verwendung der verallgemeinerten Ableitungen $D^\alpha u$ mit $|\alpha| = 1$ in direkter Weise abgeschwächt.

Gibt es zu einer in den einzelnen Komponenten meßbaren vektorwertigen Funktion $\underline{u}$ zugehörig eine meßbare Funktion z mit

$$\int_\Omega \underline{u}\, \nabla v \, dx = -\int_\Omega zv \, dx \qquad \text{für alle } v \in C_0^\infty(\Omega),$$

so heißt z *verallgemeinerte Divergenz* von $\underline{u}$, und wir schreiben $\operatorname{div} \underline{u} := z$.

Unter Verwendung der verallgemeinerten Ableitungen bezeichnet der *Sobolev-Raum* $W_p^l(\Omega)$, $l \geq 0$, ganzzahlig, die Menge der Funktionen aus $L_p(\Omega)$, die alle verallgemeinerten Ableitungen bis zur Ordnung l besitzen, wobei diese ebenfalls zu $L_p(\Omega)$ gehören (Sobolev 1938). Als Norm in $W_p^l(\Omega)$ wird

$$\|u\|_{W_p^l(\Omega)} := [\int_\Omega \sum_{|\alpha| \leq l} |[D^\alpha u](x)|^p \, dx]^{1/p} \tag{2.3}$$

gewählt. Ausgehend von $L_\infty(\Omega)$ wird in analoger Weise der Sobolev-Raum $W_\infty^l(\Omega)$ erklärt.

Es sind verschiedene andere Zugänge zu Sobolev-Räumen möglich. So wurde z.B. von Meyers und Serrin (1964) gezeigt (s. [Ada75]):

Für $1 \leq p < \infty$ ist $C^\infty(\Omega) \cap W_p^l(\Omega)$ dicht in $W_p^l(\Omega)$.

Damit kann für diese p der Raum $W_p^l(\Omega)$ auch durch Vervollständigung des $C^\infty(\Omega)$ in der durch (2.3) definierten Norm erzeugt werden, d.h. es gilt die Identität

$$W_p^l(\Omega) = cl_{W_p^l(\Omega)} \, C^\infty(\Omega).$$

Diese Sichtweise zeigt die Möglichkeit auf, zu Sobolev-Räumen gehörige Funktionen durch klassisch differenzierbare Funktionen zu approximieren. Ferner gestattet sie die Übertragung klassischer Sachverhalte auf Elemente von Sobolev-Räumen.

Für $p = 2$ bilden die Räume $W_p^l(\Omega)$ mit dem Skalarprodukt

$$(u,v) = \int_\Omega \left(\sum_{|\alpha| \leq l} D^\alpha u D^\alpha v \right) dx$$

Hilbert-Räume. Diese werden üblicherweise mit $H^l(\Omega)$ bezeichnet. Für die Untersuchung elliptischer Randwertaufgaben zweiter bzw. vierter Ordnung sind vor allem die Sobolev-Räume $H^1(\Omega)$ bzw. $H^2(\Omega)$ und deren Unterräume von Bedeutung.

Zur geeigneten Einbeziehung der Randbedingungen werden die Räume

$$\mathring{W}_p^l(\Omega) := cl_{W_p^l(\Omega)} C_0^\infty(\Omega)$$

genutzt. Im Fall $p = 2$ sind diese wie $H^l(\Omega)$ mit dem gleichen Skalarprodukt ebenfalls Hilbert-Räume, und sie werden mit $H_0^l(\Omega)$ bezeichnet. Für $l = 1$ kann dieser Raum als Teilraum von $H^1(\Omega)$ betrachtet werden, dessen zugehörige Funktionen auf dem Rand Γ des Grundgebietes Ω verschwinden. Für eine strengere Definition sei auf den in diesem Abschnitt später angegebenen Spursatz verwiesen.

Es ist üblich, für die Dualräume zu den Sobolev-Räumen $H_0^l(\Omega)$ folgende Bezeichnung einzuführen:

$$H^{-l}(\Omega) := \left(H_0^l(\Omega) \right)^* . \tag{2.4}$$

Für einige Typen von Variationsgleichungen wie auch für die Anwendung gemischter Variationsformulierungen (vgl. Abschnitt 4.6) besitzen auch spezielle Räume vektorwertiger Funktionen eine besondere Bedeutung, z.B. der Raum

$$H(div; \Omega) := \{ \underline{u} \in L_2(\Omega)^n : div\,\underline{u} \in L_2(\Omega) \} \tag{2.5}$$

mit

$$\|\underline{u}\|_{div,\Omega}^2 := \|\underline{u}\|_{H(div;\Omega)}^2 := \sum_{i=1}^n \|u_i\|_{L_2(\Omega)}^2 + \|div\,\underline{u}\|_{L_2(\Omega)}^2 . \tag{2.6}$$

Als erstes Beispiel zur Anwendung der Sobolev-Räume betrachten wir die Poissongleichung (1.7) mit homogenen Dirichletschen Randbedingungen (1.8). Diesem Problem läßt sich nun präzise die folgende *Variationsgleichung* zuordnen:

Man bestimme ein $u \in H_0^1(\Omega)$ *derart, daß*

$$\int_\Omega \left(\frac{\partial u}{\partial x_1} \frac{\partial v}{\partial x_1} + \frac{\partial u}{\partial x_2} \frac{\partial v}{\partial x_2} \right) dx = \int_\Omega f v\,dx \quad \text{für alle } v \in H_0^1(\Omega). \tag{2.7}$$

Dabei sind die auftretenden Ableitungen im verallgemeinerten Sinn zu verstehen. Jede Lösung des Dirichlet-Problems (1.7), (1.8) genügt auch der Variationsgleichung (2.7). Dies erhält man mittels partieller Integration bei Beachtung der homogenen Randbedingungen. Zur Umkehrung der Aussage werden jedoch weitere Informationen zu den Sobolev-Räumen benötigt. Dies betrifft insbesondere:

- Welche klassischen Differenzierbarkeitseigenschaften besitzt eine Lösung der als *schwache Formulierung* des Ausgangsproblems bezeichneten Variationsgleichung (2.7)?

- In welcher Weise werden die Randbedingungen erfüllt?

Antworten hierzu werden aus Regularitätsaussagen und Einbettungs- bzw. Spursätzen gewonnen.

Diese Aussagen erfordern Zusatzbedingungen an den Rand des gegebenen Gebietes. Die exakte Beschreibung minimaler Voraussetzungen an den Rand für die Gültigkeit dieser oder jener Aussage ist eine sehr diffizile Aufgabe. In vielen Fällen findet man derartige Resultate in [Ada75].

Hier wollen wir generell voraussetzen, daß es möglich ist, wie auch schon in Kapitel 1.3 beschrieben, lokal für jeden Randpunkt $x \in \partial\Omega$ ein Koordinatensystem so zu wählen, daß der Rand lokal in diesem Koordinatensystem eine Hyperfläche ist und das Gebiet Ω auf einer Seite der Hyperfläche liegt. Je nach Glattheit der Parametrisierung der Hyperfläche spricht man dann von Lipschitz-, C^k- oder C^∞-Gebieten (es gibt allerdings viele weitere Charakterisierungen des Randes).

Praktisch ist die Möglichkeit, Lipschitz-Gebiete behandeln zu können, in den meistens Fällen ausreichend. Z.B. ist im zweidimensionalen Fall jedes polygonale Gebiet ein Lipschitz-Gebiet, wenn alle inneren Winkel kleiner als 2π sind, d.h. das Gebiet keine Schlitze enthält.

Es seien U, V normierte Räume mit den zugehörigen Normen $\|\cdot\|_U$ bzw. $\|\cdot\|_V$. Der Raum U heißt *stetig eingebettet* in V, falls $u \in V$ für alle $u \in U$ gilt und eine Konstante $c > 0$ existiert mit

$$\|u\|_V \leq c\,\|u\|_U \quad \text{für alle } u \in U. \tag{2.8}$$

Als Symbol für die stetige Einbettung von U in V wird $U \hookrightarrow V$ geschrieben. Die in der Ungleichung (2.8) auftretende Konstante c wird Einbettungskonstante genannt.

Offensichtlich gilt die stetige Einbettung

$$W_p^l(\Omega) \hookrightarrow L_p(\Omega) \text{ für jedes } l \geq 0, \text{ ganz.}$$

Dies erhält man als direkte Konsequenz der Definitionen von $W_p^l(\Omega)$ und $L_p(\Omega)$ sowie der verwendeten Normen. Interessanter sind die Verbindungen zwischen Sobolev-Räumen mit unterschiedlichen Exponenten bzw. zwischen Sobolev-Räumen und den klassischen Räumen $C^k(\bar\Omega)$ und $C^{k,\beta}(\bar\Omega)$, $\beta \in (0,1)$. In letzteren werden die Normen

$$\|v\|_{C^k(\bar\Omega)} = \sum_{|\alpha| \leq k} \max_{x \in \bar\Omega} |[D^\alpha v](x)|,$$

$$\|v\|_{C^{k,\beta}(\bar\Omega)} = \|v\|_{C^k(\bar\Omega)} + \sum_{|\alpha| = k} |D^\alpha v|_{C^\beta(\bar\Omega)}$$

mit der Hölder-Seminorm

$$|v|_{C^\beta(\bar\Omega)} = \inf\{\, c \,:\, |v(x) - v(y)| \leq c|x - y|^\beta \text{ für alle } x, y \in \bar\Omega \,\}$$

zugrunde gelegt. Es gilt (vgl. [Ada75], [Wlo82])

SATZ 3.2 (Einbettungssatz) *Es sei $\Omega \subset \mathbb{R}^n$ ein beschränktes Gebiet mit Lipschitz-Rand. Ferner seien $0 \leq j \leq k$, $\quad 1 \leq p,q < +\infty$, $\quad 0 < \beta < 1$.*

i) Für $k - j \geq n\left(\frac{1}{p} - \frac{1}{q}\right)$ gelten die Einbettungen

$$W_p^k(\Omega) \hookrightarrow W_q^j(\Omega), \qquad \overset{\circ}{W}_p^k(\Omega) \hookrightarrow \overset{\circ}{W}_q^j(\Omega).$$

ii) Für $k - j - \beta > \frac{n}{p}$ gelten die Einbettungen

$$W_p^k(\Omega) \hookrightarrow C^{j,\beta}(\bar\Omega).$$

Es sei vermerkt, daß aufgrund ihrer Definition die Hölder-Räume $C^{j,\beta}(\bar{\Omega})$ trivialerweise in $C^j(\bar{\Omega})$ stetig eingebettet sind, d.h.

$$C^{j,\beta}(\bar{\Omega}) \hookrightarrow C^j(\bar{\Omega}).$$

Wir wenden uns nun der Fortsetzung von Funktionen $u \in W_p^l(\Omega)$ auf den Rand Γ zu. Hierzu gilt ([Ada75])

LEMMA 3.1 (Spurlemma) *Es besitze Ω einen Lipschitz- Rand Γ. Dann gibt es eine Konstante $c > 0$ derart, daß*

$$\|u\|_{L_p(\Gamma)} \le c\|u\|_{W_p^1(\Omega)} \; \text{für alle } u \in C^1(\bar{\Omega})$$

gilt.

Auf dieser Grundlage erhält man durch Abschließung in den Räumen $L_p(\Gamma)$ bzw. $W_p^1(\Omega)$ die Existenz einer linearen, stetigen *Spurabbildung*

$$\gamma : W_p^1(\Omega) \to L_p(\Gamma).$$

Diese Spurabbildung γ generiert mit Hilfe der zugrunde gelegten Funktionenräume über der Menge Ω neue Funktionenräume über dem Rand $\Gamma = \partial\Omega$. Für spätere Untersuchungen ist vor allem der durch

$$H^{1/2}(\Gamma) := \{\, w \in L_2(\Gamma) \, : \, \text{Es existiert ein } v \in H^1(\Omega) \; \text{mit } w = \gamma v \,\}$$

definierte Raum $H^{1/2}(\Gamma)$ von Bedeutung. Als Norm eignet sich dabei

$$\|w\|_{H^{1/2}(\Gamma)} = \inf\{\, \|v\|_{H^1(\Omega)} \, : \, v \in H^1(\Omega), \; w = \gamma v \,\}.$$

Der zu $H^{1/2}(\Gamma)$ gehörige Dualraum wird mit $H^{-1/2}(\Gamma)$ bezeichnet, und die Norm ist gemäß

$$\|g\|_{H^{-1/2}(\Gamma)} = \sup_{w \in H^{1/2}(\Gamma)} \frac{|g(w)|}{\|w\|_{H^{1/2}(\Gamma)}},$$

definiert. Aufgrund der Beziehungen zwischen den Räumen $H^1(\Omega)$ und $H^{1/2}(\Gamma)$ lassen sich die Normen in $H^{1/2}(\Gamma)$ und $H^{-1/2}(\Gamma)$ mit Hilfe von Lösungen geeigneter Variationsgleichungen bestimmen (vgl. [BF91]).

Aus Lemma 3.1 folgt mit der Definition der Räume $\mathring{W}_p^l(\Omega)$ auch:

$$\gamma u = 0 \; \text{für alle } u \in \mathring{W}_p^1(\Omega)$$

bzw.

$$\gamma D^\alpha u = 0 \; \text{für alle } u \in \mathring{W}_p^l(\Omega), \; |\alpha| \le l - 1.$$

Neben den durch (2.3) definierten Normen $\|\cdot\|_{W_p^l(\Omega)}$ sind bei der Untersuchung von Randwertproblemen häufig auch Seminormen der Form

$$|u|_{W_p^s(\Omega)} := \Big[\int\limits_\Omega \sum_{|\alpha|=s} |[D^\alpha u](x)|^p \mathrm{d}x \Big]^{1/p}$$

wichtig. Trivialerweise gilt:

$$|v|_{W_p^s(\Omega)} \le \|v\|_{W_p^l(\Omega} \text{ für alle } v \in W_p^l(\Omega),\, 0 \le s \le l. \tag{2.9}$$

Zur umgekehrten Abschätzung hat man z.B.

LEMMA 3.2 *Es sei $\Omega \subset \mathbb{R}^n$ ein beschränktes Gebiet. Dann gibt es eine Konstante $c > 0$ derart, daß*

$$\|v\|_{L_2(\Omega)} \le c|v|_{W_2^1(\Omega)} \quad \text{für alle } v \in H_0^1(\Omega) \tag{2.10}$$

gilt.

Die Ungleichung (2.10) wird *Friedrichs'sche Ungleichung* genannt. Zum Beweis sei z.B. wiederum auf [Ada75] verwiesen.

Bemerkung 3.1 Die kleinste Konstante c in der Friedrichs'schen Ungleichung ist gleich dem Reziproken des minimalen Eigenwertes des Eigenwertproblems

$$-\Delta u = \lambda u; \quad u|_{\partial\Omega=0}.$$

Da man für Parallelepipede Ω den minimalen Eigenwert kennt und der minimale Eigenwert sich bei einer Aufweitung des Gebietes nicht vergrößert, hat man in vielen Fällen nicht allzu schlechte Schranken für die optimale Konstante. In [Mic81] werden eine Reihe von Konstanten in weiteren Ungleichungen der Analysis diskutiert. $\square$

Als Folgerung von Lemma 3.2 und (2.9) erhält man

$$c_1\|v\|_{W_2^1(\Omega)} \le |v|_{W_2^1(\Omega)} \le \|v\|_{W_2^1(\Omega)} \quad \text{für alle } v \in H_0^1(\Omega) \tag{2.11}$$

mit einer Konstanten $c_1 > 0$. Damit bildet

$$[|v|] := |v|_{W_2^1(\Omega)}$$

auf $H_0^1(\Omega)$ eine zur Ausgangsnorm äquivalente Norm. Häufig wird diese als natürliche Norm in $H_0^1(\Omega)$ gewählt. Die Bilinearform

$$(u,v) := \int\limits_\Omega \sum_{|\alpha|=1} D^\alpha u D^\alpha v\, dx$$

bildet das zugehörige Skalarprodukt in $H_0^1(\Omega)$. Mit diesem Skalarprodukt kann die eindeutige Lösbarkeit der zur Poissongleichung mit homogenen Dirichletschen Randbedingungen gehörenden Variationsgleichung direkt aus dem Rieszschen Darstellungssatz gefolgert werden, falls nur das durch

$$v \mapsto \int_\Omega f v \, dx$$

auf $H_0^1(\Omega)$ erklärte lineare Funktional stetig ist. Dies gilt z.B. für $f \in L_2(\Omega)$.

Weitere zu $\| \cdot \|_{W_2^1(\Omega)}$ äquivalente Normen lassen sich mit Hilfe der folgenden Ungleichungen definieren (s. [GGZ74] Lemma 1.36):

LEMMA 3.3 *Es sei $\Omega \subset \mathbb{R}^n$ ein beschränktes Lipschitz-Gebiet. Ferner sei Ω_1 eine Teilmenge positiven Maßes von Ω und Γ_1 eine Teilmenge positiven (Oberflächen-) Maßes von Γ. Dann gilt für $u \in H^1(\Omega)$:*

$$\|u\|_{L_2(\Omega)}^2 \le c \left\{ |u|_{1,\Omega}^2 + \left(\int_{\Omega_1} u \right)^2 \right\},$$

$$\|u\|_{L_2(\Omega)}^2 \le c \left\{ |u|_{1,\Omega}^2 + \left(\int_{\Gamma_1} u \right)^2 \right\}.$$

In der zitierten Quelle sind beide Typen von Ungleichungen sogar für den allgemeineren $W^{1,p}(\Omega)$-Fall notiert. Insbesondere für $\Omega_1 = \Omega$ ist die erste Beziehung als *Poincaré-Ungleichung* bekannt. Die zweite Beziehung verallgemeinert die Friedrichs-Ungleichung.

Zur Vereinfachung der Schreibweise nutzen wir im weiteren auch die folgenden Abkürzungen

$$|v|_{l,p,\Omega} := |v|_{W_p^l(\Omega)} \qquad \text{und} \qquad |v|_{l,\Omega} := |v|_{W_2^l(\Omega)}.$$

Wir wenden uns nun Verallgemeinerungen der partiellen Integration und daraus abgeleiteten Formeln zu.

LEMMA 3.4 (partielle Integration) *Es sei $\Omega \subset \mathbb{R}^n$, $n=2,3$ ein beschränktes Lipschitz-Gebiet. Dann gilt*

$$\int_\Omega \frac{\partial u}{\partial x_i} v \, dx = \int_\Gamma u v \cos(n, e^i) \, ds - \int_\Omega u \frac{\partial v}{\partial x_i} \, dx$$

für beliebige $u, v \in C^1(\bar{\Omega})$. Dabei bezeichnet n die äußere Normale im jeweiligen Randpunkt.

Durch mehrfache Anwendung und Grenzübergang erhält man mit Stetigkeitsargumenten hieraus die *Greensche Formel*

$$\int_\Omega \Delta u v \, dx = \int_\Gamma \frac{\partial u}{\partial n} v \, ds - \int_\Omega \nabla u \nabla v \, dx \qquad \text{für alle } u \in H^2(\Omega), \, v \in H^1(\Omega). \quad (2.12)$$

Dabei wollen wir hier wie auch später den Term $\nabla u \nabla v$ im letzten Integral als Skalarprodukt auffassen. Die vollständigere Schreibweise $(\nabla u)^T \nabla v$ wird nur im Ausnahmefall benutzt werden.

Die Gültigkeit der Greenschen Formel hängt stark von der Geometrie des Randes von Ω ab. Die obige Voraussetzung läßt sich wesentlich abschwächen, hierzu sei z.B. auf [Maz85],[Wlo82] verwiesen. Für die weiteren Untersuchungen wird einfach vorausgesetzt, daß über Ω die Greensche Formel (2.12) gilt. Derartige Gebiete Ω werden *Normalgebiete* genannt.

Wir setzen nun unsere Überlegungen zur Poisson-Gleichung mit homogenen Dirichletschen Randbedingungen fort:

$$-\Delta u = f \text{ in } \Omega, \qquad u \mid_\Gamma = 0. \quad (2.13)$$

Jede Lösung u dieses Problems erfüllt, wie bereits festgestellt, wegen (2.12) auch die Variationsgleichung

$$\int_\Omega \nabla u \nabla v \, dx = \int_\Omega f v \, dx \text{ für alle } v \in H_0^1(\Omega). \quad (2.14)$$

Bezeichnet man mit $a(\cdot, \cdot) : H_0^1(\Omega) \times H_0^1(\Omega) \to \mathbb{R}$ die durch

$$a(u, v) := \int_\Omega \nabla u \nabla v \, dx$$

definierte Abbildung, so gibt es nach Lemma 3.2 eine Konstante $\gamma > 0$ mit

$$a(v, v) \geq \gamma \|v\|_{H_0^1(\Omega)}^2 \text{ für alle } u, v \in H_0^1(\Omega).$$

Es läßt sich zeigen, daß die Variationsgleichung (2.14) für jedes $f \in L_2(\Omega)$ eine eindeutige Lösung $u \in H_0^1(\Omega)$ besitzt. Zum Nachweis dieser Aussage wie auch zur Frage, unter welchen Bedingungen eine Lösung von (2.14) auch das zugehörige Ausgangsproblem im klassischen Sinn löst, verweisen wir auf Abschnitt 3.3.

Bei der Überführung eines Randwertproblems in eine zugehörige Variationsformulierung spielen die Randbedingungen eine wichtige Rolle. Um dies zu erläutern, wird folgendes Beispiel betrachtet:

$$\begin{aligned}
-\Delta u + cu &= f \quad \text{in } \Omega, \\
u &= g \quad \text{auf } \Gamma_1, \\
\frac{\partial u}{\partial n} + pu &= q \quad \text{auf } \Gamma_2.
\end{aligned} \quad (2.15)$$

Dabei bezeichnen Γ_1, Γ_2 Teile des Randes mit $\Gamma_1 \cap \Gamma_2 = \emptyset$, $\Gamma_1 \cup \Gamma_2 = \Gamma$ sowie c, f, g, p, q vorgegebene, der Einfachheit halber stetige Funktionen, und es gelte $c \geq 0$ in Ω. Durch Multiplikation mit einer beliebigen Funktion $v \in H^1(\Omega)$ und partielle Integration erhält man

$$\int\limits_{\Omega} (\nabla u \nabla v + c\, uv)\, dx - \int\limits_{\Gamma} \frac{\partial u}{\partial n} v\, ds = \int\limits_{\Omega} fv\, dx$$

für die Lösung u von (2.15). Unter Beachtung der Randbedingungen folgt

$$\int\limits_{\Omega} (\nabla u \nabla v + c\, uv)\, dx + \int\limits_{\Gamma_2} (pu - q)v\, ds - \int\limits_{\Gamma_1} \frac{\partial u}{\partial n} v\, ds = \int\limits_{\Omega} fv\, dx.$$

Wird speziell $V := \{\, v \in H^1(\Omega)\ :\ v|_{\Gamma_1} = 0\,\}$ gewählt, so ist

$$\int\limits_{\Omega} (\nabla u \nabla v + c\, uv)\, dx + \int\limits_{\Gamma_2} (pu - q)v\, ds = \int\limits_{\Omega} fv\, dx \qquad \text{für alle } v \in V. \qquad (2.16)$$

Ferner hat man $u \in H^1(\Omega)$, $u|_{\Gamma_1} = g$.

SATZ 3.3 *Es sei $u \in H^1(\Omega)$, $u|_{\Gamma_1} = g$ eine Lösung der Variationsgleichung (2.16), und es gelte $u \in C^2(\bar{\Omega})$. Dann löst u auch das Randwertproblem (2.15).*

Beweis: Unter Beachtung von $v|_{\Gamma_1} = 0$ erhält man mit der Greenschen Formel aus (2.16) die Beziehung

$$\int\limits_{\Omega} (\Delta u + c\, u)v\, dx + \int\limits_{\Gamma_2} (\frac{\partial u}{\partial n} + pu - q)v\, ds = \int\limits_{\Omega} fv\, dx \qquad \text{für alle } v \in V. \qquad (2.17)$$

Mit $H_0^1(\Omega) \subset V$ folgt hieraus speziell

$$\int\limits_{\Omega} (\Delta u + c\, u)v\, dx = \int\limits_{\Omega} fv\, dx \qquad \text{für alle } v \in H_0^1(\Omega).$$

Die Gültigkeit dieser Gleichung für alle v impliziert nach einem bekannten Lemma von de la Vallée-Poussin

$$-\Delta u + cu = f \qquad \text{in } \Omega.$$

Mit (2.17) erhält man hieraus

$$\int\limits_{\Gamma_2} (\frac{\partial u}{\partial n} + pu - q)v\, ds = 0 \qquad \text{für alle } v \in V.$$

Dies liefert schließlich

$$\frac{\partial u}{\partial n} + pu = q \qquad \text{auf } \Gamma_2. \qquad (2.18)$$

Die verbleibende Randbedingung $u|_{\Gamma_1} = g$ ist nach Voraussetzung erfüllt. Sie muß als *wesentliche Randbedingung* bereits im Ansatz berücksichtigt werden. ∎

Bemerkung 3.2 Die Erfüllung der Randbedingung (2.18) leitet sich direkt aus der Formulierung der Variationsgleichung (2.16) ab. Sie muß daher nicht extra im Ansatz gefordert werden, sondern wird durch den Übergang vom Randwertproblem zur Variationsgleichung automatisch gesichert. Randbedingungen dieses Typs werden *natürliche Randbedingungen* genannt. In unserem Beispiel sind die Randbedingungen (2.18) natürliche Randbedingungen. □

Bemerkung 3.3 Es bezeichne A eine positiv definite Matrix. Besitzt die Differentialgleichung die Form

$$-\operatorname{div}(A\operatorname{grad} u) = f \qquad \text{in } \Omega,$$

dann liefert partielle Integration

$$-\int_\Omega \operatorname{div}(A\operatorname{grad} u)\,v\,dx = -\int_\Gamma n \cdot (A\operatorname{grad} u)\,v\,ds + \int_\Omega \operatorname{grad} v \cdot (A\operatorname{grad} u)\,dx.$$

Die natürlichen Randbedingungen enthalten in diesem Fall also die *Konormalenableitung* $n \cdot (A\operatorname{grad} u)$ anstelle der in Verbindung mit dem Laplace-Operator (A=I) auftretenden Normalenableitung $\frac{\partial u}{\partial n}$. □

Für die Untersuchung elliptischer Randwertprobleme zweiter Ordnung besitzen Maximumprinzipien eine große Bedeutung. Diese können zum Teil auch auf schwache Formulierungen übertragen werden. So gilt z.B. das folgende *schwache Maximumprinzip* (s. etwa [GT83])

LEMMA 3.5 *Es sei $\Omega \subset \mathbb{R}^n$ glatt berandet. Genügt $u \in H_0^1(\Omega)$ der Variationsungleichung*

$$\int_\Omega \nabla u \nabla v\,dx \geq 0 \qquad \text{für alle } v \in H_0^1(\Omega),\ v \geq 0,$$

dann gilt $u \geq 0$.

Dabei ist $u \geq 0$ im Sinne der natürlichen (fast überall in Ω) Halbordnung zu verstehen.

Übung 3.1 Es sei $\Omega = \{\, x \in \mathbb{R}^n : |x_i| < 1,\ i = 1,\dots,n \,\}$. Man beweise:
a) Die Funktion $f(x) = |x_1|$ besitzt auf Ω die verallgemeinerten Ableitungen

$$\frac{\partial f}{\partial x_1} = sign(x_1) \quad , \frac{\partial f}{\partial x_j} = 0 \quad (j \neq 1).$$

b) Die Funktion $f(x) = sign(x_1)$ besitzt keine verallgemeinerte Ableitung im L_2.

Übung 3.2 Man zeige: Besitzt $u : \Omega \to \mathbb{R}$ die verallgemeinerte Ableitung $v = D^\alpha u \in L_2(\Omega)$ und hat v die verallgemeinerte Ableitung $w = D^\beta v \in L_2(\Omega)$, so ist $w = D^{\alpha+\beta} u$.

Übung 3.3 $\Omega \subset \mathbb{R}^n$ sei ein beschränktes Gebiet mit $0 \in \Omega$. Man zeige, daß die Funktion $u(x) = \|x\|_2^\sigma$ eine zu $L_2(\Omega)$ gehörige schwache Ableitungen erster Ordnung besitzt, falls $\sigma = 0$ oder $2\sigma + n > 2$ gilt.

Übung 3.4 Es sei $\Omega = (a, b) \in \mathbb{R}$. Man beweise, daß jede Funktion $u \in H^1(\Omega)$ stetig ist und sogar $u \in C^{1/2}(\Omega)$ gilt.

Übung 3.5 Es sei $\Omega = \{\, (x, y) \in \mathbb{R}^2 : x^2 + y^2 < r_0^2 \,\}$ mit $r_0 < 1$. Ist die Funktion

$$f(x, y) = \left(\ln \frac{1}{\sqrt{x^2 + y^2}} \right)^k \quad (k < 1/2)$$

stetig in Ω ? Gilt $f \in H^1(\Omega)$?

Übung 3.6 Man beweise, daß im Raum der über $[a, b]$ stetigen Funktionen die Normen

$$\|f\|_1 = \max_{x \in [a,b]} |f(x)| \quad \text{und} \quad \|f\|_2 = \int_a^b |f(x)| dx$$

nicht äquivalent sind.

Übung 3.7 Es sei $\Omega \subset [a_1, b_1] \times \cdots \times [a_n, b_n]$ konvex.
Man beweise für $v \in H_0^1(\Omega)$ die Friedrichs'sche Ungleichung

$$\int_\Omega v^2 \leq \gamma \int_\Omega |\nabla v|^2 \quad \text{mit} \quad \gamma = \sum_{k=1}^n (b_k - a_k)^2 \,.$$

Übung 3.8 Es sei $u \in H^k(\Omega)$, $\Omega \subset \mathbb{R}^n$, k fest. Für welche Dimensionen n sichern die Sobolevschen Einbettungssätze die Stetigkeit von u bzw. ∇u ?

Übung 3.9 a) Es sei $\Omega = (0, 1)$, $u(x) = x^\alpha$. Man zeige an diesem Beispiel, daß die stetige Einbettung $H^1(\Omega) \hookrightarrow C^{1/2}(\overline{\Omega})$ nicht verbessert werden kann zu $H^1(\Omega) \hookrightarrow C^\lambda(\overline{\Omega})$ mit $\lambda > 1/2$.
b) Gilt für $\Omega \subset \mathbb{R}^2$ stets die Einbettung $H^1(\Omega) \hookrightarrow L_\infty(\Omega)$?

Übung 3.10 Es sei $\Omega \subset \mathbb{R}^n$, $0 \in \Omega$. Kann man durch

$$\langle f, g \rangle = g(0) \quad \text{für} \quad g \in H_0^1(\Omega)$$

auf $H_0^1(\Omega)$ ein lineares, beschränktes Funktional $f \in H^{-1}(\Omega)$ definieren ? Wenn ja, bestimme man zugehörig $\|f\|_*$.

Übung 3.11 Gegeben sei die Randwertaufgabe

$$-u'' = f \quad, u(-1) = u(1) = 0$$

mit der δ-Distribution als "rechte" Seite f. Wie formuliert man diese Aufgabe sachgemäß? Wie lautet ihre Lösung?

Übung 3.12 Gegeben sei die Randwertaufgabe

$$-(a(x)u')' = 0 \quad, u(-1) = 3, u(1) = 0$$

mit

$$a(x) = \left\{ \begin{array}{ll} 1 & \text{für} \quad -1 \leq x < 0 \\ 0.5 & \text{für} \quad 0 \leq x \leq 1. \end{array} \right.$$

Man gebe eine schwache Formulierung dieser Aufgabe an und bestimme ihre Lösung.

3.3 Elliptische Variationsgleichungen und deren konforme Approximation

Im Abschnitt 3.2 wurde am Beispiel der Poisson-Gleichung die Verbindung zwischen elliptischen Randwertproblemen und Variationsgleichungen skizziert. Diese kann auf wesentlich allgemeinere Situationen übertragen werden. Wir geben als Illustration dazu weitere Modelle an.

Es sei $\Omega \subset \mathbb{R}^2$, $\Gamma = \partial\Omega$ und gesucht werde bei vorgegebenem f eine hinreichend glatte Funktion $u : \overline{\Omega} \to \mathbb{R}$ mit

$$\frac{\partial^4}{\partial x^4} u(x,y) + 2\frac{\partial^4}{\partial x^2 \partial y^2} u(x,y) + \frac{\partial^4}{\partial y^4} u(x,y) \;=\; f(x,y) \quad \text{in } \Omega$$

$$u|_\Gamma = \frac{\partial}{\partial n} u|_\Gamma \;=\; 0.$$

(3.1)

Diese Aufgabenstellung beschreibt das prinzipielle Biegungsverhalten einer belasteten Platte, wobei die verwendeten Randbedingungen einer horizontalen Einspannung entsprechen. Die Differentialgleichung in (3.1) heißt deshalb *Plattengleichung*. Unter Benutzung des Laplace-Operators läßt sich (3.1) äquivalent durch

$$\Delta^2 u \;=\; f \quad \text{in } \Omega,$$
$$u|_\Gamma = \frac{\partial}{\partial n} u|_\Gamma \;=\; 0$$

darstellen. Beachtet man die Randbedingungen, so liefert die zweimalige Anwendung der Greenschen Formel die Identität

$$\begin{aligned}
\int_\Omega \Delta^2 u \, v \, dx &= \int_\Gamma \frac{\partial}{\partial n}(\Delta u) \, v \, ds - \int_\Omega \nabla(\Delta u)\nabla v \, dx \\
&= -\int_\Gamma \Delta u \frac{\partial v}{\partial n} \, ds + \int_\Omega \Delta u \, \Delta v \, dx \\
&= \int_\Omega \Delta u \, \Delta v \, dx \qquad \text{für alle } u \in H^4(\Omega), \; v \in H_0^2(\Omega).
\end{aligned}$$

Damit läßt sich die folgende Aufgabe als zu (3.1) gehörige schwache Fomulierung betrachten:

Gesucht ist ein $u \in H_0^2(\Omega)$ mit

$$\int_\Omega \Delta u \, \Delta v \, dx = \int_\Omega f v \, dx \qquad \text{für alle } v \in H_0^2(\Omega). \tag{3.2}$$

Mit den Abkürzungen $V := H_0^2(\Omega)$ und

$$a(u,v) := \int_\Omega \Delta u \, \Delta v \, dx, \qquad (f,v) := \int_\Omega f v \, dx \qquad \text{für alle } u, \, v \in V$$

besitzt (3.1) die abstrakte Form

$$a(u,v) = (f,v) \qquad \text{für alle } v \in V.$$

Im vorliegenden Fall läßt sich analog zur Friedrichs'schen Ungleichung zeigen, daß eine Konstante $c > 0$ existiert mit

$$c \, \|v\|_{H^2(\Omega)}^2 \leq a(v,v) \qquad \text{für alle } v \in H_0^2(\Omega).$$

Dies sichert gemeinsam mit weiteren Eigenschaften die Existenz einer eindeutigen Lösung $u \in V$ von (3.2), wie im demnächst angegebenen Lemma von Lax-Milgram gezeigt werden wird.

Bemerkung 3.4 Die einer festen Einspannung der Platte am Rande entsprechenden Randbedingungen

$$u|_\Gamma = \frac{\partial}{\partial n} u|_\Gamma = 0$$

sind beides wesentliche Randbedingungen. Bei einer einfach unterstützten Platte jedoch mit den Randbedingungen

$$u|_\Gamma = 0, \quad \Delta u|_\Gamma = \phi$$

lautet die schwache Formulierung

$$a(u,v) = (f,v) + \int_\Gamma \phi \frac{\partial v}{\partial n}$$

mit $u, v \in H^2(\Omega) \cap H_0^1(\Omega)$. Die erste Randbedingung ist wesentlich, die zweite eine natürliche Randbedingung. $\square$

Wir betrachten noch ein weiteres Modellproblem. Gegeben seien ein Gebiet $\Omega \subset \mathbb{R}^n$, $n = 2, 3$ und Funktionen $f_i : \Omega \to \mathbb{R}$, $i = 1, \ldots, n$. Gesucht sind hinreichend glatte Funktionen $u_i : \overline{\Omega} \to \mathbb{R}$, $i = 1, \ldots, n$ und $p : \overline{\Omega} \to \mathbb{R}$, die dem folgenden System partieller Differentialgleichungen genügen

$$
\begin{aligned}
-\Delta u_i + \frac{\partial p}{\partial x_i} &= f_i & &\text{in } \Omega, & i &= 1, \ldots, n, \\
\sum_{i=1}^{n} \frac{\partial u_i}{\partial x_i} &= 0, & & & & \\
u_i|_\Gamma &= 0, & & & i &= 1, \ldots, n.
\end{aligned}
\tag{3.3}
$$

Diese als *Stokes-Problem* bezeichnete Aufgabe tritt in der Strömungsmechanik auf. Die Größen u_i bezeichnen die Geschwindigkeitskomponenten in der i-ten Richtung und p den Druck. Es sei $u = (u_1, .., u_n)$ eine Vektorfunktion. Wählt man als Funktionenraum

$$
V = \{\, u \in H_0^1(\Omega)^n \ : \ \operatorname{div} u = 0 \,\} \subset H(div; \Omega),
$$

dann läßt sich durch partielle Integration und Addition der Teilgleichungen von (3.3) eine zugehörige schwache Formulierung in der Form herleiten:
Gesucht ist ein $u \in V$ mit

$$
\sum_{i=1}^{n} \int_\Omega \nabla u_i \nabla v_i \, dx = \sum_{i=1}^{n} \int_\Omega f_i v_i \, dx \qquad \text{für alle } v \in V.
\tag{3.4}
$$

Bemerkenswert ist, daß hierin der gesuchte Druck p wegen $\operatorname{div} v = 0$ nicht mehr explizit auftritt. Diese Funktion kommt lediglich in der entsprechenden gemischten Formulierung als duale Größe vor (vgl. Abschnitt 4.6). Bezeichnet

$$
a(u, v) := \sum_{i=1}^{n} \int_\Omega \nabla u_i \nabla v_i \, dx \quad \text{und} \quad f(v) := \sum_{i=1}^{n} \int_\Omega f_i v_i \, dx \qquad \text{für alle } u, v \in V,
$$

dann kann (3.4) in der Form

$$
a(u, v) = f(v) \qquad \text{für alle } v \in V
\tag{3.5}
$$

dargestellt werden.

Wir wollen nun in Verallgemeinerung von (2.14) bzw. von (3.2) oder (3.5) abstrakte Variationsgleichungen und deren Approximation untersuchen, um allgemeine Eigenschaften und Zusammenhänge klar herauszuarbeiten.

Es sei V ein Hilbertraum mit dem Skalarprodukt $(\cdot, \cdot)$ sowie der zugehörigen Norm $\|\cdot\|$. Gegeben sei ferner eine Abbildung $a : V \times V \to \mathbb{R}$ mit den Eigenschaften:

i) $a(u, \cdot)$ und $a(\cdot, u)$ bilden für beliebiges $u \in V$ ein lineares Funktional auf V.

ii) Es existiert eine Konstante $M > 0$ mit

$$
|a(u, v)| \leq M \|u\| \|v\| \qquad \text{für alle } u, v \in V.
$$

iii) Es existiert ein $\gamma > 0$ mit

$$a(u,u) \geq \gamma \|u\|^2 \quad \text{für alle } u \in V.$$

Eine Abbildung $a(\cdot,\cdot)$, die den Voraussetzungen i), ii) genügt, heißt *stetige Bilinearform auf V*. Die Eigenschaft iii) wird *V-Elliptizität* genannt.

Die Lösbarkeit von Variationsgleichungen sichert das grundlegende

LEMMA 3.6 (Lax-Milgram) *Es sei* $a(\cdot,\cdot) : V \times V \to \mathbb{R}$ *eine stetige, V-elliptische Bilinearform. Dann besitzt für jedes* $f \in V^*$ *die Variationsgleichung*

$$a(u,v) = f(v) \qquad \text{für alle } v \in V \tag{3.6}$$

eine eindeutige Lösung $u \in V$. *Ferner gilt die a-priori Abschätzung*

$$\|u\| \leq \frac{1}{\gamma}\|f\|_*. \tag{3.7}$$

Beweis: Wir zeigen zuerst die Eindeutigkeit der Lösung von (3.13). Dazu sei $\tilde{u} \in V$ eine zweite Lösung, also

$$a(\tilde{u},v) = f(v) \qquad \text{für alle } v \in V. \tag{3.8}$$

Unter Beachtung der Bilinearität von $a(\cdot,\cdot)$ folgt aus (3.13), (3.8) die Gültigkeit von

$$a(\tilde{u}-u,v) = 0 \qquad \text{für alle } v \in V.$$

Wählt man speziell $v := \tilde{u}-u$, so ist die Bedingung, dass $a(v,v) = 0$ die Gültigkeit von $v = 0$ impliziert, hinreichend für die Eindeutigkeit der Lösung.

Der Existenzbeweis wird mit Hilfe des Banachschen Fixpunktsatzes geführt und dazu eine geeignete kontraktive Abbildung konstruiert.

Für jedes $y \in V$ ist nach den Voraussetzungen i), ii)

$$a(y,\cdot) - f \in V^*.$$

Folglich besitzt nach dem Rieszschen Darstellungssatz für beliebiges, festes $r > 0$ das Problem

$$(z,v) = (y,v) - r(a(y,v) - f(v)) \quad \text{für alle } v \in V \tag{3.9}$$

eine eindeutige Lösung $z \in V$. Wir definieren damit durch

$$T_r y := z$$

eine Abbildung $T_r : V \to V$, die wir nun auf Kontraktivität untersuchen. Aus (3.9) folgt unter Beachtung der Linearität

$$(T_r y - T_r w, v) = (y-w,v) - r\,a(y-w,v) \quad \text{für alle } v, w \in V. \tag{3.10}$$

Durch erneute Anwendung des Rieszschen Darstellungssatzes wird ein linearer Operator $S : V \to V$ erklärt durch

$$(Sp, v) = a(p, v) \qquad \text{für alle } v \in V \tag{3.11}$$

und für jedes $p \in V$. Mit der Eigenschaft ii) folgt

$$\|Sp\| \leq M \, \|p\| \quad \text{für alle } p \in V. \tag{3.12}$$

Unter Verwendung des Operators S läßt sich (3.10) äquivalent darstellen durch

$$(T_r y - T_r w, v) = (y - w - rS(y - w), v) \quad \text{für alle } v \in V.$$

Hieraus folgt insbesondere

$$\begin{aligned}
\|T_r y - T_r w\|^2 &= (T_r y - T_r w, T_r y - T_r w) \\
&= (y - w - rS(y - w), y - w - rS(y - w)) \\
&= \|y - w\|^2 - 2r(S(y - w), y - w) + r^2(S(y - w), S(y - w)).
\end{aligned}$$

Mit (3.11), (3.12) erhält man nun

$$\|T_r y - T_r w\|^2 \leq \|y - w\|^2 - 2ra(y - w, y - w) + r^2 M^2 \|y - w\|^2.$$

Unter Beachtung der V-Elliptizität von $a(\cdot, \cdot)$ liefert dies

$$\|T_r y - T_r w\|^2 \leq (1 - 2r\gamma + r^2 M^2) \|y - w\|^2 \quad \text{für alle } y, w \in V.$$

Damit ist der Operator $T_r : V \to V$ kontraktiv für Parameter $r \in (0, \frac{2\gamma}{M^2})$. Nach dem Banachschen Fixpunktsatz gibt es ein $u \in V$ mit $T_r u = u$. Aus der Definition (3.9) von T_r folgt mit $r > 0$ nun

$$a(u, v) = f(v) \qquad \text{für alle } v \in V. \tag{3.13}$$

Die Abschätzung (3.7) folgt schließlich unter Nutzung der Elliptizität von $a(\cdot, \cdot)$ unmittelbar aus (3.6), indem man $v = u$ wählt. ∎

Zur Verbindung zwischen der Variationsgleichung (3.6) und Variationsaufgaben gilt

LEMMA 3.7 *Zusätzlich zu den Voraussetzungen von Lemma 3.6 sei* $a(\cdot, \cdot)$ *symmetrisch, d.h.*

$$a(v, w) = a(w, v) \qquad \text{für alle } v, w \in V.$$

Dann gilt: Ein Element $u \in V$ *löst das Variationsproblem*

$$J(v) := \frac{1}{2} a(v, v) - f(v) \longrightarrow \quad min \ ! \qquad bei \ v \in V \tag{3.14}$$

genau dann, wenn u *der Variationsgleichung (3.6) genügt.*

Beweis: Aus der Symmetrie von $a(\cdot, \cdot)$ folgt

$$
\begin{aligned}
a(w, w) - a(u, u) &= a(w + u, w - u) \\
&= 2a(u, w - u) + a(w - u, w - u) \qquad \text{für } u, w \in V.
\end{aligned}
\tag{3.15}
$$

Wir zeigen zuerst, daß (3.6) hinreichend für die Optimalität von u für das Variations-problem (3.14) ist. Mit (3.15) erhält man

$$
\begin{aligned}
J(w) &= \tfrac{1}{2}a(w, w) - f(w) \\
&= \tfrac{1}{2}a(u, u) - f(u) + a(u, w - u) - f(w - u) + \tfrac{1}{2}a(w - u, w - u).
\end{aligned}
\tag{3.16}
$$

Aus (3.6) mit $v := w - u$ und der Eigenschaft iii) der Bilinearform $a(\cdot, \cdot)$ folgt hieraus

$$
J(w) \geq J(u) \qquad \text{für alle } w \in V,
$$

also löst u das Variationsproblem (3.14).

Die Gegenrichtung wird indirekt gezeigt. Angenommen, es existiert ein $v \in V$ mit

$$
a(u, v) \neq f(v).
$$

Da V ein linearer Raum ist, kann unter Beachtung der Linearität von $a(u, \cdot)$ und $f(\cdot)$ ohne Beschränkung der Allgemeinheit vorausgestzt werden, daß

$$
a(u, v) < f(v)
\tag{3.17}
$$

gilt. Wir wählen $w := u + tv$ mit einem reellen Parameter $t > 0$. Aus (3.16) folgt mit den Eigenschaften von $a(\cdot, \cdot)$ und f die Darstellung

$$
J(w) = J(u) + t[a(u, v) - f(v)] + t^2 \frac{1}{2} a(v, v).
$$

Wegen (3.17) läßt sich $t > 0$ so wählen, daß

$$
J(w) < J(u)
$$

gilt. Damit ist im Widerspruch zur Annahme u nicht optimal, und Bedingung (3.6) bildet somit ein notwendiges Optimalitätskriterium für das Variationsproblem (3.14). ∎

Als Anwendung des Lax-Milgram-Lemmas wenden wir uns zunächst wieder der Poissongleichung mit homogenen Dirichletbedingungen zu:

$$
-\Delta u = f, \quad u|_\Gamma = 0.
$$

In Abschnitt 3.1 hatten wir bereits gezeigt, daß die entsprechende Bilinearform V-elliptisch ist:

$$
a(v, v) \geq \gamma \|v\|_1^2.
$$

Da die Bilinearform offensichtlich auch beschränkt ist, kann das Lax-Milgram-Lemma angewendet werden und das Problem besitzt also für ein beliebiges $f \in H^{-1}(\Omega)$ eine eindeutige schwache Lösung. Da die Bilinearform symmetrisch ist, ist diese Lösung auch Lösung des Variationsproblems

$$\frac{1}{2}\int_\Omega (\nabla v)^2 - \int_\Omega fv \Rightarrow \text{Min.}$$

für alle $v \in H_0^1(\Omega)$.

Betrachtet man dagegen die nichtsymmetrische Aufgabe

$$-\Delta u + b \cdot \nabla u + cu = f, \quad u|_\Gamma = 0,$$

so liefert eine Umformung des Terms $(b \cdot \nabla v, v)$ durch partielle Integration, daß die oft in der Literatur zu findende Bedingung

$$c - \frac{1}{2}\text{div}\, b \geq 0$$

hinreichend für V-Elliptizität ist.

Bemerkung 3.5 (zur Neumannschen Randwertaufgabe) Betrachtet man

$$-\Delta u + cu = f, \quad \frac{\partial u}{\partial n}|_\Gamma = 0,$$

so hat man bei der Anwendung des Lax-Milgram-Lemmas im Fall $c(x) \geq c_0 > 0$ wenig Probleme. Insbesondere ist die Bilinearform

$$a(u,v) := (\nabla u, \nabla v) + (c\,u, v)$$

dann auf $V = H^1(\Omega)$ stets V-elliptisch. Dies impliziert die eindeutige Existenz schwacher Lösungen.

Im Falle $c = 0$ jedoch kann man offenbar zu einer klassischen Lösung des Problems eine beliebige Konstante addieren. Dies impliziert die Frage: Ist das Lax-Milgram-Lemma trotzdem anwendbar?

Wir setzen jetzt $V = \{v \in H^1(\Omega) : \int_\Gamma v = 0\}$. Dann ist die Bilinearform $a(u,v) = (\nabla u, \nabla v)$ nach Lemma 3.3 wieder V-elliptisch bezüglich dieses Raumes und beschränkt, da die H^1-Seminorm $|\cdot|_1$ auf V eine Norm ist. Damit besitzt

$$a(u,v) = (f,v) \quad \forall v \in V \tag{3.18}$$

überraschend eine eindeutige Lösung in V für jedes $f \in L_2(\Omega)$. Will man aber von der Variationsgleichung (3.18) für glatte u zurückschließen auf die klassische Formulierung des Problems, so muß (3.18) für alle $v \in H^1(\Omega)$ erfüllt sein. Dies impliziert (für $v = 1$) die Bedingung

$$\int_\Omega f = 0.$$

Für glatte Lösungen erhält man diese bekannte Lösbarkeitsbedingung durch Anwendung des Gauß'schen Integralsatzes auf die Differentialgleichung.

Eine detaillierte Diskussion der Finite-Element-Methode für das Neumann-Problem findet man in [16]. $\square$

Klassische Lösungen von Randwertaufgaben sind auch schwache Lösungen. Umgekehrt sind schwache Lösungen unter zusätzlichen Regularitätseigenschaften (Glattheit) wiederum klassische Lösungen des zugehörigen Randwertproblems. Hilfreich in dieser Richtung sind Regularitätsaussagen und Einbettungssätze. Z.B. in [Gri85] findet man

LEMMA 3.8 *Es sei Ω ein Gebiet mit C^k-Rand. Dann gilt für $f \in H^k(\Omega), k \geq 0$ die Regularitätsaussage*

$$u \in H^{k+2}(\Omega) \cap H_0^1(\Omega)$$

für die Lösung u von (2.14) und zudem die a priori-Abschätzung

$$\|u\|_{k+2} \leq C\|f\|_k .$$

Eine Aussage dieses Typs heißt auch *Shift-Theorem*.

KOROLLAR 3.1 *Es sei $f \in H^k(\Omega)$ mit $k > \frac{n}{2}$. Dann gilt für die Lösung u von (2.14) auch*

$$u \in C^2(\bar{\Omega}) \cap H_0^1(\Omega),$$

und u löst (2.13) im klassischen Sinn.

Beweis: Nach Lemma 3.8 ist $u \in H^{k+2}(\Omega)$, und mit der stetigen Einbettung $W_2^{k+2}(\Omega) \hookrightarrow C^2(\bar{\Omega})$ für $k > \frac{n}{2}$ folgt die Behauptung. $\blacksquare$

Die in Lemma 3.8 gestellte Forderung, daß das Gebiet Ω einen C^k-Rand besitzt, stellt jedoch eine einschränkende Vereinfachung dar. Bei praktischen Problemen besitzt das Grundgebiet Ω in der Regel nur einen stückweise glatten Rand.

Für die Untersuchung des prinzipiellen Verhaltens des Lösung von Randwertproblemen in der Umgebung von Ecken eignet sich das Gebiet

$$\Omega = \left\{ \begin{pmatrix} x \\ y \end{pmatrix} \in \mathbb{R}^2 : x = r\cos\varphi, \ y = r\sin\varphi, \quad r \in (0,1), \ \varphi \in (0,\omega) \right\} \qquad (3.19)$$

mit einem festen Parameter $\omega \in (0, 2\pi)$ (s. Abbildung 3.1). Dieses Gebiet besitzt einen stückweise glatten Rand und Ecken in den Punkten $\begin{pmatrix} 0 \\ 0 \end{pmatrix}$, $\begin{pmatrix} 1 \\ 0 \end{pmatrix}$, $\begin{pmatrix} \cos\omega \\ \sin\omega \end{pmatrix}$. Der

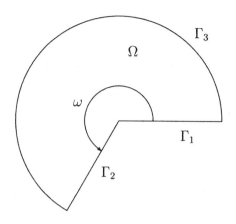

Abbildung 3.1 Beispiel zur Ecksingularität

Rand Γ wird zerlegt in die glatten Teilstücke

$$\Gamma_1 = \{ \begin{pmatrix} x \\ y \end{pmatrix} : x \in [0,1],\ y = 0 \}$$

$$\Gamma_2 = \{ \begin{pmatrix} x \\ y \end{pmatrix} : x = r\cos\omega,\ y = r\sin\omega,\ r \in (0,1) \}$$

$$\Gamma_3 = \{ \begin{pmatrix} x \\ y \end{pmatrix} : x = \cos\varphi,\ y = \sin\varphi,\ \varphi \in (0,\omega) \}.$$

Damit gilt $\Gamma = \Gamma_1 \cup \Gamma_2 \cup \Gamma_3$. Das Dirichlet-Problem

$$\begin{aligned}
-\Delta u &= 0 \quad \text{in } \Omega, \\
u|_{\Gamma_1 \cup \Gamma_2} &= 0 \\
u|_{\Gamma_3} &= \sin(\tfrac{\pi}{\omega}\varphi)
\end{aligned} \tag{3.20}$$

besitzt die eindeutige Lösung

$$u(r,\varphi) = r^{\pi/\omega} \sin(\frac{\pi}{\omega}\varphi).$$

Es gilt folglich $u \in H^2(\Omega)$ genau dann, wenn $\omega \in (0,\pi]$ ist. Die Aussage von Lemma 3.8 kann somit nicht auf Gebiete mit einspringenden Ecken übertragen werden.

Wir betrachten nun anstelle von (3.20) die Aufgabe

$$\begin{aligned}
-\Delta u &= 0 \quad \text{in } \Omega, \\
u|_{\Gamma_1} &= 0 \\
\frac{\partial u}{\partial n}\Big|_{\Gamma_2} &= 0 \\
u|_{\Gamma_3} &= \sin(\tfrac{\pi}{2\omega}\varphi).
\end{aligned} \tag{3.21}$$

Diese besitzt die eindeutige Lösung

$$u(r,\varphi) = r^{\pi/2\omega} \sin(\frac{\pi}{2\omega}\varphi),$$

und man hat hierfür $u \notin H^2(\Omega)$, falls $\omega > \frac{\pi}{2}$ gilt. Speziell im Fall $\omega = \pi$ ist also eine Singularität vom Typ $r^{1/2}$ zu erwarten.

Die angeführten einfachen Beispiele verdeutlichen, daß die Regularität der Lösung eines Randwertproblems nicht nur von der Glattheit der Daten, sondern wesentlich auch von der Geometrie des Grundgebietes Ω und von der Art der Randbedingungen abhängt. Insgesamt ist es wichtig, daß in Konvergenzuntersuchungen für Diskretisierungsverfahren realistische Glattheitsforderungen gestellt werden. Die in Lemma 3.8 erfaßte Aussage spiegelt in gewisser Weise eine durch die Glattheit des Randes und die Einheitlichkeit der Randbedingungen gegebene Idealsituation wider.

In den Monographien von Dauge und Grisvard [Gri85, Dau88, Gri92] findet man zahlreiche Aussagen zum Verhalten elliptischer Randwertaufgaben in Gebieten mit Ecken. Besonders nett sind konvexe Gebiete, dementsprechend ist ein oft zitierter Sachverhalt:

SATZ 3.4 *Es sei $V = H_0^1$ und $a(\cdot,\cdot)$ eine V-elliptische Bilinearform, erzeugt von einem eliptischen Differntialausdruck zweiter Ordnung mit glatten Koeffizienten. Dann liegt die Lösung des Dirichletproblems*

$$a(u,v) = (f,v) \quad \text{für alle} \quad v \in V$$

bei $f \in L_2(\Omega)$ für konvexes Ω im Raum $H^2(\Omega)$, zudem existiert eine Konstante C mit

$$\|u\|_2 \leq C\|f\|_0 .$$

Ähnlich ist bei elliptischen Randwertaufgaben zweiter Ordnung für konvexe Gebiete bei einheitlichen Randbedingungen auf dem gesamten Rand die Regularität $u \in H^2(\Omega)$ zu erwarten. Bei Randwertaufgaben vierter Ordnung ist die Situation jedoch hinsichtlich der Gültigkeit von $u \in H^4(\Omega)$ komplizierter.

Wir kommen jetzt zur grundlegenden Diskretisierung von Variationsgleichungen mit dem Ritz-Galerkin-Verfahren.

Betrachten wir zunächst das *Ritz-Verfahren*. Es ist eine Technik zur näherungsweisen Lösung der Variationsaufgabe (3.14). Anstelle des Raumes V, der bei Differentialgleichungsproblemen stets unendlichdimensional ist, wählt man einen *endlichdimensionalen* Teilraum $V_h \subset V$ und löst

$$J(v_h) = \frac{1}{2}a(v_h, v_h) - f(v_h) \longrightarrow \text{min !} \quad \text{bei } v_h \in V_h. \tag{3.22}$$

Da wegen $V_h \subset V$ auch V_h mit dem gleichen Skalarprodukt $(\cdot,\cdot)$ einen Hilbert-Raum bildet und $a(\cdot,\cdot)$ über V_h ebensolche Eigenschaften wie über V besitzt, läßt sich die abstrakte Theorie auch auf das endlichdimensionale Problem (3.22) anwenden. Die Aufgabe (3.22) besitzt somit eine eindeutige Lösung $u_h \in V_h$. Diese läßt sich durch das notwendige und hinreichende Optimalitätskriterium

$$a(u_h, v_h) = f(v_h) \quad \text{für alle } v_h \in V_h \tag{3.23}$$

charakterisieren.

Die endlichdimensionale Variationsgleichung (3.23) kann jedoch auch als *direkte* Diskretisierung der Variationsgleichung (3.6) betrachtet werden. Insbesondere muß dann die Bilinearform $a(\cdot, \cdot)$ nicht notwendig als symmetrisch vorausgesetzt werden. In diesem Fall wird das auf der diskreten Variationsgleichung (3.23) basierende Verfahren *Galerkin-Verfahren* genannt. Da das Ritz- und das Galerkin-Verfahren im symmetrischen Fall beide zu (3.23) führen, nennen wir ein Diskretisierungsverfahren auf der Basis von (3.23) auch *Ritz-Galerkin-Verfahren*.

Grundlegend für Konvergenzuntersuchungen dieses Verfahrens ist der zuweilen als *Lemma von Cea* bezeichnete

SATZ 3.5 (Cea) *Es sei $a(\cdot, \cdot)$ eine stetige, V-elliptische Bilinearform. Dann sind für jedes $f \in V^*$ die Aufgaben (3.6) bzw. (3.23) eindeutig lösbar. Für die zugehörigen Lösungen $u \in V$ bzw. $u_h \in V_h$ gilt die Abschätzung*

$$\|u - u_h\| \leq \frac{M}{\gamma} \inf_{v_h \in V_h} \|u - v_h\|. \tag{3.24}$$

Beweis: Die eindeutige Lösbarkeit von (3.23) folgt mit V_h anstelle von V aus dem Lemma von Lax-Milgram, da sich wegen $V_h \subset V$ die vorausgesetzten Eigenschaften i) - iii) von $a(\cdot, \cdot)$ auf V_h übertragen.

Mit $V_h \subset V$ folgt aus (3.6)

$$a(u, v_h) = f(v_h) \qquad \text{für alle } v_h \in V_h.$$

Unter Beachtung der Linearität erhält man mit (3.23) hieraus die Beziehung

$$a(u - u_h, v_h) = 0 \qquad \text{für alle } v_h \in V_h$$

und insbesondere

$$a(u - u_h, u_h) = 0.$$

Damit ist

$$a(u - u_h, u - u_h) = a(u - u_h, u - v_h) \qquad \text{für alle } v_h \in V_h.$$

Mit der Stetigkeit und V-Elliptizität von $a(\cdot, \cdot)$ folgt hieraus

$$\gamma \|u - u_h\|^2 \leq M \|u - u_h\| \|u - v_h\| \qquad \text{für alle } v_h \in V_h.$$

Dies liefert die Abschätzung (3.24). ■

Die Eigenschaft

$$a(u - u_h, v_h) = 0 \qquad \text{für alle } v_h \in V_h,$$

die ausdrückt, daß der Fehler $u - u_h$ orthogonal zu den Ansatzfunktionen ist, heißt auch *Galerkin-Orthogonalität*.

Bemerkung 3.6 Werden die Teilräume $V_h \subset V$ so gewählt, daß sie asymptotisch dicht in V liegen, d.h. daß jedes Element $z \in V$ sich beliebig gut durch Elemente $v \in V_h$ approximieren läßt, falls nur $h > 0$ hinreichend klein ist, dann folgt aus (3.24) die Konvergenz

$$\lim_{h \to +0} \|u - u_h\| = 0.$$

Da sich die Approximationsgüte

$$\inf_{v_h \in V_h} \|u - v_h\| \tag{3.25}$$

durch (3.24) bis auf einen Konstanten Faktor auf den Verfahrensfehler überträgt, spricht man von der *Quasi-Optimalität* des Ritz-Galerkin-Verfahrens.

Der Approximationsfehler in (3.24) wird i.allg. mit Hilfe eines Projektors $\Pi_h : V \to V_h$, z.B. eines Interpolationsoperators, abgeschätzt durch

$$\inf_{v \in V_h} \|u - v\| \leq \|u - \Pi_h u\|.$$

Bei entsprechenden Glattheitsvoraussetzungen an u läßt sich $\|u - \Pi_h u\|$ für konkrete Ansatzräume in Abhängigkeit vom Parameter $h > 0$ weiter qualitativ abschätzen. Wir realisieren diese Idee in 4.4 für finite Elemente. $\square$

Bemerkung 3.7 Im Fall symmetrischer Bilinearformen $a(\cdot, \cdot)$ läßt sich anstelle von (3.24) auch die i.allg. stärkere Abschätzung

$$\|u - u_h\| \leq \sqrt{\frac{M}{\gamma}} \inf_{v_h \in V_h} \|u - v_h\|$$

zeigen. $\square$

Bemerkung 3.8 Die Bedingung $V_h \subset V$ sichert die Übertragung der auf dem Ausgangsraum V gültigen Eigenschaften auf den endlichdimensionalen Ansatzraum V_h. Bei Verletzung der Forderung $V_h \subset V$ sind Probleme zu erwarten (vgl. Kapitel 4). Die Verfahren, die auf $V_h \subset V$ und der direkten Übernahme von $a(\cdot, \cdot)$ und $f(\cdot)$ für die diskreten Probleme beruhen, heißen *konforme Methoden*. $\square$

Bemerkung 3.9 Zur praktischen Realisierung des Galerkin-Verfahrens ist neben der Diskretisierung des Raumes V durch den Ansatzraum, d.h. der Wahl von $V_h \subset V$, i.a. eine geeignete näherungsweise Berechnung von $a(w, v)$ bzw. $f(v)$ für gegebene $v, w \in V_h$, etwa durch Anwendung von Quadraturverfahren erforderlich. Dann verläßt man den konformen Rahmen. Wir untersuchen dies in Kapitel 4 näher. $\square$

Bemerkung 3.10 Da die Dimension von V_h endlich ist, gibt es eine Basis in V_h, d.h., endlich viele linear unabhängige Funktionen $\varphi_i \in V_h$, $i = 1, \ldots, N$, die den Teilraum V_h aufspannen:

$$V_h = \left\{ v \,:\, v(x) = \sum_{i=1}^{N} s_i \varphi_i(x) \right\}.$$

Mit der Linearität von $a(\cdot, \cdot)$ und $f(\cdot)$ ist damit (3.23) äquivalent zu

$$a(u_h, \varphi_i) = f(\varphi_i), \quad i = 1, \ldots, N.$$

Beachtet man, daß die gesuchte Lösung $u_h \in V_h$ von (3.23) wegen $u_h \in V_h$ eine Darstellung der Form

$$u_h(x) = \sum_{j=1}^{N} s_j \varphi_j(x), \quad x \in \Omega$$

besitzt, dann bildet dies ein lineares Gleichungssystem

$$\sum_{j=1}^{N} a(\varphi_j, \varphi_i) s_j = f(\varphi_i), \quad i = 1, \ldots, N \tag{3.26}$$

zur Bestimmung der Koeffizienten $s_j \in \mathbb{R}$, $j = 1, \ldots, N$. Die Gleichungen (3.26) werden *Galerkin-Gleichungen* genannt. Mit speziellen Eigenschaften des Systems (3.26) sowie modernen Lösungsverfahren beschäftigen wir uns in Kapitel 8.

Es sei jedoch an dieser Stelle vermerkt, daß aus der V-Elliptizität von $a(\cdot, \cdot)$ die Regularität der zu (3.26) gehörigen Koeffizientenmatrix folgt. Ist nämlich $z \in \mathbb{R}^N$ eine Lösung des homogenen Systems

$$\sum_{j=1}^{N} a(\varphi_j, \varphi_i) z_j = 0, \quad i = 1, \ldots, N, \tag{3.27}$$

dann gilt auch

$$\sum_{i=1}^{N} \sum_{j=1}^{N} a(\varphi_j, \varphi_i) z_i z_j = 0.$$

Mit der Bilinearität von $a(\cdot, \cdot)$ erhält man hieraus

$$a\left(\sum_{j=1}^{N} z_j \varphi_j, \sum_{j=1}^{N} z_j \varphi_j \right) = 0,$$

und wegen der V-Elliptizität schließlich

$$\sum_{j=1}^{N} z_j \varphi_j = 0.$$

Da die Funktionen φ_j als linear unabhängig vorausgesetzt sind, impliziert dies $z = 0$. Also hat das homogene System (3.27) nur die triviale Lösung. Damit ist die Koeffizientenmatrix von (3.26) regulär. $\square$

Bei der Herleitung der Galerkin-Gleichungen wurde die Darstellung des Teilraumes V_h mit Hilfe der Basis $\{\varphi_i\}_{i=1}^N$ sowohl als Ansatz für die gesuchte Näherungslösung als auch als Testfunktionen v_h in der diskreten Variationsgleichung genutzt. Dies sichert für die betrachteten elliptischen Probleme die positive Definitheit und im Fall einer symmetrischen Bilinearform $a(\cdot, \cdot)$ auch die Symmetrie der als *Steifigkeitsmatrix* bezeichneten Matrix $A_h = (a_{ij}) = (a(\varphi_j, \varphi_i))$.

Alternativ kann man unterschiedliche Räume V_h und W_h gleicher Dimension für Ansatz- und Testfunktionen nutzen Bezeichnen $\{\varphi_i\}_{i=1}^N$ und $\{\psi_i\}_{i=1}^N$ die Basen von V_h bzw. W_h, d.h. gilt

$$V_h = \mathrm{span}\{\varphi_i\}_{i=1}^N, \quad W_h = \mathrm{span}\{\psi_i\}_{i=1}^N,$$

dann ist mit dem Ansatz

$$u_h(x) = \sum_{j=1}^N s_j\, \varphi_j(x)$$

die diskrete Variationsgleichung

$$a(u_h, v_h) = f(v_h) \qquad \text{für alle } v_h \in W_h \tag{3.28}$$

auch äquivalent zu

$$\sum_{j=1}^N a(\varphi_j, \psi_i)\, s_j = f(\psi_i), \qquad i = 1, \ldots, N. \tag{3.29}$$

Diese Verallgemeinerung des Galerkin-Verfahrens wird als *Petrov-Galerkin-Verfahren* bezeichnet. Die zur Darstellung von u_h genutzten Basisfunktionen φ_j, $j = 1, \ldots, N$ werden *Ansatzfunktionen* genannt. Die in der Variationsgleichung (3.29) eingesetzten $v_h = \psi_i$, $i = 1, \ldots, N$ heißen *Testfunktionen*.

Durch geeignete Wahl der Ansatz- und Testfunktionen können gezielt zusätzliche Eigenschaften der diskreten Probleme (3.29) erzeugt werden. Dies wird z.B. bei der Behandlung hyperbolischer Probleme, aber auch bei der Diskretisierung singulär gestörter Probleme, etwa bei Konvektions-Diffusions-Aufgaben, genutzt (vgl. Kapitel 6).

Insgesamt ergibt sich mit $J(v) = \frac{1}{2}a(v, v) - f(v)$ die folgende schematische Übersicht zu Variationsgleichungen und ihren Diskretisierungen:

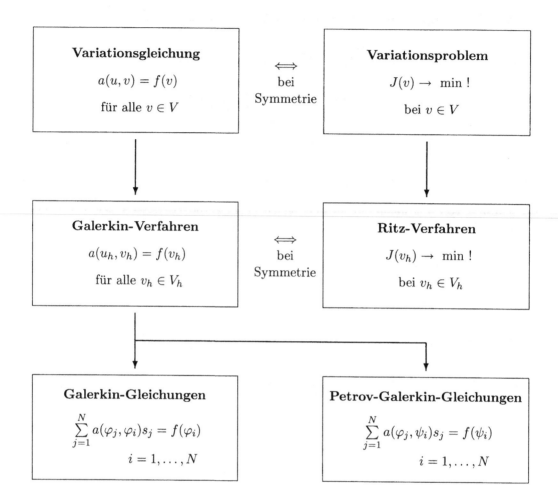

Bevor wir weitere Eigenschaften des Ritz-Galerkin-Verfahrens untersuchen, seien einige einfache Beispiele zur Illustration eingefügt.

Beispiel 3.1 Gegeben sei die Zwei-Punkt-Randwertaufgabe

$$
\begin{aligned}
-u'' &= f && \text{in } (0,1), \\
u(0) &= u(1) = 0.
\end{aligned}
\tag{3.30}
$$

Als Raum V wird $V := H_0^1(0,1)$ gewählt. Unter Beachtung der Randbedingungen erhält man durch partielle Integration die zugehörige Bilinearform

$$
a(u,v) = \int_0^1 u'(x)v'(x)\,dx.
\tag{3.31}
$$

Wir wählen als Ansatzfunktionen

$$\varphi_j(x) = \sin(j\pi x), \quad j = 1, \dots, N$$

und setzen $h := 1/N$. Der endlichdimensionale Teilraum $V_h \subset V$ wird definiert durch

$$V_h := \operatorname{span}\left\{\varphi_j\right\}_{j=1}^N := \left\{v : v(x) = \sum_{j=1}^N c_j \varphi_j(x)\right\}.$$

Es läßt sich zeigen (vgl. z.B. [Rek80]), daß

$$\lim_{h \to +0}\left[\inf_{v \in V_h} \|u - v\|\right] = 0$$

für jedes $u \in V$ gilt. Aufgrund der Abschätzung (3.24) konvergiert das zugehörige Galerkin-Verfahren. Mit

$$\begin{aligned}
a(\varphi_i, \varphi_j) &= \pi^2 \int\limits_0^1 ij \cos(i\pi x) \cos(j\pi x)\, dx \\
&= \begin{cases} \pi^2 \frac{j^2}{2} &, \quad \text{falls } i = j \\ 0 &, \quad \text{falls } i \neq j \end{cases}
\end{aligned}$$

und

$$q_i := \int\limits_0^1 f(x)\varphi_i(x)\, dx$$

erhält man aus den Galerkin-Gleichungen nun explizit

$$s_j = \frac{2q_j}{\pi^2 j^2}, \quad j = 1, \dots, N \tag{3.32}$$

für die gesuchten Koeffizienten $s_j \in \mathbb{R}$, $j = 1, \dots, N$ in der Darstellung

$$u_h(x) = \sum_{j=1}^N s_j \sin(j\pi x)$$

der Lösung u_h des entsprechenden approximierenden Problems (3.23). Die explizite Darstellung (3.32) der Lösung $(s_j)_{j=1}^N$ des Galerkin-Systems (3.26) ergibt sich im vorliegenden Fall aus der Verwendung der Eigenfunktionen des zu (3.30) gehörigen Operators als Ansatzfunktionen. Dies ist natürlich eine Ausnahmesituation: i.a. ist es nicht möglich, solche Basisfunktionen explizit zu ermitteln, die die Orthogonalitätsrelation

$$a(\varphi_i, \varphi_j) = 0 \quad \text{für } i \neq j$$

erfüllen. $\square$

Beispiel 3.2 Wir modifizieren die Aufgabe (3.30) und betrachten

$$\begin{aligned} -u'' &= f \quad \text{in } (0,1), \\ u(0) &= u'(1) = 0. \end{aligned} \tag{3.33}$$

Die Bedingung $u'(1) = 0$ ist eine natürliche Randbedingung. Die zugehörige Bilinearform $a(u,v) = \int_0^1 u'(x)v'(x)\,dx$ ändert sich nicht, da die Neumannsche Randbedingung im Punkt $x = 1$ homogen ist. Wir wählen als zugrunde liegenden Funktionenraum

$$V = \{\, v \in H^1(0,1) \,:\, v(0) = 0 \}.$$

Als Ansatzraum V_h nutzen wir diesmal die Menge der Polynome

$$V_h = \text{span} \left\{ \frac{1}{i} x^i \right\}_{i=1}^N. \tag{3.34}$$

Das aus dem Galerkin-Verfahren resultierende lineare Gleichungssystem

$$As = b \tag{3.35}$$

zur Bestimmung der Koeffizienten $s_i \in \mathbb{R}$, $i = 1, \ldots, N$ in der Darstellung

$$u_h(x) = \sum_{i=1}^N \frac{s_i}{i} x^i$$

besitzt eine Koeffizientenmatrix $A = (a_{ij})$ mit

$$a_{ij} = a(\varphi_j, \varphi_i) = \frac{1}{i+j-1}, \quad i,j = 1, \ldots, N.$$

Diese Matrizen A sind jedoch gerade die als extrem schlecht konditiert bekannten Hilbert-Matrizen. Für $N = 10$ gilt bereits $cond(A) \approx 10^{13}$ für die zugehörige Konditionszahl von A. Damit ist das Galerkin-Verfahren mit dem Ansatz (3.34) für die Randwertaufgabe (3.38) ungeeignet, da sich die erzeugten linearen Systeme (3.35) nicht mit der erforderlichen Genauigkeit lösen lassen. Das entsprechende Diskretisierungsverfahren ist zwar als konforme Approximation eines elliptischen Problems stabil, es erweist sich jedoch bei Berücksichtigung von Rundungsfehlern wegen der schlechten Kondition der Galerkin-Gleichungen als numerisch instabil. □

Beispiel 3.3 Es werde erneut das Randwertproblem (3.30) mit $V = H_0^1(0,1)$ betrachtet. Nun wählen wir als Ansatzraum $V_h = \text{span}\{\varphi_j\}_{j=1}^N$ mit den stückweise affinen Funktionen

$$\varphi_j(x) = \begin{cases} \dfrac{x - x_{j-1}}{h} &, \quad \text{falls } x \in (x_{j-1}, x_j] \\ \dfrac{x_{j+1} - x}{h} &, \quad \text{falls } x \in (x_j, x_{j+1}) \quad, \quad j = 1, \ldots, N-1 \\ 0 &, \quad \text{sonst.} \end{cases} \tag{3.36}$$

Dabei bezeichnet $\{x_j\}_{j=0}^N$ ein gleichabständiges Gitter über dem Grundintervall $(0,1)$, d.h. $x_j = j \cdot h$, $j = 0, 1, \ldots, N$ mit $h = 1/N$. Die Approximationseigenschaft (3.25) des Ansatzes (3.36) wird im Kapitel 4 näher untersucht.

Mit (3.31), (3.36) folgt

$$a(\varphi_i, \varphi_j) = \begin{cases} \dfrac{2}{h} & , \quad \text{falls } i = j \\ -\dfrac{1}{h} & , \quad \text{falls } |i - j| = 1 \\ 0 & , \quad \text{sonst.} \end{cases} \tag{3.37}$$

Die Galerkin-Gleichungen (3.24) liefern somit in diesem Fall das lineare, tridiagonale Gleichungssystem

$$-s_{i-1} + 2s_i - s_{i+1} = h \int_0^1 f(x)\varphi_i(x)\, dx\,, \qquad i = 1, \ldots, N-1, \tag{3.38}$$

$$s_0 = s_N = 0$$

zur Bestimmung der Koeffizienten s_i zur Darstellung der Lösung $u_h(x) = \sum_{i=1}^{N-1} s_i\varphi_i(x)$.

Wegen $\varphi_i(x_j) = \delta_{ij}$ bilden die Koeffizienten s_i gerade den Wert der Näherungslösung u_h im betreffenden Gitterpunkt x_i, $i = 0, 1, \ldots, N$.

Ferner gilt

$$\left| f(x_i) - \frac{1}{h} \int_0^1 f(x)\varphi_i(x)\, dx \right| \le \frac{2}{3} L h^2 \quad i = 1, \ldots, N-1.$$

Damit kann (3.38) auch als näherungsweise Realisierung des gewöhnlichen Differenzenverfahrens für das Randwertproblem (3.30) interpretiert werden, wobei anstelle der Funktionswerte $f(x_i)$ die Integralmittel $\frac{1}{h} \int_0^1 f(x)\varphi_i(x)\, dx$ auftreten. $\square$

In den diskutierten Beispielen wird bereits die Bedeutung einer geeigneten Wahl der Ansatzfunktionen $\{\varphi_i\}$ für das Galerkin-Verfahren deutlich.

Die Methode der finiten Elemente (vgl. Kapitel 4) verallgemeinert das Beispiel 3.3 durch die Wahl von stückweise definierten Ansatzfunktionen- häufig Polynome - mit einem relativ kleinen Träger

$$supp\,\varphi_i := cl_{\mathbb{R}^n}\{\, x \in \Omega \,:\, \varphi_i(x) \ne 0\,\}.$$

Insbesondere wird angestrebt, daß

$$\sum_{i=1}^N card\{\, j \in \{1, \ldots, N\} \,:\, (supp\,\varphi_i \cap supp\,\varphi_j) \ne \emptyset\,\}$$

klein ist, denn diese Zahl liefert eine obere Schranke für die Anzahl der Nichtnullelemente in der Steifigkeitsmatrix $A = (a(\varphi_j, \varphi_i))_{i,j=1}^N$ des Galerkin-Systems (3.25).

Beispiel 3.4 Es sei $\Omega = (0,1) \times (0,1) \subset \mathbb{R}^2$. Wir betrachten die Randwertaufgabe

$$
\begin{aligned}
-\Delta u &= f \quad \text{in } \Omega \\
u|_\Gamma &= 0 \quad .
\end{aligned}
\tag{3.39}
$$

Es wird $V = H_0^1(\Omega)$ gewählt und das Grundgebiet Ω durch ein gleichmäßiges Dreiecksgitter der in Abbildung 3.2 skizzierten Form zerlegt.

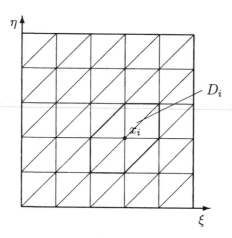

Abbildung 3.2 gleichmäßiges Dreiecksgitter

Diese Zerlegung von Ω wird aus einem regelmäßigen Rechteckgitter der Schrittweite $h = 1/N$ in den beiden Koordinatenrichtungen ξ, η sowie zusätzliche Aufnahme der Diagonalen entsprechend der Abbildung 3.1 in jedem Teilquadrat erzeugt. Es seien alle auftretenden inneren Gitterpunkte durch $x_i = \begin{pmatrix} \xi_i \\ \eta_i \end{pmatrix}$, $i = 1, \dots, M$ mit $M = (N-1)^2$ und die Randpunkte mit x_i, $i = M+1, \dots, N^2$ bezeichnet. Wir wählen analog zu Beispiel 3.3 die stückweise affin-linearen Ansatzfunktionen $\varphi_i \in C(\overline{\Omega})$ mit der Eigenschaft

$$
\varphi_i(x_j) := \delta_{ij}, \qquad i = 1, \dots, M, \; j = 1, \dots, N.
\tag{3.40}
$$

Für die Träger dieser Funktionen gilt die Darstellung

$$
supp\,\varphi_i = \left\{ \begin{pmatrix} \xi \\ \eta \end{pmatrix} \in \bar{\Omega} : |\xi - \xi_i| + |\eta - \eta_i| + |\xi - \eta - \xi_i + \eta_i| \leq 2h \right\}.
$$

Die zugehörigen Galerkin-Gleichungen liefern mit

$$
a(u,v) = \int_\Omega \nabla u \nabla v \, dx
$$

ein lineares Gleichungssystem

$$
As = b
\tag{3.41}
$$

mit der Steifigkeitsmatrix $A = (a_{ij})_{i,j=1}^{M}$ und der rechten Seite $b = (b_i)_{i=1}^{M}$, die durch

$$a_{ij} = \begin{cases} 4 & , \quad \text{falls } i = j, \\ -1 & , \quad \text{falls } |\xi_i - \xi_j| + |\eta_i - \eta_j| = h, \\ 0 & , \quad \text{sonst} \end{cases}$$

bzw. durch

$$b_i = \int_{\Omega} f(x)\varphi_i(x)\,dx$$

gegeben sind. Analog zum Fall der bereits untersuchten Zwei-Punkt-Randwertaufgabe erhält man hier mit dem angegebenen Galerkin-Verfahren bis auf einen Faktor h^2 die gleiche Koeffizientenmatrix wie bei Anwendung des gewöhnlichen Differenzenverfahrens auf das Ausgangsproblem (3.39). □

Die in diesem Abschnitt behandelten Beispiele und Modellprobleme zeigen trotz ihrer Einfachheit einige bei der Anwendung des Galerkin-Verfahrens auftretende Spezifika:

- Die Ansatzräume sind sorgfältig zu wählen, um zu sichern, daß sowohl eine gute Konvergenzordnung erreicht wird als auch eine praktikable Behandlung der erzeugten diskreten Probleme möglich ist.

- Die wünschenswerte Nutzung von stückweise definierten Ansatzfunktionen, die sichern, daß $V_h \subset V$ gilt, bereitet mitunter Schwierigkeiten. Beim Stokes-Problem z.B. ist die Berücksichtigung der Divergenzfreiheit ein Problem, bei Differentialoperatoren vierter Ordnung ist die Konstruktion C^1-glatter Ansatzfunktionen nichttrivial.

- Die Bestimmung der Steifigkeitsmatrix $A = (a_{ij})_{ij}$ mit $a_{ij} = a(\varphi_j, \varphi_i)$ erfordert ebenso wie die Bestimmung der rechten Seite b des Galerkin-Systems im allgemeinen Integrationen, die nur näherungsweise durch ein geeignetes numerisches Verfahren ausführbar sind.

Diese sowie weitergehende Fragestellungen führten zu einer intensiven Analyse unterschiedlicher Realisierungen des Galerkin-Verfahrens. Am populärsten sind *spektrale Methoden*, die orthogonale Polynome als Ansatzfunktionen nutzen (s. z.B. [QV94]) und die *Methode der finiten Elemente* mit Splines als Ansatzfunktionen. In Kapitel 4 wird die Methode der finiten Elemente ausführlich diskutiert. Neben der Darstellung der grundlegenden Resultate wird Wert darauf gelegt, auch Hinweise auf aktuelle Entwicklungen zu geben.

Übung 3.13 Die Randwertaufgabe

$$Lu := u'' - (1 + x^2)u = 1 \quad , \; u(-1) = u(1) = 0$$

soll näherungsweise gelöst werden. Die Näherung werde in der Form

$$\tilde{u}(x) = c_1 \varphi_1(x) + c_2 \varphi_2(x) \quad \text{mit} \quad \varphi_1(x) = 1 - x^2, \quad \varphi_2(x) = 1 - x^4$$

angesetzt. Man bestimme c_1, c_2
a) nach der beschriebenen Ritz-Galerkin-Technik
b) aus den "Galerkin-Gleichungen"

$$(L\tilde{u} - 1, \varphi_1) = 0 \quad, \quad (L\tilde{u} - 1, \varphi_2) = 0$$

c) aus der Forderung

$$\int_{-1}^{1} \{(\tilde{u}')^2 - (1 + x^2)\tilde{u}^2 - 2u^{(2)}\}dx \to \min!$$

Übung 3.14 Gegeben ist die Randwertaufgabe

$$\begin{aligned} -\Delta u(x,y) &= \pi^2 \cos \pi x \quad \text{in } \Omega = (0,1) \times (0,1), \\ \frac{\partial u}{\partial n} &= 0 \quad \text{auf} \quad \partial\Omega. \end{aligned}$$

a) Man gebe eine schwache Formulierung der Aufgabe an und berechne die Ritz-Galerkin-Näherung $\tilde{u}$ zur Basis

$$\varphi_1(x,y) = x - 1/2, \quad \varphi_2(x,y) = (x - 1/2)^3.$$

b) Man zeige, daß die unter a) formulierte Aufgabe in

$$W = \left\{ v \in H^1(\Omega) : \int_\Omega v = 0 \right\}$$

eindeutig lösbar ist und $\tilde{u} \in W$ gilt.

c) Man zeige, daß die unter a) formulierte Aufgabe keine eindeutige klassische Lösung $u \in C^2(\Omega)$ besitzt, ermittle eine Lösung $u \in C^2(\Omega) \cap W$ und berechne für die Näherung $\tilde{u}$

- den Fehler für ein bestimmtes Argument (z.B. für $x = 0.25$)
- den Defekt in der Differentialgleichung (z.B. für $x = 0.25$)
- den Defekt in den Randbedingungen (z.B. für $x = 0$).

Übung 3.15 Es sei $\Omega = \{ (x,y) \in \mathbb{R}^2 : x > 0, y > 0, x + y < 1 \}$. Man bestimme näherungsweise den kleinsten Eigenwert der Aufgabe

$$\Delta u + \lambda u = 0 \quad \text{in } \Omega, \quad u = 0 \quad \text{auf} \quad \partial\Omega,$$

indem man als Näherung für u die Funktion $\tilde{u}(x,y) = xy(1 - x - y)$ wählt und den Näherungswert $\tilde{\lambda}$ aus der Forderung

$$\int_\Omega (\Delta\tilde{u} + \tilde{\lambda}\tilde{u})\tilde{u} = 0$$

(Fehlerorthogonalität nach Galerkin) ermittelt.

Übung 3.16 Gegeben sei ein beschränktes Gebiet $\Omega \subset \mathbb{R}^N$.
a) Man begründe, daß durch

$$\|u\|_{\Omega,c}^2 = \int_\Omega [|grad\,u|^2 + c(x)u^2]dx$$

eine Norm in $V = H_0^1(\Omega)$ definiert wird, falls die Funktion $c \in L_\infty(\Omega)$ fast überall nichtnegativ ist.
b) Man beweise die Koerzitivität des Laplace-Operators auf dem Raum V und diskutiere die Abhängigkeit der Koerzitivitätskonstante von der verwendeten Norm.

Wir wenden uns in den folgenden Abschnitten zunächst Verallgemeinerungen der Ausgangsaufgabe, ferner einigen nichtlinearen Problemen zu.

3.4 Abschwächungen der V-Elliptizität

Im Abschnitt 3.3 wurden elliptische Variationsgleichungen untersucht. Das Lemma von Lax-Milgram sicherte dabei die eindeutige Lösbarkeit des stetigen Ausgangsproblems wie auch dessen konformer Approximation. Letztlich nutzte der Beweis des Cea-Lemmas wesentlich die V-Elliptizität der zugrunde liegenden Bilinearform $a(\cdot,\cdot)$.
In diesem Abschnitt skizzieren wir einige Abschwächungen der V-Elliptizität.
Als erstes studieren wir eindeutig lösbare Variationsgleichungen, die einer Stabilitätsbedingung genügen und schätzen das Konvergenzverhalten des Ritz-Galerkin-Verfahrens ab. Derartige Untersuchungen können speziell bei der Konvergenzanalyse von Finite-Elemente-Verfahren für hyperbolische Probleme wie auch für gemischte finite Elemente genutzt werden.
Es bezeichne wieder V einen reellen Hilbert-Raum, und $a : V \times V \to \mathbb{R}$ sei eine stetige Bilinearform. Insbesondere existiert damit eine Konstante $M > 0$ derart, daß gilt

$$|a(u,v)| \leq M\,\|u\|\,\|v\| \qquad \text{für alle } u,\,v \in V. \tag{4.1}$$

Wir setzen ferner voraus, daß die Variationsgleichung

$$a(u,v) = f(v) \qquad \text{für alle } v \in V \tag{4.2}$$

für jedes $f \in V^*$ eine Lösung $u \in V$ besitzt. Weiter gelte mit einer Konstanten $\sigma > 0$ die Abschätzung

$$\|u\| \leq \sigma\,\|f\|_*. \tag{4.3}$$

Aus dieser Stabilitätsungleichung (4.3) folgt unmittelbar die Eindeutigkeit der Lösung von (4.2). In der Tat, genügen zwei Elemente $\tilde{u},\,\hat{u} \in V$ der Variationsgleichung (4.2), dann folgt mit der Bilinearität von $a(\cdot,\cdot)$, daß

$$a(\tilde{u} - \hat{u}, v) = 0 \qquad \text{für alle } v \in V$$

gilt. Die Abschätzung (4.3) liefert

$$0 \leq \|\tilde{u} - \hat{u}\| \leq \sigma\,0,$$

also gilt $\tilde{u} = \hat{u}$.

Wir betrachten nun eine konforme Ritz-Galerkin-Approximation des Problems (4.2). Mit $V_h \subset V$ wird $u_h \in V_h$ gemäß

$$a(u_h, v_h) = f(v_h) \qquad \text{für alle } v_h \in V_h \tag{4.4}$$

bestimmt. Analog zur stetigen Aufgabe wird gefordert, daß das diskrete Problem (4.4) stets lösbar ist und die zugehörige Lösung $u_h \in V_h$ einer Abschätzung

$$\|u_h\| \leq \sigma_h \|f\|_{*,h} \tag{4.5}$$

mit einem $\sigma_h > 0$ genügt. Dabei bezeichnet

$$\|f\|_{*,h} := \sup_{v_h \in V_h} \frac{|f(v_h)|}{\|v_h\|}.$$

Zur Konvergenz der Lösungen u_h gegen u erhält man das

LEMMA 3.9 *Es sei sowohl das stetige Problem (4.2) als auch das diskrete Problem (4.4) lösbar, und es gelte die Stabilitätsungleichung (4.5). Dann läßt sich abschätzen*

$$\|u - u_h\| \leq (1 + \sigma_h M) \inf_{v_h \in V_h} \|u - v_h\|.$$

Beweis: Da $u \in V$ bzw. $u_h \in V_h$ der Variationsgleichung (4.2) bzw. der Variationsgleichung (4.4) genügen, folgt mit der Bilinearität von $a(\cdot, \cdot)$ sowie mit $V_h \subset V$ die Gültigkeit von

$$a(u - u_h, v_h) = 0 \qquad \text{für alle } v_h \in V_h.$$

Für beliebiges $y_h \in V_h$ hat man damit

$$a(u_h - y_h, v_h) = a(u - y_h, v_h) \qquad \text{für alle } v_h \in V_h.$$

Da $a(u - y_h, \cdot) \in V^*$ gilt, läßt sich die Stabilitätsungleichung (4.5) anwenden. Wir erhalten so die Abschätzung

$$\|u_h - y_h\| \leq \sigma_h \|a(u - y_h, \cdot)\|_{*,h}.$$

Mit der Stetigkeit von $a(\cdot, \cdot)$ und $V_h \subset V$ liefert dies

$$\|u_h - y_h\| \leq \sigma_h M \|u - y_h\|.$$

Unter Nutzung der Dreiecksungleichung folgt hieraus

$$\|u - u_h\| \leq \|u - y_h\| + \|y_h - u_h\| \leq (1 + \sigma_h M) \|u - y_h\|.$$

Da $y_h \in V_h$ beliebig war, gilt damit die Behauptung. $\blacksquare$

Bemerkung 3.11 Sind für eine Familie von Diskretisierungen die Variationsgleichungen (4.4) gleichmäßig stabil, d.h. gibt es ein $\tilde{\sigma} > 0$ mit

$$\sigma_h \leq \tilde{\sigma} \qquad \text{für alle } h > h_0 > 0,$$

dann sichert Lemma 3.9 ebenso wie das Lemma von Cea im elliptischen Fall die Quasi-Optimalität des Ritz-Galerkin-Verfahrens. $\square$

Im Abschnitt 4.6 werden spezielle Bedingungen angegeben, die die Lösbarkeit und gleichmäßige Stabilität für erweiterte Variationsgleichungen, die gemischten Variationsgleichungen, sichern.

Für eine zweite Abschwächung der V-Elliptizität sei an das schon in 3.3 erwähnte Petrov-Galerkin-Verfahren erinnert: es kann nützlich sein, Ansatz- und Testraum verschieden zu wählen. Interessant ist dies z.B. für hyperbolische Probleme, singulär gestörte Aufgaben und für Fehlerabschätzungen in einer von der Energienorm verschiedenen Norm, z.B. in der L_∞-Norm.

Beispiel 3.5 Gegeben sei das hyperbolische Konvektions-Problem

$$b \cdot \nabla u + cu = f \quad \text{in } \Omega, \quad u = 0 \quad \text{auf } \Gamma^-.$$

Dabei ist Γ^- definiert durch $\Gamma^- = \{x \in \Gamma : b \cdot n < 0\}$, und n ist ein Normalenvektor bezüglich des Randes. Setzt man dann

$$W = L_2(\Omega), \quad V = H^1(\Omega)$$

und

$$a(u,v) = -\int_\Omega u \operatorname{div}(bv) + \int_{\Gamma \backslash \Gamma^-} (b \cdot n)uv + \int_\Omega cuv,$$

so ist eine schwache Formulierung: Gesucht ist ein $u \in W$ mit

$$a(u,v) = (f,v) \quad \text{für alle } v \in V.$$

Hier ist es also sinnvoll, Ansatz- und Testraum unterschiedlich zu wählen. $\square$

Die folgende Verallgemeinerung des Lax-Milgram-Lemmas stammt von Nečas (1962) und kann in etwa wie das Lax-Milgram-Lemma bewiesen werden. Betrachtet wird ähnlich wie in dem gerade diskutierten Beispiel folgendes Ausgangsproblem:
Gesucht ist ein $u \in W$ mit

$$a(u,v) = f(v) \quad \text{für alle } v \in V.$$

SATZ 3.6 *Es seien W und V zwei Hilbert-Räume mit den Normen $\|\cdot\|_W$ und $\|\cdot\|_V$. Die Bilinearform $a(\cdot,\cdot)$ auf $W \times V$ genüge mit Konstanten M und γ:*

$$|a(w,v)| \leq C\|w\|_W\|v\|_V, \quad \sup_v \frac{a(w,v)}{\|v\|_V} \geq \gamma\|w\|_W$$

und

$$\sup_W a(w,v) > 0 \quad \text{für alle } v \in V.$$

Dann besitzt das Ausgangsproblem für jedes $f \in V^*$ eine eindeutige Lösung mit

$$\|u\|_W \leq \frac{1}{\gamma}\|f\|_*.$$

Von Babuška (s. [8]) stammt eine entsprechende Verallgemeinerung des Cea-Lemmas. Allerdings folgt die diskrete Bedingung

$$\sup_{v_h} \frac{a(w_h,v_h)}{\|v_h\|_{V_h}} \geq \gamma_h\|w_h\|_{W_h} \tag{4.6}$$

mit $\gamma_h > 0$ nicht aus dem stetigen Gegenstück, sondern ist in jedem konkreten Fall nachzuweisen. Dies ist keinesfalls trivial (siehe auch Kapitel 4.6). Erst kürzlich [123] wurde darauf hingewiesen, daß man in der in zahlreichen Quellen zu findenden Abschätzung

$$\|u - u_h\| \leq (1 + C/\gamma_h) \inf_{w \in V_h} \|u - w\|. \tag{4.7}$$

die Konstante 1 weglassen kann.

Eine andere Abschwächung der V-Elliptizität ist die sogenannte V-Koerzivität. Es sei $V \subset H^1(\Omega)$. Man nennt eine Bilinearform $a(\cdot,\cdot)$ dann *V-koerzitiv*, wenn es eine Konstante β und eine Konstante $\gamma > 0$ gibt, so daß gilt

$$a(v,v) + \beta\|v\|_0^2 \geq \gamma\|v\|_1^2.$$

In dieser Situation ist für den Operator $A : V \mapsto V^*$, definiert durch

$$\langle Av, w \rangle := a(v,w),$$

zumindest noch die sogenannte Riesz-Schauder-Theorie gültig. Unter weiteren Voraussetzungen findet man in Kapitel 8 von [Hac86] folgende Fehlerabschätzung für das Ritz-Galerkin-Verfahren:

SATZ 3.7 *Das Problem*

$$a(u,v) = f(v)$$

mit einer V-koerzitiven Bilinearform besitze eine Lösung. Ist die Bilinearform $a(\cdot,\cdot)$ stetig und gilt

$$\inf\{\sup[|a(u,v)| : u \in V_h, \|u\| = 1, v \in V_h, \|v\| = 1]\} = \gamma_h > 0,$$

dann ist auch das diskrete Problem lösbar und man hat die Abschätzung

$$\|u - u_h\| \leq (1 + C/\gamma_h) \inf_{w \in V_h} \|u - w\|.$$

In der zitierten Quelle findet man zudem eine hinreichende Bedingung dafür, daß die obige inf-sup-Bedingung erfüllt ist.

3.5 Erweiterungen auf nichtlineare Randwertprobleme

Die bisher angegebenen Aussagen zur Existenz von Lösungen abstrakter Variationsgleichungen beziehen sich wegen der getroffenen Voraussetzungen nur auf lineare Randwertprobleme. Die im Beweis des Lemmas von Lax-Milgram verwendete Technik der Konstruktion einer geeigneten kontraktiven Abbildung läßt sich jedoch unter gewissen Bedingungen auch auf allgemeinere Differentialoperatoren übertragen. Eine zentrale Bedeutung besitzen dabei monotone Operatoren (vgl. [GGZ74], [Zei90], [ET76]). Ein weiterer Zugang zu Existenzaussagen bei nichtlinearen Randwertproblemen wird durch monotone Iterationsschemata und zugehörige Kompaktheitsargumente geliefert. Dabei sind neben Voraussetzungen zur Sicherung der Monotonie des Iterationsprozesses auch Lagebedingungen für die Startiterierten erforderlich. Ausführliche Untersuchungen findet der interessierte Leser z.B. in [LLV85].

Wir wenden uns hier lediglich einer direkten Übertragung von Aussagen zu linearen elliptischen Problemen auf dazu verwandte nichtlineare Aufgaben zu. Es bezeichne wieder V einen Hilbert-Raum mit dem zugehörigen Skalarprodukt $(\cdot, \cdot)$, und $B : V \to V$ sei ein Operator mit den folgenden Eigenschaften:

i) Es existiert ein $\gamma > 0$ derart, daß

$$(Bu - Bv, u - v) \geq \gamma \|u - v\|^2 \quad \text{für alle } u, v \in V.$$

ii) Es existiert ein $M > 0$ derart, daß

$$\|Bu - Bv\| \leq M \|u - v\| \quad \text{für alle } u, v \in V.$$

Die Eigenschaft (i) nennt man *starke Monotonie*, (ii) dagegen *Lipschitz-Stetigkeit* von B.

Als abstraktes Ausgangsproblem wird die Operatorgleichung

$$Bu = 0 \tag{5.1}$$

untersucht. Diese ist äquivalent zur nichtlinearen Variationsgleichung

$$(Bu, v) = 0 \quad \text{für alle } v \in V. \tag{5.2}$$

In direkter Verallgemeinerung des Lemmas von Lax-Milgram gilt

LEMMA 3.10 *Unter den getroffenen Voraussetzungen i), ii) besitzt die Operatorgleichung (5.1) eine eindeutige Lösung $u \in V$. Diese ist Fixpunkt des durch*

$$T_r v := v - r B v, \quad v \in V$$

definierten Operators $T_r : V \to V$, der für Parameterwerte $r \in (0, \frac{2\gamma}{M^2})$ kontrahierend ist.

Beweis: Wie im Beweis des Lemmas von Lax-Milgram zeigen wir zunächst die Kontraktivität des eingeführten Operators T_r für die angegebenen Parameterwerte. Nach Konstruktion gilt unter Beachtung der durch das Skalarprodukt erzeugten Norm des Hilbert-Raums

$$\begin{aligned}
\|T_r y - T_r v\|^2 &= \|y - rBy - [v - rBv]\|^2 \\
&= \|y - v\|^2 - 2r(By - Bv, y - v) + r^2\|By - Bv\|^2 \\
&\leq (1 - 2\gamma r + r^2 M)\|y - v\|^2 \qquad \text{für alle } y, v \in V.
\end{aligned}$$

Also ist T_r kontrahierend für $r \in (0, \frac{2\gamma}{M^2})$, und T_r besitzt damit einen eindeutigen Fixpunkt $u \in V$, d.h. es gilt

$$u = T_r u = u - rBu.$$

Folglich löst u auch die Operatorgleichung (5.1).

Die Eindeutigkeit der Lösung erhält man analog zum Beweis des Lax-Milgram-Lemmas aus der starken Monotonie i). ■

In direkter Verallgemeinerung des betrachteten Zuganges lassen sich ebenso Gleichungen mit Operatoren $A : V \to V^*$ anstelle von B betrachten. Es bezeichne dabei V^* den zu V gehörigen Dualraum, und $\langle \cdot, \cdot \rangle$ sei die duale Paarung, d.h. $\langle l, v \rangle$ bezeichnet den Wert des linearen stetigen Funktionals $l \in V^*$ für das Argument $v \in V$. Es sei vorausgesetzt, daß A den folgenden Eigenschaften genüge:

i) Der Operator A ist *stark monoton*, d.h. es existiert ein $\gamma > 0$ derart, daß

$$\langle Au - Av, u - v \rangle \geq \gamma \|u - v\|^2 \quad \text{für alle } u, v \in V.$$

ii) Der Operator A ist *Lipschitz-stetig*, d.h. es existiert eine Konstante $M > 0$ derart, daß

$$\|Au - Av\|_* \leq M\|u - v\| \quad \text{für alle } u, v \in V.$$

Dann besitzt das Problem

$$Au = f \tag{5.3}$$

für beliebige $f \in V^*$ eine eindeutige Lösung $u \in V$. Diese Aussage erhält man unmittelbar aus Lemma 3.10 mit Hilfe des durch

$$Bv := J(Av - f), \qquad v \in V$$

definierten Operators $B : V \to V$. Hierbei bezeichnet $J : V^* \to V$ den Rieszschen Darstellungsoperator (vgl. Satz 3.1), der jedem stetigen linearen Funktional $g \in V^*$ ein Element $Jg \in V$ mit

$$\langle g, v \rangle = (Jg, v), \qquad \text{für alle } v \in V$$

zuordnet. Die Aufgabe (5.3) ist äquivalent zu

$$\langle Au, v \rangle = \langle f, v \rangle \qquad \text{für alle } v \in V. \tag{5.4}$$

Natürlich muß V nun kein Hilbert-Raum mehr sein, ein reflexiver Banach-Raum ist ausreichend.

Es werden nun Beispiele für die mit den obigen abstrakten Operatorgleichungen behandelbaren nichtlinearen Randwertprobleme angegeben. Manch praktisch wichtige Probleme fallen allerdings nicht in diese Klasse und verlangen subtilere Techniken. Als erstes Beispiel diskutieren wir eine semilineare Aufgabe. Das zweite Beispiel gehört dann zu den quasilinearen Problemen.

Beispiel 3.6 In einem Gebiet $\Omega \subset \mathbb{R}^2$ mit glattem Rand Γ betrachten wir das schwach nichtlineare elliptische Problem

$$\begin{aligned} -\operatorname{div}(M \operatorname{grad} u) + F(x, u(x)) = 0 \quad \text{in } \Omega, \\ u|_\Gamma = 0, \end{aligned} \tag{5.5}$$

wobei $M = M(x) = (m_{ij}(x))$ eine stetige Matrixfunktion bezeichnet, die mit Konstanten $\overline{\sigma} \geq \underline{\sigma} > 0$ einer Abschätzung der Form

$$\overline{\sigma}\|z\|^2 \geq z^T M(x) z \geq \underline{\sigma}\|z\|^2 \qquad \text{für alle } x \in \Omega, \ z \in \mathbb{R}^2 \tag{5.6}$$

genügt. Ferner sei $F : \overline{\Omega} \times \mathbb{R} \longrightarrow \mathbb{R}$ eine stetige Funktion mit den Eigenschaften

$$\left. \begin{aligned} |F(x,s) - F(x,t)| &\leq L\,|s-t| \\ (F(x,s) - F(x,t))(s-t) &\geq 0 \end{aligned} \right\} \qquad \text{für alle } x \in \Omega, \ s,t \in \mathbb{R}. \tag{5.7}$$

Wir wählen $V = H_0^1(\Omega)$ und definieren durch

$$a(u,v) := \int\limits_\Omega \left[(\nabla u)^T M^T \nabla v + F(x, u(x))v \right] dx, \qquad u, v \in V$$

eine Abbildung $a(\cdot, \cdot) : V \times V \to \mathbb{R}$. Für jedes feste $u \in V$ ist wegen der Linearität in v und unter den getroffenen Voraussetzungen $a(u, \cdot) \in V^*$. Mit $A : V \to V^*$ werde der zugehörige Operator bezeichnet, d.h. $Au := a(u, \cdot)$. Wir erhalten nun

$$|\langle Au, v \rangle - \langle Ay, v \rangle|$$

$$= \left| \int\limits_\Omega \left[(\nabla u - \nabla y)^T M^T \nabla v + (F(x, u(x)) - F(x, y(x)))v(x) \right] dx \right|$$

$$\leq \int\limits_\Omega \left(\overline{\sigma}\|\nabla u - \nabla v\|\,\|\nabla v\| + L\,\|u - y\|\,\|v\| \right) dx$$

$$\leq c\,\|u - y\|\,\|v\|.$$

Damit ist der Operator A Lipschitz-stetig. Die starke Monotonie von A folgt aus
(5.6), (5.7). Es gilt nämlich unter Beachtung der Friedrichs'schen Ungleichung die Abschätzung

$$
\begin{aligned}
\langle Au - Av, u - v \rangle &= \int_\Omega \nabla(u-v)^T M^T \nabla(u-v) \, dx \\
&\quad + \int_\Omega (F(x, u(x)) - F(x, v(x)))(u(x) - v(x)) \, dx \\
&\geq \underline{\sigma} \int_\Omega \nabla(u-v) \, \nabla(u-v) \, dx \\
&\geq \underline{\sigma}\gamma \|u-v\|^2 \qquad \text{für alle } u, v \in V. \qquad \square
\end{aligned}
$$

Wir skizzieren ein zweites Beispiel, das eine quasilineare Aufgabe darstellt. Einzelheiten findet man in [Zei90].

Beispiel 3.7 Betrachtet wird folgende Aufgabe mit einer Nichtlinearität im Hauptteil
des Differentialoperators:

$$
-\sum_i \frac{\partial}{\partial x_i} \left(\varphi(x, |Du|) \frac{\partial u}{\partial x_i} \right) = f(x) \quad \text{in } \Omega.
$$

Dazu kommen wieder homogene Dirichletbedingungen auf dem Rand. Sei φ stetig. Dann
sichern folgende Bedingungen die Anwendbarkeit der obigen Theorie:

(i) $\varphi(x,t)t - \varphi(x,s)s \geq m(t-s)$ für alle $x \in \Omega$, $t \geq s \geq 0$, $m > 0$.

(ii) $|\varphi(x,t)t - \varphi(x,s)s| \leq M|t-s|$ für alle $x \in \Omega$, $t, s \geq 0$, $M > 0$.

Ist z.B. $\varphi(x,t) := g(t)/t$, so sind für differenzierbares g die beiden obigen Bedingungen
erfüllt, falls gilt

$$
0 < m \leq g'(t) \leq M.
$$

Natürlich schränken diese Bedingungen die Klasse der so behandelbaren Aufgaben stark
ein.$\square$

Unter den Voraussetzungen der starken Monotonie und Lipschitz-Stetigkeit kann das
Lemma von Cea auf die betrachteten Aufgaben übertragen werden. Hierzu gilt

LEMMA 3.11 *Es seien* $A : V \to V^*$ *stark monoton und Lipschitz-stetig sowie*
$f \in V^*$. *Zu jedem linearen Unterraum* $V_h \subset V$ *mit* $\dim V_h < +\infty$ *existiert ein ein-*
deutig bestimmtes $u_h \in V_h$, *das der diskreten Variationsgleichung*

$$
\langle Au_h, v_h \rangle = \langle f, v_h \rangle \qquad \text{für alle } v_h \in V_h \tag{5.8}
$$

genügt. Mit einer Konstanten $c > 0$ *gilt dabei zur Lösung* $u \in V$ *des stetigen Problems*
die Abschätzung

$$
\|u - u_h\| \leq \inf_{v_h \in V_h} \|u - v_h\|.
$$

Beweis: Wegen $dim\, V_h < +\infty$ ist V_h abgeschlossen und somit selbst ein Hilbert-Raum. Da sich die starke Monotonie und die Lipschitz-Stetigkeit von A trivialerweise auf $V_h \subset V$ übertragen, kann Lemma 3.10 angewandt werden. Dies sichert die Existenz und Eindeutigkeit der Lösung $u_h \in V_h$ von (5.8). Mit (5.4), $V_h \subset V$ und $u_h \in V_h$ folgt

$$\langle Au - Au_h, v_h - u_h \rangle = 0 \qquad \text{für alle } v_h \in V_h.$$

Unter Beachtung der starken Monotonie und Lipschitz-Stetigkeit liefert dies

$$\begin{aligned}
\gamma \|u - u_h\|^2 &\le \langle Au - Au_h, u - u_h \rangle \\
&= \langle Au - Au_h, u - v_h \rangle \\
&\le M \|u - u_h\| \|u - v_h\| \qquad \text{für alle } v_h \in V_h. \quad \blacksquare
\end{aligned}$$

Im Unterschied zu linearen elliptischen Randwertaufgaben erhält man im vorliegenden Fall *nichtlineare* Galerkin-Gleichungen. Wird der Ansatz

$$u_h(x) = \sum_{j=1}^{N} s_j\, \varphi_j(x)$$

gewählt, so ist (5.8) äquivalent zum nichtlinearen Gleichungssystem

$$\langle A(\sum_{j=1}^{n} s_j \varphi_j), \varphi_i \rangle = \langle f, \varphi_i \rangle, \qquad i = 1, \dots, N.$$

Im Prinzip kann man zur Lösung derartiger Systeme Standardverfahren wie das Newton-Verfahren einsetzen (siehe z.B. [Sch78], [OR70]). Da aber i.a. die Anzahl der Unbekannten sehr groß ist und zudem die Kondition der Aufgabe schlecht, ist es sinnvoll, die spezifische Struktur der erzeugten Probleme auszunutzen.

Darüber hinaus können z.B. Informationen von der Diskretisierung über gröberen Gittern gezielt zur Startwerterzeugung genutzt werden. Zur Verbindung des Newton-Verfahrens mit Eigenschaften der Diskretisierung auf unterschiedlichen Gittern verweisen wir auf [4]. In [OR70] werden Kombinationen des Newton-Verfahrens mit der Diskretisierung von partiellen Differentialgleichungen angepaßten Iterationsverfahren untersucht.

Ein weiterer Weg zur Behandlung nichtlinearer Probleme besteht in ihrer sukzessiven Linearisierung, etwa mit Hilfe des Newton-Verfahrens, in dem zugrunde liegenden Funktionenraum und einer anschließenden Diskretisierung der erzeugten linearen Aufgaben. Die Anwendung des Newton-Verfahrens erfordert jedoch i.allg. stärkere Regularitätsvoraussetzungen an die Iterierten, um die Existenz der Ableitungen zu sichern. Eine andere Linearisierungstechnik besteht im *Einfrieren von Koeffizienten*. Zur Illustration dieser Technik sei die Aufgabe

$$\begin{aligned}
-\mathrm{div}\,(D(x, u, \nabla u)\,\mathrm{grad}\,u) &= f \quad \text{in } \Omega \\
u|_\Gamma &= 0
\end{aligned} \qquad (5.9)$$

mit einer symmetrischen, positiv definiten Matrixfunktion $D(\cdot,\cdot,\cdot)$ betrachtet. Mit vorgegebenem $u^0 \in V = H_0^1(\Omega)$ wird eine Folge $\{u^k\} \subset V$ von Näherungslösungen von
(5.9) rekursiv als Lösung der linearen Probleme

$$\int_\Omega \nabla u^{k+1} D(x, u^k, \nabla u^k)\,\nabla v\,dx \;=\; \int_\Omega f v\,dx \qquad \text{für alle } v \in V$$

erzeugt. Konvergenzuntersuchungen zu dieser, auch als *secant modulus* Verfahren oder
Kačanov-Methode bezeichneten Technik findet man z.B. in [Neč83], [Zei90].

Kapitel 4

Methode der finiten Elemente

4.1 Ein Beispiel

Im Kapitel 3 wurde bereits skizziert, daß die Wahl der Ansatz- und Testfunktionen für die Realisierbarkeit und Effektivität des Ritz-Galerkin-Verfahrens von großer Bedeutung ist. Im Unterschied zu klassischen Ansätzen mittels global einheitlich definierter Funktionen im allgemeinen Ritz-Galerkin-Verfahren werden bei der Methode der finiten Elemente stückweise definierte Funktionen - in der Regel Polynome - zugrunde gelegt. Die dabei erzeugten diskreten Probleme besitzen eine spezielle Struktur, und es lassen sich angepaßte Verfahren zu deren numerischer Behandlung angeben.

Die Methode der finiten Elemente besitzt die folgenden drei typischen Merkmale:

- Zerlegung des Grundgebietes in geometrisch einfache Teilgebiete, z.B. Dreiecke und Rechtecke bei Problemen in der Ebene oder Tetraeder und Quader bei Problemen im dreidimensionalen Raum;

- Definition von Ansatz- und Testfunktionen über Teilgebieten;

- Einhaltung von Übergangsbedingungen bei den Ansatzfunktionen zur Sicherung globaler Eigenschaften.

Diese drei Teilaspekte stehen in gewissem Zusammenhang. Insbesondere lassen sich durch geeignete Voraussetzungen an die Zerlegung des Grundgebietes sowie durch geschickte Wahl der Ansatzfunktionen vereinfachte hinreichende Bedingungen zur Erfüllung globaler Eigenschaften, wie z.B. Stetigkeit bzw. stetige Differenzierbarkeit über dem gesamten Grundgebiet, angeben.

Wir betrachten zunächst ein einführendes Beispiel. Es bezeichne $\Omega \subset \mathbb{R}^2$ das durch

$$\Omega = \left\{ \begin{pmatrix} x \\ y \end{pmatrix} : x > 0, \, y > 0, \, x + y < 1 \right\}$$

beschriebene Dreieck. Ferner sei eine auf $\overline{\Omega}$ stetige Funktion f gegeben. Gesucht werde eine Funktion $u \in H_0^1(\Omega)$ derart, daß

$$\int_\Omega \nabla u \nabla v \, d\Omega = \int_\Omega f v \, d\Omega \quad \text{für alle } v \in H_0^1(\Omega). \tag{1.1}$$

Diese Aufgabe bildet gerade die zur Poisson-Gleichung

$$\begin{aligned}
-\Delta u &= f \quad \text{in } \Omega \\
u &= 0 \quad \text{auf } \Gamma = \partial\Omega
\end{aligned} \tag{1.2}$$

gehörige schwache Formulierung (vgl. Abschnitt 3.2). Zur näherungsweisen Lösung von
(1.1) mit der Methode der finiten Elemente wird das Grundgebiet Ω in Rechtecke und
Dreiecke zerlegt. Die Teilgebiete seien mit Ω_j, $j = 1, \ldots, m$, bezeichnet. Als natürliche
Voraussetzungen werden an die Zerlegung $\mathcal{Z} = \{\,\Omega_j\,\}_{j=1}^m$ gestellt:

$$\overline{\Omega} = \bigcup_{j=1}^m \overline{\Omega}_j \qquad \text{und} \qquad int\,\Omega_i \cap int\,\Omega_j = \emptyset, \quad \text{falls } i \neq j. \tag{1.3}$$

Als mögliche Realisierung dieses Prinzips wählen wir im betrachteten Beispiel die in
Abbildung 4.1 dargestellte Zerlegung des Gebietes Ω in die Quadrate Ω_i, $i = 1, \ldots, 10$
und in die Dreiecke Ω_i, $i = 11, \ldots, 15$ durch gleichabständige Gitterlinien im Abstand
$h = 0.2$. Für den stückweisen Ansatz seien Funktionen u_h gewählt, die folgende Bedingungen erfüllen:

i) $u_h \in C(\overline{\Omega})$;

ii) $u|_{\Omega_i}$ ist bilinear auf Ω_i, $i = 1, \ldots, 10$;

iii) $u|_{\Omega_i}$ ist linear auf Ω_i, $i = 11, \ldots, 15$.

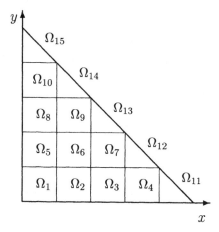

Abbildung 4.1 Zerlegung des Gebietes Ω

Es bezeichne $u^i(x,y) := u_h|_{\Omega_i}(x,y)$. Aufgrund von ii), iii) lassen sich im Fall eines allge-
meinen Ansatzes die Teilfunktionen u^i in der Form

$$u^i(x,y) = a_i xy + b_i x + c_i y + d_i, \qquad \begin{pmatrix} x \\ y \end{pmatrix} \in \Omega_i, \ i = 1, \ldots, 15 \tag{1.4}$$

mit $a_i = 0$, $i = 11, \ldots, 15$ darstellen. Die im Ansatz (1.4) auftretenden Parameter a_i, b_i,
c_i, d_i werden durch die im Problem (1.2) vorgegebenen Randbedingungen sowie durch

die Stetigkeitsforderung i) eingeschränkt. Es sei Ω_h die Menge aller inneren Gitterpunkte, und $\overline{\Omega}_h$ bezeichne die Menge aller Gitterpunkte der Zerlegung. Wir definieren

$$I(p) := \{\, i \,:\, p \in \overline{\Omega}_i \,\}, \qquad p \in \overline{\Omega}_h.$$

Die Bedingung $u_h \in C(\overline{\Omega})$ läßt sich, da die durch (1.4) definierten Funktionen auf den Kanten der Teilbereiche Ω_i linear sind, reduzieren auf

$$u^i(p) = u^j(p) \qquad \text{für} \quad i, j \in I(p),\ p \in \Omega_h. \tag{1.5}$$

Analog werden die Randbedingungen von (1.2) durch

$$u^i(p) = 0 \qquad \text{für} \quad i \in I(p),\ p \in \overline{\Omega}_h \setminus \Omega_h \tag{1.6}$$

realisiert. Die aus (1.5), (1.6) resultierenden linearen Gleichungen schränken den Ansatzraum entsprechend ein und sind beim Galerkin-Verfahren zu berücksichtigen. Insgesamt erhält man auf diesem Wege im allgemeinen Fall aus (1.4)-(1.6) und den zu (1.2) gehörigen Galerkin-Gleichungen ein sehr großes lineares Gleichungssystem zur Bestimmung der freien Parameter - in unserem Beispiel a_i, b_i, c_i, d_i, $i = 1, \ldots, 15$. Unter Beachtung von $a_i = 0$, $i = 11, \ldots, 15$ liefert dies ein reguläres System von 55 linearen Gleichungen zur Bestimmung der 55 Unbekannten. Die Zahl der Variablen läßt sich jedoch wesentlich reduzieren, indem man anstelle eines allgemeinen Polynomansatzes (1.4) einen auf die Gitterpunkte orientierten Ansatz mittels stetiger, stückweise bilinearer bzw. linearer Funktionen wählt.

Wir bezeichnen mit p^j, $j = 1, \ldots, N$ die Menge der inneren Gitterpunkte bzw. mit p^j, $j = 1, \ldots, \overline{N}$ die Menge aller Gitterpunkte. Damit gilt

$$\Omega_h = \{p^j\}_{j=1}^N \qquad \text{und} \qquad \overline{\Omega}_h = \{p^j\}_{j=1}^{\overline{N}}.$$

Zu den Gitterpunkten gehörig bezeichne $\varphi_j \in C(\overline{\Omega})$ über den einzelnen Teilelementen bilineare bzw. lineare Funktionen mit

$$\varphi_j(p^k) = \delta_{jk} \qquad j, k = 1, \ldots, \overline{N}. \tag{1.7}$$

Wählt man nun den Ansatz

$$u_h(x, y) = \sum_{j=1}^N u_j \varphi_j(x, y), \tag{1.8}$$

dann sind die Bedingungen i), ii) und iii) sowie die im Problem (1.2) vorgegebenen homogenen Dirichletschen Randbedingungen erfüllt. Mit (1.8) liefert das Ritz-Galerkin-Verfahren das lineare Gleichungssystem

$$\int_{\Omega} \sum_{j=1}^N u_j \nabla \varphi_i \nabla \varphi_j \, d\Omega = \int_{\Omega} f \varphi_i \, d\Omega, \quad i = 1, \ldots, N \tag{1.9}$$

zur Bestimmung der Koeffizienten u_j, $j = 1, \ldots, N$ im Ansatz (1.8). Bezeichnet man mit

$$A_h \; := \; (a_{ij})_{i,j=1}^N \quad , \quad a_{ij} \; := \; \int_\Omega \nabla \varphi_i \nabla \varphi_j \, d\Omega$$

$$f_h \; := \; (f_i)_{i=1}^N \quad , \quad f_i \; := \; \int_\Omega f \varphi_i \, d\Omega \qquad u_h \; := \; (u_j)_{j=1}^N \, , \tag{1.10}$$

so läßt sich (1.9) in der Matrixschreibweise

$$A_h u_h = f_h \tag{1.11}$$

darstellen. Dabei wird A_h in Anlehnung an Probleme der Elastizitätstheorie *Steifigkeits-matrix* genannt. Aufgrund der vorausgesetzten stückweisen Bilinearität bzw. Linearität der Ansatzfunktionen φ_j, d.h. einer Darstellbarkeit entsprechend (1.4), gilt für den Träger von φ_j die Beziehung

$$supp \, \varphi_j \; = \; \bigcup_{k \in I(p^j)} \bar{\Omega}_k \, . \tag{1.12}$$

Mit (1.10) folgt hieraus

$$I(p^i) \cap I(p^j) = \emptyset \qquad \text{impliziert } a_{ij} = 0. \tag{1.13}$$

Bei feinen Zerlegungen des Grundgebietes Ω führt dies dazu, daß die erzeugte Matrix A_h zwar eine große Dimension besitzt, doch schwach besetzt ist. Damit können zur numerischen Lösung der diskretisierten Probleme (1.11) angepaßte Verfahren eingesetzt werden (vgl. Kapitel 5). Ebenso kann der Speicherplatzbedarf bei einer rechentechnischen Realisierung im Vergleich zu einem allgemeinen Galerkin-Verfahren gering gehalten werden. Diese Spezifika heben die Finite-Elemente-Methode deutlich gegenüber anderen Variationsverfahren ab und bilden neben der guten Anpassungsfähigkeit an allgemeine Geometrien des Grundgebietes die Basis für ihre große Verbreitung.

Wir betrachten nun unser konkretes Beispiel näher. Die inneren Gitterpunkte p^j, $j = 1, \ldots, 6$ seien entsprechend der Abbildung 4.2 numeriert.

Die zum Gitterpunkt p^j gehörigen Koordinaten seien mit $p^j = (x_j, y_j)$, $j = 1, \ldots, 6$ bezeichnet. Entsprechend der Lage der Punkte, d.h., ob nur Quadrate oder ob auch Dreiecke der Zerlegung zum Träger der betreffenden Ansatzfunktion φ_j gehören, erhalten wir

$$\varphi_j(x,y) = \begin{cases} \frac{1}{h^2}(h - |x - x_j|)(h - |y - y_j|) & , \text{ falls } \max\{|x - x_j|, |y - y_j|\} \le h \\ 0 & , \text{ sonst} \end{cases}$$

im Fall $j = 1, 2, 4$ bzw.

$$\varphi_j(x,y) = \begin{cases} \frac{1}{h^2}(h - |x - x_j|)(h - |y - y_j|) & , \begin{array}{l} \text{falls } \max\{|x - x_j|, |y - y_j|\} \le h \\ \text{und } \min\{x - x_j, y - y_j\} \le 0 \end{array} \\ \frac{1}{h}(h - (x - x_j) - (y - y_j)) & , \begin{array}{l} \text{falls } |x - x_j| + |y - y_j| \le h \\ \text{und } \min\{x - x_j, y - y_j\} \ge 0 \end{array} \\ 0 & , \text{ sonst} \end{cases}$$

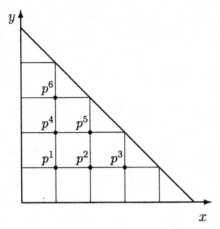

Abbildung 4.2 Numerierung der inneren Gitterpunkte

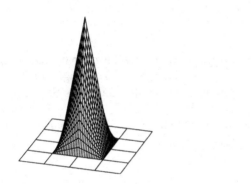 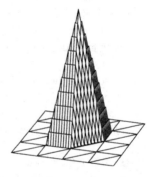

Abbildung 4.3 Ansatzfunktionen φ_j

im Fall $j = 3, 5, 6$.

Die stückweise bilinearen bzw. stückweise linearen Ansatzfunktionen besitzen damit folgende typische Bilder (s. Abb. 4.3).

Für den Spezialfall $f \equiv 1$ erhalten wir

$$
A_h = \frac{1}{3}
\begin{pmatrix}
8 & -1 & 0 & -1 & -1 & 0 \\
-1 & 8 & -1 & -1 & -1 & 0 \\
0 & -1 & 9 & 0 & -1 & 0 \\
-1 & -1 & 0 & 8 & -1 & -1 \\
-1 & -1 & -1 & -1 & 9 & -1 \\
0 & 0 & 0 & -1 & -1 & 9
\end{pmatrix}
,
\qquad
f_h = h^2
\begin{pmatrix}
1 \\
1 \\
11/12 \\
1 \\
11/12 \\
11/12
\end{pmatrix}
.
$$

Mit (1.11) liefert dies die folgenden Näherungswerte $u_j = u_h(p^j)$

$$
\begin{array}{lll}
u_1 = & 2.4821E - 2 & u_2 = & 2.6818E - 2 & u_3 = & 1.7972E - 2 \\
u_4 = & 2.6818E - 2 & u_5 = & 2.4934E - 2 & u_6 = & 1.7972E - 2
\end{array}
$$

für die gesuchte Lösung $u(p^j)$ des Ausgangsproblems in den inneren Gitterpunkten p^j, $j = 1, \ldots, 6$.

4.2 Finite-Elemente-Räume

4.2.1 Lokale Elemente und globale Eigenschaften

Bei der Behandlung des einleitenden Beispiels im Abschnitt 4.1 wurde auf die typischen Merkmale der Methode der finiten Elemente hingewiesen. Insbesondere erfolgt im Unterschied zum Ansatz im klassischen Ritz-Verfahren bei der Methode der finiten Elemente eine stückweise Definition der Ansatz- und Testfunktionen. Im Fall der Einbettung des diskreten Problems in die stetige Ausgangsaufgabe (konforme Diskretisierung) ist insbesondere die Zulässigkeit der Ansatzfunktionen zum Ausgangsraum V zu sichern, d.h. $V_h \subset V$, wobei V_h den durch die Ansatzfunktionen aufgespannten Raum bezeichnet. Als typische Räume treten bei elliptischen Aufgaben zweiter bzw. vierter Ordnung die Sobolev-Räume $H^1(\Omega)$ und $H^2(\Omega)$ bzw. entsprechende Teilräume je nach gestellten Randbedingungen auf.

Die folgenden beiden Lemmata geben praktikable hinreichende Bedingungen zur Sicherung derartiger globaler Eigenschaften. Dabei sei eine Zerlegung des Grundgebietes $\Omega \subset R^n$ in Teilgebiete Ω_j, $j = 1, \ldots, m$ zugrunde gelegt, die (1.3) genügt. Die Teilmengen Ω_j, $j = 1, \ldots, m$ seien ferner reguläre Gebiete, in denen der Gaußsche Satz gilt.

LEMMA 4.1 *Es bezeichne $z : \overline{\Omega} \to R$ eine Funktion, die die Bedingung $z|_{\Omega_j} \in C^1(\overline{\Omega}_j)$, $j = 1, \ldots, m$ erfüllt. Dann gilt die Implikation*

$$z \in C(\overline{\Omega}) \implies z \in H^1(\Omega).$$

Beweis: Aus $z \in C^1(\overline{\Omega}_j)$ folgt, daß es Konstanten c_{kj}, $k = 0, 1, \ldots, n$, $j = 1, \ldots, m$ gibt, so dass

$$\left.\begin{array}{rcll} |z(x)| & \leq & c_{0j} & \text{für alle } x \in \Omega_j \\[4pt] |\frac{\partial}{\partial x_k} z(x)| & \leq & c_{kj} & \text{für alle } x \in \Omega_j, \quad k = 1, \ldots, n \end{array}\right\} \; j = 1, \ldots, m. \qquad (2.1)$$

Mit (1.3) folgt hieraus die Abschätzung

$$\int\limits_{\Omega} z^2(x)\, dx = \sum_{j=1}^{m} \int\limits_{\Omega_j} z^2(x)\, dx \leq \sum_{j=1}^{m} c_{0j}^2 \, meas(\Omega_j) < +\infty.$$

Also gilt $z \in L_2(\Omega)$. Es bezeichne nun w_k die stückweise durch

$$w_k|_{\Omega_j} := \frac{\partial}{\partial x_k} z|_{\Omega_j}, \quad j = 1, \ldots, m$$

definierten Funktionen. Analog zur Untersuchung der Funktion z gilt mit (2.1) auch $w_k \in L_2(\Omega)$. Zu zeigen bleibt, daß w_k die verallgemeinerte partielle Ableitung von z

nach x_k ist, d.h. dass

$$\int_\Omega z(x) \frac{\partial}{\partial x_k} \varphi(x)\, dx = -\int_\Omega w_k(x)\varphi(x)\, dx \qquad \text{für alle } \varphi \in \mathcal{D}(\Omega) \tag{2.2}$$

gilt. Es bezeichne $\Gamma_{jl} := \overline{\Omega}_j \cup \overline{\Omega}_l$ und $\Gamma_{j0} := \Gamma_j \backslash \left\{ \bigcup_{l \neq j} \Gamma_{jl} \right\}$ mit $\Gamma_j := \partial\Omega_j$. Wir erhalten nun mit der partiellen Integration

$$\int_\Omega z(x) \frac{\partial}{\partial x_k} \varphi(x)\, dx = \sum_{j=1}^m \int_{\Omega_j} z(x) \frac{\partial}{\partial x_k} \varphi(x)\, dx$$

$$= \sum_{j=1}^m \left(\int_{\Gamma_j} z(x) \frac{\partial}{\partial n_j} \varphi(x)\, dx - \int_{\Omega_j} \frac{\partial}{\partial x_k} z(x)\varphi(x)\, dx \right).$$

Dabei bezeichnet n_j die nach außen gerichtete Normale auf dem Rand des Teilgebietes Ω_j. Mit der Zerlegung des Randes gilt

$$\int_\Omega z(x) \frac{\partial}{\partial x_k} \varphi(x)\, dx = \sum_{j=1}^m \sum_{l \neq j} \int_{\Gamma_{jl}} z(x)\,\varphi(x)\,\cos(n_j, e_k)\, dx - \int_\Omega w_k(x)\varphi(x)\, dx \tag{2.3}$$
$$\text{für alle } \varphi \in \mathcal{D}(\Omega)$$

mit dem zu x_k gehörigen Einheitsvektor e_k. Zu zeigen bleibt

$$\sum_{j=1}^m \sum_{l \neq j} \int_{\Gamma_{jl}} z(x)\,\varphi(x)\,\cos(n_j, e_k)\, dx = 0. \tag{2.4}$$

Wegen $\varphi \in \mathcal{D}(\Omega)$ hat man

$$\int_{\Gamma_{j0}} z(x)\,\varphi(x)\,\cos(n_j, e_k)\, dx = 0, \quad j = 1,\dots,m. \tag{2.5}$$

Die restlichen Summanden in (2.4) treten jeweils paarweise in der Form

$$\int_{\Gamma_{jl}} z(x)\,\varphi(x)\,\cos(n_j, e_k)\, dx + \int_{\Gamma_{lj}} z(x)\,\varphi(x)\,\cos(n_l, e_k)\, dx$$

bei benachbarten Teilgebieten Ω_j, Ω_l auf. Aufgrund der vorausgesetzten Orientierung der Normalen ist $n_l = -n_j$ auf $\overline{\Omega}_j \cap \overline{\Omega}_l$. Wegen der Stetigkeit von z auf $\Gamma_{jl} = \Gamma_{lj}$ gilt somit

$$\int\limits_{\Gamma_{jl}} z(x)\,\varphi(x)\,\cos(n_j, e_k)\,dx \;+\; \int\limits_{\Gamma_{lj}} z(x)\,\varphi(x)\,\cos(n_l, e_k)\,dx$$

$$= \int\limits_{\Gamma_{jl}} z(x)\,\varphi(x)\,\cos(n_j, e_k)\,dx \;-\; \int\limits_{\Gamma_{lj}} z(x)\,\varphi(x)\,\cos(n_j, e_k)\,dx = 0$$

$$\text{für alle } \varphi \in \mathcal{D}(\Omega).$$

Mit (2.5) folgt nun (2.4). Also genügt w_k der Identität

$$\int\limits_{\Omega} z(x)\frac{\partial}{\partial x_k}\varphi(x)\,dx \;=\; -\int\limits_{\Omega} w_k(x)\varphi(x)\,dx \qquad \text{für alle } \varphi \in \mathcal{D}(\Omega).$$

Damit bildet w_k die verallgemeinerte partielle Ableitung von z nach x_k. Wegen $w_k \in L_2(\Omega)$ gilt $z \in H^1(\Omega)$. ∎

LEMMA 4.2 *Es sei* $z : \overline{\Omega} \to R$ *eine Funktion, die der Bedingung* $z|_{\Omega_j} \in C^2(\overline{\Omega}_j)$, $j = 1, \ldots, m$ *genügt. Dann gilt die Implikation*

$$z \in C^1(\overline{\Omega}) \;\Longrightarrow\; z \in H^2(\Omega).$$

Beweis: Es bezeichne $v_l := \frac{\partial}{\partial x_l} z$, $l = 1, \ldots, n$. Die Funktionen v_l genügen damit den Voraussetzungen von Lemma 4.1. Nach Definition gilt

$$z \in C^1(\overline{\Omega}) \;\Longrightarrow\; v_l \in C^0(\overline{\Omega}).$$

Mit Lemma 4.1 erhält man $v_l \in H^1(\Omega)$. Folglich existieren $w_{lk} \in L_2(\Omega)$, $l, k = 1, \ldots, n$ derart, daß

$$\int\limits_{\Omega} v_l(x)\frac{\partial}{\partial x_k}\varphi(x)\,dx \;=\; -\int\limits_{\Omega} w_{lk}(x)\varphi(x) \qquad \text{für alle } \varphi \in \mathcal{D}(\Omega). \tag{2.6}$$

Andererseits gilt

$$\int\limits_{\Omega} z(x)\frac{\partial}{\partial x_l}\psi(x)\,dx \;=\; -\int\limits_{\Omega} v_l(x)\psi(x) \qquad \text{für alle } \psi \in \mathcal{D}(\Omega). \tag{2.7}$$

Für beliebige $\varphi \in \mathcal{D}(\Omega)$ ist auch $\frac{\partial}{\partial x_k}\varphi \in \mathcal{D}(\Omega)$. Aus (2.6), (2.7) erhält man somit

$$\int\limits_{\Omega} z(x)\frac{\partial^2}{\partial x_l \partial x_k}\varphi(x)\,dx \;=\; -\int\limits_{\Omega} w_{lk}(x)\varphi(x) \qquad \text{für alle } \varphi \in \mathcal{D}(\Omega),\; l, k = 1, \ldots, n.$$

Trivialerweise gilt auch $z \in L_2(\Omega)$. Insgesamt besitzt also z alle verallgemeinerten Ableitungen bis einschließlich zweiter Ordnung, und diese sind quadratisch integrierbar. Folglich gilt $z \in H^2(\Omega)$. ∎

Zu bemerken bleibt, daß stetige Fortsetzungen von Funktionen über dem Grundgebiet Ω auf dem zugehörigen Rand $\Gamma = \partial\Omega$ Spuren im Sinne der Sobolev-Räume bilden. Damit gilt inbesondere

$$\left.\begin{array}{c} z \in C(\Omega),\ z|_{\Omega_j} \in C^1(\overline{\Omega}) \\ z|_\Gamma = 0 \end{array}\right\} \quad \Longrightarrow \quad z \in H_0^1(\Omega)$$

bzw.

$$\left.\begin{array}{c} z \in C^1(\Omega),\ z|_{\Omega_j} \in C^2(\overline{\Omega}) \\ z|_\Gamma = \frac{\partial}{\partial n}z = 0 \end{array}\right\} \quad \Longrightarrow \quad z \in H_0^2(\Omega).$$

Für die Konstruktion konformer Approximationen des Raumes $H(div;\Omega)$ ist die folgende Aussage nützlich.

LEMMA 4.3 *Es sei $\underline{z} : \overline{\Omega} \to R^n$ eine vektorwertige Abbildung, die mit $\underline{z}_j := \underline{z}|_{\Omega_j}$ der Bedingung $\underline{z}_j \in C^1(\overline{\Omega}_j)^n$, $j = 1,\dots,M$ genügt. Falls für jede innere Kante $\Gamma_{jk} := \overline{\Omega}_j \cap \overline{\Omega}_k$ mit der zugehörigen Normalen $\underline{n}_{jk}$ gilt*

$$\underline{z}_j\,\underline{n}_{jk} = \underline{z}_k\,\underline{n}_{jk}, \qquad j,k = 1,\dots,M, \tag{2.8}$$

dann ist $\underline{z} \in H(div;\Omega)$.

Beweis: Aufgrund der Voraussetzungen hat man unmittelbar $\underline{z} \in L_2(\Omega)^n$. Zu zeigen bleibt, daß eine verallgemeinerte Divergenz von $\underline{z}$ existiert und $div\,\underline{z} \in L_2(\Omega)$ gilt. Wir erklären stückweise über den Teilgebieten

$$q(x) := (div\,\underline{z}_j)(x) \qquad \text{für alle } x \in \Omega_j. \tag{2.9}$$

Damit ist auch $q \in L_2(\Omega)$. Aus (2.9) folgt mit partieller Integration

$$\begin{aligned} \int_\Omega \varphi q\,dx &= \sum_{j=1}^M \int_{\Omega_j} \varphi\,div\,\underline{z}_j\,dx \\ &= \sum_{j=1}^M \int_{\Gamma_j} \varphi\,\underline{z}_j\,\underline{n}_j\,dx - \sum_{j=1}^M \int_{\Omega_j} \underline{z}_j\,\nabla\varphi\,dx \qquad \text{für alle } \varphi \in \mathcal{D}(\Omega), \end{aligned}$$

wobei $\underline{n}_j$ die nach außen gerichtete Normale des Randes $\Gamma_j := \partial\Omega_j$ bezeichnet. Unter Beachtung der Zerlegung von Γ_j sowie von $\underline{n}_{jk} = -\underline{n}_{kj}$, $k \neq j$ sowie von $\varphi|_\Gamma = 0$ für $\varphi \in \mathcal{D}(\Omega)$ folgt hieraus

$$\int_\Omega \varphi q\,dx = \frac{1}{2}\sum_{j=1}^M\sum_{k=1}^M \int_{\Gamma_{jk}} \varphi\,(\underline{z}_j - \underline{z}_k)\,\underline{n}_{jk}\,ds - \int_\Omega \underline{z}\,\nabla\varphi\,dx \qquad \text{für alle } \varphi \in \mathcal{D}(\Omega).$$

Die Bedingung (2.8) liefert nun

$$\int_\Omega \varphi q\,dx = -\int_\Omega \underline{z}\,\nabla\varphi\,dx \qquad \text{für alle } \varphi \in \mathcal{D}(\Omega).$$

Damit gilt $q = \operatorname{div} \underline{z}$. ∎

Wir wenden uns nun der Konstruktion einfacher Ansätze für konkrete finite Elemente zu. Dabei erfolgt eine Konzentration auf den zweidimensionalen Fall, d.h. $\Omega \subset \mathbb{R}^2$. Darstellungen zum eindimensionalen Fall dienen ihrer Einfachheit halber zur Einführung. Ferner erfolgt ein Ausblick auf Probleme im Raum, d.h. $\Omega \subset \mathbb{R}^3$.

Es sei zunächst $\Omega = (a, b) \subset \mathbb{R}^1$. Eine Zerlegung in Teilgebiete Ω_j entsprechend (1.3) kann damit durch ein Gitter $\{x_i\}_{i=0}^N$ über $\overline{\Omega}$ in der folgenden Form beschrieben werden:

$$a = x_0 < x_1 < x_2 < \cdots < x_{N-1} < x_N = b$$

und $\Omega_i := (x_{i-1}, x_i)$, $i = 1, \ldots, N$. Ferner bezeichne $h_i := x_i - x_{i-1}$, $i = 1, \ldots, N$. Im Fall des stückweise linearen Ansatzes wählt man $V_h = lin\{\varphi_i\}_{i=0}^N$, wobei die Ansatzfunktionen φ_i definiert sind durch

$$\varphi_i(x) = \begin{cases} \dfrac{1}{h_i}(x - x_{i-1}) & , \quad x \in \Omega_i \\[2mm] \dfrac{1}{h_{i+1}}(x_{i+1} - x) & , \quad x \in \Omega_{i+1} \\[2mm] 0 & , \quad \text{sonst.} \end{cases} \tag{2.10}$$

Nach Konstruktion gilt $\varphi_i \in C(\overline{\Omega})$ sowie $\varphi_i|_{\Omega_j} \in C^1(\overline{\Omega}_j)$. Nach Lemma 4.1 hat man somit $\varphi_i \in H^1(\Omega)$. Für die zugehörige verallgemeinerte Ableitung gilt nach (2.10) und Lemma 4.1 für $x \neq x_j$ die Darstellung

$$\varphi_i'(x) = \begin{cases} \dfrac{1}{h_i} & , \quad x \in \Omega_i \\[2mm] -\dfrac{1}{h_{i+1}} & , \quad x \in \Omega_{i+1} \\[2mm] 0 & , \quad \text{sonst} \end{cases}$$

Die folgende Abbildung 4.4 stellt die Graphen von Ansatzfunktionen φ_i dar. Es ist klar, warum diese Ansatzfunktionen auch "Hutfunktionen" genannt werden.

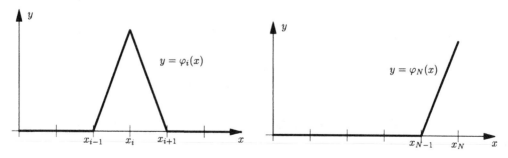

Abbildung 4.4 Ansatzfunktionen φ_i

Für die nach (2.10) definierten Funktionen gilt $\varphi_i(x_k) = \delta_{ik}$, $i, k = 0, 1, \ldots, N$. Damit entspricht eine Darstellung

$$v(x) = \sum_{i=0}^{N} v_i \varphi_i(x) \tag{2.11}$$

mit Parametern $v_i \in R$ der Vorgabe von Werten in den Gitterpunkten x_i für die gemäß (2.11) beschriebene Funktion v.

Analog zum stückweise linearen kann ein stückweise quadratischer Ansatz durch

$$v(x) = \sum_{i=0}^{N} v_i \psi_i(x) + \sum_{i=1}^{N} v_{i-1/2} \psi_{i-1/2}(x) \tag{2.12}$$

mit stetigen Funktionen ψ_i, $\psi_{i-1/2}$ beschrieben werden, die den folgenden Bedingungen genügen:

i) $\psi_i|_{\Omega_j}$, $\psi_{i-1/2}|_{\Omega_j}$ sind quadratische Funktionen,

ii) $\psi_i(x_k) = \delta_{ik}$ $\psi_i(x_{k-1/2}) = 0$,

iii) $\psi_{i-1/2}(x_k) = 0$ $\psi_{i-1/2}(x_{k-1/2}) = \delta_{ik}$.

Dabei bezeichnen $x_{i-1/2} := \frac{1}{2}(x_{i-1} + x_i)$ die Mittelpunkte der Teilintervalle Ω_i, $i = 1, \ldots, N$. Aus den Bedingungen i)-iii) erhält man die Darstellung:

$$\psi_i(x) = \begin{cases} \frac{2}{h_i^2}(x - x_{i-1})(x - x_{i-1/2}) & , \ x \in \bar{\Omega}_i \\ \frac{2}{h_{i+1}^2}(x_{i+1} - x)(x_{i+1/2} - x) & , \ x \in \Omega_{i+1} \\ 0 & , \ \text{sonst.} \end{cases} \tag{2.13}$$

bzw.

$$\psi_{i-1/2}(x) = \begin{cases} \frac{4}{h_i^2}(x - x_{i-1})(x_i - x) & , \ x \in \Omega_i \\ 0 & , \ \text{sonst.} \end{cases} \tag{2.14}$$

Funktionen vom Typ wie $\psi_{i-1/2}$ heißen auch *Blasenfunktion* bzw. "bubble function". Die Graphen dieser Funktionen sind in Abbildung 4.5 zu sehen.

Der Ansatz (2.12) mit den durch (2.13), (2.14) definierten Funktionen liefert ohne Zusatzbedinungen an die Koeffizienten nur die Stetigkeit von v. Wegen der Eigenschaften ii), iii) entsprechen die Parameter v_i, $v_{i-1/2}$ den Funktionswerten von v auf dem erweiterten Gitter $x_0, x_{1/2}, x_1, \cdots, x_{N-1/2}, x_N$.

Eine weitere Form der Darstellung stückweise quadratischer Funktionen $v \in C(\overline{\Omega})$ ist durch

$$v(x) = \sum_{i=0}^{N} v_i \varphi_i(x) + \sum_{i=1}^{N} w_{i-1/2} \psi_{i-1/2}(x) \tag{2.15}$$

gegeben. Dabei gilt

$$\text{span}\{\psi_i\}_{i=0}^{N} \oplus \text{span}\{\psi_{i-1/2}\}_{i=1}^{N} = \text{span}\{\varphi_i\}_{i=0}^{N} \oplus \text{span}\{\psi_{i-1/2}\}_{i=1}^{N}$$

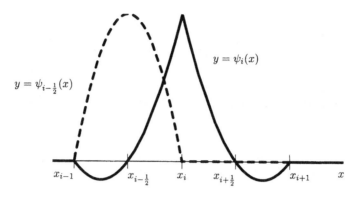

Abbildung 4.5 Funktionen ψ_i und $\psi_{i-\frac{1}{2}}$

für die durch (2.10), (2.13) und (2.14) definierten Funktionen. Da die Darstellung (2.15) einer Basis des Raumes der stückweise quadratischen Funktionen aus dem Raum der stückweise linearen Funktionen durch Hinzunahme der zusätzlichen Basisfunktionen $\{\psi_{i-1/2}\}_{i=1}^{N}$ erzeugt wird, spricht man von einer *hierarchischen* Basis im Gegensatz zu der als erstes angegebenen *nodalen* Basis.

Zur Gewinnung stetig differenzierbarer Funktionen geht man z.B. von stückweise Hermite-Polynomen aus. Es bezeichne ζ_i, $\eta_i \in C^1(\overline{\Omega})$ stückweise kubische Polynome mit folgenden Eigenschaften:

$$\zeta_i(x_k) = \delta_{ik} \quad , \quad \zeta_i'(x_k) = 0,$$
$$\eta_i(x_k) = 0 \quad , \quad \eta_i'(x_k) = \delta_{ik}. \tag{2.16}$$

Damit besitzen ζ_i, η_i die Darstellung

$$\eta_i(x) = \begin{cases} \dfrac{1}{h_i^2}(x - x_i)(x - x_{i-1})^2 & , \quad x \in \bar{\Omega}_i \\[2mm] \dfrac{1}{h_{i+1}^2}(x - x_i)(x - x_{i+1})^2 & , \quad x \in \Omega_{i+1} \\[2mm] 0 & , \quad \text{sonst} \end{cases} \tag{2.17}$$

sowie

$$\zeta_i(x) = \begin{cases} \varphi_i(x) - \dfrac{1}{h_i}[\eta_{i-1}(x) + \eta_i(x)] & , \quad x \in \bar{\Omega}_i \\[2mm] \varphi_i(x) + \dfrac{1}{h_{i+1}}[\eta_i(x) + \eta_{i+1}(x)] & , \quad x \in \Omega_{i+1} \\[2mm] 0 & , \quad \text{sonst} \end{cases} \tag{2.18}$$

mit φ_i gemäß (2.10). Die Graphen der durch (2.17), (2.18) definierten Funktionen besitzen folgenden charakteristischen Verlauf:

Bei einer durch

$$v(x) = \sum_{i=0}^{N} v_i \zeta_i(x) + \sum_{i=0}^{N} w_i \eta_i(x)$$

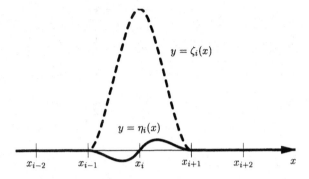

Abbildung 4.6 Funktionen η_i und ζ_i

vorgegebenen Funktion bezeichnen wegen (2.16) die Parameter v_i bzw. w_i die Funktions-bzw. Ableitungswerte von v in dem zugehörigen Gitterpunkt x_i. Da die Ansatzfunktionen ζ_i, η_i stetig differenzierbar sind, hat man

$$\text{span}\{\zeta_i\}_{i=0}^{N} \oplus \text{span}\{\eta_i\}_{i=0}^{N} \subset C^1(\overline{\Omega}).$$

Wir betrachten nun den Fall $\Omega \subset \mathbb{R}^2$. Im Unterschied zum eindimensionalen Fall besitzt jetzt die geometrische Gestalt des Grundgebietes Ω eine erhebliche Bedeutung. Es ist nicht a priori klar, wie man das Grundgebiet günstig in einfache Teilgebiete zerlegt. In Finite-Elemente-Programmen werden dazu eigene Algorithmen, die als Netz- oder Gittergeneratoren bezeichnet werden, verwendet. In Abschnitt 4.3 kommen wir zu dieser Frage zurück.

Zur Vereinfachung wird zunächst vorausgesetzt, daß Ω ein polyedrisches Gebiet ist, d.h. stückweise von Geraden berandet wird. Das Grundgebiet Ω sei vollständig in Dreiecke und konvexe Vierecke zerlegt. Diese Teilgebiete (auch Elemente genannt) bezeichnen wir einheitlich mit Ω_j, $j = 1, \ldots, M$. Die Zerlegung genüge der Bedingung (1.3), d.h. es gelte

$$\overline{\Omega} = \bigcup_{j=1}^{M} \overline{\Omega}_j, \qquad int\,\Omega_i \cap int\,\Omega_j = \emptyset \ \text{ falls } i \neq j. \tag{2.19}$$

Als Beispiel kann das in in der folgenden Abbildung 4.7 dargestellte Gebiet mit der eingezeichneten Zerlegung betrachtet werden. Im weiteren wird das anhand eines Beispiels im Abschnitt 4.1 gegebene Vorgehen verallgemeinert.

Die Beschreibung der Ansatzfunktionen erfolgt in der Regel durch Vorgabe von Funktions- oder Ableitungswerten in bestimmten den Teilgebieten zugeordneten Punkten. Im einfachster Fall können die Funktionswerte in den durch die Zerlegung bereits gegebenen Gitterpunkten vorgegeben werden. Durch entsprechende Ansätze ist zu sichern, daß die zunächst über den einzelnen Teilgebieten gegebenen Funktionen so fortgesetzt werden, daß entsprechend Lemma 4.1 bzw. Lemma 4.2 globale Eigenschaften garantiert werden können. Die Übergangsbedingungen lassen sich vereinfachen bzw. sind oft automatisch erfüllt, wenn die Vorgaben in Punkten erfolgen, die zu benachbarten Teilgebieten

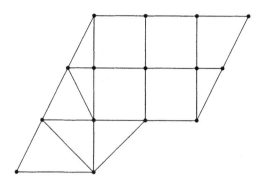

Abbildung 4.7 Beispiel einer zulässigen Zerlegung

gehören. Dies setzt voraus, daß die Geometrie benachbarter Teilgebiete aufeinander abgestimmt ist. Eine *Zerlegung* heißt *zulässig*, falls für zwei beliebige Teilgebiete Ω_i und Ω_j genau einer der folgenden vier Fälle eintritt:

- $\Omega_i = \Omega_j$,

- $\overline{\Omega}_i \cap \overline{\Omega}_j$ bildet eine vollständige Kante von Ω_i wie auch von Ω_j,

- $\overline{\Omega}_i \cap \overline{\Omega}_j$ bildet einen Gitterpunkt der Zerlegung,

- $\overline{\Omega}_i \cap \overline{\Omega}_j = \emptyset$.

Bei zulässigen Zerlegungen wird somit ausgeschlossen, daß eine Kante eines Teilgebietes Ω_i eine echte Teilmenge einer Kante eines anderen Teilgebietes Ω_j bildet, wie dies in der Abbildung 4.8 dargestellt ist.

Im weiteren betrachten wir ausschließlich zulässige Zerlegungen.

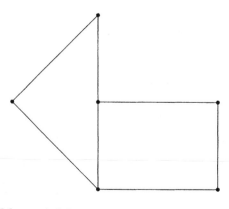

Abbildung 4.8 Beispiel einer unzulässigen Zerlegung

Eine Zerlegung $\mathcal{Z}$ des Grundgebietes Ω ist zunächst charakterisiert durch ihre Teilmengen

$$\Omega_i, \quad i = 1, \ldots, M,$$

wobei (2.19) gelte. Sind die Teilmengen Ω_i, wie allgemein üblich, konvexe Polyeder, so wird die Zerlegung $\mathcal{Z}$ detaillierter beschrieben durch die Gesamtheit p^j, $j = 1, \ldots, \overline{N}$ auftretender Eckpunkte, sowie deren Anteil zur Bildung der Teilgebiete Ω_i in der Form der konvexen Hülle

$$\overline{\Omega}_i = conv\{p^j\}_{j \in J_i} := \left\{ x = \sum_{j \in J_i} \lambda_j p^j : \lambda_j \geq 0, \sum_{j \in J_i} \lambda_j = 1 \right\}. \tag{2.20}$$

Dabei bezeichnet J_i die Menge der Indizes aller Ecken von Ω_i.

Wir werden uns im weiteren vor allem auf *Dreieckselemente* bzw. *Viereckselemente* konzentrieren, d.h. die Fälle $|J_i| = 3$ bzw. $|J_i| = 4$ betrachten. Ferner sei vorausgestzt, dass alle Teilgebiete konvex sind. Die Darstellung des Teilgebietes $\overline{\Omega}_i$ als Konvexkombination der Eckpunkte p^j, $j \in J_i$ gemäß (2.20) liefert gleichzeitig eine Standardparametrisierung des Teilgebietes Ω_i mittels der Koordinaten λ_j, $j \in J_i$. Diese werden als *baryzentrische Koordinaten* bezeichnet. Gemeinsame Kanten benachbarter Dreiecke besitzen in den baryzentrischen Koordinaten die gleiche Darstellung. Es sei z.B.

$$\overline{\Omega}_i \cap \overline{\Omega}_k = conv\{p^j, p^l\}.$$

Dann gilt

$$\overline{\Omega}_i \cap \overline{\Omega}_k = \{ x = \lambda_j p^j + \lambda_l p^l : \lambda_j, \lambda_l \geq 0, \lambda_j + \lambda_l = 1 \}.$$

Dies sichert bei geeigneten Ansätzen in einfacher Weise die globale Stetigkeit der erzeugten Funktionen.

Wir betrachten nun einige spezielle Elemente über Dreiecken. Es sei $K \subset \mathcal{Z}$ ein nichtentartetes Dreieck mit den Ecken p^1, p^2, p^3. Dann sind die zugehörigen baryzentrischen Koordinaten $\lambda_1, \lambda_2, \lambda_3$ eineindeutig durch die Gleichungen

$$x = \sum_{i=1}^{3} \lambda_i p^i \qquad \text{und} \qquad 1 = \sum_{i=1}^{3} \lambda_i \tag{2.21}$$

den Punkten $x \in \overline{K}$ zugeordnet. Es bezeichne $\lambda := \begin{pmatrix} \lambda_1 \\ \lambda_2 \\ \lambda_3 \end{pmatrix} \in \mathbb{R}^3$, dann gibt es damit zu (2.21) eine affine Umkehrabbildung

$$\lambda = Bx + b, \tag{2.22}$$

und die Ansatzfunktionen über K lassen sich mit Hilfe der baryzentrischen Koordinaten darstellen. So besitzen die über K affinen Funktionen φ_j, $j = 1, \ldots, 3$ mit $\varphi_j(p^k) = \delta_{jk}$ die Form

$$\varphi_j(x) = \lambda_j(x), \quad j = 1, \ldots, 3. \tag{2.23}$$

Neben den Eckpunkten p^j, $j = 1, \ldots, 3$ können noch weitere Interpolationspunkte vorgegeben werden. Dreieckselemente werden vom Typ (l) genannt, wenn die Punkte

$$p^\alpha = \sum_{j=1}^{3} \frac{\alpha_j}{|\alpha|} p^j \tag{2.24}$$

als weitere Interpolationsstellen genutzt werden, wobei $\alpha = (\alpha_1, \alpha_2, \alpha_3)$ einen Multiindex mit $|\alpha| = l$ bezeichnet. Wir geben im Abschnitt 4.2.2 konkrete Realisierungen dieses Prinzips sowie weitere Ansätze für finite Elemente an.

Variationsgleichungen über höherdimensionalen Grundgebieten, d.h. $\Omega \subset \mathbb{R}^n$, $n \geq 3$ lassen sich in analoger Weise mit der Methode der finiten Elemente behandeln. Insbesondere kann die Darstellung mittels baryzentrischer Koordinaten unmittelbar übertragen werden. Generell sind jedoch im höherdimensionalen Fall Zusatzüberlegungen erforderlich, da die Gültigkeit von Einbettungsaussagen (vgl. Satz 3.2) für Sobolev-Räume in klassische C-Räume bzw. Hölder-Räume dimensionsabhängig sind. So ist z.B. für $\Omega \subset \mathbb{R}^3$ nicht mehr $H^1(\Omega)$ in $C(\overline{\Omega})$ stetig eingebettet. Die Lemmata 4.1, 4.2 bilden jedoch weiterhin eine allgemeine Grundlage zur Konstruktion stückweise definierter Unterräume der betrachteten Sobolev-Räume.

Abschließend sei lediglich darauf verwiesen, daß als Teilgebiete Ω_j einer Zerlegung des Grundgebietes $\Omega \subset \mathbb{R}^n$ in der Regel Simplices bzw. Hyperquader verwendet werden. Ein von den Ecken p^1, p^2, p^3, p^4 aufgespannter Simplex $K \subset \mathbb{R}^3$ läßt sich in baryzentrischen Koordinaten analog zu (2.21) durch

$$K = \left\{ x \in \mathbb{R}^3 : x = \sum_{i=1}^{4} \lambda_i p^i, \ \lambda_i \geq 0, \ \sum_{i=1}^{4} \lambda_i = 1 \right\}$$

beschreiben. Die zugehörigen Formfunktionen lassen sich nun effektiv unter Nutzung dieser Darstellung angeben. Für weitere Einzelheiten wird auf die im folgenden Abschnitt gegeben Beispiele sowie auf die Literatur, z.B. [Cia78] verwiesen.

4.2.2 Einige wichtige Finite-Elemente-Ansätze im $\mathbb{R}^2$ und $\mathbb{R}^3$

Wir stellen nun exemplarisch einige häufig verwendete zwei- und dreidimensionale Finite-Elemente-Ansätze zusammen.

Werden ausschließlich vorgegebene Funktionswerte zur Bestimmung der Ansätze verwendet, so bezeichnet man die zugehörigen Elemente als *Lagrange-Elemente*. Im Unterschied dazu nutzen *Hermite-Elemente* dem Prinzip der Hermiteschen Interpolation folgend auch Vorgaben von Ableitungswerten zur Bestimmung der Ansatzfunktionen.

Es bezeichne $K \subset \mathcal{Z}_h$ ein Teilelement der Zerlegung $\mathcal{Z}_h$ des Grundgebietes $\Omega \subset \mathbb{R}^n$, $n = 2, 3$. Dabei sei K als Konvexkombination der Ecken p^1, p^2, ..., p^s dargestellt durch

$$K = \left\{ x \in \mathbb{R}^n : x = \sum_{i=1}^{s} \lambda_i p^i, \ \lambda_i \geq 0, \ \sum_{i=1}^{s} \lambda_i = 1 \right\}.$$

Bildet K einen regulären Simplex im $\mathbb{R}^n$, so ist die Zuordnung zwischen den Punkten $x \in K$ und den zugehörigen baryzentrischen Koordinaten $\lambda_1, \lambda_2, ..., \lambda_{n+1}$ eindeutig.

Falls K keinen Simplex darstellt, sind entsprechende Zusatzbedingungen zur Sicherung der Umkehrbarkeit der Darstellungen in natürlichen Koordinaten und in baryzentrischen Koordinaten erforderlich. Bei Rechteck- bzw. Quaderelementen im $\mathbb{R}^2$ bzw. $\mathbb{R}^3$ wird dies durch Produktansätze erreicht. Für ein ebenes Rechteck mit den Eckpunkten p^1, p^2, p^3, p^4 hat man speziell die Parametrisierung

$$
\begin{aligned}
\lambda_1 &= (1-\xi)(1-\eta) & \lambda_2 &= \xi(1-\eta) \\
\lambda_3 &= \xi\eta & \lambda_4 &= (1-\xi)\eta
\end{aligned}
. \tag{2.25}
$$

Hierbei bezeichnen ξ, $\eta \in [0,1]$ frei wählbare Parameter.

Unmittelbar aus (2.25) folgt für die zugeordneten Koordinaten λ_i die Beziehung

$$
\lambda_i \geq 0,\ i = 1,\ldots,4, \qquad \sum_{i=1}^{4} \lambda_i = 1 \qquad \text{für alle } \xi,\ \eta \in [0,1],
$$

d.h. durch (2.25) werden die an die baryzentrischen Koordinaten gestellten Bedingungen automatisch erfüllt.

Die konkreten finiten Elemente werden charakterisiert durch:

- die Geometrie des Teilgebietes K,

- die konkrete Form der Ansatzfunktionen über K

- lineare Funktionale ("Vorgaben"), deren Fixierung eine Ansatzfunktion eindeutig definiert (*Unisolvenz*)

Abstrakt heißt das Tripel (K, P_K, Σ_K) ein *Finites Element*. Dabei ist P_K der Raum der lokalen Ansatzfunktionen über K und Σ_K ist die Menge der beschriebenen linearen Funktionale. Oft sind letzteres Funktions- oder Ableitungswerte, es kommen aber auch z.B. Integralmittel über Elemente oder Kanten vor.

Die unabhängig vorgebbaren Informationen werden in Anlehnung an die Mechanik auch *Freiheitsgrade* genannt. Die lokalen Ansatzfunktionen heissen manchmal *Formfunktionen* .

Neben diesen lokalen Eigenschaften finiter Elemente sind entsprechend Lemma 4.1 bzw. Lemma 1.2 globale Stetigkeits- bzw. Glattheitsaussagen wichtig. Dazu muß man das Verhalten der Ansätze an den Rändern benachbarter Teilgebiete untersuchen. Dies vereinfacht sich, falls nur gleichartige Elemente bei der stückweisen Darstellung über dem gesamten Grundgebiet genutzt werden. Im Fall einer gleichzeitigen Verwendung unterschiedlicher Typen von Elementen in einer Zerlegung sind entsprechende konkrete Untersuchungen an den Grenzen der Teilgebiete der aufeinandertreffenden Elemente erforderlich. Diese können analog zur Untersuchung der Übergangsbedingungen gleichartiger Elemente geführt werden.

Es bezeichne $P_l(K)$ die Menge aller Polynome vom Höchstgrad l eingeschränkt auf die Menge K. Für rechteckige Gebiete $K \subset \mathbb{R}^2$ bzw. quaderförmige Gebiete $K \subset \mathbb{R}^3$ bezeichne ferner $Q_l(K)$ die Menge aller Polynome eingeschränkt auf K, die sich als Linearkombination von Produkten von Polynomen jeweils vom Höchstgrad l in jeder

Richtung, d.h. in jeweils den Variablen ξ, η im Fall der Parametrisierung (2.25), darstellen lassen. Speziell für $K \subset \mathbb{R}^2$ läßt sich jedes $p \in Q_l(K)$ mit (2.25) in der Form

$$p(x) = p_l(\xi) q_l(\eta)$$

mit Polynomen $p_l(\cdot), q_l(\cdot) \in P_l(\mathbb{R}^1)$ angeben. Für die so definierten Funktionenmengen gilt somit stets

$$P_l(K) \subset Q_l(K) \subset P_{nl}(K).$$

Wir betrachten nun einige konkrete Elemente und beschreiben Formfunktionen und globale Eigenschaften. Die verwendeten Interpolationspunkte bezeichnen wir mit p^α. Dabei sei $\alpha = (\alpha_1, ..., \alpha_s)$ ein Multiindex, und der Punkt p^α berechnet sich mit Hilfe der baryzentrischen Koordinaten aus den vorgegebenen Ecken p^1, ..., p^s von K gemäß

$$p^\alpha = \sum_{j=1}^{s} \frac{\alpha_j}{|\alpha|} p^j.$$

Im folgenden charakterisieren wir einige spezielle finite Elemente durch die Lage und Art der verwendeten Freiheitsgrade. Dabei bezeichen im jeweiligen Gitterpunkt die Symbole:

• - Verwendung des Funktionswertes als Freiheitsgrad

o - Verwendung aller 1. Ableitungen als Freiheitsgrade

O - Verwendung aller 2. Ableitungen als Freiheitsgrade

| - Verwendung der Normalenableitung als Freiheitsgrad.

Ferner bezeichnet für die jeweiligen Elemente die Größe d die Gesamtzahl der auftretenden Freiheitsgrade. Für Lagrange-Elemente werden zusätzlich typische Formfunktionen $\Psi_\alpha(\cdot)$, die zum Interpolationspunkt p^α gehörig sind, angegeben.

ebene Dreieckselemente

i) lineares C^o-Element

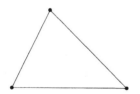

Zum Punkt p^α gehörige Lagrange-Formfunktion

$$\Psi_\alpha(\lambda) = \sum_{j=1}^{3} \alpha_j \lambda_j$$

d=3.

ii) unstetiges lineares Element (Crouzeix-Raviart-Element)

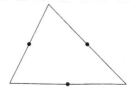

Zum Punkt p^α gehörige Lagrange-Formfunktion

$$\Psi_\alpha(\lambda) = \sum_{j=1}^{3} (1 - \alpha_j) \lambda_j$$

d=3.

iii) quadratisches C^o-Element

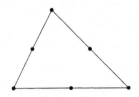

Zu den Punkten p^{200} und p^{110} gehörige Lagrange-Formfunktionen

$$\Psi_{200}(\lambda) = \lambda_1(2\lambda_1 - 1)$$

$$\Psi_{110}(\lambda) = \lambda_1\lambda_2$$

d=6.

iv) kubisches C^o-Element

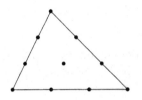

Zu den Punkten p^{300}, p^{210} und p^{111} gehörige Lagrange-Formfunktionen

$$\Psi_{300}(\lambda) = \frac{1}{2}\lambda_1(3\lambda_1 - 1)(3\lambda_1 - 2)$$

$$\Psi_{210}(\lambda) = \frac{9}{2}\lambda_1\lambda_2(3\lambda_1 - 1)$$

$$\Psi_{111}(\lambda) = 27\lambda_1\lambda_2\lambda_3$$

d=10.

v) kubisches C^o-Element mit Hermite-Interpolation

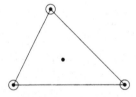

d=10.

vi) quintisches C^1-Element (Argyris-Element)

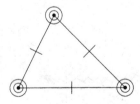

d=21.

vii) reduziertes quintisches C^1-Element (Bell-Element)

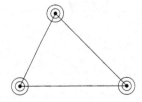

d=18.

ebene Rechteckelemente

viii) bilineares C^o-Element

Zum   Punkt p^{1000} gehörige Lagrange-Formfunktionen

$$\Psi_{1000}(\lambda) = (1 - \xi)(1 - \eta),$$

wobei die Parameter ξ, η und λ_1, ..., λ_4 gemäß (2.25) zugeordnet sind.

d=4.

ix) biquadratisches C^o-Element

Zu   den   Punkten p^{4000}, p^{2200} und p^{1111} gehörige   Lagrange-Formfunktionen

$$\Psi_{4000}(\lambda) = (1 - \xi)(2\xi - 1)(1 - \eta)(2\eta - 1),$$

$$\Psi_{2200}(\lambda) = 4(1 - \xi)\xi(1 - \eta)(1 - 2\eta),$$

$$\Psi_{1111}(\lambda) = 16\xi(1 - \xi)\eta(1 - \eta).$$

d=9.

Die folgenden Abbildungen stellen die prinzipielle Gestalt der Formfunktionen der Rechteckelemente viii) und ix) dar.

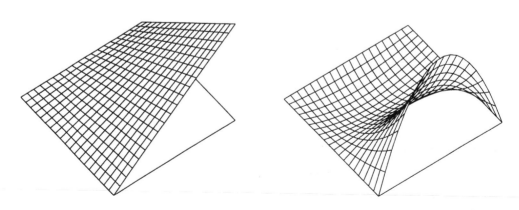

Abbildung 4.9.a Formfunktionen zu viii) bzw. ix)

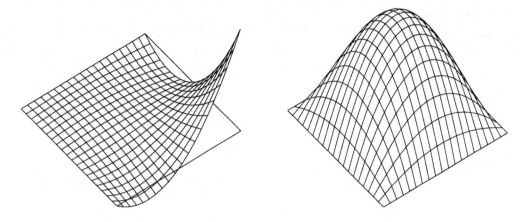

Abbildung 4.9.a Formfunktionen zu ix)

x) biquadratisches Serendipity-Element
(Serendipity ist ein 1754 von einem Engländer geprägtes Wort für zufällige, glückliche Funde, abgeleitet aus einem Märchen über drei Prinzen von Ceylon, heute Sri Lanka, früher Serendip.)

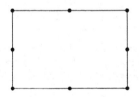

Zu den Punkten p^{4000} und p^{2200} gehörige Lagrange-Formfunktionen

$$\tilde{\Psi}_{4000}(\lambda) = \Psi_{4000}(\lambda) - \frac{1}{4}\Psi_{1111}(\lambda),$$

$$\tilde{\Psi}_{2200}(\lambda) = \Psi_{2200}(\lambda) + \frac{1}{2}\Psi_{1111}(\lambda),$$

wobei Ψ_α die im biquadratischen Element ix) erklärten Formfunktionen bezeichnen.

d=8.

xi) Bogner-Fox-Schmidt-C^1-Element

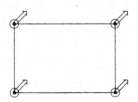

Dabei bezeichnet ↗ die Verwendung der gemischten Ableitung $\dfrac{\partial^2 u}{\partial\xi\partial\eta}$ als Freiheitsgrad in dem betreffenden Gitterpunkt.

d=16.

Tetraederelemente

xii) lineares C^o-Element

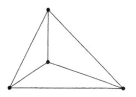

Zu p^{1000} gehörige Formfunktion

$$\Psi_{1000}(\lambda) = \lambda_1,$$

d=4.

xiii) quadratisches C^o-Element

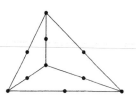

Zu p^{2000} und p^{1100} gehörige Formfunktionen

$$\Psi_{2000}(\lambda) = \lambda_1(2\lambda_1 - 1),$$

$$\Psi_{1100}(\lambda) = 4\lambda_1\lambda_2,$$

d=10.

Quaderelemente

xiv) trilineares C^o-Element

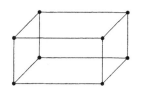

Zu $p^{10000000}$ gehörige Formfunktion

$$\Psi_{10000000}(\lambda) = (1-\xi)(1-\eta)(1-\zeta),$$

mit einer Transformation der baryzentrischen Koordinaten analog zu (2.25).

d=8.

xv) triquadratisches C^o-Element

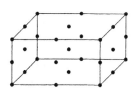

d=27.

xvi) triquadratisches Serendipity-Element

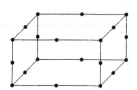

d=20.

Als Beispiel zum Nachweis der in der voranstehenden Übersicht angegebenen globalen Stetigkeitsaussagen untersuchen wir das kubische Dreieckselement iv). Dazu gilt

LEMMA 4.4 *Es seien* $\hat{K}, \tilde{K} \subset \mathbb{R}^2$ *benachbarte Dreiecke einer Zerlegung, die eine gemeinsame Kante besitzen. Dann stimmen die jeweils mit dem kubischen Element iv) über* $\hat{K}$ *bzw.* $\tilde{K}$ *bestimmten Funktionen* $\hat{u}$ *bzw.* $\tilde{u}$ *längs der gemeinsamen Kante überein, und die stückweise durch* $\hat{u}$, $\tilde{u}$ *definierte Funktion ist auf* $K := \hat{K} \bigcup \tilde{K}$ *stetig.*

Beweis: Beide Funktionen $\hat{u}$, $\tilde{u}$ sind über dem jeweiligen Dreieck kubisch. Damit sind sie insbesondere auch längs der gemeinsamen Kante eindimensionale kubische Funktionen. Durch die erfolgte Vorgabe der Funktionswerte in den beiden gemeinsamen Eckpunkten von $\hat{K}$, $\tilde{K}$ sowie in den beiden Zwischenpunkten auf der gemeinsamen Kante stimmen diese kubischen Polynome einer Variablen in vier unterschiedlichen Punkten überein. Sie sind damit längs dieser Kante identisch, d.h.

$$\hat{u}(x) = \tilde{u}(x) \qquad \text{für alle } x \in \hat{K} \bigcap \tilde{K}.$$

Mit der Stetigkeit von $\hat{u}$ auf $\hat{K}$ und von $\tilde{u}$ auf $\tilde{K}$ ist die durch

$$u(x) = \begin{cases} \hat{u}(x) & , \quad x \in \hat{K} \\ \tilde{u}(x) & , \quad x \in \tilde{K} \end{cases}$$

definierte Funktion u auf K stetig. ∎

Die weiteren Elemente können analog auf globale Stetigkeits- oder Glattheitseigenschaften untersucht werden. Hierzu sei z.B. auf [Cia78] verwiesen. Im Abschnitt 4.1 wurde bereits die generelle Forderung nach der Zulässigkeit aller untersuchten Zerlegungen gestellt. Ein wesentlicher Grund dafür besteht in der für zulässige Zerlegungen analog zu Lemma 4.4 ableitbaren globalen Stetigkeits- und Glattheitsaussagen.

Wir wollen nun eine Motivation für die Ermittlung der Serendipity-Elemente durch geeignete Elimination innerer Freiheitsgrade geben.

Bei der Darstellung des biquadratischen Serendipity-Elementes wurde bereits darauf hingewiesen, daß dieses Element aus dem vollständigen biquadratischen Element durch Elimination der inneren Bedingung entsteht, wenn gefordert wird, daß das für beliebige vorgegebene Parameter u_α entstehende Polynom $p(\cdot)$ vom Höchstgrad 3 ist. Mit den zu ix) gehörigen Formfunktionen gilt

$$\begin{aligned} p(\xi, \eta) \;=\; & u_{4000}(1-\xi)(2\xi-1)(1-\eta)(2\eta-1) + u_{0400}\xi(1-2\xi)(1-\eta)(2\eta-1) \\ & + u_{0040}\xi(1-2\xi)\eta(1-2\eta) + u_{0004}(1-\xi)(2\xi-1)\eta(1-2\eta) \\ & + 4(u_{2200}(1-\xi)\xi(1-\eta)(2\eta-1) + u_{0220}(1-\xi)(2\xi-1)\eta(1-\eta) \\ & + u_{0022}(1-\xi)\xi\eta(2\eta-1) + u_{2002}(1-\xi)(2\xi-1)\eta(1-\eta)) \\ & + 16u_{1111}\xi(1-\xi)\eta(1-\eta). \end{aligned}$$

Nach Potenzen von ξ, η geordnet erhält man

$$
\begin{aligned}
p(\xi,\eta) \;=\;& u_{4000} + u_{0400} + u_{0040} + u_{0004} + \cdots \\
&+(16u_{1111} + 4(u_{4000} + u_{0400} + u_{0040} + u_{0004}) \\
&-8(u_{2200} + u_{0220} + u_{0022} + u_{2002}))\xi^2\eta^2.
\end{aligned}
$$

Damit gilt $p|_K \in P_3(K)$ genau dann, wenn

$$
4u_{1111} + u_{4000} + u_{0400} + u_{0040} + u_{0004} = 2(u_{2200} + u_{0220} + u_{0022} + u_{2002}). \qquad (2.26)
$$

Die zum Serendipity-Element x) angegebenen Formfunktionen $\tilde{\Psi}_\alpha$ sichern gerade die Erfüllung von (2.26). Die Serendipity-Elemente zeichnen sich durch günstige Eigenschaften zur vollständigen Darstellung von Polynomen aus, wie im folgenden Lemma gezeigt wird.

LEMMA 4.5 *Für die durch das biquadratische Serendipity-Element x) dargestellte Funktionenklasse $\tilde{Q}_2(K)$ gilt die Inklusion*

$$
P_2(K) \subset \tilde{Q}_2(K) \subset P_3(K).
$$

Beweis: Den rechten Teil der Inklusion erhält man aus der Darstellung der Formfunktionen $\tilde{\Psi}_\alpha$ von x) mittels der Formfunktionen Ψ_α des vollständigen biquadratischen Elementes ix) sowie (2.26). Es sei $u \in P_2(K)$ ein beliebiges Polynom zweiten Grades. Dann besitzt dies mit Koeffizienten a_0, $a_{10}, \cdots$, a_{02} eine Darstellung

$$
\begin{aligned}
u(\xi,\eta) \;=\;& a_0 + a_{10}(2\xi - 1) + a_{01}(2\eta - 1) \\
&+a_{20}(2\xi - 1)^2 + a_{11}(2\xi - 1)(2\eta - 1) + a_{02}(2\eta - 1)^2.
\end{aligned}
$$

Für die Werte u_α der Funktion $u(\cdot)$ in den Punkten p^α erhält man damit

$$
\begin{aligned}
u_{4000} &= a_0 & -a_{10} & -a_{01} & +a_{20} & +a_{11} & +a_{02} \\
u_{0400} &= a_0 & +a_{10} & -a_{01} & +a_{20} & -a_{11} & +a_{02} \\
u_{0040} &= a_0 & +a_{10} & +a_{01} & +a_{20} & +a_{11} & +a_{02} \\
u_{0004} &= a_0 & -a_{10} & +a_{01} & +a_{20} & -a_{11} & +a_{02} \\
u_{2200} &= a_0 & & -a_{01} & & & +a_{02} \\
u_{0220} &= a_0 & +a_{10} & & +a_{20} & & \\
u_{0022} &= a_0 & & +a_{01} & & & +a_{02} \\
u_{2002} &= a_0 & -a_{10} & & +a_{20} & & \\
u_{1111} &= a_0 & & & & &
\end{aligned}
\qquad (2.27)
$$

Wegen $u \in P_2(K)$ und $P_2(K) \subset Q_2(K)$ wird das quadratische Polynom u über dem vollständigen biquadratischen Element ix) exakt dargestellt. Entsprechend den Beziehungen zwischen den Formfunktionen des Elementes ix) und des Serendipity-Elementes x) wird u über K genau dann exakt dargestellt, falls (2.26) gilt. Durch entsprechende Summation folgt aus (2.27) sofort, daß (2.26) erfüllt ist. Damit wird u über dem Element exakt dargestellt, d.h. es gilt $P_2(K) \subset \tilde{Q}_2(K)$. ∎

Der Übergang vom vollständigen triquadratischen Element xiv) zum entsprechenden Serendipity-Element xv) erfolgt derart, die nicht zu Kanten des Quaders gehörigen Freiheitsgrade geeignet zu eliminieren, daß sich Lemma 4.5 überträgt.

Für die durch das Serendipity-Element repräsentierte Funktionenklasse $\hat{Q}_2(K)$ gilt (vgl. [Cia78]) die Inklusion $P_3(K) \subset \hat{Q}_2(K)$.

Zur Erzeugung von global stetig differenzierbaren Finite-Elemente-Ansätzen werden, wie auch die angegebenen einfachen Beispiele der quintischen C^1-Elemente vi) und vii) sowie das Bogner-Fox-Schmidt-Element xi) zeigen, relativ viele Freiheitsgrade benötigt. Zenisek [125] zeigt für Dreieckselemente, daß die im reduzierten quintischen Element vii) auftretende Zahl $d = 18$ minimal dafür ist, um mit polynomialen Elementen globale stetige Differenzierbarkeit zu sichern. Dies liegt darin begründet, daß bei C^1-Elementen das Stetigkeits- und Differenzierbarkeitsverhalten der erzeugten Funktion längs einer Kante ausschließlich von Freiheitsgraden auf dieser Kante bestimmt werden darf. Mit der Zahl der Freiheitsgrade erhöht sich jedoch auch die Dimension der bei der Methode der finiten Elemente erzeugten endlichdimensionalen Probleme.

Eine Möglichkeit zur Reduktion der Zahl der Freiheitsgrade besteht in der Verwendung zusammengesetzter Elemente und der geeigneten Elimination der *inneren* Freiheitsgrade. Als wichtigste Vertreter für diese Vorgehensweise sind die Finite-Elemente-Ansätze nach Clough-Tocher (vgl. [Cia78]) und nach Powell-Sabin (vgl. [HL89]) zu nennen. Mit den bisher bereitgestellten Hilfsmitteln ist der Nachweis der stetigen Differenzierbarkeit für diese Elemente technisch aufwendig. Die sogenannte Bézier-Bernstein-Darstellung [HL89] erlaubt eine wesentliche Vereinfachung der Differenzierbarkeitsuntersuchungen auf lokale lineare Bedingungen.

Das den zusammengesetzten C^1-Elementen zugrunde liegende Prinzip veranschaulichen wir an folgendem eindimensionalen Beispiel.

Es sei $K = [x_{i-1}, x_i]$ ein abgeschlossenes Teilintervall der Zerlegung $\mathcal{Z}$ von $\Omega \subset \mathbb{R}^1$. Bei Vorgabe von Funktions- und Ableitungswerten in den beiden Randpunkten erhält man im Fall eines Polynomansatzes i.allg. ein Polynom dritten Grades. Durch Einführung eines Zwischenpunktes $x_{i-1/2} := \frac{1}{2}(x_{i-1} + x_i)$ und geeigneter Elimination eines internen Parameters - des Funktionswertes im Punkt $x_{i-1/2}$ - läßt sich jedoch ein glattes, stückweises Polynom zweiten Grades in Abhängigkeit der vier Freiheitsgrade am Rand angeben. Wir transformieren zunächst das Intervall K auf das Referenzintervall $K' = [0, 1]$, d.h. wir stellen K in der Form

$$K = \{ x = (1 - \xi)x_{i-1} + \xi x_i \ : \ \xi \in [0, 1] \}$$

dar. Dies kann als konkrete Realisierung baryzentrischer Koordinaten im eindimensionalen Fall angesehen werden.

Unter Verwendung eines Hilfswertes $u_{i-1/2}$ läßt sich jede auf K stetige, stückweise quadratische Funktion u mit vorgegebenen Funktions- und Ableitungswerten u_{i-1}, u'_{i-1}, u_i, u'_i in den jeweiligen Randpunkten darstellen durch

$$u(x) = \begin{cases} u_{i-1}\varphi(\xi) + h_i u'_{i-1}\psi(\xi) + u_{i-1/2}\sigma(\xi), & \xi \in [0, 0.5] \\ u_i\varphi(1 - \xi) + h_i u'_i\psi(1 - \xi) + u_{i-1/2}\sigma(1 - \xi), & \xi \in [0.5, 1]. \end{cases} \tag{2.28}$$

Hierbei bezeichnen $h_i := x_i - x_{i-1}$ und

$$\varphi(\xi) = (1 - 2\xi)(1 + 2\xi), \qquad \psi(\xi) = \xi(1 - 2\xi), \qquad \sigma(\xi) = 4\xi^2. \qquad (2.29)$$

Diese Funktionen sind die zum Intervall $[0, 0.5]$ gehörigen Hermite-Lagrange-Ansatzfunktionen, die den folgenden Bedingungen genügen

$$
\begin{array}{llll}
\varphi(0) &=& 1, \quad \varphi'(0) &=& 0, \quad \varphi(0.5) &=& 0, \\
\psi(0) &=& 0, \quad \psi'(0) &=& 1, \quad \psi(0.5) &=& 0, \\
\sigma(0) &=& 0, \quad \sigma'(0) &=& 0, \quad \sigma(0.5) &=& 1.
\end{array} \qquad (2.30)
$$

Unter Beachtung von $\xi = (x - x_{i-1})/h_i$ erhält man aus (2.28), (2.30) nun

$$u'(x_{i-1/2} - 0) = \frac{u_{i-1}}{h_i}\varphi'(0.5) + u'_i - 1\psi'(0.5) + \frac{u_{i-1/2}}{h_i}\sigma'(0.5)$$

$$u'(x_{i-1/2} + 0) = -\frac{u_i}{h_i}\varphi'(0.5) - u'_i\psi'(0.5) - \frac{u_{i-1/2}}{h_i}\sigma'(0.5).$$

Damit ist die durch (2.28) definierte Funktion u genau dann für beliebige Parameter $u_{i-1}, u'_{i-1}, u_i, u'_i$ differenzierbar, wenn

$$(u_{i-1} + u_i)\varphi'(0.5) + h_i(u'_{i-1} + u'_i)\psi'(0.5) + 2u_{i-1/2}\sigma'(0.5) = 0$$

gilt. Mit (2.29) erhält man die dazu äquivalente Bedingung

$$u_{i-1/2} = \frac{1}{2}(u_{i-1} + u_i) + \frac{1}{8}h_i(u'_{i-1} + u'_i) \qquad (2.31)$$

zur Elimination des zunächst eingeführten inneren Freiheitsgrades $u_{i-1/2}$.

Übung 4.1 Gegeben sei das Randwertproblem

$$-(pu')' + qu = f \quad , \quad u(0) = u(1) = 0 \quad .$$

p und q seien stückweise konstant auf einem gegebenen Gitter: $p(x) \equiv p_{i-1/2}$, $q(x) \equiv q_{i-1/2}$ für $x \in (x_{i-1}, x_i)$, $i = 1, \ldots, N$, wobei $x_0 = 0$, $x_N = 1$ sei. Man berechne die Koeffizientenmatrix des Gleichungssystems, das bei Anwendung der Finite-Elemente-Methode mit stückweise linearen Ansatzfunktionen entsteht.

Übung 4.2 Der Differentialoperator

$$-\frac{d}{dx}\left(k\frac{dT}{dx}\right) + a\frac{dT}{dx} \quad (k, a \quad \text{Konstanten})$$

wird mit Hilfe quadratischer finiter Elemente über einem äquidistanten Gitter diskretisiert. Wie lautet die resultierende Approximation?

Übung 4.3 Die partielle Ableitung $\frac{\partial u(x, y)}{\partial x}$ ist auf dem Standardnetz (Quadratnetz plus eine Diagonale) mittels linearer finiter Elemente zu diskretisieren. Wie lautet der entsprechende Differenzenstern?

Übung 4.4 Das Gebiet $\Omega = (0,1) \times (0,1)$ werde gleichmäßig in achsenparallele Quadrate zerlegt, $-\triangle u$ mit Hilfe bilinearer finiter Elemente diskretisiert. Man zeige, dass damit der Differenzenstern

$$\frac{1}{3} \begin{bmatrix} -1 & -1 & -1 \\ -1 & 8 & -1 \\ -1 & -1 & -1 \end{bmatrix}$$

erzeugt wird.

Übung 4.5 Läßt man bei biquadratischen Elementen den Term $x^2 y^2$ weg, so erhält man ein quadratisches Element der Serendipity-Klasse. Man gebe für das so erzeugte Element geeignete Basisfunktionen an.

Übung 4.6 Ein Polygon werde zulässig so zerlegt, daß die Vernetzung vom schwach spitzen Typ ist (keine stumpfen Winkel), $-\triangle u$ werde mit linearen finiten Elementen diskretisiert. Man beweise, daß dann die zum Dirichlet-Problem

$$-\triangle u = f \quad \text{in } \Omega, \qquad u|_\Gamma = 0$$

gehörige Steifigkeitsmatrix eine M-Matrix ist.

Übung 4.7 Betrachtet wird die schwache Formulierung zum eindimensionalen Randwertproblem

$$\begin{aligned} Lu &= -u'' + c(x)u = f(x) \quad \text{in} \quad (0,1) \\ u(0) &= 0, \quad u'(1) = \beta \end{aligned}$$ (2.32)

in $V = \{v \in H^1(0,1) : v(0) = 0\}$, wobei $c \in L_\infty(0,1)$, $f \in V^*$ vorausgesetzt sei.

a) Man zeige, daß aus der Einbettung $V \hookrightarrow H = H^* \hookrightarrow V^*$ mit $H = L_2(0,1)$ die Darstellung

$$\langle Lu, v \rangle = \int_0^1 [u'v' + c(x)uv]dx - \beta v(1)$$

folgt.

b) Man beweise, daß $V_h = \{\varphi_k\}_{k=1}^N$

$$\varphi_k(t) = \max\{0, 1 - |nt - k|\}, \ 0 \le t \le 1, \quad k = 1, \dots, N$$

und $h = 1/N$ ein N-dimensionaler Unterraum von V ist. (Hinweis: Man zeige   i)   die Inklusion $\varphi_k \in V$ für alle k und   ii)   die lineare Unabhängigkeit aller betrachteten φ_k.)

c) Man überzeuge sich davon, daß für $v_h \in V_h$ die Darstellung

$$v_h(x) = \sum_{k=1}^N v_k \varphi_k(x) \quad \text{mit} \quad v_k = v_h(kh)$$

gilt.

d) Man berechne die Größen

$$a_{ik} = \int_0^1 \varphi_i' \varphi_k' dx \quad \text{und} \quad b_{ik} = \int_0^1 \varphi_i \varphi_k dx.$$

(Hinweis: Man verwende die Simpsonformel.)

e) Unter Benutzung des eingeführten Unterraumes $V_h \subset V$ wende man das Galerkin-Verfahren auf die Aufgabe (2.32) an und interpretiere das Resultat für den Fall

$$c(x) = c_k \quad \text{falls} \quad kh < x \le (k+1)h$$

als Differenzenverfahren.

Übung 4.8 Es seien $d+1$ Punkte $a_i = (a_{ij})_{j=1}^d \in \mathbb{R}^d$, $i = 1,...,d+1$, im n-dimensionalen Raum $\mathbb{R}^d$ mit der Eigenschaft

$$V = V(a_1,...,a_{d+1}) = \begin{vmatrix} 1 & a_{11} & a_{12} & \dots & a_{1d} \\ \vdots & \vdots & \vdots & & \vdots \\ 1 & a_{d+11,1} & a_{d+1,2} & \dots & a_{d+1,d} \end{vmatrix} \ne 0$$

gegeben.

a) Man zeige, daß die a_i Eckpunkte eines Simplex $S \subset \mathbb{R}^d$ sind.

b) Man beweise, daß durch die Beziehungen

$$x = \sum_{i=1}^{d+1} \lambda_i a_i \quad \text{und} \quad \sum_{i=1}^{d+1} \lambda_i = 1$$

jedem $x \in \mathbb{R}^d$ eindeutig die Zahlen $\lambda_i = \lambda_i(x; S)$ zugeordnet sind (dies sind die baryzentrischen Koordinaten).

c) Es sei $l : \mathbb{R}^d \to \mathbb{R}^d$ eine affine Abbildung. Man zeige, dass

$$\lambda_i(x; S) = \lambda_i(l(x); l(S))$$

gilt.

d) Es sei $l = (l_i)_{i=1}^d$ mit $l_i(x) = \lambda_i(x; S)$. Man zeige, daß l eine affine Abbildung ist. Außerdem charakterisiere man $\hat{S} = l(S)$ als Bild des Simplex S bezüglich l und gebe eine Berechnungsvorschrift für $\hat{A}$ und $\hat{b}$ aus der Darstellung

$$x = \hat{A}l(x) + \hat{b}$$

an.

e) Man beweise unter Verwendung des Ergebnisses aus Teilaufgabe d), dass $V/d!$ gleich dem Volumen des durch die Punkte a_i generierten Simplex ist. Welche geometrische Interpretation kann damit den baryzentrischen Koordinaten gegeben werden ?

Übung 4.9 Es sei T ein Dreieck mit den Eckpunkten a_1, a_2, a_3. Für beliebiges $k \in N$ werde folgende Punktmenge betrachtet:

$$L_k(T) = \{x : x = \sum_{i=1}^{3} \lambda_i a_i, \ \sum_{i=1}^{3} \lambda_i = 1, \ \lambda_i \in \{0, \frac{1}{k}, \cdots, \frac{k-1}{k}, 1\} \quad (i \in \{1, 2, 3\})\}.$$

Als Freiheitsgrade des finiten Elementes werden die Funktionswerte in den Punkten aus $L_k(T)$ benutzt. Dann ist diese Darstellung für jeden Punkt $x \in L_k(T)$ eineindeutig (P_k-Unisolvenz).

a) Man weise diese Aussage für $k = 2$ nach.

b) Man führe den Beweis für beliebiges natürliches k.

Übung 4.10 Es sei T ein Dreieck mit den Eckpunkten a_1, a_2, a_3. Folgende Freiheitsgrade sollen verwendet werden:

- in den Ecken: die Funktionswerte und die Werte aller (ersten) Kantenableitungen, d.h. der Ableitungen in Richtung der von dem jeweiligen Eckpunkt ausgehenden Seiten, sowie

- im Schwerpunkt: der Funktionswert.

a) Man weise die P_3-Unisolvenz dieser Menge $\sum$ von Freiheitsgraden nach.

b) Man konstruiere eine Basis von $\sum$ für ein gleichseitiges Dreieck T.

Übung 4.11 Gegeben sei ein polygonal berandetes, zulässig trianguliertes Gebiet Ω. Ferner sei X_h der durch das Argyris-Element assoziierte Raum finiter Elemente. Man weise die Inklusion $X_h \subset C^1(\bar{\Omega})$ nach.

Übung 4.12 Gegeben sei ein Dreieck T. Mit a_{ijk} werden jene Punkte von T bezeichnet, welche die baryzentrischen Koordinaten $(\frac{i}{3}, \frac{j}{3}, \frac{k}{3})$ $(i + j + k = 3; \ i, j, k \in \{0, 1, 2, 3\})$ besitzen. Weiterhin sei das Funktional

$$\varphi(p) = 3 \sum_{i+j+k=3} p(a_{ijk}) - 15p(a_{111}) - 5[p(a_{300}) + p(a_{030}) + p(a_{003})]$$

auf P_3 gegeben, mit dessen Hilfe der Raum

$$P_3' = \{p \in P_3 : \varphi(p) = 0\}$$

eingeführt werden kann.
Man zeige, daß $P_2 \subset P_3'$ gilt.

4.3 Zur Realisierung der Finite-Elemente-Methode

4.3.1 Struktur der Teilaufgaben

Bei der Auswahl einer geeigneten Finite-Elemente-Methode für eine Randwertaufgabe bei partiellen Differentialgleichungen ist vor allem die Differentialgleichung selbst von

Bedeutung. Bei der Realisierung sind dann aber auch das Grundgebiet $\Omega \subset \mathbb{R}^n$ und eine sachgemäße Erfassung der Lage und Art vorgegebener Randbedingungen zu beachten.

Dementsprechend sind bei einer Implementierung von Finite-Elemente-Methoden sowohl geometrische Informationen (z.B. die Grenzen des Grundgebiets Ω) als auch Informationen zur Differentialgleichung oder zu den Randbedingungen (z.B. die rechte Seite f) zu speichern und algorithmisch zu bearbeiten.

Die Methode der finiten Elemente basiert auf einer Zerlegung des Grundgebiets Ω in Teilgebiete Ω_j, $j = 1, \ldots, M$. Diese Zerlegung ist ebenso wie die Art und Lage der entsprechenden Freiheitsgrade zu speichern, um einerseits die endlichdimensionalen algebraischen Probleme über die Ritz-Galerkin-Technik zu erzeugen und andererseits die erhaltene Näherungslösung $u_h \in V_h$ für die Lösung $u \in V$ des Ausgangsproblems darzustellen.

Damit ergeben sich folgende drei typische Stufen bei der Aufstellung bzw. bei der Abarbeitung eines Finite-Elemente-Programmes:

1. Eingabe und Beschreibung des Ausgangsproblems, Erzeugung einer Ausgangszerlegung;

2. Erzeugung des endlichdimensionalen Problems, erforderlichenfalls Umsortierung der Daten, Lösung des erzeugten endlichdimensionalen algebraischen Problems, a-posteriori Schätzung des Fehlers;

3. Aufbereitung der erhaltenen Ergebnisse, Ableitung mittelbarer Resultate, grafische Darstellung;

Die angegebenen Stufen 1 bzw. 3 werden *pre-processing* bzw. *post-processing* genannt. Ist der zum Ende der 2. Stufe geschätzte Fehler zu groß, muß die Zerlegung verfeinert werden und die 2. Stufe erneut abgearbeitet werden (dies zielt auf die sogenannte h-Version der Finiten-Element-Methode; bei der p- oder hp-Version geht man etwas anders vor, siehe Abschnitt 4.8.4).

Wir wollen im folgenden kurz drei wesentliche Schwerpunkte bei der Realisierung herausgreifen, die Vorgehensweise hauptsächlich am im Abschnitt 4.1 angegebenen einfachen Beispiel erläutern und auf zusätzliche Probleme bei komplizierteren Aufgaben hinweisen.

Die obige Aufzählung von unterschiedlichen Teilaufgaben macht deutlich, daß Finite-Elemente-Programme eine sehr breite Vielfalt von Einzelalgorithmen in sich vereinen. Allein zum Thema „Gittergenerierung" findet man bei der Suche im Internet eine Flut von Informationen und speziellen Codes. Berücksichtigt man noch die Spezifik unterschiedlicher Typen partieller Differentialgleichungen, so wird klar, warum es keine universellen Softwarelösungen für finite Elemente gibt, wenngleich heute viele gut erprobte und weitverbreitete Programme für relativ große Aufgabenklassen zur Verfügung stehen.

Nachfolgend orientieren wir uns ein wenig am Programmsystem PLTMG [Ban98] (piecewise linear triangle multi grid). PLTMG gehörte zu den ersten Codes mit adaptiver Gittererzeugung (s. Abschnitt 4.7) und dem Einsatz von Mehrgitteralgorithmen zur Lösung der erzeugten diskreten Probleme. Erwähnen möchten wir daneben ALBERTA

[SS05] und die sehr kompakte Darstellung eines Finite-Element-Programmes in MAT-LAB in [3].

4.3.2 Beschreibung der Ausgangsaufgabe

Der erste Schritt bei der Realisierung der Finite-Elemente-Methode ist die Beschreibung der Ausgangsaufgabe durch Datenstrukturen oder Programme im Rechner. Dazu gehört die Beschreibung des Grundgebiets, der Differentialgleichung und der Randbedingungen.

Da die Finite-Elemente-Methode eine Zerlegung des Grundgebiets Ω in endlich viele Teilgebiete Ω_j, $j = 1, \dots, M$, benötigt, ist diese Zerlegung ebenfalls geeignet abzuspeichern. Sind die Teilgebiete konvexer Polyeder, die durch die Ecken beschrieben sind, und sind die Freiheitsgrade in den Ecken dieser Polyeder lokalisiert, dann sind mindestens zwei Listen erforderlich: eine, die die geometrische Lage, d.h. die Koordinaten, der Eckpunkte der Polyeder enthält, und eine, die für jedes Polyeder auf die jeweiligen Eckpunkte in der erste Liste verweist.

Zur Veranschaulichung einer möglichen Listentechnik betrachten wir das im Abschnitt 4.1 angegebene einfache Beispiel etwas ausführlicher. Die insgesamt auftretenden $\overline{N} = 21$ Gitterpunkte werden fortlaufend numeriert entsprechend der folgenden Abbildung 4.10.

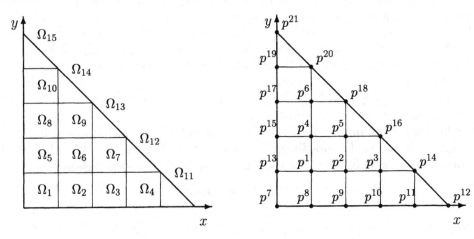

Abbildung 4.10 Numerierung der Teilgebiete und Knoten

Wir erhalten so die folgenden Listen der Koordinaten der Eckpunkte p^i, $i = 1, \dots, 21$,

i	x_i	y_i	i	x_i	y_i	i	x_i	y_i
1	0.2	0.2	8	0.2	0.0	15	0.0	0.4
2	0.4	0.2	9	0.4	0.0	16	0.6	0.4
3	0.6	0.2	10	0.6	0.0	17	0.0	0.6
4	0.2	0.4	11	0.8	0.0	18	0.4	0.6
5	0.4	0.4	12	1.0	0.0	19	0.0	0.8
6	0.2	0.6	13	0.0	0.2	20	0.2	0.8
7	0.0	0.0	14	0.8	0.2	21	0.0	1.0

Bei den Teilgebieten Ω_j, $j = 1, \ldots, 15$ (zur Numerierung der Teilgebiete s. Abbildung 4.22), speichern wir zunächst die Rechteck-, dann die Dreieckelementen ab. Durchläuft man die Eckpunkte im mathematisch positiven Umlaufsinn, dann erhalten wir die folgenden Listen, die je Teilgebiet auf die Liste mit den Eckpunkte verweist

j	Index der Ecken				j	Index der Ecken				j	Index der Ecken		
1	7	8	1	13	6	1	2	5	4	11	11	12	14
2	8	9	2	1	7	2	3	16	5	12	3	14	16
3	9	10	3	2	8	15	4	6	17	13	5	16	18
4	10	11	14	3	9	4	5	18	6	14	6	18	20
5	13	1	4	15	10	17	6	20	19	15	19	20	21

Ist das Grundgebiet polygonal berandet und hat man eine Zerlegung, für die $\overline{\Omega} = \bigcup\limits_{j=1}^{M} \overline{\Omega}_j$ gilt, dann ist keine Beschreibung des Grundgebiets mehr notwendig.

Ist die Lage der Freiheitsgrade nicht identisch mit denen der Eckpunkte der Teilgebiete, variiert die Anzahl der Freiheitsgrade oder werden isoparametrische Elemente verwendet, dann sind weitere Informationen abzuspeichern.

Hat man nur homogene Dirichlet-Randbedingungen und sind, wie im Beispiel, in der Liste der Eckpunkte die inneren Punkte zuerst aufgeführt, dann wird nur noch ihre Anzahl benötigt (in unserem Fall 6). Sind, ebenfalls wie im Beispiel, in der Liste der Beschreibung der Teilgebiete zuerst die Rechteck- und dann die Dreieckelementen eingetragen, dann ist es für die weitere praktische Realisierung nützlich, sich die Anzahl der Rechteckelemente (in unserem Fall 10) und die Anzahl der Dreieckelemente (in unserem Fall 5) zu merken.

Hat man unterschiedliche Randbedingungen, so ist zumindest der Randverlauf abzuspeichern und die Art der Randbedingung.

Zur Veranschaulichung betrachten wir noch einmal das Beispiel, obwohl diese Liste wegen der einheitlichen Randbedingungen hier nicht notwendig ist. Wir erhalten die folgenden Listen, die je Randstück auf die Liste mit den Eckpunkte verweist

k	Index der Ecken		k	Index der Ecken		k	Index der Ecken	
1	7	8	6	12	14	11	21	19
2	8	9	7	14	16	12	19	17
3	9	10	8	16	18	13	17	15
4	10	11	9	18	20	14	15	13
5	11	12	10	20	21	15	13	7

Als drittes Element einer Zeile könnte dann noch die Art der Randbedingung eingetragen werden, z.B. 1 für Dirichlet-, 2 für Neumann- und 3 für Robin-Randbedingungen. Außerdem ist es nützlich, sich die Anzahl der Randstücke (in unserem Fall 15) zu merken.

In konkreten Programmen erweist es sich häufig als günstig, abgeleitete Informationen, wie z.B. die Numerierung der Nachbarelemente, mit in Listen aufzubereiten, um auf diese Daten effektiver zugreifen zu können (z.B. bei a-posteriori-Fehlerschätzern).

Je mehr Teilinformationen zwischen den einzelnen Abschnitten eines Finite-Elemente-Programmes übertragen werden, desto besser lassen sich vorhandene Spezifika algorithmisch ausnutzen. Andererseits werden mit wachsender Zahl der Informationen die Daten recht umfangreich, so daß es effektiver sein kann, erforderliche Zusatzinformationen mehrfach zu berechnen. Dies resultiert nicht nur aus dem Bestreben, Speicherplatz zu sparen, sondern es zielt häufig auf eine übersichtlichere modulare Struktur des Gesamtpakets.

Zur vollständigen Beschreibung der Ausgangsaufgabe gehört auch noch ein Programm zur Berechnung der rechten Seite f (in Abhängigkeit von den Koordinaten).

Hat man ein elliptisches Problem mit variablen Koeffizienten oder nicht homogene Randbedingungen, so sind weitere Programme bereitzustellen.

Bei komplizierteren Aufgabenstellungen (z.B. unterschiedliche Differentialgleichungen in verschiedenen Teilgebieten, die einen gemeinsamen Rand haben, an dem Kopplungsbedingungen gegeben sind, oder Differentialgleichungssysteme) muß die Beschreibung erweitert werden.

4.3.3 Erzeugung der endlichdimensionalen Probleme

Für unsere Darstellung gehen wir von der bereits ausführlich untersuchten abstrakten linearen Aufgabe aus:

Gesucht ist ein $u \in V$ mit

$$a(u,v) = f(v) \qquad \text{für alle } v \in V.$$

Diese Variationsgleichung werde mit dem Ritz-Verfahren bei Verwendung eines Unterraumes $V_h \subset V$ diskretisiert. Damit erhält man die Variationsgleichung:

Gesucht ist ein $u_h \in V_h$ mit

$$a(u_h, v_h) = f(v_h) \qquad \text{für alle } v_h \in V_h.$$

Mit einer Basis $\{\varphi_i\}_{i=1}^{\hat{N}}$ ist diese Aufgabe äquivalent zu dem linearen Gleichungssystem

$$A_h\, u_h = f_h$$

mit $\quad A_h = (a(\varphi_k, \varphi_i))_{i,k=1}^{\hat{N}}, \quad f_h = (f(\varphi_i))_{i=1}^{\hat{N}} \quad$ zur Bestimmung der Koeffizienten $(u_i)_{i=1}^{\hat{N}}$ der Darstellung

$$u_h(x) = \sum_{i=1}^{\hat{N}} u_i\, \varphi_i(x).$$

Im Unterschied zum allgemeinen Ritz-Galerkin- Verfahren besitzen die Ansatzfunktionen φ_i bei der Methode der finiten Elemente i.a. einen relativ kleinen Träger, was dazu führt, dass die *Steifigkeitsmatrix* A_h nur wenige Nichtnullelemente hat. Bei der Berechnung wird so vorgegangen, daß man die Einträge über den Teilelementen Ω_j der Zerlegung getrennt ermittelt und anschließend aufaddiert. Die Einträge werden direkt oder durch Transformation auf wenige Referenzelemente bestimmt. Die über den einzelnen Elementen Ω_j ermittelten Anteile der Steifigkeitsmatrix werden *Elementsteifigkeitsmatrizen* genannt.

Wir benutzen hier konkret *nodale Basisfunktionen.* Diese sind durch

$$\varphi_k(x_l) = \delta_{kl}$$

gekennzeichnet und liefern damit $u_h(x_i) = u_i$ für die Gitterpunkte x_i.

Wir skizzieren die *Assemblierung* (so heißt die algorithmische Erzeugung der Steifigkeitsmatrix) am Beispiel aus Abschnitt 4.1. Hier besitzen die Bilinearform $a(\cdot,\cdot)$ und das Funktional $f(\cdot)$ die Gestalt

$$a(u,v) = \int_\Omega \nabla u \nabla v \, dx \qquad \text{bzw.} \qquad f(v) = \int_\Omega f v \, dx.$$

Die zu einem Element Ω_j gehörige Elementsteifigkeitsmatrix besitzt damit die Form

$$A_h^j = (a_{ik}^j)_{i,k \in I_j}$$

mit

$$a_{ik}^j := \int_{\Omega_j} \nabla \varphi_i \nabla \varphi_k \, dx \qquad \text{und} \qquad I_j := \{\, i \, : \, supp\, \varphi_i \cap \Omega_j \neq \emptyset \,\}.$$

Analog wird durch

$$f^j = (f_i^j)_{i \in I_j} \qquad \text{mit} \qquad f_i^j := \int_{\Omega_j} f \varphi_i \, dx$$

eine elementweise rechte Seite erklärt. Die Steifigkeitsmatrix A_h und die rechte Seite f_h des diskreten Problems ergeben sich wegen der Additivität des Integrals als Summen

$$A_h = (a_{ik})_{i,k=1}^{\hat{N}} \qquad \text{mit} \qquad a_{ik} = \sum_{j=1,\, i \in I_j,\, k \in I_j}^{M} a_{ik}^j$$

bzw.

$$f_h = (f_i)_{i=1}^{\hat{N}} \qquad \text{mit} \qquad f_i = \sum_{j=1,\, i \in I_j}^{M} f_i^j.$$

Wir wenden uns nun der Bestimmung der Elementsteifigkeitsmatrizen zu. Im vorliegenden Beispiel stimmt die Zahl $\hat{N}$ der Freiheitsgrade mit der Zahl $\overline{N}$ der Gitterpunkte überein.

Mit den stückweise bilinearen bzw. stückweise linearen Funktionen über den Rechtecken bzw. über den Dreiecken bilden ferner die Indexmengen I_j gerade die Listen der Eckpunkte der Elemente und stehen somit unmittelbar zur Verfügung.

Wir berechnen nun zunächst die Elementsteifigkeitsmatrix für ein Dreieck $K = \overline{\Omega}_j$ (und lineare konforme finite Elemente). Die zugehörigen Eckpunkte markieren wir der

Einfachheit halber mit den lokalen Indizes $1, 2, 3$. Zur Herleitung wird, wie auch später bei den Konvergenzuntersuchungen (vgl. Abschnitt 4.5), die Transformation

$$\begin{pmatrix} x \\ y \end{pmatrix} = F_j \begin{pmatrix} \xi \\ \eta \end{pmatrix} := \begin{pmatrix} x_1 \\ y_1 \end{pmatrix} + \xi \begin{pmatrix} x_2 - x_1 \\ y_2 - y_1 \end{pmatrix} + \eta \begin{pmatrix} x_3 - x_1 \\ y_3 - y_1 \end{pmatrix}, \quad \begin{pmatrix} \xi \\ \eta \end{pmatrix} \in \tilde{K} \tag{3.1}$$

auf das einheitliches Referenzdreieck

$$K' = \left\{ \begin{pmatrix} \xi \\ \eta \end{pmatrix} : \xi \geq 0, \eta \geq 0, \xi + \eta \leq 1 \right\}$$

genutzt. Die zugehörige Funktionaldeterminante der Transformation ist somit

$$D_j = \begin{vmatrix} x_2 - x_1 & x_3 - x_1 \\ y_2 - y_1 & y_3 - y_1 \end{vmatrix}, \tag{3.2}$$

für den Flächeninhalt T des Dreiecks K gilt $2T = |D_j|$, und es lassen sich die partiellen Ableitungen und damit der Gradientenoperator im Original- und im Referenzkoordinatensysten umrechnen durch

$$\begin{pmatrix} \frac{\partial}{\partial x} \\ \frac{\partial}{\partial y} \end{pmatrix} = \begin{pmatrix} \frac{\partial \xi}{\partial x} & \frac{\partial \eta}{\partial x} \\ \frac{\partial \xi}{\partial y} & \frac{\partial \eta}{\partial y} \end{pmatrix} \begin{pmatrix} \frac{\partial}{\partial \xi} \\ \frac{\partial}{\partial \eta} \end{pmatrix}. \tag{3.3}$$

Die für die Transformation erforderlichen Ableitungen erhält man durch Differentiation von (3.1). Dies liefert

$$\begin{pmatrix} 1 \\ 0 \end{pmatrix} = \begin{pmatrix} x_2 - x_1 & x_3 - x_1 \\ y_2 - y_1 & y_3 - y_1 \end{pmatrix} \begin{pmatrix} \frac{\partial \xi}{\partial x} \\ \frac{\partial \eta}{\partial x} \end{pmatrix}, \quad \begin{pmatrix} 0 \\ 1 \end{pmatrix} = \begin{pmatrix} x_2 - x_1 & x_3 - x_1 \\ y_2 - y_1 & y_3 - y_1 \end{pmatrix} \begin{pmatrix} \frac{\partial \xi}{\partial y} \\ \frac{\partial \eta}{\partial y} \end{pmatrix}$$

und somit

$$\frac{\partial \xi}{\partial x} = \frac{(y_3 - y_1)}{D_j} \quad, \quad \frac{\partial \eta}{\partial x} = \frac{(y_1 - y_2)}{D_j},$$

$$\frac{\partial \xi}{\partial y} = \frac{(x_1 - x_3)}{D_j} \quad, \quad \frac{\partial \eta}{\partial y} = \frac{(x_2 - x_1)}{D_j}.$$

Insgesamt erhält man für den Gradientenoperator die Umrechnung

$$\begin{pmatrix} \frac{\partial}{\partial x} \\ \frac{\partial}{\partial y} \end{pmatrix} = \frac{1}{D_j} \begin{pmatrix} y_3 - y_1 & y_1 - y_2 \\ x_1 - x_3 & x_2 - x_1 \end{pmatrix} \begin{pmatrix} \frac{\partial}{\partial \xi} \\ \frac{\partial}{\partial \eta} \end{pmatrix}.$$

Mit den drei nodalen Basisfunktionen

$$\tilde{\varphi}_1(\xi, \eta) = 1 - \xi - \eta, \qquad \tilde{\varphi}_2(\xi, \eta) = \xi, \qquad \tilde{\varphi}_3(\xi, \eta) = \eta$$

über dem Referenzdreieck $\tilde{K}$ und der Transformation der Integrale folgt

$$A_h^j = \frac{1}{2|D_j|} \begin{pmatrix} y_2 - y_3 & x_3 - x_2 \\ y_3 - y_1 & x_1 - x_3 \\ y_1 - y_2 & x_2 - x_1 \end{pmatrix} \begin{pmatrix} y_2 - y_3 & y_3 - y_1 & y_1 - y_2 \\ x_3 - x_2 & x_1 - x_3 & x_2 - x_1 \end{pmatrix}.$$

Kehren wir zu der Bezeichnung des allgemeinen Dreiecks Ω_j mit den Ecken p^i, p^k, p^l, dh. $I_j = \{i,\, k,\, l\}$ zurück, so gilt

$$a_{ik}^j = \frac{1}{2|D_j|}[(x_i - x_l)(x_l - x_k) + (y_i - y_l)(y_l - y_k)], \quad \text{falls } i \neq k$$

und

$$a_{ii}^j = \frac{1}{2|D_j|}[(x_k - x_l)^2 + (y_k - y_l)^2].$$

Werden außerdem die Ecken $\{i, k, l\}$ im mathematisch positiven Sinn durchlaufen, dann ist $D_j > 0$.

Bemerkung 4.1 (Lineare FEM, Maximumprinzip und FVM)
Eine elementare Umrechnung der obigen Ergebnisse zeigt:
Besitzt ein Dreieck K die Eckpunkte p^i, p^k, so gilt

$$\int_K \nabla\varphi_i \nabla\varphi_k = -\frac{1}{2}\cot\gamma_{ik}, \tag{3.4}$$

dabei bezeichnet γ_{ik} denjenigen Winkel, der p^i, p^k gegenüberliegt. Die Relation

$$\cot\alpha + \cot\beta = \frac{\sin(\alpha+\beta)}{\sin\alpha\sin\beta}$$

impliziert dann:
Genügt eine Triangulation der Bedingung, daß die Summe der einer Seite gegenüberliegenden Winkel kleiner als π ist (und zusätzlich Winkel, die Randseiten gegenüberliegen, nicht stumpf sind und die Triangulation nicht entartet), dann gilt für das durch lineare finite Elemente erzeugte diskrete Problem das Randmaximumprinzip.
Erinnert sei daran, daß wir diese Tatsache auch schon für die FVM-Diskretisierung mit Voronoi-Boxen konstatiert hatten. Schaut man sich nun diese Voronoi-Boxen zu den Gitterpunkten an und wendet (3.4) an, so stellt man fest, daß die Diskretisierungen des Laplace-Operators mit linearen finiten Elementen und mit der Finiten-Volumen-Methode aus Kapitel 2, Abschnitt 5 (Voronoi-Boxen) übereinstimmen! □

Die zu rechteckigen Elementen Ω_j mit bilinearen konformen finiten Elementen gehörigen Elementsteifigkeitsmatrizen lassen sich in analoger Weise berechnen. Wir verweisen hierzu wie auch für die Berechnung weiterer wichtiger Elementtypen z.B. auf [Sch84].

In dem im betrachteten Beispiel vorliegenden Fall achsenparalleler Rechtecke hängt die entsprechende Elementsteifigkeitsmatrix nur von den Ausdehnungen des Elementes Ω_j in den Achsenrichtungen ab. Zur Vereinfachung der Bezeichnung sei

$$\Omega_j = \text{conv} \{p^1, p^2, p^3, p^4\} = [x_1, x_2] \times [y_2, y_3],$$

und wir setzen

$$\Delta x_j := x_2 - x_1 \qquad \text{sowie} \qquad \Delta y_j := y_3 - y_2.$$

Dann gilt, wieder bei Verwendung von nodalen Basisfunktionen, (vgl. [GRT93])

$$A_h^j = \frac{1}{6\Delta x_j \Delta y_j} \begin{pmatrix} 2\Delta x_j^2 + 2\Delta y_j^2 & \Delta x_j^2 - 2\Delta y_j^2 & -\Delta x_j^2 - \Delta y_j^2 & -2\Delta x_j^2 + \Delta y_j^2 \\ \Delta x_j^2 - 2\Delta y_j^2 & 2\Delta x_j^2 + 2\Delta y_j^2 & -2\Delta x_j^2 + \Delta y_j^2 & -\Delta x_j^2 - \Delta y_j^2 \\ -\Delta x_j^2 - \Delta y_j^2 & -2\Delta x_j^2 + \Delta y_j^2 & 2\Delta x_j^2 + 2\Delta y_j^2 & \Delta x_j^2 - 2\Delta y_j^2 \\ -2\Delta x_j^2 + \Delta y_j^2 & -\Delta x_j^2 - \Delta y_j^2 & \Delta x_j^2 - 2\Delta y_j^2 & 2\Delta x_j^2 + 2\Delta y_j^2 \end{pmatrix}.$$

Die Berechnung der diskreten rechten Seite f_h kann ebenso wie bei der Steifigkeitsmatrix elementweise realisiert werden.

Während Randbedingungen 2. Art (oder Neumann-Randbedingungen) sowie 3. Art (oder Robin-Randbedingungen) über das Variationsfunktional in die schwache Formulierung der Aufgabe einbezogen werden, sind Dirichletsche Randbedingungen als wesentliche Randbedingungen beim Ansatz direkt zu berücksichtigen. Die entsprechenden Funktionswerte werden als vorgegeben betrachtet und in die diskrete Gleichung eingesetzt, d.h. die entsprechenden Randvariablen können aus den bisher aufgestellten Gleichungen eliminiert werden.

Bei der Berechnung der diskreten rechten Seite f_h (und bei inhomogenen Randbedingungen 2. Art sowie bei Randbedingungen 3. Art) werden die zu berechnenden Integrale häufig nicht exakt berechnet, sondern Quadraturformeln benutzt.

Für regelmäßige Gitterstrukturen wird auch eine Assemblierung der Steifigkeitsmatrix über die Gitterpunkte angewandt. Die dazu erforderlichen Informationen über inzidierende Teilelemente und benachbarte Gitterpunkte ist im Fall regelmäßiger Gitter leicht verfügbar. Im Fall unregelmäßiger Gitter sind die entsprechenden Hilfsdaten günstigerweise bei der Gittergenerierung mit zu erzeugen und verfügbar zu speichern.

Die bei der Methode der finiten Elemente erhaltenen Steifigkeitsmatrizen sind in der Regel nur schwach besetzt und sie zeigen eine spezielle, von der Geometrie der Zerlegung und der Art der verwendeten Ansatzfunktionen abhängige Struktur. Bei gewissen Aufgabenklassen und Ansätzen sowie bei regelmäßigen Zerlegungen des Grundgebietes entstehen insbesondere auch diskrete Aufgaben, die mit einem entsprechenden Differenzenverfahren übereinstimmen.

Die zur Darstellung der konkreten Ansatzräume V_h genutzten Basisfunktionen beeinflussen die Struktur und Kondition der erzeugten Steifigkeitsmatrizen wesentlich. Bei Verwendung von Zerlegungen unterschiedlicher Feinheit ist es z.B. sinnvoll, nicht alle Ansatzfunktionen möglichst lokal auf das feinste Gitter zu beziehen, sondern von einer Finite-Elemente-Basis über dem gröbsten Gitter beginnend die Basis über der nächstfeineren Zerlegung lediglich durch Hinzunahme von lokalen Funktionen über den neuen

Gitterpunkten zu ergänzen. Wie in 4.2 bereits erwähnt, nennt man solche Basen auch hierarchisch. Sie eignen sich insbesondere bei adaptiven Techniken und für die Verwendung in Mehrgitterverfahren sowie zur Vorkonditionierung.

4.3.4   Gittergenerierung und Gitterveränderung

Die rechentechnische Umsetzung einer Finite-Elemente-Methode erfordert eine geeignete Zerlegung des Grundgebietes $\Omega \subset \mathbb{R}^n$ in Teilgebiete Ω_j, $j = 1, \ldots, M$, einfacher geometrischer Struktur, über denen dann die Ansatzfunktionen stückweise definiert sind. Ein Vorteil einer Finite-Elemente-Methode gegenüber Differenzenverfahren besteht dabei in einer guten lokalen Anpassungsfähigkeit der Zerlegung an spezielle geometrische Formen des Grundgebietes wie auch an lokale Besonderheiten der Lösung, z.B. Ecksingularitäten und Grenzschichten. Hat man zu einer gegebenen Zerlegung die zugehörige Finite-Elemente-Lösung, dann kann diese zur Steuerung einer gezielten weiteren Gitterveränderung genutzt werden.

Das Gesamtproblem der Gittererzeugung läßt sich deshalb in folgende drei Teilprozesse untergliedern:

1. Erzeugung eines Ausgangsgitters (Ausgangszerlegung);

2. lokale Bewertung des vorhandenen Gitters über die zugehörige Näherungslösung;

3. Veränderung des vorhandenen Gitters (Zerlegung), insbesondere Verfeinerung.

Während die Teilaufgaben 1 und 3 vor allem mit der Geometrie des Grundgebietes Ω und der Teilgebiete Ω_j verknüpft sind, beinhaltet die Teilaufgabe 2 vor allem eine lokale Schätzung auftretender bzw. verursachter Diskretisierungsfehler. Dieser Frage wenden wir uns später im Abschnitt 4.7 zu.

Erzeugung einer Ausgangszerlegung

Gittergeneratoren zur Erzeugung einer Ausgangszerlegung bilden einen eigenständigen Anteil eines Finite-Elemente-Programmpaketes, wobei vielfältige Kompromisse bezüglich Universalität, einfacher Anwendbarkeit, überschaubarer Datenstruktur, Robustheit und Stabilität eines derartigen Programmes erforderlich sind. Gittergeneratoren enthalten daher einen hohen Anteil heuristischer Elemente, die diesen Forderungen in gewissem Umfang entsprechen. Wir beschränken uns im weiteren auf die Skizzierung des Prinzips von ausgewählten Algorithmen zur Gittererzeugung im zweidimensionalen Fall und für Dreiecke. Einfache Techniken zur Generierung eines Ausgangsgitters sind die folgenden drei Strategien:

Strategie 1: Das Grundgebiet Ω wird zunächst mit einem feinen regelmäßigen Gitter überdeckt und regulär trianguliert. Anschließend erfolgt eine lokale Anpassung an den Rand Γ durch Verschiebung von randnahen Gitterpunkten. Die folgende Abbildung illustriert diese Technik, wobei die Verschiebung hier nur in y-Richtung erfolgt.

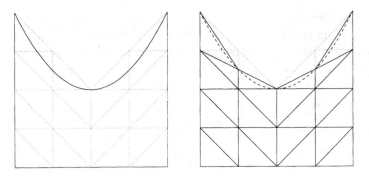

Abbildung 4.11 Verschiebung der Gitterpunkte randnaher Gitterpunkte

Strategie 2: Das Grundgebiet Ω oder Teile desselben werden auf ein Referenzrecht-eck oder -dreieck transformiert. Dieses Referenzelement wird gleichmäßig in Dreiecke zerlegt und über die Rücktransformation wird ein im allgemeinen krummliniges Gitter im Ausgangsgebiet induziert, woraus dann wieder Dreiecke gemacht werden. Man kann z.B. dieses Prinzip durch eine stückweise Überlagerung der einzelnen Gitter für Differenzenverfahren nutzen. Die folgende Abbildung illustriert diese Technik. Dabei zeigte das 1. Bild das Grundgebiet, das 2. das transformierte mit der äquidistanten Triangulierung, das 3. Alles nach der Rücktransformation und das 4. Bild die daraus konstruierte Triangulation. Dabei ist die Transformation durch Streckung bzw. Stauchung in y-Richtung gegeben.

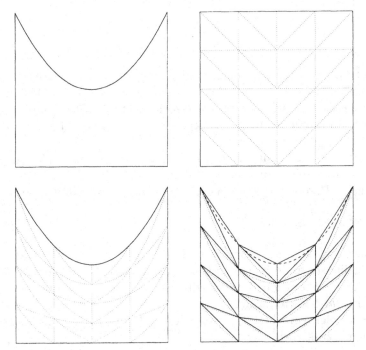

Abbildung 4.12 Gitteranpassung durch Transformation

Strategie 3: Im Grundgebiet Ω werden Punkte generiert, die später Eckpunkte der Dreiecke der Zerlegung sind. Diese Punkte können z.B. die Schnittpunkte der Gitterlinien sein, die nach Strategie 1 oder 2 erzeugt wurden. Danach wird ein Algorithmus zur *Delaunay-Triangulation* verwendet. Dabei ist der Rand zu beachten und gegebenenfalls sind zusätzliche Punkte auf dem Rand zu generieren.

Eine Delaunay-Triangulation trianguliert die konvexe Hülle einer Menge vorgegebener Punkte derart, daß im Inneren des Umkreises jedes Dreieckes kein Punkt liegt. Im zweidimensionalen Fall besitzen Delaunay-Triangulierungen die bemerkenswerte Eigenschaft, daß unter allen möglichen Triangulierungen der gegebenen Knoten der minimale Innenwinkel aller erzeugten Dreiecke maximiert wird. Dies ist aus der Sicht der Konvergenztheorie (s. Abschnitt 4.4) relevant.

Die folgende Abbildung verwendet als Punkte die Eckpunkte aus Bild 2 und illustriert diese Technik.

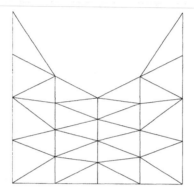

Abbildung 4.13 Delaunay-Triangulierung

Bei verfügbaren a-priori Informationen über zu erwartende Singularitäten der Lösung, z.B. in der Umgebung von Ecken oder bei Grenzschichten (s. Kapitel 6) können diese drei Strategien auch gezielt modifiziert werden. Ziel dabei ist, mit solchen a-priori angepaßten Gittern ähnliche Konvergenzraten zu erreichen wie mit Standardgittern für den Fall, daß die Lösung keine Singularitäten aufweist.

Hier betrachten wir exemplarisch den Fall einer Ecksingularität. Wie in dem Beispiel in Kapitel 3 (s. auch die dazugehörige Abbildung 3.1) verhalte sich die Lösung einer zweidimensionalen Randwertaufgabe mit einer Ecksingularität im Ursprung derart, daß

$$u - \lambda\, r^{\pi/\omega} \sin\frac{\pi\theta}{\omega} \in H^2(\Omega).$$

Für den Winkel ω gelte $\omega \in (\pi, 2\pi)$. Dann liegt u nicht im Raum $H^2(\Omega)$. Die Konvergenztheorie für lineare finite Elemente (s. Abschnitt 4.4) sagt uns dann, daß man z.B. gemessen in der H^1-Norm mit Standardgittern die ohne Singularität optimale Rate 1 für $u \in H^2(\Omega)$ *nicht* erwarten kann.

Definiert man den gewichteten Sobolev-Raum $H^{2,\alpha}(\Omega)$ durch die Menge aller H^1-Funktionen w mit zusätzlich

$$r^\alpha D^\beta w \in L_2 \quad \text{für} \quad |\beta| = 2,$$

so gilt aber

$$u \in H^{2,\alpha}(\Omega) \quad \text{für} \quad \alpha > 1 - \pi/\omega.$$

Aufgrund dieser analytischen Information konstruiert man ein spezielles Gitter in der Umgebung der Ecksingularität. Die Dreiecke, die den Ursprung als Ecke besitzen, werden so zerlegt, daß die Teilungspunkte entlang der Seiten, die den Ursprung als Ecke besitzen, gemäß

$$\left(\frac{i}{n}\right)^{\gamma} \quad \text{mit} \quad \gamma = 1/(1-\alpha) \quad i = 0, 1, \ldots, n$$

gewählt werden.

Ein Beispiel eines solchen Gitters zeigt die Abbildung 4.14. Dort ist $\gamma = 2$ und $n = 4$, also $\alpha = 1/2$, was für $\omega < 2\pi$ sinnvoll ist.

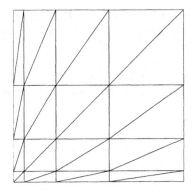

Abbildung 4.14 graduiertes Gitter

Solche Gitter nennt man auch *graduierte Gitter*. Diese geometrisch verfeinerten Gitter in der Umgebung einer Ecksingularität führen mit Hilfe von Interpolationsaussagen in gewichteten Sobolev-Räumen (analog zu den Standard-Resultaten in Abschnitt 4.4) zu asymptotisch optimalen Konvergenzraten. In unserem Beispiel etwa erhält man auf dem graduierten Gitter für den Fehler von linearen finiten Elementen in der H^1-Norm tatsächlich wieder die Ordnung Eins [Gri85].

Verfeinerung einer vorhandenen Zerlegung

(I) Globale gleichmäßige Verfeinerung

Das Grundgebiet Ω wird mit einem groben zulässigen Ausgangsgitter überdeckt und anschließend gleichmäßig verfeinert. Dabei erfolgt eine lokale Verbesserung der Approximation des Randes. Die auftretenden Dreiecke und Vierecke werden durch Seitenhalbierung in jeweils vier Dreiecke bzw. Vierecke zerlegt. Diese Art der Verfeinerung des groben Ausgangsgitters sichert die Zulässigkeit aller erzeugten Zerlegungen. Die Abbildung 4.15 gibt von einer Grundzerlegung ausgehend das durch zwei Verfeinerungen erzeugte Gitter an.

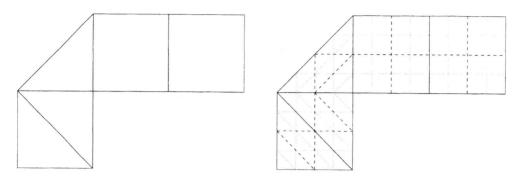

Abbildung 4.15 globale Verfeinerung

(II) Lokale Verfeinerung

Wir betrachten nun zur Erzeugung zulässiger Zerlegungen eine lokale Verfeinerungstechnik, die dem Gittergenerator des Programmes PLTMG [Ban98] zugrunde liegt. Dreiecke werden dabei auf zwei unterschiedliche Weisen weiter unterteilt:

1. Zerlegung eines Dreiecks durch Halbierung aller Seiten in 4 kongruente Dreiecke. Ausgehend von der Bezeichnung im PLTMG-Programm werden diese "rote" Dreiecke genannt;

2. Zerlegung eines Dreieckes in 2 Dreiecke durch Halbierung einer Seite. Diese Paare werden "grüne" Dreiecke, bzw. grüne Zwillinge, genannt. In den nachfolgenden Abbildungen sind diese durch eine unterbrochene Linie markiert.

Die zweite Art der Unterteilung wird nur zur Sicherung der Zulässigkeit der Zerlegung im Nachbardreiecke eingesetzt. Die Abbildung 4.16 zeigt die Erzeugung benachbarter grüner Dreiecke bei einmaliger Zerlegung eines Elementes in vier rote Dreiecke.

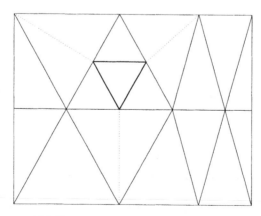

Abbildung 4.16 PLTM-Verfeinerung

Eine weitere Zerlegung der erzeugten grünen Zwillinge wird nicht direkt erlaubt. Ist eine Zerlegung zur Sicherung der Zulässigkeit notwendig, so werden die beiden Teile des

Zwillings zunächst wieder vereinigt und regulär zerlegt. Die typischen Teilschritte einer Weiterzerlegung grüner Dreiecke werden in der Bildfolge von Abbildung 4.17 verdeutlicht.

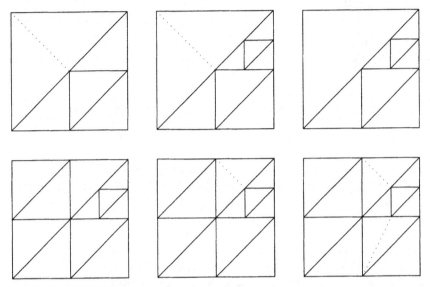

Abbildung 4.17 Weiterzerlegung grüner Dreiecke

Diese im Rahmen von PLTMG entwickelte Zerlegungstrategie sichert, daß alle Innenwinkel der in dem Gittergenerierungsprogramm erzeugten Dreiecke durch eine von der Tiefe der Zerlegung unabhängige positive Konstante nach unten beschränkt bleiben. Durch die vorübergehende Bildung grüner Dreiecke und deren eventueller Auflösung sind die erzeugten Gitter nicht automatisch ineinander geschachtelt. Falls dies jedoch für algorithmische Zwecke im weiteren Finite-Elemente-Programm erforderlich ist, lassen sich durch zusätzliche Auswahlkriterien auch ineinander geschachtelte Gitter erzeugen.

Alternativ zur *Rot-Grün-Verfeinerung* wird auch durch *Bisektion* verfeinert. Dies bedeutet im zweidimensionalen Fall die Zerlegung eines Dreiecks durch Einfügen einer Seitenhalbierenden. Realisiert sind entsprechende Strategien z.B. im System ALBERTA [SS05]. Strategien zur Sicherung der Zulässigkeit der Zerlegung werden sowohl für den zwei- als auch für den weitaus komplizierteren dreidimensionalen Fall in [10] behandelt.

Übung 4.13 Es sei A ein formal selbstadjungierter, positiv semidefiniter, linearer Differentialoperator zweiter Ordnung und $(T, P_T, \sum_T)$ ein finites Element.

a) Man zeige, daß die Elementmatrix E_T zu A symmetrisch und positiv semidefinit ist.

b) Man zeige, daß sich E_T bei Verschiebung oder Drehung von T nicht ändert, sofern A isotrop ist (d.h., invariant bezüglich Kongruenztransformationen) ist.

c) Der Operator A sei isotrop und homogen vom Grade q. Außerdem sei das Element T' dem Element T geometrisch ähnlich. Welcher Zusammenhang besteht zwischen den zugehörigen Elementmatrizen?

Bemerkung: Der Operator A heißt *homogen vom Grad q*, falls mit der Ähnlichkeitstransformation $\lambda t = x$, $\lambda \in \mathbb{R}$ gilt: $A_u(x) = \lambda^q A_i v(t)$, wobei $v(t) = u(\lambda t)$ und A_i der formal von $x = (x_1, x_2, \cdots, x_N)-$ auf $t = (t_1, t_2, \cdots, t_N)-$Koordinaten umgeschriebene Operator $A = A_x$ ist.

d) Man betrachte die Teilaufgaben b) und c) für den Laplace-Operator und den identischen Operator in $\mathbb{R}^N$.

Übung 4.14 Man stelle die Elementmatrix für den Laplace-Operator bei Verwendung des Hermite-Dreiecks vom Typ 3 auf (die 10 Freiheitsgrade für Polynome vom Grad drei sind Funktionswerte und Ableitungen in den Ecken sowie der Funktionswert im Schwerpunkt) und löse das Problem

$$\left\{ \begin{array}{rcll} -\triangle u & = & 1 & \text{in}\quad \Omega = (0,1)^2 \\ u & = & 0 & \text{auf}\quad \partial\Omega \end{array} \right.$$

für eine criss-cross Zerlegung (durch beide Diagonalen) eines regelmäßigen Quadratnetzes.

Übung 4.15 Welchen Differenzenstern erzeugt die FEM

$$T = [-1,1]^2, \quad P = Q_1(T), \quad \sum = \{\sigma_i : \sigma_i(u) = u(\pm 1, \pm 1), \quad i = 1, \cdots, 4\}$$

für die Lösung von $\quad -\triangle u + cu = f \quad$ auf einem achsenparallelen Rechtecknetz?

Übung 4.16 Man berechne die Basis des Bogner-Fox-Schmit-Elementes mit $\hat{T} = [0,1]^2$ sowie die Elementmatrix zum Einheitsoperator I.

4.4 Konvergenztheorie konformer finiter Elemente

4.4.1 Basisaussagen zur Interpolation in Sobolev-Räumen

Für Konvergenzuntersuchungen kann die Methode der finiten Elemente im Fall einer konformen Approximation des Ausgangsraumes V durch einen endlichdimensionalen Raum V_h, d.h. $V_h \subset V$, grundsätzlich als spezielles Ritz-Galerkin-Verfahren betrachtet werden. Die Lemmata von Lax-Milgram bzw. von Cea liefern bei elliptischen Problemen in diesem Fall die Existenz der Lösung der diskreten Probleme bzw. eine Schranke für den Fehler $\|u - u_h\|$ zwischen der Lösung u des Ausgangsproblems und der Finite-Elemente-Lösung u_h. Nach dem Lemma von Cea hat man die Abschätzung

$$\|u - u_h\| \le c \inf_{v_h \in V_h} \|u - v_h\|$$

mit einer Konstanten $c > 0$. Damit konzentrieren sich die Untersuchungen auf die Ermittlung von Schranken für die rechte Seite der Abschätzung, den Approximationsfehler in V_h. Oft ersetzt man den Approximationsfehler durch den Interpolationsfehler. Dann muß man die folgenden zentralen Fragen beantworten:
Wie definiert man eine Interpolierende in V_h und wie kann man den Interpolationsfehler abschätzen?

Bei nichtkonformer Approximation sind weitere Abschätzungen der z.B. durch näherungsweise Behandlung der Randbedingungen oder Zerlegung des Gebietes bzw. näherungsweise Berechnung der Integrale auftretenden zusätzlichen Fehler erforderlich (s. Abschnitt 4.5).

Im Fall von Lagrange-Elementen seien $p^1, ..., p^M$ die Knoten und $\varphi^1, ..., \varphi^M$ die dazugehörige nodale Basis. Dann ist $\Pi : V \mapsto V_h$

$$\Pi u := \sum_{i=1}^{M} u(p^j)\varphi_j \in V_h$$

ein Interpolationsoperator, der wohldefiniert ist, falls die Funktionswerte $u(p^j)$ definiert sind. Im zweidimensionalen Fall ist dafür $u \in H^2$ hinreichend.

Wir schätzen allgemein

$$\|u - \Pi_{\mathcal{Z}} u\|$$

ab für einen linearen, stetigen Projektor in die Menge der stückweisen Polynome k-ter Ordnung über einer Zerlegung $\mathcal{Z}$ von Ω. Dabei konzentrieren wir uns auf eine *affine Familie* von finiten Elementen. Ansatzfunktionen und Freiheitsgrade sind dabei auf einem beliebigen Element durch eine affin-lineare Abbildung der Ansatzfunktionen und Freiheitsgrade auf einem Referenzelement definiert. Ebenso definiert man einen Projektor in den Ansatzraum durch den Projektor auf dem Referenzelement und die entsprechende affin-lineare Abbildung. Die Lagrangeschen P_k-Elemente über einer Dreieckszerlegung sind das Standardbeispiel einer affinen Familie von Elementen.

Interpolationsfehlerabschätzungen gewinnt man nun in drei Schritten:

- Transformation auf das Referenzelement

- Abschätzung auf dem Referenzelement (oft mit dem Bramble- Hilbert-Lemma)

- Rücktransformation

Bevor wir uns dem allgemeinen Fall zuwenden, erklären wir das Vorgehen an einem einfachen Beispiel. Über dem Dreieck K mit den Eckpunkten

$$(x_0, y_0), \quad (x_0 + h, y_0), \quad (x_0, y_0 + h)$$

sei für eine Funktion $u \in H^2$ der Fehler bei linearer Interpolation in den Eckpunkten des Dreiecks in der H^1-Halbnorm abzuschätzen. u^I sei diese lineare Interpolierende. Dann bildet die Transformation

$$\xi = \frac{x - x_0}{h}, \quad \eta = \frac{y - x_0}{h}$$

das Dreieck K auf das Referenzdreieck E mit den Ecken $(0,0)$, $(1,0)$ und $(0,1)$ ab. Transformationsformel für Flächenintegrale und Kettenregel liefern

$$|u - u^I|_{1,K}^2 = 2|K|\frac{1}{h^2}|u - u^I|_{1,E}^2.$$

(dabei bezeichnet $|K|$ den Inhalt von K)
Auf dem Referenzelement E gilt:

$$
\begin{aligned}
(u - u^I)_x(x, y) &= u_x - (u(1,0) - u(0,0)) \\
&= \int_0^1 (u_x(x,y) - u_x(\xi, y) + u_x(\xi, y) - u_x(\xi, 0))\, d\xi \\
&= \int_0^1 \left(\int_\xi^x u_{xx}(\mu, y)\,d\mu + \int_0^y u_{xy}(\xi, \nu)\,d\nu \right) d\xi.
\end{aligned}
$$

Daraus folgt

$$
\|(u - u^I)_x\|_{0,E}^2 \le C\, |u_x|_{1,E}^2 \tag{4.1}
$$

und damit

$$
|u - u^I|_{1,E}^2 \le C |u|_{2,E}^2.
$$

Rücktransformation auf K ergibt dann insgesamt das angestrebte Resultat

$$
|u - u^I|_{1,K}^2 \le C\, h^2\, |u|_{2,K}^2.
$$

Hingewiesen sei darauf, daß man in unserem einfachen Fall aus einer Darstellung des Interpolationsfehlers auf K das Resultat direkt gewinnen könnte.

Nun kommen wir zum allgemeinen Fall eines polyedrischen Grundgebietes $\Omega \subset \mathbb{R}^n$, zerlegt in Teilgebiete Ω_j, $j = 1, \ldots, m$. Dabei seien die Teilmengen Ω_j Normalgebiete, in denen sich der Gauß'sche Integralsatz anwenden läßt, und es gelte (1.3).

Konkret untersuchen wir den Interpolationsfehler exemplarisch im zweidimensionalen Fall bei einer Dreieckszerlegung mit dem Referenzelement

$$
K' = \left\{ \begin{pmatrix} \xi \\ \eta \end{pmatrix} : \xi \ge 0,\ \eta \ge 0,\ \xi + \eta \le 1 \right\}. \tag{4.2}
$$

Es sei erinnert, da ein allgemeines Dreieck $K = \overline{\Omega}_j$ sich mit Hilfe einer affinen Transformation $F_j : K' \longrightarrow K_j$ der Form

$$
x = F_j(p) = B_j p + b^j, \quad p = \begin{pmatrix} \xi \\ \eta \end{pmatrix} \tag{4.3}
$$

eineindeutig dem *Referenzelement* K' zuordnen läßt. Dabei bezeichnen B_j bzw. d^j zugehörig zum Teilgebiet Ω_j eine Matrix bzw. einen Vektor. Zur Vereinfachung der Schreibweise wird im folgenden auf den Index j verzichtet. Es besitze das Originaldreieck die Eckpunkte $\begin{pmatrix} x_1 \\ y_1 \end{pmatrix}$, $\begin{pmatrix} x_2 \\ y_2 \end{pmatrix}$, $\begin{pmatrix} x_3 \\ y_3 \end{pmatrix}$. Dann gilt hierfür speziell

$$
\begin{pmatrix} x \\ y \end{pmatrix} = F(p) = \begin{pmatrix} x_2 - x_1 & x_3 - x_1 \\ y_2 - y_1 & y_3 - y_1 \end{pmatrix} \begin{pmatrix} \xi \\ \eta \end{pmatrix} + \begin{pmatrix} x_1 \\ y_1 \end{pmatrix}. \tag{4.4}
$$

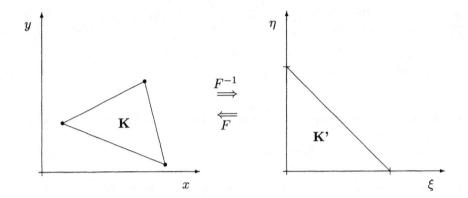

Abbildung 4.18 Transformation auf Referenzdreieck

Die Abbildung 4.18 stellt diese Verbindung grafisch dar.

Jeder Funktion $u(x)$, $x \in K$ wird gemäß

$$v(p) = u(F(p)) \tag{4.5}$$

eine Funktion $v(p)$, $p \in K'$ über dem Referenzelement zugeordnet. Für differenzierbare Abbildungen F erhält man mit der Kettenregel die Beziehung

$$\nabla_p v(p) = F'(p) \nabla_x u(F(p)). \tag{4.6}$$

Es sei h die maximale Seitenlänge aller Dreiecke der Zerlegung des Grundgebietes Ω. Dann gibt es ein $c > 0$ mit

$$\|F'(p)\| \leq ch \qquad \text{für alle } p \in K'. \tag{4.7}$$

Für die Umrechnung der entsprechenden Sobolev-Normen über einem Dreieck K bzw. dem Referenzdreieck K' wird ferner die Funktionaldeterminante

$$s(p) := det\, F'(p)$$

benötigt. Es sei vorausgesetzt, dass

$$s(p) > 0 \qquad \text{für alle } p \in K'$$

gilt. Entsprechend der Regeln zur Variablentransformation bei Integralen gilt

$$\int_K u^2(x)\, dx = \int_{K'} v^2(p) s(p)\, dp \tag{4.8}$$

für die durch (4.5) verknüpften Funktionen. Aus (4.8) folgt für beliebige $u \in L_2(K)$ die Abschätzung

$$\left\{ \inf_{p \in K'} s(p) \right\}^{1/2} \|v\|_{0,K'} \leq \|u\|_{0,K} \leq \left\{ \sup_{p \in K'} s(p) \right\}^{1/2} \|v\|_{0,K'} .$$

Bei der Umrechnung von schwachen Ableitungen höherer Ordnung treten (vgl. (4.6)) weitere Ableitungen der Transformationsfunktion F auf. Wir beschränken uns zunächst auf linear-affine Abbildungen (4.3). Hierfür gilt

LEMMA 4.6 *Es seien das Teilgebiet K und das Referenzelement K' durch eine affine Abbildung*

$$x = F(p) = Bp + b \qquad p \in K' \tag{4.9}$$

eineindeutig einander zugeordnet. Dann gelten für die durch (4.5) transformierten Funktionen folgende Eigenschaften:

i) $u \in H^l(K) \iff v \in H^l(K')$, $l = 0, 1, \ldots$

ii) $|v|_{l,K'} \leq c \|B\|^l |\det B|^{-1/2} |u|_{l,K}$,

$|u|_{l,K} \leq c \|B^{-1}\|^l |\det B|^{1/2} |v|_{l,K'}$.

Beweis: Wir zeigen zunächst die Gültigkeit einer Abschätzung der Art ii) für hinreichend glatte Funktionen u und damit auch für v.

Mit den Regeln der partiellen Differentiation mittelbarer Funktionen folgt aus (4.5), (4.9) die Darstellung

$$\frac{\partial v}{\partial p_j} = \sum_{i=1}^{2} \frac{\partial u}{\partial x_i} \frac{\partial x_i}{\partial p_j}$$

und damit

$$\left| \frac{\partial v}{\partial p_j} \right| \leq \|B\| \max_i \left| \frac{\partial u}{\partial x_i} \right| .$$

Bezeichnet α einen Multiindex, so erhält man aus der angegebenen Abschätzung rekursiv

$$|[D^\alpha v](p)| \leq \|B\|^{|\alpha|} \max_{\beta, |\beta| = |\alpha|} |[D^\beta u](x(p))|, \qquad p \in K'.$$

Unter Beachtung der Normäquivalenz in endlichdimensionalen Räumen folgt somit

$$\sum_{|\alpha| = l} |[D^\alpha v](p)|^2 = c \|B\|^{2l} \sum_{|\beta| = l} |[D^\beta u](x(p))|^2, \qquad p \in K'. \tag{4.10}$$

Die Konstante c hängt dabei von l und im allgemeinen von der Raumdimension (im betrachteten Fall $n = 2$) ab. Aus (4.10) erhält man unter Beachtung der Regeln zur Variablensubstitution bei mehrfachen Integralen

$$
\begin{aligned}
|v|^2_{l,K'} &= \int_{K'} \sum_{|\alpha|=l} |[D^\alpha v](p)|^2 \, dp \leq c\|B\|^{2l} \int_{K'} \sum_{|\beta|=l} |[D^\beta u](x(p))|^2 \, dp \\
&\leq c\|B\|^{2l} |\det B|^{-1} \int_{K} \sum_{|\beta|=l} |[D^\beta u](x)|^2 \, dx \\
&= c\|B\|^{2l} |\det B|^{-1} |u|^2_{l,K} \, .
\end{aligned}
$$

Unter Beachtung von

$$
p = B^{-1}x - B^{-1}b
$$

gelten damit die Abschätzungen ii) für hinreichend glatte Funktionen u bzw. v. Mit der Dichtheit des Raumes $C^l(\overline{K})$ in $H^l(K)$ gilt damit ii).

Die Äquivalenz i) bildet eine unmittelbare Folgerung aus ii). ∎

Zur Abschätzung von $\|B\|$ bzw. $\|B^{-1}\|$ hat man

LEMMA 4.7 *Es seien die Voraussetzungen von Lemma 4.6 erfüllt, und K' sei ein festes, von der Zerlegung unabhängiges Referenzelement. Das Teilgebiet K enthalte einen Kreis mit dem Radius ρ, und es werde umschrieben von einem Kreis mit dem Radius R. Dann gilt*

$$
\|B\| \leq c\,R, \qquad \|B^{-1}\| \leq c\,\rho^{-1}.
$$

Beweis: Da K' ein festes, nichtentartetes Referenzelement ist, gibt es Kreise mit dem Radius ρ' bzw. R', die in K' enthalten sind bzw. K' umfassen. Da K' einen Kreis mit dem Radius ρ' vollständig enthält, gibt es ein $p_0 \in K'$ mit

$$
p_0 + p \in K'
$$

für beliebige p mit $\|p\| = \rho'$. Für die nach (4.9) zugeordneten Punkte

$$
x_0 = Bp_0 + b \qquad \text{bzw.} \qquad x = B(p_0 + p) + b
$$

gilt $x_0, x \in K$. Wegen der getroffenen Voraussetzungen gilt damit auch

$$
\|x - x_0\| \leq 2\,R.
$$

Hieraus erhält man nun

$$
\|B\| = \frac{1}{\rho'} \sup_{\|p\|=\rho'} \|Bp\| \leq \frac{1}{\rho'}\|x - x_0\| \leq 2\frac{R}{\rho'}.
$$

Die zweite Abschätzung erhält man analog, wobei die Rollen von K und K' zu vertauschen sind. ∎

Bei der Anwendung dieses Lemmas kommen der Durchmesser h_K eines Elementes (im zweidimensionalen Fall ist dies für ein Dreieck die maximale Seitenlänge) und der Inkreisradius ρ_K ins Spiel. Um generell Abschätzungen allein mit Hilfe von h_K formulieren zu können, fordert man

$$\frac{h_K}{\rho_K} \leq \sigma \tag{4.11}$$

für alle Elemente K auf der Klasse der betrachteten Zerlegungen $\mathcal{Z}$. Eine Klasse von Triangulationen, die dieser Bedingung genügt, heißt *quasi-uniform*.
(hingewiesen sei darauf, daß diese Bezeichnung in der Literatur nicht einheitlich verwendet wird)

Bei Dreieckszerlegungen im zweidimensionalen Fall ist die Bedingung äquivalent zur *Minimalwinkelbedingung* nach Zlamal [127]:

$$\alpha \geq \underline{\alpha} > 0. \tag{4.12}$$

Dabei bezeichnet α einen beliebigen Innenwinkel eines Dreieckes der zugrunde liegenden Zerlegung, und $\underline{\alpha} > 0$ bildet eine von der Klasse der verwendeten Zerlegungen unabhängige Schranke.

Insgesamt sei noch einmal darauf hingewiesen, dass Regularitätsbedingungen an Zerlegungen stets im asymptotischen Sinn für $h \to 0$ zu fordern sind. Jede einzelne Zerlegung des Grundgebietes erfüllt wegen der endlichen Anzahl der darin enthaltenen Einzelelemente z.B. trivialerweise die Minimalwinkelbedingung.

Bisher haben wir nur affine Transformationen zwischen Elementen K der Zerlegung und dem Referenzelement K' betrachtet. Insbesondere zur Approximation krummliniger Ränder, aber auch zur Behandlung von z.B. bilinearen Elementen werden auch nichtlineare Transformationen betrachtet. Analog zur linearen Situation sind gewisse Regularitätsvoraussetzungen zu fordern.

Eine allgemeinere nichtlineare Transformation

$$x = F(p), \qquad p \in K' \tag{4.13}$$

zwischen den Elementen der Zerlegung $\mathcal{Z}$ des Grundgebietes und dem Referenzelement heißt regulär (vgl. [MW77]), falls es Konstanten c_0, c_1, c_2 derart gibt, dass

$$|v|_{r,K'} \leq c_1 \left\{ \inf_{p \in K'} s(p) \right\}^{-1/2} h^r \|u\|_{r,K}, \tag{4.14}$$

$$|v|_{r,K'} \geq c_2 \left\{ \sup_{p \in K'} s(p) \right\}^{-1/2} h^r |u|_{r,K}, \tag{4.15}$$

$$0 < \frac{1}{c_0} \leq \frac{\sup\limits_{p \in K'} s(p)}{\inf\limits_{p \in K'} s(p)} \leq c_0 \tag{4.16}$$

für alle $u \in H^r(K)$ gilt. Dabei ist wieder $s(p) = det\, F'(p)$. Da im Fall affiner Transformationen (4.4) die zugehörige Funktionaldeterminate $s(p)$ konstant ist, sind diese Transformationen trivialerweise regulär. Ferner kann (4.14) sachgemäß verschärft werden zu

$$|v|_{r,K'} \leq c_1 \left\{ \inf_{p \in K'} s(p) \right\}^{-1/2} h^r |u|_{r,K}. \tag{4.17}$$

Auf dem Referenzelement wird der Interpolationsfehler oft mit dem nachfolgend angegebenen Lemma abgeschätzt. Dabei nennen wir ein Funktional q auf einem Raum V sublinear und beschränkt, falls

$$|q(u_1 + u_2)| \leq |q(u_1)| + |q(u_2)| \text{ und } |q(u)| \leq C \,\|u\|$$

für alle $u_1, u_2, u \in V$ gelten.

LEMMA 4.8 (Bramble/Hilbert) *Es sei $B \subset R^n$ ein Normalgebiet, und es bezeichne q ein sublineares, beschränktes Funktional auf $H^{k+1}(B)$. Dabei gelte*

$$q(w) = 0 \qquad \text{für alle } w \in P_k. \tag{4.18}$$

Dann gibt es eine nur vom Gebiet B abhängige Konstante $c = c(B) > 0$ derart, daß

$$|q(v)| \leq c\,|v|_{k+1,B} \qquad \text{für alle } v \in H^{k+1}(B). \tag{4.19}$$

Beweis: Es sei $v \in H^{k+1}(B)$ eine beliebige, aber fest gewählte Funktion. Wir konstruieren ein zugehöriges Polynom $w \in P_k$ derart, daß

$$\int_B D^\alpha(v + w)\, dx = 0 \qquad \text{für alle } |\alpha| \leq k \tag{4.20}$$

gilt. Als Polynom k-ten Grades besitzt w eine Darstellung

$$w(x) = \sum_{|\beta| \leq k} c_\beta x^\beta$$

mit geeigneten Koeffizienten $c_\beta \in \mathbb{R}$. Dabei bezeichne $\beta = (\beta_1, ..., \beta_n)$ einen Multiindex, und wir definieren $x^\beta := \prod_{i=1}^{n} x_i^{\beta_i}$. Mit der Linearität der verallgemeinerten Ableitung D^α erhält man aus (4.20) nun

$$\sum_{|\beta| \leq k} c_\beta \int_B D^\alpha x^\beta\, dx = -\int_B D^\alpha v\, dx, \qquad |\alpha| \leq k, \tag{4.21}$$

also ein lineares Gleichungssystem zur Bestimmung der Koeffizienten $c_\beta \in R$, $|\beta| \leq k$ des Polynoms w. Wegen $D^\alpha x^\beta = 0$ für alle Multiindizes α, β mit $\alpha_i > \beta_i$ für mindestens ein $i \in \{1, ..., n\}$ ist das System (4.21) gestaffelt. Es läßt sich beginnend mit Indizes β mit $\beta_j = k$ für ein $j \in \{1, ..., n\}$ auflösen. Für derartige Multiindizes β gilt

$$c_\beta = -\frac{1}{k!\, meas(B)} \int\limits_B D^\alpha v\, dx.$$

Die weiteren Koeffizienten lassen sich nun rekursiv aus (4.21) bestimmen.

Damit ist gezeigt, daß ein zu v gehöriges Polynom $w \in P_k$ existiert, das (4.20) genügt. Mit der Poincaré-Ungleichung in der Form

$$\|u\|^2_{k+1,B} \leq c \left\{ |u|^2_{k+1,B} + \sum_{|\alpha| \leq k} |\int\limits_B D^\alpha u\, dx|^2 \right\} \quad \text{für alle } u \in H^{k+1}(B)$$

erhält man unter Beachtung von $w \in P_k$ die Abschätzung

$$\|v + w\|^2_{k+1,B} \leq c\, |v + w|^2_{k+1,B} = c\, |v|^2_{k+1,B}.$$

Dann folgt aus der Sublinearität von q

$$|q(v)| \leq |q(v+w)| + |q(w)|,$$

also gilt insgesamt die Abschätzung

$$|q(v)| \leq c\, \|v + w\|_{k+1,B} \leq c\, |v + w|_{k+1,B} = c\, |v|_{k+1,B}$$

wie behauptet. ∎

Bemerkung 4.2 Oft wird das Bramble-Hilbert-Lemma für stetige Linearformen formuliert. Durch zweimalige Nutzung des obigen Beweisgedankens kann in analoger Weise eine Abschätzung für stetige Bilinearformen $S : H^{k+1}(B) \times H^{r+1}(B) \longrightarrow \mathbb{R}$ mit

i) $S(u,v) = 0$ für alle $u \in H^{k+1}(B)$, $v \in P_r$,
ii) $S(u,v) = 0$ für alle $u \in P_k$, $v \in H^{r+1}(B)$

abgeleitet werden. Man erhält dann

$$|S(u,v)| \leq c\, |u|_{k+1,B} |v|_{r+1,B} \quad \text{für alle } u \in H^{k+1}(B), \ v \in H^{r+1}(B). \tag{4.22}$$

Zuweilen ist es nützlich, diese Modifikation des Bramble-Hilbert-Lemmas anzuwenden.

Nun benutzen wir das Bramble-Hilbert-Lemma, um die Differenz zwischen einer gegebenen Funktion und ihrer Projektion auf Polynome vom Grad k abzuschätzen:

LEMMA 4.9 *Es sei $k \geq r$, und es bezeichne $\Pi : H^{k+1}(B) \longrightarrow P_k \subset H^r(B)$ einen linearen, stetigen Projektionsoperator. Dann existiert eine Konstante $c > 0$ mit*

$$\|v - \Pi v\|_{r,B} \leq c\, |v|_{k+1,B} \quad \text{für alle } v \in H^{k+1}(B).$$

Dies ist eine unmittelbare Folgerung aus dem Bramble-Hilbert-Lemma, da $\| \cdot \|_r$ ein sublineares, beschränktes Funktional ist.

Zur Ableitung von Interpolationsfehlerabschätzungen für eine affine Familie von finiten Elementen wird das obige Lemma nun auf dem Referenzgebiet $B = K'$ angewandt.

SATZ 4.1 *Gegeben sei eine affine Familie von finiten Elementen über einer quasi-uniformen Zerlegung $\mathcal{Z}$. Es sei $\Pi_{\mathcal{Z}} : H^{k+1}(\Omega) \longrightarrow P_{\mathcal{Z},k}(\Omega)$ ein über der Zerlegung $\mathcal{Z}$ von Ω stückweise erklärter Projektor in die Menge der stückweisen Polynome k-ter Ordnung. Dann gibt es eine Konstante $c > 0$ mit*

$$\|u - \Pi_{\mathcal{Z}} u\|_{r,\Omega} \leq c\, h^{k+1-r} |u|_{k+1,\Omega}. \tag{4.23}$$

Beweis: Es seien Ω_j, $j = 1, \ldots, m$ die Elemente der Zerlegung $\mathcal{Z}$. Damit gilt

$$\|u - \Pi_{\mathcal{Z}} u\|_{r,\Omega}^2 = \sum_{j=1}^{m} \|u - \Pi_{\Omega_j} u\|_{r,\Omega_j}^2. \tag{4.24}$$

Wir untersuchen nun den Fehler über einem Teilgebiet Ω_j näher. Es bezeichne $K \in \mathcal{Z}$ ein beliebiges, festes Element der Zerlegung $\mathcal{Z}$, und K' sei das einheitliche Referenzelement.
Schritt 1: Lemma 4.6 und 4.7 liefern

$$\|u - \Pi u\|_{r,K} \leq c\, |det B|^{1/2} \rho_K^{-r} \|u - \Pi u\|_{r,K'}.$$

Schritt 2: Anwendung von Lemma 4.9 auf dem Referenzelement:

$$\|u - \Pi u\|_{r,K'} \leq c\, |u|_{k+1,K'}.$$

Schritt 3: Rücktransformation auf K:

$$|u|_{k+1,K'} \leq c\, |det B|^{-1/2} h_K^{k+1} |u|_{k+1,K}.$$

Die Kombination dieser Abschätzungen ergibt die Behauptung, wenn man Quasi-Uniformität voraussetzt. ∎

Hingewiesen sei darauf, daß man ein analoges Resultat für reguläre Transformationen beweisen kann. Das Problem besteht allerdings darin, im konkreten Fall die notwendigen Eigenschaften regulärer Transformationen nachzuweisen.

Nun diskutieren wir noch kurz die Frage, ob eine Zerlegung notwendig quasi-uniform sein muß. Manchmal verwendet man nämlich gerne *anisotrope* Elemente; z.B. bei Problemen mit Kantensingularitäten, im Fall dominanter Konvektion oder allgemein bei singulär gestörten Problemen.

Der Einfachheit halber schauen wir uns jetzt achsenparallele Rechtecke mit den Seitenlängen h_1 und h_2 an. Das Element heißt anisotrop, falls z.B. h_1/h_2 auf der betrachteten Klasse von Zerlegungen nicht gleichmäßig nach oben beschränkt ist. Was passiert dann mit dem Interpolationsfehler bei bilinearen Elementen?

Die obige Transformationstechnik liefert

$$\|(u - \Pi u)_y\|_0^2 \leq C\left(h_1^2 + h_2^2 + \left(\frac{h_1^2}{h_2}\right)^2\right)|u|_2^2.$$

Es sieht so aus, als ob man anisotrope Elemente nicht verwenden kann. Ein besseres Resultat erhält man allerdings, wenn man auf dem Referenzelement nicht

$$\|(u - \Pi u)_y\|_0^2 \leq C|u|_2^2$$

anwendet, sondern die schärfere Abschätzung (siehe [6] oder [KN96]; im Fall linearer Elemente auch (4.1))

$$\|(u - \Pi u)_y\|_0^2 \leq C|u_y|_1^2.$$

Dann erhält man

$$\|u - \Pi u\|_1^2 \leq C(h_1^2|u_x|_1^2 + h_2^2|u_y|_1^2).$$

Diese Abschätzung zeigt, daß anisotrope Elemente durchaus sinnvoll sind, wenn die zu interpolierende Funktion ein anisotropes Verhalten ausweist, also x- und y-Ableitung von unterschiedlicher Größenordnung sind. Ähnliche Abschätzungen gibt es auch für Dreieckselemente und auch im dreidimensionalen Fall. Eine geometrische Interpretation der Ergebnisse für anisotrope Dreiecksnetze zeigt, daß man die Minimalwinkelbedingung durch die *Maximalwinkelbedingung* ersetzen kann:

$$\alpha \leq \bar\alpha \qquad \text{mit} \quad \bar\alpha < \pi.$$

4.4.2 Hilbert-Raum-Fehlerabschätzungen

Mit Hilfe der bereitgestellten Interpolationsaussagen in Sobolev-Räumen und des Lemmas von Cea ergeben sich unmittelbar Konvergenzabschätzungen für konforme Finite-Elemente-Methoden. Es sei $\Omega \subset \mathbb{R}^n$ ein polyedrisches Grundgebiet. Als abstraktes Ausgangsproblem betrachten wir die Variationsgleichung

$$a(u, v) = f(v) \qquad \text{für alle } v \in V \tag{4.25}$$

mit einem stetigen linearen Funktional $f : V \to \mathbb{R}$ und einer V-elliptischen, stetigen Bilinearform $a : V \times V \to \mathbb{R}$. Dabei sei $V \subset H^m(\Omega)$ ein entsprechender Sobolev-Raum ($m \geq 1$, ganz).

Bei den Konvergenzuntersuchungen für konforme FEM-Näherungen von (4.25) sei eine quasi-uniforme Zerlegung $\mathcal{Z}$ mit einem einheitlichen Referenzelement K' gegeben. Für einen zugehörigen, durch stückweise Polynome definierten Finite-Elemente-Raum V_h gelte $P_{\mathcal{Z},k}(\Omega) \subset V_h \subset V$.

SATZ 4.2 *Die Lösung u des Ausgangsproblems (4.25) genüge der Regularitätsforderung $u \in V \bigcap H^{k+1}(\Omega)$ mit einem $k \geq m$, und es seien die Voraussetzungen von Satz 4.1 erfüllt. Dann besitzen die diskreten Probleme*

$$a(u_h, v_h) = f(v_h) \qquad \text{für alle } v_h \in V_h \tag{4.26}$$

eine eindeutige Lösung $u_h \in V_h$. Mit einer Konstanten $c > 0$ gilt dabei

$$\|u - u_h\| \leq c\,h^{k+1-m} |u|_{k+1,\Omega}. \tag{4.27}$$

Beweis: Da nach Voraussetzung $V_h \subset V$ gilt, übertragen sich Stetigkeit und Elliptizität von $a(\cdot, \cdot)$ auch auf V_h. Mit dem Lemma von Lax-Milgram folgt die Existenz und Eindeutigkeit der Lösung $u_h \in V_h$ von (4.26). Mit Hilfe des Lemmas von Cea erhält man nun die Abschätzung

$$\|u - u_h\| \leq c \inf_{v_h \in V_h} \|u - v_h\| \leq c\|u - \Pi_Z u\|.$$

Die Anwendung des Satzes 4.1 liefert schließlich die Ungleichung (4.27). ∎

Einen wichtigen Spezialfall für elliptische Randwertaufgaben zweiter Ordnung erhält man hieraus für $m = 1$, d.h. $V \hookrightarrow H^1(\Omega)$. Wir formulieren diesen für homogene Dirichlet-Bedingungen noch einmal als

KOROLLAR 4.1 *Es sei $V = H^1_0(\Omega)$, und die Lösung u der Variationsgleichung (4.25) genüge der Regularitätsbedingung $u \in V \bigcap H^{k+1}(\Omega)$ mit einem $k \geq 1$. Ferner seien die Voraussetzungen von Satz 4.1 erfüllt. Dann besitzen die diskreten Probleme*

$$a(u_h, v_h) = f(v_h) \qquad \text{für alle } v_h \in V_h$$

eine eindeutige Lösung $u_h \in V_h$, und mit einer Konstanten $c > 0$ gilt

$$\|u - u_h\|_{1,\Omega} \leq c\,h^k |u|_{k+1,\Omega}. \tag{4.28}$$

Als unmittelbares Ergebnis hieraus erhält man speziell für die Poisson-Gleichung:

KOROLLAR 4.2 *Es bezeichne $\Omega \subset \mathbb{R}^n$ ein polyedrisches Gebiet, und es sei $u \in V \bigcap H^2(\Omega)$ mit $V := H^1_0(\Omega)$ Lösung der zur Aufgabe*

$$-\Delta u = f \quad \text{in } \Omega, \qquad u|_\Gamma = 0$$

gehörigen Variationsgleichung

$$\int\limits_\Omega \nabla u \nabla v\, dx = \int\limits_\Omega fv\, dx \qquad \text{für alle } v \in V.$$

Dann gilt für die mit der Methode der finiten Elemente mit stückweise linearen C^0-Ansätzen über einer quasi-uniformen Dreieckszerlegung der Feinheit h erzeugten Näherungslösung u_h die Abschätzung

$$\|u - u_h\|_{1,\Omega} \leq c\,h\,|u|_{2,\Omega} \tag{4.29}$$

mit einer Konstanten $c > 0$.

Bemerkung 4.3 Die in die Fehlerabschätzungen von Korollar 4.1 bzw. 4.2 eingehenden Konstanten kann man unter zusätzlichen Voraussetzungen explizit ermitteln, wobei der dazu erforderliche Aufwand mit wachsendem k steigt. Im Fall linearer Elemente verweisen wir zur Berechnung der Konstanten auf [82]. Trotz der prinzipiellen Verfügbarkeit der Konstanten stehen damit noch keine quantitativen Aussagen über den Fehler zur Verfügung, da es nur in den seltensten Fällen gelingt, auch $|u|_{k+1}$ durch berechenbare Größen zu ersetzen. $\square$

Bemerkung 4.4 Vorgegebene Randbedingungen bei elliptischen Randwertproblemen sind entweder bei der Definition des für die schwache Formulierung zugrundegelegten Funktionenraumes (wesentliche Randbedingungen) oder in der konkreten Form des bilinearen Operators $a(\cdot, \cdot)$ bzw. des linearen Funktionals $f(\cdot)$ (natürliche Randbedingungen) zu berücksichtigen. Wir verweisen bezüglich der Zuordnung einer schwachen Formulierung zu einem gegebenen Randwertproblem auf die Ausführungen in Kapitel 3.

Lassen sich die wesentlichen Randbedingungen einer Randwertaufgabe nicht exakt in dem gewählten Ansatzraum V_h erfassen, so müssen geeignete Modifikationen der Methode der finiten Elemente angewandt werden. Hierfür eignen sich z.B.:

- nichtkonforme finite Elemente;

- gemischte finite Elemente;

- Penalty-Methoden.

Die Grundprinzipien der genannten Techniken werden in den folgenden Abschnitten des Buches dargestellt, und es werden dort einige wichtige Eigenschaften dieser Methoden analysiert.

Die im Satz 4.2 bzw. im Korollar 4.1 angegebenen Abschätzungen liefern im Sinne der $L_2(\Omega)$-Mittelung sowohl Schranken für die Funktionswerte als auch für die entsprechenden verallgemeinerten Ableitungen. Betrachtet man die zugrunde liegenden Interpolationsaussagen, z.B. Satz 4.2, so ist ersichtlich, daß die Approximationsordnung umso niedriger ist, desto höher der Grad der in die Normen einbezogenen Ordnung der verallgemeinerten Ableitung ist. Es liegt daher nahe zu fragen, ob sich z.B. nicht nur (4.29), sondern auch eine Abschätzung

$$\|u - u_h\|_{0,\Omega} \le c\, h^2 |u|_{2,\Omega} \tag{4.30}$$

zeigen läßt. Eine direkte Ableitung dieser Ungleichung aus Satz 4.2, etwa durch Wahl $V := L_2(\Omega)$, ist jedoch nicht möglich, da in diesem Raum die Bilinearform $a(\cdot, \cdot)$ nicht mehr V-elliptisch ist.

Ein Weg zur Gewinnung von Abschätzungen des Typs (4.30) liefert eine auf Aubin und Nitsche zurückgehende Technik, bei der die Variationsgleichung selbst zum Übergang zwischen der H^1-Norm und der L_2-Norm genutzt wird (kurz: *Nitsche-Trick*). Dazu bestimmt man ein geeignetes $w \in V$ mit

$$a(u - u_h, w) = (u - u_h, u - u_h). \tag{4.31}$$

Dabei bezeichnet $(\cdot,\cdot)$ das Skalarprodukt im $L_2(\Omega)$. Um die $H^1(\Omega)$-Abschätzung (4.29) nutzen zu können, wird gefordert, daß für beliebiges $g \in L_2(\Omega)$ die zugehörige Lösung $w \in V$ der Variationsgleichung

$$a(v,w) = (g,v) \qquad \text{für alle } v \in V \tag{4.32}$$

auch der Bedingung $w \in H^2(\Omega)$ genügt und daß ein $c > 0$ existiert mit

$$|w|_{2,\Omega} \leq c\,\|g\|_{0,\Omega}. \tag{4.33}$$

Die Variationsgleichung (4.32) heißt eine zum Ausgangsproblem (4.25) *adjungierte Aufgabe*.

Es ist zu bemerken, daß sich die Bilinearität, Stetigkeit und V-Elliptizität von $a(\cdot,\cdot)$ auch unmittelbar auf den durch Vertauschung der Argumente definierten Operator

$$a^*(u,v) := a(v,u) \qquad \text{für alle } u,\ v \in V$$

übertragen. Ferner ist wegen

$$|(g,v)| \leq \|g\|_{0,\Omega}\|v\|_{0,\Omega} \leq c\,\|g\|_{0,\Omega}\|v\| \qquad \text{für alle } v \in V$$

auch $(g,\cdot) \in V^*$ für beliebiges $g \in L_2(\Omega.$ Damit folgt die eindeutige Lösbarkeit der adjungierten Aufgabe (4.32) aus dem Lemma von Lax-Milgram. Die Regularitätsvoraussetzung $w \in H^2(\Omega)$ und die geforderte Abschätzung (4.33) sind jedoch nicht automatisch erfüllt. Sie stellen Zusatzforderungen an das Grundgebiet Ω und an Lage und Art der Randbedingungen der zugrunde liegenden Randwertaufgabe dar.

SATZ 4.3 *Es sei* $V \hookrightarrow H^1(\Omega)$, *und die Lösung* u *des Problems (4.25) genüge* $u \in V \bigcap H^{k+1}(\Omega)$ *mit einem* $k \geq 1$. *Ferner seien die Voraussetzungen von Satz 4.1 erfüllt. Für beliebiges* $g \in L_2(\Omega)$ *genüge die Lösung* w *der adjungierten Aufgabe (4.32) der Bedingung* $w \in V \bigcap H^2(\Omega)$, *und es gelte die Abschätzung (4.33). Dann besitzen die diskreten Probleme (4.26) eine eindeutige Lösung* $u_h \in V_h$, *und es gibt eine Konstante* $c > 0$ *mit*

$$\|u - u_h\|_{0,\Omega} \leq c\,h^{k+1}\,|u|_{k+1,\Omega}. \tag{4.34}$$

Beweis: Da $u \in V$ der Variationsgleichung (4.25) und $u_h \in V_h$ der zugehörigen diskreten Variationsgleichung (4.26) genügen, gilt mit $V_h \subset V$ die Beziehung

$$a(u - u_h, v_h) = 0 \qquad \text{für alle } v_h \in V_h. \tag{4.35}$$

Mit $V_h \subset V \hookrightarrow L_2(\Omega)$ hat man $u - u_h \in L_2(\Omega)$. Folglich besitzt die adjungierte Aufgabe

$$a(v,w) = (u - u_h, v) \qquad \text{für alle } v \in V \tag{4.36}$$

eine eindeutige Lösung $w \in V$. Dabei gilt wegen der getroffenen Voraussetzungen die Abschätzung

$$|w|_{2,\Omega} \leq c\,\|u - u_h\|_{0,\Omega} \tag{4.37}$$

Wählt man in (4.36) nun $v = u - u_h$, so folgt mit (4.35) die Abschätzung

$$
\begin{aligned}
\|u - u_h\|_{0,\Omega}^2 &= (u - u_h, u - u_h) = a(u - u_h, w - v_h) \\
&\leq M \, \|u - u_h\|_{1,\Omega} \|w - v_h\|_{1,\Omega} \qquad \text{für alle } v_h \in V_h.
\end{aligned}
\tag{4.38}
$$

Nach Korollar 4.1 hat man

$$
\|u - u_h\|_{1,\Omega} \leq c\, h^k \, |u|_{k+1,\Omega}.
\tag{4.39}
$$

Mit Satz 4.1 sowie (4.37) folgt andererseits

$$
\|w - \Pi_h w\|_{1,\Omega} \leq c\, h \, |w|_{2,\Omega} \leq c\, h \, \|u - u_h\|_{0,\Omega}.
$$

Dies liefert mit (4.38) für $v_h = \Pi_h w$ und mit (4.39) erhält man schließlich

$$
\|u - u_h\|_{0,\Omega} \leq c\, h^{k+1} \, |u|_{k+1,\Omega}. \quad \blacksquare
$$

Insgesamt ist jedoch kritisch zu vermerken, daß die für entsprechende Konvergenzabschätzungen vorausgesetzte hohe Regularität der Lösung u von (4.25) in der Form $u \in H^{k+1}(\Omega)$ nicht immer realistisch ist. Insbesondere besitzen die Ableitungen von u in Ecken des Grundgebietes Ω Singularitäten. Auch beeinflussen die Art der Randbedingungen und speziell der Übergang zwischen unterschiedlichen Typen dieser sehr stark die Regularität der Lösung des Ausgangsproblems (vgl. z.B. Abschnitt 3.2).

Wir geben daher ein Konvergenzresultat ohne zusätzliche Glattheitsforderungen an die Lösung u als Ergänzung an. Es werden dabei stückweise lineare, stetige Dreieckselemente zur Approximation von (4.25) mit $V \subset H^1(\Omega)$ betrachtet. Hierzu gilt

SATZ 4.4 *Es sei* $\Omega \subset \mathbb{R}^2$ *ein polyedrisches Gebiet, und es gelte* $V \subset H^1(\Omega)$. *Ferner sei* $H^2(\Omega)$ *dicht in* V *bzgl. der Norm* $\|\cdot\|_{1,\Omega}$. *Für reguläre Triangulierungen* $\mathcal{Z}_h$ *der Feinheit* $h > 0$ *liefern stückweise lineare* C^0-*Elemente mit* $V_h \subset V$ *Näherungslösungen* $u_h \in V_h$ *für (4.25), die in der* H^1-*Norm gegen* u *konvergieren, d.h. es gilt*

$$
\lim_{h \to +0} \|u - u_h\|_{1,\Omega} = 0.
$$

Beweis: Es sei $\varepsilon > 0$, beliebig gewählt. Da $H^2(\Omega)$ dicht in V liegt, existiert ein $w \in H^2(\Omega)$ mit

$$
\|u - w\|_{1,\Omega} \leq \varepsilon.
$$

Andererseits läßt sich w nach Satz 4.1 eine Projektion $\Pi_h w \in V_h$ zuordnen, und es gilt

$$
\|w - \Pi_h w\|_{1,\Omega} \leq c\, h \, |w|_{2,\Omega}.
$$

Für hinreichend kleines $h > 0$ erhält man damit auch

$$
\|w - \Pi_h w\|_{1,\Omega} \leq \varepsilon.
$$

Mit der Dreiecksungleichung folgt

$$\|u - \Pi_h w\|_{1,\Omega} \leq \|u - w\|_{1,\Omega} + \|w - \Pi_h w\|_{1,\Omega} \leq 2\varepsilon.$$

Das Lemma von Cea (vgl. Abschnitt 3.3) liefert nun

$$\|u - u_h\|_{1,\Omega} \leq c\varepsilon,$$

falls nur $h > 0$ hinreichend klein ist. Da $\varepsilon > 0$ beliebig gewählt wurde, gilt damit die Behauptung. ■

Bemerkung 4.5 (Optimale Approximation und Finite-Element-Methoden)
Es sei X ein normierter Raum, $A \subset X$ und E_N ein N-dimensionaler Teilraum von X. In der Approximationstheorie mißt man die Approximationsgüte (N-width) durch

$$d_N(A, X) = \inf_{E_N} \sup_{f \in A} \inf_{g \in E_N} \|f - g\|_X .$$

Z.B. nach [71] gilt für $X = H_0^1(\Omega)$ und

$$A := \left\{ u \in X : \quad -\triangle u + cu = f, \, f \in H^s, \, \|f\|_s = 1 \right\}$$

im d-dimensionalen Fall die Abschätzung

$$d_N \geq C N^{-(s-1)/d}.$$

Dies zeigt, daß etwa für $s = 0$ lineare finite Elemente asymptotisch optimale Fehlerabschätzungen in der H^1-Norm liefern und man aus dieser Sicht nicht nach besseren Ansatzräumen suchen muß. □

Bemerkung 4.6 (Interpolierende oder polynomiale Approximation?)
Natürlich ist es möglich, statt der Interpolierenden andere Projektionen in den Finite-Elemente-Raum zu nutzen. Dieser Weg wird z.B. in [BS94], Kapitel 4 beschritten. Im Zusammenhang mit a posteriori Fehlerschätzern benötigt man solche Quasi-Interpolierenden, wie wir noch sehen werden.

Für die Analyse von *gitterfreien Diskretisierungsmethoden* wird in [88] beschrieben, welche Eigenschaften von Systemen allgemeiner Ansatzfunktionen hinreichend dafür sind, daß man optimale Approximationeigenschaften nachweisen kann. Grundlegend dafür sind ebenfalls die genannten polynomialen Approximationen in Sobolev-Räumen. □

4.4.3   Inverse Ungleichungen und punktweise Fehlerabschätzungen

Interessiert man sich für den Fehler einer FE-Approximation in einem Punkt (oder in der L_∞-Norm), so liefert zunächst der Interpolationsfehler einen Anhaltspunkt für die Güte der zu erwartenden Aussagen. So kann man z.B. für lineare Elemente analog zu Satz 4.1 für den Interpolationsfehler

$$\|u - \Pi u\|_\infty \leq \begin{cases} Ch & \text{für} \quad u \in H^2, \\ Ch^2 & \text{für} \quad u \in W_\infty^2 \end{cases}$$

beweisen. Bestenfalls kann man für $\|u - u_h\|_\infty$ ähnliche Resultate erwarten.

Der Beweis von optimalen L_∞-Abschätzungen ist jedoch ungleich schwieriger als die Beweise aus Abschnitt 4.4.1 und 4.4.2. Beschränkt man sich darauf, für $u \in H^2$ lediglich die Konvergenzordnung $O(h)$ in der L_∞-Norm nachweisen zu wollen, so ist ein relativ einfacher Beweis auf der Basis *inverser Ungleichungen* möglich.

Inverse Ungleichungen verknüpfen verschiedene Normen von Finite-Elemente-Räumen. Da in endlichdimensionalen Räumen alle Normen äquivalent sind, kann man unterschiedliche Normen gegeneinander abschätzen. Analysiert man die in derartige Abschätzungen eingehenden Konstanten in einem Raum V_h bezüglich der expliziten Abhängigkeit von h, so nennt man das Resultat *inverse Ungleichung*. Als Beispiel einer solchen Ungleichung beweisen wir:

LEMMA 4.10 *Es sei V_h der Raum der linearen finiten Elemente über einer quasiuniformen Triangulation eines polygonalen zweidimensionalen Gebietes. Unter der inversen Voraussetzung*

$$\frac{h}{h_K} \leq \nu \quad \textit{für alle Elemente K der Triangulation}$$

gilt dann

$$\|v_h\|_\infty \leq \frac{C}{h}\|v_h\|_0 \quad \textit{für alle} \quad v_h \in V_h$$

mit einer von h unabhängigen Konstanten C.

Beweis: Sind $v_{i,K}$ die Funktionswerte der linearen Funktion $v_h|_K$ in den Ecken, $v_{ij,K}$ die Funktionswerte in den Seitenmittelpunkten und ist $v_{111,K}$ der Funktionswert im Schwerpunkt, so gilt

$$\|v_h\|_{0,K}^2 = \frac{1}{60}\left(3\sum_i v_{i,K}^2 + 8\sum_{i<j} v_{ij,K}^2 + 27 v_{111,K}^2\right) meas\, K \geq c h_K^2 (\max_i |v_{i,K}|)^2.$$

Andererseits ist

$$\|v_h\|_{\infty,K} = \max_i |v_{i,K}|.$$

Bei Quasi-Uniformität hat man also die lokale inverse Ungleichung

$$||v_h||_{\infty,K} \leq \frac{C}{h_K}||v_h||_{0,K} \quad \text{für alle} \quad v_h \in V_h$$

Aus der inversen Voraussetzung folgt dann sofort die Behauptung, die globale Version der inversen Ungleichung. ∎

Genügt eine Familie von Triangulationen der inversen Voraussetzung, so spricht man auch von einer *uniformen* Triangulation.

Oft beweist man inverse Ungleichungen derart, daß man ähnlich wie bei den Interpolationsfehlerabschätzungen auf ein Referenzelement transformiert und auf dem Referenzelement mit der Äquivalenz von Normen auf endlichdimensionalen Räumen argumentiert.

Häufig angewendet werden die inversen Ungleichungen

$$||v_h||_{\infty} \leq \frac{C}{h^{n/2}}||v_h||_0 \quad \text{für alle} \quad v_h \in V_h \quad (n \text{ ist die Raumdimension})$$

und

$$|v_h|_1 \leq \frac{C}{h}||v_h||_0 \quad \text{für alle} \quad v_h \in V_h.$$

(s. Theorem 17.2 in [CL91] für ein sehr allgemeines Resultat)
Die Anwendung von globalen inversen Ungleichungen schränkt jedoch wegen der Uniformität der Zerlegung die Klasse der zulässigen Triangulationen stark ein. Insbesondere lokal verfeinerte Gitter sind nicht möglich. In [40] werden deshalb Abschwächungen der Voraussetungen für die Gültigkeit inverser Ungleichungen betrachtet.

Nun kommen wir zur L_∞-Fehlerabschätzung für lineare finite Elemente. Mit Hilfe von Lemma 4.10 erhält man die Ungleichungskette

$$
\begin{aligned}
||u - u_h||_\infty &\leq ||u - \Pi u||_\infty + ||u_h - \Pi u||_\infty \\
&\leq ||u - \Pi u||_\infty + \frac{C}{h}||u_h - \Pi u||_0 \\
&\leq ||u - \Pi u||_\infty + \frac{C}{h}\left[||u - \Pi u||_0 + ||u - u_h||_0\right].
\end{aligned}
$$

Aus den obengenannten Abschätzungen des Interpolationsfehlers und der L_2-Abschätzung des Fehlers folgt

SATZ 4.5 *Ist $u \in H^2(\Omega)$ und $||u - u_h||_0 \leq Ch^2$, so gilt auf einer uniformen Triangulation für lineare finite Elemente*

$$||u - u_h||_\infty \leq Ch||u||_2.$$

Bemerkung 4.7 Unter der Voraussetzung $u \in H^2$ ist die Ordnung $O(h)$ des L_∞-Fehlers optimal. Dies zeigt ein Beispiel in [Ran04]. □

Eine Möglichkeit der Vermeidung der Voraussetzung der Uniformität besteht in der Anwendung der *diskreten Sobolev-Ungleichung*. Im zweidimensionalen Fall gilt nämlich für lineare finite Elemente auf einer beliebigen Triangulation

$$||v_h||_\infty \le C |\ln h_{min}|^{1/2} ||v_h||_1 \quad \text{für alle} \quad v_h \in V_h$$

(s. [78]; in [Xu89] wird im beliebigdimensionalen Fall Quasi-Uniformität vorausgesetzt).

Will man jedoch bei stärkerer Regularität der Lösung, etwa $u \in W^{2,\infty}$, optimale Konvergenzraten beweisen, muß man subtilere Ingredienzien verwenden. Naheliegend ist es, auf die Greensche Funktion zurückzugreifen.

Ist x_0 ein gegebener Punkt, so genügt die Greensche Funktion $G \in W^{1,1}(\Omega)$ der Variationsgleichung

$$a(v, G) = v(x_0) \quad \text{für alle} \quad v \in W^{1,\infty}(\Omega).$$

Somit folgt

$$(u - u_h)(x_0) = a(u - u_h, G).$$

Bringt man noch die Finite-Elemente-Approximation $G_h \in V_h$ von G ins Spiel, definiert durch

$$a(v_h, G_h) = v_h(x_0) \quad \text{für alle} \quad v_h \in V_h,$$

so ergibt sich

$$(u - u_h)(x_0) = a(u - u_h, G - G_h) = a(u - v_h, G - G_h)$$

mit beliebigem $v_h \in V_h$. Daraus erhält man

$$||u - u_h||_\infty \le ||G - G_h||_{W_1^1} \inf_{v_h \in V_h} ||u - v_h||_{W_\infty^1}.$$

Die Abschätzung von

$$||G - G_h||_{W_1^1}$$

ist nun aber wegen der präzise zu erschließenden Asymptotik der Greenschen Funktion technisch sehr kompliziert, so daß wir diesen Weg im Detail nicht weiter verfolgen.

Bemerkung 4.8 Scott [107] beweist für Dreieckselemente vom Typ k

$$||G - G_h||_{W_1^1} \le C \begin{cases} h |\ln h| & \text{für} \quad k = 1, \\ h & \text{für} \quad k \ge 2. \end{cases}$$

Zusammen mit den Interpolationsfehlerabschätzungen

$$||u - \Pi u||_{W_\infty^1} \le C h^k |u|_{W_\infty^{k+1}} \quad (k \ge 1)$$

erhält man dann

$$||u - u_h||_\infty \le C \begin{cases} h^2 |\ln h| & \text{für} \quad u \in W_\infty^2, \ k = 1, \\ h^{k+1} & \text{für} \quad u \in W_\infty^{k+1}, \ k \ge 2 \end{cases}$$

(man beachte das Fehlen des logarithmischen Faktors für $k \ge 2$). $\square$

Von Frehse und Rannacher [48] stammt eine Modifikation des Scottschen Vorgehens, die die technischen Schwierigkeiten etwas reduziert. Dazu wird eine *regularisierte* Greensche Funktion g eingeführt als Lösung von: Gesucht ist ein $g \in V = H_0^1(\Omega)$ mit

$$a(v, g) = (v, \delta^h) \quad \text{für alle} \quad v \in V.$$

Für die Definition von δ^h gibt es verschiedene Möglichkeiten. Wir folgen jetzt der Darstellung in [73]. Ist $x_0 \in K$, so wird $\delta^h \in P_1(K)$ definiert durch

$$q(x_0) = \int_K \delta^h q \quad \text{für alle} \quad q \in P_1(K). \tag{4.40}$$

Dann folgt

$$\int_K \delta^h = 1 \quad \text{und} \quad \max_K |\delta^h| \le \frac{C}{|K|}.$$

Die Eigenschaft (4.40) impliziert nun

$$(u - u_h)(x_0) = (u - u^I)(x_0) + (u^I - u_h)(x_0) = (u - u^I)(x_0) + \int_K (u^I - u_h)\delta_h.$$

Also folgt

$$\|u - u_h\|_\infty \le C\|u - u^I\|_\infty + |(u - u_h, \delta^h)|.$$

Die Definition von g führt aber gerade zu

$$(u - u_h, \delta^h) = a(u - u_h, g).$$

Ähnlich wie oben erhält man dann mit der Finite-Elemente-Approximation g_h von g

$$|(u - u_h, \delta^h)| \le \|g - g_h\|_{W_1^1} \inf_{v_h \in V_h} \|u - v_h\|_{W_\infty^1}.$$

Oberflächlich könnte man nun schließen, daß wegen $g \in H^2$ gilt $\|g - g_h\|_1 = O(h)$ und deshalb auch $\|g - g_h\|_{W_1^1} = O(h)$. Es ist jedoch darauf hinzuweisen, daß g ja h-abhängig ist und dies berücksichtigt werden muß!

Eine präzise Analyse liefert

$$\begin{aligned}
|g| &\le C(|\ln h| + 1), \\
\|\nabla g\|_0 &\le C|\ln h|^{1/2}, \\
\|g\|_{W_1^2} &\le C(|\ln h| + 1), \\
\|g\|_2 &\le Ch^{-1}.
\end{aligned}$$

Die letzte Abschätzung zeigt, daß eine tiefergreifende Technik zur Abschätzung der W_1^1-Norm von $g - g_h$ notwendig ist.

Dazu führt man eine geeignete Gewichtsfunktion σ ein und geht aus von

$$\|g - g_h\|_{W_1^1} \leq \|\sigma\|_0 \cdot \|\sigma\nabla(g - g_h)\|_0 \,.$$

Mit geeigneter Wahl der Gewichtsfunktion σ gelingt es schließlich, die Abschätzung

$$\|g - g_h\|_{W_1^1} \leq Ch|\ln h|$$

zu erhalten. Für Einzelheiten verweisen wir auf [Ran04].

Bemerkung 4.9 Anhand von Beispiele kann gezeigt werden, daß die Konvergenzordnung

$$\|u - u_h\|_\infty \leq Ch^2|\ln h|$$

für lineare Elemente scharf ist [63] und der Faktor $\ln h$ tatsächlich notwendig ist. $\square$

Bemerkung 4.10 Da auf einem speziellen Gitter die Methode der finiten Elemente bei linearen Dreieckselementen den Fünf-Punkt-Differenzenstern erzeugt, hat man mit der L_∞-Abschätzung gleichzeitig eine Fehlerabschätzung für das gewöhnliche Differenzenverfahren unter der im Vergleich zu den Standardvoraussetzungen beim Zugang über den Konsistenzfehler sehr schwachen Voraussetzung $u \in W_\infty^2$ bewiesen. $\square$

Übung 4.17 Es sei u eine glatte Funktion auf $[0,1]$ und u_I die auf einem gegebenen Gitter stückweise lineare Interpolierende zu u.
a) Man zeige

$$u(x) - u_I(x) = \frac{1}{x_i - x_{i-1}} \int_{x_{i-1}}^x \int_{x_{i-1}}^{x_i} \int_\eta^\zeta u''(\xi)\,d\xi\,d\eta\,d\zeta$$

für alle $x \in (x_{i-1}, x_i)$.
b) Welche Schlußfolgerung kann man aus a) für den Interpolationsfehler ziehen, falls $u \in H^2(0,1)$ gilt ?

Übung 4.18 Der Randwertaufgabe

$$\begin{aligned} -au'' &= 1 &&\text{in } (0,\xi) \cup (\xi,1), \\ u(0) &= u(1) = 0 \;, \\ u'(\xi - 0) &= 2u'(\xi + 0) \end{aligned}$$

mit

$$a = \begin{cases} 1 & \text{in } (0,\xi) \\ 2 & \text{in } (\xi,1) \end{cases}$$

kann leicht eine schwache Formulierung zugeordnet werden, diese läßt eine exakte Lösung zu. Nun wähle man $\xi = (1+h)/2$ und diskretisiere durch stückweise lineare finite Elemente der Intervallänge h. Welche Aussagen ergeben sich für die Größenordnung des Fehlers ? Vergleichen Sie mit der allgemeinen Theorie.

Übung 4.19 Man approximiere die Funktion $\quad f(t) = \sin t \quad$ bestmöglich im Raum $L_2(0, \frac{\pi}{2})$ durch

a) eine stückweise konstante Funktion bzw.

b) eine stückweise lineare, stetige Funktion,

wobei ein gleichabständiges Gitter vorgegeben sein soll.

4.5 Nichtkonforme Finite-Elemente-Methoden

4.5.1 Einführung

Bei der Diskretisierung mittels konformer finiter Elemente wird davon ausgegangen, dass dem kontinuierlichen Problem, z.B. der Form

$$a(u, v) = f(v) \qquad \text{für alle } v \in V, \tag{5.1}$$

durch Wahl eines geeigneten Unterraumes $V_h \subset V$ unter Beibehaltung von $a(\cdot, \cdot)$ und $f(\cdot)$ ein endlichdimensionales Problem

$$a(u_h, v_h) = f(v_h) \qquad \text{für alle } v_h \in V_h \tag{5.2}$$

zugeordnet wird. Diese Art der Diskretisierung kann sich jedoch als ungeeignet erweisen, falls:

- die Wahl eines Funktionenraumes $V_h \subset V$ zu kompliziert ist (z.B. bei Differential-gleichungen höherer Ordnung);

- die Bestimmung der Bilinearform $a(\cdot, \cdot)$ und des linearen Funktionals $f(\cdot)$ nur näherungsweise, etwa durch eine Quadraturformel möglich ist;

- inhomogene wesentliche Randbedingungen oder krummlinige Ränder des Grundgebietes Ω keine exakte Darstellung der Randbedingungen im diskreten Problem erlauben.

Finite-Elemente-Verfahren, die nicht auf der direkten Diskretisierung von (5.1) durch (5.2) mit $V_h \subset V$ beruhen, werden *nichtkonforme Finite-Elemente-Methoden* genannt. In der Literatur wird diese Bezeichnung z.T. nur für den Fall $V_h \not\subset V$ verwandt. Wir betrachten hier die etwas allgemeinere Situation, daß (5.1) ersetzt wird durch das endlichdimensionale Problem

$$a_h(u_h, v_h) = f_h(v_h) \qquad \text{für alle } v_h \in V_h. \tag{5.3}$$

Dabei sei $a_h : V_h \times V_h \longrightarrow \mathbb{R}$ eine stetige Bilinearform, die gleichmäßig V_h-elliptisch ist, d.h. mit einer vom Diskretisierungsparameter $h > 0$ unabhängigen Konstanten $\tilde{\gamma} > 0$ gilt

$$\tilde{\gamma} \|v_h\|_h^2 \leq a_h(v_h, v_h) \qquad \text{für alle } v_h \in V_h. \tag{5.4}$$

Dabei sei V_h ein Hilbert-Raum mit der zugehörigen Norm $\| \cdot \|_h$, und es bezeichne ferner $f_h : V_h \longrightarrow R$ ein stetiges lineares Funktional.

Im Unterschied zu konformen Finite-Elemente-Methoden wird im Fall $V_h \not\subset V$ nicht gesichert, daß $a_h(\cdot, \cdot)$ auf $V \times V$ bzw. f_h auf V definiert sind. Da i.allg. auch $V_h \not\subset V$ gilt, betrachten wir neben den durch die Aufgabe (5.1) und ihre Diskretisierung (5.3) gegebenen Räumen V, V_h weitere normierte Räume Z, Z_h mit

$$V \hookrightarrow Z \qquad \text{und} \qquad V_h \hookrightarrow Z_h \hookrightarrow Z\,.$$

Dabei seien $a_h(\cdot, \cdot)$ und f_h auf $Z_h \times Z_h$ bzw. auf Z_h definiert. Zur Abschätzung des Abstandes der Näherungslösung $u_h \in V_h$ zur exakten Näherung $u \in V$ nutzen wir die Norm $||| \cdot |||$ des Raumes Z.

Auf Grund der getroffenen Voraussetzungen läßt sich das Lemma von Lax-Milgram auf das diskrete Problem (5.3) anwenden. Dies sichert die eindeutige Lösbarkeit von (5.3). Analog kann das Lemma von Cea zur Gewinnung einer Abschätzung für geeignet erzeugte Hilfsprobleme genutzt werden. Für beliebige $z_h \in V_h$ erhält man unter Beachtung der Bilinearität von $a_h(\cdot, \cdot)$ und der Variationsgleichung (5.3) die Beziehung

$$a_h(u_h - z_h, v_h) = f_h(v_h) - a_h(z_h, v_h) \qquad \text{für alle } v_h \in V_h. \tag{5.5}$$

Da $f_h - a_h(z_h, \cdot) \in V_h^*$ für jedes festes $z_h \in V_h$ gilt, folgt nun

$$\tilde{\gamma} \|u_h - z_h\|_h^2 \le \|f_h - a_h(z_h, \cdot)\|_{*,h} \|u_h - z_h\|_h\,,$$

also hat man die Abschätzung

$$\|u_h - z_h\|_h \le \frac{1}{\tilde{\gamma}} \|f_h - a_h(z_h, \cdot)\|_{*,h} \qquad \text{für alle } z_h \in V_h.$$

Dabei bezeichnet $\| \cdot \|_{*,h}$ die zu $\| \cdot \|_h$ gehörige Dualnorm, d.h.

$$\|w\|_{*,h} := \sup_{v_h \in V_h} \frac{|w(v_h)|}{\|v_h\|_h} \qquad \text{für } w \in V_h^*. \tag{5.6}$$

Mit der geforderten stetigen Einbettung $V_h \hookrightarrow Z$ und der Dreiecksungleichung gilt

$$|||u - u_h||| \le c \left\{ |||u - z_h||| + \|f_h - a_h(z_h, \cdot)\|_{*,h} \right\} \qquad \text{für alle } z_h \in V_h. \tag{5.7}$$

Diese Abschätzung führt unmittelbar zu folgendem

LEMMA 4.11 *Unter den getroffenen Voraussetzungen gibt es eine Konstante $c > 0$ derart, daß*

$$|||u - u_h||| \le c \inf_{z_h \in V_h} \left\{ |||u - z_h||| + \|f_h - a_h(z_h, \cdot)\|_{*,h} \right\}$$

gilt.

Anstelle des bisher betrachteten allgemeinen Falles einer nichtkonformen Finite-Elemente-Methode werden nun einige wichtigen Spezialfälle untersucht.

4.5.2 Ansatzräume mit geringerer Glattheit

Mit der stetigen Einbettung von Sobolev-Räumen $H^k(\Omega)$ in klassische Räume $C^l(\overline{\Omega})$ für gewisse von der Dimension abhängige Beziehungen von k und l impliziert eine Wahl von $V_h \subset V \subset H^k(\Omega)$ auch entsprechende Stetigkeits- oder Glattheitsforderungen an die Elemente des zu wählenden Ansatzraumes. Durch die Nutzung nichtkonformer Finite-Elemente-Methoden können derartige Forderungen abgeschwächt werden.

Es bezeichne $Z_h := V + V_h := \{ z = v + v_h \ : \ v \in V, \ v_h \in V_h \}$. Es sei nun a_h eine auf $Z_h \times Z_h$ definierte symmetrische Bilinearform, und es existiere eine von h unabhängige Konstante $M_0 > 0$ derart, daß

$$|a_h(z_h, w_h)| \le M_0 \, |||z_h|||_h \, |||w_h|||_h \qquad \text{für alle } z_h, \, w_h \in Z_h.$$

Dabei bezeichnet $||| \cdot |||_h$ die durch

$$|||z|||_h := a_h(z, z)^{1/2} \qquad \text{für alle } z \in Z_h$$

definierte Seminorm, und es sei vorausgesetzt, dass

$$\|v_h\|_h = |||v_h|||_h \qquad \text{für alle } v_h \in V_h$$

gilt.

Unter den getroffenen Annahmen erhält man das folgende

LEMMA 4.12 (2. Lemma von Strang) *Es gibt eine Konstante $c > 0$ derart, daß*

$$|||u - u_h|||_h \le c \left\{ \inf_{z_h \in V_h} |||u - z_h|||_h + \|f_h - a_h(u, \cdot)\|_{*,h} \right\}$$

gilt.

Beweis: Aus (5.5) und der Bilinearität von $a_h(\cdot, \cdot)$ erhält man

$$a_h(u_h - z_h, v_h) = a_h(u - z_h, v_h) + f_h(v_h) - a_h(u, v_h) \qquad \text{für alle } z_h, \, v_h \in V_h.$$

Speziell mit $v_h := u_h - z_h$ folgt hieraus

$$|||u_h - z_h|||_h \le M_0 \, |||u - z_h|||_h + \|f_h - a_h(u, \cdot)\|_{*,h}.$$

Mit der Dreiecksungleichung gilt nun

$$|||u - u_h|||_h \le (1 + M_0)|||u - z_h|||_h + \|f_h - a_h(u, \cdot)\|_{*,h} \qquad \text{für alle } z_h \in V_h.$$

Damit ist die Aussage des Lemmas bewiesen. ∎

Der zweite Summand in Lemma (4.12) heißt auch *Konsistenzfehler*. Dieser Fehler ist das Resultat dessen, daß die Beziehung

$$a_h(u, v_h) = f_h(v_h) \quad \text{für alle } \quad v_h \in V_h \tag{5.8}$$

für nichtkonforme Methoden nicht notwendig gilt. Gilt jedoch (5.8), so heißt die Finite-Elemente-Diskretisierung *konsistent*. Aus der Konsistenz folgt die Galerkin-Orthogonalität

$$a_h(u - u_h, v_h) = 0 \quad \text{für alle} \quad v_h \in V_h.$$

Bemerkung 4.11 Durch geeignete Zusatzforderungen wird in konkreten Fällen gesichert, daß $\|\|\cdot\|\|_h$ auch eine Norm auf $V_h + V$ bildet.

Wir betrachten nun ein Beispiel für eine nichtkonforme Finite-Elemente-Methode, bei der sich Lemma 4.12 anwenden läßt und untersuchen den Konsistenzfehler.

Beispiel 4.1 (*Crouzeix-Raviart-Element*) Es sei $\Omega \subset \mathbb{R}^2$ ein polyedrisches Grundgebiet. Als Ausgangsproblem sei

$$-\Delta u = f \quad \text{in } \Omega, \qquad u|_\Gamma = 0 \tag{5.9}$$

gegeben, und (5.9) besitze eine Lösung $u \in H^2(\Omega)$.

Wir zerlegen das Grundgebiet Ω mit Hilfe einer zulässigen, quasi-uniformen Dreieckszerlegung $\mathcal{Z}_h = \{\Omega_i\}_{i=1}^M$. Als Finite-Elemente-Raum V_h wird die Menge aller stückweise linearen Funktionen betrachtet, bei denen die Funktionswerte in den Mittelpunkten der Seiten von Ω_i, $i = 1, \ldots, M$ vorgegeben sind. Es sei bemerkt, daß diese Wahl der Diskretisierung für (5.9) i.allg. nicht angewandt wird, da eine entsprechende konforme Diskretisierung mit den stückweise linearen C^0-Elementen verfügbar ist. Die tatsächliche Bedeutung dieses Ansatzes liegt mehr in der Anwendung bei Problemen der Strömungsdynamik (vgl. [BF91], [GR89]). Im vorliegenden Fall läßt sich jedoch in einfacher Weise die Analysis derartiger nichtkonformer Methoden demonstrieren.

Wir bezeichnen mit $p^j \in \Omega$, $j = 1, \ldots, N$ diejenigen Mittelpunkte der Seiten der Dreiecke Ω_i der Zerlegung, die im Innern des Grundgebietes liegen, und mit $p^j \in \Gamma$, $j = N+1, \ldots, \overline{N}$ die Mittelpunkte auf dem Rand. Unter Berücksichtigung der Randbedingungen von (5.9) wird nun gewählt

$$V_h = \left\{ v_h \in L_2(\Omega) : \begin{array}{l} v_h|_{\Omega_i} \in P_1(\Omega_i), \; v_h \text{ stetig in } p^j, \; j = 1, \ldots, N, \\ v_h(p^j) = 0, \; j = N+1, \ldots, \overline{N} \end{array} \right\}.$$

Die so definierten Funktionen $v_h \in V_h$ sind i.allg. nicht stetig auf Ω. Durch Analyse des Übergangsverhaltens der Ansatzfunktionen läßt sich zeigen, dass

$$V_h \not\subset H^1(\Omega)$$

gilt. Es liegt also eine nichtkonforme Finite-Elemente-Methode vor. Hingewiesen sei auch darauf, daß ein Element aus V_h nun die Randbedingungen nicht mehr erfüllt. Über zwei benachbarten Dreiecken besitzen Funktionen $v_h \in V_h$ folgende typische Gestalt (s. Abbildung 4.19).

Abbildung 4.19 nichtkonformes P_1-Element

Die zu (5.9) gehörige Bilinearform

$$a(u,v) \;=\; \int_\Omega \nabla u \nabla v\, dx \qquad \text{für alle } u,\, v \in V = H_0^1(\Omega)$$

läßt sich durch stückweise Berechnung, d.h. durch

$$a_h(u_h, v_h) \;:=\; \sum_{i=1}^{M} \int_{\Omega_i} \nabla u_h \nabla v_h\, dx \qquad \text{für alle } u_h,\, v_h \in V_h$$

auf $V_h \times V_h$ definieren. Diese Bilinearform a_h ist auch auf $V \times V$ erklärt, und mit der Additivität des Integrals über Zerlegungen des Grundgebietes gilt

$$a_h(u,v) \;=\; a(u,v) \qquad \text{für alle } u,\, v \in V.$$

Als lineares Funktional wird

$$f_h(v) \;:=\; f(v) \;:=\; \int_\Omega f v\, dx \qquad v \in V_h + V$$

beibehalten.

Wir untersuchen nun den Konsistenzfehler $\|f_h - a_h(u, \cdot)\|_{*,h}$, wobei $u \in H^2(\Omega)$ die Lösung des elliptischen Randwertproblems (5.9) bezeichnet. Da u der Differentialgleichung (5.9) genügt, erhält man

$$
\begin{aligned}
f_h(v_h) - a_h(u, v_h) &= \sum_{i=1}^{M} \left\{ \int_{\Omega_i} f v_h\, dx - \int_{\Omega_i} \nabla u \nabla v_h\, dx \right\} \\[2mm]
&= -\sum_{i=1}^{M} \left\{ \int_{\Omega_i} \Delta u\, v_h\, dx + \int_{\Omega_i} \nabla u \nabla v_h\, dx \right\}.
\end{aligned}
$$

(5.10)

Es bezeichne $v_i(\cdot) = v_h|_{\Omega_i}$, $i = 1, \ldots, M$. Mit der Greenschen Formel gilt

$$\int_{\Omega_i} \nabla u \nabla v_h \, dx = \int_{\Gamma_i} \frac{\partial u}{\partial n_i} v_i \, ds - \int_{\Omega_i} \Delta u \, v_h \, dx, \tag{5.11}$$

wobei v_i auf den Rand $\Gamma_i = \partial \Omega_i$ durch stetige Fortsetzung definiert ist und n_i die äußere Normale auf Γ_i bezeichnet. Aus (5.10), (5.11) folgt

$$f_h(v_h) - a_h(u, v_h) = -\sum_{i=1}^{M} \int_{\Gamma_i} \frac{\partial u}{\partial n_i} v_i(s) \, ds. \tag{5.12}$$

Im folgenden summieren wir nun über alle Dreiecksseiten e_i. Man stellt leicht fest, daß man mit dem Mittelwert $\bar{v}_i$, definiert durch

$$\int_{e_i} (v_i - \bar{v}_i) ds = 0$$

schreiben kann

$$f_h(v_h) - a_h(u, v_h) = -\sum \int_{e_i} \frac{\partial u}{\partial n_i} (v_i - \bar{v}_i) \, ds.$$

Nun bringen wir noch die stetige, stückweise lineare Funktion u^I ins Spiel, die in den Ecken interpoliert:

$$f_h(v_h) - a_h(u, v_h) = -\sum \int_{e_i} \frac{\partial (u - u^I)}{\partial n_i} (v_i - \bar{v}_i) \, ds. \tag{5.13}$$

Nun wendet man die Cauchy-Schwarz'sche Ungleichung an und sieht sich die einzelnen Faktoren genauer an. Spursatz und Bramble-Hilbert- Lemma liefern

$$\int_{e_i} |\nabla(u - u^I)|^2 ds \le c \, h \, |u|_2^2. \tag{5.14}$$

Das Bramble-Hilbert-Lemma ergibt ferner

$$\int_{e_i} |v_i - \bar{v}_i|^2 ds \le c \, h \, |v_h|_{1,\Omega_i}^2. \tag{5.15}$$

Setzt man die Abschätzungen (5.14) und (5.15) in (5.13) ein, so erhält man die angestrebte Abschätzung

$$|f_h(v_h) - a_h(u, v_h)| \le c \, h \, |u|_2 \, \|v_h\|_h$$

wegen $\|v_h\|_h^2 = \sum |v_h|_{1,i}^2$.

Nun zum Approximationsfehler. Da der gewählte Ansatzraum V_h insbesondere die stückweise linearen C^0-Elementen enthält, gilt

$$\inf_{z_h \in V_h} \||u - z_h|\|_h \leq c \, h \, \|u\|_{H^2(\Omega)}.$$

Mit Lemma 4.12 folgt dann insgesamt die Abschätzung

$$\||u - u_h|\|_h \leq c \, h \, \|u\|_{H^2(\Omega)}$$

für das Crouzeix-Raviart-Element.

Die hier am konkreten Beispiel durchgeführte Konvergenzanalyse läßt sich in anderen Fällen oft ähnlich führen. Wir verweisen hierzu auf [Cia78], [GR89]. Klassen *nichtkonformer Viereckelemente*, das bekannte Rannacher-Turek-Element [99] eingeschlossen, diskutiert Schieweck in [Sch97]. Ebenda, aber auch z.B. in [GR89] werden nichtkonforme Elemente für Probleme der Fluiddynamik eingehend untersucht.

Bemerkung 4.12 Mit der Entwicklung nichtkonformer Finite-Elemente-Methoden mit $V_h \not\subset V$ wurden auf heuristischer Basis zunächst lokale Anschlußbedingungen für die Einzelelemente - die *Patch*-Tests - vorgeschlagen. Gegenbeispiele zeigten jedoch später, daß die ursprünglichen Kriterien nicht hinreichend für die Konvergenz nichtkonformer Finite-Elemente-Techniken sind. In [112] und [109] wird dieses Problem systematisch untersucht und ein entsprechender verallgemeinerter Patch-Test vorgeschlagen. $\square$

4.5.3 Näherungsweise Integration

Wir betrachten in diesem Abschnitt den Fall, daß zwar $V_h \subset V$ gilt, jedoch $a_h(\cdot, \cdot)$ bzw. f_h nicht auf $V \times V$ bzw. V definiert sind. Dies gilt insbesondere, wenn die zur Berechnung von $a(\cdot, \cdot)$ und $f(\cdot)$ auftretenden Integrale durch geeignete numerische Verfahren approximiert werden. Im vorliegenden Fall läßt sich $Z = V$ und $\||\cdot|\| = \|\cdot\|$ wählen. Aus Lemma 4.11 folgt unmittelbar die Abschätzung

$$\|u - u_h\| \leq c \inf_{z_h \in V_h} \left\{ \|u - z_h\| + \|f_h - a_h(u, \cdot)\|_{*,h} \right\}.$$

Eine andere Form der Abschätzung erhält man durch Analyse der Approximationsgüte von $a(\cdot, \cdot)$ durch $a_h(\cdot, \cdot)$ bzw. von $f(\cdot)$ durch $f_h(\cdot)$. Dies liefert das

LEMMA 4.13 (1. Lemma von Strang) *Es sei $V_h \subset V$, und die Bilinearform $a_h(\cdot, \cdot)$ sei gleichmäßig V_h-elliptisch. Dann gibt es ein $c > 0$ derart, dass*

$$\|u - u_h\| \leq c \left[\inf_{z_h \in V_h} \left\{ \|u - z_h\| + \|a(z_h, \cdot) - a_h(z_h, \cdot)\|_{*,h} \right\} + \|f - f_h\|_{*,h} \right]$$

gilt.

Beweis: Aus (5.5) folgt unter Beachtung von (5.1) und von $V_h \subset V$ die Gültigkeit von

$$a_h(u_h - z_h, v_h) = a(u, v_h) - a_h(z_h, v_h) + f_h(v_h) - f(v_h).$$

Speziell für $v_h = u_h - z_h$ erhält man

$$
\begin{aligned}
\tilde{\gamma} \|u_h - z_h\|^2 \;\leq\; & M\|u - z_h\| \, \|u_h - z_h\| + \|a(z_h, \cdot) - a_h(z_h, \cdot)\|_{*,h} \, \|u_h - z_h\| \\
& + \|f_h - f\|_{*,h} \, \|u_h - z_h\|.
\end{aligned}
$$

$$(5.16)$$

Mit der Dreiecksungleichung folgt hieraus die Behauptung. ∎

Ein typischer Anwendungsfall von Lemma 4.13 liegt, worauf bereits hingewiesen wurde, bei der numerischen Approximation der die Bilinearform $a(\cdot, \cdot)$ bzw. das lineare Funktional f definierenden Integrale vor. Wir betrachten als Beispiel das elliptische Randwertproblem

$$-\operatorname{div}(a(x)\operatorname{grad} u) = f \quad \text{in } \Omega, \qquad u|_\Gamma = 0.$$

Dabei sei a eine hinreichend glatte Funktion, und mit einem $\alpha > 0$ gelte

$$a(x) \geq \alpha > 0 \quad \text{für alle } x \in \Omega.$$

Die zugehörige Variationsgleichung hat, wie im Kapitel 3 gezeigt wurde, die Form

$$a(u, v) = f(v) \qquad \text{für alle } v \in H_0^1(\Omega)$$

mit

$$a(u, v) \;=\; \int_\Omega a(x) \nabla u(x) \nabla v(x) \, dx \tag{5.17}$$

$$f(v) \;=\; \int_\Omega f(x) v(x) \, dx. \tag{5.18}$$

Diese Variationsgleichung wird bei der Finite-Elemente-Methode zwar durch

$$a(u_h, v_h) = f(v_h) \qquad \text{für alle } v_h \in V_h$$

mit einem stückweise durch einfache Funktionen, in der Regel Polynome, definierten Ansatz- und Testraum V_h ersetzt, doch zur Bestimmung der auftretenden Bilinearform $a(\cdot, \cdot)$ bzw. des linearen Funktionals f sind für konkrete Realisierungen u_h, $v_h \in V_h$ entsprechende Integrale zu bestimmen. Selbst für die bei der Methode der finiten Elemente benutzten einfachen Geometrien der Teilgebiete Ω_i der Zerlegung und der i.allg. stückweise polynomialen Funktionen u_h, v_h können diese Integrale wegen der auftretenden Funktionen a, f in der Regel nicht geschlossen bestimmt werden.

Andererseits liefert die Methode der finiten Elemente selbst nur Näherungslösungen u_h des Ausgangsproblems, und es ist daher effektiv, erforderliche Teilprozesse der Methode der finiten Elemente - wie z.B. die Bestimmung der Integrale (5.17), (5.18) - nur mit der erforderlichen Genauigkeit zu realisieren, die die Güte der Näherung u_h für die gesuchte Lösung u gegenüber der exakten Bestimmung der Integrale nicht wesentlich verschlechtert.

Zur Bestimmung der auftretenden Integrale eignen sich angepaßte numerische Integrationstechniken. Ein alternativer Zugang besteht im Einsatz von Formelmanipulationstechniken (vgl. [Bel90]).

Wir untersuchen nun das Verhalten einiger Quadraturverfahren zur näherungsweisen Bestimmung eines Integrals der Form

$$\int_\Omega z(x)\,dx \;=\; \sum_{i=1}^M \int_{\Omega_i} z(x)\,dx$$

mit einer stetigen, über den Teilgebieten Ω_i hinreichend glatten Funktion z. Die Beschreibung der numerischen Integration wie auch deren analytische Untersuchung erfolgt geeigneterweise mit Hilfe baryzentrischer Koordinaten. Wie im Abschnitt 4.2 beschrieben, wird dabei einem Element $K = \overline{\Omega}_i$ der Zerlegung ein Referenzelement K' zugeordnet. Wir untersuchen den Fall $\Omega \subset \mathbb{R}^2$ mit einer Dreiecks- bzw. einer Viereckszerlegung und wählen die Referenzelemente

$$K' = \left\{ \begin{pmatrix} \xi \\ \eta \end{pmatrix} : \xi \geq 0,\ \eta \geq 0,\ \xi + \eta \leq 1 \right\}$$

bzw.

$$K' = \left\{ \begin{pmatrix} \xi \\ \eta \end{pmatrix} : \xi \in [0,1],\ \eta \in [0,1] \right\}.$$

Quadraturformeln lassen sich z.B. durch Anwendung einer Interpolationstechnik (vgl. Abschnitt 4.2) und exakte Integration der interpolierenden Funktion erhalten. Wir stellen dies anhand der quadratischen Interpolation über Dreiecken, die im Element iii) genutzt wurde, dar.

LEMMA 4.14 *Es bezeichne z_h die mit Hilfe der Funktionswerte z_α in den Punkten p^α, $|\alpha| = 2$ durch*

$$z_h(p^\alpha) = z_\alpha, \qquad |\alpha| = 2$$

über dem Dreieck $K = conv\{p^1, p^2, p^3\}$ definierte quadratische Funktion. Dann gilt

$$\int_K z_h(x)\,dx \;=\; \frac{1}{3}\,meas\,K\,(z_{110} + z_{011} + z_{101}). \tag{5.19}$$

Beweis: Die interpolierende Funktion z_h besitzt in baryzentrischen Koordinaten die Darstellung

$$\begin{aligned}
z_h(\lambda) \;=\;& z_{200}\lambda_1(2\lambda_1 - 1) + z_{020}\lambda_2(2\lambda_2 - 1) + z_{002}\lambda_3(2\lambda_3 - 1) \\
& + z_{110}\,4\lambda_1\lambda_2 + z_{011}\,4\lambda_2\lambda_3 + z_{101}\,4\lambda_1\lambda_3.
\end{aligned}$$

Wegen der auftretenden Symmetrien genügt es, die beiden Integrale

$$I_{200} := \int\limits_0^1 \int\limits_0^{1-\xi} \xi(2\xi - 1)\, d\xi d\eta \qquad \text{und} \qquad I_{110} := 4 \int\limits_0^1 \int\limits_0^{1-\xi} \xi\eta\, d\xi d\eta$$

zu berechnen. Man erhält $I_{200} = I_{020} = I_{002} = 0$ und $I_{110} = I_{011} = I_{101} = \frac{1}{6}$. Unter Beachtung der Umrechnung der Integrale bei Koordinatentransformation folgt mit $meas\, K' = \frac{1}{2}$ hieraus die Darstellung (5.19). ∎

Bezeichnet man mit q^{ij}, $j = 1, \ldots, 3$ die Seitenmittelpunkte der Dreiecke Ω_j, $j = 1, \ldots, M$ der Zerlegung, dann liefert mit (5.19) die durch

$$f_h(v_h) := \frac{1}{3} \sum_{j=1}^M \left\{ meas\, \Omega_j \sum_{i=1}^3 f(q^{ij})v_h(q^{ij}) \right\} \tag{5.20}$$

definierte Größe $f_h(v_h)$ eine Näherung für $f(v_h)$. Analog erhält man numerische Integrationsformeln zur Bestimmung einer Näherung $a_h(u_h, v_h)$ für $a(u_h, v_h)$. Dabei ist jedoch zu beachten, daß die zugehörigen einseitigen Ableitungen über dem jeweiligen Dreieck für ∇u_h bzw. ∇v_h in der Integrationsformel genutzt werden.

Um Lemma 4.13 für die Gewinnung von Konvergenzaussagen bei der Finite-Elemente-Methode mit numerischer Bestimmung der Integrale nutzen zu können, muß der durch die jeweilige Quadraturformel erzeugte Fehler abgeschätzt werden. Wir geben diese Untersuchung für die auf (5.19) basierende Technik an und verweisen für den allgemeineren Fall auf die Literatur, z.B. auf [Cia78].

Es bezeichne $E_h : C(\overline{\Omega}) \longrightarrow \mathbb{R}$ das zu (5.19) gehörige Fehlerfunktional, d.h.

$$E_h(z) := \int\limits_\Omega z(x)\, dx - \frac{1}{3} \sum_{j=1}^M \left\{ meas\, \Omega_j \sum_{i=1}^3 p^{ij} \right\} \qquad \text{für alle } z \in C(\overline{\Omega}). \tag{5.21}$$

Das Funktional E_h ist damit linear und stetig, folglich kann das Lemma von Bramble-Hilbert zur seiner Abschätzung genutzt werden. Auf der Grundlage von Lemma 4.14 gilt

$$E_h(z) = 0 \qquad \text{für alle } z \in P_{2,h}(\Omega),$$

wobei $P_{2,h}(\Omega)$ die Menge aller über der Tringulation stetigen, stückweise quadratischen Polynomen bezeichnet. Es sei nun $\Omega_j \in \mathcal{Z}_h$ ein beliebiges Dreieck der Zerlegung. Mit Hilfe des zu $K := \overline{\Omega}_j$ gehörigen Referenzelementes K' und dem Bramble-Hilbert Lemma erhält man

$$\left| \int\limits_{\Omega_j} z(x)\, dx - \frac{1}{3} \sum_{i=1}^3 z(p^{ij}) \right| \leq c\, |z|_{3,\Omega_j}\, h^3.$$

Unter Nutzung der Dreiecksungleichung und der Cauchy-Schwarzschen Ungleichung folgt hieraus

$$|E_h(z)| \leq \sum_{j=1}^{M} \left| \int_{\Omega_j} z(x) \, dx - \tfrac{1}{3} \, meas \, \Omega_j \sum_{i=1}^{3} z(p^{ij}) \right|$$

$$\leq c \, h^3 \sum_{j=1}^{M} |z|_{3,\Omega_j} \leq c \, h^3 \sqrt{M} \left(\sum_{j=1}^{M} |z|_{3,\Omega_j}^2 \right)^{1/2}.$$

Mit der Quasi-Uniformität der Zerlegung $\mathcal{Z}_h$ liefert dies

$$|E_h(z)| \leq c \, h^2 \left(\sum_{j=1}^{M} |z|_{3,\Omega_j}^2 \right)^{1/2}. \tag{5.22}$$

Zur Bestimmung von $f_h(v_h)$ wird die Quadraturformel auf das Produkt

$$z(x) := f(x) \, v_h(x)$$

angewandt. Es sei dabei noch einmal daran erinnert, daß wir das Symbol f sowohl für die Funktion als auch für das über das Integral zugeordnete lineare Funktional verwenden. Es tritt hier unmittelbar nebeneinander in beiden Bedeutungen auf. Mit der Produktregel der Differentialrechnung gilt für hinreichend reguläre Funktionen f die Abschätzung

$$|f \, v_h|_{l,\Omega_j} \leq c \sum_{s=0}^{l} |f|_{s,\infty,\Omega_j} \, |v_h|_{l-s,\Omega_j}.$$

Dabei hängt die Konstante $c > 0$ lediglich vom Grad l der Seminorm, jedoch nicht vom Teilgebiet Ω_j ab. Wegen $v_h \in V_h = P_{1,h}(\Omega)$ gilt ferner

$$|v_h|_{s,\Omega_j} = 0, \qquad s \geq 2.$$

Es läßt sich somit speziell abschätzen

$$|f \, v_h|_{3,\Omega_j} \leq c \|f\|_{3,\infty,\Omega} \|v_h\|_{1,\Omega_j}.$$

Mit (5.20) - (5.22) folgt nun

$$|f(v_h) - f_h(v_h)| = |E_h(fv_h)| \leq c \, h^2 \|f\|_{3,\infty,\Omega} \|v_h\|_{1,\Omega}.$$

Dies liefert

$$\|f(\cdot) - f_h(\cdot)\|_{*,h} \leq c \, h^2 \|f\|_{3,\infty,\Omega}. \tag{5.23}$$

Die voranstehenden Abschätzungen lassen sich analog auf $\|a(z_h, \cdot) - a_h(z_h, \cdot)\|_{*,h}$ übertragen.

Für die Anwendung von Lemma 4.13 sei abschließend jedoch darauf hingewiesen, daß analog zur Nutzung des Lemmas von Cea das auftretende Infimum über die Elemente des

Ansatzraumes V_h mit Hilfe der Interpolierenden $\Pi_h u$ der Lösung u des Ausgangsproblems vergröbert wird, d.h. man erhält die Abschätzung

$$\|u - u_h\| \leq c \left\{ \|u - \Pi_h u\| + \|a(\Pi_h u, \cdot) - a_h(\Pi_h u, \cdot)\|_{*,h} + \|f - f_h\|_{*,h} \right\}.$$

Zur Vereinfachung sei $a_h(\cdot, \cdot) \equiv a(\cdot, \cdot)$. Dann gilt im vorliegenden Beispiel zum Einsatz der numerischen Integration bei Finite-Elemente-Methoden insgesamt

$$\|u - u_h\| \leq c \left(|u|_{2,\Omega}\, h + \|f\|_{3,\infty,\Omega}\, h^2 \right).$$

Neben den Techniken, die die bereits bei der Finite-Elemente-Methode vorhandenen Interpolationsoperatoren zur Begründung der numerischen Integration nutzen, sei vor allem auch auf Gaußsche Quadraturformeln hingewiesen, die durch geeignete Lage der Hilfspunkte eine weitere Erhöhung der Approximationsordnung der Integrale gestatten. Als Beispiel geben wir die Stützstellen ξ_j und Gewichte c_j für Gauß- bzw. Lobatto-Formeln (vgl. [80]) über dem Intervall $[-1, 1]$ an. Integrale werden dann entsprechend durch

$$\int_{-1}^{1} \zeta(x)\, dx \approx \sum_{j=1}^{q} c_j\, \zeta(\xi_j)$$

approximiert.

Gauß-Formeln

q	ξ_j	c_j	Ordnung
1	0	2	2
2	$\pm \frac{1}{3}\sqrt{3}$	1	4
3	$\pm \frac{1}{5}\sqrt{5}$	$5/9$	6
	0	$8/9$	
4	$\pm \sqrt{(15 + 2\sqrt{30})/35}$	$1/2 - \sqrt{30}/36$	8
	$\pm \sqrt{(15 - 2\sqrt{30})/35}$	$1/2 + \sqrt{30}/36$	

Lobatto-Formeln

q	ξ_j	c_j	Ordnung
2	± 1	1	2
3	± 1	$1/3$	4
	0	$4/3$	
4	± 1	$1/6$	6
	$\pm \frac{1}{5}\sqrt{5}$	$5/6$	
5	± 1	$1/10$	8
	$\pm \frac{1}{7}\sqrt{21}$	$49/90$	
	0	$32/45$	

Für weiterführende Untersuchungen zum Einsatz von Näherungsformeln zur Bestimmung der Integrale verweisen wir auf [Cia78], [80].

4.5.4 Die Finite-Volumen-Methode, analysiert aus FEM-Sicht

Wir betrachten im zweidimensionalen Fall die Randwertaufgabe

$$-\Delta u + cu = f \quad \text{in } \Omega \subset R^2, \qquad u|_\Gamma = 0 \tag{5.24}$$

in einem polygonalen Gebiet Ω.

Entsprechend Kapitel 2, Abschnitt 5, ist ihre FVM-Diskretisierung basierend auf Voronoi-Boxen

$$-\sum_{j \in N_i} \frac{m_{ij}}{d_{ij}}(u_j - u_i) + \left(\int_{\Omega_i} c\right) u_i = \int_{\Omega_i} f. \tag{5.25}$$

Frage: Kann man (5.25) als Finite-Elemente-Methode interpretieren und entsprechend analysieren?

Wir gehen davon aus, daß eine Triangulation von Ω gegeben sei und setzen voraus, daß diese ausschließlich nichtstumpfe Dreiecke enthält (schwach-spitze Triangulation) . Dann liegt eine Delaunay-Triangulation vor und die zu den Gitterpunkten gehörenden *Voronoi-Boxen* können mit Hilfe der Mittelsenkrechten der Dreieckskanten konstruiert werden. Abbildung 4.20 zeigt solch eine duale Vernetzung.

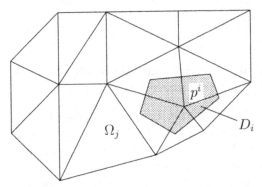

Abbildung 4.20 Duale Vernetzung

Bemerkung 4.13 (Allgemeine duale Boxengitter)
Allgemeinere duale Boxengitter werden in [57] diskutiert. Ein wichtiger Spezialfall sind *Donald-Boxen*, deren Konstruktion mit Hilfe der Seitenhalbierenden (statt der Mittelsenkrechten bei Voronoi-Boxen) erfolgt. Dann sind die Randstücke Γ_{ij} nicht notwendig Geraden. Vorteilhaft ist aber, daß die Donald-Boxen folgende Bedingung erfüllen: Für jedes Dreieck T mit Ecke p_i gilt (Ω_i sei die p_i zugeordnete Box)

$$(\text{Gleichgewichtsbedingung}) \qquad meas(\Omega_i \cap T) = \frac{1}{3} meas(T). \tag{5.26}$$

Die Erfülltheit dieser Bedingung impliziert gewisse Konvergenzeigenschaften der Methode. $\square$

Es sei $V_h \subset H_0^1(\Omega)$ der Raum der linearen finiten Elemente über unserer Delaunay-Triangulation mit zugehörigen dualen Voronoi-Boxen. Dann gilt für $w_h \in V_h$ natürlich $w_h(p_i) = w_i$. Mit den Abkürzungen

$$\underline{g}_i := \frac{1}{meas\Omega_i} \int_{\Omega_i} g, \quad \text{und} \quad m_i = meas\Omega_i$$

kann man (5.25) schreiben als

$$\sum_i v_i \left[\left(-\sum_{j \in N_i} \frac{m_{ij}}{d_{ij}}(u_j - u_i) \right) + \underline{c}_i u_i m_i \right] = \sum_i \underline{f}_i v_i m_i.$$

Definiert man

$$a_h(u_h, v_h) := \sum_i v_i \left[\left(-\sum_{j \in N_i} \frac{m_{ij}}{d_{ij}}(u_j - u_i) \right) + \underline{c}_i u_i m_i \right], \qquad (5.27)$$

$$f_h(v_h) := \sum_i \underline{f}_i v_i m_i, \qquad (5.28)$$

so kann man die FVM als Finite-Elemente-Methode formulieren:
Gesucht ist ein $u_h \in V_h$ mit

$$a_h(u_h, v_h) = f_h(v_h) \quad \forall v_h \in V_h.$$

Hingewiesen sei darauf, daß man auch Konvektionsterme in eine entsprechende Diskretisierung einbeziehen kann; dies geschieht z.B. in Kapitel 6.

Bemerkung 4.14 Wir konstatierten bereits in Bemerkung 4.1, daß die FVM- und FEM-Diskretisierung (lineare Elemente) des Laplace-Operators übereinstimmen. Unterschiedlich sind jedoch die Diskretisierungen des Reaktionsterms und des Quellterms.

Bei der FEM-Diskretisierung des Reaktionsterms ist nicht gesichert, daß in der erzeugten Massenmatrix die Außerdiagonalelemente nicht positiv sind. Im Unterschied dazu konserviert die FVM die M-Matrixeigenschaft der Diskretisierung des Diffusionsterms für Reaktions-Diffusionsprobleme. Bei der FEM kann man natürlich auch von der Standard-Diskretisierung des Reaktionsterms zur FVM-Variante übergehen; dies bezeichnet man dann als *mass-lumping*. $\square$

Nun analysieren wir den Fehler der Finiten-Volumen-Methode in der H^1-Norm auf der Basis von Lemma 4.13. Da ja gilt

$$(\nabla u_h, \nabla v_h) = \sum_i v_i \left(-\sum_{j \in N_i} \frac{m_{ij}}{d_{ij}}(u_j - u_i) \right),$$

ist die Bilinearform $a_h(\cdot, \cdot)$ auf $V_h \times V_h$ offensichtlich V_h-elliptisch und wir haben nur die Konsistenzfehler der Diskretisierung des Reaktionsterms und des Quellterms abzuschätzen. Konkret sind das die Terme

$$|(f, v_h) - \sum_i \underline{f}_i v_i m_i| \quad \text{und} \quad |(cu_h, v_h) - \sum_i c_i u_i v_i m_i|.$$

Wir realisieren dies konkret für den ersten Fehlerterm. Definiert man $\bar{w}_h$ durch

$$\bar{w}_h|_{\Omega_i} = w_i \quad \text{für } w_h \in V_h,$$

so gilt zunächst

LEMMA 4.15

$$\|v_h - \bar{v}_h\|_0 \le Ch|v_h|_1 \quad \text{für } v_h \in V_h.$$

Der Beweis folgt sofort aus

$$(v_h - \bar{v}_h)(x) = \nabla v_h (x - x_i) \quad \text{für } x \in \Omega_i \cap T$$

und Cauchy-Schwarz. ∎

Nun gilt:

$$|(f, v_h) - f_h(v_h)| = |(f, v_h) - (\underline{f}, \bar{v}_h)| \le |(f, v_h - \bar{v}_h)| + |(f - \underline{f}, \bar{v}_h)|.$$

Also liefert obiges Lemma

$$|(f, v_h) - f_h(v_h)| \le Ch\|f\|_0|v_h|_1.$$

Eine ähnliche Abschätzung des Reaktionsterms ergibt

SATZ 4.6 *Betrachtet wird die Finite-Volumen-Methode (5.25), basierend auf einer dualen Voronoi-Box-Zerlegung einer schwach-spitzen, der Minimalwinkelbedingung genügenden Ausgangstriangulation eines konvexen, polygonalen Gebietes.*
Dann gilt für den Fehler in der H^1-Norm

$$\|u - u_h\|_1 \le C h \|f\|_0. \tag{5.29}$$

Möchte man ähnlich wie bei der Finiten-Element-Methode die Ordnung 2 des Fehlers in der L_2-Norm nachweisen, so ist die obige Gleichgewichtsbedingung hilfreich [Bey98]. Für weitere Konvergenzaussagen bei Finite-Volumen-Methoden siehe auch [KA00]

4.5.5   Approximation krummliniger Ränder

Ist das Grundgebiet Ω kein Polyeder, dann kann dieses Gebiet nicht durch Dreiecke und Rechtecke im ebenen Fall bzw. durch Tetraeder und Quader im räumlichen Fall exakt zerlegt werden. Es treten hierbei relativ große Fehler bereits bei der Approximation des Grundgebietes auf. Ferner wird damit i.allg. keine konforme Diskretisierung des zugrunde liegenden Funktionenraumes möglich sein.

Wir wollen uns hier auf das Problem einer genaueren Approximation des Randes von Ω konzentrieren. Zur besseren Anpassung an lokale Besonderheiten werden auch nichtlinear begrenzte Elemente Ω_i zur Zerlegung des Grundgebietes Ω herangezogen. Derartige krummlinige Elemente eignen sich vor allem zu einer genaueren lokalen Beschreibung des Randes von Ω. Wir betrachten hier den Fall einer quadratischen Interpolation des Randes bei Problemen im zweidimensionalen Raum. Für einen Multiindex α mit $|\alpha| = 2$ (vgl. Abschnitt 4.2) beschreiben wir Interpolationspunkte p^α auf dem Rand des krummlinigen Dreieckselementes Ω_j.

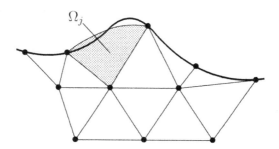

Abbildung 4.21 krummliniges Dreieckselement

Bezeichnen $\Psi_\alpha(\lambda_1, \lambda_2, \lambda_3)$ zugehörige Formfunktionen mit $\Psi_\alpha(\frac{\beta}{2}) = \delta_{\alpha\beta}$, so läßt sich $K = \overline{\Omega}_j$ durch

$$x = \sum_{|\alpha|=2} \Psi_\alpha(\lambda)p^\alpha, \qquad \sum_{i=1}^{3}\lambda_i = 1 \qquad \lambda_i \geq 0,\ i = 1,\ldots,3 \tag{5.30}$$

mit Hilfe der baryzentrischen Koordinaten λ_1, λ_2, λ_3 näherungsweise darstellen. Eliminiert man z.B. den Parameter λ_3, so wird mit $\lambda_1 = \xi$, $\lambda_2 = \eta$ durch

$$x = \sum_{|\alpha|=2} \Psi_\alpha(\xi, \eta, 1 - \xi - \eta)p^\alpha \tag{5.31}$$

eine nichtlineare Abbildung $F_j : K' \rightarrow \tilde{K}$ des Referenzdreiecks

$$K' = \left\{ \left(\begin{matrix} \xi \\ \eta \end{matrix} \right) : \xi \geq 0,\ \eta \geq 0,\ \xi + \eta \leq 1 \right\}$$

auf eine Approximation $\tilde{K}$ von $K = \overline{\Omega}_j$ definiert.

Im betrachteten Fall der quadratischen Interpolation besitzen die Funktionen Ψ_α die konkrete Form

$$\Psi_{200}(\lambda) = \lambda_1(2\lambda_1 - 1), \qquad \Psi_{110}(\lambda) = 4\lambda_1\lambda_2$$

$$\Psi_{020}(\lambda) = \lambda_2(2\lambda_2 - 1), \qquad \Psi_{011}(\lambda) = 4\lambda_2\lambda_3$$

$$\Psi_{002}(\lambda) = \lambda_3(2\lambda_3 - 1), \qquad \Psi_{101}(\lambda) = 4\lambda_1\lambda_3.$$

Da diese Transformationsfunktionen die gleiche Parametrisierung besitzen wie die üblichen Formfunktionen über dem Referenzdreieck, werden die hierauf beruhenden Diskretisierungen *isoparametrische finite Elemente* genannt. Mit Hilfe der gewählten Funktionen Ψ_α und der entsprechend (5.31) definierten Abbildung

$$x := f_j(\xi, \eta) := \sum_{|\alpha|=2} \Psi_\alpha(\xi, \eta, 1 - \xi - \eta)p^\alpha$$

wird, wie bereits bemerkt, über dem Referenzdreieck K' eine Näherung für das krummlinige Element K definiert.

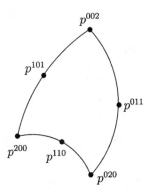

Abbildung 4.22 Isoparametrisches Element

Die jeweiligen Dreiecksseiten von K' werden dabei auf eine im Parameter quadratische Interpolierende durch die zugehörigen drei Punkte der entsprechenden Seite des krummlinig berandeten Elementes K abgebildet. So besitzt z.B. die auf diese Weise erklärte Approximation der p^{200}, p^{020} verbindenden Seite die Parameterdarstellung

$$\mathcal{C} = \left\{ x(\xi) = \xi(2\xi - 1)p^{200} + 4\xi(1 - \xi)p^{110} + (1 - \xi)(1 - 2\xi)p^{020}, \ \xi \in [0,1] \right\}.$$

Mit Hilfe der beschriebenen Vorgehensweise wird zunächst eine approximative Zerlegung des Grundgebietes Ω in erforderlichenfalls krummlinige Teilgebiete Ω_j erzeugt. Die über Ω_j definierten lokalen Formfunktionen u erklärt man mittels der jeweiligen Formfunktionen über dem Referenzelement K' und der Abbidung F_j gemäß

$$u(x) = v(F_j^{-1}(x)), \qquad x \in \Omega_j.$$

Die Existenz der Inversen F_j^{-1} ist gesichert, falls die in Ω_j zur Bildung von F_j gewählten Referenzpunkte hinreichend nahe zur Lage in einem regulären Dreieck sind. Die im Abschnitt 4.3 angegebenen Approximationsaussagen lassen sich auf den Fall nichtlinearer Transformationen übertragen. Anstelle der bei linearen Transformationen auftretenden konstanten Matrix B sind im vorliegenden Fall dann gleichmäßig zu fordernde Voraussetzungen bezüglich $F'(p)$, $p \in K'$ zu stellen (vgl. [MW77]).

Übung 4.20 Gegeben sei ein polygonal berandetes, zulässig trianguliertes Gebiet Ω, wobei $h = \max_{T \in h}\{diam\,T\}$ ist.
Ferner sei $Q_h(u)$ eine Quadraturformel für $J(u) = \int_\Omega u\,dx$, die elementweise P_l-exakt ist. Der Integrand u liege in $C^m(\bar\Omega)$.
Man schätze den Integrationsfehler $|J(u) - Q_h(u)|$ in Abhängigkeit von l und m ab.

Übung 4.21 Man konstruiere eine möglichst einfache P_2-exakte Integrationsformel für beliebige Vierecke
a) unter Berücksichtigung der Bedingung, daß die Ecken des Vierecks Stützstellen der Formel sind
b) ohne die Bedingung a).

Übung 4.22 Man diskretisiere die Zwei-Punkt-Randwertaufgabe

$$-u'' + a(x)u' + b(x)u = 0 \quad \text{in } (0,1), \quad u(0) = \alpha, \quad u(1) = \beta$$

mittels stückweiser linearer finiter Elemente und diskutiere das entstehende Differenzenverfahren (Struktur, Konsistenz, Stabilität), wenn für die Integration die
a) Mittelpunktsregel $\quad \int_0^1 u(t)dt \approx u(0.5)$,

b) einseitige Rechteckregel $\quad \int_0^1 u(t)dt \approx u(0)$,

c) Trapezregel $\quad \int_0^1 u(t)dt \approx [u(0) + u(1)]/2$,

d) Simpsonregel $\quad \int_0^1 u(t)dt \approx [u(0) + 4u(0.5) + u(1)]/6$
genutzt wird.

Übung 4.23 Es sei $f \in W_q^{k+1}(\Omega) \subset C(\bar\Omega)$ und $\sum \hat\omega_\nu \hat f(\hat b_\nu)$ eine $P_k(\hat T)$-exakte Integrationsformel für $\int_{\hat T} \hat f(\hat x)d\hat x$. Auf einem Dreiecksnetz für Ω sei damit nach dem affinen Konzept eine Integrationsformel $J_h(f) = \sum_T \sum_\nu \omega_{T\nu} f(b_{T\nu})$ definiert. Man zeige:

$$|\int_\Omega f(x)dx - J_h(f)| \le Ch^{k+1}|f|_{k+1,q}.$$

Hinweis: Man verwende das Bramble-Hilbert-Lemma.

Übung 4.24 Man konstruiere für Dreiecksnetze aus der Eckpunktregel durch Extrapolation nach einmaliger Kantenhalbierung eine genauere Integrationsformel.

Übung 4.25 Man untersuche den Einfluß der numerischen Integration auf die Fehlerabschätzung:

a) Man beweise für φ_g aus $a(v, \varphi_g) = (g, v)_H$ mit $H = L_2(\Omega)$ die abstrakte Fehlerabschätzung

$$|u - u_h|_0 \leq \sup_{g \in H} \frac{1}{|g|_0} \inf_{\varphi_h \in V_h} \{ M \|u - u_h\| \, \|\varphi_g - \varphi_h\| + |a(u_h, \varphi_h) - a_h(u_h, \varphi_h)| +$$
$$|f(\varphi_h) - f_h(\varphi_h)| \},$$

wobei $u \in V \subset H$ die Lösung des Problems $a(u, v) = f(v)$ und $u_h \in V_h$ die entsprechende diskrete Lösung ist.

b) Man wende das abstrakte Ergebnis aus a) auf die stückweise polynomiale FEM-Diskretisierung der Aufgabe

$$-\triangle u = f \quad \text{in} \quad \Omega, \qquad u|_\Gamma = 0$$

mit numerischer Integration an, wobei Ω ein konvexes Polygon ist. Welche L_2-Konvergenzordnung wird erreicht? Welche Integrationsformeln sind sinnvollerweise anzuwenden (Abschätzung der Zusatzterme)?

Übung 4.26 Man berechne die Formfunktionen für das isoparametrische quadratische Dreieckselement mit dem Knoten $\{(0,0), (0,1), (1,0), (\frac{1}{2}, \frac{1}{2}), (\frac{1}{4}, 0), (0, \frac{1}{4})\}$.

Übung 4.27 Man diskretisiere die Aufgabe $-\triangle u = 1$ im Einheitskreis bei homogenen natürlichen Randbedingungen unter Verwendung eines einzigen isoparametrischen quadratischen Viereckselementes.

4.6 Gemischte finite Elemente

4.6.1 Gemischte Variationsgleichungen und Sattelpunkte

Die Methode der finiten Elemente zur numerischen Behandlung elliptischer Randwertaufgaben basiert auf der Zuordnung eines Variationsproblems bzw. einer Variationsgleichung zur Ausgangsaufgabe. Diese schwache Formulierung wird dann durch eine geeignete Ritz-Galerkin-Methode behandelt. Wesentliche Nebenbedingungen, wie z.B. Dirichletsche Randbedingungen, bzw. Zusatzforderungen, wie z.B. die Inkompressibiliät beim Stokes-Problem, sind als gesonderte Restriktionen zu beachten. Im einfachsten Fall können diese bei der Konstruktion des Ansatzraumes V_h explizit berücksichtigt und damit eliminiert werden. Ein anderer Weg wird durch Betrachtung von Optimierungsproblemen und Variationsgleichungen in Funktionenräumen geliefert. Nebenbedingungen können dann mit Hilfe *Lagrangescher Multiplikatoren* in dem Zielfunktional berücksichtigt werden. Ein systematischer Zugang hierzu wird durch die konvexe Analysis und insbesondere die Dualitätstheorie geliefert (vgl. [ET76] und generell die Monografie [BF91]).

Zur Verdeutlichung der Grundgedanken dieses Vorgehens betrachten wir eine abstrakte Modellaufgabe. Es seien V, W zwei reelle Hilbert-Räume mit den Skalarprodukten $(\cdot, \cdot)_V$, $(\cdot, \cdot)_W$ und den zugehörigen Normen $\| \cdot \|_V$ bzw. $\| \cdot \|_W$. Da in der Regel keine Gefahr der Vewechslung besteht, wird i.allg. auf die Indizierung verzichtet.

Es seien $a(\cdot,\cdot) : V \times V \to \mathbb{R}$ und $b(\cdot,\cdot) : V \times W \to \mathbb{R}$ gegebene stetige Bilinearformen. Damit gibt es insbesondere Konstanten α, $\beta > 0$ derart, daß

$$
\begin{aligned}
|a(u,v)| &\leq \alpha\,\|u\|\,\|v\| && \text{für alle } u,\, v \in V, \\
|b(v,w)| &\leq \beta\,\|v\|\,\|w\| && \text{für alle } v \in V,\, w \in W.
\end{aligned}
\tag{6.1}
$$

Wir definieren

$$
Z := \{\, v \in V \, : \, b(v,w) = 0 \ \text{für alle } w \in W \,\}.
\tag{6.2}
$$

Da $b(\cdot,\cdot)$ eine stetige Bilinearform ist, bildet $Z \subset V$ einen abgeschlossenen linearen Unterraum. Folglich ist Z mit dem Skalarprodukt in V auch selbst ein Hilbert-Raum. Wir setzen im weiteren voraus, daß $a(\cdot,\cdot)$ Z-elliptisch ist, d.h., daß mit einer Konstanten $\gamma > 0$ gilt

$$
\gamma\|z\|^2 \leq a(z,z) \qquad \text{für alle } z \in Z.
\tag{6.3}
$$

Ferner seien stetige lineare Funktionale $f \in V^*$, $g \in W^*$ gegeben. Es bezeichne

$$
G := \{\, v \in V \, : \, b(v,w) = g(w) \ \text{für alle } w \in W \,\}.
\tag{6.4}
$$

Als abstraktes Ausgangsproblem betrachten wir die Bestimmung eines $u \in G$ derart, daß

$$
a(u,z) = f(z) \qquad \text{für alle } z \in Z
\tag{6.5}
$$

gilt. Da hierbei Nebenbedingungen der Form $u \in G$ auftreten, nennen wir dieses Problem auch *restringierte Variationsgleichung*. Zur Lösbarkeit dieser Aufgabe hat man

LEMMA 4.16 *Es sei* $G \neq \emptyset$. *Dann besitzt die restringierte Variationsgleichung (6.5) eine eindeutige Lösung* $u \in G$. *Dabei gilt die Abschätzung*

$$
\|u\| \leq \frac{1}{\gamma}\|f\|_* + \left(\frac{\alpha}{\gamma} + 1\right)\|v\| \quad \text{für alle } v \in G.
\tag{6.6}
$$

Beweis: Wir wählen ein festes, aber beliebiges Element $v \in G$. Wegen der Bilinearität von $b(\cdot,\cdot)$ und (6.2), (6.4) gilt

$$
v + z \in G \qquad \text{für alle } z \in Z.
$$

Andererseits läßt sich $u \in G$ auch darstellen durch

$$
u = v + \tilde{z}
\tag{6.7}
$$

mit einem $\tilde{z} \in Z$. Die Aufgabe (6.5) ist damit äquivalent zur Bestimmung eines $\tilde{z} \in Z$ mit

$$
a(\tilde{z},z) = f(z) - a(v,z) \qquad \text{für alle } z \in Z.
\tag{6.8}
$$

Auf dieses Problem kann aufgrund der gestellten Voraussetzungen das Lemma von Lax-Milgram angewandt werden. Also ist (6.8) und damit auch das Problem (6.5) eindeutig lösbar.

Aus (6.8) folgt mit $z = \tilde{z}$ und (6.1), (6.3) die Abschätzung

$$\|\tilde{z}\| \leq \frac{1}{\gamma}(\|f\|_* + \alpha\|v\|).$$

Mit (6.7) und der Dreiecksungleichung erhält man hieraus die Ungleichung (6.6). ∎

Beispiel 4.2 Betrachtet sei das elliptische Randwertproblem

$$-\Delta u = f \quad \text{in } \Omega, \qquad u|_\Gamma = g. \tag{6.9}$$

Mit $V = H^1(\Omega)$ und $W = L_2(\Gamma)$, wobei Γ den Rand des Grundgebietes Ω bezeichnet, läßt sich

$$
\begin{aligned}
a(u,v) &= \int_\Omega \nabla u \nabla v \, dx & f(v) &= \int_\Omega f v \, dx \\
b(v,w) &= \int_\Gamma v w \, ds & g(w) &= \int_\Gamma g w \, ds
\end{aligned}
$$

wählen. Man erhält damit

$$G = \left\{ v \in H^1(\Omega) : \int_\Gamma v w \, ds = \int_\Gamma g w \, ds \quad \text{für alle } w \in L_2(\Gamma) \right\}$$

sowie $Z = H_0^1(\Omega)$. Die in der Aufgabe (6.9) auftretenden Dirichletschen Randbedingungen lassen sich auch in der Form

$$u \in V, \quad \gamma u = g$$

schreiben, wobei $T : V \to H^{1/2}(\Gamma) \subset L_2(\Gamma)$ den Spuroperator (vgl. Abschnitt 3.2) bezeichnet. Im vorliegenden Fall ist die Bedingung $G \neq \emptyset$ zu der häufig angegebenen Forderung $g \in H^{1/2}(\Gamma)$ äquivalent. Für genauere Untersuchungen ist $W = H^{-1/2}(\Gamma)$ anstelle von $L_2(\Gamma)$ zu wählen (vgl. auch Abschnitt 9.4). □

Wir ordnen der restringierten Variationsgleichung eine erweiterte Variationsgleichung ohne Nebenbedingungen zu. Diese Aufgabe lautet: Gesucht ist ein Paar $(u,p) \in V \times W$ derart, daß

$$
\begin{aligned}
a(u,v) + b(v,p) &= f(v) & \text{für alle } v \in V \\
b(u,w) &= g(w) & \text{für alle } w \in W
\end{aligned}
\tag{6.10}
$$

gilt.

LEMMA 4.17 *Ist* $(u, p) \in V \times W$ *eine Lösung der Variationsgleichung (6.10), dann löst* u *die restringierte Variationsgleichung (6.5).*

Beweis: Der zweite Teil der Variationsgleichung (6.10) ist äquivalent zu $u \in G$.

Wird $v \in Z \subset V$ gewählt, so gilt wegen $p \in W$ nach der Definition (6.2) nun $b(v, p) = 0$. Mit dem ersten Teil von (6.10) liefert dies

$$a(u, v) = f(v) \qquad \text{für alle } v \in Z,$$

folglich löst u die Aufgabe (6.5). ∎

Im folgenden untersuchen wir die Umkehrung dieses Lemmas in dem Sinn, ob es zu Lösungen $u \in G$ von (6.5) stets ein $p \in W$ derart gibt, daß $(u, p) \in V \times W$ auch (6.5) löst.

Wir definieren das orthogonale Komplement $Z^\perp$ zu Z bezüglich des Skalarproduktes in V, d.h.

$$Z^\perp := \{ v \in V : (v, z) = 0 \quad \text{für alle } z \in Z \}.$$

Diese Menge bildet ebenfalls einen abgeschlossenen linearen Unterraum von V. Ferner läßt sich der Raum V als direkte Summe

$$V = Z \oplus Z^\perp$$

darstellen. Wegen $u \in G$ und (6.5) löst $(u, p) \in U \times W$ genau dann das System (6.10), falls

$$b(v, p) = f(v) - a(u, v) \qquad \text{für alle } v \in Z^\perp \tag{6.11}$$

gilt. Da $b(v, \cdot) \in W^*$ für jedes $v \in V$ ist, kann wegen der Bilinearität und Stetigkeit von $b(\cdot, \cdot)$ ein linearer, stetiger Operator $B : V \to W^*$ definiert werden durch

$$\langle Bv, w \rangle = b(v, w) \qquad \text{für alle } v \in V, \ w \in W. \tag{6.12}$$

LEMMA 4.18 *Für den durch (6.12) definierten Operator* B *gelte*

$$\|Bv\|_{W^*} \geq \delta \, \|v\|_V \qquad \text{für alle } v \in Z^\perp \tag{6.13}$$

mit einem $\delta > 0$. *Dann besitzt die Variationsgleichung (6.11) stets eine Lösung* $p \in W$.

Beweis: Es bezeichne $j : W^* \to W$ den Rieszschen Darstellungsoperator (vgl. Satz 3.1), und wir definieren eine symmetrische, stetige Bilinearform $d : V \times V \to R$ durch

$$d(v, y) := \langle Bv, jBy \rangle := (jBv, jBy) \qquad \text{für alle } v, y \in V. \tag{6.14}$$

Die Eigenschaft (6.13) liefert nun

$$d(v, v) = \|jBv\|_W^2 = \|Bv\|_{W^*}^2 \geq \delta^2 \|v\|^2 \qquad \text{für alle } v \in Z^\perp.$$

Damit ist $d(\cdot,\cdot)$ auch $Z^\perp - elliptisch$, und nach dem Lemma von Lax-Milgram gibt es ein $y \in Z^\perp$ mit

$$d(y,v) = f(v) - a(u,v) \qquad \text{für alle } v \in Z^\perp.$$

Das durch $p := jBy$ zugeordnete Element $p \in W$ genügt damit (6.11). ∎

Bemerkung 4.15 Die Bedingung (6.13) fordert die Abgeschlossenheit des Bildes des Operators $B : V \to W^*$. Das *closed range* Theorem für Operatoren (vgl. [Yos66]) liefert eine allgemeine Basis für Untersuchungen der obigen Art. Speziell läßt sich zeigen, daß (6.13) äquivalent ist zur Bedingung

$$\sup_{v \in V} \frac{b(v,w)}{\|v\|} \geq \delta \|w\| \qquad \text{für alle } w \in Y^\perp \tag{6.15}$$

mit einem $\delta > 0$, wobei $Y^\perp$ das orthogonale Komplement zu

$$Y = \{\, z \in W \;:\; b(v,z) = 0 \quad \text{für alle } v \in V \,\}$$

bezeichnet. □

Zusammenfassend gilt nun

SATZ 4.7 *Es gelte $G \neq \emptyset$, und es sei die Bedingung (6.15) erfüllt. Dann besitzt das Variationsgleichungssystem (6.10) mindestens eine Lösung $(u,p) \in V \times W$. Dabei ist die erste Komponente $u \in V$ eindeutig bestimmt, und es gelten die Abschätzungen*

$$\|u\|_V \leq \frac{1}{\gamma} \|f\|_* + \frac{1}{\delta}\left(\frac{\alpha}{\gamma} + 1\right)\|g\|_* \tag{6.16}$$

und

$$\inf_{y \in Y} \|p + y\|_W \leq \frac{1}{\delta}\left(\frac{\alpha}{\gamma} + 1\right)\|f\|_* + \frac{\alpha}{\delta^2}\left(\frac{\alpha}{\gamma} + 1\right)\|g\|_*. \tag{6.17}$$

Beweis: Nach Lemma 4.16 besitzt die restringierte Variationsgleichung (6.5) eine eindeutige Lösung $u \in G$. Da nach Lemma 4.17 die V-Komponente jeder Lösung von (6.10) auch (6.5) löst, ist u eindeutig bestimmt. Wegen der Äquivalenz der Bedingungen (6.14), (6.15) folgt mit Lemma 4.18 die Existenz einer Komponente $p \in W$ so, daß $(u,p) \in V \times W$ das Gesamtsystem (6.10) löst.

Das Element $u \in V$ wird eindeutig dargestellt mit $\tilde{z} \in Z$, $\tilde{v} \in Z^\perp$ durch

$$u = \tilde{z} + \tilde{v}.$$

Mit der Bilinearität von $b(\cdot,\cdot)$ und (6.2), (6.12) sowie (6.13) folgt

$$\|g\|_* = \|Bu\|_{W^*} = \|B\tilde{v}\|_{W_*} \geq \delta \|\tilde{v}\|.$$

Damit gilt $\|\tilde{v}\| \leq \frac{1}{\delta}\|g\|_*$. Da mit $u \in G$ auch $\tilde{v} \in G$ ist, erhält man mit Lemma 4.16 die Abschätzung

$$\|u\| \leq \frac{1}{\gamma}\|f\|_* + \frac{1}{\delta}\left(\frac{\alpha}{\gamma} + 1\right)\|g\|_*.$$

Wir untersuchen nun die zweite Komponente $p \in W$. Diese genügt der Variationsgleichung (6.11). Mit der Definition von Z folgt hieraus

$$|b(v,p)| \leq |f(v)| + |a(u,v)| \leq (\|f\|_* + \alpha\|u\|)\,\|v\| \quad \text{für alle } v \in Z.$$

Dies liefert

$$\sup_{v \in V} \frac{b(v,p)}{\|v\|} \leq \|f\|_* + \alpha\|u\|.$$

Mit (6.15) erhält man nun

$$\inf_{y \in Y} \|p + y\| \leq \frac{1}{\delta}\|f\|_* + \frac{\alpha}{\delta}\|u\|.$$

Unter Beachtung von (6.16) folgt somit (6.17). ∎

Bemerkung 4.16 Gilt $Y = \{0\}$, so ist die Lösung $(u,p) \in V \times W$ von (6.10) eindeutig, und (6.16), (6.17) bilden Stabilitätsabschätzungen über den Einfluß der Störungen in f und g auf die Lösung (u,p). □

Im Fall einer Z-elliptischen symmetrischen Bilinearform $a(\cdot,\cdot)$ bildet (6.5) eine notwendige und hinreichende Bedingung dafür, daß $u \in G$ das Variationsproblem

$$J(v) := \frac{1}{2}a(v,v) - f(v) \longrightarrow \min! \qquad \text{bei } v \in G \tag{6.18}$$

löst. Das zu diesem Problem gehörige Lagrange-Funktional besitzt unter Beachtung von (6.4) und der Reflexivität $W^{**} = W$ von Hilbert-Räumen die Form

$$L(v,w) = J(v) + b(v,w) - g(w) \qquad \text{für alle } v \in V,\ w \in W. \tag{6.19}$$

Mit Hilfe des Lagrange-Funktionals kann ein hinreichendes Optimalitätskriterium in Sattelpunktform angegeben werden. Dabei heißt ein Element $(u,p) \in V \times W$ *Sattelpunkt des Lagrange-Funktionals L*, falls

$$L(u,w) \leq L(u,p) \leq L(v,p) \qquad \text{für alle } v \in V,\ w \in W \tag{6.20}$$

gilt. Diese *gemischte Variationsformulierung* bildet unter den getroffenen Voraussetzungen ein notwendiges und hinreichendes Kriterium dafür, daß $(u,p) \in V \times W$ ein Sattelpunkt des Lagrange-Funktionals ist.

LEMMA 4.19 *Es sei* $(u,p) \in V \times W$ *ein Sattelpunkt von* $L(\cdot,\cdot)$. *Dann löst die zugehörige Komponente* $u \in V$ *das Variationsproblem (6.18).*

Beweis: Wir zeigen zunächst, daß $u \in G$ gilt. Aus dem linken Teil der Sattelpunktsungleichung (6.20) folgt

$$b(u,w) - g(w) \leq b(u,p) - g(p) \qquad \text{für alle } w \in W. \tag{6.21}$$

Da W ein linearer Raum ist, gilt

$$w := p + y \in W \qquad \text{für alle } y \in W.$$

Unter Beachtung der Linearität von $b(u,\cdot)$ und $g(\cdot)$ liefert damit (6.21) die Abschätzung

$$b(u,y) - g(y) \leq 0 \qquad \text{für alle } y \in W.$$

Da mit $y \in W$ auch $-y \in W$ gilt, folgt hieraus

$$b(u,y) - g(y) = 0 \qquad \text{für alle } y \in W,$$

also ist $u \in G$.

Mit dem rechten Teil der Sattelpunktsungleichung (6.20) hat man mit der Gestalt (6.4) des zulässigen Bereiches G die Abschätzung

$$
\begin{aligned}
J(u) &= J(u) + b(u,p) - g(u) = L(u,p) \leq L(v,p) \\
     &= J(v) + b(v,p) - g(p) = J(v) \qquad \text{für alle } v \in G.
\end{aligned}
$$

Damit löst u das Variationsproblem (6.18). ∎

Ausgehend von (6.20) und der stets gültigen Ungleichung

$$\sup_{w \in W} \inf_{v \in V} L(v,w) \leq \inf_{v \in V} \sup_{w \in W} L(v,w) \tag{6.22}$$

kann der Aufgabe (6.18) ein weiteres Variationsproblem zugeordnet werden. Es bezeichne dazu

$$\underline{L}(w) := \inf_{v \in V} L(v,w) \qquad \text{für alle } w \in W \tag{6.23}$$

und

$$\overline{L}(v) := \sup_{w \in W} L(v,w) \qquad \text{für alle } v \in V. \tag{6.24}$$

Die dadurch definierten Funktionale $\underline{L} : W \to \overline{\mathbb{R}}$ und $\overline{L} : V \to \overline{\mathbb{R}}$ können auch die uneigentlichen Werte "$-\infty$" oder "$+\infty$" annehmen. Es sind daher die erweiterten reellen Zahlen $\overline{\mathbb{R}} := \mathbb{R} \cup \{-\infty\} \cup \{+\infty\}$ anstelle von $\mathbb{R}$ als Bildraum zu nutzen. Die Arithmetik im Raum $\overline{\mathbb{R}}$ wird dabei geeignet ergänzt, um die bekannten Grenzwerte, z.B. "$\infty - \infty$"

zu behandeln. Wir verweisen hierzu sowie für weiterführende Untersuchungen zur Dualitätstheorie z.B. auf [ET76], [Zei90].

Aus der konkreten Struktur von $L(\cdot, \cdot)$ und G folgt mit (6.24) die Darstellung

$$\overline{L}(v) = \begin{cases} J(v), & \text{falls } v \in G \\ -\infty, & \text{sonst}. \end{cases}$$

Damit ist das formal unrestringierte Variationsproblem

$$\overline{L}(v) \longrightarrow \min! \qquad \text{bei } v \in V \tag{6.25}$$

äquivalent zu (6.18). Analog zu (6.25) definieren wir das Problem

$$\underline{L}(w) \longrightarrow \max! \qquad \text{bei } w \in W. \tag{6.26}$$

Diese Aufgabe heißt ein zu (6.25) und damit auch zu (6.18) *duales Variationsproblem*.
Für die Diskretisierung von (6.25), (6.26) mit einer jeweils konformen Finite-Elemente-
Methode erhält man wegen (6.22) unmittelbar das

LEMMA 4.20 *Es seien $V_h \subset V$, $W_h \subset W$. Dann gilt*

$$\sup_{w_h \in W_h} \underline{L}(w_h) \leq \sup_{w \in W} \underline{L}(w) \leq \inf_{v \in V} \overline{L}(v) \leq \inf_{v_h \in V_h} \overline{L}(v_h).$$

Für den Spezialfall der Poisson-Gleichung schlug Trefftz[113] ein konformes Diskretisierungsverfahren für das duale Problem (6.26) vor. Die Berechnung des Funktionals
$\underline{L}(\cdot)$ erfolgt dabei unter Nutzung der Greenschen Funktion des Ausgangsproblems. Bei
der Kombination mit dem Ritz-Verfahren liefern die in Lemma 4.20 angegebenen beid-
seitigen Schranken praktikable Genauigkeitskriterien.

Eine interessante Anwendung der mit Lemma 4.19 bereitgestellten Schranken für den
Optimalwert von (6.18) besteht in der Nutzung dieser zur Definition von Fehlerschätzern
(s. Abschnitt 4.7) zur a-posteriori Bewertung von Finite-Elemente-Gittern im Spezialfall
symmetrischer Bilinearformen. In [NH81, Kapitel 11.4] wird diese bereits von Synge 1957
vorgeschlagene Technik, auch verbunden mit dem Namen „Hypercircle", ausführlich
diskutiert.

4.6.2 Konforme Approximation gemischter Variationsgleichungen

Wir betrachten nun eine Finite-Elemente-Diskretisierung der gemischten Variationsgleichung (6.10). Es seien $V_h \subset V$ und $W_h \subset W$ gewählt. Gesucht wird eine Lösung
$(u_h, p_h) \in V_h \times W_h$ der diskreten gemischten Variationsgleichung

$$\begin{aligned} a(u_h, v_h) + b(v_h, p_h) &= f(v_h) && \text{für alle } v_h \in V_h \\ b(u_h, w_h) &= g(w_h) && \text{für alle } w_h \in W_h. \end{aligned} \tag{6.27}$$

Die Finite-Elemente-Diskretisierung von (6.10), und damit letzlich von (6.5), wird *Methode der gemischten finiten Elemente* genannt.

Die Lösbarkeit wie auch die Stabilität der Lösungen von (6.27) untersuchen wir analog zum stetigen Fall.

Es bezeichne

$$G_h = \{\, v_h \in V_h \ : \ b(v_h, w_h) = g(w_h) \quad \text{für alle } w_h \in W_h \,\}$$

sowie

$$Z_h = \{\, v_h \in V_h \ : \ b(v_h, w_h) = 0 \quad \text{für alle } w_h \in W_h \,\}.$$

Wir weisen darauf hin, daß trotz der getroffenen Voraussetzung $V_h \subset V$ jedoch i.allg. gilt

$$G_h \not\subset G \qquad \text{und} \qquad Z_h \not\subset Z.$$

Damit folgt aus der Z-Elliptizität von $a(\cdot, \cdot)$ nicht automatisch auch deren Z_h-Elliptizität. Wir setzen daher voraus, daß $\gamma_h > 0$ existieren mit

$$\gamma_h \, \|v_h\|^2 \leq a(v_h, v_h) \qquad \text{für alle } v_h \in Z_h. \tag{6.28}$$

Ferner gebe es Konstanten $\delta_h > 0$ derart, daß

$$\sup_{v_h \in V_h} \frac{b(v_h, w_h)}{\|v_h\|} \geq \delta_h \, \|w_h\| \qquad \text{für alle } w_h \in Y_h^{\perp} \tag{6.29}$$

mit

$$Y_h := \{\, z_h \in W_h \ : \ b(v_h, z_h) = 0 \quad \text{für alle } v_h \in V_h \,\}$$

gilt. Unter den getroffenen Voraussetzungen läßt sich Satz 4.7 unmittelbar auf das diskrete Problem (6.27) übertragen. Wir erhalten

SATZ 4.8 *Es sei $G_h \neq \emptyset$, und es sei die Bedingung (6.29) erfüllt. Dann besitzt die gemischte Finite-Elemente-Diskretisierung (6.27) mindestens eine Lösung $(u_h, p_h) \in V_h \times W_h$. Dabei ist die erste Komponente $u_h \in V_h$ eindeutig bestimmt, und es gelten die Abschätzungen*

$$\|u_h\| \leq \frac{1}{\gamma_h} \|f\|_* + \frac{1}{\delta_h} \left(\frac{\alpha}{\gamma_h} + 1 \right) \|g\|_*, \tag{6.30}$$

$$\inf_{y_h \in Y_h} \|p_h + y_h\| \leq \frac{1}{\delta_h} \left(\frac{\alpha}{\gamma_h} + 1 \right) \|f\|_* + \frac{\alpha}{\delta_h^2} \left(\frac{\alpha}{\gamma_h} + 1 \right) \|g\|_*. \tag{6.31}$$

Zur Vereinfachung untersuchen wir das Konvergenzverhalten der Methode der gemischten finiten Elemente für den Fall $Y_h = \{0\}$. Dann kann der im Abschnitt 3.4 betrachtete Zugang zur Konvergenzanalyse von Ritz-Galerkin-Verfahren angewandt werden. Nutzt man speziell die Struktur der vorliegenden Aufgabe sowie die konkrete Form der Abschätzungen, so erhält man

SATZ 4.9 *Die Aufgaben (6.10) und (6.27) mögen den Voraussetzungen der Sätze 4.7 bzw. 4.8 genügen. Ferner seien die Bedingungen (6.28), (6.29) gleichmäßig in der folgenden Form erfüllt. Mit Konstanten $\tilde{\gamma} > 0$, $\tilde{\delta} > 0$ gelte*

$$\tilde{\gamma}\|v_h\|^2 \leq a(v_h, v_h) \qquad \text{für alle } v_h \in Z_h \tag{6.32}$$

und

$$\sup_{v_h \in V_h} \frac{b(v_h, w_h)}{\|v_h\|} \geq \tilde{\delta}\|w_h\| \qquad \text{für alle } w_h \in W_h. \tag{6.33}$$

Dann läßt sich der Abstand zwischen der Lösung $(u_h, p_h) \in V_h \times W_h$ des diskreten Problems (6.27) und der Lösung $(u, p) \in V \times W$ des stetigen Problems (6.10) abschätzen durch

$$\max\{\|u - u_h\|, \|p - p_h\|\} \leq c \left\{ \inf_{v_h \in V_h} \|u - v_h\| + \inf_{w_h \in W_h} \|p - w_h\| \right\} \tag{6.34}$$

mit einer Konstanten $c > 0$.

Beweis: Wir folgen der Struktur des Beweises zu Lemma 3.9. Zunächst sei jedoch bemerkt, daß die Bedingung (6.33) die Gültigkeit von $Y_h = \{0\}$ sichert. Wie im Beweis zu Lemma 3.9 erhält man für beliebige $\tilde{v}_h \in V_h$, $\tilde{w}_h \in W_h$

$$a(u_h - \tilde{v}_h, v_h) + b(v_h, p_h - \tilde{w}_h) = a(u - \tilde{v}_h, v_h) + b(v_h, p - \tilde{w}_h), \quad v_h \in V_h$$
$$b(u_h - \tilde{v}_h, w_h) = b(u - \tilde{v}_h, w_h), \qquad w_h \in W_h.$$

Mit Satz 4.8 folgt unter Beachtung von $Y_h = \{0\}$ hieraus

$$\|u_h - \tilde{v}_h\| \leq \frac{\alpha}{\tilde{\delta}}\|u - \tilde{v}_h\| + \frac{\beta}{\tilde{\delta}}\left(\frac{\alpha}{\tilde{\gamma}} + 1\right)\|p - \tilde{w}_h\|,$$

$$\|p_h - \tilde{w}_h\| \leq \frac{\alpha}{\tilde{\delta}}\left(\frac{\alpha}{\tilde{\gamma}} + 1\right)\|u - \tilde{v}_h\| + \frac{\alpha\beta}{\tilde{\delta}^2}\left(\frac{\alpha}{\tilde{\gamma}} + 1\right)\|p - \tilde{w}_h\|$$

für beliebige $\tilde{v}_h \in V_h$, $\tilde{w}_h \in W_h$. Nutzt man die Dreiecksungleichung in der Form

$$\|u - u_h\| \leq \|u - \tilde{v}_h\| + \|u_h - \tilde{v}_h\|$$

bzw.

$$\|p - p_h\| \leq \|p - \tilde{w}_h\| + \|p_h - \tilde{w}_h\|,$$

so erhält man hieraus die Abschätzung (6.34). ■

Bemerkung 4.17 Anstelle von (6.34) können auch spezifischere Abschätzungen unter Nutzung der Konstanten α, β, $\tilde{\gamma}$, $\tilde{\delta} > 0$ angegeben werden. Dies folgt unmittelbar aus dem obigen Beweis. □

Bemerkung 4.18 Die Bedingung (6.33) wird als *Babuška-Brezzi-Bedingung* (auch Ladyshenskaja-Babuška-Brezzi-Bedingung) bezeichnet. Sie besitzt eine zentrale Bedeutung für die Konvergenz von gemischten Finite-Elemente-Methoden. Die Babuška-Brezzi-Bedingung fordert eine aufeinander abgestimmte Wahl der beiden Ansatzräume V_h und W_h. Grob gesprochen bedeutet (6.33), daß der Ansatzraum V_h für die primalen Variablen hinreichend reichhaltig sein muß und der Ansatzraum W_h für die dualen Variablen keine zu einschränkenden Restriktionen liefert. Insbesondere sichert (6.33), daß $G_h \neq \emptyset$ gilt. $\square$

Bemerkung 4.19 Gilt anstelle der Babuška-Brezzi-Bedingung nur

$$\sup_{v_h \in V_h} \frac{b(v_h, w_h)}{\|v_h\|} \geq \delta_h \|w_h\| \qquad \text{für alle } w_h \in W_h$$

mit einem $\delta_h > 0$ und $\lim\limits_{h \to +0} \delta_h = 0$, so konvergiert die primale Komponente u_h gegen u, falls

$$\lim_{h \to +0} \left[\frac{1}{\delta_h} \inf_{w_h \in W_h} \|p - w_h\| \right] = 0$$

gilt. Dies folgt unmittelbar aus dem Beweis zu Satz 4.9. Die stärkere Bedingung

$$\lim_{h \to +0} \frac{1}{\delta_h} \left[\inf_{v_h \in V_h} \|u - v_h\| + \frac{1}{\delta_h} \inf_{w_h \in W_h} \|p - w_h\| \right] = 0$$

sichert entsprechend die Konvergenz beider Komponenten, d.h. es gilt dann

$$\lim_{h \to +0} \|u - u_h\| = 0 \qquad \text{und} \qquad \lim_{h \to +0} \|p - p_h\| = 0. \qquad \square$$

Als Beispiel einer gemischten Finite-Elemente-Methode, die den Babuška-Brezzi-Bedingungen genügt, betrachten wir eine spezielle Diskretisierung des Stokes-Problems. Es sei $\Omega \subset R^2$ ein gegebenes Quadrat. Wir wählen

$$V := H_0^1(\Omega) \times H_0^1(\Omega) \qquad \text{und} \qquad W := \left\{ w \in L_2(\Omega) : \int_\Omega w \, dx = 0 \right\}.$$

Da W einen abgeschlossenen Unterraum von $L_2(\Omega)$ bildet, ist W selbst wieder ein Hilbert-Raum. Es bezeichne

$$a(\underline{u}, \underline{v}) := \sum_{i=1}^{2} \int_\Omega \nabla u_i \nabla v_i \, dx \qquad \text{für alle } \underline{u}, \underline{v} \in V \tag{6.35}$$

mit $\underline{u} = (u_1, u_2)$; $\underline{v} = (v_1, v_2)$. Ferner wird

$$G := \left\{ \underline{v} \in V : \int_\Omega w \, \text{div}\underline{v} \, dx = 0 \quad \text{für alle } w \in W \right\} \tag{6.36}$$

gesetzt. Wegen der Homogenität der Restriktionen gilt in diesem Fall $Z = G$. Entsprechend der Darstellung (6.36) der zulässigen Menge G erfolgt die Einordnung in den allgemeinen Fall (6.4), (6.5) durch die Wahl von

$$b(\underline{v}, w) := -\int_\Omega w \operatorname{div}\underline{v}\, dx \qquad \text{für alle } \underline{v} \in V,\ w \in W.$$

Wir betrachten nun die Aufgabe: *Man bestimme ein $\underline{u} \in G$ mit*

$$a(\underline{u}, \underline{v}) = f(\underline{v}) \qquad \text{für alle } \underline{v} \in Z. \tag{6.37}$$

Dabei ist mit vorgegebenen Funktionen f_1, $f_2 \in L_2(\Omega)$ das Funktional $f : V \to R$ definiert durch

$$f(\underline{v}) = \sum_{i=1}^{2} \int_\Omega f_i v_i\, dx \qquad \text{für alle } \underline{v} \in V.$$

Die zu (6.37) gehörige gemischte Formulierung lautet nun

$$\sum_{i=1}^{2} \int_\Omega \nabla u_i \nabla v_i\, dx - \int_\Omega p \operatorname{div}\underline{v}\, dx = \sum_{i=1}^{2} \int_\Omega f_i v_i\, dx \quad \text{für alle } \underline{v} \in V$$

$$-\int_\Omega w \operatorname{div}\underline{u}\, dx = 0 \qquad\qquad \text{für alle } w \in W.$$

Bei entsprechender Regularität der Lösung zeigt man mit Hilfe der partiellen Integration, daß diese Aufgabe äquivalent ist zum Stokes-Problem

$$-\Delta \underline{u} + \nabla p = \underline{f} \quad \text{in } \Omega$$

$$\operatorname{div} \underline{u} = 0 \quad \text{in } \Omega$$

$$\underline{u}|_\Gamma = 0.$$

Die primalen Variablen $\underline{u} = (u_1, u_1)$ bilden hier den Geschwindigkeitsvektor, und die duale Variable p beschreibt den Druck. Die gemischte Formulierung entspricht in diesem Beispiel in natürlicher Weise selbst einem physikalischen Modell. Insbesondere besitzen die dualen Variablen dabei eine konkrete Interpretation.

Das Grundgebiet Ω wird mit Hilfe eines gleichabständigen Rechteckgitters der Feinheit $h > 0$ zerlegt, und wir wählen als Finite-Elemente-Ansatzräume die Menge der komponentenweise stetigen, stückweise biquadratischen Funktionen bzw. die Menge der über der Zerlegung $\mathcal{Z}_h$ stückweise konstanten Funktionen. Also sind

$$V_h := \left\{ \underline{v}_h \in C(\overline{\Omega})^2 \ : \ \underline{v}_h|_{\Omega_i} \in [Q_2(\overline{\Omega}_i]^2,\ \Omega_i \in \mathcal{Z}_h \right\}$$

und

$$W_h := \left\{ \underline{w}_h \in W \ : \ \underline{w}_h|_{\Omega_i} \in P_0(\overline{\Omega}_i),\ \Omega_i \in \mathcal{Z}_h \right\}.$$

(kurz spricht man vom $Q_2 - P_0$-*Element*)

Zum Nachweis der Gültigkeit der Babuška-Brezzi-Bedingung für die gewählten Ansatzräume wird zunächst gezeigt, daß die Ausgangsaufgabe (6.37) der entsprechenden Forderung (6.15) genügt.

Es sei $w \in W$, beliebig. Unter Nutzung von Regularitätsaussagen (vgl. [Tem79], [GR89]) läßt sich nachweisen, dass stets ein $\tilde{v} \in V$ existiert mit

$$\operatorname{div} \tilde{v} = w. \tag{6.38}$$

Ferner gibt es eine Konstante $c > 0$ derart, daß

$$\|\tilde{v}\|_V \leq c \|w\|_W \tag{6.39}$$

gilt. Mit (6.38), (6.39) erhält man

$$\sup_{v \in V} \frac{b(v, w)}{\|v\|} \geq \frac{b(\tilde{v}, w)}{\|\tilde{v}\|} = \frac{\|w\|^2}{\|\tilde{v}\|} \geq \frac{1}{c} \|w\|.$$

Damit ist die Gültigkeit von (6.15) gezeigt. Wir wenden uns nun dem Nachweis der Babuška-Brezzi-Bedingung für die gewählte Diskretisierung zu.

Es sei $w_h \in W_h$, beliebig. Da $W_h \subset W$ gilt, kann wieder ein $\tilde{v} \in V$ zugeordnet werden mit

$$\operatorname{div} \tilde{v} = w_h \qquad \text{und} \qquad \|\tilde{v}\| \leq c \|w_h\|. \tag{6.40}$$

Da die Bilinearform $a : V \times V \to R$ wegen der Friedrichs'schen Ungleichung V-elliptisch ist und $V_h \subset V$ gilt, läßt sich ein $\tilde{v}_h \in V_h$ eindeutig bestimmen durch

$$a(\tilde{v}_h, v_h) = a(\tilde{v}, v_h) \qquad \text{für alle } v_h \in V_h.$$

Mit dem Lemma von Cea folgt, daß eine von $\tilde{v}_h$, $\tilde{v}$ unabhängige Konstante $c > 0$ existiert mit

$$\|\tilde{v}_h\| \leq c \|\tilde{v}\|.$$

Insgesamt hat man also

$$\|\tilde{v}_h\| \leq c \|w_h\|. \tag{6.41}$$

Mit Hilfe von $\tilde{v} \in V$ und $\tilde{v}_h \in V_h \subset C(\overline{\Omega})^2$ definieren wir eine Interpolierende $\hat{v}_h \in V_h$ durch

$$
\begin{aligned}
\hat{v}_h(p^i) &= \tilde{v}_h(p^i), \quad i = 1, \dots, \overline{N}, \\
\int_{\Omega_j} \hat{v}_h \, dx &= \int_{\Omega_j} \tilde{v} \, dx, \quad j = 1, \dots, M, \\
\int_{\Gamma_{jk}} \hat{v}_h \, ds &= \int_{\Gamma_{jk}} \tilde{v} \, ds, \quad j, k = 1, \dots, M.
\end{aligned}
\tag{6.42}
$$

Dabei bezeichnen $\Gamma_{jk} = \overline{\Omega}_j \cap \overline{\Omega}_k$ die auftretenden inneren Kanten der Zerlegung $\mathcal{Z}_h$. Ferner sei $\underline{n}_{jk}$ die von Ω_j nach Ω_k orientierte Normale von Γ_{jk}. Es gilt nun

$$\|w_h\|^2 = \int_\Omega w_h \operatorname{div} \underline{\tilde{v}} \, dx = \sum_{j=1}^M \int_{\Omega_j} w_h \operatorname{div} \underline{\tilde{v}} \, dx. \tag{6.43}$$

Beachtet man, daß aufgrund der getroffenen Wahl des Ansatzraumes W_h die Funktionen w_h auf jedem Teilgebiet Ω_j konstant sind, so folgt mit der partiellen Integration

$$\int_{\Omega_j} w_h \operatorname{div} \underline{\tilde{v}} \, dx = \int_{\Gamma_j} w_h \, \underline{\tilde{v}} \, \underline{n}_j \, ds, \qquad j = 1, \dots, M, \tag{6.44}$$

wobei $\underline{n}_j$ die nach außen gerichtet Normale von $\Gamma_j := \partial \Omega_j$ bezeichnet. Da die Spur von w_h auf dem Rand Γ_j konstant ist, folgt aus der Interpolationsbedingung (6.42) die Beziehung

$$\int_{\Gamma_j} w_h \, \underline{\tilde{v}} \, \underline{n}_j \, ds = \int_{\Gamma_j} w_h \, \underline{\tilde{v}}_h \, \underline{n}_j \, ds, \qquad j = 1, \dots, M.$$

Mit erneuter partieller Integration und (6.44) erhält man hieraus

$$\int_{\Omega_j} w_h \operatorname{div} \underline{\tilde{v}} \, dx = \int_{\Omega_j} w_h \operatorname{div} \underline{\tilde{v}}_h \, dx, \qquad j = 1, \dots, M,$$

und wegen (6.43) gilt

$$\|w_h\|^2 = \int_{\Omega_j} w_h \operatorname{div} \underline{\tilde{v}}_h \, dx.$$

Beachtet man (6.41), so folgt nun

$$\sup_{\underline{v}_h \in V_h} \frac{b(\underline{v}_h, w_h)}{\|\underline{v}_h\|} \geq \frac{b(\underline{\tilde{v}}_h, w_h)}{\|\underline{\tilde{v}}_h\|} \geq \frac{\|w_h\|^2}{\|\underline{\tilde{v}}_h\|} \geq c \, \|w_h\| \qquad \text{für alle } w_h \in W_h$$

mit einer Konstanten $c > 0$. Damit genügt die betrachtete Diskretisierung der Babuška-Brezzi-Bedingung.

Hingewiesen sei darauf, daß das $Q_1 - P_0$-Element instabil ist, siehe [Bra92]

Die angegebenen Untersuchungen sind insofern repräsentativ, da sie an einem einfachen Beispiel die Kompliziertheit des Nachweises der Babuška-Brezzi-Bedingungen wie auch prinzipielle Schritte dazu andeuten. Es gibt eine Reihe weiterer Elementpaare, die den Babuška-Brezzi-Bedingungen genügen. Für Untersuchungen hierzu sei auf [BF91, Bra92, Sch97] verwiesen.

4.6.3 Abschwächungen von Glattheitsforderungen bei der Poisson- und der biharmonischen Gleichung

Jetzt soll eine wichtige Anwendung gemischter Variationsformulierungen und zugehöriger Finite-Elemente-Techniken beschrieben werden. Bei Problemen mit Ableitungen höherer Ordnung definiert man nämlich in geeigneter Weise Zwischenausdrücke als neue Variable. Die diese definierenden Gleichungen übernehmen die Rolle von Restriktionen im erweiterten Problem. So können zum einen bestimmte Ableitungen als eigenständige Variable günstiger approximiert werden und zum anderen Glattheitsforderungen an die Ansatzräume abgeschwächt werden.

Wir betrachten zunächst die Poisson-Gleichung mit homogenen Dirichlet-Bedingungen, d.h.

$$-\Delta z = f \quad \text{in } \Omega, \qquad z|_\Gamma = 0. \tag{6.45}$$

Dabei sei vorausgesetzt, daß ein $z \in H_0^1(\Omega) \cap H^2(\Omega)$ existiert, das der Differentialgleichung im Sinne des $L_2(\Omega)$ genügt, d.h.

$$-\int_\Omega w \Delta z \, dx = \int_\Omega f w \, dx \qquad \text{für alle } w \in L_2(\Omega). \tag{6.46}$$

Setzt man formal $\underline{u} := \nabla z$, so gilt unter den getroffenen Voraussetzungen $\underline{u} \in H(div; \Omega)$. Wir wählen $V := H(div; \Omega)$ und $W := L_2(\Omega)$. Die Norm in V ist dabei durch

$$\|\underline{v}\|_V^2 := \sum_{i=1}^n \|v_i\|_{0,\Omega}^2 + \|\operatorname{div} \underline{v}\|_{0,\Omega}^2 \tag{6.47}$$

mit $\underline{v} = (v_1, \ldots, v_n)$ erklärt. Die durch

$$b(\underline{v}, w) := \int_\Omega w \operatorname{div} \underline{v} \, dx \qquad \text{für alle } \underline{v} \in V, \ w \in W \tag{6.48}$$

definierte Abbildung $b : V \times W \to R$ ist bilinear und stetig. Es bezeichne

$$G := \{ \underline{v} \in V \ : \ b(\underline{v}, w) = -\int_\Omega f w \, dx, \quad \text{für alle } w \in W \}$$

und zugehörig

$$Z := \{ \underline{v} \in V \ : \ b(\underline{v}, w) = 0, \quad \text{für alle } w \in W \}.$$

Ferner sei eine stetige Bilinearform $a : V \times V \to R$ definiert durch

$$a(\underline{u}, \underline{v}) := \sum_{i=1}^n \int_\Omega u_i v_i \, dx \qquad \text{für alle } \underline{u}, \underline{v} \in V.$$

Wegen (6.47), (6.48) ist $a(\cdot, \cdot)$ offensichtlich Z-elliptisch. Ferner gilt unter den getroffenen Voraussetzungen $\nabla z \in G$ für die Lösung z des Problems (6.45).

Wir betrachten nun die restringierte Variationsgleichung: *Man bestimme ein $\underline{u} \in G$ mit*

$$a(\underline{u}, \underline{v}) = 0 \qquad \text{für alle } \underline{v} \in Z. \tag{6.49}$$

Wegen Lemma 4.16 besitzt diese Aufgabe eine eindeutige Lösung $\underline{u} \in G$. Zur Verbindung zwischen den Problemen (6.45) und (6.49) gilt

LEMMA 4.21 *Genügt die Lösung z der Aufgabe (6.45) der Regularitätsforderung $z \in H_0^1(\Omega) \cap H^2(\Omega)$, dann löst $\underline{u} := \nabla z$ auch die restringierte Variationsgleichung (6.49). Ferner ist $\underline{u} \in G$ die einzige Lösung von (6.49).*

Beweis: Wie bereits bemerkt wurde, gilt $\nabla z \in G$. Wir zeigen nun, daß $\underline{u} := \nabla z$ der Variationsgleichung (6.49) genügt. Mit partieller Integration hat man

$$\int\limits_\Omega \underline{v} \nabla z \, dx = \int\limits_\Gamma z \underline{v} \, \underline{n} \, ds - \int\limits_\Omega z \operatorname{div} \underline{v} \, dx \qquad \text{für alle } \underline{v} \in V.$$

Wegen $z \in H_0^1(\Omega)$ gilt

$$\int\limits_\Gamma z \underline{v} \, \underline{n} \, ds = 0.$$

Andererseits folgt aus der Definition des Unterraumes Z auch

$$\int\limits_\Omega z \operatorname{div} \underline{v} \, dx = 0.$$

Insgesamt erhält man

$$\int\limits_\Omega \underline{v} \nabla z \, dx = 0 \qquad \text{für alle } \underline{v} \in Z,$$

also löst $\underline{u} = \nabla z$ die Aufgabe (6.49). Die Eindeutigkeit der Lösung folgt schließlich aus Lemma 4.16. ∎

Die Verwendung des Raumes $H(div; \Omega)$ ermöglicht mit der Formulierung (6.49) die Abschwächung von Glattheitsforderungen an die gesuchte Lösung. Für die vorliegende Problemstellung besitzt die gemischte Variationsformulierung folgende konkrete Form:

$$\sum_{i=1}^n \int\limits_\Omega u_i v_i \, dx + \int\limits_\Omega p \operatorname{div} \underline{v} \, dx \;=\; 0 \qquad\qquad \text{für alle } \underline{v} \in H(div; \Omega)$$

$$\int\limits_\Omega w \operatorname{div} \underline{u} \, dx \;=\; -\int\limits_\Omega fw \, dx \quad \text{für alle } w \in L_2(\Omega). \tag{6.50}$$

Bemerkung 4.20 Die wesentliche Randbedingung $z|_\Gamma = 0$ des Ausgangsproblems (6.45) tritt in der gemischten Variationsformulierung (6.50) nicht mehr explizit auf. Die Einhaltung dieser Bedingung wird durch die Variationsgleichung in natürlicher Weise gesichert. $\square$

Wir wenden uns nun der Diskretisierung von (6.50) zu. Zur Charakterisierung einer Finiten-Elemente-Approximation $V_h \subset V = H(div; \Omega)$ eignet sich Lemma 4.3. Es sei $\mathcal{Z}_h = \{\Omega_j\}_{j=1}^M$ eine zulässige Dreieckszerlegung eines polygonalen Grundgebietes $\Omega \subset \mathbb{R}^2$. Bezeichnet man mit $\underline{v}_j := \underline{v}|_{\Omega_j}$, dann ist die in Lemma 4.3 gegebene Bedingung (2.8), d.h.

$$(\underline{v}_j - \underline{v}_k)\,\underline{n}_{jk} = 0 \qquad \text{für alle } j,\, k = 1,\dots,M \text{ mit } \Gamma_{jk} \neq \emptyset \tag{6.51}$$

hinreichend dafür, daß $\underline{v} \in H(div; \Omega)$ gilt. Wählt man für die Komponenten v_1, v_2 der Ansatzfunktion $\underline{v}_h$ jeweils ein über der Zerlegung $\mathcal{Z}_h$ stückweises Polynom vom Höchstgrad l, dann liefert die Projektion $\underline{v}_h\underline{n}$ längs einer Dreiecksseite ein Polynom vom Höchstgrad l. Wegen der fehlenden Stetigkeit der Projektionen in den Ecken sind entsprechende Vorgaben auf "inneren" Punkten der Dreiecksseiten erforderlich. Bei einem stückweise linearen Ansatz sind damit auf jeder Dreiecksseite zwei Freiheitsgrade zu lokalisieren, die nicht in Eckpunkten liegen dürfen. Entsprechende Lagrange-Basen sind angebbar (vgl. z.B. [GRT93]).

Der Ansatz kann vereinfacht werden, falls nur Abbildungen $\underline{\varphi} : \mathbb{R}^2 \to \mathbb{R}^2$ der speziellen Struktur

$$\underline{\varphi}(x) = (\varphi_1(x), \varphi_2(x)) = (a + bx_1, c + bx_2) \tag{6.52}$$

mit Koeffizienten a, b, $c \in \mathbb{R}$ betrachtet werden. Bezeichnet

$$\mathcal{G} := \{\, x \in \mathbb{R}^2 \,:\, \alpha x_1 + \beta x_2 = \gamma \,\}$$

eine beliebige Gerade, so erhält man mit der zugehörigen Normalen $\underline{n} = \begin{pmatrix} \alpha \\ \beta \end{pmatrix}$ nun

$$\underline{n} \cdot \underline{\varphi}(x) = \alpha(a + bx_1) + \beta(c + bx_2) = const \qquad \text{für alle } x \in \mathcal{G}.$$

Also liefert der spezielle Ansatz (6.52) bei Projektion auf die Dreiecksseiten stets eine Konstante.

Es bezeichne y^i, $i = 1,\dots,s$ die Gesamtheit aller Seitenmittelpunkte der Dreiecke von $\mathcal{Z}_h$. Ferner sei $\underline{n}^i$, $i = 1,\dots,s$ eine zugehörige Normale der Dreiecksseite, die y^i enthält. Wir definieren nun Ansatzfunktionen $\underline{\varphi}_k : \Omega \to \mathbb{R}^2$ durch die Bedingungen:

i) $\underline{\varphi}_k|_{\Omega_j}$ besitzt die Struktur (6.52).
ii) $[\underline{\varphi}_k\underline{n}^i]$ ist stetig fortsetzbar in y^i, und es gilt $[\underline{\varphi}_k\underline{n}^i](y^i) = \delta_{ik}, i,\, k = 1,\dots,s$.

Betrachtet man das Einheitsdreieck $K = \{\, x \in \mathbb{R}_+^2 \,:\, x_1 + x_2 \leq 1 \,\}$ mit den Seitenmittelpunkten y^1, y^2, y^3, so gilt für die so definierten Basisfunktionen die Darstellung

$$
\begin{aligned}
\underline{\varphi}_1(x) &= (x_1, -1 + x_2) \\
\underline{\varphi}_2(x) &= (\sqrt{2}x_1, \sqrt{2}x_2) \qquad \text{für alle } x \in int\, K. \\
\underline{\varphi}_1(x) &= (x_1, -1 + x_2)
\end{aligned}
$$

Ausgehend von den voranstehenden Betrachtungen erhält man

$$\underline{\varphi}_k \in H(div; \Omega), \qquad k = 1, \ldots, s.$$

Es läßt sich damit

$$V_h = \text{span}\{\underline{\varphi}_k\}_{k=1}^s \qquad\qquad (6.53)$$

für eine Finite-Elemente-Approximation $V_h \subset V$ wählen. Die Werte $\underline{v}_h \underline{n}(y^i)$, $i = 1, \ldots, s$ bilden bei diesem Ansatz die unabhängig wählbaren Freiheitsgrade.

Für die Approximation des Raumes W nutzen wir ferner

$$W_h := \{\, w_h \in L_2(\Omega) \,:\, w_h|_{\Omega_j} \in P_0(\Omega_j)\,\}, \qquad\qquad (6.54)$$

d.h. die Menge der über der Zerlegung stückweise konstanten Funktionen. Für die gemischte Finite-Elemente-Methode mit den Räumen V_h, W_h gemäß (6.53), (6.54) zur Behandlung von (6.50) gilt bei hinreichend regulärer Lösung und bei quasi-uniformen Zerlegungen die Konvergenzabschätzung

$$\|u - u_h\| \leq c\,h$$

mit einer Konstanten $c > 0$. Für die zugehörige Näherung z_h der gesuchten Lösung z des Ausgangsproblems (6.45) kann ebenfalls

$$\|z - z_h\| \leq c\,h$$

gezeigt werden. Im Fall des vollständigen stückweise linearen Ansatzes in beiden Komponenten des Raumes V_h gilt unter den getroffenen Voraussetzungen sogar

$$\|u - u_h\| \leq c\,h^2 \qquad \text{und} \qquad \|z - z_h\| \leq c\,h.$$

Für weiterführende Untersuchungen, insbesondere den Nachweis der angegebenen Fehlerabschätzungen, verweisen wir auf [BF91].

Bemerkung 4.21 Durch die direkte Behandlung von $u = \nabla z$ erhält man mit der betrachteten gemischten Finite-Elemente-Methode eine bessere Approximation für den Gradienten der gesuchten Funktion als bei Nutzung einer stückweise linearen, stetigen Finite-Elemente-Methode für (6.45). $\square$

Wir betrachten nun das folgende Randwertproblem für die biharmonische Gleichung:

$$\Delta^2 z = f \quad \text{in } \Omega, \qquad z|_\Gamma = \frac{\partial z}{\partial \underline{n}}\Big|_\Gamma = 0. \qquad\qquad (6.55)$$

Substituiert man $u := \Delta z$, so ist dieses Differentialgleichungsproblem vierter Ordnung äquivalent zu dem folgenden System zweiter Ordnung

$$\begin{aligned} \Delta z &= u \\ \Delta u &= f \end{aligned} \quad \text{in } \Omega, \qquad z|_\Gamma = \frac{\partial z}{\partial \underline{n}}\Big|_\Gamma = 0.$$

Aus der ersten Differentialgleichung erhält man wie üblich

$$\int_\Gamma v \frac{\partial z}{\partial \underline{n}}\, ds \; - \; \int_\Omega \nabla v \nabla z\, dx \; = \; \int_\Omega uv\, dx \qquad \text{für alle } v \in H^1(\Omega).$$

Bei Beachtung der homogenen Neumann-Bedingung für z ist dies äquivalent zu

$$\int_\Omega uv\, dx \; + \; \int_\Omega \nabla v \nabla z\, dx \; = \; 0 \qquad \text{für alle } v \in H^1(\Omega).$$

Wird anstelle der zweiten Differentialgleichung ebenfalls die zugehörige schwache Formulierung genutzt, und bezeichnet man wie im abstrakten Problem (6.10) die dualen Variablen mit p bzw. w, so erhält man zu (6.55) die zugeordnete gemischte Variationsgleichung:

Gesucht wird ein $(u, p) \in H^1(\Omega) \times H_0^1(\Omega)$ derart, daß

$$\begin{array}{rll} \int_\Omega uv\, dx \; + \; \int_\Omega \nabla v \nabla p\, dx & = \; 0 & \text{für alle } v \in H^1(\Omega) \\[2mm] \int_\Omega \nabla u \nabla w\, dx & = \; -\int_\Omega fw\, dx & \text{für alle } v \in H_0^1(\Omega). \end{array} \qquad (6.56)$$

Durch $V := H^1(\Omega)$, $W := H_0^1(\Omega)$ und mit Hilfe der gemäß

$$a(u, v) := \int_\Omega uv\, dx \qquad \text{für alle } u,\, v \in V$$

bzw

$$b(v, w) := \int_\Omega \nabla v \nabla w\, dx \qquad \text{für alle } v \in V,\, w \in W$$

definierte Abbildungen $a : V \times V \to \mathbb{R}$ bzw. $b : V \times W \to \mathbb{R}$ kann (6.56) als spezielle Realisierung der allgemeinen Variationsgleichung (6.10) betrachtet werden.

Auf der Grundlage der eingangs dargestellten Umformungen von (6.55) zu (6.56) gilt

LEMMA 4.22 *Ist $z \in H_0^2(\Omega) \cap H^3(\Omega)$ eine Lösung der zu (6.55) gehörigen Variationsgleichung*

$$\int_\Omega \Delta z\, \Delta y\, dx \; = \; \int_\Omega fy\, dx \qquad \text{für alle } y \in H_0^2(\Omega),$$

dann gilt $(u, p) := (\Delta z, z) \in V \times W$, und dieses Element löst die gemischte Variationsgleichung (6.56).

Da die Bilinearform $a(\cdot, \cdot)$ nicht Z-elliptisch ist mit dem der Aufgabe entsprechenden Unterraum

$$Z := \Big\{ v \in V : \int_\Omega \nabla v \nabla w\, dx = 0 \quad \text{für alle } w \in W \Big\},$$

läßt sich die allgemeine Theorie, die von einer gleichmäßigen Z_h-Elliptizität ausgeht, nicht anwenden. Nutzt man auf konkreten Finiten-Elemente-Räumen inverse Ungleichungen, so kann mit einem $\gamma_h > 0$ gezeigt werden

$$\gamma_h \|v_h\|^2 \le a(v_h, v_h) \qquad \text{für alle } v_h \in Z_h.$$

Dabei gilt jedoch $\lim\limits_{h\to+0} \gamma_h = 0$. Dies führt zu nichtoptimalen Konvergenzabschätzungen, die durch spezifische Techniken verbessert werden können (vgl. z.B. [105]). Wegen $\lim\limits_{h\to+0} \gamma_h = 0$ liegt insgesamt ein schlecht gestelltes Problem vor, das angepaßte Lösungsverfahren erfordert.

Der Nachweis der Babuška-Brezzi-Bedingungen für (6.56) ist dagegen trivial, da $W \hookrightarrow V$ gilt und $b(w, w)$ eine äquivalente Norm auf W induziert. Man erhält

$$\sup_{v\in V} \frac{b(v, w)}{\|v\|} \ge \frac{b(w, w)}{\|w\|} \ge c\,\frac{\|w\|^2}{\|w\|} = c\,\|w\| \qquad \text{für alle } w \in W.$$

In gleicher Weise können die zugehörigen diskreten Untersuchungen erfolgen.

Modelliert man *Plattenprobleme* auf der Basis u.a. der Kirchhoff-Hypothese, so entstehen ebenfalls Randwertaufgaben für elliptische Probleme vierter Ordnung. In [Bra92] werden Beziehungen zwischen gemischten Finite-Elemente-Ansätzen und populären nichtkonformen Elementen (DKT-Elemente) für Kirchhoff-Platten diskutiert.

4.6.4   Penalty-Methoden und modifizierte Lagrange-Funktionen

Elliptische Aufgaben besitzen einige günstige Eigenschaften, die aus ihrer Verbindung mit konvexen Variationsproblemen resultieren. Betrachtet man symmetrische elliptische Bilinearformen $a(\cdot, \cdot)$, so läßt sich die zugehörige Variationsgleichung äquivalent als Minimumproblem in einem Funktionenraum darstellen. Die gemischten Variationsgleichungen führen dagegen in der Regel auf Sattelpunktprobleme (vgl. (6.20)), die konvex-konkaves Verhalten besitzen. Die daraus resultierenden Komplikationen bei der Auflösung gemischter Variationsgleichungen konnten durch die Entwicklung angepaßter Eliminationstechniken überwunden werden. Diese stehen in engem Zusammenhang mit traditionellen Verfahren, wie z.B. den Penalty-Methoden zur numerischen Behandlung restringierter Optimierungsprobleme. Im folgenden stellen wir einige Grundgedanken dazu dar.

Es seien wieder $a : V \times V \to \mathbb{R}$ und $b : V \times W \to \mathbb{R}$ stetige Bilinearformen. Zusätzlich sei $a(\cdot, \cdot)$ symmetrisch. Bei gegebenen $f \in V^*$, $g \in W^*$ wird das Variationsproblem (6.18) betrachtet, d.h.

$$J(v) := \frac{1}{2} a(v, v) - f(v) \longrightarrow \text{ min !} \qquad \text{bei} \qquad v \in G \tag{6.57}$$

mit

$$G := \{\, v \in V \; : \; b(v, w) = g(w) \quad \text{für alle } w \in W \,\}.$$

Auf dem zugeordneten linearen Unterraum

$$Z := \{\, v \in V \; : \; b(v, w) = 0 \quad \text{für alle } w \in W \,\}$$

wird $a(\cdot,\cdot)$ als elliptisch vorausgesetzt. Die Elliptizitätskonstante sei mit $\gamma > 0$ bezeichnet.

Mit dem durch (6.12) definierten Operator $B : V \to W^*$ sind die Restriktionen des Problems (6.57) äquivalent zu $Bv = g$. Bei der *Methode der Straffunktionen* werden diese Nebenbedingungen durch entsprechende Modifikationen des Zielfunktionals berücksichtigt. Im vorliegenden Fall liefert dies das unrestringierte Ersatzproblem

$$J_\rho(v) := J(v) + \frac{\rho}{2}\|Bv - g\|_*^2 \longrightarrow \ \min ! \qquad \text{bei} \qquad v \in V. \tag{6.58}$$

Dabei bezeichnet $\rho > 0$ einen fixierten Strafparameter. Zur Vereinfachung der weiteren Darstellung identifizieren wir $W^* = W$. Es gilt nun

$$\|Bv - g\|_*^2 = (Bv - g, Bv - g) = (Bv, Bv) - 2(Bv, g) + (g, g).$$

Das Zielfunktional $J_\rho(\cdot)$ von (6.58) besitzt damit die Form

$$J_\rho(v) = \frac{1}{2}a(v, v) + \frac{\rho}{2}(Bv, Bv) - f(v) - \rho(Bv, g) + \frac{\rho}{2}(g, g). \tag{6.59}$$

Wir untersuchen nun die zugehörige, durch

$$a_\rho(u, v) := a(u, v) + \rho(Bu, Bv) \qquad \text{für alle } u, v \in V \tag{6.60}$$

definierte Bilinearform $a_\rho : V \times V \to \mathbb{R}$. Dazu wird zunächst der Raum V geeignet als direkte Summe dargestellt. Wegen $0 \in Z$ gilt stets $Z \neq \emptyset$. Aus Lemma 4.16 mit Z anstelle G folgt für beliebiges $v \in V$ die Existenz eines eindeutig bestimmten $\tilde{v} \in Z$ mit

$$a(\tilde{v}, z) = a(v, z) \qquad \text{für alle } z \in Z. \tag{6.61}$$

Damit wird durch $Pv := \tilde{v}$ ein Projektor $P : V \to Z$ definiert, und jedes Element $v \in V$ läßt sich eindeutig zerlegen in der Form

$$v = Pv + (I - P)v,$$

d.h. V kann als direkte Summe $V = Z \oplus \tilde{Z}$ mit

$$\tilde{Z} := \{\, y \in V \ : \ y = (I - P)v \quad \text{mit einem } v \in V \,\}$$

dargestellt werden. Aus (6.61) folgt unmittelbar

$$a((I - P)v, Pv) = 0 \qquad \text{für alle } v \in V, \tag{6.62}$$

indem $z = Pv$ gewählt wird.

LEMMA 4.23 *Mit einem $\sigma > 0$ gelte*

$$\|Bv\| \geq \sigma\,\|v\| \qquad \text{für alle } v \in \tilde{Z}.$$

Dann gibt es ein $\bar{\rho} > 0$ derart, daß die durch (6.60) definierte Bilinearform $a_\rho(\cdot,\cdot)$ gleichmäßig V-elliptisch ist für alle Parameter $\rho \geq \bar{\rho}$.

Beweis: Aus (6.60), (6.62) erhält man

$$
\begin{aligned}
a_\rho(v,v) &= a_\rho(Pv + (I-P)v, Pv + (I-P)v) \\
&= a(Pv, Pv) + a((I-P)v, (I-P)v) + \rho(B(I-P)v, B(I-Pv)) \\
&\geq \gamma\|Pv\|^2 + (\rho\sigma - \alpha)\|(I-P)v\|^2.
\end{aligned}
$$

Dabei bezeichnen $\gamma > 0$ die Elliptizitätskonstante über Z und α die Norm von $a(\cdot,\cdot)$. Wird speziell $\overline{\rho} := (\alpha + \gamma)/\sigma > 0$ gewählt, so ist

$$
a_\rho(v,v) \geq \gamma(\|Pv\|^2 + \|(I-P)v\|^2) \qquad \text{für alle } v \in V,
$$

falls $\rho \geq \overline{\rho}$. Mit der Normäquivalenz im $\mathbb{R}^2$ und der Dreiecksungleichung folgt

$$
\begin{aligned}
a_\rho(v,v) &\geq \tfrac{\gamma}{2}(\|Pv\| + \|(I-P)v\|)^2 \\
&\geq \tfrac{\gamma}{2}\|Pv + (I-P)v\|^2 = \tfrac{\gamma}{2}\|v\|^2 \qquad \text{für alle } v \in V,
\end{aligned}
$$

falls nur $\rho \geq \overline{\rho}$. ∎

Zur Konvergenz der betrachteten Penalty-Methode gilt

SATZ 4.10 *Es sei $G \neq \emptyset$ und $\overline{\rho} > 0$ gemäß Lemma 4.23 gewählt. Dann besitzen die Strafprobleme (6.58) für $\rho \geq \overline{\rho}$ eine eindeutige Lösung $u_\rho \in V$, und u_ρ konvergiert für $\rho \to \infty$ gegen die Lösung u des Ausgangsproblems (6.57).*

Beweis: Da $G \neq \emptyset$ ist, besitzt (6.57) nach Lemma 4.16 eine eindeutige Lösung u. Wegen der Konvexität des Zielfunktionals $J_\rho(\cdot)$ von (6.58) für $\rho \geq \overline{\rho}$ löst ein $u_\rho \in V$ genau dann diese Aufgabe, falls es der Variationsgleichung

$$
a_\rho(u_\rho, v) = f(v) + \rho(Bv, g) \qquad \text{für alle } v \in V \tag{6.63}
$$

genügt. Nach Konstruktion ist die Bilinearform $a_\rho(\cdot,\cdot)$ stetig. Wir wählen $\rho \geq \overline{\rho}$. Nach Lemma 4.23 ist $a_\rho(\cdot,\cdot)$ V-elliptisch mit einer von $\rho \geq \overline{\rho} > 0$ unabhängigen Konstanten $\gamma > 0$. Das Lemma von Lax-Milgram sichert damit die eindeutige Lösbarkeit von (6.63). Wegen der Optimalität von u_ρ für (6.58) gilt unter Beachtung von $Bu = g$ insbesondere

$$
J(u) = J(u_\rho) \leq J_\rho(u_\rho).
$$

Mit der Definition des Funktionals $J_\rho(\cdot)$ erhält man die Abschätzung

$$
\begin{aligned}
\tfrac{1}{2}a(u,u) - f(u) &\geq J(u_\rho) + \tfrac{\rho}{2}\|Bu_\rho - Bu\|_*^2 \\
&= \tfrac{1}{2}a(u_\rho, u_\rho) + \tfrac{\rho}{2}(B(u_\rho - u), B(u_\rho - u)) - f(u_\rho).
\end{aligned}
$$

Hieraus folgt

$$
f(u_\rho - u) - a(u, u_\rho - u) \geq \frac{1}{2}a_\rho(u_\rho - u, u_\rho - u) \geq \frac{\gamma}{2}\|u_\rho - u\|^2. \tag{6.64}
$$

Mit der Stetigkeit der Bilinearform $a(\cdot,\cdot)$ liefert dies

$$\frac{\gamma}{2}\|u_\rho - u\|^2 \leq (\|f\|_* + \alpha\|u\|)\|u_\rho - u\|$$

und somit die Beschränktheit von $\{u_\rho\}_{\rho \geq \bar\rho}$. Aus der Reflexivität des Raumes V folgt die schwache Kompaktheit von $\{u_\rho\}_{\rho \geq \bar\rho}$.

Da $J_{\bar\rho}(\cdot)$ konvex und stetig ist, ist dieses Funktional auch schwach unterhalbstetig (vgl. z.B. [Zei90]). Mit der schwachen Kompaktheit von $\{u_\rho\}_{\rho \geq \bar\rho}$ existiert somit ein endliches μ mit

$$J_{\bar\rho}(u_\rho) \geq \mu \qquad \text{für alle } \rho \geq \bar\rho.$$

Unter Nutzung der Optimalität von u_ρ für die Ersatzprobleme (6.58) und der Struktur von $J_\rho(\cdot)$ erhält man nun

$$
\begin{aligned}
J(u) \;=\; & J_\rho(u) \geq J_\rho(u_\rho) = J_{\bar\rho}(u_\rho) + \frac{\rho - \bar\rho}{2}\|Bu_\rho - g\|^2 \\
\geq \;& \mu + \frac{\rho - \bar\rho}{2}\|Bu_\rho - g\|^2.
\end{aligned}
\tag{6.65}
$$

Hieraus folgt

$$\lim_{\rho \to \infty} \|Bu_\rho - g\| = 0$$

bzw.

$$\lim_{\rho \to \infty} [b(u_\rho, w) - g(w)] = 0 \qquad \text{für alle } w \in W.$$

Definiert man zu $b : V \times W \to \mathbb{R}$ einen Operator $B^* : W \to V^*$ durch

$$\langle Bw, v\rangle_V = b(v, w) \qquad \text{für alle } v \in V,\ w \in W,$$

so ist

$$\lim_{\rho \to \infty} [\langle Bw, u_\rho\rangle - g(w)] = 0 \qquad \text{für alle } w \in W.$$

Bezeichnet $\bar u$ einen beliebigen schwachen Häufungspunkt von $\{u_\rho\}_{\rho \geq \bar\rho}$, dann gilt

$$\langle Bw, \bar u\rangle - g(w) = 0 \qquad \text{für alle } w \in W.$$

Dies ist äquivalent zu

$$b(\bar u, w) = g(w) \qquad \text{für alle } w \in W,$$

also gilt $\bar u \in G$. Wir nutzen nun noch einmal

$$
\begin{aligned}
J(u) \;=\; & J_{\bar\rho}(u) = J_\rho(u) \geq J_\rho(u_\rho) = J_{\bar\rho}(u_\rho) + \frac{\rho - \bar\rho}{2}\|Bu_\rho - g\|^2 \\
\geq \;& J_{\bar\rho}(u_\rho) \qquad \text{für alle } \rho \geq \bar\rho.
\end{aligned}
$$

Mit der Unterhalbstetigkeit von $J_{\bar{\rho}}(\cdot)$ folgt

$$J(u) \geq J_{\bar{\rho}}(\overline{u}) \geq J(\overline{u}).$$

Damit löst $\overline{u}$ das Ausgangsproblem. Aus der schwachen Kompaktheit von $\{u_\rho\}_{\rho \geq \bar{\rho}}$ und der Eindeutigkeit der Lösung u von (6.57) erhält man nun $u_\rho \rightharpoonup u$ für $\rho \to \infty$. Aus der schwachen Konvergenz folgt mit (6.64) schließlich die starke Konvergenz von u_ρ für $\rho \to \infty$ gegen u. ∎

Zur praktischen Lösung elliptischer Randwertaufgaben werden bei der Penalty-Methode die erzeugten Ersatzprobleme (6.58) für geeignete Strafparameter $\rho > 0$ durch einen Finite-Elemente-Ansatz diskretisiert. Wir erhalten so die endlichdimensionalen Strafprobleme

$$J_\rho(v_h) \longrightarrow \text{min} ! \qquad \text{bei } v_h \in V_h. \tag{6.66}$$

Diese besitzen nach Lemma 4.23 im konformen Fall $V_h \subset V$ für alle $\rho \geq \bar{\rho}$ eine eindeutige Lösung $u_{\rho h} \in V_h$. Da für große Parameterwerte ρ die Probleme (6.66) schlecht konditioniert sind, ist $\rho > 0$ minimal zu wählen bei Sicherung einer optimalen Konvergenzgeschwindigkeit. Wir werden dies im Kapitel zu Variationsungleichungen näher analysieren (vgl. auch [55]).
    Eine andere Möglichkeit zur Vermeidung großer Strafparameter und damit der asymptotischen Entartung der Probleme (6.58) bzw. (6.66) für $\rho \to \infty$ wird durch eine Iterationstechnik auf der Basis modifizierter Lagrange-Funktionale geliefert. Für die Ausgangsaufgabe   (6.57)   definiert   man   das   *modifizierte   Lagrange-Funktional* $L_\rho : V \times W \to \mathbb{R}$ mit Hilfe des Lagrange-Funktionals $L(\cdot, \cdot)$ durch

$$\begin{aligned} L_\rho(v,w) &:= L(v,w) + \tfrac{\rho}{2} \|Bv - g\|_*^2 \\ &= J(v) + (Bv - g, w) + \tfrac{\rho}{2}(Bv - g, Bv - g), \quad v \in V, w \in W. \end{aligned}$$

$$\tag{6.67}$$

Zur Verbindung zwischen Sattelpunkten von $L(\cdot, \cdot)$ und $L_\rho(\cdot, \cdot)$ gilt

LEMMA 4.24 *Jeder Sattelpunkt des Lagrange-Funktionals $L(\cdot, \cdot)$ bildet für beliebige Parameter $\rho > 0$ auch einen Sattelpunkt des modifizierten Lagrange-Funktionals $L_\rho(\cdot, \cdot)$.*

Beweis: Es sei $(u, p) \in V \times W$ ein Sattelpunkt von $L(\cdot, \cdot)$. Nach Lemma 4.19 löst u dann das Variationsproblem (6.57). Insbesondere gilt $Bu = g$. Unter Nutzung der Sattelpunktungleichung für $L(\cdot, \cdot)$ erhält man

$$\begin{aligned} L_\rho(u,w) &= L(u,w) + \tfrac{\rho}{2}\|Bu - g\|_*^2 = L(u,w) \\ &\leq L(u,p) = L_\rho(u,p) \leq L(v,p) \\ &\leq L(v,p) + \tfrac{\rho}{2}\|Bv - g\|_*^2 = L_\rho(v,p) \qquad \text{für alle } v \in V, w \in W. \end{aligned}$$

Also bildet $(u, p) \in V \times W$ auch einen Sattelpunkt von $L_\rho(\cdot, \cdot)$. ∎

In Übertragung des zunächst für das Lagrange-Funktional $L(\cdot,\cdot)$ angegebenen *Uzawa-Algorithmus* (vgl. [BF91]), einer abwechselnden Minimierung in V und einem Gradientenschritt zur Maximierung in W, auf das modifizierte Lagrange-Funktional $L_\rho(\cdot,\cdot)$ erhält man folgende Iterationstechnik, die als *modifizierte Lagrange-Methode* bezeichnet wird.

Schritt 1: Vorgabe eines $p^0 \in W$ und Wahl eines $\rho > 0$. Setze $k := 0$.

Schritt 2: Bestimme ein $u^k \in V$ als Lösung des Variationsproblems

$$L_\rho(v,p^k) \longrightarrow \min ! \qquad \text{bei } v \in V. \tag{6.68}$$

Schritt 3: Setze

$$p^{k+1} := p^k + \rho\,(Bu^k - g) \tag{6.69}$$

und gehe mit $k := k + 1$ zu Schritt 2.

Bemerkung 4.22 Wird $\rho \geq \overline{\rho}$ mit $\overline{\rho}$ aus Lemma 4.23 gewählt, dann ist die Teilaufgabe (6.68) ein elliptisches Problem, das eine eindeutig bestimmte Lösung u^k besitzt. Diese läßt sich charakterisieren durch die Variationsgleichung

$$a(u^k,v) + \rho\,(Bu^k,Bv) + (Bv,p^k) = f(v) + \rho\,(Bv,g) \qquad \text{für alle } v \in V. \tag{6.70}$$

Ohne die in diesem Abschnitt getroffene Identifizierung $W^* = W$ besitzt (6.69) die Form

$$(p^{k+1},w) = (p^k,w) + \rho\,[b(u^k,w) - g(w)] \qquad \text{für alle } w \in W. \;\square \tag{6.71}$$

Die Strafmethoden ebenso wie die modifizierten Lagrange-Techniken lassen sich über die zugehörigen Optimalitätsbedingungen auch als regularisierte gemischte Variationsgleichungen interpretieren. Wird z.B. $(u_\rho,p_\rho) \in V \times W$ als Lösung der gemischten Variationsgleichung

$$\begin{aligned}
a(u_\rho,v) &+& b(v,p_\rho) &=& f(v) &\qquad \text{für alle } v \in V \\
b(u_\rho,w) &-& \tfrac{1}{\rho}(p_\rho,w) &=& g(w) &\qquad \text{für alle } w \in W
\end{aligned} \tag{6.72}$$

bestimmt, so läßt sich p_ρ aus der zweiten Gleichung eliminieren. Unter Verwendung des Operators B und bei Beachtung der Identifikation $W^* = W$ erhält man

$$p_\rho = \rho\,(Bu_\rho - g). \tag{6.73}$$

Durch Einsetzen in den ersten Teil von (6.72) folgt

$$a(u_\rho,v) + \rho\,((Bu_\rho - g),Bv) = f(v) \qquad \text{für alle } v \in V$$

als verbleibende Variationsgleichung zur Bestimmung von $u_\rho \in V$. Diese Bedingung ist äquivalent zu (6.63). Damit läßt sich die betrachtete Strafmethode (6.58) auch als gestaffelte Auflösung der regularisierten gemischten Variationsgleichung (6.72) interpretieren.

Die verwendete Regularisierung entspricht der von Tychonov für inkorrekt gestellte Probleme genutzten.

Die hier angegebene modifizierte Lagrange-Methode kann analog durch Regularisierung der gemischten Variationsgleichung erhalten werden. Im Unterschied zu den Strafmethoden wird jedoch dabei eine sequentielle Prox-Regularisierung (vgl. [87], [BF91]) angewandt. Die modifizierte Lagrange-Methode entspricht der Iterationstechnik

$$
\begin{aligned}
a(u^k, v) \; + \quad b(v, p^{k+1}) \quad &= \; f(v) \qquad \text{für alle } v \in V \\
b(u^k, w) \; - \; \tfrac{1}{\rho}(p^{k+1} - p^k, w) \; &= \; g(w) \qquad \text{für alle } w \in W.
\end{aligned}
$$

Die Auflösung der zweiten Gleichung liefert (6.69). Wird dies in die erste Gleichung eingesetzt, so erhält man die für das Minimum notwendige und unter den getroffenen Voraussetzungen hinreichende Bedingung (6.70).

Abschließend untersuchen wir das Konvergenzverhalten der Strafmethode (6.58). Wir nutzen dazu die Äquivalenz zur gemischten Variationsgleichung (6.72).

LEMMA 4.25 *Es seien die Voraussetzungen von Lemma 4.23 erfüllt, und es gelte*

$$
\sup_{v \in V} \frac{b(v, w)}{\|v\|} \geq \delta \, \|w\| \qquad \text{für alle } w \in W
$$

mit einem $\delta > 0$. Dann konvergieren die Lösungen u_ρ der Strafprobleme (6.58) gegen die Lösung u des Ausgangsproblems (6.57). Dabei gelten mit einem $c > 0$ die Abschätzungen

$$
\|u - u_\rho\| \leq c \, \rho^{-1} \qquad \text{und} \qquad \|p - p_\rho\| \leq c \, \rho^{-1} \qquad \text{für alle } \rho \geq \overline{\rho}
$$

mit $\overline{\rho}$ aus Lemma 4.23.

Beweis: Nach Satz 4.7 besitzt die gemischte Variationsgleichung (6.10) mindestens eine Lösung $(u, p) \in V \times W$. Die erste Komponente u löst dabei das Ausgangsproblem (6.57). Die Straflösung u_ρ läßt sich andererseits beschreiben durch die regularisierte gemischte Variationsgleichung (6.72). Durch Subtraktion von (6.10) von (6.72) erhält man

$$
\begin{aligned}
a(u_\rho - u, v) \; + \quad b(v, p_\rho - p) \; &= \; 0 \qquad \text{für alle } v \in V \\
b(u_\rho - u, w) \qquad\qquad &= \; \tfrac{1}{\rho}(p_\rho, w) \qquad \text{für alle } w \in W.
\end{aligned}
$$

Wir wenden nun Satz 4.7 an. Unter Beachtung von Lemma 4.23 liefert dies die Abschätzungen

$$
\|u - u_\rho\| \leq c \, \rho^{-1} \, \|p_\rho\| \tag{6.74}
$$

und

$$
\|p - p_\rho\| \leq c \, \rho^{-1} \, \|p_\rho\| \tag{6.75}
$$

mit einem $c > 0$. Hier und im weiteren sei stets $\rho \geq \overline{\rho}$ mit $\overline{\rho}$ aus Lemma 4.23.

Im Beweis zu Satz 4.10 wurde gezeigt, daß ein $c > 0$ existiert mit

$$\|u - u_\rho\| \leq c.$$

Mit (6.73) folgt hieraus

$$\|p_\rho\| \leq c\,\rho\,\beta.$$

Dies sichert mit (6.75) die Beschränktheit von p_ρ und wegen (6.74), (6.75) damit schließlich

$$\|u - u_\rho\| \leq c\,\rho^{-1} \qquad \text{und} \qquad \|p - p_\rho\| \leq c\,\rho^{-1}. \qquad \blacksquare$$

Das obige Lemma liefert eine qualitative Verbesserung gegenüber Satz 4.10, und es gibt ferner eine Abschätzung der Konvergenzordnung der Strafmethode für das stetige Problem an.

Die mittels Straffunktionen erzeugten Hilfsprobleme sind z.B. mit Hilfe der Methode der finiten Elemente zu lösen. Wendet man dabei die Diskretisierung auf (6.58) an, so erhält man endlichdimensionale Probleme der Form

$$J_\rho(v_h) \;=\; J(v_h) + \frac{\rho}{2}\|Bv_h - g\|_*^2 \;\longrightarrow\; \min ! \qquad \text{bei } v_h \in V_h. \qquad (6.76)$$

Für $\rho \geq \bar{\rho}$ besitzt diese Aufgabe eine eindeutige Lösung $u_{\rho h} \in V_h$. Mit der verschärften Form des Lemmas von Cea für symmetrische Probleme erhält man

LEMMA 4.26 *Für beliebiges $\rho \geq \bar{\rho}$ und $V_h \subset V$ gilt*

$$\|u_\rho - u_{\rho h}\| \;\leq\; c\,\rho^{1/2} \inf_{v_h \in V_h} \|u_\rho - v_h\|$$

mit einem $c > 0$.

Beweis: Nach Lemma 4.23 ist die zu $J_\rho(\cdot)$ gehörige Bilinearform $a_\rho(\cdot,\cdot)$ gleichmäßig V-elliptisch. Wegen $V_h \subset V$ gilt dies auch auf V_h mit der gleichen Konstanten $\frac{\gamma}{2}$. Aus der Definition (6.60) von $a_\rho(\cdot,\cdot)$ folgt

$$|a_\rho(u,v)| \;\leq\; \alpha\,\|u\|\,\|v\| + \rho\beta^2\,\|u\|\,\|v\|$$

mit den Normschranken α, β für $a(\cdot,\cdot)$ bzw. $b(\cdot,\cdot)$. Die Bemerkung 3.7 zum Lemma von Cea liefert nun die Abschätzung

$$\|u_\rho - u_{\rho h}\| \;\leq\; \sqrt{2\frac{\alpha + \rho\beta^2}{\gamma}} \inf_{v_h \in V_h} \|u_\rho - v_h\| \qquad \text{für alle } \rho \geq \bar{\rho}. \qquad \blacksquare$$

Die Konvergenzordnung für ein diskretisiertes Strafverfahren für $\rho \to \infty$ und $h \to +0$ erhält man durch Kombination der Lemmata 4.25 und 4.26.

SATZ 4.11 *Es seien die Voraussetzungen von Lemma 4.25 und Lemma 4.26 erfüllt. Dann gibt es Konstanten c_1, $c_2 > 0$ derart, daß*

$$\|u - u_{\rho h}\| \leq c_1 \rho^{-1/2} + c_2 \rho^{1/2} \inf_{v_h \in V_h} \|u - v_h\| \qquad \textit{für alle } \rho \geq \overline{\rho}$$

für die Lösungen u von (6.57) und $u_{\rho h}$ von Problem (6.76) gilt.

Beweis: Mit der Dreiecksungleichung und den Lemmata 4.25, 4.26 folgt

$$
\begin{aligned}
\|u - u_{\rho h}\| &\leq \|u - u_\rho\| + \|u_\rho - u_{\rho h}\| \\
&\leq c\rho^{-1} + c\rho^{1/2} \inf_{v_h \in V_h} \|u_\rho - u + u - v_h\| \\
&\leq c\rho^{-1} + c\rho^{1/2}\rho^{-1} + c\rho^{1/2} \inf_{v_h \in V_h} \|u - v_h\| \qquad \textit{für alle } \rho \geq \overline{\rho}.
\end{aligned}
$$

Wird $\rho \geq \overline{\rho} > 0$ beachtet, so erhält man hieraus die Behauptung. ∎

Bemerkung 4.23 Aus Satz 4.11 folgt, daß sich die Schranke für die Konvergenzordnung wegen $\rho \to \infty$ gegenüber dem Ritz-Verfahren für Probleme ohne Straffunktionen reduziert. Gilt z.B.

$$\inf_{v_h \in V_h} \|u - v_h\| = O(h^p),$$

so liefert die abgestimmte Wahl $\rho = \rho(h) = h^{-p}$ nach Satz 4.11 die optimale Schranke

$$\|u - u_{\rho h}\| = O(h^{p/2}).$$

Dies ist ein bekannter, auch praktisch beobachteter Nachteil der Strafmethode (6.76), der aus der asymptotisch (für $\rho \to \infty$) inkorrekt gestellten Aufgabe resultiert. Wird dagegen eine auf der Formulierung (6.72) und einer zugehörigen gemischten Finite-Elemente-Diskretisierung basierende Strafmethode genutzt, so wird die Ordnungsreduktion vermieden, falls die Babuška-Brezzi-Bedingungen erfüllt sind. □

Wir wählen $V_h \subset V$, $W_h \subset W$. Es bezeichne $(\overline{u}_{\rho h}, \overline{p}_{\rho h}) \in V_h \times W_h$ die Lösung der regularisierten gemischten Variationsgleichung

$$
\begin{aligned}
a(\overline{u}_{\rho h}, v_h) + b(v_h, \overline{p}_{\rho h}) &= f(v_h) \qquad \textit{für alle } v_h \in V_h \\
b(\overline{u}_{\rho h}, w_h) - \tfrac{1}{\rho}(\overline{p}_{\rho h}, w_h)_h &= g(w_h) \qquad \textit{für alle } w_h \in W_h.
\end{aligned}
\tag{6.77}
$$

Dabei sei $(\cdot, \cdot)_h : W_h \times W_h \to R$ eine stetige Bilinearform, die mit Konstanten $\overline{\sigma} \geq \underline{\sigma} > 0$ der Bedingung

$$\underline{\sigma}\|w_h\|^2 \leq (w_h, w_h)_h \leq \overline{\sigma}\|w_h\|^2 \qquad \textit{für alle } w_h \in W_h \tag{6.78}$$

gleichmäßig für $h > 0$ genügt.

SATZ 4.12 *Es genüge die Diskretisierung $V_h \subset V$, $W_h \subset W$ der Babuška-Brezzi-Bedingung. Ferner sei (6.78) erfüllt. Dann gilt für die Lösung $(\overline{u}_{\rho h}, \overline{p}_{\rho h}) \in V_h \times W_h$ von (6.77) und die Lösung $(u, p) \in V \times W$ der gemischten Variationsgleichung (6.10) die Abschätzung*

$$\max\{\, \|u - \overline{u}_{\rho h}\|, \|p - \overline{p}_{\rho h}\| \,\} \le c\{\, \rho^{-1} + \inf_{v_h \in V_h} \|u - v_h\| + \inf_{w_h \in W_h} \|p - w_h\| \,\}$$

für alle $\rho \ge \hat{\rho}$ mit einem geeigneten $\hat{\rho} \ge \overline{\rho}$.

Beweis: Es sei $(u_h, p_h) \in V_h \times W_h$ die Lösung der diskreten gemischten Variationsgleichung (6.27). Nach Satz 4.9 gilt

$$\max\{\, \|u - p_h\|, \|p - p_h\| \,\} \le c\{\, \inf_{v_h \in V_h} \|u - v_h\| + \inf_{w_h \in W_h} \|p - w_h\| \,\}. \tag{6.79}$$

Ferner folgt aus (6.27) und (6.77)

$$a(u_h - \overline{u}_{\rho h}, v_h) \;+\; b(v_h, p_h - \overline{p}_{\rho h}) \;=\; 0 \qquad\qquad \text{für alle } v_h \in V_h$$

$$b(u_h - \overline{u}_{\rho h}, w_h) \qquad\qquad = \; \tfrac{1}{\rho}(\overline{p}_{\rho h}, w_h)_h \qquad \text{für alle } w_h \in W_h.$$

Mit den Babuška-Brezzi-Bedingungen und (6.78) erhält man die Abschätzung

$$\max\{\, \|u_h - \overline{p}_{\rho h}\|, \|p - \overline{p}_{\rho h}\| \,\} \le c\,\rho^{-1}\,\|\overline{p}_{\rho h}\| \tag{6.80}$$

mit einem $c > 0$. Zu zeigen bleibt die Beschränktheit von $\|\overline{p}_{\rho h}\|$. Es sei $\hat{\rho} \ge \overline{\rho}$ so gewählt, daß mit der Konstanten $c > 0$ von (6.80) gilt $c\hat{\rho}^{-1} < 1$. Dann folgt aus (6.80)

$$\|\overline{p}_{\rho h}\| - \|p_h\| \le c\,\hat{\rho}^{-1}\,\|\overline{p}_{\rho h}\| \qquad \text{für alle } \rho \ge \hat{\rho}$$

und damit

$$\|\overline{p}_{\rho h}\| \le c\,\|p_h\| \qquad \text{für alle } \rho \ge \hat{\rho}$$

mit einem $c > 0$. Mit (6.79) erhält man hieraus die Existenz einer Konstanten c mit

$$\|\overline{p}_{\rho h}\| \le c \qquad \text{für alle } h > 0,\ \rho \ge \hat{\rho}.$$

Aus (6.79), (6.80) und der Dreiecksungleichung folgt nun die Behauptung. ∎

Bemerkung 4.24 Im Unterschied zur diskretisierten Strafmethode (6.76) erhält man für das auf (6.77) beruhende Verfahren mit Satz 4.12 entkoppelte Abschätzungen hinsichtlich des Einflußes des Strafparameters $\rho > 0$ und des Approximationsfehlers. Wählt man speziell

$$\rho^{-1} = O\Big(\inf_{v_h \in V_h} \|u - v_h\| + \inf_{w_h \in W_h} \|p - w_h\| \Big),$$

so liefert das Strafverfahren (6.77) die gleiche Konvergenzordnung wie die Diskretisierung der gemischten Variationsgleichung (6.10) durch (6.27). Es tritt also keine Ordnungsreduktion ein. □

Bemerkung 4.25 Die Bedingung (6.78) sichert, daß die zweite Gleichung von (6.77) eindeutig nach $\bar{p}_{\rho h} \in W_h$ auflösbar ist. Damit kann (6.78) auch als Strafmethode der Form

$$J_{\rho h}(v_h) := J(v_h) + \frac{\rho}{2}\|Bv_h - g\|_h^2 \longrightarrow \min ! \qquad \text{bei } v_h \in V_h$$

mit einer geeigneten Näherung $\|\cdot\|_h$ für $\|\cdot\|_*$ betrachtet werden. $\square$

4.7   Fehlerschätzer und adaptive FEM

Die in Abschnitt 4.4 bewiesenen Fehlerabschätzungen für die Methode der finiten Elemente der Form

$$\|u - u_h\| \le Ch^p \|\|u\|\|$$

besitzen mehrere Nachteile:

- bewiesen unter der Voraussetzung $h \le h_0$ mit nicht bekanntem h_0, ist für ein gegebenes Gitter nicht klar, ob die Fehlerabschätzung überhaupt gültig ist;

- C ist im allgemeinen nicht bekannt, nur für einfache Elementtypen kann man C explizit angeben;

- die Norm $\|\|\cdot\|\|$ der exakten Lösung ist nicht bekannt;

- bei der Diskretisierung mittels Polynomen vom Grad k setzen optimale Konvergenzraten z.B. in der H^1-Norm $u \in H^{k+1}$ voraus; dies ist oft eine unrealistische Annahme.

Seit Ende der 70-iger Jahre wird daran gearbeitet, den Fehler $\|u - u_h\|$ einer Finiten-Elemente-Approximation u_h durch eine *lokale* und aus u_h *berechenbare* Größe η abzuschätzen:

$$\|u - u_h\| \le D\eta. \tag{7.1}$$

Gilt für den *Fehlerschätzer* η mit Konstanten D_1, D_2

$$D_1\,\eta \le \|u - u_h\| \le D_2\eta, \tag{7.2}$$

so heißt η *effizient* und *zuverlässig*. Später wurde die Grundidee dahingehend modifiziert, eine Norm des Fehlers durch ein Fehlerfunktional $J(u - u_h)$ zu ersetzen. Dabei repräsentiert das Funktional J die Größe, an der man bei der praktischen Berechnung in erster Linie interessiert ist (wir kommen in 4.7.2 darauf zurück).

Mit Hilfe eines Fehlerschätzers kontrolliert man die Lösung im Rahmen eines *adaptiven* FEM-Algorithmus nach folgendem Grundschema (zugeschnitten auf die h-Version, siehe auch 4.8.4):

(1) Löse das Problem auf dem aktuellen Gitter

(2) Schätze den Fehler auf einem Element K mit Hilfe des lokalen Schätzers η_K

(3) Verfeinere (Vergröbere) das Gitter auf der Basis der Information aus Schritt 2 und wiederhole die Prozedur

Für die Auswahl der Elemente in Schritt 3 des Algorithmus sind verschiedene Kriterien denkbar. Aktuell ist die folgende Markierungsstrategie:
Man bestimme zu einem festen Parameter $0 < \theta < 1$ eine derartige Teilmenge $\mathcal{T}^*$ der aktuellen Triangulierung $\mathcal{T}$, so dass gilt

$$\Big(\sum_{K \in \mathcal{T}^*} \eta_k^2 \Big)^{1/2} \geq \Theta \, \eta, \quad \text{wobei} \quad \eta = \Big(\sum_{K \in \mathcal{T}} \eta_k^2 \Big)^{1/2}. \tag{7.3}$$

Wir wollen allerdings technische Details adaptiver Algorithmen nicht weiter verfolgen und konzentrieren uns auf das Kernstück solcher Algorithmen, den Fehlerschätzer.

Inzwischen gibt es eine große Zahl möglicher Fehlerschätzer. In 4.7.1 beschreiben wir den klassischen residualen Schätzer. Im Abschnitt 4.7.2 erläutern wir die populäre Mittelungstechnik und skizzieren die Grundidee zielorientierter Schätzer. Weitere Schätzer und eine Diskussion von Zusammenhängen zwischen verschiedenen Schätzern findet man in [Ver96], [AO00], [BR03].

Der Einfachheit halber konzentrieren wir uns auf die Diskretisierung des Modellproblems

$$-\Delta u = f \quad \text{in } \Omega, \quad u = 0 \quad \text{auf } \partial\Omega \tag{7.4}$$

in einem polygonalen, zweidimensionalen Gebiet Ω mittels linearer finiter Elemente.

4.7.1 Residuale Schätzer

Ist $\tilde{x}$ eine Näherungslösung des Gleichungssystems $Ax = b$, so ist es naheliegend, den Fehler $x - \tilde{x}$ mit Hilfe der Gleichung

$$A(x - \tilde{x}) = b - A\tilde{x}$$

über das Residuum $b - A\tilde{x}$ zu kontrollieren. Etwas ähnliches streben wir für finite Elemente an.

Für die Finite-Elemente-Approximation $u_h \in V_h$ von (7.4) gilt für beliebiges $v \in V$

$$(\nabla(u - u_h), \nabla v) = (f, v) - (\nabla u_h, \nabla v) = \langle R(u_h), v \rangle. \tag{7.5}$$

Das Residuum $R(u_h)$ ist nun leider ein Element des Dualraumes von V. Offenbar gilt

$$|u - u_h|_1^2 \leq \|R(u_h)\|_{-1} \, \|u - u_h\|_1.$$

Da die Berechnung der H^{-1}-Norm des Residuums nicht so einfach ist, strebt man eine Abschätzung der Form

$$|\langle R(u_h), v \rangle| \leq C \, \eta \, \|v\|_1$$

an. Denn dann folgt mit Hilfe der Friedrich'schen Ungleichung

$$\|u - u_h\|_1 \leq C\,\eta.$$

Ausgangspunkt für eine derartige Abschätzung ist eine Umformung mittels partieller Integration:

$$\langle R(u_h), v\rangle = \sum_K \int_K (f + \Delta\,u_h)v - \sum_K \int_{\partial K} (n \cdot \nabla\,u_h)v$$

(für lineare Elemente gilt natürlich $\Delta\,u_h = 0$; wir notieren diesen Term trotzdem, weil er bei Elementen höherer Ordnung auftritt). Jetzt führen wir elementorientierte und kantenorientierte Residuen ein durch

$$r_K(u_h) := (f + \Delta\,u_h)|_K \quad \text{und} \quad r_E(u_h) := [n_E \cdot \nabla\,u_h]_E.$$

Dabei benutzen wir das Symbol $[\cdot]$ für den Sprung der (unstetigen) Normalenableitung von u_h über der Kante E. Damit gilt

$$\langle R(u_h), v\rangle = \sum_K \int_K r_K\,v - \sum_E \int_E r_E\,v.$$

Die Darstellung (7.5) erlaubt es, wegen der Fehlerorthogonalität eine beliebige Funktion $v_h \in V_h$ ins Spiel zu bringen:

$$\langle R(u_h), v\rangle = \sum_K \int_K r_K\,(v - v_h) - \sum_E \int_E r_E\,(v - v_h).$$

Dann folgt

$$|\langle R(u_h), v\rangle| \leq \sum_K \|r_K\|_{0,K}\|v - v_h\|_{0,K} + \sum_E \|r_E\|_{0,E}\|v - v_h\|_{0,E}. \tag{7.6}$$

Eine kleine Schwierigkeit besteht nun darin, daß wir Abschätzungen für beliebiges $v \in V$ benötigen und deshalb für v_h nicht die (im allgemeinen nicht definierte) normale Interpolierende wählen können. Für die Formulierung von Approximationsaussagen für eine *verallgemeinerte Interpolierende* oder *Quasi-Interpolierende* führen wir folgende Bezeichnungen ein:

- ω_K: Menge aller Elemente, die mit dem Element K eine gemeinsame Ecke besitzen

- ω_E: Menge aller Elemente, die mit der Kante E eine gemeinsame Ecke besitzen.

Wir setzen voraus, daß die Triangulation quasi-uniform ist. Damit ist die Anzahl der Elemente, die zu ω_K oder zu ω_E gehören, gleichmäßig nach oben beschränkt. h_K sei der Durchmesser von K, h_E die Länge von E.

LEMMA 4.27 *Die Triangulation sei quasi-uniform. Dann gibt es zu jedem $v \in V$ eine Quasi-Interpolierende $I_h v \in V_h$ mit*

$$\|v - I_h v\|_{0,K} \leq Ch_K|v|_{1,\omega_K} \quad \text{und} \quad \|v - I_h v\|_{0,E} \leq Ch_E^{1/2}|v|_{1,\omega_E}$$

Beweis: Die Konstruktion von $I_h\, v$ erfolgt in zwei Schritten:

(1) Zu einem gegebenen Knoten x^* sei w_{x^*} die Menge aller Elemente, die x^* als Ecke besitzen. P_{x^*} sei die L^2-Projektion von v auf die auf w_{x^*} konstanten Funktionen.

(2) Es sei $I_h\, v := \sum_j (P_j\, v)(x_j)\varphi_j$ mit der üblichen nodalen Basis $\{\varphi\}$ von V_h.

Aus dem Bramble-Hilbert-Lemma folgen dann die obigen Abschätzungen. ∎

Mit Hilfe dieses Lemmas können wir die Abschätzung (7.6) fortsetzen:

$$|\langle R(u_h), v\rangle| \leq C\left\{\sum_K h_K^2 \|r_K\|_{0,K}^2 + \sum_E h_E\|r_E\|_{0,E}^2\right\}^{1/2} \|v\|_1.$$

Damit sind wir am Ziel und definieren einen *residualen Schätzer* durch

$$\eta^2 := \sum_K \eta_K^2 \quad \text{und} \quad \eta_K^2 := h_K^2\|r_K\|_{0,K}^2 + \frac{1}{2}\sum_{E\subset K} h_E\|r_E\|_{0,E}^2.$$

Dieser Schätzer ist berechenbar, lokal und wegen der Art der Konstruktion zuverlässig. Offen ist seine Effizienz.

Der Nachweis der Effizienz wird mit einer von Verfürth [Ver96] stammenden Technik realisiert. Wir konzentrieren uns exemplarisch auf die Elementresiduen und nehmen zur Vereinfachung an, daß f auf jedem Element K konstant sei (ansonsten entstehen zusätzliche Terme). Mit der Blasenfunktion $b_K = 27\lambda_1\lambda_2\lambda_3$ (die λ_i sind die baryzentrischen Koordinaten auf K, b_K verschwindet also auf dem Rand von K) setzen wir

$$v_K = r_K\, b_K = f_K\, b_K$$

in (7.5) ein. Dann folgt

$$\int_K \nabla(u - u_h)\nabla v_K = \int_K r_K\, v_K.$$

Wegen $(r_K, v_K) = c\|r_K\|_{0,K}^2$ ergibt sich dann

$$c\|r_K\|_{0,K}^2 \leq |u - u_h|_{1,K}|r_K\, b_K|_{1,K}.$$

Nun ersetzt man im letzten Faktor mit Hilfe einer lokalen inversen Ungleichung die H^1-Seminorm durch die L^2-Norm und erhält die gewünschte Ungleichung

$$h_K\|r_K\|_{0,K} \leq C\,|u - u_h|_{1,K}. \tag{7.7}$$

Analog beweist man mit einer kantenorientierten Blasenfunktion eine ähnliche Abschätzung für die Kantenresiduen.

Bemerkung 4.26 Details zu den Konstanten im Lemma 4.27 findet man in [32]. In [33] wird gezeigt, daß die Kantenresiduen die dominierenden Terme des Schätzers (7.5) für Elemente mit geringer Ordnung sind. □

Bemerkung 4.27 (Konvergenz adaptiver FEM)
Die Konvergenz eines adaptiven Algorithmus, basierend auf einem residualen Fehler-schätzer und der Markierungsstrategie (7.3), wurde im mehrdimensionalen Fall erstmals in [44] bewiesen. Dörfler ging allerdings zusätzlich davon aus, daß das Anfangsgitter die Daten schon hinreichend gut aufgelöst hat.

In [93] wurde eine zusätzliche Markierungsstategie formuliert, die auch eine Reduktion der Datenoszillationen sichert. Diese sind definiert durch

$$osc(f, \mathcal{T}_h) := \left\{ \sum_{T \in \mathcal{T}_h} \|h(f - f_T)\|^2_{0,T} \right\}^{1/2},$$

dabei ist f_T der Mittelwert von f über einem Element T. Beispiele in [93] zeigen ferner, welche Bedeutung die Generierung neuer innerer Knoten bei der Gitterverfeinerung für das Konvergenzverhalten besitzt.

Binev, Dahmen und DeVore [15] bewiesen optimale Konvergenzraten für einen adaptiven Algorithmus mit optimaler Komplexität. In diesem (nicht leicht zu verstehenden) Algorithmus sind Vergröberungsschritte erforderlich. Unlängst vereinfachte Stevenson [111] diesen Algorithmus und kombinierte [15] und [93] derart, daß man nun zumindest für unser einfaches lineares Modellproblem ohne Vergröberungsschritte auskommt. □

4.7.2 Mittelung und zielorientierte Schätzer

Bei numerischen Studien zum Vergleich verschiedener Fehlerschätzer [9] schnitt der ZZ-Schätzer, benannt nach Zienkiewicz-Zhu, besonders gut ab. Die Grundidee dieses Schätzers besteht darin, in $\nabla u - \nabla u_h$ den Gradienten von u durch eine aus u_h berechnete Rekonstruktion Ru_h zu ersetzen. Dann definiert man einen lokalen Fehlerschätzer durch

$$\eta_K := \|R_h u_h - \nabla u_h\|_{0,K}. \tag{7.8}$$

Wählt man $Ru_h \in V_h$ und setzt wie im Beweis von Lemma 4.27 mit irgendeinem Projektor P

$$Ru_h := \sum_j (Pu_h)(x_j)\, \varphi_j,$$

so hat man verschiedene Möglichkeiten für eine sinnvolle Definition von P. Nimmt man die L^2-Projektion von ∇u_h auf ω_{x_j}, so ergibt sich

$$(Pu_h)(x_j) = \frac{1}{meas(\omega_{x_j})} \sum_{K \subset \omega_{x_j}} \nabla u_h|_K \, meas(K).$$

Es stellt sich heraus, daß bei dieser Wahl Ru_h in manchen Fällen eine superkonvergente Approximation von ∇u ist (siehe 4.8.3). In Kapitel 4 von [AO00] wird im Detail diskutiert, welche Eigenschaften Rekonstruktionsoperatoren besitzen sollten und wie Superkonvergenzeigenschaften dann zu netten Fehlerschätzern führen.

Überraschend wurde in [30, 31] konstatiert, daß *jeder* Mittelungsprozeß zu einem zuverlässigen Fehlerschätzer führt und daß Superkonvergenz nicht zur Erklärung der positiven Eigenschaften von ZZ-Schätzern herangezogen werden muß. Zur Erklärung dieses Sachverhaltes gehen wir aus von der Definition eines Fehlerschätzers durch

$$\eta := \min_{q_h \in V_h} \|\nabla u_h - q_h\|.$$

Das praktisch wichtige dieser Definition ist, daß die im nachfolgenden Lemma angegebene Abschätzung (7.9) trivialerweise gültig bleibt, wenn man irgendeinen konkreten Mittelungsoperator statt der Bestapproximation verwendet.

LEMMA 4.28 *Ist der L^2-Projektor auf der gegebenen Triangulation H^1-stabil, so gilt*

$$\|\nabla(u - u_h)\|_0 \leq c\eta + HOT, \tag{7.9}$$

HOT repräsentiert Terme höherer Ordnung.

Beweis: Bezeichnen wir den L^2-Projektor in V_h mit P und setzen $e := u - u_h$, so starten wir den Beweis des Lemmas mit der Identität

$$\|\nabla e\|_0^2 = (\nabla u - q_h, \nabla(e - Pe)) + (q_h - \nabla u_h, \nabla(e - Pe)).$$

Der zweite Summand wird einfach mit der vorausgesetzten H^1-Stabilität und Cauchy-Schwarz abgeschätzt:

$$|(q_h - \nabla u_h, \nabla(e - Pe))| \leq c\eta \|\nabla e\|_0.$$

Zur Abschätzung des ersten Termes formen wir mit partieller Integration um und fügen noch $\Delta u_h (= 0)$ ein:

$$(\nabla u - q_h, \nabla(e - Pe)) = (f, e - Pe) + \sum_K \int_K \nabla \cdot (q_h - \nabla u_h)(e - Pe).$$

Dann folgt bei Anwendung einer lokalen inversen Ungleichung und von einer Standardabschätzung für den Approximationsfehler ($\|e - Pe\|_{0,K} \leq c h_K |e|_{1,K}$) die Ungleichung

$$|(\nabla u - q_h, \nabla(e - Pe))| \leq \|f - Pf\|_0 \|e - Pe\|_0 + c\|q_h - \nabla u_h\|_0 |e|_1.$$

Zusammenfassen der Teilergebnisse liefert die Behauptung des Lemmas. ∎

Bedingungen für die H^1-Stabilität der L^2-Projektion werden in [28] angegeben. Weitere konkrete Mittelungsoperatoren werden in [30, 31, 29] diskutiert.

Bisher waren die Fehlerschätzer an der H^1-Seminorm des Fehlers orientiert. Natürlich gibt es auch Fehlerschätzer bezüglich anderer Normen. Oft ist man aber primär an speziellen, lösungsabhängigen Funktionalen interessiert. In der Strömungsmechanik z.B. ist der Auftriebskoeffizient bei der Umströmung eines Körpers ein Oberflächenintegral über eine Normalkomponente eines Elementes des Spannungstensors. Dann ist es sinnvoll, das entsprechende Fehlerfunktional zu minimieren und nicht den Fehler bei der Berechnung von Geschwindigkeit und Druck. Man spricht von zielorientierten Fehlerschätzern.

Allgemeiner als bisher in diesem Abschnitt betrachten wir jetzt die Finite-Elemente-Diskretisierung von

$$a(u, v) = f(v) \quad \text{für alle} \quad v \in V. \tag{7.10}$$

Mit einem gegebenen Funktional $J(\cdot)$ suchen wir einen Schätzer für $|J(u) - J(u_h)|$. Dazu betrachtet man das Hilfsproblem:
Gesucht ist $w \in V$ mit

$$a(v, w) = J(v) \quad \text{für alle} \quad v \in V.$$

Ähnlich wie beim Nitsche-Trick für L^2-Abschätzungen oder bei den punktweise Abschätzungen aus 4.4.3 ist dies ein duales oder adjungiertes Hilfsproblem zu (7.10). Aus

$$J(u - u_h) = a(u - u_h, w)$$

folgt dann für ein beliebiges $w_h \in V_h$ die Identität

$$J(u - u_h) = a(u - u_h, w - w_h). \tag{7.11}$$

Für unser Beispiel (7.1) folgt dann analog wie in 4.7.1

$$|J(u - u_h)| \leq \sum_K \|r_K\|_{0,K} \|w - w_h\|_{0,K} + \sum_E \|r_E\|_{0,E} \|w - w_h\|_{0,E}.$$

Es gibt dann abhängig von der konkreten Aufgabe verschiedene Möglichkeiten, $\|w - w_h\|$ zu berechnen oder abzuschätzen [BR03]. In manchen Fällen bleibt nichts anderes übrig, als das duale Problem ebenfalls numerisch zu lösen.

Die skizzierte Vorgehensweise wird auch DWR-Methode genannt (dual weighted residuals). Für die DWR-Methode ist der Nachweis der Konvergenz eines adaptiven Algorithmus ein offenes Problem.

4.8 Die diskontinuierliche Galerkin-Methode

1973 führten Reed und Hill [100] die erste diskontinuierliche Galerkin-Methode für hyperbolische Gleichungen erster Ordnung ein. Seitdem gibt es eine Reihe von Untersuchungen zur diskontinuierlichen Galerkin-Methode sowohl für hyperbolische Probleme erster Ordnung als auch für die Diskretisierung bezüglich der Zeit von instationären Problemen.

Ebenfalls in den 70'iger Jahren, aber unabhängig davon, wurde die diskontinuierliche Galerkin-Methode für elliptische Gleichungen vorgeschlagen, bei der nicht stetige Ansatzfunktionen und nicht zulässige Gitter Anwendung finden. Diese diskontinuierliche Galerkin-Finite-Element-Methode (dGFEM) wurde allerdings erst in den letzten Jahren populär. Gründe dafür sind die Flexibilität der Methode hinsichtlich der verwendeten

Gitter und lokalen Ansatzfunktionen (bei insbesondere adaptiven h-p-Methoden), aber auch die recht natürliche Art der Diskretisierung von Konvektions-Termen.

Die lokale Natur der Methode erleichtert die Parallelisierbarkeit von dGFEM-Codes im Vergleich zu Standard-FEM. Sie ermöglicht ferner den lokalen Einsatz von Polynomen höherer Ordnung in Teilgebieten, in denen die Lösung eines Problemes glatt ist. Ein Nachteil der dGFEM ist jedoch die größere Anzahl von Freiheitsgraden im Vergleich zu einer konventionellen Methode.

In den nächsten Abschnitten präsentieren wir eine Einführung in die Methode einschließlich einer typischen Konvergenzanalyse. Wir beschränken uns auf einfache Ansatzfunktionen (lineare bzw. bilineare) auf einem zulässigen Gitter. Allgemeinere Resultate findet man in [7, 11, 37, 69].

Um insbesondere für Probleme mit Konvektion klar herausarbeiten zu können, welche Vorteile die dGFEM besitzt, führen wir einen kleinen Parameter $\varepsilon > 0$ als Faktor vor dem Laplace-Operator ein. Untersucht wird in diesem Abschnitt aber lediglich, wie die Konstanten in den Fehlerabschätzungen von ε abhängen und nicht die eventuell zusätzliche Abhängigkeit der Lösung von ε und die sich daraus ergebenden Konsequenzen. Solchen Fragen ist dann Kapitel 6 gewidmet.

4.8.1 Die primale Formulierung für ein Reaktions-Diffusions-Problem

Betrachtet wird das Reaktions-Diffusions-Problem

$$-\varepsilon \triangle u + cu = f \quad \text{in} \quad \Omega\,, \tag{8.1a}$$

$$u = 0 \quad \text{auf} \quad \Gamma\,, \tag{8.1b}$$

wobei vorausgesetzt wird: $c > 0$; zudem sei Ω ein zweidimensionales polygonales Gebiet.

Sei $\mathcal{T}$ eine zulässige Zerlegung von Ω, bestehend aus Dreiecken oder Rechtecken κ mit

$$\bar{\Omega} = \bigcup_{\kappa \in \mathcal{T}} \kappa\,.$$

Allgemein ist keine zulässige Zerlegung notwendig, in [68] z.B. ist ein hängender Knoten pro Element erlaubt.

Jedem Element $\kappa \in \mathcal{T}$ wird nun eine nichtnegative Zahl s_κ zugeordnet und dann der zusammengesetzte Sobolev-Raum der Ordnung $\mathbf{s} = \{s_\kappa : \kappa \in \mathcal{T}\}$ definiert durch

$$H^{\mathbf{s}}(\Omega, \mathcal{T}) = \left\{v \in L^2(\Omega) : v|_\kappa \in H^{s_\kappa}(\kappa), \forall \kappa \in \mathcal{T}\right\}\,.$$

Die entsprechende Norm bzw. Seminorm sind

$$\|v\|_{\mathbf{s}, \mathcal{T}} = \left(\sum_{\kappa \in \mathcal{T}} \|v\|^2_{H^{s_\kappa}(\kappa)}\right)^{\frac{1}{2}}\,, \qquad |v|_{\mathbf{s}, \mathcal{T}} = \left(\sum_{\kappa \in \mathcal{T}} |v|^2_{H^{s_\kappa}(\kappa)}\right)^{\frac{1}{2}}\,.$$

Im Fall $s_\kappa = s$ für alle $\kappa \in \mathcal{T}$ schreiben wir $H^s(\Omega, \mathcal{T})$, $\|v\|_{s, \mathcal{T}}$ und $|v|_{s, \mathcal{T}}$. Für $v \in H^1(\Omega, \mathcal{T})$ definieren wir den zusammengesetzten Gradienten $\nabla_\mathcal{T} v$ einer Funktion v durch $(\nabla_\mathcal{T} v)|_\kappa = \nabla(v|_\kappa), \kappa \in \mathcal{T}$.

Wir nehmen an, daß jedes Element $\kappa \in \mathcal{T}$ das affine Bild eines Referenz-Elementes $\hat{\kappa}$ sei, d.h., $\kappa = F_\kappa(\hat{\kappa})$. Dann ist unser Finite-Elemente-Raum

$$S(\Omega, \mathcal{T}, \mathbf{F}) = \left\{ v \in L^2(\Omega) : v|_\kappa \circ F_\kappa \in P_1(\hat{\kappa}) \right\} , \tag{8.2}$$

wobei $\mathbf{F} = \{F_\kappa : \kappa \in \mathcal{T}\}$ und $P_1(\hat{\kappa})$ der Raum der linearen Funktionen auf $\hat{\kappa}$ ist. Wir lassen also Unstetigkeiten entlang der Elementgrenzen zu.

Es sei $\mathcal{E}$ die Menge aller Randstücke unserer Triangulation $\mathcal{T}$, zudem $\mathcal{E}_{int} \subset \mathcal{E}$ die Menge aller Kanten $e \in \mathcal{E}$ in Ω. Ferner sei $\Gamma_{int} = \{x \in \Omega : x \in e \text{ für gewisse } e \in \mathcal{E}_{int}\}$. Dann existieren für jedes $e \in \mathcal{E}_{int}$ Indizes i and j so daß $i > j$, und $\kappa := \kappa_i$ and $\kappa' := \kappa_j$ besitzen die gemeinsame Kante e. Der (von der Numerierung der Elemente abhängige) Sprung einer Funktion $v \in H^1(\Omega, \mathcal{T})$ entlang e und der Mittelwert von v auf e sind dann definiert durch

$$[v]_e = v|_{\partial\kappa \cap e} - v|_{\partial\kappa' \cap e} , \qquad \langle v \rangle_e = \frac{1}{2} \left(v|_{\partial\kappa \cap e} + v|_{\partial\kappa' \cap e} \right) .$$

Jede Kante $e \in \mathcal{E}_{int}$ besitze einen Normalenvektor ν, der von κ nach κ' gerichtet ist; wenn $e \subset \Gamma$, nehmen wir den äußeren Normalenvektor μ bezüglich Γ. Falls es keine Mißverständnisse gibt, lassen wir die Indizes in $[v]_e$, $\langle v \rangle_e$ und $\lfloor v \rfloor_\kappa$ weg.

Bevor wir zur Formulierung des diskreten Problems kommen, treffen wir folgende Voraussetzung:
Die Lösung von (8.1) genügt $u \in H^2(\Omega) \subset H^2(\Omega, \mathcal{T})$, ferner sei $\nabla u \cdot \nu$ stetig auf jeder Kante.
Dann gilt insbesondere

$$\lfloor u \rfloor_\kappa = [u]_e = 0 , \qquad \langle u \rangle_e = u , \qquad e \in \mathcal{E}_{int} , \qquad \kappa \in \mathcal{T} .$$

Wir multiplizieren nun die Differentialgleichung (8.1) mit einer Testfunktion $v \in H^1(\Omega, \mathcal{T})$ und integrieren über Ω. So erhalten wir

$$\int_\Omega (-\varepsilon\Delta u + cu)\, v\, dx = \int_\Omega f v\, dx . \tag{8.3}$$

Es wird zunächst der Teil von (8.3) betrachtet, der $-\varepsilon\Delta u$ entspricht. Partielle Integaration und elementare Umformungen liefern

$$\int_\Omega (-\varepsilon\Delta u)\, v\, dx = \sum_{\kappa \in \mathcal{T}} \varepsilon \int_\kappa \nabla u \cdot \nabla v\, dx - \sum_{\kappa \in \mathcal{T}} \varepsilon \int_{\partial\kappa} (\nabla u \cdot \mu_\kappa)\, v\, ds$$

$$= \sum_{\kappa \in \mathcal{T}} \varepsilon \int_\kappa \nabla u \cdot \nabla v\, dx - \sum_{e \in \mathcal{E} \cap \Gamma} \varepsilon \int_e (\nabla u \cdot \mu)\, v\, ds$$

$$- \sum_{e \in \mathcal{E}_{int}} \varepsilon \int_e \left(((\nabla u \cdot \mu_\kappa) v)|_{\partial\kappa \cap e} + ((\nabla u \cdot \mu_{\kappa'}) v)|_{\partial\kappa' \cap e} \right) ds .$$

Die Summe aller Integralen über $e \in \mathcal{E}_{int}$ kann geschrieben werden als

$$\sum_{e \in \mathcal{E}_{int}} \varepsilon \int_e \Big(((\nabla u \cdot \mu_\kappa)v)|_{\partial\kappa \cap e} \;+\; ((\nabla u \cdot \mu_{\kappa'})v)|_{\partial\kappa' \cap e} \Big) ds$$

$$= \sum_{e \in \mathcal{E}_{int}} \varepsilon \int_e \Big(((\nabla u \cdot \nu)v)|_{\partial\kappa \cap e} - ((\nabla u \cdot \nu)v)|_{\partial\kappa' \cap e} \Big) ds$$

$$= \sum_{e \in \mathcal{E}_{int}} \varepsilon \int_e \Big(\langle \nabla u \cdot \nu \rangle_e [v]_e + [\nabla u \cdot \nu]_e \langle v \rangle_e \Big) ds$$

$$= \sum_{e \in \mathcal{E}_{int}} \varepsilon \int_e \langle \nabla u \cdot \nu \rangle_e [v]_e ds,$$

da ja vorausgesetzt wurde, daß $\nabla u \cdot \nu$ stetig ist. Mit den Abkürzungen

$$\sum_{e \in \mathcal{E}_{int}} \varepsilon \int_e \langle \nabla u \cdot \nu \rangle_e [v]_e \, ds \;=\; \varepsilon \int_{\Gamma_{int}} \langle \nabla u \cdot \nu \rangle [v] \, ds,$$

$$\sum_{e \in \mathcal{E} \cap \Gamma} \varepsilon \int_e (\nabla u \cdot \mu) \, v \, ds \;=\; \varepsilon \int_\Gamma (\nabla u \cdot \mu) \, v \, ds,$$

(Γ_{int} ist die Vereinigung aller inneren Kanten) folgt

$$\int_\Omega (-\varepsilon \Delta u) \, v \, dx \;=\; \sum_{\kappa \in \mathcal{T}} \varepsilon \int_\kappa \nabla u \cdot \nabla v \, dx$$

$$- \varepsilon \int_\Gamma (\nabla u \cdot \mu) \, v \, ds - \varepsilon \int_{\Gamma_{int}} \langle \nabla u \cdot \nu \rangle [v] \, ds. \qquad (8.4)$$

Zur rechten Seite dieser Gleichung addieren bzw. subtrahieren wir

$$\varepsilon \int_\Gamma u (\nabla v \cdot \mu) \, ds \qquad \text{und} \qquad \varepsilon \int_{\Gamma_{int}} [u] \langle \nabla v \cdot \nu \rangle \, ds$$

und die Strafterme

$$\int_\Gamma \sigma u v \, ds \qquad \text{und} \qquad \int_{\Gamma_{int}} \sigma [u][v] \, ds.$$

Diese verschwinden, falls u Lösung des Ausgangsproblems unter den getroffenen Voraussetzungen ist. Die Größe σ wird Unstetigkeits-Strafparameter genannt und ist gemäß

$$\sigma|_e = \sigma_e, \qquad e \in \mathcal{E},$$

eine stückweise zu definierende, nichtnegative Konstante. Man erhält nun

$$\int_\Omega (-\varepsilon \Delta u) \, v \, dx \;=\; \sum_{\kappa \in \mathcal{T}} \varepsilon \int_\kappa \nabla u \cdot \nabla v \, dx$$

$$+ \varepsilon \int_\Gamma (\pm u (\nabla v \cdot \mu) - (\nabla u \cdot \mu)v) \, ds + \int_\Gamma \sigma u v \, ds$$

$$+ \varepsilon \int_{\Gamma_{int}} (\pm [u] \langle \nabla v \cdot \nu \rangle - \langle \nabla u \cdot \nu \rangle [v]) \, ds + \int_{\Gamma_{int}} \sigma [u][v] \, ds.$$

Dabei kann entweder das Pluszeichen oder das Minuszeichen gewählt werden.
Insgesamt können wir die primale Formulierung der dGFEM mit inneren Straftermen folgendermaßen notieren:

$$\begin{cases} \text{Man bestimme } u_h \in S(\Omega, \mathcal{T}, \mathbf{F}) \text{ so daß} \\ B_{\pm}(u_h, v_h) = L(v_h), \text{ für alle } v_h \in S(\Omega, \mathcal{T}, \mathbf{F}), \end{cases} \tag{8.5}$$

mit

$$L(w) = \sum_{\kappa \in \mathcal{T}} \int_{\kappa} fw \, dx \,.$$

Entsprechend unseren obigen Überlegungen ist die Bilinearform wie folgt definiert:

$$B_{\pm}(v, w) = \sum_{\kappa \in \mathcal{T}} \left(\varepsilon \int_{\kappa} \nabla v \cdot \nabla w \, dx + \int_{\kappa} cvw \, dx \right) \tag{8.6}$$

$$+ \varepsilon \int_{\Gamma} (\pm v(\nabla w \cdot \mu) - (\nabla v \cdot \mu)w) \, ds + \int_{\Gamma} \sigma vw \, ds$$

$$+ \varepsilon \int_{\Gamma_{int}} (\pm [v]\langle \nabla w \cdot \nu \rangle - \langle \nabla v \cdot \nu \rangle [w]) \, ds + \int_{\Gamma_{int}} \sigma [v][w] \, ds \,,$$

Das Minuszeichen liefert eine symmetrische Bilinearform, die Methode heißt dann SIP (symmetric with interior penalties). Mit dem Pluszeichen ist die Bilinearform nicht symmetrisch, diese Methode heißt NIP. Vor- und Nachteile beider Varianten werden später diskutiert.

Beispiel 4.3 Wir betrachten das simple Problem

$$-u'' + cu = f, \qquad u(0) = u(1) = 0$$

und diskretisieren mit linearen Elementen auf einem äquidistanten Gitter und NIP, wobei wir $\sigma = 1/h$ wählen. Wir setzen c konstant voraus und bezeichnen mit u_i^-, u_i^+ die beiden Funktionswerte der unstetigen Approximation, zugeordnet dem i-ten Gitterpunkt. Dann erhält man den folgenden Differenzenstern:

$$-\frac{1}{h^2} \quad -\frac{2}{h^2} \ \Big| \ \frac{4}{h^2} + \frac{2c}{3} \quad -\frac{2}{h^2} + \frac{c}{3} \Big| + \frac{1}{h^2}$$

$$-\frac{1}{h^2} \ \Big| \ -\frac{2}{h^2} + \frac{c}{3} \quad \frac{4}{h^2} + \frac{2c}{3} \Big| - \frac{2}{h^2} \quad -\frac{1}{h^2}.$$

Dabei bedeutet z.B. die erste Zeile ausgeschrieben

$$-\frac{1}{h^2} u_{i-1}^+ - \frac{2}{h^2} u_i^- + \left(\frac{4}{h^2} + \frac{2c}{3} \right) u_i^+ + \left(-\frac{2}{h^2} + \frac{c}{3} \right) u_{i+1}^- + \frac{1}{h^2} u_{i+1}^+.$$

Man erkennt die Verwandschaft zum gewöhnlichen Differenzenverfahren. Da jedem Gitterpunkt ein Vektor (u_i^-, u_i^+) zugeordnet ist, kann man von einem vektorwertigen Differenzenverfahren sprechen. □

Bemerkung 4.28 (Die Fluß-Formulierung der dGFEM)
Neben der primalen gibt es die Fluß-Formulierung der dGFEM. Diese geht ähnlich wie
gemischte FEM aus von

$$\theta = \nabla u, \qquad -\varepsilon \nabla \cdot \theta + cu = f.$$

Eine entsprechende Variationsformulierung lautet

$$\int_\kappa \theta \cdot \tau = -\int_\kappa u \, \nabla \cdot \tau + \int_{\partial\kappa} u \, \mu_\kappa \cdot \tau,$$

$$-\varepsilon \int_\kappa \theta \cdot \nabla v + \int_\kappa cuv = \int_\kappa fv + \int_{\partial\kappa} \theta \cdot \mu_\kappa v.$$

Diese Form führt zu folgender Diskretisierung:
Man bestimme u_h, θ_h so dass

$$\int_\kappa \theta_h \cdot \tau_h = -\int_\kappa u_h \, \nabla \cdot \tau_h + \int_{\partial\kappa} \hat{u}_\kappa \, \mu_\kappa \cdot \tau_h,$$

$$-\varepsilon \int_\kappa \theta_h \cdot \nabla v_h + \int_\kappa cu_h v_h = \int_\kappa fv_h + \int_{\partial\kappa} \hat{\theta}_\kappa \cdot \mu_\kappa v_h.$$

In dieser Formulierung ist die Wahl der numerischen Flüsse $\hat{\theta}_\kappa$, $\hat{u}_\kappa$, die $\theta = \nabla u$ und u auf
$\partial\kappa$ approximieren, von entscheidender Bedeutung. In [7] werden 9 Varianten der dGFEM
durch die unterschiedliche Wahl von $\hat{\theta}_\kappa$, $\hat{u}_\kappa$ charakterisiert. Zu jeder Methode wird die
zugeordnete primale Formulierung angegeben und ihre Eigenschaften diskutiert. $\square$

Wir beschäftigen uns ausschließlich mit der primalen Form der dGFEM und wenden
uns nun dem Konvektionsterm zu.

4.8.2 Ein hyperbolisches Problem erster Ordnung

Betrachtet wird das reine Konvektions-Problem

$$b \cdot \nabla u + cu = f \quad \text{in} \quad \Omega, \tag{8.7a}$$

$$u = g \quad \text{auf} \quad \Gamma_-, \tag{8.7b}$$

vorausgesetzt wird $c - (\operatorname{div} b)/2 \geq \omega > 0$.
   Schon seit über 20 Jahren sind die Nachteile der Diskretisierung dieses Problems mit
einer Standard-FEM bekannt [72]: die Stabilitätseigenschaften derartiger Diskretisierungen sind unbefriedigend; zudem erhält man keine optimalen Fehlerabschätzungen. Z.B.
für lineare Elemente ist der Fehler in der L_2-Norm nur von der Ordnung $O(h)$. Deshalb
wurde nach Alternativen gesucht und die Methode der Stromliniendiffusion (SDFEM)
(wir diskutieren diese in Kapitel 6) und die dGFEM zur Diskretisierung vorgeschlagen.
   Wir definieren Einström- und Ausströmrand von $\partial\kappa$ durch

$$\partial_-\kappa = \{x \in \partial\kappa : b(x) \cdot \mu_\kappa(x) < 0\}, \qquad \partial_+\kappa = \{x \in \partial\kappa : b(x) \cdot \mu_\kappa(x) \geq 0\}.$$

Hierbei ist $\mu_\kappa(x)$ ein äußerer Normalenvektor bezüglich $\partial\kappa$ im Punkt $x \in \partial\kappa$.

Für jedes Element $\kappa \in \mathcal{T}$ und $v \in H^1(\kappa)$ bezeichnen wir mit v_κ^+ die innere Spur von $v|_\kappa$ auf $\partial\kappa$. Im Fall $\partial_-\kappa \setminus \Gamma \neq \emptyset$ für gewisses $\kappa \in \mathcal{T}$, existiert zu jedem $x \in \partial_-\kappa \setminus \Gamma$ eindeutig ein $\kappa' \in \mathcal{T}$ so daß $x \in \partial_+\kappa'$. Nun definieren wir für eine Funktion $v \in H^1(\Omega, \mathcal{T})$ und ein $\kappa \in \mathcal{T}$ mit der Eigenschaft $\partial_-\kappa \setminus \Gamma \neq \emptyset$ die äußere Spur v_κ^- von v auf $\partial_-\kappa \setminus \Gamma$ bezüglich κ als innere Spur von $v_{\kappa'}^+$ bezüglich κ' so dass $\partial_+\kappa' \cap (\partial_-\kappa \setminus \Gamma) \neq \emptyset$. Der Sprung von v entlang $\partial_-\kappa \setminus \Gamma$ wird definiert durch

$$\lfloor v \rfloor_\kappa = v_\kappa^+ - v_\kappa^- .$$

Dieser Sprung $\lfloor \cdot \rfloor$ hängt von der Richtung des Vektors b ab (anders als der oben definierte Sprung $[\cdot]$.

Durch partielle Integration erhält man

$$\int_\kappa (b \cdot \nabla u)\, v\, dx =$$
$$\int_{\partial\kappa} (b \cdot \mu)u\, v\, ds - \int_\kappa u\, \nabla \cdot (b\, v)\, dx =$$
$$\int_{\partial\kappa_-} (b \cdot \mu)uv\, ds + \int_{\partial\kappa_+} (b \cdot \mu)uv\, ds - \int_\kappa u\, \nabla \cdot (b\, v)\, dx.$$

Für eine stetige Funktion ist es unwichtig, ob man an einer Stelle u, u^+ oder u^- schreibt, für eine unstetige jedoch substantiell. *Nun wird auf dem Einströmrand u durch u^- ersetzt und dann der letzte Term erneut durch partielle Integration umgeformt. Dann heben sich Terme auf $\partial\kappa_+$ weg* und man bekommt

$$\int_\kappa (b \cdot \nabla u)\, v\, dx =$$
$$\int_{\partial\kappa_-} (b \cdot \mu)u^- v^+\, ds + \int_{\partial\kappa_+} (b \cdot \mu)u\, v^+\, ds - \int_\kappa u\, \nabla \cdot (b\, v)\, dx =$$
$$\int_\kappa (b \cdot \nabla u)\, v\, dx - \int_{\partial_-\kappa \cap \Gamma^-} (b \cdot \mu)u^+ v^+\, ds - \int_{\partial_-\kappa \setminus \Gamma} (b \cdot \mu)\lfloor u \rfloor v^+\, ds.$$

Damit ist folgende schwache Formulierung von (8.7) motiviert:

$$B_0(u, v) := \sum_{\kappa \in \mathcal{T}} \left(\int_\kappa (b \cdot \nabla u + cu)\, v\, dx \right. \tag{8.8}$$
$$\left. - \int_{\partial_-\kappa \cap \Gamma} (b \cdot \mu)u^+ v^+\, ds - \int_{\partial_-\kappa \setminus \Gamma} (b \cdot \mu_\kappa)\lfloor u \rfloor v^+\, ds \right).$$
$$= \sum_{\kappa \in \mathcal{T}} \left(\int_\kappa fv\, dx - \int_{\partial_-\kappa \cap \Gamma^-} (b \cdot \mu)gv^+\, ds \right).$$

Beispiel 4.4 Wenn man das einfache Testproblem

$$u_x + u = f, \quad u(0) = A \quad \text{in } (0,1),$$

mit der dGFEM und stückweise konstanter Approximation u_i auf jedem Teilintervall diskretisiert, erhält man

$$\frac{u_i - u_{i-1}}{h_i} + u_i = \frac{1}{h_i} \int_{x_{i-1}}^{x_i} f \, dx.$$

Bei Diskretisierung mit linearen finiten Elementen erzeugt man den zentralen Differenzenquotienten, mit der dGFEM jedoch einseitige Approximationen in Abhängigkeit vom Vorzeichen von b. □

Was ist der Vorteil der Bilinearform $B_0(\cdot, \cdot)$ gegenüber derjenigen von Standard-Galerkin? Es ist nicht schwer zu sehen, daß (mit $c_0^2 := c - (\nabla \cdot b)/2$) folgendes gilt:

$$B_0(v, v) = \sum_{\kappa \in \mathcal{T}} \left(\|c_0 v\|_{L^2(\kappa)}^2 + \frac{1}{2} \left(\|v^+\|_{\partial_- \kappa \cap \Gamma}^2 + \|v^+ - v^-\|_{\partial_- \kappa \setminus \Gamma}^2 + \|v^+\|_{\partial_+ \kappa \cap \Gamma}^2 \right) \right).$$

Dabei wurde die Notation

$$(v, w)_\tau = \int_\tau |b \cdot \mu_\kappa| v w \, ds, \quad \tau \subset \partial \kappa, \text{ und } \|v\|_\tau^2 = (v, v)_\tau \tag{8.9}$$

benutzt. Die dGFEM besitzt damit verbesserte Stabilitätseigenschaften gegenüber der Standard-FEM: es wird nicht nur die L_2-Norm kontrolliert; die zusätzlichen Terme in $B_0(\cdot, \cdot)$ sorge für mehr Stabilität. Zudem erhält man eine Fehlerabschätzung in einer strengeren Norm.

Die Galerkin-Orthogonalität

$$B_0(u - u_h, v_h) = 0$$

ermöglicht eine Fehlerabschätzung auf dem bei FEM typischen Weg. Im nächsten Abschnitt skizzieren wir dies für Konvektions-Diffusions-Probleme.

Bemerkung 4.29 (Sprung-Stabilisierung)
Es ist auch möglich, die obige Diskretisierung ausgehend von der üblichen schwachen Formulierung dadurch zu erhalten, daß man zusätzliche Sprung-Strafterme addiert [37]). In [26] wird ausgeführt, welche Vorteile dieser Zugang gegenüber dem von uns gewählten besitzt. □

4.8.3 Konvergenzanalysis für ein Konvektions-Diffusion-Problem

Nun verbinden wir die Ideen der beiden vorigen Abschnitte und betrachten das Konvektions-Diffusions-Problem

$$-\varepsilon \Delta u + b \cdot \nabla u + cu = f \quad \text{in} \quad \Omega, \tag{8.10a}$$

$$u = 0 \quad \text{on} \quad \Gamma. \tag{8.10b}$$

Wir setzen die Gültigkeit folgender Voraussetzungen (V) voraus:

1. $c - (\nabla \cdot b)/2 \geq \omega > 0$; das Gebiet Ω sei ein Polygon,

2. $u \in H^2(\Omega) \subset H^2(\Omega, \mathcal{T})$,

3. $\nabla u \cdot \nu$ sei stetig auf jeder Kante einer zulässigen, quasi-uniformen Triangulation.

Die zur dGFEM assoziierte Bilinearform zu (8.10) ist

$$
\begin{aligned}
B_\pm(v, w) = & \sum_{\kappa \in \mathcal{T}} \left(\varepsilon \int_\kappa \nabla v \cdot \nabla w \, dx + \int_\kappa (b \cdot \nabla v + cv) w \, dx \right. \\
& \left. - \int_{\partial_- \kappa \cap \Gamma} (b \cdot \mu) v^+ w^+ \, ds - \int_{\partial_- \kappa \backslash \Gamma} (b \cdot \mu_\kappa) \lfloor v \rfloor w^+ \, ds \right) \\
& + \varepsilon \int_\Gamma (\pm v (\nabla w \cdot \mu) - (\nabla v \cdot \mu) w) \, ds + \int_\Gamma \sigma v w \, ds \\
& + \varepsilon \int_{\Gamma_{int}} (\pm [v] \langle \nabla w \cdot \nu \rangle - \langle \nabla v \cdot \nu \rangle [w]) \, ds + \int_{\Gamma_{int}} \sigma [v][w] \, ds \,,
\end{aligned}
$$

$v, w \in H^1(\Omega, \mathcal{T})$.

Damit kann dann die dGFEM mit inneren Strafen formuliert werden als:

$$
\begin{cases}
\text{Bestimme ein } u_h \in S(\Omega, \mathcal{T}, \mathbf{F}) \text{ so daß} \\
B_\pm(u_h, v_h) = L(v_h), \text{ für alle } v_h \in S(\Omega, \mathcal{T}, \mathbf{F}) \,,
\end{cases} \tag{8.11}
$$

mit

$$
L(w) = \sum_{\kappa \in \mathcal{T}} \int_\kappa f w \, dx \,.
$$

Bei der Fehleranalyse wird die Galerkin-Orthogonalität

$$
B_\pm(u - u_h, v) = 0 \,, \qquad \text{für alle} \quad v \in S(\Omega, \mathcal{T}, \mathbf{F}) \tag{8.12}
$$

wesentlich ausgenutzt. Wir definieren jetzt die volle dG-Norm durch

$$
\begin{aligned}
\|v\|_{dG}^2 = & \sum_{\kappa \in \mathcal{T}} \left(\varepsilon \|\nabla v\|_{L^2(\kappa)}^2 + \|c_0 v\|_{L^2(\kappa)}^2 \right) + \int_\Gamma \sigma v^2 \, ds + \int_{\Gamma_{int}} \sigma [v]^2 \, ds \\
& + \frac{1}{2} \sum_{\kappa \in \mathcal{T}} \left(\|v^+\|_{\partial_- \kappa \cap \Gamma}^2 + \|v^+ - v^-\|_{\partial_- \kappa \backslash \Gamma}^2 + \|v^+\|_{\partial_+ \kappa \cap \Gamma}^2 \right) \,. \tag{8.13}
\end{aligned}
$$

Eine wichtige Frage ist nun, ob $B_\pm(\cdot, \cdot)$ auf dem diskreten Raum V-elliptisch ist. *Für die nichtsymmetrische Methode NIP ist leicht zu sehen, daß*

$$
B_-(v, v) = \|v\|_{dG}^2
$$

unabhängig von der Triangulation gilt. Für die symmetrische Version dagegen kann man auf einer quasi-uniformen Triangulation V-Elliptizität für die Wahl

$$
\sigma = \frac{\varepsilon}{h} \sigma_0 \tag{8.14}
$$

mit hinreichend großem σ_0 nachweisen. Bei garantierter V-Elliptizität unterscheidet sich die nachfolgende Konvergenzanalysis für SIP und NIP wenig. Wir entscheiden uns für NIP, weil man dann auch anisotrope Gitter verwenden kann. Auf solchen Gittern gibt es mit SIP Schwierigkeiten [50].

Bemerkung 4.30 Wenn man optimale L_2-Abschätzungen beweisen oder die DWR-Methode zur Fehlerkontrolle anwenden will, ist die sogenannte adjungierte Konsistenz der Methode wichtig. Der Vorteil von SIP gegenüber NIP besteht darin, diese Eigenschaft zu besitzen, siehe [58] für Details. □

Wir starten nun mit der Fehlerabschätzung für die NIP-Version von dGFEM und lineare Elemente; die entsprechende Bilinearform sei jetzt einfach $B(\cdot, \cdot)$.
Unser Ausgangspunkt ist die Darstellung

$$u - u_h = (u - \Pi u) + (\Pi u - u_h) \equiv \eta + \xi.$$

Hier ist Π zunächst irgendein Projektor auf den Finite-Elemente-Raum. Wie bei FEM üblich, impliziert die Galerkin-Orthogonalität

$$\|\xi\|_{DG}^2 = B(\xi, \xi) = -B(\eta, \xi).$$

Nun wird $|B(\eta, \xi)|$ so abgeschätzt, daß letztlich der Fehler nur noch vom Fehler der Projektion (in verschiedenen Normen) abhängt.

Als Projektionsoperator wählen wir die L_2-Projektion. Dann folgt aus dem Bramble-Hilbert-Lemma für lineare Elemente auf einer quasi-uniformen Triangulation

$$\|\eta\|_{L_2} \leq C\, h^2 \, \|u\|_{H^2(\Omega)}, \quad \|\eta\|_{H^1(\Omega, \mathcal{T})} \leq C\, h \, \|u\|_{H^2(\Omega)}.$$

Wenn man auf den konvektiven Teil Cauchy-Schwarz auf $|B_0(\eta, \xi)|$ anwendet, so muß man

$$\sum_{\kappa \in \mathcal{T}} \|\eta\|_{L_2(\kappa)} + \|\eta^-\|_{\partial_-\kappa \backslash \Gamma} + \|\eta^+\|_{\partial_+\kappa \cap \Gamma}$$

und zweitens

$$\sum_{\kappa \in \mathcal{T}} \int_\kappa \eta(b \cdot \nabla \xi)\, dx \tag{8.15}$$

abschätzen.
Zur Abschätzung des Projektionsfehlers auf dem Rand nutzen wir die multiplikative Spurungleichung [42]

$$\|v\|_{L_2(\partial\kappa)}^2 \leq C \left(\|v\|_{L_2(\kappa)} |v|_{H^1(\kappa)} + \frac{1}{h_\kappa} \|v\|_{L_2(\kappa)}^2 \right). \tag{8.16}$$

Der Term (8.15) ist Null, wenn man

$$b \cdot \nabla_{\mathcal{T}} v \in S(\Omega, \mathcal{T}, \mathbf{F}), \qquad \forall v \in S(\Omega, \mathcal{T}, \mathbf{F}), \tag{8.17}$$

voraussetzt. Wenn b jedoch nicht stückweise linear ist, erhält man mit Dreiecksungleichung und lokaler inverser Ungleichung (für $b \in W^{1,\infty}$)

$$\left| \sum_{\kappa \in T} \int_\kappa \eta(b \cdot \nabla \xi)\, dx \right| \leq C\, h^2 \|u\|_{H^2} \|\xi\|_{L_2}.$$

Zusammengefaßt ergibt sich für den Konvektionsteil:

LEMMA 4.29 *Wenn das reine Konvektionsproblem (8.7) unter der Voraussetzung
$c - (\nabla \cdot b)/2 \geq \omega > 0$ auf einer quasi-uniformen Triangulation mit der diskontinuierlichen Galerkin-Finite-Element-Methode und (unstetigen) linearen Elementen diskretisiert
wird, genügt der Fehler in der durch $B_0(\cdot,\cdot)$ erzeugten Norm*

$$\|u - u_h\|_{dG} \leq C\, h^{3/2} \|u\|_{H^2(\Omega)}.$$

Insbesondere ist also der L_2-Fehler von der Ordnung $O(h^{3/2})$; dies ist eine Verbesserung um den Faktor $h^{1/2}$ gegenüber Standard-Galerkin.

Für das Konvektions-Diffusions-Problem (8.10) sind nun die restlichen Terme von
$B(\eta, \xi)$ abzuschätzen. Die beiden ersten Terme und die Strafterme lassen sich leicht
mit Cauchy-Schwarz bewältigen. Weiter gibt es zwei Typen von Integralen über Γ und
Γ_{int}, die auf dieselbe Art und Weise abgeschätzt werden. Wir demonstrieren dies für die
Integrale über Γ.

Die Einführung eines Hilfsparameters γ liefert für den Ausdruck

$$Z = \int_\Gamma \varepsilon\, (\eta(\nabla \xi \cdot \nu) - (\nabla \eta \cdot \nu)\xi)\, ds$$

die Abschätzung

$$
\begin{aligned}
|Z| \leq &\left(\sum_{\kappa \in T} \frac{\varepsilon}{\gamma} \|\eta\|^2_{L_2(\partial\kappa \cap \Gamma)} \right)^{1/2} \left(\sum_{\kappa \in T} \varepsilon\, \gamma \|\nabla \xi\|^2_{L_2(\partial\kappa \cap \Gamma)} \right)^{1/2} \\
&+ \left(\sum_{\kappa \in T} \frac{\varepsilon^2}{\sigma} \|\nabla \eta\|^2_{L_2(\partial\kappa \cap \Gamma)} \right)^{1/2} \left(\sum_{\kappa \in T} \sigma \|\xi\|^2_{L_2(\partial\kappa \cap \Gamma)} \right)^{1/2}.
\end{aligned}
$$

Den zweiten Term können wir direkt durch $\|\xi\|_{dG}$ abschätzen. Im ersten Term wenden
wir eine lokale inverse Ungleichung an, um die Integrale über $\partial\kappa$ durch Integrale über
κ zu ersetzen. Um die entstehenden Potenzen von h zu kompensieren, wird $\gamma = O(h)$
gewählt. Dann erhält man

$$|Z| \leq \left(\left(\sum_{\kappa \in T} \frac{\varepsilon}{h_\kappa} \|\eta\|^2_{L_2(\partial\kappa \cap \Gamma)} \right)^{1/2} + \left(\sum_{\kappa \in T} \frac{\varepsilon^2}{\sigma} \|\nabla \eta\|^2_{L_2(\partial\kappa \cap \Gamma)} \right)^{1/2} \right) \|\xi\|_{dG}.$$

Dies liefert Beiträge zum Fehler von der Ordnung $O(\varepsilon^{1/2} h)$ und $O(\varepsilon\, h^{1/2}/(\sigma^{1/2}))$. Da
die Strafterme Beiträge zum Fehler von der Ordnung $O(\sigma^{1/2} h^{3/2})$ ergeben, schlußfolgern
wir aus dem Vergleich der Größenordnung der verschiedenen Fehlerterme, daß die Wahl
$\sigma = \sigma_0 \varepsilon/h$ mit einer positiven Konstante σ_0 zur bestmöglichen Konvergenzrate führt.

SATZ 4.13 *Das Konvektions-Diffusions-Problem (8.10) werde unter den Voraussetzungen (V) mit der nichtsymmetrischen dGFEM NIP und (unstetigen) linearen Elementen diskretisiert. Wählt man dann den Strafparameter gemäß*

$$\sigma = \sigma_0 \frac{\varepsilon}{h} \tag{8.18}$$

mit einem beliebigen $\sigma_0 > 0$, dann gilt für den Fehler

$$\|u - u_h\|_{DG}^2 \le C \left(\varepsilon h^2 + h^3 \right) \|u\|_{H^2(\Omega)}^2 . \tag{8.19}$$

Für die symmetrische Version kann man auch eine solche Fehlerabschätzung beweisen; es muß nur σ_0 so groß sein, daß V-Elliptizität gesichert ist. Weit allgemeinere Fehlerabschätzungen zur *hp*-Version der Methode findet man in [68] und [58]. Die Resultate numerischer Tests werden in [35] beschrieben.

Bemerkung 4.31 (SIP und SDFEM)
Da bei der Fehlerabschätzung von dGFEM und der in Kapitel 6 beschriebenen Methode der Stromliniendiffusion (SDFEM) unterschiedliche Normen benutzt werden, fragt man sich natürlich, ob dies so sein muß. Interessanterweise wird in [51] eine Modifikation von (8.19) bewiesen. Die Autoren diskretisieren mit der symmetrischen Version von dGFEM, basierend auf der Bilinearform $B_+(v, w)$.

In der Norm

$$|||v|||^2 = B_+(v, v) + \sum_{\kappa \in \mathcal{T}} diam(\kappa) \|b \cdot \nabla v\|_{L^2(\kappa)}^2 ,$$

wird für den Fehler bewiesen

$$|||u - u_h|||^2 \le C \max\{\varepsilon h^2 + h^3\} \|u\|_{H^2(\Omega)}^2 .$$

Dies ist bemerkenswert, weil die obige Norm einen Summanden enthält, der typisch für die Methode der Stromliniendiffusion ist. $\square$

Bemerkung 4.32 (Fehlerabschätzungen in der L_∞-Norm)
Für die symmetrische Version SIP gibt es auch Fehlerabschätzungen in der L_∞-Norm [73]. Die ε-Abhängigkeit der Fehlerkonstanten wird allerdings nicht ausgewiesen. $\square$

4.9 Hinweise zu weiteren Aspekten

4.9.1 Zur Kondition der Steifigkeitsmatrix im symmetrischen Fall

Im einfachsten Fall, für den eindimensionalen Differentialausdruck $-\frac{d^2}{dx^2}$, homogene Dirichletbedingungen und lineare finite Elemente auf einem äquidistanten Gitter, ergibt sich die Steifigkeitsmatrix

$$
A = \frac{1}{h}
\begin{bmatrix}
2 & -1 & 0 & \cdots & 0 & 0 \\
-1 & 2 & -1 & \cdots & 0 & 0 \\
0 & -1 & 2 & -1 & \cdots & 0 \\
\cdots & & \cdot & & \cdots & \cdot \\
0 & 0 & \cdots & 0 & -1 & 2
\end{bmatrix}.
$$

Ist ihre Dimension $(N-1) \times (N-1)$, so erhält man für die Eigenwerte von A mit $Nh = 1$ explizit

$$
\lambda_k = \frac{4}{h} \sin^2 \frac{k\pi h}{2} \quad \text{für } k = 1, \cdots, N-1.
$$

Also gilt für den kleinsten Eigenwert $\lambda_1 \approx \pi^2 h$, für den größten $\lambda_{N-1} \approx 4/h$ und damit für die (spektrale) Kondition von A die Beziehung $\kappa(A) = O(1/h^2)$.

Wir verifizieren jetzt eine ähnliche Eigenschaft für Steifigkeitsmatrizen, die bei der Diskretisierung von symmetrischen, V-elliptischen Bilinearformen mit linearen finiten Elementen im zweidimensionalen Fall erzeugt werden. Dabei setzen wir voraus, daß die Triangulation sowohl quasiuniform als auch uniform sei.

Ein beliebiges $v_h \in V_h$ wird zunächst mit Hilfe der nodalen Basis $\{\varphi_i\}$ von V_h dargestellt als

$$
v_h = \sum_i \eta_i \varphi_i.
$$

Einsetzen in die Bilinearform $a(\cdot, \cdot)$ erzeugt eine quadratische Form:

$$
a(v_h, v_h) = \eta^T A \eta.
$$

Nun werden die Eigenwerte von A mit Hilfe des Rayleigh-Quotienten abgeschätzt. Zum einen liefert die Anwendung einer inversen Ungleichung

$$
\frac{\eta^T A \eta}{\|\eta\|^2} = \frac{a(v_h, v_h)}{\|\eta\|^2} \leq C h^{-2} \frac{\|v_h\|_0^2}{\|\eta\|^2} \leq C.
$$

Dabei beruht der letzte Schluß in dieser Kette darauf, daß auf V_h die stetige L_2-Norm $\|v_h\|_0^2$ äquivalent ist zu ihrer diskreten Entsprechung $h^2 \|\eta\|^2$.

Zum anderen hat man wegen der vorausgesetzten V-Elliptizität

$$
\frac{\eta^T A \eta}{\|\eta\|^2} = \frac{a(v_h, v_h)}{\|\eta\|^2} \geq \alpha \frac{\|v_h\|_1^2}{\|\eta\|^2} \geq \alpha \frac{\|v_h\|_0^2}{\|\eta\|^2} \geq C h^2.
$$

Damit gilt $\lambda_{max} \leq C$ und $\lambda_{min} \geq C h^2$, zusammen also $\kappa(A) = O(1/h^2)$.

Allgemein gilt für die Diskretisierung von Randwertaufgaben der Ordnung $2m$ mit finiten Elementen bei den oben formulierten Voraussetzungen an die Triangulation für die Kondition der Steifigkeitsmatrix $\kappa(A) = O(1/h^{2m})$.

Hingewiesen sei allerdings darauf, daß die Wahl der Basis im Raum V_h einen wesentlichen Einfluß auf die Kondition besitzt. Für eine hierarchische Basis oder eine Wavelet-Basis ist die Steifigkeitsmatrix wesentlich besser konditioniert als für eine nodale Basis (s. Kapitel 4.2 in [Osw94]).

4.9.2   Eigenwertprobleme

Betrachtet wird das folgende Eigenwertproblem:
Gesucht sind $u \in H_0^1(\Omega) = V$ und λ mit

$$a(u, v) = \lambda\,(u, v) \quad \text{für alle} \quad v \in V.$$

Dabei ist $a(\cdot, \cdot)$ eine V-elliptische, symmetrische Bilinearform.

Wir notieren einige bekannte Fakten über symmetrische Eigenwertprobleme. Zunächst sind die Eigenwerte reell und wegen der vorausgesetzten V-Elliptizität positiv, zudem gibt es abzählbar unendlich viele, die im Endlichen aber keinen Häufungspunkt besitzen. Mit

$$0 < \lambda_1 \le \lambda_2 \le \cdots \le \lambda_k \le \lambda_{k+1} \le \cdots$$

gilt ferner mit dem Rayleigh-Quotienten R

$$\lambda_k = \min_{v \perp E_{k-1}} R(v) = \min_{v \perp E_{k-1}} \frac{a(v, v)}{\|v\|_0^2},$$

dabei ist E_k der von den ersten k Eigenfunktionen aufgespannte Unterraum.
Eine andere Charakterisierung ist

$$\lambda_k = \min\left\{ \max_{v \in M_k} \frac{a(v, v)}{\|v\|_0^2}, \ \dim M_k = k. \right\}$$

Wir diskretisieren jetzt die gegebene Eigenwertaufgabe mit linearen finiten Elementen: Es sei $u_h \in V_h$ und

$$a(u_h, v_h) = \lambda^h\,(u_h, v_h) \quad \text{für alle} \quad v_h \in V_h.$$

Dies ist ein übliches Matrix-Eigenwertproblem. Mit $N = \dim V_h$ werden nun auch die diskreten Eigenwerte der Größe nach numeriert:

$$0 < \lambda_1^h \le \lambda_2^h \le \cdots \le \lambda_N^h.$$

Dann gilt

SATZ 4.14 *Setzt man zusätzlich* $u \in H^2(\Omega)$ *voraus und zudem eine quasi-uniforme Triangulation, so genügen die diskreten Eigenwerte der Abschätzung*

$$\lambda_k \le \lambda_k^h \le \lambda_k + C(\lambda_k\,h)^2.$$

Zum Beweis notieren wir zunächst, daß sich die Ungleichung $\lambda_k \le \lambda_k^h$ sofort aus dem obigen Min-Max-Prinzip für $\dim V_h \ge k$ ergibt.

Der zweite Teil der Abschätzung ist wesentlich komplizierter nachzuweisen. Wir gehen aus von

$$\lambda_k \le \max_{v \in M_k} \frac{a(v, v)}{\|v\|_0^2}$$

und wählen für M_k die Ritz-Projektion des Raumes E_k^0, der von den ersten k normierten Eigenfunktionen aufgespannt wird. Später zeigen wir noch, daß tatsächlich dim $M_k = k$ gilt. Bezeichnen wir die Ritzprojektion von w mit Pw, so folgt

$$\lambda_k \leq \max_{w \in E_k^0} \frac{a(Pw, Pw)}{\|Pw\|_0^2}.$$

Den Zähler kann man folgendermaßen umformen:

$$a(Pw, Pw) = a(w, w) - 2a(w - Pw, Pw) - a(w - Pw, w - Pw).$$

Der mittlere Summand ist wegen der Galerkin-Orthogonalität gleich Null, also hat man

$$a(Pw, Pw) \leq a(w, w) = \lambda(w, w) \leq \lambda_k \quad \text{für } w \in E_k^0.$$

Für den Nenner gilt zunächst

$$\|Pw\|_0^2 = \|w\|_0^2 - 2(w, w - Pw) + \|w - Pw\|_0^2. \tag{9.1}$$

Wir zeigen demnächst: Ist

$$\sigma_k^h := \max_{w \in E_k^0} \left| 2(w, w - Pw) - \|w - Pw\|_0^2 \right|, \tag{9.2}$$

so gilt für hinreichend kleine h

$$0 \leq \sigma_k^h \leq C\lambda_k\, h^2 < \frac{1}{2}. \tag{9.3}$$

Damit folgt aus (9.1)

$$\|Pw\|_0^2 \geq 1 - \sigma_k^h$$

und wegen $\sigma_k^h < 1/2$ mitttels $1/(1-x) \leq 1 + 2x$ für $x \in [0, 1/2]$ ergibt sich die gewünschte Abschätzung

$$\lambda_k^h \leq \lambda_k(1 + 2C\lambda_k\, h^2).$$

Der wesentliche Teil des Beweises ist der Nachweis von (9.3). Es seien w_i die normierten Eigenfunktionen und

$$w = \sum_i^k \alpha_i w_i$$

die Darstellung eines beliebigen $w \in E_k^0$. Dann folgt

$$
\begin{aligned}
|(w, w - Pw)| &= \left| \sum_i (\alpha_i w_i, w - Pw) \right| \\
&= \left| \sum_i \alpha_i \lambda_1^{-1} a(w_i, w - Pw) \right| \\
&= \left| \sum_i \alpha_i \lambda_1^{-1} a(w_i - Pw_i, w - Pw) \right| \\
&\leq Ch^2 \left\| \sum_i \alpha_i \lambda_i^{-1} w_i \right\|_2 \|w\|_2.
\end{aligned}
$$

Aus der vorausgesetzten H^2-Regularität folgt $\|w\|_2 \le C\lambda_k$ und

$$\left\|\sum_i \alpha_i \lambda_i^{-1} w_i\right\|_2 \le C$$

unter Berücksichtigung von

$$a\left(\sum_i \alpha_i \lambda_i^{-1} w_i, v\right) = \left(\sum_i \alpha_i w_i, v\right).$$

Damit haben wir

$$|(w, w - Pw)| \le C\lambda_k h^2 \quad \text{für alle } w \in E_k^0.$$

Andererseits gilt für den L_2-Fehler der Ritz-Projektion

$$\|w - Pw\|_0^2 \le Ch^4 \|w\|_2^2 \le C\lambda_k^2 h^4.$$

Wirft man einen Blick auf (9.2), so hat man mit den letzten Abschätzungen (9.3) nachgewiesen.

Es bleibt zu zeigen, daß die Dimension von M_k gleich k ist. Dazu nehmen wir einmal an, es gebe ein $w^* \in E_k^0$ mit $Pw^* = 0$. Dann hat man

$$1 = \|w^*\|_0^2 = |2(w^*, w^* - Pw^*) - \|w^* - Pw^*\|_0^2| \le \sigma_k^h < \frac{1}{2}.$$

Dieser Widerspruch beweist die Bijektivität der Abbildung von E_k^0 auf M_k. ∎

Hingewiesen sei darauf, daß bei Verwendung von polynomialen Elementen mit Polynomgrad m die Abschätzung die Struktur

$$\lambda_k^h \le \lambda_k + C\lambda_k^{m+1} h^{2m}$$

besitzt.

Z.B. in [Hac86] findet man auch Abschätzungen für die Approximation der Eigenfunktionen vom Typ

$$\|w_k - w_k^h\|_1 \le C\lambda_k^{(m+1)/2} h^m$$

bzw.

$$\|w_k - w_k^h\|_0 \le C\lambda_k^{(m+1)/2} h^{m+1}.$$

4.9.3 Superkonvergenz

Superkonvergenz bezeichnet verschiedenartige Phänomene, charakterisiert durch verbesserte Konvergenzraten. Superkonvergenz liegt z.B. dann vor, wenn man

(i) in speziellen Punkten x_i für $(u - u_h)(x_i)$ asymptotisch bessere Konvergenzraten beweisen kann als für $\|u - u_h\|_\infty$

(ii) für die Differenz $\|u_h - Pu\|$ mit einem Projektor P in den Finite-Elemente-Raum asymptotisch bessere Konvergenzraten beweisen kann als für den Finite-Elemente-Fehler $\|u_h - u\|$ selbst

(iii) für die Differenz $|u - Ru_h|$ mit einem Recovery-Operator R (z.B. für den Gradienten bei $|\cdot| = |\cdot|_1$) asymptotisch bessere Konvergenzraten beweisen kann als für $|u - u_h|$.

Weitere Beispiele für Superkonvergenzphänomene findet man in [Wah95] und [KNS98]. Im folgenden beweisen wir spezielle Resultate für die Fälle (i) und (ii). Recovery spielt eine wesentliche Rolle auch bei der Konstruktion von Fehlerschätzern (vgl. Abschnitt 4.7) und wird in Kapitel 4 von [AO00] detailliert behandelt. Unlängst wurde in [126] eine interessante neue Technik, polynomial preserving recovery (PPR), eingeführt.

Wie findet man Superkonvergenzpunkte? Wir beschränken uns auf den eindimensionalen Fall und suchen derartige Punkte für die Ableitung im Fall von FEM-Diskretisierungen der Randwertaufgabe

$$-(u' + bu)' = f, \quad u(0) = u(1) = 0$$

bei Verwendung von stückweisen Polynomen vom Grad k. Bei ausreichender Glätte der exakten Lösung gilt dann

$$\|(u_h - u)'\|_\infty \leq C h^k.$$

Ein erstes Superkonvergenzresultat ist:

LEMMA 4.30 *Ist $\tilde{u}_h \in V_h$ die L_2-Projektion von u', so gilt*

$$\|(u_h - \tilde{u}_h)'\|_\infty \leq C h^{k+1}.$$

Beweis: Zum Beweis setzen wir $\theta := \tilde{u}_h - u_h$ und gehen aus von

$$(\theta', v_h') = ((\tilde{u}_h - u)', v_h') - ((u_h - u)', v_h') = -(b(u - u_h), v_h').$$

Daraus folgt

$$|(\theta', v_h')| \leq C\|u - u_h\|_\infty \|v_h\|_{W^{1,1}} \leq C h^{k+1} \|v_h\|_{W^{1,1}}. \tag{9.4}$$

Mit Hilfe dieser Abschätzung wollen wir die L_∞-Norm von θ' in den Griff bekommen. Dazu greifen wir auf

$$\|\theta'\| = \sup_{\|\psi\|_{L_1}=1} (\theta', \psi) \tag{9.5}$$

zurück. Ist P jetzt die L_2-Projektion in den Raum der stückweise (nicht notwendig stetigen) Polynome vom Grad $k - 1$, so folgt

$$(\theta', \psi) = (\theta', P\psi).$$

Definieren wir noch eine Hilfsfunktion $\varphi \in V_h$ durch

$$\varphi(x) := \int_0^x P\psi - x \int_0^1 P\psi,$$

so ergibt sich

$$\|\varphi\|_{W^{1,1}} \leq C\|P\psi\|_{L_1} \leq C\|\psi\|_{L_1}. \tag{9.6}$$

Damit kommen wir zu

$$(\theta', \psi) = (\theta', P\psi) = (\theta', \varphi' + \int_0^1 P\psi) = (\theta', \varphi').$$

Die Kombination von (9.4), (9.5) und (9.6) liefert dann die Behauptung des Lemmas. ∎

Mit Hilfe dieses Lemmas können wir im folgenden Satz die Superkonvergenzpunkte der Ableitung beschreiben.

SATZ 4.15 *Sind die η_i die Nullstellen des Legendre-Polynoms L_k auf dem Element (x_i, x_{i+1}), so gilt*

$$|(u - u_h)'(\eta_i)| \leq C\, h^{k+1}.$$

Beweis: Wir gehen von der Definition von $\tilde{u}_h$ aus. Ist ψ ein beliebiges Polynom vom Grad $k-1$ auf (x_i, x_{i+1}), so ist

$$\int_{x_i}^{x_{i+1}} (\tilde{u}_h - u)'\psi = 0. \tag{9.7}$$

Nun wird $(\tilde{u}_h - u)'$ an der Stelle $(x_i + x_{i+1})/2$ in ein Taylor-Polynom entwickelt und der Polynomanteil vom Grad k als Linearkombination von Legendre-Polynomen dargestellt:

$$(\tilde{u}_h - u)'(x) = \sum_{l=0}^{k} c_l L_l(x) + O(h^{k+1}).$$

Berechnet man c_l für $l \leq k-1$, so folgt aus (9.7) und der Orthogonalität der Legendre-Polynome für diese Indizes $c_l = O(h^{k+1})$. Dies liefert dann wegen $L_k(\eta_i) = 0$

$$(\tilde{u}_h - u)'(\eta_i) = \sum_{l=0}^{k-1} c_l L_l(\eta_i) + O(h^{k+1}) = O(h^{k+1}). \tag{9.8}$$

Die Kombination von (9.8) mit Lemma 4.30 ergibt dann die Behauptung des Satzes . ∎

Diese Satz präsentiert Superkonvergenzpunkte für die erste Ableitung. Für die Funktionswerte sind die Gitterpunkte und die Nullstellen von L_k' die Superkonvergenzpunkte.

Weitere Details, auch zur Übertragung dieser Eigenschaften auf den mehrdimensionalen Tensorproduktfall, findet man in Kapitel 6 von [Wah95]. Für Dreiecksgitter ist die Situation komplizierter.

Als nächstes diskutieren wir die Technik der Integralidentitäten von Lin zum Nachweis von Superkonvergenzresultaten vom Typ (ii). Leider liegen verschiedene Monographien zur Superkonvergenz aus den 80-iger und 90-iger Jahren, die diese Resultate enthalten, bislang nur auf chinesisch vor.

Wir betrachten bilineare finite Elemente auf einem zweidimensionalen Rechteckgitter. $u^I \in V_h$ sei die bilineare Interpolierende.

SATZ 4.16 *Es sei* $u \in H_0^1(\Omega) \cap H^3(\Omega)$. *Dann gilt*

$$|((u - u^I)_x, v_x)| \leq C h^2 \|u\|_3 \|v\|_1 \quad \text{für alle } v \in V_h.$$

Beweis: Bevor wir den eigentlichen Beweis starten, sei bemerkt, daß die direkte Anwendung von Cauchy-Schwarz und Standardinterpolationsfehlerabschätzungen lediglich den Faktor h liefert; allerdings ist dann auch nur $u \in H^2$ nötig.

Zum Beweis betrachten wir ein Rechteck R mit dem Mittelpunkt (x_r, y_r) und den Seitenlängen $2h_r, 2k_r$. Mit der Hilfsfunktion F, definiert durch

$$F(y) := \frac{1}{2} \left[(y - y_r)^2 - k_r^2 \right],$$

gilt dann die *Lin-Identität*

$$\int_R (u - u^I)_x v_x = \int_R \left[F(y) u_{xyy} v_x - \frac{1}{3}(F^2)' u_{xyy} v_{xy} \right]. \tag{9.9}$$

Bedenkt man $F = O(k_r^2)$ und $(F^2)' = O(k_r)^3$, so ergibt die Anwendung einer lokalen inversen Ungleichung ($v \in V_h$) sofort die Behauptung des Satzes.

Wie weist man nun (9.9) nach?

Zur Abkürzung setzen wir $u - u^I = e$. Da v bilinear ist, gilt

$$\int_R e_x v_x = \int_R e_x \left[v_x(x_r, y_r) + (y - y_r)v_{xy} \right]$$

$$= \left(\int_R e_x \right) v_x(x_r, y_r) + \left(\int_R (y - y_r)e_x \right) v_{xy}.$$

Partielle Integration führt zu

$$\int_R F(y) e_{xyy} = - \int_R F'(y) e_{xy} = \int_R F'' e_x = \int_R e_x.$$

Ähnlich erhält man

$$\int_R (y - y_r) e_x = \frac{1}{6} \int_R (F^2)' e_{xyy}.$$

Damit folgt

$$\int_R e_x v_x = \left(\int_R F(y) e_{xyy} \right) (v_x - (y - y_r) v_{xy}) + \frac{1}{6} \int_R (F^2)' e_{xyy} v_{xy}.$$

Aus $(F^2)' = 2F(y - y_r)$ folgt die Lin-Identität (9.9). ∎

Wie wendet man dieses Superkonvergenzresultat an?

Diskretisiert man z.B. die Poisson-Gleichung mit bilinearen Elementen auf einem Recht-eckgitter, so folgt unter der Voraussetzung $u \in H_0^1(\Omega) \cap H^3(\Omega)$ die interessante Abschätzung

$$\|u_h - u^I\|_1 \le C h^2.$$

Denn mit $a(v, w) = (\nabla v, \nabla w)$ liefert unser Satz

$$\begin{aligned} \alpha \|u_h - u^I\|_1^2 &\le (\nabla(u_h - u^I), \nabla(u_h - u^I)) \\ &= (\nabla(u - u^I), \nabla(u_h - u^I)) \le C h^2 \|u\|_3 \|u_h - u^I\|_1. \end{aligned}$$

Möchte man auf Rechtecken Polynome höheren Grades verwenden, so ist die Nutzung einer speziellen Interpolierenden sinnvoll (s. z.B. [83]). Auch auf Dreiecksgittern gibt es analoge Resultate, etwa für lineare Elemente bei relativ regelmäßigen Gittern [KNS98].

4.9.4 p- und hp-Version

Wird zur Erhöhung der Genauigkeit einer Finite-Elemente-Lösung das Gitter verfeinert und dabei die Struktur der Basisfunktionen nicht verändert, so spricht man von der *h-Version* der Methode der finiten Elemente. Arbeitet man dagegen auf einem festen Gitter und erhöht den Polynomgrad p der stückweise polynomialen Approximation, so nennt man dieses Vorgehen *p-Version*. Eine Kombination beider Strategien heißt *hp-Version*.

Bereits im eindimensionalen Fall werden die Unterschiede der asymptotischen Konvergenzraten der h-Version und der p-Version klar. Es sei $\Omega = (a, b)$, ferner werde Ω uniform in Teilintervalle zerlegt. Auf diesem Gitter sei $V_h^p \subset H^1$ der Finite-Elemente-Raum der stückweise polynomialen Funktionen vom Grad p. Dann gilt die folgende Approximationsaussage (s. [Sch98]):

Es gibt zu jedem $u \in H^{k+1}(\Omega)$ ein $v_h^p \in V_h^p$ mit

$$\begin{aligned} |u - v_h^p|_1 &\le C \frac{h^{\min(p,k)}}{p^k} |u|_{k+1}, \\ |u - v_h^p|_0 &\le C \frac{h^{\min(p,k)+1}}{p^{k+1}} |u|_{k+1}. \end{aligned}$$

Dies bedeutet: *Ist k groß, die Lösung also sehr glatt, so ist es vorteilhafter, den Polynomgrad zu erhöhen ($p \to \infty$) als das Gitter zu verfeinern ($h \to 0$) !*

Natürlich überträgt man die Approximationsaussagen wie üblich auf Konvergenzaussagen. Im gerade beschriebenen Fall spricht man dann von *spektraler Konvergenz* für $p \to \infty$.

Ist die Lösung des Problems sogar analytisch, so existiert ein $r > 0$ mit

$$|u - v_h^p|_1^2 \ \leq \ C(r)\, p\, r^{-2p},$$
$$|u - v_h^p|_0^2 \ \leq \ C(r)\, p^{-1}\, r^{-2p}.$$

Es liegt dann *exponentielle Konvergenz* vor.

Oft hat man zumindest stückweise analytische Lösungen. Zudem kann man zeigen, daß für singuläre Lösungen vom Typ $|x - x_0|^\alpha$ es zweckmäßig ist, eine geometrische Verfeinerungsstrategie zur Singularität bei $x = x_0$ hin mit einem wohldefinierten Anwachsen des Polynomgrades zu verbinden (s. [Sch98]).

Über die Kondition der Steifigkeitsmatrizen bei der p-Methode ist bisher weniger bekannt als für die h-Methode; die bekannten Aussagen konzentrieren sich auf den Tensorproduktfall. Typisch ist in etwa ein Verhalten wie p^4 (in 2D) und p^6 (in 3D), s. [89] und die dort angegebene Literatur. Im zweidimensionalen Fall wird dort auch bewiesen, daß statische Kondensation ein ausgezeichneter Vorkonditionierer ist.

Kapitel 5

Finite Elemente für instationäre Probleme

In diesem Kapitel wenden wir uns der Diskretisierung von instationären Problemen, und zwar von parabolischen Anfangs-Randwertaufgaben und hyperbolischen Anfangs-Randwertaufgaben zweiter Ordnung mit finiten Elementen bezüglich der räumlichen Veränderlichen zu. Vorangestellt werden grundlegende Aussagen zur sachgemäßen schwachen Formulierung derartiger Probleme.

Insbesondere für parabolische Probleme werden verschiedene Varianten der Zeitdiskretisierung erläutert: Einschrittverfahren (Runge-Kutta), Mehrschrittverfahren (BDF) und die diskontinuierliche Galerkin-Methode. Wegen der Steifheit der mit der Semidiskretisierung erzeugten Systeme von Anfangswertaufgaben ist eine sorgsame Wahl der Zeitdiskretisierung notwendig.

Einige Hinweise zur Fehlerkontrolle schließen die Darstellung ab. Hingewiesen sei darauf, daß der Leser Ausführungen zu den grundlegenden Varianten der Finiten-Element-Methode für hyperbolische Gleichungen erster Ordnung - die diskontinuierliche Galerkin-Methode und die Methode der Stromliniendiffusion - in Kapitel 4 und Kapitel 6 findet.

5.1 Parabolische Aufgaben

5.1.1 Zur schwachen Formulierung

Als Modellproblem betrachten wir die die Anfangs-Randwertaufgabe

$$
\begin{aligned}
\frac{\partial u}{\partial t} - \triangle u &= f(x,t) \quad \text{in} \quad \Omega \times (0,T), \\
u(x,0) &= u_0(x), \\
u &= 0 \quad \text{auf} \quad \partial\Omega \times (0,T).
\end{aligned}
\tag{1.1}
$$

Multiplikation der Differentialgleichung mit $v \in C_0^\infty(\Omega)$ ergibt nach Integration über Ω

$$
\frac{d}{dt} \int_\Omega u(x,t)v(x)dx + \int_\Omega \nabla u \cdot \nabla v dx = \int_\Omega fv dx \, .
\tag{1.2}
$$

Es sei nun $V = H_0^1(\Omega)$, $H = L_2(\Omega)$. Wir fassen bei festem t die Funktion $x \to u(x,t)$ als Element des Raumes V auf, schreiben $u(t) \in V$ und erhalten bei variablem t eine Funktion $t \to u(t)$ mit Werten in V. (3) schreiben wir in der Form:
Gesucht ist $u(t) \in V$ mit $u(0) = u_0$ und

$$\frac{d}{dt}(u(t),v) + a(u(t),v) = (f(t),v) \qquad \text{für alle } v \in V. \tag{1.3}$$

Zur präzisen Formulierung eines Existenzsatzes für Probleme vom Typ (4) benötigt man einige Aussagen über Räume vektorwertiger Funktionen (wie in unserem Fall mit $u(t) \in V$ notwendig); wir zitieren diese gemäß [Zei90].

Es sei X ein beliebiger Banachraum. Dann besteht der Raum $L_2(0,T;X)$ aus allen Funktionen $u : (0,T) \to X$, für die

$$\|u\| := \left(\int_0^T \|u(t)\|_X^2 \, dt \right)^{1/2}$$

endlich ist. Mit der eingeführten Norm ist $L_2(0,T;X)$ selbst ein Banachraum.

Ist z. B. $f \in L_2(Q)$, so gilt auch $f \in L_2(0,T; L_2(\Omega))$; denn nach dem Satz von Fubini folgt

$$\|f\|_{L_2(Q)}^2 = \int_0^T \left(\int_\Omega f^2(x,t) \, dx \right) dt,$$

so daß die Funktion $x \to f(x,t)$ der räumlichen Variablen x für alle t ein Element von $L_2(\Omega)$ ist.

In diesem Sinne ist der Übergang von der Ausgangsaufgabe zur schwachen Formulierung (4) hinsichtlich der rechten Seite zu verstehen.

Ist X reflexiv, separabel und X^* der zugeordnete Dualraum, so ist $L_2(0,T;X^*)$ der Dualraum zu $L_2(0,T;X)$.

Ein *Evolutionstripel* (oder *Gelfandscher Dreier*) ist gekennzeichnet durch $V \subset H \subset V^*$ mit

- V ist separabler, reflexibler Banachraum;

- H ist separabler Hilbertraum;

- V liegt dicht in H mit $\|v\|_H \leq \text{const} \|v\|_V \qquad$ für alle $v \in V$.

Das typische Beispiel für ein solches Tripel ist $V = H_0^1(\Omega)$, $H = L_2(\Omega)$, $V^* = H^{-1}(\Omega)$. Man sagt $u \in L_2(0,T;V)$ besitzt eine verallgemeinerte Ableitung $w \in L_2(0,T;V^*)$, wenn gilt

$$\int_0^T \varphi'(t)u(t)dt = -\int_0^T \varphi(t)w(t)dt \qquad \text{für alle } \varphi \in C_0^\infty(0,T).$$

(Hingewiesen sei darauf, daß die Integrale sogenannte Bochner-Integrale funktionenwertiger Abbildungen sind, siehe [Zei90])

Man definiert letztlich ausgehend von einem Evolutionstripel den Sobolev-Raum $W_2^1(0, T; V, H)$ als den Raum aller $u \in L_2(0, T; V)$ mit Ableitungen $u' \in L_2(0, T; V^*)$. In diesem Raum ist

$$\|u\|_{W_2^1} := \|u\|_{L_2(0,T;V)} + \|u'\|_{L_2(0,T;V^*)}$$

eine Norm. Wichtig ist, daß die Abbildung $u : [0, T] \to H$ nach Änderung auf einer Menge vom Maß Null stetig ist. Damit ist nämlich die Bedingung $u(0) \in H$ (als Anfangsbedingung bei parabolischen Aufgaben) korrekt. Letztlich gilt noch die *Formel der partiellen Integration*

$$(u(t), v(t)) - (u(s), v(s)) = \int_s^t [\langle u'(\tau), v(\tau) \rangle + \langle v'(\tau), u(\tau) \rangle] d\tau .$$

Wir formulieren nun präzise das verallgemeinerte Problem zu einer linearen parabolischen Anfangs-Randwertaufgabe:

Es sei V ein Sobolev-Raum zwischen $H_0^1(\Omega)$ und $H^1(\Omega)$ (je nach Randbedingung) und H der Raum $L_2(\Omega)$, $a(.,.)$ eine beschränkte, V-elliptische Bilinearform auf $V \times V$. Gesucht ist $u \in W_2^1(0, T; V, H)$ mit $u(0) = u_0 \in H$, so daß gilt

$$\frac{d}{dt}(u(t), v) + a(u(t), v) = \langle f(t), v \rangle \text{ für alle } v \in V , \tag{1.4}$$

dabei ist $f \in L_2(0, T; V^*)$ gegeben.

Nach [Zei90] besitzt dieses Problem eine eindeutige Lösung. Angewandt auf das Beispiel (2) ergibt sich folgendes:

Für $f \in L_2(Q), u_0 \in L_2(\Omega)$ gibt es eine eindeutige Lösung $u \in L_2(0, T; H_0^1(\Omega))$ mit $u' \in L_2(0, T; H^{-1}(\Omega))$.

Setzt man in (5) $v := u(t)$, so folgt aus

$$\frac{1}{2}\frac{d}{dt}\|u(t)\|^2 + a(u(t), u(t)) = (f(t), u(t))$$

unter Ausnutzung der V-Elliptizität der Bilinearform $a(\cdot, \cdot)$ bei Anwendung der Schwarzschen Ungleichung

$$\frac{d}{dt}\|u(t)\| + \alpha\|u(t)\| \leq \|f(t)\| .$$

Integration liefert die a-priori-Abschätzung

$$\|u(t)\| \leq \|u_0\|e^{-\alpha t} + \int_0^t e^{-\alpha(t-s)}\|f(s)\|ds. \tag{1.5}$$

Wie bei elliptischen Randwertaufgaben erhält man optimale Konvergenzraten für Diskretisierungsverfahren nur bei höherer Glattheit der Lösungen. Parabolische Anfangs-Randwertprobleme besitzen die sogenannte *Glättungseigenschaft*, was lax formuliert bedeutet, daß die Lösung mit wachsendem t glatter wird.

Beispiel 5.1 Betrachtet wird die Anfangs-Randwertaufgabe

$$u_t - u_{xx} = 0\,,\ u(0,t) = u(\pi,t) = 0,$$

$$u(x,0) = u_0(x).$$

Durch Separation der Variablen erhält man die Lösungsdarstellung

$$u(x,t) = \sum_{j=1}^{\infty} u_j\, e^{-j^2 t} \sin(jx) \quad \text{mit} \quad u_j = \sqrt{\frac{2}{\pi}} \int_0^{\pi} u_0(x) \sin(jx)dx\,.$$

Nach der Parsevalschen Gleichung ist das Verhalten von $\|u_t\|^2$ (man könnte analog auch höhere Ableitungen betrachten) vom Konvergenzverhalten der Reihe

$$\sum_{j=1}^{\infty} u_j^2\, j^4\, e^{-j^2 t}$$

abhängig. Für $t \geq \sigma > 0$ dämpft die Exponentialfunktion die Summanden so stark, daß $\|u_t\|$ (gleiches gilt für höhere Ableitungen) in t gleichmäßig beschränkt ist. In der Umgebung von $t = 0$ ist aber keine gleichmäßige Beschränktheit zu erwarten. Für $u_0(x) = \pi - x$ gilt z. B. $u_j = c/j$, also hat man

$$\|u_t\| \sim c\, t^{-\frac{3}{4}} \quad \left(\text{wegen} \sum_{j=1}^{\infty} u_j^2 j^4 e^{-j^2 t} = \left(\sum_{j=1}^{\infty} \frac{1}{j} \left(jt^{\frac{1}{2}}\right)^3 e^{-j^2 t}\right) \cdot t^{-\frac{3}{2}}\right).$$

Nur bei glattem $u_0(\cdot)$ (mit $u_0(0) = u_0(\pi) = 0$) fallen die Fourierkoeffizienten schneller; dann ist wieder ein besseres Verhalten in der Umgebung von $t = 0$ zu erwarten. □

Als Beispiel einer konkreten Glättungsaussage zitieren wir Lemma 2 aus Kapitel 3 von [Tho97].

Betrachtet wird die Anfangs-Randwertaufgabe

$$\begin{aligned}
\frac{\partial u}{\partial t} - \triangle u &= 0 & \text{in } \Omega \times (0,T), \\
u &= 0 & \text{auf } \partial\Omega \times (0,T), \\
u &= u_0 & \text{für } t = 0\,.
\end{aligned} \tag{1.6}$$

LEMMA 5.1 *Ist $u_0 \in L_2(\Omega)$, so ist für $t \geq \delta > 0$ die H^k−Norm von $u(t)$ beschränkt; präziser gilt*

$$\|u(t)\|_{H^k(\Omega)} \leq C\, t^{-\frac{1}{2}k}\, \|u_0\| \qquad \text{für } t > 0\,. \tag{1.7}$$

Weitere Regularitätsaussagen findet man z. B. in [Tho97].

5.1.2 Semidiskretisierung mit finiten Elementen

Bei der Diskretisierung parabolischer Anfangs-Randwertprobleme mit der Methode der finiten Elemente kann man wie in Kapitel 2 sofort bezüglich der räumlichen und der zeitlichen Variablen diskretisieren. Es ist jedoch vorteilhaft, zunächst nur im Raum oder in der Zeit zu diskretisieren (*Semidiskretisierung*) und diesen Teilschritt zu analysieren. In diesem Abschnitt wird zuerst bezüglich der räumlichen Variablen diskretisiert - diese Variante heißt *(vertikale) Linienmethode*. Die alternative Rothe-Methode beschreiben wir später.

Wir betrachten die Anfangs-Randwertaufgabe

$$\begin{aligned}
\frac{\partial u}{\partial t} + L\,u &= f && \text{in } \Omega \times (0,T), \\
u &= 0 && \text{auf } \partial\Omega \times (0,T), \\
u &= u_0(x) && \text{für } t = 0 \text{ und } x \in \Omega
\end{aligned} \tag{1.8}$$

mit einem gleichmäßig elliptischen Differentialausdruck L. Ω sei ein beschränktes Gebiet des $\Re^n$ mit glattem Rand. Natürlich ist auch die Behandlung anderer Randbedingungen möglich.

Diskretisiert man (1.8) bezüglich der räumlichen Veränderlichen mit irgendeinem Diskretisierungsverfahren (Differenzenverfahren, finite Volumen, finite Elemente ...), so erhält man durch diese Semidiskretisierung ein System gewöhnlicher Differentialgleichungen.

Beispiel 5.2 Betrachtet wird die Anfangs-Randwertaufgabe

$$\begin{aligned}
u_t - u_{xx} &= f(x,t) && \text{in } (0,1) \times (0,T), \\
u|_{x=0} &= u|_{x=1} = 0, \\
u|_{t=0} &= u_0(x).
\end{aligned}$$

Zur Diskretisierung in x auf einem äquidistanten Gitter der Schrittweite h verwenden wir das Differenzenverfahren wie in Kapitel 2. Sei $u_i(t)$ eine Näherung für $u(x_i,t)$ und $f_i(t) = f(x_i,t)$. Dann entsteht das Differentialgleichungssystem

$$\frac{du_i}{dt} = \frac{u_{i-1} - 2u_i + u_{i+1}}{h^2} + f_i(t), \ u_0 = u_N = 0, \ i = 1, \ldots, N-1$$

mit der Anfangsbedingung $u_i(0) = u_0(x_i)$. □

Wir diskretisieren jetzt im Raum mit der Finiten-Element-Methode und wählen als Ausgangspunkt die zu (1.8) adäquate schwache Formulierung des Problems. Es sei wieder $V = H_0^1(\Omega)$, $H = L_2(\Omega))$, $u_0 \in H$. Gesucht wird ein $u \in W_2^1(0,T;V,H)$ mit $u(0) = u_0$, so daß

$$\frac{d}{dt}(u(t),v) + a(u(t),v) = \langle f(t),v \rangle \qquad \text{für alle } v \in V \tag{1.9}$$

bei gegebenem $f \in L_2(0,T;V^*)$ gilt; dabei ist $a(\cdot,\cdot)$ erneut eine beschränkte, V-elliptische Bilinearform auf $V \times V$. Es sei nun V_h ein Finite-Elemente-Raum, enthalten in V (auf

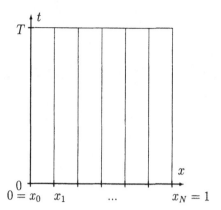

Abbildung 5.1 Vertikale Linienmethode

die Untersuchung von Semidiskretisierungen mittels nichtkonformer Methoden wird verzichtet). Dann ist das semidiskrete Analogon von (1.9) gekennzeichnet durch:
Gesucht ist $u_h(t) \in V_h$ mit

$$\frac{d}{dt}(u_h(t), v_h) + a(u_h(t), v_h) = \langle f(t), v_h \rangle \text{ für alle } v_h \in V_h \tag{1.10}$$

bei der Anfangsbedingung $u_h(0) = u_h^0 \in V_h$. Dabei ist u_h^0 eine Approximation von u_0 in V_h, also z. B. die Interpolierende von u_0 in V_h (wenn sinnvoll definiert) oder die L_2-Projektion, definiert durch $(u_h^0, v_h) = (u_0, v_h)$ für alle $v_h \in V_h$.
Ist $\{\varphi_1, \cdots, \varphi_M\}$ eine Basis in V_h, so führt die Darstellung

$$u_h(x, t) = \sum_{i=1}^{M} u_i(t)\varphi_i(x)$$

auf die Beziehung

$$\sum_{i=1}^{M} u_i'(t)(\varphi_i, \varphi_j) + \sum_{i=1}^{M} u_i(t)a(\varphi_i, \varphi_j) = \langle f(t), \varphi_j \rangle, \ j = 1, \ldots, M.$$

Die Abkürzungen

$$\begin{aligned}
D = (d_{ij}) \quad &, \quad d_{ij} = (\varphi_j, \varphi_i), \\
A = (a_{ij}) \quad &, \quad a_{ij} = a(\varphi_j, \varphi_i), \\
\hat{f}(t) = (f_i) \quad &, \quad f_j = \langle f, \varphi_j \rangle, \quad \hat{u}(t) = (u_j)
\end{aligned}$$

für die Matrizen D, A und die Vektoren $\hat{u}, \hat{f}$ ergeben das folgende Differentialgleichungssystem in Matrixform:

$$D(\hat{u}(t))' + A\hat{u}(t) = \hat{f}(t). \tag{1.11}$$

Dazu kommt eine Anfangsbedingung für $\hat{u}(0)$. Im Fall der L_2-Projektion kann man diese schreiben als $D\hat{u}(0) = u_0^*$ mit $u_0^* = (u_{0,j}), u_{0,j} = (u_0, \varphi_j)$.

Beispiel 5.3 Betrachtet wird die Anfangs-Randwertaufgabe wie im Beispiel 5.2. Zur Diskretisierung bezüglich der räumlichen Veränderlichen werden lineare finite Elemente herangezogen. Dann ergibt sich für die Matrizen D und A

$$
D = \frac{h}{6}
\begin{bmatrix}
4 & 1 & \cdots & 0 \\
1 & 4 & \cdots & \vdots \\
\vdots & \cdots & & \\
 & \cdots & 4 & \\
0 & \cdots & 1 & 4
\end{bmatrix}, \quad
A = \frac{1}{h}
\begin{bmatrix}
2 & -1 & \cdots & 0 \\
-1 & 2 & \cdots & \vdots \\
\vdots & \cdots & & \\
0 & \cdots & -1 & 2
\end{bmatrix}.
$$

Nach Veränderung der Normierung (dividieren durch h) stimmen für dieses Beispiel die Diskretisierungen des Terms u_{xx} mittels finiter Elemente und finiter Differenzen überein. Im Gegensatz zum Differenzenverfahren, bei dem D gleich der Einheitsmatrix ist, entsteht beim Diskretisieren mit finiten Elementen ein System der Form (1.11), wobei D i.a. keine Diagonalmatrix ist. Bei Semidiskretisierung mit der Finiten-Volumen-Methode ist D eine Diagonalmatrix. □

Bemerkung 5.1 Die Vorteile von finiten Elementen bei der Diskretisierung gegenüber anderen Methoden im räumlich mehrdimensionalen Fall lassen den Nachteil, daß D keine Diagonalmatrix ist, gering erscheinen. D ist eine Diagonalmatrix, wenn die Basisfunktionen bezüglich des L_2-Skalarproduktes orthogonal sind. Diese Situation liegt z. B. für das nichtkonforme Crouzeix-Raviart-Element vor. Auch einige in der letzten Zeit populär gewordene *Wavelets* genügen dieser Bedingung [Urb02]. Eine Möglichkeit, D zu diagonalisieren, besteht in der sogenannten Lumping-Technik, die wir später noch einmal genauer betrachten. Lumping ist aber auf lineare Elemente beschränkt. □

Wir kommen jetzt zu einer Abschätzung des Fehlers bei der Semidiskretisierung. Dazu gehen wir davon aus, daß der gewählte Finite-Elemente-Raum V_h für ein gewisses r die Approximationseigenschaft (Π_h sei Interpolationsoperator in V_h)

$$
\|v - \Pi_h v\| + h\| \bigtriangledown (v - \Pi_h v)\| \leq Ch^s \|v\|_s, \ 1 \leq s \leq r, \ v \in H^s \tag{1.12}
$$

besitzt. Für lineare finite Elemente ist z.B. $r = 2$.

Es sei nun $R_h u$ die *Ritz-Projektion* von u auf V_h, d. h. $R_h u$ genüge

$$
a(R_h u, v_h) = a(u, v_h) \quad \text{für alle } v_h \in V_h. \tag{1.13}
$$

Der Standardtrick bei der Fehlerabschätzung besteht nun darin, den Fehler $u - u_h$ aufzuspalten in

$$
u - u_h = (u - R_h u) + (R_h u - u_h)
$$

und die beiden Summanden einzeln abzuschätzen.

LEMMA 5.2 *Für die Ritz-Projektion gilt*

$$\|\nabla(v - R_h v)\| \leq Ch^{s-1}\|v\|_s \quad \text{für} \quad 1 \leq s \leq r, \ v \in H^s;$$

und unter der Zusatzvoraussetzung der H^2-Regularität der Lösung w der Variationsgleichung $a(w,v) = (f,v)$ für alle $v \in V$ bei gegebenem $f \in L_2$

$$\|v - R_h v\| \leq Ch^s\|v\|_s \quad \text{für } 1 \leq s \leq r, \ v \in H^s.$$

Beweis: Der erste Teil von Lemma 5.3 folgt sofort aus

$$a(v - R_h v, \ v - R_h v) = a(v - R_h v, v - v_h)$$

für beliebige $v_h \in V_h$ und dem üblichen Vorgehen mit H^1-Fehlerabschätzungen (vgl. Abschnitt 4.5).

Der zweite Teil entspricht ebenfalls dem, was man von L_2-Fehlerabschätzungen für elliptische Probleme her kennt. ∎

Zur Abkürzung führen wir $R_h u - u_h = \rho$ ein. Dann gilt

$$
\begin{aligned}
(\rho_t, v_h) + a(\rho, v_h) &= ((R_h u)_t, v_h) + a(R_h u, v_h) - ((u_h)_t, v_h) - a(u_h, v_h) \\
&= ((R_h u)_t, v_h) + a(u, v_h) - \langle f(t), v_h \rangle \\
(\rho_t, v_h) + a(\rho, v_h) &= ((R_h u - u)_t, v_h) \quad \text{für alle } v_h \in V_h.
\end{aligned}
\tag{1.14}
$$

Nun ist $\rho \in V_h$, so daß wir in der letzten Gleichung für v_h auch ρ wählen können. Berücksichtigung von $a(\rho, \rho) \geq \alpha\|\rho\|^2$ und Anwendung der Schwarzschen Ungleichung ergeben

$$\frac{1}{2}\frac{d}{dt}\|\rho\|^2 + \alpha\|\rho\|^2 \leq \|(u - R_h u)_t\| \cdot \|\rho\|$$

bzw.

$$\frac{d}{dt}\|\rho\| + \alpha\|\rho\| \leq \|(u - R_h u)_t\|.$$

Integration liefert

$$\|\rho(t)\| \leq e^{-\alpha t}\|\rho(0)\| + \int_0^t e^{-\alpha(t-s)}\|(u - R_h u)_t\|ds.$$

Zur weiteren Vereinfachung verwenden wir zum einen

$$\|\rho(0)\| \leq \|u_0 - u_h^0\| + Ch^r\|u_0\|_r ,$$

zum anderen

$$\|u - R_h u\| \leq Ch^r\|u\|_r .$$

Dann erhalten wir

$$\|\rho(t)\| \leq e^{-\alpha t}\|u_0 - u_h^0\| + Ch^\tau \left\{ e^{-\alpha t}\|u_0\|_r + \int_0^t e^{-\alpha(t-s)}\|u_t\|_r ds \right\} .$$

Die Dreiecksungleichung führt letztlich zu:

SATZ 5.1 *Bei entsprechender Regularität der Lösung gilt für den Fehler der Semidiskretisierung mit finiten Elementen in der L_2-Norm*

$$||u(t) - u_h(t)|| \leq Ce^{-\alpha t} h^r ||u_0||_r + Ch^r \left\{ ||u||_r + \int_0^t e^{-\alpha(t-s)} ||u_t||_r ds \right\}. \quad (1.15)$$

Dieses Resultat zeigt zum einen die erwartete Konvergenzordnung (z. B. $O(h^2)$ bei linearen finiten Elementen) unter entsprechenden Glattheitsvoraussetzungen, zum anderen die bemerkenswerte Tatsache, daß die Fehler der Anfangsapproximation (u_0 muß ja nicht notwendig sehr glatt sein) exponentiell gedämpft werden.

Man kann natürlich auch Fehlerabschätzungen in der H^1-Norm und (bei entsprechenden Voraussetzungen) in der L_∞-Norm beweisen.

Es sei speziell $a(v_1, v_2) = \int_\Omega \nabla v_1 \nabla v_2 \, d\Omega$. Dann erhält man aus (1.14) durch $v_h := \rho_t$

$$||\rho_t||^2 + \frac{1}{2}\frac{d}{dt}|| \nabla \rho ||^2 \leq \frac{1}{2}||(R_h u - u)_t||^2 + \frac{1}{2}||\rho_t||^2$$

oder

$$\frac{d}{dt}|| \nabla \rho ||^2 \leq ||(R_h u - u)_t||^2. \quad (1.16)$$

Diese Abschätzung ermöglicht bei Integration sofort eine H^1-Fehlerabschätzung. Wählt man $u_h(0) = R_h u(0)$, so ist $\nabla \rho(0) = 0$, und es folgt für lineare finite Elemente

$$|| \nabla \rho || \leq Ch^2 \left(\int_0^t ||u_t||_2^2 d\tau \right)^{1/2}. \quad (1.17)$$

Dies ist ein Superkonvergenzresultat, aus dem sich auch eine L_∞-Fehlerabschätzung ableiten läßt. Man kombiniert den Fehler der Ritz-Projektion mit einer Anwendung der diskreten Sobolev-Ungleichung auf (1.17).

Für die Ritz-Projektion gilt wie in Kapitel 4 ausgeführt

$$||u - R_h u||_\infty \leq Ch^2 |\ln h| \, ||u||_{W_\infty^2}.$$

Da $\rho = R_h u - u_h$ Element von V_h ist, kann man die L_∞-Norm abschätzen, wenn eine H^1-Abschätzung zur Verfügung steht, denn es gilt ja die diskrete Sobolev-Ungleichung

$$||v_h||_{L_\infty} \leq C|\ln h|^{1/2}|| \nabla v_h || \quad \text{für alle } v_h \in V_h. \quad (1.18)$$

Damit liefert (1.17)

$$||\rho||_\infty \leq Ch^2 |\ln h|^{1/2} \left(\int_0^t ||u_t||_2^2 d\tau \right)^{1/2},$$

durch Summation folgt

$$||u - u_h||_\infty \leq Ch^2 |\ln h| \, ||u||_{W_\infty^2} + Ch^2 |\ln h|^{1/2} \left(\int_0^t ||u_t||_2^2 d\tau \right)^{1/2}. \quad (1.19)$$

Andere Zugänge zu L_∞-Abschätzungen findet man in [Ike83], [Dob78].

Bemerkung 5.2 Die skizzierten Fehlerabschätzungen klären nicht befriedigend, inwieweit Glätteprobleme der exakten Lösung insbesondere in der Umgebung von $t = 0$ die Konvergenz beeinflussen. Tatsache ist, dass bei Glätteproblemen in der Umgebung von $t = 0$ zwar Schwierigkeiten auftreten können; andererseits zeigen präzisere Analysen, daß für $t \geq \delta > 0$ die fehlende Glätte bei $t = 0$ das Verhalten des Diskretisierungsfehlers nicht berührt (siehe [Tho97]). $\square$

Abschließend behandeln wir in diesem Abschnitt die in Bemerkung 5.1 bereits angesprochene Lumping-Technik. Ausgangspunkt ist die Tatsache, daß im semidiskreten Problem, geschrieben als Differentialgleichungssystem der Form

$$D(\hat{u}(t))' + A\hat{u}(t) = \hat{f}(t),$$

die Matrix D im allgemeinen keine Diagonalmatrix ist (s. Bsp. 5.3). Für den Fall linearer finiter Elemente ist *Lumping* ein Ausweg aus dieser Situation- für andere Elemente ist in dieser Hinsicht kaum etwas bekannt.

Formal macht man nichts anderes, als daß man D durch die Diagonalmatrix $\bar{D}$ ersetzt, wobei man für die Diagonalelemente $\bar{d}_{jj}$ von $\bar{D}$ die Zeilensummen von D wählt:

$$\bar{d}_{jj} = \sum_k d_{jk} . \tag{1.20}$$

Zur theoretischen Fundierung dieses Vorgehens überlegt man sich zunächst, daß der Übergang von D zu $\bar{D}$ nichts anderes bedeutet, als daß man im Term (φ_i, φ_j) das Integral nicht exakt auswertet, sondern die Quadraturformel

$$\int_K f \, dx \approx \frac{1}{3} \, meas\, K \sum_{j=1}^{3} f(P_{K_j})$$

benutzt. Zur Abkürzung sei

$$(v, w)_h = \sum_{K \in T_h} \frac{1}{3} \, meas\, K \sum_{j=1}^{3} vw(P_{K_j}). \tag{1.21}$$

Offenbar gilt $(\varphi_i, \varphi_j)_h = 0$ für $i \neq j$, da das Produkt $\varphi_i\varphi_j$ in den Knoten stets verschwindet. Andererseits gilt

$$(\varphi_j, \varphi_j)_h = \frac{1}{3} \, meas\, D_j \quad (D_j \text{ sei die Vereinigung aller Dreiecke, die } P_j \text{ als Ecke besitzen})$$

und

$$\int_K \varphi_j\varphi_k = \frac{1}{12} \, meas\, K,$$
$$\int_K \varphi_j^2 = \frac{1}{6} \, meas\, K.$$

Damit ist $(\varphi_j, \varphi_j)_h = \sum_K (\varphi_j, \varphi_k)$, also stimmt es tatsächlich, daß der Quadraturformelzugang D wie angegeben diagonalisiert.

Damit kann man die Lumping-Technik charakterisieren durch

$$\frac{d}{dt}(u_h(t), v_h)_h + a(u_h(t), v_h) = \langle f(t), v_h \rangle \quad \text{für alle } v_h \in V_h . \tag{1.22}$$

Zur Fehlerabschätzung für die Lumping-Technik ist das folgende Lemma hilfreich:

LEMMA 5.3 *Auf V_h sind $(\cdot, \cdot)^{\frac{1}{2}}$ und $(\cdot, \cdot)_h^{\frac{1}{2}}$ äquivalente Normen. Ferner gilt*

$$|(v, w)_h - (v, w)| \le Ch^2 \|\nabla v\| \cdot \|\nabla w\| \quad \text{für alle } v, w \in V_h . \tag{1.23}$$

Beweis: Zunächst zur Äquivalenz der Normen. Im Raum V_h kann man $\|\cdot\|^2$ und $\|\cdot\|_h^2$ direkt ausrechnen. Auf einem Dreieck K sei $v_h = v_{1,K}\varphi_{1,K} + v_{2,K}\varphi_{2,K} + v_{3,K}\varphi_{3,K}$.

Dann gilt (den Index K lassen wir weg) entsprechend den bekannten Formeln für $\int_K \varphi_i \varphi_j \, dx$

$$\|v_h\|_K^2 = \frac{1}{6} \, meas \, K(v_1^2 + v_2^2 + v_3^2 + v_1 v_2 + v_2 v_3 + v_3 v_1)$$

$$\|v_h\|_{h,K}^2 = \frac{1}{3} \, meas \, K(v_1^2 + v_2^2 + v_3^2).$$

Man sieht unmittelbar die (bezüglich h gleichmäßige) Äquivalenz der Normen.

Zum Beweis der Abschätzung (1.23) geht man so vor wie üblich bei Quadraturfehlerabschätzungen. Die Exaktheit der Formel für lineare Polynome und das Bramble-Hilbert-Lemma ergeben für $f \in H^2(K)$ die Abschätzung

$$\left| \frac{1}{3} meas \, K \sum_{j=1}^3 f(P_{K_j}) - \int_K f dx \right| \le Ch^2 |f|_2 .$$

Die Ersetzung $f := vw$ mit $v, w \in V_h$ liefert (v, w sind linear)

$$|(v, w)_{h,K} - (v, w)_K| \le Ch^2 |vw|_{2,K} \le Ch^2 \|\nabla v\|_K \|\nabla w\|_K .$$

Damit folgt unmittelbar (1.23) aus der Schwarzschen Ungleichung für Summen. ∎

Für das semidiskrete Problem mit Lumping gilt nun ein ähnlicher Sachverhalt wie der in Satz 5.1 dargelegte (wir begnügen uns mit der Variante für $\alpha = 0$, jetzt gilt $r = 2$).

SATZ 5.2 *Bei entsprechender Regularität der Lösung gilt für den Fehler der Semidiskretisierung mit linearen finiten Elementen und Lumping in der L_2-Norm*

$$\|u(t) - u_h(t)\| \le C h^2 \|u_0\|_2 + Ch^2 \left\{ \|u(t)\|_2 + \left(\int_0^t \|u_t\|_2^2 ds \right)^{1/2} \right\} . \tag{1.24}$$

Beweis: Der Beweis läuft ähnlich ab wie der Beweis von Satz 5.1. Man spaltet den Fehler wie oben auf und überlegt sich, welcher Gleichung $R_h u - u_h = \rho$ genügt. Diesmal gilt

$$
\begin{aligned}
(\rho_t, v_h)_h + a(\rho, v_h) &= ((R_h u)_t, v_h)_h + a(R_h u, v_h) - ((u_h)_t, v_h)_h - a(u_h, v_h) \\
&= ((R_h u)_t, v_h)_h + a(u, v_h) - (f, v_h) \\
&= ((R_h u)_t, v_h)_h - (u_t, v_h) \\
(\rho_t, v_h)_h + a(\rho, v_h) &= ((R_h u)_t, v_h)_h - ((R_h u)_t, v_h) + ((R_h u - u)_t, v_h) \,.
\end{aligned}
$$

Setzt man $v_h := \rho$, wendet (1.23) und die Schwarzsche Ungleichung an, so ergibt sich

$$
\frac{1}{2} \frac{d}{dt} \|\rho\|_h^2 + \alpha \|\nabla \rho\|^2 \le C h^2 \|\nabla (R_h u)_t\| \cdot \|\nabla \rho\| + \|(R_h u - u)_t\| \cdot \|\rho\| \,.
$$

Nun werden

$$
\|u - R_h u\| \le C h^2 \|u\|_2
$$

und

$$
\|\nabla u - \nabla R_h u\| \le C h \|u\|_2
$$

ausgenutzt, dies liefert zusammen mit $ab \le \varepsilon a^2 / 2 + b^2 / (2\varepsilon)$

$$
\frac{1}{2} \frac{d}{dt} \|\rho\|_h^2 + \alpha \|\nabla \rho\|^2 \le C h^4 \|u_t\|_2^2 + \alpha \|\nabla \rho\|^2 \,,
$$

also

$$
\frac{1}{2} \frac{d}{dt} \|\rho\|_h^2 \le C h^4 \|u_t\|_2^2 \,.
$$

Daraus folgt

$$
\|\rho(t)\|_h^2 \le \|\rho(0)\|_h^2 + C h^4 \int_0^t \|u_t\|_2^2 d\tau;
$$

wegen

$$
\|\rho(0)\| = \|u_h(0) - R_h u(0)\| \le \|u_h^0 - u_0\| + \|u_0 - R_h u(0)\| \le \|u_h^0 - u_0\| + C h^2 \|u_0\|_2
$$

und der Äquivalenz der Normen entsprechend Lemma 5.3 folgt die Behauptung. ∎

Erneut ist es möglich, auch Fehlerabschätzungen in anderen Normen zu beweisen.

Neben der Quadraturformelinterpretation der Lumping-Technik gibt es einen zweiten Zugang, den wir früher bereits erwähnten und der im Zusammenhang mit der Finiten-Volumen-Methode steht. Bei einer Variante der Finiten-Volumen-Methode wurde auf der Basis einer gegebenen Triangulation des Gebietes ein duales Boxengitter konstruiert. Die Boxen Ω_i seien jetzt Donald-Boxen, so daß die Gleichgewichtsbedingung

$$
meas(\Omega_i \cap T) = \frac{1}{3} meas T
$$

erfüllt ist. Wir definieren nun einen *Lumping*-Operator $\sim$ (von $C(\overline{\Omega})$ in $L_\infty(\Omega)$) durch

$$\widetilde{w} = \sum_i w(P_i)\, \widetilde{\phi}_{i,h} \,,$$

wobei $\widetilde{\phi}_{i,h}$ die charakteristische Funktion der Box Ω_i ist.

Dann ist das semidiskrete Problem (1.22) äquivalent zu

$$\frac{d}{dt}(\widetilde{u}_h(t), \widetilde{v}_h) + a(u_h(t), v_h) = \langle f(t), v_h \rangle \quad \text{für alle } v_h \in V_h \,. \tag{1.25}$$

Dies folgt ganz einfach aus

$$(\widetilde{\varphi}_j, \widetilde{\varphi}_k) = 0 \qquad \text{für} \qquad j \neq k$$

und

$$(\widetilde{\varphi}_j, \widetilde{\varphi}_j) = \frac{1}{3}\, meas\ \Omega_j.$$

Auch dieser Zugang ermöglicht eine entsprechende Fehleranalyse.

5.1.3 Zeitdiskretisierung mit Standardverfahren

Die Semidiskretisierung linearer parabolischer Anfangs-Randwertaufgaben führt auf eine Anfangswertaufgabe für ein Differentialgleichungssystem der Form

$$\frac{du_h}{dt} = B_h u_h + \hat{f}_h(t), \qquad u_h(0) = u_0; \tag{1.26}$$

bei der Semidiskretisierung nichtlinearer elliptischer Differentialausdrücke entstehen Systeme der Form

$$\frac{du_h}{dt} = F_h(t, u_h), \qquad u_h(0) = u_0. \tag{1.27}$$

Nun könnte man daran denken, irgendein bekanntes Verfahren zur Lösung von Anfangswertaufgaben zur Diskretisierung von (1.26) bzw. (1.27) einzusetzen [HNW87]. Die erzeugten Systeme sind allerdings *steife Systeme*. Dies erkennt man daran, daß z.B. im symmetrischen Fall die Matrix B_h reelle, negative Eigenwerte besitzt, unter denen es Eigenwerte moderater Größe und betragsmäßig große Eigenwerte gibt (von der Ordnung $O(1/h^2)$ für elliptische Probleme zweiter Ordnung). Steife Probleme werden ausführlich in [HW91] behandelt. Um zu vermeiden, extrem kleine Schrittweiten verwenden zu müssen, werden für steife Systeme Verfahren mit besonderen Stabilitätseigenschaften eingesetzt. Desweiteren kommt es bei Verfahren formal höherer Ordnung zu Ordnungsreduktionen.

Wir skizzieren kurz mit der *A-Stabilität* zusammenhängende Grundbegriffe bei der Diskretisierung der Anfangswertaufgabe

$$\frac{du}{dt} = f(t, u(t)), \qquad u(0) = u_0. \tag{1.28}$$

Wir diskutieren zunächst *Einschrittverfahren* (ESV) zur Zeitdiskretisierung, gekennzeichnet durch

$$u_{n+1} = u_n + \tau \phi(\tau, u_n, u_{n+1}) \tag{1.29}$$

(u_n sei der Näherungswert für $u(t_n)$, die Funktion ϕ repräsentiert ein spezielles Verfahren).

Ein Verfahren heißt *numerisch kontraktiv*, falls

$$\| \tilde{u}^{n+1} - u^{n+1} \| \leq \kappa \| \tilde{u}^n - u^n \| \tag{1.30}$$

gilt, wobei κ eine Konstante ist ($0 < \kappa \leq 1$) und $\tilde{u}^n, u^n$ die von demselben Verfahren erzeugten Näherungswerte zu verschiedenen Anfangswerten sind.

Man sagt, ein Verfahren sei *A-stabil*, wenn es für das Testproblem

$$u' = \lambda u \qquad \text{mit} \qquad \text{Re}\, \lambda \leq 0$$

kontraktiv ist. Wendet man ein Einschrittverfahren auf $u' = \lambda u$ an, so erhält man

$$u_{n+1} = R(\tau \lambda) u_n$$

mit der *Stabilitätsfunktion* $R(\cdot)$. A-Stabilität ist offenbar äquivalent zu der Forderung

$$|R(z)| \leq 1 \qquad \text{für alle } z \quad \text{mit} \quad \text{Re}\, z \leq 0. \tag{1.31}$$

Beispiel 5.4 Gegeben seien

das explizite Euler-Verfahren	$u_{n+1} = u_n + \tau f(t_n, u_n),$
das implizite Euler-Verfahren	$u_{n+1} = u_n + \tau f(t_{n+1}, u_{n+1}),$
die Mittelpunktregel	$u_{n+1} = u_n + \tau f\left(\frac{t_n + t_{n+1}}{2}, \frac{u_n + u_{n+1}}{2}\right).$

Angewandt auf $u' = \lambda u$ führen diese Verfahren auf

$$u_{n+1} = (1 + \tau \lambda) u_n, \qquad \text{also} \quad R(z) = 1 + z,$$

$$u_{n+1} = [1/(1 - \tau \lambda)] u_n, \qquad \text{also} \quad R(z) = 1/(1 - z),$$

$$u_{n+1} = [(2 + \tau \lambda)/(2 - \tau \lambda)] u_n, \quad \text{also} \quad R(z) = (2 + z)/(2 - z).$$

Bei entsprechender Interpretation in der komplexen z-Ebene sieht man, daß das implizite Euler-Verfahren und die Mittelpunktregel A-stabil sind, das explizite Verfahren nicht. $\square$

In manchen Fällen ist es nicht notwendig, daß das Stabilitätsgebiet (die Menge aller z, für die (1.31) gilt) die ganze komplexe Halbebene $\text{Re}\, z \leq 0$ umfaßt. Für die oben genannten Verfahren ergeben sich die in der Abbildung 5.2 dargestellten Stabilitätsgebiete.

Entsprechend definiert man z.B.: Ein Verfahren heißt A_0-*stabil*, wenn gilt

$$|R(z)| \leq 1 \qquad \text{für reelle } z \text{ mit} \quad z < 0.$$

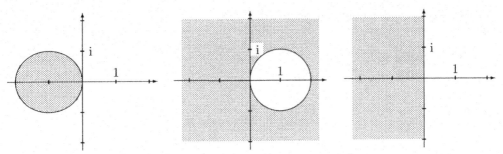

Abbildung 5.2 Stabilitätsgebiete

Bemerkung 5.3 Weitere Stabilitätsbegriffe sind: Ein Verfahren heißt

- *L-stabil*, wenn es A-stabil ist und zusätzlich $\lim\limits_{z \to \infty} R(z) = 0$ gilt,

- *stark A_0-stabil*, wenn
  $|R(z)| < 1$ für $z < 0$ gilt und $R(\infty) < 1$,

- *stark A_δ-stabil* für $0 < \delta < \pi/2$, wenn
  $|R(z)| < 1$ für alle z aus $\{\, z \,:\, |arg\, z - \pi| \leq \delta \,\}$ gilt und zudem $|R(\infty)| < 1$,

- *L_δ-stabil*, wenn es A_δ-stabil ist und $R(\infty) = 0$ gilt. $\square$

Zur Diskretisierung von linearen Systemen steifer Differentialgleichungen sind Verfahren zu favorisieren mit Stabilitätseigenschaften, die sich im Raum zwischen A_0-Stabilität und A-Stabilität bewegen. Explizite Einschrittverfahren erfüllen diese Bedingung nicht.

In der Klasse der impliziten *Runge-Kutta-Verfahren* gibt es A-stabile Verfahren beliebig hoher Ordnung. Beispiele dafür sind die Gauß-Verfahren, Radau I A- und Radau II A-Verfahren und Lobatto III C-Verfahren. Die s-stufigen Varianten besitzen die Ordnungen $2s$, $2s - 1$ bzw. $2s - 2$. Wir verweisen auf [HNW87] und [HW91] und deuten hier das Runge-Kutta-ABC nur an.

Ein s-stufiges *Runge-Kutta-Verfahren*, gekennzeichnet durch $\dfrac{c \;\big|\; A}{b}$, wird beschrieben durch den Formelsatz

$$u_{n+1} = u_n + \tau \sum_{j=1}^{s} b_i k_i \quad \text{mit} \quad k_i = f\left(t_n + c_i\tau, u_n + \tau \sum_{j=1}^{s} a_{ij}k_j\right). \tag{1.32}$$

Bei den obengenannten Verfahren sind die c_i Nullstellen von Polynomen, die in gewisser Weise aus den Legendre-Polynomen entstehen. Es gilt z.B. für die s-stufigen Gauß-Verfahren

$$P_s^*(c_i) = 0 \quad \text{mit} \quad P_s^*(x) = P_s(2x - 1),$$

wobei P_s das Legendre-Polynom s-ten Grades ist.
Mit

$$
\begin{aligned}
C &= \operatorname{diag}(c_i) \\
S &= \operatorname{diag}(1, 1/2, \cdots, 1/s)
\end{aligned}
$$

$$
V = \begin{bmatrix}
1 & c_1 & \cdots & c_1^{s-1} \\
1 & & & \\
& \cdot & & \\
& \cdot & & \\
1 & c_s & \cdots & c_s^{s-1}
\end{bmatrix}
$$

gilt für die Gauß-Verfahren ferner

$$
\begin{aligned}
b &= (V^T)^{-1} S (1, \cdots, 1)^T \\
A &= C V S V^{-1}.
\end{aligned}
$$

Gauß-Verfahren mit s Stufen besitzen, wie schon erwähnt, die Ordnung $2s$. Für die Werte $s = 1$ bzw. $s = 2$ z.B. haben sie die Gestalt

$$
\begin{array}{c|cc}
\frac{1}{2} - \frac{1}{6}\sqrt{3} & \frac{1}{4} & \frac{1}{4} - \frac{1}{6}\sqrt{3} \\
\frac{1}{2} + \frac{1}{6}\sqrt{3} & \frac{1}{4} + \frac{1}{6}\sqrt{3} & \frac{1}{4} \\
\hline
& \frac{1}{2} & \frac{1}{2}
\end{array}
$$

$$
\begin{array}{c|c}
\frac{1}{2} & \frac{1}{2} \\
\hline
& 1
\end{array}
$$

Stabilitätsuntersuchungen werden dadurch erleichtert, daß man die Stabilitätsfunktion $R(\cdot)$ von Runge-Kutta-Verfahren explizit angeben kann:

$$
R(z) = 1 + b^T (z^{-1} I - A)^{-1} e \qquad (e = (1, \cdots, 1)^T).
$$

Für nichtlineare Probleme vermeidet man gern die bei impliziten Runge-Kutta-Verfahren notwendige Lösung nichtlinearer Gleichungssysteme. In der Klasse der linear impliziten Verfahren sind insbesondere die *Rosenbrock-Verfahren* populär. Sie besitzen die Struktur

$$
u_{n+1} = u_n + \tau \sum_{j=1}^{s} b_i k_i^*
$$

$$
k_i^* = f\left(t_n + \alpha_i \tau, u_n + \tau \sum_{j=1}^{i-1} \alpha_{ij} k_j^*\right) + \tau f_u(t_n, u_n) \sum_{j=1}^{i} \gamma_{ij} k_j^* + \tau \gamma_i f_t(t_n, u_n)
$$

mit

$$
\alpha_i = \sum_{j=1}^{i-1} \alpha_{ij}, \qquad \gamma_i = \sum_{j=1}^{i} \gamma_{ij}.
$$

In jedem Schritt ist jetzt tatsächlich nur ein lineares Gleichungssystem zu lösen, allerdings benötigt man die partiellen Ableitungen f_u, f_t (im System-Fall die entsprechenden Jacobi-Matrizen) im Verfahren. In der Klasse der Rosenbrock-Verfahren gibt es Verfahren mit einer Ordnung $p \leq s$, die L_δ-stabil sind.

Mehrschrittverfahren (MSV) besitzen allgemein die Struktur

$$\frac{1}{\tau} \sum_{j=0}^{k} \alpha_j u_{m+j} = \sum_{j=0}^{k} \beta_j f(t_{m+j}, u_{m+j}). \tag{1.33}$$

Nach einem Satz von Dahlquist gilt [HW91]: *Kein explizites MSV ($\beta_k = 0$) ist A-stabil; darüberhinaus besitzen A-stabile k-Schrittverfahren maximal die Ordnung 2.*

Das implizite Euler-Verfahren

$$\frac{u_{m+1} - u_m}{\tau} = f(t_{m+1}, u_{m+1})$$

ist A-stabil; ebenso das *BDF-Verfahren* der Ordnung 2:

$$\frac{3u_{m+2} - 4u_{m+1} + u_m}{2\tau} = f(t_{m+2}, u_{m+2}).$$

Dagegen sind die k-Schritt-BDF-Verfahren der Ordnung k, die man allgemein z.B. in der Form

$$\sum_{l=1}^{k} \frac{1}{l} \nabla^l u_{m+k} = \tau f(t_{m+k}, u_{m+k})$$

schreiben kann, für $2 < k \leq 6$ nur noch A_δ-stabil.

Im Fall einfacher Diskretisierungen bezüglich der Zeit kann man den Gesamtdiskretisierungsfehler direkt abschätzen, ohne die Aufspaltung in räumlichen und zeitlichen Diskretisierungsfehler (und die damit verbundenen gerade skizzierten Schwierigkeiten) in Kauf nehmen zu müssen. Wir erläutern dies am Beispiel der Diskretisierung der Aufgabe (1.10) mit finiten Elementen im Raum und einem simplen ESV zur Zeitdiskretisierung, dem θ-Schema.

Es sei τ wieder die Zeitschrittweite, U^k eine Approximation von $u(\cdot)$ in $t_k = k \cdot \tau$ (in V_h). U^{k+1} genüge für alle $v_h \in V_h$ der Beziehung

$$\left(\frac{U^{k+1} - U^k}{\tau}, v_h \right) + a(\theta U^{k+1} + (1 - \theta)U^k, v_h) = \langle \hat{f}^k, v_h \rangle, \tag{1.34}$$

$$U^0 = u_h^0$$

mit $\hat{f}^k := \theta f^{k+1} + (1 - \theta)f^k$. θ ist ein Parameter, $0 \leq \theta \leq 1$, der den Übergang vom expliziten ($\theta = 0$) zu impliziten Verfahren steuert. $\theta = 1$ entspricht dem voll impliziten Verfahren .

Für jedes k ist (1.34) ein diskretes elliptisches Problem, eindeutig lösbar nach dem Lax-Milgram-Lemma. Die Koeffizientenmatrix des auf jeder Zeitschicht zu lösenden Gleichungssystems ist $D + \tau \theta A$, dabei ist D die Massenmatrix der verwendeten FEM, A die Steifigkeitsmatrix.

Analog zur bei der Semidiskretisierung mit finiten Elementen verwendeten Aufspaltung

$$u - u_h = (u - R_h u) + (R_h u - u_h)$$

verwenden wir jetzt

$$u(t_k) - U^k = (u(t_k) - R_h u(t_k)) + (R_h u(t_k) - U^k)$$

und setzen $\rho^k = R_h u(t_k) - U^k$. Dann gilt für den Projektionsfehler

$$\|u(t_k) - R_h u(t_k)\| \le Ch^r \|u(t_k)\|_r \le Ch^r [\|u_0\|_r + \int_0^{t_k} \|u_t\|_r ds]. \tag{1.35}$$

Als nächstes wird eine Gleichung für ρ^k gewonnen. Definition des stetigen und des diskreten Problems und Ausnutzung der Eigenschaften der Ritz-Projektion liefern nach elementaren Umformungen

$$\left(\frac{\rho^{k+1} - \rho^k}{\tau}, v_h\right) + a(\theta \rho^{k+1} + (1-\theta)\rho^k, v_h) = (w^k, v_h) \tag{1.36}$$

mit der Abkürzung

$$w^k := \frac{R_h u(t_{k+1}) - R_h u(t_k)}{\tau} - [\theta\, u_t(t_{k+1}) - (1-\theta)u_t(t_k)].$$

Es ist nicht schwierig, w^k abzuschätzen, wenn man es in der Form

$$\begin{aligned}
w^k &= \left(\frac{R_h u(t_{k+1}) - R_h u(t_k)}{\tau} - \frac{u(t_{k+1}) - u(t_k)}{\tau}\right) \\
&\quad + \left(\frac{u(t_{k+1}) - u(t_k)}{\tau} - [\theta\, u_t(t_{k+1}) - (1-\theta)u_t(t_k)]\right)
\end{aligned} \tag{1.37}$$

schreibt. Im zweiten Summanden benötigt man dazu nur eine Taylor-Entwicklung; im ersten Summanden S_1 wird nach der Umformung

$$S_1 = \frac{1}{\tau} \int_{t_k}^{t_{k+1}} [(R_h - I)u(s)]' \, ds$$

ausgenutzt, daß Ritz-Projektion und Ableitungsbildung bezüglich t kommutieren.

Zur Abschätzung von ρ^{k+1} setzen wir in (1.36) $v_h := \theta\rho^{k+1} + (1-\theta)\rho^k$ und lassen den $a(\cdot, \cdot)$ entsprechenden nichtnegativen Summanden einfach weg. Zum anderen formen wir für $\theta \ge 1/2$ folgendermaßen um:

$$\begin{aligned}
(\rho^{k+1} - \rho^k, \theta\rho^{k+1} + (1-\theta)\rho^k) &= \theta\|\rho^{k+1}\|^2 + (1-2\theta)(\rho^{k+1}, \rho^k) - (1-\theta)\|\rho^k\|^2 \\
&\ge \theta\|\rho^{k+1}\|^2 + (1-2\theta)\|\rho^{k+1}\|\,\|\rho^k\| - (1-\theta)\|\rho^k\|^2 \\
&= (\|\rho^{k+1}\| - \|\rho^k\|)(\theta\|\rho^{k+1}\| + (1-\theta)\|\rho^k\|).
\end{aligned}$$

Cauchy-Schwarz liefert dann

$$\|\rho^{k+1}\| - \|\rho^k\| \leq \tau \|w^k\|$$

bzw.

$$\|\rho^{k+1}\| \leq \|\rho^k\| + \tau \|w^k\|.$$

Daraus ergibt sich

$$\|\rho^{k+1}\| \leq \|\rho^0\| + \tau \sum_{l=1}^{k} \|w^l\| . \tag{1.38}$$

Damit erhält man

SATZ 5.3 *Bei entsprechenden Glattheitsvoraussetzungen an die exakte Lösung gilt für den Fehler bei der vollständigen Diskretisierung mittels finiter Elemente im Raum und dem θ-Schema mit θ ≥ 1/2 zur Zeitdiskretisierung die Fehlerabschätzung*

$$\|u(t_k) - U^k\| \leq \|u_h^0 - u_0\| + Ch^r \left(\|u_0\|_r + \int_0^{t_k} \|u_t\|_r ds \right) + \tau \int_0^{t_k} \|u_{tt}\| ds. \tag{1.39}$$

Für lineare finite Elemente ist $r = 2$. Im Fall $\theta = \frac{1}{2}$ (Crank-Nicolson-Variante) kann die Ordnung 2 in τ bei entsprechend stärkeren Voraussetzungen an die Glattheit der exakten Lösung nachgewiesen werden.

Bemerkung 5.4 Die Abschätzung (1.38) widerspiegelt nichts anderes als die L_2-Stabilität des Verfahrens. Wie von Differenzenverfahren bekannt, ist die Bedingung $\theta \geq 1/2$ dann eine natürliche Forderung.

In [QV94] findet man auch Stabilitäts- und Konvergenzaussagen für $0 < \theta < 1/2$, diese erfordern Schrittweitenbeschränkungen vom Typ $\tau \leq c h^2$.

Für $\theta > 1/2$, aber nicht für $\theta = 1/2$, kann man strengere Stabilitätsabschätzungen beweisen (dann hat man den $a(\cdot, \cdot)$ entsprechenden Term zu berücksichtigen), die die dämpfende Wirkung auf den Einfluß der Anfangsbedingungen zeigen.

In [Ran04] findet man eine Analyse der Kombination von impliziten Euler-Verfahren und linearen finiten Elementen für den Fall, daß auf einem variablen Zeitgitter eine Veränderung des räumlichen Gitters von Zeitschritt zu Zeitschritt zugelassen wird. □

Wie steht es mit Verfahren höherer Ordnung für die Zeitdiskretisierung? Hinreichende Bedingungen dafür, daß ein Verfahren der Ordnung p in der Zeit zu einer Gesamtfehlerabschätzung vom Typ

$$\|u(t_k) - U^k\| \leq C(h^r + \tau^p)$$

führt, werden in Kapitel 7,8,9 von [Tho97] für Einschrittverfahren angegeben, deren Stabilitätsfunktion für steife Probleme typische Bedingungen erfüllt; in Kapitel 10 für

BDF-Verfahren. Diese Bedingungen sind restriktiv; im allgemeinen muß bei Verfahren höherer Ordnung mit Ordnungsredukionen gerechnet werden, siehe [96].

Die Erhaltung diskreter Maximumprinzipien für Diskretisierungen mit linearen finiten Elementen wird ausführlich in [Ike83] diskutiert. Wir nehmen einmal an, daß der elliptische Differentialausdruck der (negative) Laplace-Operator sei und die Triangulierung vom schwach spitzen Typ. Dann ist die Steifigkeitsmatrix A eine M-Matrix, für die Koeffizientenmatrix $\tau \sigma A + D$ trifft dies aber nicht unbedingt zu. Ist $\hat{k}$ die minimale Länge aller Mittelsenkrechten der Triangulierung, so erhält man für Probleme der Form

$$\frac{\partial u}{\partial t} - \varepsilon \triangle u = f$$

die folgende Stabilitätsbedingung in der L_∞-Norm durch eine M-Matrix-Analyse:

$$6\varepsilon(1-\theta)\tau \leq \hat{k}{}^2 .$$

Nur für das voll implizite Verfahren mit $\theta = 1$ ist diese Bedingung automatisch erfüllt. Verwendet man eine Lumping-Technik, so ändert sich die Stabilitätsbedingung ein wenig zu

$$3\varepsilon(1-\theta)\tau \leq \hat{k}{}^2 .$$

Einzelheiten hierzu, Varianten von diskreten Maximumprinzipien und die Einbeziehung konvektiver Terme ($\partial u/\partial t - \varepsilon \triangle u + b \bigtriangledown u = f$) in die Analyse findet man in [Ike83].

5.1.4   Zeitdiskretisierung mit der diskontinuierlichen Galerkin-Methode

Natürlich ist es nicht zwingend, zur Behandlung der semidiskreten Probleme

$$\frac{d}{dt}(u_h(t), v_h) + a(u_h(t), v_h) = \langle f(t), v_h \rangle \qquad \text{für alle } v_h \in V_h$$

Einschrittverfahren oder Mehrschrittverfahren einzusetzen. Man kann man das semidiskrete Problem auch mit einem Galerkin-Verfahren diskretisieren.

Es sei

$$0 = t_0 < t_1 < \cdots < t_M = T$$

eine Zerlegung des Zeitintervalls, $t_n - t_{n-1} = \tau_n$ seien die entsprechenden Schrittweiten. Ferner sei $W_{h,t}$ der Raum der stückweisen Polynome in t über der gegebenen Zerlegung vom Grade q mit Werten in V_h. Dann könnte man folgendermaßen diskretisieren: für geeignete Testfunktionen v^* sei

$$\int_{t_{m-1}}^{t_m} \left[(U', v^*) + a(U, v^*) \right] dt = \int_{t_{m-1}}^{t_m} \langle f, v^* \rangle dt. \qquad (1.40)$$

Setzt man $U^{m-1} = U(t_{m-1})$ als gegeben voraus, benötigt man nur noch q Bedingungen, um das Polynom U vom Grade q auf $[t_{m-1}, t_m]$ zu bestimmen. Deshalb kann man z.B.

Testfunktionen zulassen, die beliebige Polynome vom Grad $q - 1$ sind. Diese stetige Galerkin-Methode (abgekürzt cG(q)) ist nicht sonderlich beliebt, weil Raum und Zeit ähnlich behandelt werden und stetige Raum-Zeit-Elemente vermieden werden können, wie wir gleich sehen werden.

Bemerkung 5.5 Für $q = 1$ erhält man

$$\left(\frac{U^m - U^{m-1}}{\tau_m}, v\right) + \frac{1}{2} a(U^m + U^{m-1}, v) = \frac{1}{\tau_m} \int_{t_{m-1}}^{t_m} \langle f, v \rangle dt \quad \text{für alle} \in V_h. \quad (1.41)$$

Das Verfahren cG(1) ist also verwandt zu Crank-Nicolson bzw. dem θ-Schema mit $\theta = 1/2$. $\square$

Bei der diskontinuierlichen Galerkin-Methode wird auf die Stetigkeit in t verzichtet und die Kopplung von Zeitschicht zu Zeitschicht schwach realisiert. Wir definieren dazu

$$v_+^n = \lim_{s \to 0^+} v(t_n + s), \quad v_-^n = \lim_{s \to 0^-} v(t_n + s),$$

weiter durch

$$[v^n] = v_+^n - v_-^n$$

den Sprung von v im Punkt t_n.
Die *diskontinuierliche Galerkin-Methode* kann nun folgendermaßen formuliert werden. Es sei

$$A(w, v) := \sum_{m=1}^M \int_{t_{m-1}}^{t_m} ((w', v) + a(w, v)) dt + \sum_{m=2}^M \left([w^{m-1}], v_+^{m-1}\right) + (w_+^0, v_+^0),$$

$$L(v) := \int_0^T \langle f, v \rangle dt + (u_0, v_+^0).$$

Dann genügt die Näherungslösung $U \in W_{h,t}$ der Variationsgleichung

$$A(U, v) = L(v) \quad \text{für alle } v \in W_{h,t} . \quad (1.42)$$

Da die Einschränkungen der Funktionen $v \in W_{h,t}$ auf die einzelnen Teilintervalle unabhängig voneinander sind, kann man (1.42) äquivalent folgendermaßen formulieren: Auf dem Intervall (t_{m-1}, t_m) ist ein Polynom U vom Grade q in t mit Werten in V_h gesucht, so dass

$$\int_{t_{m-1}}^{t_m} \left[(U', v) + a(U, v)\right] dt + \left(U_+^{m-1}, v_+^{m-1}\right) = \int_{t_{m-1}}^{t_m} \langle f, v \rangle dt + \left(U_-^{m-1}, v_+^{m-1}\right) \quad (1.43)$$

gilt für alle Polynome in t vom Grad q mit Werten in V_h; dabei ist $U_-^0 = u_0$. Kurz bezeichnet man die Methode mit dG(q).

Die Lösbarkeit von (1.43) weist man folgendermaßen nach: (1.43) ist ein endlichdimensionales Problem. Das entsprechende homogene Problem ($f = 0$, $U_-^{m-1} = 0$) lautet

$$\int_{t_{m-1}}^{t_m} [(U', v) + a(U, v)]dt + (U_+^{m-1}, v_+^{m-1}) = 0.$$

Setzt man $v := U$, so liefert

$$\int_{t_{m-1}}^{t_m} (U', U)dt = \frac{1}{2} \left(\|U_-^m\|^2 - \|U_+^{m-1}\|^2 \right)$$

die Beziehung

$$\frac{1}{2} \left(\|U_-^m\|^2 + \|U_+^{m-1}\|^2 \right) + \int_{t_{m-1}}^{t_m} a(U, U)dt = 0.$$

Daraus folgt $U = 0$. Da das homogene Problem nur die triviale Lösung besitzt, ist das ursprüngliche Problem eindeutig lösbar.

Wir notieren die diskontinuierliche Galerkin-Methode im Detail im Fall $q = 0$ und $q = 1$. Für $q = 0$ (stückweise konstante Approximation in t) sei die Einschränkung von U auf das Teilintervall (t_{m-1}, t_m) definiert durch $U|_{(t_{m-1}, t_m)} = U^m$. (1.43) geht dann über in

$$\tau_m a(U^m, v) + (U^m, v) = \int_{t_{m-1}}^{t_m} \langle f, v \rangle dt + (U^{m-1}, v)$$

bzw.

$$\left(\frac{U^m - U^{m-1}}{\tau_m}, v \right) + a(U^m, v) = \frac{1}{\tau_m} \int_{t_{m-1}}^{t_m} \langle f, v \rangle dt \quad \text{für alle } v \in V_h. \tag{1.44}$$

Ein Vergleich mit dem $\theta - Schema$ zeigt: Im Fall stückweiser konstanter Approximation ist die diskontinuierliche Galerkin-Methode dG(0) eine Modifikation des impliziten Euler-Verfahrens, angewandt auf das semidiskrete Problem! In diesem Fall kann man natürlich eine Fehlerabschätzung analog zu Satz 5.3 beweisen.

Es sei nun $q = 1$ und $U|_{(t_{m-1}, t_m)} = U_0^m + (t - t_{m-1})/(\tau_m)U_1^m$ (dann ist folglich $U_-^m = U_0^m + U_1^m$ sowie $U_+^{m-1} = U_0^m$).
Einsetzen in (1.43) liefert

$$\int_{t_{m-1}}^{t_m} \left[\frac{1}{\tau_m} (U_1^m, v) \right] + a \left(U_0^m + \frac{1}{\tau_m}(t - t_{m-1})U_1^m, v \right) dt + \left(U_0^m, v_+^{m-1} \right)$$

$$= \int_{t_{m-1}}^{t_m} \langle f, v \rangle dt + \left(U_0^{m-1} + U_1^{m-1}, v_+^{m-1} \right).$$

Da diese Relation für alle linearen Polynome in t mit Werten in V_h gilt, erhält man zwei Sätze von Variationsgleichungen, indem man z.B. einmal v durch ein beliebiges, bzgl. der Zeit konstantes Element $v \in V_h$ ersetzt und zum anderen v bzgl. stückweise linear wählt durch $v := (t - t_{m-1})/(\tau_m)v$ mit einem beliebigem $v \in V_h$. Dies ergibt einerseits

$$(U_1^m, v) + \tau_m a(U_0^m, v) + \frac{1}{2}\tau_m a(U_1^m, v) + (U_0^m, v) = \int_{t_{m-1}}^{t_m} \langle f, v \rangle dt + (U_0^{m-1} + U_1^{m-1}, v)$$

und andererseits

$$\tfrac{1}{2}(U_1^m, v) + \tfrac{1}{2}\tau_m a(U_0^m, v) + \tfrac{1}{3}\tau_m a(U_1^m, v) = \frac{1}{\tau_m} \int_{t_{m-1}}^{t_m} (\tau - t_{m-1})\langle f(\tau), v \rangle d\tau.$$

Die diskontinuierliche Galerkin-Methode stellt einen systematischen Zugang dar, um mittels Galerkin-Technik Verfahren höherer Ordnung zur Zeitdiskretisierung zu erzeugen. In [Joh88] wird auf ihre Verwandschaft zu gewissen impliziten Runge-Kutta-Verfahren hingewiesen, siehe auch Übung 5.7.

Abschließend analysieren wir die dG-Methode zur Zeitdiskretisierung von (1.9)

$$\frac{d}{dt}(u(t), v) + a(u(t), v) = \langle f(t), v \rangle \qquad \text{für alle } v \in V.$$

Auf dem Intervall (t_{m-1}, t_m) ist ein Polynom U vom Grade q in t mit Werten in V gesucht, so daß gilt

$$\int_{t_{m-1}}^{t_m} \left[(U', v) + a(U, v) \right] dt + (U_+^{m-1}, v_+^{m-1}) = \int_{t_{m-1}}^{t_m} \langle f, v \rangle dt + (U_-^{m-1}, v_+^{m-1}) \quad (1.45)$$

für alle Polynome in t vom Grad q mit Werten in V; dabei ist $U_-^0 = u_0$. Da im Raum nicht diskretisiert wird, ist dG(0) die Rothe-Methode des folgenden Paragraphen und (1.45) stellt eine verallgemeinerte Rothe-Methode dar.

Wir zerlegen den Fehler diesmal in

$$U - u = \rho + \eta \qquad \text{mit} \quad \rho := U - \tilde{u}, \ \eta := \tilde{u} - u,$$

dabei ist $\tilde{u}$ eine noch zu definierende Interpolierende von u. Dann gilt

$$\int_{t_{m-1}}^{t_m} \left[(\rho', v) + a(\rho, v) \right] dt + ([\rho^{m-1}], v_+^{m-1}) = - \int_{t_{m-1}}^{t_m} \left[(\eta', v) + a(\eta, v) \right] dt - ([\eta^{m-1}], v_+^{m-1}).$$

Wählt man nun für $\tilde{u}$ ein Polynom vom Grad q mit

$$\tilde{u}(t_m) = u(t_m), \qquad \int_{t_{m-1}}^{t_m} t^l \tilde{u} = \int_{t_{m-1}}^{t_m} t^l u \quad \text{für } l = 0, 1, \cdots, q-1,$$

so vereinfacht sich diese Gleichung zu

$$\int_{t_{m-1}}^{t_m} \left[(\rho', v) + a(\rho, v) \right] dt + ([\rho^{m-1}], v_+^{m-1}) = - \int_{t_{m-1}}^{t_m} a(\eta, v) dt.$$

Nun setzt man $v := \rho$ und schätzt ab unter Berücksichtigung von

$$\int_{t_{m-1}}^{t_m} \frac{d}{dt}\|\rho\|^2 + 2([\rho^{m-1}], \rho_+^{m-1}) \ge \|\rho^m\|^2 - \|\rho^{m-1}\|^2.$$

Dann ergibt sich

$$\|\rho^m\|^2 + 2 \int_{t_{m-1}}^{t_m} a(\rho, \rho) dt \leq \|\rho^{m-1}\|^2 + 2 \int_{t_{m-1}}^{t_m} |a(\rho, \eta)| dt.$$

Daraus kann man schließen auf

$$\|\rho^m\|^2 \leq \|\rho^{m-1}\|^2 + c \int_{t_{m-1}}^{t_m} \|\eta\|_1^2.$$

Da man $\rho^0 = 0$ voraussetzen kann, folgt aus Standardargumenten für den Interpolationsfehler

$$\|U^m - u(t_m)\| \leq C\,\tau^{q+1} \left(\int_0^{t_m} |u^{(q+1)}|_1^2 \right)^{1/2}. \tag{1.46}$$

Fehlerabschätzungen für die vollständige Diskretisierung findet man in [Tho97].

Übung 5.1 Gegeben sei die Anfangs-Randwertaufgabe

$$\begin{aligned}
u_t - u_{xx} &= \sin x \quad \text{in} \quad (0,3) \times (0, \pi/2), \\
u(0, x) &= 0, \\
u|_{x=0} &= 0, \quad u_x|_{x=\pi/2} = 0.
\end{aligned}$$

Man diskretisiere mittels linearer finiter Elemente bezüglich x und mit dem Crank-Nicolson Verfahren bezüglich t.
Wie lautet das auf jedem Zeitschritt zu lösende Gleichungssystem? Ferner setze man $h = \pi/(2m)$, $m = 8, 16, 32$, $\tau = 0.2, 0.1, 0.05$ und vergleiche die erhaltenen numerischen Ergebnisse mit der exakten Lösung.

Übung 5.2 Gegeben sei die Anfangs-Randwertaufgabe

$$\begin{aligned}
u_t - a\Delta u &= f \quad \text{in} \quad \Omega \times (0, T), \\
u(0, x) &= u_0(x), \\
u &= 0 \quad \text{auf} \quad \partial\Omega \times (0, T).
\end{aligned}$$

Das Gebiet Ω sei polygonal und werde schwach spitz trianguliert, V_h sei der entsprechende lineare Finite-Elemente-Raum. Die vollständige Diskretisierung sei gekennzeichnet durch die Variationsgleichung

$$\left(\frac{U^{k+1} - U^k}{\tau}, v_h \right) + a(\sigma \nabla U^{k+1} + (1 - \sigma)\nabla U^k), v_h) = (\sigma f^{k+1} + (1 - \sigma f^k), v_h)$$

für alle $v_h \in V_h$; $U^k \in V_h$ ist die Näherung auf der k-ten Zeitschicht.
Man beweise: Ist $\hat{k}$ die minimale Länge aller Mittelsenkrechten der Triangulierung, so liegt unter der Bedingung

$$6a(1 - \sigma)\tau \leq \hat{k}^2$$

Stabilität in der L_∞-Norm vor.

Übung 5.3 Es sei $0 < \tau \ll 1$. Man diskutiere die Größenordnung der Eigenwerte der Matrix

$$A = \frac{1}{\tau} \begin{bmatrix} 2 & -1 & 0 & \cdots & & 0 \\ -1 & 2 & -1 & 0 & \cdots & 0 \\ 0 & \ddots & \ddots & \ddots & & 0 \\ 0 & \cdots & -1 & 2 & -1 & 0 \\ 0 & \cdots & 0 & -1 & 2 & -1 \\ 0 & & \cdots & 0 & -1 & 2 \end{bmatrix}$$

vom Format $(N-1) \times (N-1)$ mit $\tau N = 1$.

Übung 5.4 Man diskutiere die Konsistenzordnung aller
a) expliziten
b) diagonal-impliziten
zweistufigen Runge-Kutta-Verfahren für die Anfangswertaufgabe
$u' = f(x, u), \quad u(x_0) = u_0$.

Übung 5.5 Man erzeuge ein zweistufiges implizites Runge-Kutta-Verfahren nach dem Kollokationsprinzip unter Verwendung der Kollokationsstellen $x_{k,i} = x_k + c_i h$ mit $i = 1, 2$ und $c_1 = 0$ sowie variablem c_2.
Welches c_2 ist günstig ? Welche Ordnung wird erreicht ?

Übung 5.6 Die folgenden Runge-Kutta-Verfahren sind auf A-Stabilität zu untersuchen:

a) die implizite Mittelpunktregel
$$\begin{array}{c|c} 1/2 & 1/2 \\ \hline & 1 \end{array}$$

b) das zweistufige Gauß-Verfahren

$$\begin{array}{c|cc} (3-\sqrt{3})/6 & 1/4 & (3-\sqrt{3})/12 \\ (3+\sqrt{3})/6 & (3+2\sqrt{3})/12 & 1/4 \\ \hline & 1/2 & 1/2 \end{array}$$

Übung 5.7 Man wende die diskontinuierliche Galerkin-Methode mit $q = 1$ zur Diskretisierung von

$$u' = \lambda u$$

an. Wie lautet die resultierende Stabilitätsfunktion?

5.1.5 Die Rothe-Methode (horizontale Linienmethode)

Bei der *Rothe-Methode* wird eine parabolische Randwertaufgabe mittels Zeitdiskretisierung durch eine Folge elliptischer Randwertaufgaben approximiert.

Beispiel 5.5 Gegeben sei die Anfangs-Randwertaufgabe

$$\frac{\partial u}{\partial t} - \frac{\partial^2 u}{\partial x^2} = \sin x \quad \text{in} \quad (0, \pi) \times (0, T),$$
$$u(x, 0) = 0, \quad u(0, t) = u(\pi, t) = 0.$$

Die exakte Lösung dieser Aufgabe ist $u(x, t) = (1 - e^{-t}) \sin x$. Das Intervall $[0, T]$ werde äquidistant mit der Schrittweite τ unterteilt und eine Näherung $z_j(x)$ zum Zeitpunkt t_j fr $u(x, t_j)$ bestimmt aus

$$\frac{z_j(x) - z_{j-1}(x)}{\tau} - z_j''(x) = \sin x, \quad z_j(0) = z_j(\pi) = 0.$$

In diesem Beispiel kann man $z_j(x)$ explizit berechnen und erhält

$$z_j(x) = \left[1 - \frac{1}{(1 + \tau)^j} \right] \sin x.$$

Setzt man noch

$$u^\tau(x, t) = z_{j-1}(x) + \frac{t - t_{j-1}}{\tau} (z_j(x)) - z_{j-1}(x)) \quad \text{auf} \quad [t_{j-1}, t_j],$$

so gewinnt man eine für alle t definierte Näherung $u^\tau(x, t)$ für $u(x, t)$. Aus

$$\lim_{\tau \to 0} \frac{1}{(1 + \tau)^{t_j/\tau}} = e^{-t_j} \quad \text{folgt} \quad \lim_{\tau \to 0} u^\tau(x, t) = u(x, t),$$

d.h., die konstruierte Näherung konvergiert gegen die exakte Lösung . □

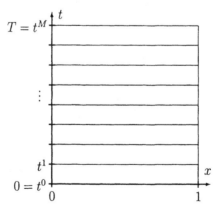

Abbildung 5.3 Horizontale Linienmethode

Zur allgemeinen Beschreibung der Rothe-Methode gehen wir aus von der schwachen Formulierung einer parabolischen Aufgabe gemäß

$$\frac{d}{dt}(u(t), v) + a(u(t), v) = \langle f(t), v \rangle \qquad \text{für alle } v \in V \tag{1.47}$$

mit

$$u(0) = u_0 \in H \quad \text{und} \quad u \in W_2^1(0, T; V, H).$$

Das Zeit-Intervall $[0, T]$ wird in p Teilintervalle zerlegt, und zwar in $[t_{i-1}, t_i]$ mit $t_\nu = \tau \nu$, $\tau = T/p$.

Die stückweise lineare Funktion $\varphi_i(\cdot)$ sei definiert durch

$$\varphi_i(t) = \begin{cases} (t - t_{i-1})/\tau & \text{für} \quad t \in [t_{i-1}, t_i], \\ (t_{i+1} - t)/\tau & \text{für} \quad t \in [t_i, t_{i+1}], \\ 0 & \text{sonst.} \end{cases}$$

Eine Approximation für $u(x, t)$ wird dann beschrieben durch die *Rothe-Funktion*

$$u^\tau(x, t) = \sum_{i=1}^{p} z_i(x)\varphi_i(t).$$

Dabei bestimmt man die Approximationen $z_i(x)$ von $u(x, t_i)$ aus

$$\left(\frac{z_{i+1} - z_i}{\tau}, v\right) + a(z_{i+1}, v) = \langle f_{i+1}, v \rangle \quad \text{für alle } v \in V . \tag{1.48}$$

Bemerkung 5.6 Interessant ist ein Vergleich mit der Diskretisierung mittels des impliziten Euler-Verfahrens bezüglich der Zeit des semidiskreten Problems, erzeugt durch die Methode der finiten Elemente hinsichtlich der räumlichen Veränderlichen. Diese war

$$\left(\frac{U^{k+1} - U^k}{\tau}, v_h\right) + a(U^{k+1}, v_h) = \langle f^{k+1}, v_h \rangle \quad \text{für alle } v_h \in V_h .$$

Das Verfahren (1.48) ist also das stetige Analogon dazu, d.h. ohne Diskretisierung in den räumlichen Variablen. $\square$

Setzt man die V-Elliptizität der Bilinearform $a(.,.)$ auf $V \times V$ voraus, so folgt sofort die eindeutige Lösbarkeit der Probleme (1.48) mit $z_{i+1} \in V$ für alle $\tau > 0$.

In [Rek82] werden auf der Basis der Rothe-Methode vorwiegend Existenzsätze für das Ausgangsproblem bewiesen. Dazu werden a-priori-Abschätzungen für die z_i und daraus abgeleitete Größen bereitgestellt und dann gewisse Grenzwerte untersucht. Diese Frage interessiert uns hier weniger. Wir skizzieren im folgenden Rektorys folgend einen Weg zur Abschätzung des Diskretisierungsfehlers und setzen dabei der Einfachheit halber voraus:

a) $V = H_0^1(\Omega)$

b) $a(.,.)$ sei V-elliptisch

c) $u_0 = 0$

d) $f \in V \cap H_2$ sei *zeitunabhängig*

e) $|a(f,v)| \le M\|f\|_2\|v\|$.

Für den Defekt gilt dann auf dem Intervall (t_{i-1}, t_i)

$$\frac{d}{dt}(u^\tau - u, v) + a(u^\tau - u, v) = \tau \left(\frac{z_i - 2z_{i-1} + z_{i-2}}{\tau^2} \frac{t_i - t}{\tau}, v \right).$$

Unser Ziel ist es, die L_2-Norm des Fehlers $u^\tau - u$ einfach auf der Basis der a-priori-Abschätzung (5.6) aus 5.1 abzuschätzen.
Dazu benötigen wir Informationen über die Größe $(z_i - 2z_{i-1} + z_{i-2})/\tau^2$. Diese gewinnen wir schrittweise und setzen

$$Z_i = \frac{z_i - z_{i-1}}{\tau}, \quad s_i = \frac{Z_i - Z_{i-1}}{\tau}.$$

Nun leiten wir a-priori-Abschätzungen für die Z_i und s_i her. Aus

$$a(z_1, v) + \frac{1}{\tau}(z_1, v) = (f, v)$$

folgt $(v := z_1)$

$$\|z_1\| \le \tau\gamma \quad \text{mit} \quad \gamma = \|f\|.$$

Subtrahiert man (1.48) für zwei aufeinanderfolgende Indizes voneinander, so hat man

$$a(z_j - z_{j-1}, v) + \frac{1}{\tau}(z_j - z_{j-1}, v) = \frac{1}{\tau}(z_{j-1} - z_{j-2}, v) .$$

Daraus folgt $(v := z_j - z_{j-1})$

$$\|z_j - z_{j-1}\| \le \|z_{j-1} - z_{j-2}\| ,$$

induktiv ergibt sich

$$\|z_j - z_{j-1}\| \le \tau\gamma \quad \text{bzw.} \quad \|Z_j\| \le \gamma.$$

Nun wird analog $Z_j - Z_{j-1}$ untersucht. Aus

$$a(Z_j - Z_{j-1}, v) + \frac{1}{\tau}(Z_j - Z_{j-1}, v) = \frac{1}{\tau}(Z_{j-1} - Z_{j-2}, v)$$

folgt ebenfalls

$$\|Z_j - Z_{j-1}\| \le \|Z_{j-1} - Z_{j-2}\| .$$

Die Identität

$$a(Z_2 - Z_1, v) + \frac{1}{\tau}(Z_2 - Z_1, v) = \frac{1}{\tau}(Z_1 - f, v)$$

liefert

$$\|Z_2 - Z_1\| \le \|Z_1 - f\|.$$

Nun ist aber

$$a(Z_1 - f, v) + \frac{1}{\tau}(Z_1 - f, v) = -a(f, v).$$

Aus den obigen Voraussetzungen folgt

$$\|Z_1 - f\| \le \tau \|f\|_2,$$

und damit induktiv

$$\|s_j\| \le \|f\|_2.$$

Insgesamt erhält man:

SATZ 5.4 *Unter den obigen Voraussetzungen gilt für den Fehler der Rothe-Methode*

$$\|u - u^\tau\| \le C\tau \quad \text{für alle } t.$$

Natürlich sind die gemachten Voraussetzungen unnötig streng, man kann ähnliche Aussagen unter wesentlich schwächeren Voraussetzungen ableiten [Rek82], [Kač85]. Die genannten Voraussetzungen sichern lediglich die obige einfache Beweisführung. Fehlerabschätzungen in anderen Normen findet man ebenfalls in der genannten Literatur.

Zur vollständigen Diskretisierung behandelt man die elliptischen Randwertaufgaben (1.48) z. B. mit einem FEM-Verfahren. In [Rek82] werden lediglich Konvergenzaussagen in dieser Richtung bereitgestellt, Abschätzungen der Konvergenzgeschwindigkeit findet man dort nicht. Die aufgezeigte Übereinstimmung von Rothe-Methode plus FEM-Diskretisierung und FEM-Diskretisierung plus Zeitdiskretisierung mit dem impliziten Euler-Verfahren zeigt aber, daß Satz 5.3 gleichzeitig auch eine Aussage über den Fehler macht, der nach Anwendung der Rothe-Methode und anschließender FEM-Diskretisierung entsteht.

Aus der letztgenannten Sicht erscheint die Rothe-Methode dann als ein günstiger Zugang, wenn man Existenzaussagen für zeitabhängige Probleme durch Zurückführung auf den stationären Fall gewinnen möchte oder auch andere Vorgehensweisen für den stationären Fall auf den instationären Fall übertragen will. Dabei gilt es allerdings zu berücksichtigen, daß die Form der elliptischen Probleme

$$\tau a(z_i, v) + (z_i - z_{i-1}, v) = \tau(f_i, v) \quad \text{für alle } v \in V$$

wegen des Parameters τ vor dem entscheidenden Term (man kann dies als singulär gestörtes Problem betrachten, s.Kapitel 6) eine spezielle Analysis erfordert.

Verallgemeinerte Rothe-Methoden verwenden statt des impliziten Euler-Verfahrens andere implizite Verfahren zur Zeitdiskretisierung von (1.47). Besondere Beachtung fanden dabei in der Literatur Rothe-Rosenbrock-Verfahren [Lan01] und die im letzten Abschnitt diskutierten diskontinuierlichen Galerkin-Methoden. Bei Lang findet man für die Rothe-Rosenbrock-Verfahren sowohl Fehlerabschätzungen für das Ausgangsverfahren als auch für die vollständige Diskretisierung der mit dem Rosenbrock-Verfahren erzeugten elliptischen Probleme mit finiten Elementen. Erneut sind Ordnungsreduktionen möglich.

Übung 5.8 Die Anfangs-Randwertaufgabe

$$\frac{\partial u}{\partial t} - \frac{\partial^2 u}{\partial x^2} = \sin x \quad \text{in} \quad (0, \pi/2) \times (0, T)$$

mit den Zusatzbedingungen

$$u|_{t=0} = 0 \quad , \quad u|_{x=0} = 0, \quad u_x|_{x=\pi/2} = 0$$

ist mit der Rothe-Methode zu diskretisieren. Man vergleiche die gewonnene Näherungslösung mit der exakten Lösung.

5.1.6   Fehlerkontrolle

Natürlich ist es auch bei der Diskretisierung parabolischer Anfangs-Randwertaufgaben wünschenswert, den Diskretisierungsfehler effektiv kontrollieren zu können, und dies möglichst auf eine *adaptive* Art und Weise; also so, daß Freiheitsgrade bei der gewählten Diskretisierungstechnik automatisch fixiert werden. Entsprechend der verschiedenen möglichen Herangehensweisen an die Diskretisierung parabolischer Probleme gibt es verschiedene Strategien zur Fehlerkontrolle. Wir beschreiben im folgenden drei Techniken: zum einen die Übertragung der auf der Abschätzung des Residuums, gemessen in einer geeigneten Norm, basierenden Methode auf den parabolischen Fall; zweitens Methoden, die als Ausgangspunkt eine Zeitdiskretisierung mit einer verallgemeinerten Rothe-Methode wählen und drittens zielorientierte Schätzer, die adjungierte Hilfsprobleme nutzen.

Wir betrachten das Modellproblem

$$
\begin{aligned}
\frac{\partial u}{\partial t} - \triangle u &= f \quad \text{in} \quad \Omega \times (0, T), \\
u &= 0 \quad \text{auf} \quad \partial\Omega \times (0, T), \\
u &= u_0 \quad \text{für} \quad t = 0, x \in \Omega
\end{aligned}
\tag{1.49}
$$

mit der schwachen Formulierung: Gesucht ist $u \in W_2^1(0, T; V, H)$ mit

$$(\frac{d}{dt} u(t), v) + (\nabla u, \nabla v) = (f, v) \quad \text{für alle } v \in V$$

mit $u(0) = u_0 \in H$ (vorausgesetzt sei also quadratische Integrierbarkeit von f).

Als erstes modifizieren wir die a priori-Abschätzung (1.5). Dazu setzen wir für den Moment $f \in L_2(0, T; H^{-1})$ voraus und verknüpfen das „Residuum" f in diesem Raum mit der Lösung. Wie bei der Herleitung von (1.5) gewinnt man

$$\frac{1}{2}\frac{d}{dt}\|u(t)\|_0^2 + |u(t)|_1^2 \leq \frac{1}{2}\|f(t)\|_{-1}^2 + \frac{1}{2}|u(t)|_1^2,$$

daraus folgt durch Integration

$$\|u(t)\|_0^2 + \int_0^T |u(s)|_1^2 ds \leq \|u(0)\|_0^2 + \int_0^T \|f(s)\|_{-1}^2 ds.$$

Damit gilt die a priori-Abschätzung

$$|\|u\|| := \|u\|_{L_\infty(0,T;L_2)} + \|u\|_{L_2(0,T;H_0^1)} \leq 2\left(\|u(0)\|_0^2 + \|f\|_{L_2(0,T;H^{-1})}\right)^{1/2}. \quad (1.50)$$

Deshalb erscheint es sinnvoll, nach einem residualen Schätzer bezüglich der Norm $|\|\cdot\||$ zu suchen.

Wir betrachten die Diskretisierung von (1.49) mit dem impliziten Euler-Verfahren bezüglich der Zeit (das θ-Schema mit $\theta \geq 1/2$ würde analog durchgehen) und finiten Elementen im Raum:

$$\left(\frac{U_h^n - U_h^{n-1}}{\tau_n}, v_h\right) + (\nabla U_h^n, \nabla v_h) = (f^n, v_h) \quad \text{für alle } v_h \in V_{h,n}, \quad (1.51)$$

$$U_h^0 = \pi u_0,$$

dabei ist πu_0 die L_2-Projektion von u_0.

Wie schon aus den gewählten Bezeichnungen hervorgeht, wird ein variables Zeitgitter verwendet und zudem zu jedem Zeitpunkt t_n ein Finite-Elemente-Raum $V_{h,n}$ mit möglicherweise variierendem Ortsgitter. $U_{h,\tau}$ sei die stückweise lineare Funktion (in t) mit $U_{h,\tau}(t_n) = U_h^n$; ferner $f_{h,\tau}$ die L_2-Projektion der stückweise konstanten Funktion $\tilde{f}$ mit $\tilde{f} = f^n$ auf dem Intervall (t_{n-1}, t_n) auf $V_{h,n}$.

Definiert man nun das Residuum von $U_{h,\tau}$ durch

$$\langle R(U_{h,\tau}), v \rangle := (f, v) - (\partial_t U_{h,\tau}, v) - (\nabla U_{h,\tau}, \nabla v), \quad (1.52)$$

so ermöglicht (1.50), den Fehler bis zum Zeitpunkt t_n auf der Basis von $\|u_0 - \pi u_0\|$ und der Norm des Residuums in $L_2(0, t_n; H^{-1})$ abzuschätzen. Der residuale Schätzer ergibt sich durch eine Abschätzung dieser Norm nach oben. Eine Abschätzung des Fehlers nach unten und Details der nachfolgenden Argumentation findet man in [118].

Man kann zunächst das Residuum in einen räumlichen und einen zeitlichen Anteil zerlegen. Dies ermöglicht dann auch die adaptive Steuerung des Zeit- und des Ortsgitters. Es sei

$$\langle R_\tau(U_{h,\tau}), v \rangle := (\nabla(U_h^n - U_{h,\tau}), \nabla v) \quad \text{auf } (t_{n-1}, t_n)$$

und

$$\langle R_h(U_{h,\tau}), v \rangle := (f_{h,\tau}, v) - (\frac{U_h^n - U_h^{n-1}}{\tau_n}, v) - (\nabla U_h^n, \nabla v) \quad \text{auf } (t_{n-1}, t_n).$$

Dann gilt

$$R(U_{h,\tau}) = f - f_{h,\tau} + R_\tau(U_{h,\tau}) + R_h(U_{h,\tau}).\tag{1.53}$$

Die Norm von $R_\tau(U_{h,\tau})$ in $L_2(0, t_n; H^{-1})$ kann man mit Hilfe von

$$\|R_\tau(U_{h,\tau})\|_{-1} = |U_h^n - U_{h,\tau}|_1$$

explizit berechnen aus

$$\|R_\tau(U_{h,\tau})\|^2_{L_2(t_{n-1},t_n;H^{-1})} = \int_{t_{n-1}}^{t_n} \left(\frac{t_n - \tau_n}{\tau_n}\right)^2 |U_h^n - U_h^{n-1}|_1^2 = \frac{1}{3}\tau_n|U_h^n - U_h^{n-1}|_1^2.\tag{1.54}$$

Da das räumliche Residuum der Galerkin-Orthogonalitätsbedingung

$$\langle R_h(U_{h,\tau}), v_h\rangle = 0 \quad \text{für alle } v_h \in V_{h,n}$$

genügt, kann man die H^{-1}-Norm von $R_h(U_{h,\tau})$ mit den Techniken aus Kapitel 4, Abschnitt 7.1 abschätzen. Wir verzichten auf die Darstellung der technischen Schwierigkeiten, die dadurch enstehen, daß unterschiedliche Triangulationen $\mathcal{T}_{h,n}$ zu verschiedenen Zeitpunkten zugelassen sind [118].

Wie üblich wird vorausgesetzt, daß $\mathcal{T}_{h,n}$ quasi-uniform ist. Zusätzlich sei aber $\tilde{\mathcal{T}}_{h,n}$ eine Verfeinerung von sowohl $\mathcal{T}_{h,n}$ als auch $\mathcal{T}_{h,n-1}$ mit der Eigenschaft

$$\sup_n \sup_{K\in\tilde{\mathcal{T}}_{h,n}} \sup_{K'\in\mathcal{T}_{h,n}, K'\subset K} \frac{h_{K'}}{h_K} < \infty.\tag{1.55}$$

Diese Bedingung schließt abrupte Gitterveränderungen aus. Unter dieser Voraussetzung kann man zeigen

$$\|R_h(U_{h,\tau})\|_{-1} \le c\eta_h^n \quad \text{mit } (\eta_h^n)^2 = \sum_{K\in\tilde{\mathcal{T}}_{h,n}} h_K^2\|R_K\|^2_{0,K} + \sum_{E\in\tilde{\mathcal{T}}_{h,n}} h_E\|R_E\|^2_{0,E},\tag{1.56}$$

wobei die Residuen R_K, R_E durch

$$R_K := f_{h,\tau} - \frac{U_h^n - U_h^{n-1}}{\tau_n} + \triangle U_h^n, \quad R_E := [n_E \cdot \nabla U_h^n]_E$$

definiert sind. Faßt man die Ergebnisse (1.54),(1.56) zusammen, so erhält man:

SATZ 5.5 *Unter der Voraussetzung (1.55) gilt in $(0, t_n)$*

$$|||u||| \le c\left(\sum_1^n (\eta^m)^2 + \|f - f_{h,\tau}\|_{L_2(0,t_n;H^{-1})} + \|u_0 - \pi u_0\|_0^2\right)^{1/2}\tag{1.57}$$

mit

$$(\eta^m)^2 := \tau_m(\eta_h^m)^2 + \sum_{K\in\tilde{\mathcal{T}}_{h,m}} \tau_m|U_h^m - U_h^{m-1}|_{1,K}^2.\tag{1.58}$$

Als zweites folgen wir Ideen aus [17, 18, 19] und [Lan01], wobei nun eine verallgemeinerte Rothe-Methode Ausgangspunkt der Überlegungen zur Fehlerkontrolle ist. Setzt man $f \in L_2$, $u_0 \in L_2$ voraus, so ist auch eine abstrakte Formulierung von (1.49) als gewöhnliche Differentialgleichung in einem Banachraum, bei uns dem $L_2(\Omega)$, möglich (s. z.B. [Tho97]): Gesucht ist $u(t) \in L_2$ mit

$$u' - Au = f, \tag{1.59}$$
$$u(0) = u_0.$$

Die Rothe-Methode z.B. kann man dann als Diskretisierung der gewöhnlichen Differentialgleichung (1.59) mit dem impliziten Euler-Verfahren interpretieren: eine Näherung u_j zum Zeitpunkt t_j bestimmt man aus

$$\frac{u_{j+1} - u_j}{\tau} - Au_{j+1} = f_{j+1}. \tag{1.60}$$

In der Theorie der Diskretisierungsverfahren von Anfangswertaufgaben gibt es wohlbekannte Strategien zur Fehlerkontrolle (s. [HNW87]). Wir konzentrieren uns jetzt auf Einschrittverfahren. Man verwendet zur Fehlerkontrolle und Schrittweitensteuerung theoretisch gleichzeitig Einschrittverfahren verschiedener Ordnung zur Realisierung des Zeitschrittes von t nach $t + \tau$.
Es sei

u^{k+1} der Näherungswert bei Verwendung des Verfahrens der Ordnung $k + 1$,

u^k der Näherungswert bei Verwendung des Verfahrens der Ordnung k

für $u(t + \tau)$. Dann ist

$$\varepsilon_k := \|u^{k+1} - u^k\|$$

ein geeigneter Fehlerschätzer. Bei einer vorgegebenen Toleranz *tol* steuert man die Schrittweite gemäß

$$\tau_{neu} := \tau_{alt} \left(\frac{tol}{\varepsilon_k}\right)^{1/(k+1)}$$

und wählt die Ordnung des Verfahrens so, daß der Aufwand bei der Realisierung der Zeitintegration minimal wird. Die Rechtfertigung dieser Strategie für das abstrakte Problem (1.49) erfordert eine spezielle theoretische Analyse, s. [17, 18, 19].
Um diese Strategie auf die abstrakte gewöhnliche Differentialgleichung (1.49) anwenden zu können, muß man zunächst geeignete Einschrittverfahren als Verallgemeinerung der einfachen Rothe-Methode (1.60) bereitstellen. Dazu greifen wir auf die Stabilitätsfunktion $R(\cdot)$ von Einschrittverfahren zurück und definieren bei gegebener Stabilitätsfunktion ein Einschrittverfahren für die Diskretisierung von (1.59) durch

$$u_{j+1} := R(\tau A)u_j + (-I + R(\tau A))A^{-1}f. \tag{1.61}$$

Bemerkung 5.7 Man rechnet leicht nach, daß die Wahl $R(z) = 1/(1 - z)$ wieder zu (1.60) führt. Ähnlich ergibt $R(z) = 1 + z$ das explizite Verfahren

$$\frac{u_{j+1} - u_j}{\tau} - Au_j = f_j$$

und $R(z) = (2 + z)/(2 - z)$ liefert

$$\frac{u_{j+1} - u_j}{\tau} - A\frac{u_j + u_{j+1}}{2} = \frac{f_j + f_{j+1}}{2}$$

(Crank-Nicolson). $\square$

Das Einschrittverfahren (1.61) besitzt formal die Ordnung p unter der Bedingung

$$e^z - R(z) = cz^{p+1} + O(z^{p+2}).$$

Weiter gehen wir davon aus, daß die Stabilitätsfunktion derart gewählt wird, daß das erzeugte Verfahren (1.61) geeignete Stabilitätseigenschaften besitzt.

Neben der Zeitdiskretisierung spielt nun für die Wahl von $R(\cdot)$ aber auch der räumliche Diskretisierungsfehler eine Rolle! Bei (den vorzugsweise) impliziten Einschrittverfahren ergeben sich auf jeder Zeitschicht elliptische Randwertaufgaben, deren näherungsweise Lösung mittels finiter Elemente sachgemäß erscheint. Bei der Fehlerschätzung für den zeitlichen Diskretisierungsfehler sind dann u^k und u^{k+1} mit Fehlern behaftet. Unmittelbar ist der Schätzer

$$\varepsilon_k = ||u^{k+1} - u^k||$$

deshalb in dieser Situation wenig geeignet.

In [17, 18, 19] wird vorgeschlagen, nach solchen Stabilitätsfunktionen und damit Einschrittverfahren zu suchen, die eine *direkte* Berechnung einer Fehlerschätzung $||\eta_k||$ für den zeitlichen Diskretisierungsfehler gestatten und u^{k+1} berechnet wird aus

$$u^{k+1} = u^k + \eta_k.$$

In [18] wird gezeigt, daß die rekursive Definition einer Stabilitätsfunktion R_k^L durch

$$R_1^L = \frac{1}{1 - z},$$

$$\rho_1^L = -\frac{1}{2}\frac{z^2}{(1 - z)^2}R_1^L,$$

$$R_{k+1}^L = R_k^L + \rho_k^L,$$

$$\rho_{k+1}^L = -\gamma_{k+1}^L\frac{z}{1 - z}\rho_k^L$$

zu einem L_0-stabilen Verfahren der Ordnung k führt. Die Parameter γ^L genügen dabei der Beziehung

$$\gamma_k^L := \frac{L_{k+1}(1)}{L_k(1)}$$

mit den *Laguerre-Polynomen* $L_k(\cdot)$ vom Grade k.

Berechnet man nun die Näherungen u_{j+1}^{k+1} und u_{j+1}^k auf dem $(j+1)$-ten Zeitlevel mit den entsprechenden Verfahren $(k+1)$-ter und k-ter Ordnung, so gilt

$$u_{j+1}^{k+1} - u_{j+1}^k = (R_{k+1}^L - R_k^L)(\tau A)u_j + (R_{k+1}^L - R_k^L)A^{-1}f$$

und demnach

$$\eta_k = \rho_k^L\left(\tau Au_j + A^{-1}f\right).$$

Wegen

$$\eta_{k+1} = \rho_{k+1}^L\left(\tau Au_j + A^{-1}f\right)$$

und der Rekursion

$$\rho_{k+1}^L = -\gamma_{k+1}^L\frac{z}{1-z}\rho_k^L$$

folgt dann

$$\eta_{k+1} = -\gamma_{k+1}^L\frac{\tau A}{1-\tau A}\eta_k\,.$$

Diese Beziehung ist der Schlüssel der Fehlerschätzung: Ausgehend von u^1 berechnet man den ersten Schätzer η_1, dieser ist dann, falls der Fehler noch zu groß ist, gleichzeitig die Korrektur zur Ermittlung von u^2, dazu berechnet man den Schätzer η_2 u.s.w.. Die Ausgangsnäherung u^1 und sämtliche η_k genügen dabei elliptischen Randwertaufgaben vom Typ

$$w - \tau Aw = g. \tag{1.62}$$

Die Diskretisierungsphilosophie in [Lan01] ist ähnlich: Lang verwendet allerdings als Einschrittverfahren eingebettete Rosenbrock-Verfahren.

Für unsere Modellaufgabe ist (1.62) äquivalent zu: Gesucht ist $w \in V = H_0^1(\Omega)$ mit

$$\tau(\nabla w, \nabla v) + (w, v) = (g, v) \quad \text{für alle } v \in V. \tag{1.63}$$

Bei der Fehlerschätzung für den räumlichen Diskretisierungsfehler ist die τ-Abhängigkeit der das elliptische Problem (1.63) erzeugenden Bilinearform zu berücksichtigen. Es ist sachgemäß, die τ-gewichtete H^1-Norm

$$||v||_\tau^2 := \tau|v|_1^2 + |v|_0^2$$

einzuführen und nach geeigneten Fehlerschätzern für den räumlichen Diskretisierungsfehler in dieser Norm zu suchen.

Praktisch wird im Programmsystem KARDOS (Konrad-Zuse-Zentrum) ein *hierarchischer Fehlerschätzer* verwendet. Varianten hierarchischer Schätzer und Zusammenhänge zu Fehlerschätzern anderen Typs werden in [Ver96] ausführlich diskutiert. Die Robustheit dieser Schätzer für Probleme vom Typ (1.63) scheint nocht nicht völlig geklärt zu sein; dagegen findet man in [2] und [117] zwei andere robuste Schätzer für Reaktions-Diffusions-Probleme.

Wir erläutern nur die Grundidee hierarchischer Schätzer. Es sei

$$V_h^2 = V_h^1 \oplus Z_h$$

eine hierarchische Zerlegung des Finite-Elemente-Raumes V_h^2, der aus unserem ursprünglichen Raum V_h^1 durch die Hinzunahme weiterer Basisfunktionen entsteht. Verbunden damit ist die Hoffnung, daß die Differenz der Finite-Elemente-Approximationen $w_h^1 - w_h^2$ uns dann eine Information über den Fehler von w_h^1 liefert. Und tatsächlich gilt

LEMMA 5.4 *Auf den zur Diskretisierung verwendeten Gittern gelte*

$$||w - w_h^2||_\tau \leq \beta ||w - w_h^1||_\tau \quad mit \quad \beta \in (0,1) \tag{1.64}$$

(β-Approximationseigenschaft) mit einer von τ, h unabhängigen Konstanten β. Dann existiert eine nur von β abhängende Konstante γ mit

$$||w_h^1 - w_h^2||_\tau \leq ||w - w_h^1||_\tau \leq \gamma ||w_h^1 - w_h^2||_\tau . \tag{1.65}$$

Beweis: Es sei

$$a_\tau(v, u) := \tau(\nabla u, \nabla v) + (u, v).$$

Dann gilt offenbar

$$a_\tau(v, v) = ||v||_\tau^2 .$$

Aus

$$\begin{aligned}
||w - w_h^1||_\tau^2 &= a_\tau(w - w_h^1, w - w_h^1) \\
&= a_\tau(w - w_h^2 + w_h^2 - w_h^1, w - w_h^2 + w_h^2 - w_h^1) \\
&= ||w - w_h^2||_\tau^2 + 2a_\tau(w - w_h^2, w_h^2 - w_h^1) + ||w_h^2 - w_h^1||_\tau^2
\end{aligned}$$

und $a_\tau(w - w_h^2, w_h^2 - w_h^1) = 0$ folgt dann

$$||w - w_h^1||_\tau^2 = ||w - w_h^2||_\tau^2 + ||w_h^2 - w_h^1||_\tau^2 . \tag{1.66}$$

Hieraus ergibt sich sofort der erste Teil der Behauptung. Der zweite folgt ebenfalls fast unmittelbar mit

$$||w - w_h^1||_\tau^2 \leq \beta^2 ||w - w_h^1||_\tau^2 + ||w_h^2 - w_h^1||_\tau^2 ,$$

also

$$||w - w_h^1||_\tau^2 \leq \frac{1}{1 - \beta^2} ||w_h^2 - w_h^1||_\tau^2 . \quad \blacksquare$$

Dieses Lemma zeigt, daß die berechenbare Größe $\|w_h^1 - w_h^2\|_\tau$ ein geeigneter Fehlerschätzer gleichmäßig bezüglich τ in der τ-gewichteten H^1-Norm ist, falls die β-Approximationseigenschaft (1.65) vorausgesetzt werden kann. Dies ist aber nicht ganz unproblematisch.

Details zu dieser Herangehensweise sind in [17, 18, 19] und [Lan01] zu finden; in letzterer Quelle einschließlich ausführlicher numerischer Test und interessanten praktischen Anwendungen.

Als dritte Methode zur Fehlerkontrolle betrachten wir zielorientierte Schätzer für das Modellproblem (1.49). Ausgangspunkt sei jetzt dessen Diskretisierung mit der diskontinuierlichen Galerkin-Methode $dG(0)$.

Zunächst folgt aus dem Ausgangsproblem für jede Testfunktion $v(\cdot, t) \in V$ die Beziehung

$$A(u,v) = \int_0^T (f,v)dt + (u_0, v_+(0))$$

mit

$$A(u,v) := \sum_{m=1}^M \int_{t_{m-1}}^{t_m} [(u_t, v) + (\nabla u, \nabla v)] + \sum_{m=2}^M ([u^{m-1}], v_+^{m-1}) + (u(0), v_+(0)).$$

Da die Methode auf der Nutzung dualer Probleme beruht, konstatieren wir, daß bei stückweise differenzierbarem v durch partielle Integration (man beachte die Stetigkeit von u) folgt

$$A(u,v) := \sum_{m=1}^M \int_{t_{m-1}}^{t_m} [-(u, v_t) + (\nabla u, \nabla v)] - \sum_{m=2}^M (u_+^{m-1}, [v^{m-1}]) + (u(t_M), v_-(t_M)).$$

$$(1.67)$$

Bei der diskontinuierlichen Galerkin-Methode $dG(0)$ ist die Approximation in t stückweise konstant; es sei $U_h^n \in V_{h,n}$ diese Konstante auf (t_{n-1}, t_n). Dann gilt

$$(U_h^n - U_h^{n-1}, v_h) + \tau_n(\nabla U_h^n, \nabla v_h) = \int_{t_{n-1}}^{t_n} (f, v_h) \quad \text{für alle } v_h \in V_{h,n}. \qquad (1.68)$$

Angenommen, ein adaptives Verfahren habe nun die Kontrolle des L_2-Fehlers zum Endzeitpunkt $t = t_M = T$ zum Ziel. Dann führt man mit $e := u - u_{h,\tau}$ (dabei ist $u_{h,\tau}$ die stückweise konstante Funktion, die auf (t_{m-1}, t_m) gleich U_h^m ist) das Fehlerfunktional J ein durch

$$J(\varphi) := \frac{(\varphi_-^M, e_-^M)}{\|e_-^M\|_0}.$$

Das assoziierte duale Problem ist gemäß (1.67)

$$-\frac{\partial z}{\partial t} - \triangle z = 0 \quad \text{in} \quad \Omega \times (0, T), \qquad (1.69)$$

$$z = 0 \quad \text{auf} \quad \partial\Omega \times (0, T),$$

$$z = \frac{e_-^M}{\|e_-^M\|_0} \quad \text{für} \quad t = t_M.$$

Dann gilt die Fehlerdarstellung

$$J(e) = \|e_-^M\|_0 = A(e, z), \tag{1.70}$$

und die Galerkin-Orthogonalität des Verfahrens erlaubt, in diese Beziehung noch eine beliebige, stückweise konstante Funktion v_h mit Werten in $V_{h,m}$ auf (t_{m-1}, t_m) hereinzuschieben:

$$\begin{aligned} J(e) = A(e, z - z_h) &= \sum_{m=1}^{M} \int_{t_{m-1}}^{t_m} [(e_t, z - z_h) + (\nabla e, \nabla(z - z_h))] \\ &+ \sum_{m=2}^{M} ([e^{m-1}], (z - z_h)_+^{m-1}) + (e(0), (z - z_h)_+(0)). \end{aligned}$$

Bringt man jetzt durch partielle Integration wie üblich sowohl die Element-Residuen $R(U_h) := f - (U_h)_t + \triangle U_h$ als auch die Kantenresiduen ins Spiel, so führt Cauchy-Schwarz mit der Abkürzung $Q_{m,l} = K_{m,l} \times (t_{m-1}, t_m)$ zu

$$\|e_-^M\|_0 \le$$

$$\sum_{m=1}^{M} \sum_{K_{m,l} \in T_{h,m}} \left\{ \|R(U_h^m)\|_{Q_{m,l}} \, \rho_{ml}^1 + \tfrac{1}{2} \|[\partial_n R(U_h^m)]\|_{\partial Q_{m,l}} \, \rho_{ml}^2 + \|[U_h^{m-1}]\|_{K_{m,l}} \, \rho_{ml}^3 \right\}$$

mit den Gewichten

$$\rho_{ml}^1 = \|z - z_h\|_{Q_{m,l}}, \quad \rho_{ml}^2 = \|z - z_h\|_{\partial Q_{m,l}}, \rho_{ml}^3 = \|(z - z_h)_+^{m-1}\|_{K_{m,l}}$$

(sämtliche Normen in diesen Formelsätzen sind L_2-Normen).

Ersetzt man z_h durch spezielle Interpolanten, so kommt man zu einem Ergebnis ähnlich wie Satz 5.5. Andererseits kann man die Gewichte ρ_{kl} natürlich auch berechnen, indem man die duale Aufgabe (1.69) numerisch löst. In [BR03] findet man zahlreiche Ergebnisse der Realisierung dieser Strategie für konkrete Modellprobleme.

5.2 Hyperbolische Aufgaben zweiter Ordnung

5.2.1 Zur schwachen Formulierung

In diesem Abschnitt betrachten wir die numerische Lösung linearer hyperbolischer Anfangs-Randwert-Probleme zweiter Ordnung mittels der Finite-Elemente-Methode. Wir lehnen uns im wesentlichen an die Darstellung in [LT05], [14] an und konzentrieren uns dabei auf das Modellproblem

$$\begin{aligned} u_{tt} - \Delta u &= f \quad \text{in } \Omega \times (0, T] \\ u &= 0 \quad \text{in } \Gamma \times (0, T] \\ u(\cdot, 0) = u^0, \quad u_t(\cdot, 0) &= v^0 \quad \text{auf } \overline{\Omega} \end{aligned} \tag{2.1}$$

und skizzieren nur kurz Erweiterungen auf allgemeinere Aufgaben. In (2.1) bezeichnen $\Omega \subset \mathbb{R}^n$ ein beschränktes Gebiet mit regulärem Rand Γ und $T > 0$ eine vorgegebene

Konstante. Ferner sind u^0, $v^0 : \overline{\Omega} \to \mathbb{R}$ gegebene Funktionen. Durch die vorausgesetzte Regularität von Ω ist insbesondere die partielle Integration bzgl. der Ortsvariablen anwendbar. Wir definieren $Q_T := \Omega \times (0,T]$, $\Gamma_T := \Gamma \times (0,T]$. Analog zu den elliptischen bzw. parabolischen Problemen versteht man unter einer klassischen Lösung von (2.1) eine Funktion $u \in C^{2,1}(Q_T) \cap C^{0,1}(\overline{Q}_T)$, die sowohl der Differentialgleichung in (2.1) als auch den Randbedingungen punktweise genügt. Ableitungen in Randpunkten werden dabei im Sinne einer stetigen Fortsetzung aufgefaßt. Um die Existenz einer klassischen Lösung zu sichern, sind weitere Voraussetzungen an das Grundgebiet Ω und die Funktionen u^0, v^0 erforderlich.

Als Ausgangspunkt für die Anwendung der Finite-Elemente-Methode wird eine zu (2.1) gehörige schwache Formulierung genutzt. Dazu wählen wir wie im parabolische Fall die Räume $V := H_0^1(\Omega)$, $H := L_2(\Omega)$. Mit dem Dualraum $V^* = H^{-1}(\Omega)$ und der Identifikation $H^* = H$ bilden diese Räume einen Gelfandschen Dreier

$$V \hookrightarrow H \hookrightarrow V^*,$$

d.h. wir haben separable, stetig ineinander eingebettete Räume, und diese liegen dicht (vgl. [Wlo82], [Zei90]). Mit der zum Operator $-\Delta$ durch partielle Integration in V zugeordneten Bilinearform

$$a(u,w) := \int\limits_{\Omega} \nabla u \cdot \nabla w \qquad \text{für alle} \quad u, w \in V$$

erhält man zu (2.1) die schwache Formulierung

$$\left(\frac{d^2 u}{dt^2}, w \right) + a(u,w) = (f,w) \qquad \text{für alle} \quad w \in V,$$
$$u(0) = u^0, \quad \frac{du}{dt}(0) = v^0. \tag{2.2}$$

Hierbei ist $u \in L_2(0,T;V)$ mit $\frac{du}{dt} \in L_2(0,T;H)$ gesucht derart, daß mit $\frac{d^2 u}{dt^2} \in L_2(0,T;V^*)$ die Variationsgleichung (2.2) gilt und die Anfangsbedingungen erfüllt sind.

Definiert man durch

$$a(u,w) = \langle Lu, w \rangle \qquad \text{für alle} \quad u, w \in V$$

einen stetigen linearen Operator $L : V \to V^*$, so läßt sich (2.2) auch als Operatorgleichung

$$\frac{d^2 u}{dt^2} + Lu = f, \qquad u(0) = u^0, \quad \frac{du}{dt}(0) = v^0 \tag{2.3}$$

im Raum $L_2(0,T;V^*)$ interpretieren. Für die Analysis von Verallgemeinerungen derartiger Operatorgleichungen verweisen wir auf [GGZ74]. Für die im vorliegende Abschnitt betrachtete Aufgabe gilt der in [Wlo82, Satz 29.1] angegebene

SATZ 5.6 *Es seien* $f \in L_2(0, T; H)$ *sowie* $u^0 \in V$, $v^0 \in H$. *Dann besitzt (2.2) eine eindeutige Lösung* $u \in L_2(0, T; V)$ *mit* $\frac{du}{dt} \in L_2(0, T; H)$. *Dabei ist die Abbildung*

$$\{f, u^0, v^0\} \;\rightarrow\; \left\{u, \frac{du}{dt}\right\}$$

von $L_2(0, T; H) \times V \times H$ *nach* $L_2(0, T; V) \times L_2(0, T; V^*)$ *linear und stetig.*

Führt man $v := u_t$ als weitere Funktion $v \in L_2(0, T; H)$ ein, so kann (2.2) äquivalent als System erster Ordnung

$$\begin{aligned}
(u_t, z) &\;-\; (v, z) &= 0 && \text{für alle} \quad z \in H, \\
(v_t, w) &\;+\; a(u, w) &= (f, w) && \text{für alle} \quad w \in V
\end{aligned} \tag{2.4}$$

bzw. in klassischer Form

$$\begin{pmatrix} u_t \\ v_t \end{pmatrix} = \begin{pmatrix} 0 & I \\ \Delta & 0 \end{pmatrix} \begin{pmatrix} u \\ v \end{pmatrix} \quad \text{in } Q_T \quad \text{mit} \quad u|_\Gamma = 0, \quad \begin{pmatrix} u \\ v \end{pmatrix}(\cdot, 0) = \begin{pmatrix} u^0 \\ v^0 \end{pmatrix}$$

darstellen. Hierauf läßt sich ein entsprechendes Diskretisierungsverfahren, z.B. das implizite Euler-Verfahren, für Systeme von gewöhnlichen Differentialgleichungen (vgl. (2.59)) in Funktionenräumen anwenden.

Wie bei den in Abschnitt 5.1 betrachteten parabolischen Problemen hängen auch bei hyperbolischen Anfangs-Randwert-Aufgaben die gesuchten Funktionen u, v sowohl vom Ort $x \in \overline{\Omega}$ als auch von der Zeit $t \in [0, T]$ ab. Damit sind zur vollständigen numerischen Behandlung Diskretisierungen in Orts- und Zeitrichtung erforderlich. Dabei kann als Zwischenschritt, der einige Eigenschaften besser hervorhebt und die Analysis strukturiert, eine Semidiskretisierung in Ortsrichtung (Linienmethode) oder Zeitrichtung (Rothe-Methode) angewandt werden. Während im Kapitel 2 zur vollständigen Diskretisierung in beiden Richtungen Differenzenverfahren betrachtet wurden, konzentrieren wir uns hier auf eine Ortsdiskretisierung mit der Finite-Element-Methode.

Bevor wir uns der Diskretisierung zuwenden, sei noch die folgende Stabiltätsabschätzung angegeben.

LEMMA 5.5 *Für die Lösung* (u, v) *des mit* $g \in L_2(0, T; V)$ *gestörten Systems*

$$\begin{aligned}
(u_t, z) &\;-\; (v, z) &= (g, z) && \text{für alle} \quad z \in H, \\
(v_t, w) &\;+\; a(u, w) &= (f, w) && \text{für alle} \quad w \in V
\end{aligned} \tag{2.5}$$

gilt für beliebige $t \in [0, T]$ *die Abschätzung*

$$\left(a(u(t), u(t)) + (v(t), v(t))\right)^{1/2} \leq \left(a(u^0, u^0) + (v^0, v^0)\right)^{1/2}$$
$$+ \int_0^t \left(\|f(s)\| + \|\nabla g(s)\|\right) ds \tag{2.6}$$

bzw. im Fall $f, g \equiv 0$ *die Gleichung*

$$a(u(t), u(t)) + (v(t), v(t)) = a(u^0, u^0) + (v^0, v^0). \tag{2.7}$$

Der Nachweis kann unter zusätzlichen Glattheitsvoraussetzungen über die Ableitung von $\Phi(t) := a(u(t), u(t)) + (v(t), v(t))$ geführt werden (vgl. auch den Beweis zu Lemma 5.6). Die Gleichung (2.7) spiegelt das Ernergierhaltungsprinzip für die Lösung homogener Wellengleichungen wider.

5.2.2 Semiskretisierung mit finiten Elementen

Wie bei den in Abschnitt 5.1 behandelten parabolischen Aufgaben wird bei der konformen Semidiskretisierung in Ortsrichtung ein Raum $V_h := \operatorname{span}\{\varphi_j\}_{j=1}^N$ mit linear unabhängigen Ansatzfunktionen $\varphi_j \in V$, $j = 1, \ldots, N$ gewählt. Mit Koeffizienten $u_j : [0, T] \to \mathbb{R}$ setzt man

$$u_h(t) := \sum_{j=1}^N u_j(t)\,\varphi_j \tag{2.8}$$

und bestimmt diese aus

$$\left(\frac{d^2}{dt^2} u_h(t), w_h\right) + a(u_h(t), w_h) = (f(\cdot, t), w_h) \quad \text{für alle} \quad w_h \in V_h, \ t \in (0, T] \tag{2.9}$$

und den Anfangsbedingungen

$$u_h(0) = u_h^0, \qquad \frac{d}{dt} u_h(0) = v_h^0. \tag{2.10}$$

Dabei bezeichnen geeignete $u_h^0, v_h^0 \in V_h$ Approximationen der Anfangswerte u^0, v^0. Unter Beachtung des Ansatzes (2.8) und der Struktur von V_h ist (2.9), (2.10) analog dem parabolischen Fall äquivalent zum Anfangwertproblem gewöhnlicher Differentialgleichungen

$$D\,\hat{u}''(t) + A\,\hat{u}(t) = \hat{f}(t), \quad t \in (0, T] \quad \text{und} \quad \hat{u}(0) = u_h^0, \ \hat{u}'(0) = v_h^0. \tag{2.11}$$

Dabei bezeichnet $\hat{u} = (u_j)$ die aus den Komponenten u_j, $j = 1, \ldots, N$ gebildete Vektorfunktion, und die Massenmatrix D, die Steifigkeitsmatrix A sowie die rechte Seite $\hat{f}$ sind definiert durch

$$
\begin{aligned}
D &= (d_{ij}), & d_{ij} &= (\varphi_j, \varphi_i), \\
A &= (a_{ij}), & a_{ij} &= a(\varphi_j, \varphi_i), \\
\hat{f}(t) &= (f_i), & f_i &= (f, \varphi_i), \quad \hat{u}(t) = (u_j).
\end{aligned}
$$

Die lineare Unabhängigkeit der Ansatzfunktionen φ_j sichert die Regularität der Matrix D.

Beispiel 5.6 Als einfaches Beispiel betrachten wir die Aufgabe

$$
\begin{aligned}
u_{tt}(x, t) - \sigma^2 u_{xx}(x, t) &= e^{-t} & x &\in (0, 1), \quad t > 0, \\
u(0, t) = u(1, t) &= 0 & t &> 0, \\
u(x, 0) = u_t(x, 0) &= 0 & x &\in [0, 1].
\end{aligned}
\tag{2.12}
$$

Als Ansatzfunktionen wählen wir $\varphi_j(x) = \sin(j\,\pi\,x)$, $j = 1, \ldots, N$. Dies entspricht einem

bezüglich des Raumes klassischen diskreten Fourier-Ansatz. Mit $a(u,y) = \int\limits_0^1 u'(x)\,y'(x)\,dx$

und der Orthogonalität der Ansatzfunktionen liefert dies

$$D = \frac{1}{2}\,I, \quad A = \frac{1}{2}\,\mathrm{diag}(j^2\,\pi^2) \quad \text{und} \quad f_j(t) = e^{-t}\int\limits_0^1 \sin(j\,\pi\,x)\,dx, \; j = 1, \ldots, N.$$

Damit erhält man für $N = 2\tilde{N}$, $\tilde{N} \in \mathbb{N}$ im vorliegenden Fall das entkoppelte Differentialgleichungssystem

$$\begin{aligned}
u''_{2j-1}(t) + (2j-1)^2\pi^2\,u_{2j-1}(t) &= 4\,e^{-t}, \\
u''_{2j}(t) + (2j)^2\pi^2\,u_{2j}(t) &= 0
\end{aligned} \quad j = 1, 2, .., \tilde{N}. \tag{2.13}$$

Zusammen mit den homogenen Anfangsbedingungen folgt

$$u_l(t) = \begin{cases} \dfrac{4}{1+l^2\pi^2}\left(-\cos(l\,\pi\,t) + \dfrac{1}{l\pi}\sin(l\,\pi\,t) + e^{-t}\right)\sin(l\pi x) & \text{für } l = 2j-1, \\ 0 & \text{für } l = 2j. \end{cases}$$

□

Im Unterschied zu (1.11) ist (2.11) ein System zweiter Ordnung, dessen Lösung prinzipiell andere Eigenschaften besitzt als die des Systems (1.11). Während im Fall eines homogenen parabolischen Problems die Lösung exponentiell abklingt (vgl. (1.5)), hat man für (2.11) das folgende diskrete Analogon zur Energieerhaltung (2.7).

LEMMA 5.6 *Es sei $f \equiv 0$. Dann gilt für die zur Lösung $\hat{u}$ von (2.11) zugeordnete Funktion u_h für beliebige $t \in [0,T]$ die Beziehung*

$$a(u_h(t), u_h(t)) + (u'_h(t), u'_h(t)) = a(u_h^0, u_h^0) + (v_h^0, v_h^0). \tag{2.14}$$

Beweis: Für die durch

$$\Phi(t) := a(u_h(t), u_h(t)) + (u'_h(t), u'_h(t)).$$

definierte Funktion gilt

$$\Phi'(t) := 2\,a(u_h(t), u'_h(t)) + 2\,(u'_h(t), u''_h(t)).$$

Wegen (2.8) erhält man mit $w_h = u'_h(t)$ hieraus $\Phi'(t) = 0$ für beliebige $t \in (0,T)$. Unter Beachtung der Anfangsbedingungen $u_h(0) = u_h^0$, $u'_h(0) = v_h^0$ folgt hieraus die Behauptung. ■

Zur Abschätzung des Wachstums von Funktionen, die einer häufig auftretenden Integralungleichung genügen, gilt

LEMMA 5.7 (Gronwall) *Es sei σ eine reelle stetige Funktion, ρ eine reelle, nichtfallende Funktion auf $[0,T]$, und mit einer Konstanten $c \geq 0$ gelte*

$$\sigma(t) \leq \rho(t) + \int_0^t \sigma(s)\,ds \qquad \text{für alle} \quad t \in [0,T].$$

Dann läßt sich σ abschätzen durch

$$\sigma(t) \leq e^{ct}\rho(t) \qquad \text{für alle} \quad t \in [0,T].$$

Beweis: Siehe z.B. [GGZ74].

Es bezeichne $R_h : V \to V_h$ wieder die durch (1.13) definierten Ritz-Projektion.

SATZ 5.7 *Die Lösung $u \in L_2(0,T;V)$ des Ausgangsproblems besitze eine zweite Ableitung mit der Glattheit $u'' \in L_2(0,T;H)$, und es sei $u(t) \in V \cap H^2(\Omega)$ für beliebige $t \in [0,T]$. Ferner werde mittels stückweise linearen C^0-Elementen diskretisiert. Dann existiert ein $c > 0$ derart, daß mit der Lösung u_h des semi-diskreten Problems (2.9), (2.10) für beliebige $t \in [0,T]$ die folgende Abschätzung gilt*

$$\begin{aligned}
\|u_h(t) - u(t)\| \quad &+ \quad h\,|u_h(t) - u(t)|_1 + \|u_h'(t) - u'(t)\| \\
&\leq \quad c\left(\|u_h^0 - R_h u^0\| + |v_h^0 - R_h v^0|_1\right) \\
&\quad + c\,h^2\left(\|u(t)\| + \|u'(t)\| + \left(\int_0^t \|u''(s)\|^2\,ds\right)^{1/2}\right).
\end{aligned} \tag{2.15}$$

Beweis: Wir stellen den Fehler $u - u_h$ wie im parabolischen Fall mit Hilfe der Ritz-Projektion R_h als Summe

$$u - u_h = p + q \qquad \text{mit} \qquad p := u - R_h u, \quad q := R_h u - u_h \tag{2.16}$$

dar und schätzen die Norm beider Summanden getrennt ab.

Unter den getroffenen Glattheitsvoraussetzungen folgt aus Lemma 5.2 die Existenz von Konstanten $c > 0$ so, dass

$$\|p(t)\| \leq c\,h^2\,\|u(t)\|_2, \quad \|\nabla p(t)\| \leq c\,h\,\|u(t)\|_2$$

und somit

$$\|p(t)\| + h\,|p(t)|_1 \leq c\,h^2\,\|u(t)\|_2 \tag{2.17}$$

gilt. Analog hat man

$$\|p'(t)\| \leq c\,h^2\,\|u'(t)\|_2 \qquad \text{und} \qquad \|p''(t)\| \leq c\,h^2\,\|u''(t)\|_2 \tag{2.18}$$

Dabei bezeichnen p', p'' entsprechende Ableitungen bezüglich der Zeit.

Wir wenden uns nun der Abschätzung von q zu. Da u und u_h die Variationsgleichungen in (2.2) bzw. (2.9) genügen und $V_h \subset V$ gewählt wurde, gilt die Galerkin-Orthogonalität

$$(u'' - u_h'', w_h) + a(u - u_h, w_h) = 0 \qquad \text{für alle} \quad w_h \in V_h. \tag{2.19}$$

Mit der Definition der Ritz-Projektion hat man

$$a(q, w_h) = a(R_h u - u_h, w_h) = a(u - u_h, w_h) \qquad \text{für alle} \quad w_h \in V_h. \tag{2.20}$$

Ferner ist

$$\begin{aligned}
(q'', w_h) = ((R_h u)'' - u_h'', w_h) &= ((R_h u - u)'' + u'' - u_h'', w_h) \\
&= (p'', w_h) + (u'' - u_h'', w_h) \quad \text{für alle} \quad w_h \in V_h.
\end{aligned}$$

Zusammen mit (2.19), (2.20) folgt hieraus, daß q der Variationsgleichung

$$(q'', w_h) + a(q, w_h) = -(p'', w_h) \qquad \text{für alle} \quad w_h \in V_h \tag{2.21}$$

genügt. Zur weiteren Abschätzung nutzen wir das Superpositionsprinzip für lineare Anfangswertprobleme und zerlegen q gemäß $q = \hat{q} + \bar{q}$, wobei die Summanden durch das Anfangswertproblem

$$\begin{aligned}
(\hat{q}'', w_h) + a(\hat{q}, w_h) &= 0 \quad \text{für alle} \quad w_h \in V_h, \\
\hat{q}(0) = u_h^0 - R_h u^0, \ \hat{q}'(0) &= v_h^0 - R_h v^0
\end{aligned} \tag{2.22}$$

bzw.

$$(\bar{q}'', w_h) + a(\bar{q}, w_h) = -(p'', w_h) \quad \text{für alle} \quad w_h \in V_h, \qquad \bar{q}(0) = \bar{q}'(0) = 0 \tag{2.23}$$

bestimmt sind. Mit Lemma 5.5 folgt aus (2.22) nun

$$\begin{aligned}
|\hat{q}(t)|_1^2 + \|\hat{q}'(t)\|^2 &= a(\hat{q}(t), \hat{q}) + (\hat{q}'(t), \hat{q}'(t)) \\
&= a(\hat{q}(0), \hat{q}(0)) + (\hat{q}'(0), \hat{q}'(0)) = |\hat{q}(0)|_1^2 + \|\hat{q}'(0)\|^2.
\end{aligned}$$

Mit der Normäquivalenz im $\mathbb{R}^2$ und den Anfangsbedingungen aus (2.22) liefert dies

$$|\hat{q}(t)|_1 + \|\hat{q}'(t)\| \leq c \left(|u_h^0 - R_h u^0|_1 + \|v_h^0 - R_h v^0\| \right). \tag{2.24}$$

Analog zum Beweis von Lemma 5.5 folgt unter Beachtung der Inhomogenität in (2.23) für beliebige $t \in [0, T]$

$$\frac{d}{dt} \left(a(\bar{q}(t), \bar{q}(t)) + (\bar{q}'(t), \bar{q}'(t)) \right) = -2 \left(p''(t), \bar{q}'(t) \right).$$

Wegen $-2\left(p'', \bar{q}'\right) \leq \|p''\|^2 + \|\bar{q}'\|^2$ erhält man nach Integration hieraus

$$a(\bar{q}(t), \bar{q}(t)) + (\bar{q}'(t), \bar{q}'(t)) \leq \int\limits_0^t \|p''(s)\|^2 \, ds + \int\limits_0^t \|\bar{q}'(s)\|^2 \, ds. \tag{2.25}$$

Unter Beachtung der homogenen Abfangsbedingungen in (2.23) folgt damit aus Lemma 5.7 (Gronwallschen Ungleichung) und wegen (2.18) nun

$$|\bar{q}(t)|_1^2 + \|\bar{q}'(t)\|^2 = a(\bar{q}(t), \bar{q}(t)) + (\bar{q}'(t), \bar{q}'(t)) \le e^t \int_0^t \|p''(s)\|^2 \, ds \quad \text{für alle } t \in [0, T].$$

Dies liefert

$$|\bar{q}(t)|_1 + \|\bar{q}'(t)\| \le c \, h^2 \left(\int_0^t \|u''(s)\|^2 \, ds \right)^{1/2} \qquad \text{für alle} \quad t \in [0, T]. \tag{2.26}$$

Mit $u = p + \hat{q} + \bar{q}$ sowie (2.16), (2.17), (2.24) und der Dreiecksungleichung erhält man die gewünschte Abschätzung für zwei Summanden in (2.15). Der dritte Summand kann analog behandelt werden. ∎

5.2.3 Zeitdiskretisierung

Die durch Semidiskretisierung bzgl. des Raumes erhaltenen Anfangswertaufgaben (2.9) gewöhnlicher Differentialgleichungen erfordern zu ihrer numerischen Lösung selbst wieder eine Diskretisierung in Zeitrichtung. Im Abschnitt 5.1.3 wurde diese Frage ausführlich für semidiskretisierte parabolische Aufgaben diskutiert. Bei den betrachteten Schwingungsproblemen ist neben der in Abschnitt 5.1.3 diskutierten Konsistenz und Stabilität der zeitlichen Diskretisierung auch die Bewahrung der Energieerhaltung in diskreter Form bedeutsam. Als Beispiel einer derartigen Diskretisierung bildet (2.27).

Wir wählen mit einer festen Zeitschrittweite $\tau := T/M$ mit $M \in \mathbb{N}$ ein äquidistantes Gitter $t_k := k\tau$, $k = 0, 1, \ldots, M$ über $[0, T]$, und es bezeichne $u_h^k \in V_h$ die zu bestimmenden Näherungen für die räumlich semidiskrete Lösung $u_h(t_k)$. Ferner wird definiert $t_{k+1/2} := \frac{1}{2}(t_k + t_{k+1})$ und analog $u_h^{k+1/2} := \frac{1}{2}(u_h^k + u_h^{k+1})$. Als Differenzenverfahren untersuchen wir (vgl. [LT05])

$$(D_\tau^+ D_\tau^- u_h^k, w_h) + a\left(\tfrac{1}{2}(u_h^{k+1/2} + u_h^{k-1/2}), w_h \right) = (f(t_k), w_h) \tag{2.27}$$
$$\text{für alle} \quad w_h \in V_h, \; k = 1, \ldots, M - 1.$$

Ausgehend von vorzugebenden diskreten Anfangsfunktionen u_h^0, $u_h^1 \in V_h$ werden durch diese Vorschrift rekursiv Näherungen $u_h^k \in V_h$ für $u_h(t_k)$ definiert.

Es sei zunächst daran erinnert (vgl. Kapitel 2), dass unter entsprechenden Glattheitsvoraussetzungen gilt

$$D_\tau^+ D_\tau^- u_h(t) = \frac{1}{\tau^2} \left(u_h(t + \tau) - 2u_h(t) + u_h(t - \tau) \right) = u_h(t) + O(\tau^2).$$

Unter Beachtung der Struktur des Differenzenoperators ist (2.27) äquivalent zu

$$\tau^{-2} \left(u_h^{k+1} - 2u_h^k + u_h^{k-1}, w_h \right) + a\left(\tfrac{1}{2}(u_h^{k+1/2} + u_h^{k-1/2}), w_h \right) = (f(t_k), w_h) \tag{2.28}$$
$$\text{für alle} \quad w_h \in V_h, \; k = 1, \ldots, M - 1.$$

Mit der Bilinearität der beiden Anteile der linken Seite liefert dies

$$\tau^{-2}\,(u_h^{k+1}, w_h) + \frac{1}{4}a(u_h^{k+1}, w_h) = (b_h^k, w_h) \quad \text{für alle } w_h \in V_h,\ k = 1, \dots, M-1. \quad (2.29)$$

Dabei ist $b_h^k \in V_h^*$ definiert durch

$$(b_h^k, w_h) := (f(t_k), w_h) + \tau^{-2}\,(2u_h^k - u_h^{k-1}, w_h) - a\Big(\frac{1}{4}(2u_h^k + u_h^{k-1}), w_h\Big) \quad \text{für alle } w_h \in V_h. \quad (2.30)$$

Bezeichnet wieder $\hat{u}^{k+1} = (u_j(t_{k+1}))$ die endlichdimensionale Repräsentation über der räumlichen Basis $\{\varphi_j\}$ von V_h und stellt $\hat{b}^k$ entsprechend die rechte Seite von (2.30) dar, so erhält man unter Verwendung der im voranstehenden Abschnitt eingeführten Abkürzungen die linearen Gleichungssysteme

$$\Big(\frac{1}{4}A + \tau^{-2}D\Big)\,\hat{u}^{k+1} = \hat{b}^k, \quad k = 1, \dots, M-1 \quad (2.31)$$

zur rekursiven Bestimmung von $\hat{u}^{k+1}$, also von $u_h^{k+1} = \sum\limits_{j=1}^{N} \hat{u}^{k+1}\,\varphi_j$, aus den diskreten Anfangswerten $\hat{u}^0$, $\hat{u}^1$. Die linearen Gleichungssysteme (2.31) besitzen eine symmetrische, positiv definite Koeffizientenmatrix, die unabhängig von der aktuellen Rekursionsstufe k ist. Darauf hinzuweisen ist jedoch. daß diese Koeffizientenmatrix in der Regel eine sehr hohe Dimension, aber bei Finite-Elemente-Methoden auch eine geringe Zahl von nichtverschwindenen Elementen besitzt. Damit erfordert (2.31) spezielle Lösungsverfahren, die wir in Kapitel 8 diskutieren.

Neben den zeitlichen Gitterpunkten t_k nutzen wir auch Zwischenpunkte

$$t_{k+1/2} := \frac{1}{2}(t_k + t_{k+1}) \quad \text{und setzen analog} \quad u_h^{k+1/2} := \frac{1}{2}(u_h^k + u_h^{k+1}).$$

Analog zu (2.7) hat man die folgende diskrete Energierhaltung.

LEMMA 5.8 *In Fall $f \equiv 0$ gilt mit den durch die Lösungen von (2.29) rekursiv definierten $u_h^k \in V_h$ die Beziehung*

$$a(u_h^{k+1/2}, u_h^{k+1/2}) + (D_\tau^+ u_h^k, D_\tau^+ u_h^k) = a(u_h^{1/2}, u_h^{1/2}) + (D_\tau^+ u_h^0, D_\tau^+ u_h^0),$$
$$k = 1, \dots, M-1. \quad (2.32)$$

Beweis: Wir wählen im k-ten Schritt als Testfunktion den zentralen Differenzenquotient $w_h = D_\tau^+ u_h^k = \frac{1}{2\tau}(u_h^{k+1} - u_h^{k-1})$. Damit gilt auch

$$w_h = \frac{1}{2}\Big(D_\tau^+ u_h^k + D_\tau^+ u_h^{k-1}\Big) = \frac{1}{\tau}\Big(u_h^{k+1/2} - u_h^{k-1/2}\Big).$$

Mit dieser Wahl von w_h folgt aus der Bilinearität und Symmetrie des Skalarprodukts

$$(D_\tau^+ D_\tau^- u_h^k, w_h) = \frac{1}{2\tau}\Big(D_\tau^+ u_h^k - D_\tau^+ u_h^{k-1}, D_\tau^+ u_h^k + D_\tau^+ u_h^{k-1}\Big) = \frac{1}{2}\,D_\tau^-\|D_\tau^+ u_h^k\|^2. \quad (2.33)$$

Ferner erhält man

$$a\left(\frac{1}{2}(u_h^{k+1/2} + u_h^{k-1/2}), w_h\right) = \frac{1}{2\tau} a\left(u_h^{k+1/2} + u_h^{k-1/2}, u_h^{k+1/2} - u_h^{k-1/2}\right).$$

Mit der Bilinearität und Symmetrie von $a(\cdot, \cdot)$ folgt hieraus

$$a\left(\frac{1}{2}(u_h^{k+1/2} + u_h^{k-1/2}), w_h\right) = \frac{1}{2} D_\tau^- a(u_h^{k+1/2}, u_h^{k+1/2})$$

und wegen (2.29) mit $f \equiv 0$ sowie (2.33) folgt

$$D_\tau^- \left(a(u_h^{k+1/2}, u_h^{k+1/2}) + (D_\tau^+ u_h^k, D_\tau^+ u_h^k)\right) = 0, \quad k = 1, \ldots, M - 1.$$

Die rekursive Anwendung dieser Beziehung liefert schließlich (2.32). ∎

Wir wenden uns nun der Konvergenz des volldiskreten Verfahrens (2.27) zu.

SATZ 5.8 *Die Lösung u des Ausgangsproblems genüge den in Satz 5.7 angenommenen Glattheitsvoraussetzungen, und der diskrete Raum V_h sei mittels stückweise linearen C^0-Elementen erzeugt. Dann existiert ein $c > 0$ derart, daß mit der Lösung $\{u_h^k\}$ des diskreten Problems (2.27) die folgende Abschätzung gilt*

$$\|u_h^{k+1/2} - u(t_{k+1/2})\| + h\,|u_h^{k+1/2} - u(t_{k+1/2})|_1 + \|D_\tau^+ u_h^k - u_t(t_{k+1/2})\| \le$$

$$c\left(|R_h u(t_0) - u_h^0|_1 + |R_h u(t_1) - u_h^1|_1 + \|D_\tau^+(R_h u(t_0) - u_h^0)\|\right) \qquad (2.34)$$

$$+ c\,(h^2 + \tau^2), \quad k = 1, \ldots, M - 1.$$

Beweis: Wir stellen analog zum semidiskreten Fall den Fehler $u(t_k) - u_h^k$ mit Hilfe der Ritz-Projektion R_h als Summe

$$u(t_k) - u_h^k = p^k + q^k \qquad (2.35)$$

mit

$$p^k := u(t_k) - R_h u(t_k), \quad q^k := R_h u(t_k) - u_h^k \qquad (2.36)$$

dar und schätzen die Norm beider Summanden getrennt ab. Für p^k gilt (vgl. Beweis zu Satz 5.7)

$$\|p^k\| + h\,|p^k|_1 \le c\,h^2\,\|u(t_k)\|_2 \qquad (2.37)$$

sowie

$$\|(p^k)''\| \le c\,h^2\,\|u''(t_k)\|_2 \quad \text{und} \quad \|(p^k)'\| \le c\,h^2\,\|u'(t_k)\|_2. \qquad (2.38)$$

Wir schätzen nun q^k ab. Unter Beachtung der konformen räumlichen Diskretisierung genügt u insbesondere auch in den Gitterpunkten den diskreten Variationsgleichungen

$$(u_{tt}(t_k), w_h) + a(u(t_k), w_h) = (f(t_k), w_h) \quad \text{für alle } w_h \in V_h.$$

Mit dem Ritz-Projektor R_h folgt hieraus

$$
\begin{aligned}
([R_hu]''(t_k), w_h) + a([R_hu](t_k), w_h) &= (f(t_k), w_h) + a(([R_hu]'' - u_{tt})(t_k), w_h) \\
&= (f(t_k), w_h) - a((p^k)'', w_h) \quad \text{für alle } w_h \in V_h.
\end{aligned}
$$

Unter entsprechenden Glattheitvoraussetzungen in Zeitrichtung liefert dies

$$
\begin{aligned}
(D_\tau^+ D_\tau^- [R_hu](t_k), w_h) &+ \tfrac{1}{2}a([R_hu](t_{k+1/2}), w_h) + \tfrac{1}{2}a([R_hu](t_{k-1/2}), w_h) \\
&= (f(t_k), w_h) - a((p^k)'', w_h) + (r^k, w_h) \quad \text{für alle } w_h \in V_h
\end{aligned}
$$

mit

$$
\|r^k\| \le c\tau^2. \tag{2.39}
$$

Zusammen mit der Diskretisierung (2.27) und der Definition von $q^k = R_hu(t_{k+1/2}) - u_h^{k+1/2}$ erhält man hieraus

$$
\begin{aligned}
(D_\tau^+ D_\tau^- q^k), w_h) &+ a(\tfrac{1}{2}q^{k+1/2} + \tfrac{1}{2}q^{k-1/2}, w_h) \\
&= -a((p^k)'', w_h) + (r^k, w_h) \quad \text{für alle } w_h \in V_h
\end{aligned} \tag{2.40}
$$

Wie im Beweis zu Satz 5.7 nutzen wir zur weiteren Abschätzung das Superpositionsprinzip und stellen q^k und $q^{k+1/2}$ als $q^k = \hat{q}^k + \bar{q}^k$ und $q^{k+1/2} = \hat{q}^{k+1/2} + \bar{q}^{k+1/2}$ dar. Diese Summanden sind definiert durch

$$
\begin{aligned}
(D_\tau^+ D_\tau^- \hat{q}^k), w_h) + a(\tfrac{1}{2}\hat{q}^{k+1/2} + \tfrac{1}{2}\hat{q}^{k-1/2}, w_h) &= 0 \quad \text{für alle } w_h \in V_h, \\
\hat{q}^0 = R_hu(t_0) - u_h^0, \quad \hat{q}^1 &= R_hu(t_1) - u_h^1
\end{aligned} \tag{2.41}
$$

bzw. durch

$$
\begin{aligned}
(D_\tau^+ D_\tau^- \bar{q}^k), w_h) &+ a(\tfrac{1}{2}\bar{q}^{k+1/2} + \tfrac{1}{2}\bar{q}^{k-1/2}, w_h) \\
&= -((p^k)'', w_h) + (r^k, w_h) \quad \text{für alle } w_h \in V_h, \\
\bar{q}^0 = \bar{q}^1 &= 0.
\end{aligned} \tag{2.42}
$$

Für den ersten Summanden $\hat{q}$ folgt aus (2.41) mit Lemma 5.8 nun

$$
|\hat{q}^{k+1/2}|_1^2 + \|D_\tau^+ \hat{q}^k\|^2 = |\hat{q}^{1/2}|_1^2 + \|D_\tau^+ \hat{q}^0\|^2, \quad k = 1, \dots, M-1.
$$

Wegen der Normäquivalenz im $\mathbb{R}^3$ und den Anfangsbedingungen in (2.41) existiert ein $c >$ derart, daß

$$
\begin{aligned}
|\hat{q}^{k+1/2}|_1 + \|D_\tau^+ \hat{q}^k\| \le c \Big(& |R_hu(t_0) - u_h^0|_1 + |R_hu(t_1) - u_h^1|_1 \\
& + \|D_\tau^+(R_hu(t_0) - u_h^0)\| \Big), \quad k = 1, \dots, M-1.
\end{aligned} \tag{2.43}
$$

Zur Abschätzung des zweiten Summanden wählen wir wie im Beweis zu Lemma 5.8 die spezielle Testfunktion

$$w_h := \frac{1}{2}(D_\tau^+ \bar{q}^k + D_\tau^+ \bar{q}^{k-1}) = \frac{1}{\tau}(\bar{q}^{k+1/2} - \bar{q}^{k-1/2}).$$

Aus (2.42) erhält man damit

$$D_\tau^- \left(|\bar{q}^{k+1/2}|_1^2 + \|D_\tau^+ \bar{q}^k\|^2\right) = (r^k, D_\tau^+ \bar{q}^k) + (r^k, D_\tau^+ \bar{q}^{k-1}) \\ - \left(((p^k)'', D_\tau^+ \bar{q}^k) - (((p^k)'', D_\tau^+ \bar{q}^{k-1})\right). \tag{2.44}$$

Mit der Abkürzung

$$\alpha_k := |\bar{q}^{k+1/2}|_1^2 + \|D_\tau^+ \bar{q}^k\|^2$$

$$\alpha_k - \alpha_{k-1} \leq \tau \left(\|(p^k)''\|^2 + \|r^k\|^2\right) + \frac{\tau}{2}\alpha_k + \frac{\tau}{2}\alpha_{k-1}, \quad k = 1, \ldots, M$$

bzw.

$$\left(1 - \frac{\tau}{2}\right)\alpha_k \leq \left(1 + \frac{\tau}{2}\right)\alpha_{k-1} + \tau \left(\|(p^k)''\|^2 + \|r^k\|^2\right), \quad k = 1, \ldots, M. \tag{2.45}$$

Bezeichnet δ eine Schranke derart, daß

$$\left(1 - \frac{\tau}{2}\right)\delta \geq \|(p^k)''\|^2 + \|r^k\|^2, \ k = 1, \ldots, M$$

gilt, dann läßt sich (2.45) schreiben als

$$\alpha_k \leq \beta\,\alpha_{k-1} + \tau\,\delta, \quad k = 1, \ldots, M \tag{2.46}$$

mit $\beta := (1 + \frac{\tau}{2})/(1 - \frac{\tau}{2})$. Hierfür erhält man induktiv

$$\alpha_k \leq \beta^k \alpha_0 + \tau\delta \sum_{j=0}^{k} \beta^j.$$

Mit

$$\beta^k = \left(\frac{1 + \frac{\tau}{2}}{1 - \frac{\tau}{2}}\right)^k = \left(1 - \frac{\tau}{1 - \frac{\tau}{2}}\right)^k \leq \exp\left(\frac{\tau}{1 - \frac{\tau}{2}}k\right)$$

und

$$\sum_{j=0}^{k} \beta^j = \frac{1 - \beta^{k+1}}{1 - \beta}$$

folgt hieraus

$$\alpha_k \leq \exp\left(\frac{\tau}{1 - \frac{\tau}{2}}k\right)\alpha_0 + 2\delta\left(\exp\left(\frac{\tau}{1 - \frac{\tau}{2}}k + 1\right) - 1\right).$$

Wegen $k\tau \leq T$ für $k = 0, 1, \ldots, M$ und $\tau \leq 1$ existiert ein $c > 0$ so, dass

$$\alpha_k \leq c\,(\alpha_0 + \delta), \quad k = 1, \ldots, M. \tag{2.47}$$

Die Definitionen von α_k, δ sowie die Abschätzungen (2.38), (2.39) für $\|(p^k)''\|$ bzw. $\|r^k\|$ sichern zusammen mit der Normäquivalenz in $\mathbb{R}^3$ die Existenz eines $c > 0$ mit

$$
\begin{aligned}
|\bar{q}^{k+1/2}|_1 + \|D_\tau^+ \bar{p}^k\| \leq c \, \Big(& |R_h u(t_0) - u_h^0|_1 + |R_h u(t_1) - u_h^1|_1 \\
& + \|D_\tau^+(R_h u(t_0) - u_h^0)\| + \tau^2 + h^2 \Big), \quad k = 1, \ldots, M-1.
\end{aligned}
\tag{2.48}
$$

Zusammen mit (2.36), (2.43) und der Dreiecksungleichung folgt hieraus die Abschätzung der ersten Terme in (2.34). Eine obere Schranke für $\|D_\tau^+ u_h^k - u_t(t_{k+1/2})\|$ kann unter den getroffenen Glattheitsvoraussetzungen analog gezeigt werden. ∎

Bemerkung 5.8 Um die optimale Konvergenzordnung $O(h^2 + \tau^2)$ zu sichern, sind die diskreten Anfangswerte u_h^0, u_h^1 so zu wählen, dass

$$
|R_h u(t_0) - u_h^0|_1 + |R_h u(t_1) - u_h^1|_1 + \|D_\tau^+(R_h u(t_0) - u_h^0)\| = O(h^2 + \tau^2)
\tag{2.49}
$$

gilt. Eine Möglichkeit zur konstruktiven Sicherung dieser Bedingung wird in Übungsaufgabe 5.9) angegeben. □

5.2.4   Die Rothe-Methode bei hyperbolischen Problemen

Die klassische Rothe-Methode (vgl. Abschnitt 5.1.5) ist eine Form der Semidiskretisierung von zeitabhängigen Anfangs-Randwert-Problemen, bei der bezüglich der Zeit diskretisiert wird, während bezüglich des Raumes keine Diskretisierung erfolgt. Die Rothe-Methode besteht dabei in der Anwendung des impliziten Euler-Verfahrens auf ein System, das bezüglich der Zeit nur von erster Ordnung ist. Wir werden jedoch zunächst eine verallgemeinerte Rothe-Methode betrachten, die die im voranstehenden Abschnitt untersuchte Zeitdiskretisierung nutzt. Die eigentliche Rothe-Methode wird anschließend skizziert.

Als Ausgangsaufgabe betrachten wir wieder die schwache Formulierung

$$
\begin{aligned}
\left(\frac{d^2 u}{dt^2}, w \right) + a(u, w) &= (f, w) \qquad \text{für alle} \quad w \in V, \\
u(0) = u^0, \quad \frac{du}{dt}(0) &= v^0
\end{aligned}
\tag{2.50}
$$

von (2.1). Dabei sind $u^0 \in V = H_0^1(\Omega)$, $v^0 \in H = L_2(\Omega)$ vorgegeben.

Wir wählen mit einer festen Zeitschrittweite $\tau := T/M$ mit $M \in \mathbb{N}$ ein äquidistantes Gitter $t_k := k\tau$, $k = 0, 1, \ldots, M$ über $[0, T]$, und es bezeichne $u^k \in V$ die zu bestimmenden Näherungen für die Lösung $u(t_k)$ in Gitterpunkten. Ferner wird definiert $t_{k+1/2} := \frac{1}{2}(t_k + t_{k+1})$ und analog $u^{k+1/2} := \frac{1}{2}(u^k + u^{k+1})$. Als Differenzenverfahren untersuchen wir (vgl. [LT05])

$$
(D_\tau^+ D_\tau^- u^k, w) + a(\tfrac{1}{2}(u^{k+1/2} + u^{k-1/2}), w) = (f(t_k), w)
\tag{2.51}
$$

$$
\text{für alle} \quad w \in V, \ k = 1, \ldots, M-1.
$$

Ausgehend von den Anfangsfunktionen u^0, $u^1 \in V$ werden durch diese Vorschrift rekursiv Näherungen $u^k \in V$ für $u(t_k)$ definiert. Die Rothe-Methode (2.51) bildet das räumlich stetige Analogon zu (2.27), und die Näherung $u^{k+1} \in V$ wird mit bekannten u^{k-1}, $u^k \in V$ durch die elliptische Randwertaufgabe

$$\tau^{-2} (u^{k+1}, w) + \frac{1}{4} a(u^{k+1}, w) = (b^k, w) \quad \text{für alle } w \in V, \ k = 1, \ldots, M - 1. \tag{2.52}$$

Dabei ist $b^k \in V^*$ definiert durch

$$(b^k, w) := (f(t_k), w) + \tau^{-2} (2u^k - u^{k-1}, w) - a\left(\frac{1}{4}(2u^k + u^{k-1}), w\right) \quad \text{für alle } w \in V. \tag{2.53}$$

Das Lemma von Lax-Milgram sichert die eindeutige Lösbarkeit der Variationsgleichung (2.52). Es sei jedoch darauf hingewiesen, daß für $\tau \to 0$ diese Variationsgleichung ein singluär gestörtes Problem vom Reaktions-Diffusions-Typ (vgl. Kapitel 6) ist.

Wir wenden uns nun der Konvergenzuntersuchung zu. Diese kann weitgehend analog zu dem im voranstehenden Kapitel diskutierten volldiskreten Fall erfolgen. Exemplarisch geben wir nur den Beweis des folgenden Lemmas an.

LEMMA 5.9 *In Fall $f \equiv 0$ gilt mit den durch die Lösungen von (2.51) rekursiv definierten $u^k \in V$ die Beziehung*

$$a(u^{k+1/2}, u^{k+1/2}) + (D_\tau^+ u^k, D_\tau^+ u^k) = a(u^{1/2}, u^{1/2}) + (D_\tau^+ u^0, D_\tau^+ u^0), \tag{2.54}$$
$$k = 1, \ldots, M - 1.$$

Beweis: Wir wählen im k-ten Schritt als Testfunktion den zentralen Differenzenquotient $w = D_\tau^+ u^k = \frac{1}{2\tau}(u^{k+1} - u^{k-1})$. Damit gilt auch

$$w = \frac{1}{2}\left(D_\tau^+ u^k + D_\tau^+ u^{k-1}\right) = \frac{1}{\tau}\left(u^{k+1/2} - u^{k-1/2}\right).$$

Mit dieser Wahl von w folgt aus der Bilinearität und Symmetrie des Skalarprodukts

$$(D_\tau^+ D_\tau^- u^k, w) = \frac{1}{2\tau}\left(D_\tau^+ u^k - D_\tau^+ u^{k-1}, D_\tau^+ u^k + D_\tau^+ u^{k-1}\right) = \frac{1}{2} D_\tau^- \|D_\tau^+ u^k\|^2. \tag{2.55}$$

Ferner erhält man

$$a\left(\frac{1}{2}(u^{k+1/2} + u^{k-1/2}), w\right) = \frac{1}{2\tau} a\left(u^{k+1/2} + u^{k-1/2}, u^{k+1/2} - u^{k-1/2}\right).$$

Mit der Bilinearität und Symmetrie von $a(\cdot, \cdot)$ folgt hieraus

$$a\left(\frac{1}{2}(u^{k+1/2} + u^{k-1/2}), w\right) = \frac{1}{2} D_\tau^- a(u^{k+1/2}, u^{k+1/2})$$

und wegen (2.51) mit $f \equiv 0$ sowie (2.55) folgt

$$D_\tau^- \left(a(u^{k+1/2}, u^{k+1/2}) + (D_\tau^+ u^k, D_\tau^+ u^k)\right) = 0, \quad k = 1, \ldots, M - 1.$$

Die rekursive Anwendung dieser Beziehung liefert schließlich (2.54). ∎

SATZ 5.9 *Die Lösung u des Ausgangsproblems sei hinreichend glatt. Dann existiert ein* $c > 0$ *derart, daß mit der Lösung* $\{u^k\}$ *des semidiskreten Problems (2.51) der verallgemeinerten Rothe-Methode die folgende Abschätzung gilt*

$$\|u^{k+1/2} - u(t_{k+1/2})\| + |u^{k+1/2} - u(t_{k+1/2})|_1 + \|D_\tau^+ u^k - u_t(t_{k+1/2})\| \le$$
$$c\left(\|D_\tau^+(u(t_0) - u^0)\| + \tau^2\right), \quad k = 1, \ldots, M-1. \tag{2.56}$$

Der Nachweis der angegebenen Abschätzung kann analog zum Beweis von Satz 5.7 erfolgen. Da bei der Rothe-Methode keine räumliche Diskretisierung erfolgt, verkürzt sich dabei der Beweis. Insbesondere ist keine Zwischenschaltung einer Ritz-Projektion erforderlich, und es kann der Fehler $u^k - u(t_k)$ unter Verwendung von Lemma 5.9 wie der Anteil q^k im Beweis zu Satz 5.7 abgeschätzt werden.

Wir wenden uns nun der klassischen Rothe-Methode (vgl. Abschnitt 5.1.5) zu. Sie besteht in der Anwendung des impliziten Euler-Verfahrens bezüglich der Zeit auf parabolische Anfangs-Randwert-Probleme. Wir skizzieren dies kurz für das Differentialgleichungssystem (2.4), wobei im Unterschied zu den voranstehenden Untersuchungen variablen Zeitschrittweiten $\tau_k := t_{k+1} - t_k$ betrachtet werden. Wird das implizite Euler-Verfahren auf

$$\begin{aligned}
(u_t, z) &- & (v, z) &= 0 && \text{für alle} \quad z \in H, \\
(v_t, w) &+ & a(u, w) &= (f, w) && \text{für alle} \quad w \in V
\end{aligned} \tag{2.57}$$

angewandt, dann erhält man

$$\begin{aligned}
(D_{\tau_{k+1}}^- u^{k+1}, z) &- & (v^{k+1}, z) &= 0 && \text{für alle} \quad z \in H, \\
(D_{\tau_{k+1}}^- v^{k+1}, w) &+ & a(u^{k+1}, w) &= (f(t_{k+1}), w) && \text{für alle} \quad w \in V.
\end{aligned} \tag{2.58}$$

Dies entspricht der klassischen Formulierung

$$\begin{aligned}
\frac{1}{\tau_{k+1}}(u^{k+1} - u^k) &- & v^{k+1} &= 0, \\
\frac{1}{\tau_{k+1}}(v^{k+1} - v^k) &- & \Delta u^{k+1} &= f(t_{k+1}), \quad k = 1, \ldots, M-1
\end{aligned}$$

bzw. nach Elimination von v^k, v^{k+1} dem Verfahren

$$\frac{1}{\tau_{k+1}}\left(\frac{1}{\tau_{k+1}}(u^{k+1} - u^k) - \frac{1}{\tau_k}(u^k - u^{k-1})\right) - \Delta u^{k+1} = f(t_{k+1}), \quad k = 1, \ldots, M-1.$$

Wegen $V \hookrightarrow H$ impliziert (2.58) auch direkt die hierzu gehörige schwache Formulierung

$$\left(D_{\tau_{k+1}}^- D_{\tau_k}^+ u^k, w\right) + a(u^{k+1}, w) = (f(t_{k+1}), w) \quad \text{für alle} \quad w \in V \tag{2.59}$$

bzw.

$$(u^{k+1}, w) + \tau_{k+1}^2 a(u^{k+1}, w) = \left(u^k + \frac{\tau_{k+1}}{\tau_k}(u^k - u^{k-1}), w\right)$$
$$\text{für alle} \quad w \in V, \quad k = 1, \ldots, M-1. \tag{2.60}$$

Für u^{k-1}, $u^k \in V$ sichert das Lemma von Lax-Milgram, dass (2.60) eine eindeutige Lösung $u^{k+1} \in V$ besitzt. Damit definiert das semidiskrete Verfahren (2.60) von u^0, $u^1 \in V$ ausgehend die Näherungsfunktionen $u^k \in V$ für $u(\cdot, t_k) \in V$, $k = 2, \ldots, M$. Als wichtige Stabilitätseigenschaft des Verfahrens (2.60) erhält man analog zu den bisher betrachteten Techniken die folgende Energieabschätzung.

LEMMA 5.10 *In Fall $f \equiv 0$ gilt mit den durch die Lösungen von (2.60) rekursiv definierten $u^k \in V$ die Beziehung*

$$\|D_{\tau_{k+1}}^+ u^k\|^2 + a(u^{k+1}, u^{k+1}) \leq \|D_{\tau_1}^+ u^0\|^2 + a(u^1, u^1), \quad k = 1, \ldots, M - 1. \quad (2.61)$$

Beweis: Wählt man im k-ten Schritt als Testfunktion $w = u^{k+1} - u^k$, so folgt aus der zu (2.60) äquivalenten Variationsgleichung (2.59) die Identität

$$\frac{1}{\tau_{k+1}} \left(\frac{1}{\tau_{k+1}} (u^{k+1} - u^k) - \frac{1}{\tau_k} (u^k - u^{k-1}), u^{k+1} - u^k \right) + a(u^{k+1}, u^{k+1} - u^k) = 0$$

und damit

$$(D_{\tau_{k+1}}^+ u^k, D_{\tau_{k+1}}^+ u^k) + a(u^{k+1}, u^{k+1}) = (D_{\tau_{k+1}}^+ u^k, D_{\tau_k}^+ u^{k-1}) + a(u^{k+1}, u^k).$$

Mit der Cauchyschen Ungleichung erhält man nun

$$
\begin{aligned}
(D_{\tau_{k+1}}^+ u^k, D_{\tau_{k+1}}^+ u^k) + a(u^{k+1}, u^{k+1}) &\leq \|D_{\tau_{k+1}}^+ u^k\| \, \|D_{\tau_k}^+ u^{k-1}\| \\
&\quad + a(u^{k+1}, u^{k+1})^{1/2} a(u^k, u^k)^{1/2} \\
&\leq \frac{1}{2} \left(\|D_{\tau_{k+1}}^+ u^k\|^2 + \|D_{\tau_k}^+ u^{k-1}\|^2 \right) \\
&\quad + \cdot \frac{1}{2} \left(a(u^{k+1}, u^{k+1}) + a(u^k, u^k) \right)
\end{aligned}
$$

Also gilt

$$\|D_{\tau_{k+1}}^+ u^k\|^2 + a(u^{k+1}, u^{k+1}) \leq \|D_{\tau_k}^+ u^{k-1}\|^2 + a(u^k, u^k), \quad k = 1, \ldots, M - 1. \quad (2.62)$$

Durch rekursive Anwendung von (2.62) folgt (2.61). ∎

Eine vollständige Konvergenzanalyse für das Verfahren (2.60) einschließlich adaptiver Gittererzeugung wird in [14] gegeben.

5.2.5 Bemerkungen zur Fehlerkontrolle

Der Einfachheit halber wurden in den voranstehenden Teilabschnitten bis auf (2.60) zeitlich äquidistante und über alle Zeitschritte eine feste räumliche Diskretisierung verwendet. Mit entsprechenden Fehlerindikatoren kann die vollständige Diskretisierung der hyperbolischen Aufgabe (2.2) auch räumlich und zeitlich adaptiv erfolgen. Neben unterschiedlichen Zeitschrittweiten können dann zu den Zeitniveaus t_k auch unterschiedliche Finite-Elemente-Diskretisierungen genutzt werden, d.h. anstelle eines festen diskreten Raumen $V_h \subset V$ werden Räume $V_k \subset V$, $k = 2, \ldots, M$, z.B. durch stückweise lineare C^0-Elemente auf Triangulationen $\mathcal{T}_k$ von $\overline{\Omega}$, angewandt. Wird von der Zeitdiskretisierung (2.59) ausgegangen, dann liefert dies die Variationsgleichungen

$$\left(D^-_{\tau_{k+1}} D^+_{\tau_k} u^k, w_h \right) + a(u^{k+1}, w_h) = (f(t_{k+1}), w_h) \quad \text{für alle} \quad w_h \in V_{k+1}. \quad (2.63)$$

Wegen der konsistenten Diskretisierung $V_k \subset V$ sichert das Lemma von Lax-Milgram, dass (2.63) eine eindeutige Lösung $u^{k+1} \in V_{k+1}$ besitzt. Fehlerindikatoren zur räumlich und zeitlich unabhängigen Gittersteuerung werden in [14] angegeben und deren Eigenschaften ausführlich analysiert. Wir verweisen ferner auf [BR03].

Übung 5.9 Man zeige, daß für hinreichend glatte Lösungen u und Anfangsfunktionen u^0, v^0 des Ausgangsproblems (2.1) durch die Wahl von u_h^0, u_h^1 gemäß

$$u_h^0 := R_h u^0, \qquad u_h^1 := R_h \left(u^0 + \tau v^0 + \frac{1}{2}((\Delta u)(0) + f(0)) \right)$$

die Bedingung (2.49) gesichert wird.

Übung 5.10 Unter Verwendung von Lemma 5.9 beweise man die Abschätzung (2.56).

Kapitel 6

Singuläre Störungen

In diesem Abschnitt untersuchen wir lineare Randwertaufgaben bzw. Anfangs-Randwertaufgaben für Differentialgleichungen der Form

$$\left(\frac{\partial u}{\partial t}\right) - \varepsilon \triangle u + b\nabla u + cu = f,$$

wobei die Daten so normiert seien, dass $\|f\|_\infty$, $\|c\|_\infty$, $\|b\|_\infty \sim 1$ und $0 < \varepsilon \ll 1$ gilt. Solche Probleme heißen *singulär gestört*, weil $u = u(.,\varepsilon)$ für $\varepsilon \to 0$ im allgemeinen nicht überall gegen die Lösung des Problems konvergiert, das man erhält, indem man im Ausgangsproblem $\varepsilon = 0$ setzt und einen geeigneten Teil der Randbedingungen bzw. Anfangs- und Randbedingungen berücksichtigt.

Die Besonderheiten bei der Diskretisierung rühren daher, daß der stabilisierende Term $-\varepsilon\triangle u$ der Diskretisierung für $\varepsilon \to 0$ immer mehr an Einfluß verliert. Zudem ist es so, daß die ε - Abhängigkeit der exakten Lösung derart ist, daß der Konsistenzfehler bei Standarddifferenzenverfahren und der Approximationsfehler bei Standard-Finiten-Elementen für $\varepsilon \to 0$ bei fester (beliebig kleiner) Schrittweite unbeschränkt wächst.

Wir diskutieren eindimensionale Randwertaufgaben, örtlich eindimensionale parabolische Probleme und den zweidimensionalen elliptischen und parabolischen Fall. Zum Verständnis der Schwierigkeiten bei der numerischen Behandlung schicken wir Aussagen zur ε - Abhängigkeit der exakten Lösung und zu Grenzschichtstrukturen voraus und studieren danach verschiedene zweckmäßige Diskretisierungsvarianten.

Die Darstellung in diesem Kapitel ist eine Einfürung in die Problematik der singulären Störungen. Mit der Monographie [RST96], insbesondere der 2006 erscheinenden aktualisierten zweiten Auflage, liegt eine umfangreiche Übersicht zur Numerik singulär gestörter Aufgaben vor.

6.1   Zweipunkt-Randwertaufgaben

6.1.1   Zum analytischen Verhalten der Lösungen

Betrachtet wird die Randwertaufgabe

$$Lu :\equiv -\varepsilon u'' + b(x)u' + c(x)u = f(x), \quad u(0) = u(1) = 0 \tag{1.1}$$

mit $0 < \varepsilon \ll 1$ unter der Voraussetzung $c(x) \geq 0$ (dies sichert eindeutige Lösbarkeit). Schon einfache Beispiele zeigen, mit welchen Schwierigkeiten man bei der Diskretisierung rechnen muß. Die exakte Lösung etwa von

$$-\varepsilon u'' - u' = 0, \quad u(0) = 0, \quad u(1) = 1$$

ist

$$u(x, \varepsilon) = \left(1 - \exp\left(-\frac{x}{\varepsilon}\right)\right) \Big/ \left(1 - \exp\left(-\frac{1}{\varepsilon}\right)\right),$$

und das gewöhnliche Differenzenverfahren

$$-\varepsilon D^+ D^- u_i - D^0 u_i = 0, \quad u_0 = 0, u_N = 1$$

liefert

$$u_i = \frac{1 - r^i}{1 - r^N} \quad \text{mit} \quad r = \frac{2\varepsilon - h}{2\varepsilon + h}.$$

Ist ε sehr klein, so ist zunächst einmal die Schrittweitenbeschränkung $h < 2\varepsilon$ (ansonsten oszilliert u_i, obwohl die exakte Lösung monoton ist) sehr unangenehm, und selbst wenn $h < 2\varepsilon$ erfüllt ist, etwa für $\varepsilon=h$, gilt z.B.

$$\lim_{h \to 0} u_1 = \frac{2}{3} \quad \neq \quad \lim_{h \to 0} u(x_1) = 1 - \frac{1}{e}.$$

Ursache dafür ist das extreme Verhalten von $u(x, \varepsilon)$, denn es gilt

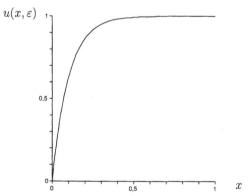

Abbildung 6.1 Grenzschicht bei $x = 0$ für $\varepsilon = 0.1$

$$\lim_{\varepsilon \to 0} u(x, \varepsilon) = 1, \text{ für beliebiges } x \in (0, 1], \qquad \text{aber} \quad u(0, \varepsilon) = 0.$$

Bei $x = 0$ befindet sich eine *Grenzschicht*, ein Bereich, indem sich die Lösung extrem schnell (mit kleiner werdendem ε betont) ändert. Außerdem gilt für die Ableitungen der exakten Lösung, zumindest in der Nähe von $x = 0$, qualitativ

$$u^{(k)} \sim C\varepsilon^{-k}.$$

Wir zeigen jetzt, daß das eben skizzierte Verhalten der Lösung des obigen Beispiels typisch ist für die Klasse der Randwertaufgaben (1), falls $b(x) \neq 0$ für alle $x \in [0,1]$ gilt. Es seien grundsätzlich die Daten des Problems, also b, c, f, hinreichend glatt. Zunächst gilt folgende *Lokalisierungsregel*:

> *Ist b positiv, so tritt eine Grenzschicht am rechten Rand auf.*
> *Ist b negativ, so tritt eine Grenzschicht am linken Rand auf.*

Wir begründen diese Regel demnächst und studieren den Fall $b(x) \geq \beta > 0$. Es sei u_0 die Lösung von

$$b(x)u' + c(x)u = f(x), \quad u(0) = 0. \tag{1.2}$$

(1.2) heißt *reduziertes Problem*. Das reduzierte Problem setzt sich aus der reduzierten Differentialgleichung (man setzt einfach $\varepsilon = 0$ in der Ausgangsgleichung) und einem Teil der gegebenen Randbedingungen zusammen. Die Randbedingungen richtig zu fixieren ist der entscheidende Punkt; für gewisse Problemklassen lassen sich Regeln angeben, die aussagen, welche der gegebenen Randbedingungen zu streichen sind. Man hofft, daß im allgemeinen

$$\lim_{\varepsilon \to 0} u(x, \varepsilon) = u_0(x) \tag{1.3}$$

gilt. Umgebungen von Punkten bzw. Mannigfaltigkeiten, in denen (1.3) nicht gilt, heißen *Grenzschichtbereiche*.

LEMMA 6.1 *Es sei $b(x) \geq \beta > 0$. Für alle $x \in [0, x_0)$ mit $x_0 < 1$ gilt*

$$\lim_{\varepsilon \to 0} u(x, \varepsilon) = u_0(x).$$

Beweis: Der Beweis basiert auf dem Vergleichsprinzip.
Setzt man $v_1 := \gamma \exp(\beta x)$, so gilt (wegen $c(x) \geq 0$)

$$Lv_1 \geq \gamma(-\beta^2 \varepsilon + b\beta) \exp(\beta x) \geq 1$$

bei geeignet gewähltem γ.
Setzt man $v_2 := \exp(-\beta(1-x)/\varepsilon)$, so gilt

$$Lv_2 \geq \frac{\beta}{\varepsilon}(b - \beta) \exp(-\beta \frac{1-x}{\varepsilon}) \geq 0.$$

Es sei nun $v = M_1 \varepsilon v_1 + M_2 v_2$. Dann gilt

$$Lv \geq M_1 \varepsilon \geq |L(u - u_0)| = \varepsilon |u_0''|,$$

$$v(0) \geq |(u - u_0)(0)| = 0,$$

$$v(1) = M_1 \varepsilon v_1 + M_2 \geq |(u - u_0)(1)| = |u_0(1)|$$

bei geeignet gewählten M_1, M_2. Also folgt

$$|u - u_0| \le v = M_1 \varepsilon + M_2 \exp(-\beta \frac{1-x}{\varepsilon}).$$

Daraus folgt sofort die Behauptung und darüberhinaus

$$|u - u_0| \le M^* \varepsilon \quad \text{für} \quad x \in [0, x_0), \ x_0 < 1.$$

Damit ist das Lemma bewiesen. ∎

Denkt man über den Beweis von Lemma 6.1 nach, so entdeckt man die Begründung für die Vorzeichenregel bezüglich der Grenzschichten. Denn hätte man versucht, für $b(x) \ge \beta > 0$ ein ähnliches Resultat in $(x_0, 1]$ bei $u(1) = 0$ zu beweisen, so benötigte man $v_2^* := \exp(-\beta x/\varepsilon)$, aber in

$$L v_2^* \ge -\frac{\beta}{\varepsilon}(b + \beta) \exp(-\frac{\beta x}{\varepsilon})$$

hat man das "falsche" Vorzeichen !

Eine Approximation für alle $x \in [0, 1]$ erhält man durch Addition eines Korrekturtermes zu u_0. Da u_0 den Beziehungen

$$L u_0 = f - \varepsilon u_0'',$$

$$u_0(0) = 0, \quad u_0(1) = u_0(1)$$

genügt, sucht man ein v_0, das der homogenen Gleichung sowie $v_0(1) = -u_0(1)$ genügt und das im Innern von $[0, 1]$ (exponentiell) abklingt. Solch eine Korrektur heißt *Grenzschichtkorrektur*. Befindet sich bei $x = x_0$ die Grenzschicht, führt man dann bei $x = x_0$ lokale Koordinaten ein gemäß $\pm\xi = (x - x_0)/\varepsilon^\alpha$ $(\alpha > 0)$ und wählt den Parameter α so, daß der transformierte Differentialoperator L^* für $\varepsilon \to 0$ eine Gestalt besitzt, die (exponentiell) abklingende Lösungen für $\xi \to \infty$ zuläßt.
In unserem Fall führt $\xi = (1 - x)/\varepsilon^\alpha$ zu

$$L^* = -\varepsilon^{1-2\alpha} \frac{d^2}{d\xi^2} - \varepsilon^{-\alpha} b(1 - \varepsilon^\alpha \xi) \frac{d}{d\xi} + c(1 - \varepsilon^\alpha \xi),$$

mögliche Entartungen von L^* für $\varepsilon \to 0$ sind also

$$L^* = -\varepsilon^{-1}\left(\frac{d^2}{d\xi^2} + b(1)\frac{d}{d\xi}\right) \quad \text{für} \quad \alpha = 1$$

$$L^* = -\varepsilon^{1-2\alpha} \frac{d^2}{d\xi^2} \quad \text{für} \quad \alpha > 1$$

$$L^* = -\varepsilon^{-\alpha} b(1) \frac{d}{d\xi} \quad \text{für} \quad 0 < \alpha < 1.$$

Nur im ersten Fall $\alpha = 1$ sind abklingende Lösungen möglich, die Lösung von

$$\frac{d^2 v}{d\xi^2} + b(1)\frac{dv}{d\xi} = 0, \quad v\,|_{\xi=0} = -u_0(1), \quad v\,|_{\xi=\infty} = 0$$

ist

$$v_0 = -u_0(1) \exp\left(-b(1)\frac{1-x}{\varepsilon}\right).$$

Ähnlich wie Lemma 6.1 beweist man dann

LEMMA 6.2 *Es sei* $b(x) \geq \beta > 0$. *Dann existiert eine von* x, ε *unabhängige Konstante* C, *so daß für die Lösung der Randwertaufgabe (1.1) gilt*

$$\left| u(x,\varepsilon) - \left[u_0(x) - u_0(1) \exp\left(-b(1)\frac{1-x}{\varepsilon}\right) \right] \right| \leq C\varepsilon. \tag{1.4}$$

Für die Analyse von numerischen Verfahren ist das präzise Verhalten von Ableitungen der exakten Lösung wichtig.

LEMMA 6.3 *Es sei* $b(x) \geq \beta > 0$. *Für die Ableitung der exakten Lösung der Randwertaufgabe (1.1) gilt*

$$|u'(x,\varepsilon)| \leq C\left(1 + \varepsilon^{-1} \exp\left(-\beta\frac{1-x}{\varepsilon}\right)\right), \tag{1.5}$$

dabei ist C *wieder eine von* x, ε *unabhängige Konstante.*

Beweis: Durch Variation der Konstanten erhält man aus

$$-\varepsilon u'' + bu' = h := f - uc$$

die Lösungsdarstellung (mit $\int b = B$ und Integrationskonstanten K_1, K_2)

$$u(x) = u_p(x) + K_1 + K_2 \int_x^1 \exp(-\varepsilon^{-1}(B(1) - B(t)))dt,$$

wobei

$$u_p(x) := -\int_x^1 z(t)dt, \quad z(x) := \int_x^1 \varepsilon^{-1}h(t)\exp(-\varepsilon^{-1}(B(t) - B(x)))dt.$$

Abzuschätzen ist K_2, da $u'(1) = -K_2$ gilt.
Wegen der Randbedingungen ist $K_1 = 0$ und

$$K_2 \int_0^1 \exp(-\varepsilon^{-1}(B(1) - B(t)))dt = -u_p(0).$$

Aus der Beschränktheit von h folgt

$$|u_p(0)| \leq C \max |z(x)|$$

mit

$$|z(x)| \leq C\varepsilon^{-1} \int_x^1 \exp(-\varepsilon^{-1}(B(t) - B(x)))dt.$$

Die Ungleichung

$$\exp(-\varepsilon^{-1}(B(t) - B(x))) \leq \exp(-\beta\varepsilon^{-1}(t - x)) \quad \text{für} \quad x \leq t$$

(wegen $B(t) - B(x) = \int_x^t b(\tau)d\tau$)
liefert

$$|z(x)| \leq C\varepsilon^{-1} \int_x^1 \exp(-\beta\varepsilon^{-1}(t - x))dt,$$

also $|u_p(0)| \leq C$. Wegen

$$\int_0^1 \exp(-\varepsilon^{-1}(B(1) - B(t)))dt \geq C\varepsilon$$

folgt zunächst

$$|K_2| = |u'(1)| \leq C\varepsilon^{-1}.$$

Aus

$$u' = z + K_2 \exp(-\varepsilon^{-1}(B(1) - B(x)))$$

folgt dann aber sofort

$$|u'| \leq C\Big(1 + \varepsilon^{-1} \exp(-\beta\frac{1 - x}{\varepsilon})\Big). \quad \blacksquare$$

KOROLLAR 6.1 *Aus Lemma 6.3 folgt*

$$\int_0^1 |u'| \leq C.$$

Diese Folgerung ist wichtig, da die L_1-Norm eine wichtige Rolle in Stabilitätsabschätzungen spielt.
Induktiv beweist man analog zu Lemma 6.3

LEMMA 6.4 *Die Ableitungen der exakten Lösung von (1.1) genügen im Fall* $b(x) > \beta > 0$ *der Ungleichung*

$$|u^{(i)}(x, \varepsilon)| \leq C(1 + \varepsilon^{-i} \exp(-\beta\varepsilon^{-1}(1 - x))). \tag{1.6}$$

In manchen Situationen ist es günstig, statt des Lemmas 6.4 die folgende Zerlegung der Lösung zu nutzen: u läßt sich derart in einen glatten Anteil S und einen Grenzschichtanteil E zerlegen, daß gilt

$$u = S + E \tag{1.7}$$

mit

$$|S^{(k)}| \leq C, \quad |E^{(k)}| \leq C\varepsilon^{-k} \exp(-\beta(1 - x)/\varepsilon) \quad \text{für } k = 0, 1, ..., q \tag{1.8}$$

(q hängt ab von der Glattheit der Daten des Problems); ferner

$$LS = f \quad \text{und} \quad LE = 0 \tag{1.9}$$

(s. [85]). Eine solche Zerlegung nennen wir *S-Zerlegung*.

Bemerkung 6.1 Besitzen die Grenzschichtanteile die Eigenschaft, daß deren erste Ableitung gleichmäßig beschränkt ist, so spricht man von einer *schwachen Grenzschicht*. So gilt z.B. bei den Randbedingungen

$$u(0) = 0, \quad u'(1) = \alpha$$

für den Grenzschichtanteil E die Abschätzung $|E'| \leq C$; die zweite Ableitung dagegen ist nicht gleichmäßig beschränkt. Hat man aber die Randbedingungen

$$u(0) = 0, \quad b(1)u'(1) = f(1),$$

so ist die Grenzschicht noch schwächer ausgeprägt; erste und zweite Ableitung sind gleichmäßig beschränkt.

Ein wichtiges Fazit ist: die Stärke der Ausprägung von Grenzschichten hängt von den Randbedingungen ab! □

Komplizierter wird das Lösungsverhalten, wenn b Nullstellen besitzt. Es sei x_0 eine innere Nullstelle von b in $[0,1]$, wir nehmen an, daß genau eine solche Nullstelle existiert. x_0 heißt *Wendepunkt* ("turning point").

Laut unserer obigen Lokalisierungsregel gilt:

Ist $b'(x_0) > 0$ (dies impliziert $b(0) < 0, \quad b(1) > 0$), so sind Grenzschichten bei $x = 0$ und bei $x = 1$ wahrscheinlich.

Ist $b'(x_0) < 0$ (dies impliziert $b(0) > 0, \quad b(1) < 0$), so sind weder Grenzschichten bei $x = 0$ noch bei $x = 1$ möglich.

Damit wird man die Lösung u_0 des reduzierten Problems folgendermaßen definieren:

Fall A: $(b'(x_0) > 0)$: u_0 löst
$$b(x)u' + c(x)u = f \quad \text{(ohne Zusatzbedingungen an den Rändern!).}$$

Fall B: $(b'(x_0) < 0)$: u_0 löst
$$b(x)u' + c(x)u = f \quad \text{mit } u(0) = 0 \quad \text{in} \quad (0, x_0 - \delta)$$
$$\text{mit } u(1) = 0 \quad \text{in} \quad (x_0 + \delta, 1) \text{ mit } \delta > 0.$$

Im Fall A ist u_0 die glatte Lösung von $bu' + cu = f$ (nur falls $c(x_0) = 0$ gilt, können zusätzliche Schwierigkeiten auftreten). Existiert eine glatte Lösung, so gilt Lemma 6.1 sinngemäß in $(0,1)$, und die Hinzunahme zweier Grenzschichtkorrekturen führt zu analogen Aussagen wie in Lemma 6.2 und 6.3.

Der Fall B ist unangenehm. Es seien z.B. $b(x) = bx$, b, c konstant und $f = bx^k$, $x_0 = 0$. Dann gilt

$$u_0 = \frac{1}{\rho - k} \begin{cases} -x^\rho + x^k & \text{für} \quad x > 0 \\ -((-x)^\rho) + (-x)^k & \text{für} \quad x < 0, \end{cases}$$

falls $\rho = c/b$ von k verschieden ist. u_0 ist in diesem Beispiel noch stetig, aber nicht mehr stetig differenzierbar. Am unangenehmsten ist der Fall, daß $\rho = c(0)/b^*(0)$ (mit $b(x) = (x - x_0)b^*(x)$) eine ganze Zahl ist. Zum Beispiel gilt für das Problem

$$-\varepsilon u'' - xu' = x \quad \text{in} \quad (-1, 1),$$

$$u(-1) = u(1) = 0$$

die Beziehung

$$u_0 = \begin{cases} 1 - x & \text{in} & (\delta, 1) \\ -1 - x & \text{in} & (-1, -\delta). \end{cases}$$

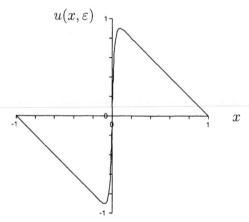

Abbildung 6.2 Innere Grenzschicht für $\varepsilon = 0.01$

Bei $x = 0$ existiert eine *innere Grenzschicht*, sichtbar auch an dem Verhalten der Ableitung der exakten Lösung:

$$u'(x) = \alpha(\varepsilon)e^{-x^2/(2\varepsilon)} - 1$$

mit

$$\alpha(\varepsilon) = \left(\int_0^1 e^{-y^2/(2\varepsilon)} dy \right)^{-1} \geq \left(\int_0^\infty e^{-y^2/(2\varepsilon)} dy \right)^{-1} = \sqrt{\frac{2}{\pi\varepsilon}},$$

also $u'(0) \to \infty$ für $\varepsilon \to 0$.

Für genauere Aussagen zu Wendepunktproblemen verweisen wir auf die Literatur [dJF96].

6.1.2   Diskretisierung auf Standardgittern

Wir kommen jetzt zu numerischen Verfahren für die Randwertaufgabe (1.1)

$$-\varepsilon u'' + b(x)u' + c(x)u = f(x), \quad u(0) = u(1) = 0$$

und setzen der Einfachheit halber $b(x) > \beta > 0$ voraus. Im Mittelpunkt dieses Abschnitts steht die Frage, welche Diskretisierungsverfahren auf Standardgittern - oft studieren wir einfach äquidistante Gitter der Schrittweite h - sinnvoll sind.

Schon am in der Einleitung von 6.1.1 genannten Beispiel hatten wir gesehen, daß das gewöhnliche Differenzenverfahren

$$-\varepsilon D^+ D^- u_i + b_i D^0 u_i + c_i u_i = f_i, u_0 = u_N = 0$$

für realistische Schrittweiten h zu Oszillationen führt, untypisch für das Verhalten der exakten Lösung.

Es gibt hier einen engen Zusammenhang zur M-Matrixeigenschaft der Koeffizientenmatrix des diskreten Problems - wichtig für Stabilitätsuntersuchungen, wie wir aus Kapitel 2 wissen. Eine Zeile der Koeffizientenmatrix besitzt die Form

$$0 \cdots 0 \quad -\frac{\varepsilon}{h^2} - \frac{b_i}{2h} \quad \frac{2\varepsilon}{h^2} + c_i \quad -\frac{\varepsilon}{h^2} + \frac{b_i}{2h} \quad 0 \cdots 0,$$

Nichtpositivität der Außerdiagonalelemente erfordert die Bedingung

$$h \le \frac{2\varepsilon}{\max |b|} \,. \tag{1.10}$$

Für extrem kleine ε ist (1.10) praktisch nicht realisierbar, insbesondere wenn man an den analogen zwei- oder dreidimensionalen Fall denkt.

Eine naheliegende Idee ist nun, den zentralen Differenzenquotienten durch einen einseitigen Differenzenquotienten zu ersetzen, um das "richtige" Vorzeichen in der Koeffizientenmatrix zu erzwingen. In Abhängigkeit vom Vorzeichen von b wählt man

$$D^+ u_i = \frac{u_{i+1} - u_i}{h} \quad \text{im Fall} \quad b < 0$$

$$D^- u_i = \frac{u_i - u_{i-1}}{h} \quad \text{im Fall} \quad b > 0.$$

Diese *upwind-Strategie* steht in Übereinstimmung mit unseren Regeln zur Lokalisierung von Grenzschichten: im Extremfall $\varepsilon = 0$ diskretisiert man

$$bu' + cu = f, \quad u(0) = 0$$

mittels

$$b D^- u_i + c_i u_i = f_i, \quad u_0 = 0$$

im Fall $b > 0$ so, daß man sich stabil "auf die Grenzschicht zu bewegt".

Das einfache *upwind-Verfahren* zur Diskretisierung von (1.1) ist

$$-\varepsilon D^+ D^- u_i + b_i D^- u_i + c_i u_i = f_i \quad , \quad u_0 = u_N = 0. \tag{1.11}$$

Jetzt besitzt eine Zeile der Koeffizientenmatrix die Form

$$0 \cdots 0 \quad -\frac{\varepsilon}{h^2} - \frac{b_i}{h} \quad \frac{2\varepsilon}{h^2} + \frac{b_i}{h} + c_i \quad -\frac{\varepsilon}{h^2} \quad 0 \cdots 0;$$

es liegt also eine L-Matrix *ohne jede Schrittweitenbeschränkung* vor, und diese ist sogar M-Matrix wegen der vorliegenden irreduziblen Diagonaldominanz.

LEMMA 6.5 *Das einfache upwind-Differenzenverfahren ist gleichmäßig in ε stabil, d.h. es gilt*

$$\|u_h\|_{\infty,h} \leq C\|f_h\|_{\infty,h}$$

mit einer von ε unabhängigen Stabilitätskonstanten C.

Beweis: Zum Beweis benutzen wir das M-Kriterium.
Es sei $e(x) := (1+x)/2$ und $e := (e(x_1), ..., e(x_{N-1}))$ die Gitterfunktion, die durch entsprechende Einschränkung auf das Gitter entsteht. Dann gilt (L_h sei gemäß (1.11) definiert)

$$(L_h e)_i \geq \beta/2,$$

also

$$\|A^{-1}\| \leq \frac{1}{\beta/2}$$

unabhängig von ε. ∎

Man nennt ein Verfahren *gleichmäßig konvergent* von der Ordnung p bezüglich des singulären Störungsparameters ε in der L_∞-Norm, wenn eine Abschätzung der Form

$$\|u - u_h\|_\infty \leq Ch^p \quad (p > 0) \tag{1.12}$$

mit von ε unabhängigem C gilt (bei Differenzenverfahren ist die Norm naturgemäß die diskrete Maximumnorm).
Das betrachtete upwind-Verfahren ist jedoch trotz der vorliegenden gleichmäßigen Stabilität *nicht* gleichmäßig konvergent. Dies zeigt schon das Beispiel

$$-\varepsilon u'' - u' = 0, \quad u(0) = 0, \quad u(1) = 1,$$

für das man erhält

$$u_i = \frac{1 - r^i}{1 - r^N} \quad \text{mit} \quad r = \frac{\varepsilon}{\varepsilon + h}.$$

Denn für $\varepsilon = h$ gilt

$$\lim_{h \to 0} u_1 = \frac{1}{2} \neq \lim_{h \to 0} u(x_1) = 1 - \frac{1}{e}.$$

Ursache dafür ist, daß das Schema nicht dem Verhalten der exakten Lösung angepaßt ist.

Will man Schemata konstruieren, die für alle ε gut funktionieren, so gibt es mindestens zwei prinzipielle Herangehensweisen: man modifiziert das Gitter oder man sucht nach angepaßten Verfahren auf einem Standardgitter. Wir untersuchen zunächst letzteres und dann angepaßte Gitter in 6.1.3.

Als Ausgangspunkt wählen wir das gewöhnliche Differenzenverfahren, man könnte aber auch als Ausgangspunkt das upwind-Verfahren (1.11) wählen.

Im Fall $b(x) \equiv b = const.$ und $c \equiv 0$ erhält man durch Integration der Differentialgleichung über (x_i, x_{i+1}) die Gleichung

$$\varepsilon = b \frac{u(x_{i+1}) - u(x_i)}{u'(x_{i+1}) - u'(x_i)}.$$

Bei jedem numerischen Verfahren wird die "rechte" Seite approximiert, jedes numerische Verfahren erzeugt also statt des "richtigen" Differenzenquotienten eine numerische Approximation $\tilde{\varepsilon}$. Umgekehrt legt dies den Schluß nahe, daß man durch künstliche Modifikation von ε ein numerisch günstiges Verfahren erzeugen kann. Dies ist eine mögliche Motivation für Verfahren der Form

$$-\varepsilon \sigma_i D^+ D^- u_i + b_i D^0 u_i + c_i u_i = f_i \tag{1.13}$$

mit *künstlicher Diffusion*, wobei die Wahl $\sigma_i = \sigma(\rho_i)$ mit $\rho_i = h/(2\varepsilon) b_i$ zweckmäßig ist. Wegen $D^+ D_- = \frac{1}{h}(D^+ - D^-)$ und $D^0 = \frac{1}{2}(D^+ + D^-)$ ist (1.13) äquivalent zu

$$-\varepsilon D^+ D^- u_i + b_i[(1/2 - \alpha_i) D^+ + (1/2 + \alpha_i) D^-] u_i + c_i u_i = f_i, \tag{1.14}$$

dabei gilt

$$\alpha_i := \frac{\sigma(\rho_i) - 1}{2\rho_i}. \tag{1.15}$$

Dies zeigt zunächst: Die Wahl $\sigma(\rho) = 1 + \rho$ erzeugt das einfache upwind-Verfahren (1.11). Naheliegenderweise fordert man für $b(x) > 0$ die Relation $0 \leq \alpha_i \leq \frac{1}{2}$, dies impliziert die Bedingung

$$0 \leq \sigma(\rho) \leq 1 + \rho. \tag{1.16}$$

Die i-te Zeile der Koeffizientenmatrix besitzt die Form

$$0 \cdots 0 \quad -\frac{\varepsilon}{h^2} \sigma_i - \frac{b_i}{2h} \quad \frac{2\varepsilon}{h^2} \sigma_i \quad -\frac{\varepsilon}{h^2} \sigma_i + \frac{b_i}{2h} \quad 0 \cdots 0,$$

so daß M-Matrix-Eigenschaft vorliegt für

$$\sigma(\rho) > \sigma \quad bzw. \quad \alpha_i > \frac{1}{2} - \frac{1}{2\rho_i}. \tag{1.17}$$

Analog zu Lemma 6.5 beweist man die gleichmäßige Stabilität der Verfahren (1.13) unter der Bedingung (1.17).

Wie wählt man nun $\sigma(\rho)$ mit den Zusatzbedingungen $1 + \rho \geq \sigma(\rho) > \rho$ günstig? Setzt man voraus, dass das Verfahren gleichmäßig konvergent ist, so kann man *notwendige Konvergenzbedingungen* herleiten. Es sei $h/\varepsilon = \rho^*$, i fest, $h \to 0$. Dann folgt aus Lemma 6.2

$$\lim_{h \to 0} u(1 - ih) = u_0(1) - u_0(1) \exp(-ib(1)\rho^*).$$

Das Schema (1.13) besitzt die Form

$$-\frac{\sigma(\rho^* b_i/2)}{\rho^*}(u_{i-1} - 2u_i + u_{i+1}) + \frac{1}{2}(u_{i+1} - u_{i-1})b_i = h(f_i - c_i u_i).$$

Der Grenzwert $h \to 0$ führt bei Ersetzen von u_j durch den Grenzwert der exakten Lösung zu (vorher $i := N - i$)

$$\lim_{h \to 0} \frac{\sigma(\rho^* b_{N-i}/2)}{\rho^*} = \frac{1}{2}b(1) \coth \frac{1}{2}\rho^* b(1). \tag{1.18}$$

Dies impliziert die Wahl

$$\sigma(\rho) = \rho \coth \rho, \tag{1.19}$$

denn dann ist (1.18) offenbar erfüllt. Auch den Bedingungen (1.16) und (1.17) wird genüge getan (siehe Abbildung 6.3).
Das entsprechende Schema

$$-\frac{h}{2}b_i \coth\left(\frac{h}{2\varepsilon}b_i\right)D^+ D^- u_i + b_i D^0 u_i + c_i u_i = f_i \tag{1.20}$$

heißt *Iljin-Schema*, manchmal auch Iljin-Allen-Southwell-Schema.

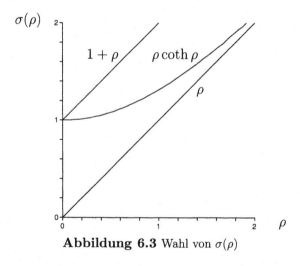

Abbildung 6.3 Wahl von $\sigma(\rho)$

Es gibt in der Literatur eine Reihe von unterschiedlichen Herleitungen und Wegen zur theoretischen Analyse dieses Verfahrens. Dies sind unter anderem (s. [102], [RST96])

- die klassische Analyse als Differenzenverfahren über (gleichmäßige) Stabilität und Konsistenz, manchmal unter Ausnutzung asymptotischer Entwicklungen der exakten Lösung

- die Ableitung aus dem exakten Schema

- die Konstruktion kompakter Schemata mittels der Forderung, daß das Differenzenverfahren exakt sei für gewisse Polynome und gewisse Exponentialfunktionen (diejenigen, die in der asymptotischen Entwicklung der exakten Lösung auftauchen)

- Kollokationsverfahren mit exponentiellen Splines

- Übergang zu einem Problem mit stückweise polynomialen Koeffizienten und dessen exakte Lösung

- Petrov-Galerkin-Verfahren mit exponentiellen Splines.

Wir skizzieren den klassischen Konvergenzbeweis und gehen dann ausführlich auf den letztgenannten Zugang ein.

SATZ 6.1 *Das Iljin-Verfahren konvergiert gleichmäßig mit der Ordnung 1 in der diskreten Maximumnorm, d.h.*

$$\max_i |u(x_i) - u_i| \leq Ch \tag{1.21}$$

mit von ε, h unabhängigem C.

Beweis: Die Standardkonsistenzanalyse liefert nach etwas mühseliger Rechnung unter Verwendung der Schranken $|u^{(k)}| \leq C\varepsilon^{-k}$ das Ergebnis (in Verbindung mit der vorliegenden gleichmäßigen Stabilität)

$$|u(x_i) - u_i| \leq C\left(\frac{h^2}{\varepsilon^3} + \frac{h^3}{\varepsilon^4}\right).$$

Für den Fall $\varepsilon \geq h^{1/3}$ folgt dann sofort

$$|u(x_i) - u_i| \leq Ch.$$

Es sei nun $\varepsilon \leq h^{1/3}$. Dann gibt es eine asymptotische Approximation $\psi = u_0 + \varepsilon u_1 + \varepsilon^2 u_2 + v_0 + \varepsilon v_1 + \varepsilon^2 v_2$ (Lemma 6.2 ein wenig verallgemeinernd), so dass

$$|u - \psi| \leq C\varepsilon^3.$$

u_0, u_1, u_2 sind glatt und v_0, v_1, v_2 explizit bekannte Produkte von Polynomen und Exponentialfunktionen. Untersuchung des Konsistenzfehlers $L_h(\psi_i - u_i)$ und die gleichmäßige Stabilität führen zu

$$|u_i - \psi(x_i)| \leq Ch.$$

Aus der Dreiecksungleichung

$$|u(x_i) - u_i| \leq |u(x_i) - \psi(x_i)| + |u_i - \psi(x_i)|$$

folgt dann wegen $\varepsilon^3 \leq h$ das Ergebnis. ∎

Details des Beweises findet man in [RST96].

Bemerkung 6.2 In [75] findet man eine sehr präzise Analyse des einfachen upwind-Verfahrens, einer verbesserten upwind-Variante nach Samarskij mit der Festlegung $\sigma(\rho) = 1 + \rho^2/(1+\rho)$ und des Iljin-Verfahrens. Diese Analyse beruht auf der Verwendung von Abschätzungen gemäß Lemma 6.4 bei der Untersuchung des Konsistenzfehlers und der Anwendung spezieller diskreter Schrankenfunktionen. Das Ergebnis sind folgende Abschätzungen:
Für das upwind-Verfahren (1.11) gilt

$$|u(x_i) - u_i| \leq \begin{cases} Ch[1 + \varepsilon^{-1}\exp(-\bar{\beta}\varepsilon^{-1}(1-x_i))] & \text{für} \quad h \leq \varepsilon \\ Ch[h + \exp(-\beta(1-x_i)/(\beta h + \varepsilon))] & \text{für} \quad h \geq \varepsilon \end{cases}$$

($\bar{\beta}$ ist eine nur von β abhängige Konstante : es gelte $\exp(\bar{\beta}t) \leq 1 + \beta t$ für $t \in [0,1]$).
Für das Iljin-Verfahren hat man dagegen

$$|u(x_i) - u_i| \leq C\Big(\frac{h^2}{h+\varepsilon} + \frac{h^2}{\varepsilon}\exp(-\beta(1-x_i)/\varepsilon)\Big).$$

Diese Abschätzungen zeigen für das upwind-Verfahren, daß der Bereich nichtgleichmäßiger Konvergenz tatsächlich nur in Grenzschichtnähe lokalisiert ist und ansonsten (im Intervall $[0, 1-\delta], \delta > 0$) Konvergenz der Ordnung 1 vorliegt.
Für das Iljin-Verfahren liegt für $\varepsilon \geq \varepsilon_0 > 0$ Konvergenz der Ordnung 2 vor, die gleichmäßige Konvergenzordnung reduziert sich aber auf 1, und dies sogar in $[0, 1-\delta]$! Diesen Fakt kann man an dem Beispiel

$$-\varepsilon u'' + u' = x, \quad u(0) = u(1) = 0$$

und dessen Diskretisierung nachrechnen. □

Wir kommen abschließend in diesem Abschnitt zu Finite-Elemente-Verfahren. Obschon eigentlich im eindimensionalen Fall weniger zweckmäßig, geben diese Untersuchungen im singulär gestörten Fall wichtige Hinweise insbesondere für den zweidimensionalen Fall.

Natürlich führen Standard-Finite-Elemente-Methoden zu den gleichen Schwierigkeiten wie Standard-Differenzenverfahren. Lineare finite Elemente z.B. ergeben bei der Diskretisierung von (1.1)　(die entstehenden Integrale werden mit der Rechteckregel approximiert)

$$-\varepsilon D^+ D^- u_i + 1/2(b(x_{i+1/2})D^+ u_i + b(x_{i-1/2})D^- u_i) +$$
$$(1/2)(c(x_{i-1/2}) + c(x_{i+1/2}))u_i = (1/2)(f(x_{i-1/2}) + f(x_{i+1/2})).$$

Das Ergebnis entspricht in etwa dem gewöhnlichen Differenzenverfahren, man beobachtet erneut starke Oszillationen. (s. auch Abbildung 6.13 im zweidimensionalen Fall)

Schon frühzeitig in den 70-iger Jahren tauchte die Idee auf, Testfunktionen zu verwenden, die von den Ansatzfunktionen verschieden sind (Petrov-Galerkin-Verfahren). Wählt man lineare Ansatzfunktionen und in den Knoten verschwindende quadratische Testfunktionen mit freien Parametern $\alpha_{i+\frac{1}{2}}$ gemäß

$$\psi_i(x) = \phi_i(x) + \alpha_{i-\frac{1}{2}}\sigma_{i-\frac{1}{2}}(x) - \alpha_{i+\frac{1}{2}}\sigma_{i+\frac{1}{2}}(x)$$

$$\phi_i(x) = \begin{cases} (x - x_{i-1})/h & x \in [x_{i-1}, x_i] \\ (x_{i+1} - x)/h & x \in [x_i, x_{i+1}] \\ 0 & \text{sonst,} \end{cases}$$

so entsteht (wieder bei Anwendung der Rechteckregel)

$$-\varepsilon D^+ D^- u_i \;+\; \bar{b}_{i+1/2} D^+ u_i + \bar{b}_{i-1/2} D^- u_i + [\bar{c}_{i+1/2} + \bar{c}_{i-1/2}] u_i =$$
$$= \bar{f}_{i+1/2} + \bar{f}_{i-1/2}$$

mit $\bar{q}_{i\pm1/2} := (1/2 \mp \alpha_{i\pm1/2}) q_{i\pm1/2}$. Man erkennt eine gewisse Übereinstimmung mit dem upwind-Verfahren (1.11) (für konstante Koeffizienten fallen die Verfahren zusammen), und die Wahl der Parameter α_i erfolgt nach ähnlichen Kriterien wie bei den oben diskutierten Differenzenverfahren. Obwohl eine gewisse Zeit von Ingenieuren auch im zweidimensionalen Fall favorisiert, werden Petrov-Galerkin-Verfahren dieses Typs heute kaum noch angewandt.

Welche Testfunktionen sind bei gegebenen Ansatzfunktionen optimal? Wir betrachten dazu die allgemeine Variationsgleichung

$$a(u, v) = (f, v)$$

mit der Petrov-Galerkin-Diskretisierung

$$a(u_h, v_h) = (f, v_h)$$

für $u_h \in S_h \subset S$ (S_h ist der Ansatzraum) und $v_h \in T_h \subset T$ (T_h ist der Testraum). Es sei G die Greensche Funktion des adjungierten Problems, d.h., es gelte $G \in T$ und

$$a(w, G) = w(x_0) \qquad \text{für alle } w \in S$$

und zusätzlich sei $G \in T_h$. Dann folgt für den Fehler des Petrov-Galerkin-Verfahrens im Punkt x_0

$$\begin{aligned} (u - u_h)(x_0) &= a(u - u_h, G) \\ &= a(u, G) - a(u_h, G) = (f, G) - (f, G) = 0 \end{aligned}$$

wegen $G \in T_h$.

Dies bedeutet: In diesem Fall ist der Fehler im Punkt x_0 gleich Null! Allerdings ist $G \in T_h$ eine sehr seltene Situation, es gibt aber mindestens ein Beispiel: bei linearen finiten Elementen mit $S_h = T_h$ und $x_0 := x_i$ (Gitterpunkt) folgt für $-u''$ die Relation $G \in T_h$, also ist dann die FE-Lösung in den Gitterpunkten gleich der exakten Lösung!

Es sei $\bar{a}(\cdot, \cdot)$ eine $a(\cdot, \cdot)$ approximierende Bilinearform und erneut

$$\bar{a}(w, G) = w(x_0) \quad \text{für alle } w \in S,$$

dazu u_h die Lösung von

$$\bar{a}(u_h, v_h) = (f, v_h) \quad \text{für alle } v_h \in T_h .$$

Dann folgt für den Fall $G \in T_h$

$$
\begin{aligned}
(u - u_h)(x_0) &= \bar{a}(u - u_h, G) \\
&= (\bar{a} - a)(u, G) + (f, G) - \bar{a}(u_h, G),
\end{aligned}
$$

also

$$(u - u_h)(x_0) = (\bar{a} - a)(u, G). \tag{1.22}$$

Damit sind wir zu folgendem Ergebnis gelangt:
Günstig ist ein Testraum, der die Greensche Funktion eines approximierenden adjungierten Problems umfaßt.

Bemerkung 6.3 Aus

$$(u - u_h)(x_0) = a(u - u_h, G) = a(u - u_h, G - v_h)$$

mit beliebigem $v_h \in T_h$ folgt

$$|(u - u_h)(x_0)| \leq \inf_{v_h \in T_h} |a(u - u_h, G - v_h)|.$$

Auch diese Abschätzung unterstreicht die Bedeutung der Greenschen Funktion des adjungierten Problems für die Wahl des Testraumes. $\square$

Für das Randwertproblem (1.1) setzen wir

$$a(u, v) := \varepsilon(u', v') + (bu' + cu, v) \tag{1.23}$$

und

$$\bar{a}(u, v) := \varepsilon(u', v') + (\bar{b}u' + \bar{c}u, v) \tag{1.24}$$

mit stückweise konstanten Approximationen $\bar{b}, \bar{c}$ von b, c.

Es sei nun G_j die Greensche Funktion zu dem zu $\bar{a}$ korrespondierenden adjungierten Problem bezüglich des Gitterpunktes x_j. G_j genügt $G_j \in H_0^1(0, 1)$ und

$$\varepsilon(w', G_j') + (\bar{b}w' + \bar{c}w, G_j) = w(x_j) \text{ für alle } w \in H_0^1. \tag{1.25}$$

G_j wird andererseits charakterisiert durch:
(a) G_j genügt stückweise der Differentialgleichung

$$-\varepsilon G_j'' - \bar{b}G_j' + \bar{c}G_j = 0$$

mit $G_j(0) = G_j(1) = 0$.
(b) G_j ist stetig .
Diese Charakterisierung ist nicht eindeutig, da die $2N - 2$ Freiheitsgrade gemäß (a) durch die $N - 1$ Stetigkeitsforderungen in den Gitterpunkten nicht vollständig abgebaut werden. Wie bei der Greenschen Funktion üblich, erwartet man zusätzlich eine Sprungbedingung.

Kombiniert man (a) und (28) (Integration über Teilintervalle, partielle Integration), so folgt

$$(c) \qquad \lim_{x \to x_i-0} (\varepsilon G'_j - \bar{b}G_j) - \lim_{x \to x_i+0} (\varepsilon G'_j - \bar{b}G_j) = -\delta_{ij} \quad \text{für} \quad i = 1, \ldots, N-1,$$

diese zusätzlichen $N-1$ Bedingungen bestimmen G_j eindeutig.

Dies motiviert nun folgende Wahl des Testraumes: T_h wird aufgespannt von den $N-1$ Funktionen ψ_k mit

$$\begin{aligned} -\varepsilon \psi''_k - \bar{b}\psi'_k + \bar{c}\psi_k &= 0 \quad \text{auf jedem Teilintervall,} \\ \psi_k(x_j) &= \delta_{kj}. \end{aligned} \qquad (1.26)$$

Der Träger der Basisfunktion ψ_k ist das Teilintervall $[x_{k-1}, x_{k+1}]$. Offenbar handelt es sich bei den ψ_k um *exponentielle Splines*.

Es seien die ϕ_i zunächst beliebige Ansatzfunktionen mit $\phi_i(x_j) = \delta_{ij}$, für die Näherungslösung wird der Ansatz

$$u_h(x) = \sum_{i=1}^{N-1} u_i \phi_i(x) \qquad (1.27)$$

gewählt. Ein Petrov-Galerkin-Verfahren mit exponentieller Anpassung ist dann charakterisiert durch $u_h \in V_h$ mit

$$\bar{a}(u_h, \psi) = (\bar{f}, \psi) \quad \text{für alle} \quad \psi \in T_h. \qquad (1.28)$$

Wir überlegen uns nun, welche Gestalt die Koeffizientenmatrix des diskreten Problems besitzt und ob tatsächlich $G_j \in T_h$ erfüllt ist.

Für den Koeffizienten von u_{k-1} in (1.27) gilt (gesetzt wird $\psi = \psi_k$)

$$\int_{x_{k-1}}^{x_k} (\varepsilon \phi'_{k-1} \psi'_k + b_{k-1} \phi'_{k-1} \psi_k + c_{k-1} \phi_{k-1} \psi_k) dx = -\varepsilon \psi'_k(x_{k-1}).$$

Analog ergibt sich:
Der Koeffizient von u_{k+1} ist $\varepsilon \psi'_k(x_{k+1})$ und der von u_k nun $\varepsilon(\psi'_k(x_k - 0) - \psi'_k(x_k + 0))$. Aus der Definition von ψ_k folgt

$$\psi'_k(x_{k-1}) > 0, \ \psi'_k(x_{k-0}) > 0, \ \psi'_k(x_{k+0}) < 0, \ \psi'_k(x_{k+1}) < 0.$$

Denn wäre z.B. $\psi'_k(x_{k-1}) < 0$, so gäbe es eine Stelle x^* (lokale Minimumstelle) mit $\psi'_k(x^*) = 0$, $\psi_k(x^*) < 0$, $\psi''_k(x^*) > 0$, dies widerspricht der Differentialgleichung. Damit ist die Koeffizientenmatrix L-Matrix und sogar M-Matrix, d.h., das diskrete Problem besitzt eine eindeutige Lösung.

Gilt nun $G_j \in T_h$? Wenn ja, so gibt es Koeffizienten α_k, so dass

$$G_j = \sum_{k=1}^{N-1} \alpha_k \psi_k.$$

Da diese Darstellung (a), (b) erfüllt, ist der kritische Punkt die Sprungbedingung (c). Man prüft nun mehr oder weniger leicht nach, daß sich für die Parameter α_k aus der Sprungbedingung ein Gleichungssystem ergibt, dessen Koeffizientenmatrix die Transponierte der ursprünglichen Koeffizientenmatrix des diskreten Problems ist. Damit ist die Sprungbedingung erfüllbar und tatsächlich $G_j \in T_h$. Zusammenfassend gilt

SATZ 6.2 *Sind $\bar{b}, \bar{c}, \bar{f}$ stückweise konstante Approximationen erster Ordnung von b, c, f, so ist das diskrete Problem des exponentiell angepaßten Petrov-Galerkin-Verfahrens (1.28) eindeutig lösbar und unabhängig von der Wahl der Ansatzfunktionen, zudem gilt die Fehlerabschätzung*

$$|u(x_i) - u_i| \leq Ch \qquad\qquad (1.29)$$

mit einer Konstanten C unabhängig von ε.

Beweis: Es ist lediglich noch (1.29) zu beweisen. Nach unserer Wahl von G_j und Definition von $\bar{a}$ folgt

$$(u - u_h)(x_j) = (f - \bar{f}, G_j) + (u', (-b + \bar{b})G_j) + (u, (-c + \bar{c})G_j).$$

Da G_j gleichmäßig beschränkt ist (Folgerung aus dem schwachen Maximumprinzip und der Definition von G_j), folgt aus $\int |u'| \leq C$ sofort

$$|(u - u_h)(x_j)| \leq Ch. \quad \blacksquare$$

Abschließend noch einige Hinweise zu möglichen Verbesserungen der Aussagen des obigen Satzes.

Bemerkung 6.4 Wählt man

$$\bar{p} = (p(x_{i-1}) + p(x_i))/2 \quad \text{in } (x_{i-1}, x_i),$$

so gilt in den Knoten sogar

$$|u(x_i) - u_i| \leq Ch^2$$

(siehe [RST96]). $\square$

Bemerkung 6.5 Die Wahl der ψ_k gemäß (1.26) definiert Verfahren mit *vollständiger* exponentieller Anpassung. Wählt man die exponentielle Anpassung entsprechend

$$-\psi_k'' - \bar{b}\psi_k' = 0, \quad \psi_k(x_j) = \delta_{kj},$$

so erhält man ein einfacheres Verfahren mit nicht vollständiger Anpassung. Dieses kann man weiter Vereinfachen durch die Festlegung

$$\bar{a}(v, \psi_i) := (v', \varepsilon\psi_i' + \bar{\psi}_i) + h\,c(x_i)v(x_i).$$

Die Analysis dieses Verfahrens ist aber technisch aufwendig. $\square$

Wie wählt man nun aber die Ansatzfunktionen ?

Möchte man nur Konvergenz in den Gitterpunkten sichern, sind lineare finite Elemente ausreichend. Möchte man dagegen für alle x gleichmäßige Konvergenz erhalten, d.h. $||u - u_h||_\infty \le Ch$ garantieren, so sind angepaßte Splines erforderlich. Der Ansatzraum wird dann z.B. aufgespannt von Funktionen ϕ_k mit

$$-\varepsilon\phi_k'' + \bar{b}\phi_k' = 0, \quad \phi_k(x_i) = \delta_{ik}.$$

Eine Untersuchung des Interpolationsfehlers bei der Verwendung dieser Splines zeigt, daß die $O(h)$-Abschätzung nicht verbessert werden kann.

6.1.3 Grenzschichtangepaßte Gitter

Nun wenden wir uns der Frage zu, wie man geeignete Gitter definiert, um für Standard-Diskretisierungsverfahren gleichmäßige Konvergenz bezüglich des Störungsparameters beweisen zu können. Um die Notation etwas zu vereinfachen, legen wir jetzt die Grenzschicht in die Umgebung des Punktes $x = 0$ (dies läßt sich durch $x := 1 - x$ erreichen) und betrachten

$$Lu := -\varepsilon u'' - bu' + cu = f, \quad u(0) = u(1) = 0 \tag{1.30}$$

unter den Voraussetzungen $b(x) > \beta > 0$, $c(x) \ge 0$ bei hinreichend glatten Daten b, c, f.

Bachvalov schlug bereits 1969 vor, der Grenzschichtstruktur angepaßt Gitterpunkte bei $x = 0$ gemäß

$$q\left(1 - \exp(-\frac{\beta x_i}{\sigma\varepsilon})\right) = \xi_i = \frac{i}{N}$$

mit Parametern $q \in (0,1)$ und $\sigma > 0$ zu definieren (q widerspiegelt den Anteil der Gitterpunkte in der Grenzschicht, σ die Feinheit des Gitters). Außerhalb der Grenzschicht wird ein äquidistantes Gitter verwendet. Das bedeutet: das Gitter wird erzeugt mittels $x_i = \phi(i/N)$, $i = 0, 1, ..N$ und es gibt einen Übergangspunkt τ derart, daß

$$\phi(\xi) = \begin{cases} \chi(\xi) := -\frac{\sigma\varepsilon}{\beta}\ln(1 - \xi/q) & \text{für} \quad \xi \in [0,\tau] \\ \chi(\tau) + \chi'(\tau)(\xi - \tau) & \text{für} \quad \xi \in [\tau, 1]. \end{cases}$$

Dabei bestimmt man τ aus der nichtlinearen Gleichung

$$\chi(\tau) + \chi'(\tau)(1 - \tau) = 1.$$

In der Originalversion dieser sogenannten *B-Gitter* ist die gittererzeugende Funktion ϕ eine C^1-Funktion; zudem stellt man für den Übergangspunkt nach etwas Rechnung

$$\tau = \frac{\gamma\varepsilon}{\beta}|\ln\varepsilon| \tag{1.31}$$

fest. Später erkannte man, daß die C^1-Eigenschaft nicht notwendig ist. Man wählt a-priori τ gemäß (1.31) und beschreibt dann den nichtäquidistanten Teil des Gitters durch

$$\phi(\xi) = -\frac{\gamma\varepsilon}{\beta}\ln(1 - 2(1 - \varepsilon)\xi) \quad \text{für } \xi = i/N, \ i = 0, 1, ..., N/2.$$

Im Übergangspunkt τ gilt für diese *B-Typ-Gitter*

$$\exp\left(-\frac{\beta x}{\varepsilon}\right)\Big|_{x=\tau} = \varepsilon^\gamma. \tag{1.32}$$

Aus numerischer Sicht erscheint es sinnvoll, nicht die Kleinheit des Grenzschichtterms bezüglich ε, sondern bezüglich des Diskretisierungsfehlers zur Definition des Übergangspunktes heranzuziehen. Ist N die Anzahl der Teilintervalle des Gitters und $N^{-\sigma}$ der angestrebte Verfahrensfehler, so führt die Gleichung

$$\exp\left(-\frac{\beta x}{\varepsilon}\right)\Big|_{x=\tau} = N^{-\sigma} \tag{1.33}$$

zu $\tau = (\sigma\varepsilon/\beta)\ln N$. Mit dieser Wahl nennen wir ein Gitter *S-Typ-Gitter*, wenn es erzeugt durch

$$\phi(\xi) = \begin{cases} \frac{\sigma\varepsilon}{\beta}\hat{\phi}(\xi) & \text{mit } \hat{\phi}(1/2) = \ln N \quad \text{für} \quad \xi \in [0, 1/2] \\ 1 - (1 - \frac{\sigma\varepsilon}{\beta}\ln N)2(1 - \xi) & \text{für} \quad \xi \in [1/2, 1]. \end{cases}$$

Speziell für $\hat{\phi}(\xi) = (\ln N)\,\xi/2$ entsteht ein stückweise äquidistantes Gitter, ein *S-Gitter* eingeführt von Shishkin 1988.

Bemerkung 6.6 Ein Vergleich von B-Typ-Gittern und S-Typ-Gittern favorisiert auf den ersten Blick B-Typ-Gitter, denn die N-abhängige Wahl des Übergangspunktes erscheint ungünstig. Andererseits wird man bei B-Typ-Gittern im stückweise äquidistanten Fall den Faktor $\ln\varepsilon$ in den Fehlerabschätzungen nicht los und erzielt so keine gleichmäßige Konvergenz bezüglich des Störungsparameters. Deshalb konzentrieren wir uns im folgenden auf S-Gitter, Verallgemeinerungen auf S-Typ-Gitter sind möglich. $\square$

Will man den nicht singulär gestörten Fall in seine Überlegungen einschließen, so definiert man den Übergangspunkt für S-Typ-Gitter durch

$$\tau = \min\left\{q, (\sigma\varepsilon/\beta)\ln N\right\}. \tag{1.34}$$

Im Fall dominanter Konvektion kann man aber von obiger Festlegung $\tau = (\sigma\varepsilon/\beta)\ln N$ ausgehen, dies werden wir im weiteren tun.

Wir analysieren zunächst das upwind-Differenzenverfahren auf einem S-Gitter.

SATZ 6.3 *Für das upwind-Differenzenverfahren auf einem S-Gitter mit $\sigma = 1$ gilt*

$$|u(x_i) - u_i^N| \le CN^{-1}\ln N \tag{1.35}$$

mit einer von ε, N unabhängigen Konstanten C.

Beweis: Wir gehen von einer S-Zerlegung der exakten Lösung aus und zerlegen die diskrete Lösung entsprechend in

$$u_i^N = S_i^N + E_i^N$$

mit

$$L^N S_i^N = f_i, \quad S_0^N = S(0), \ S_N^N = S(1) \quad \text{und} \quad L^N E_i^N = 0, \quad E_0^N = E(0), \ S_N^N = E(1).$$

Für den glatten Anteil S liefern gleichmäßige Stabilität und Konsistenz sofort

$$|S(x_i) - S_i^N| \le C N^{-1}.$$

Der Konsistenzfehler des Grenzschichtanteils ist jedoch *nicht* gleichmäßig bezüglich ε beschränkt, es gilt nur

$$|L^N(E(x_i) - E_i^N)| \le C \varepsilon^{-1}(N^{-1} \ln N)e^{-\beta x_i/\varepsilon}. \tag{1.36}$$

Trotzdem kann man (1.35) beweisen. Eine Möglichkeit ist die Nutzung einer speziellen Schrankenfunktion. Es sei

$$w_i = C \prod_{k=1}^{i}(1 + \frac{\beta h_k}{\varepsilon})^{-1}.$$

Eine kleine Rechnung zeigt, daß w_i unser E_i^N majorisiert. Dies führt zunächst zur Abschätzung

$$|E_i^N| \le w_i \le C N^{-1} \quad \text{für} \quad i \ge N/2$$

im Nichtgrenzschichtbereich. Im Grenzschichtbereich nutzt man das diskrete Maximumprinzip und majorisiert auf der Basis von (1.36) mittels der Schrankenfunktion

$$C N^{-1} + w_i(N^{-1} \ln N).$$

Dann folgt

$$|E(x_i) - E_i^N| \le C N^{-1} + w_i(N^{-1} \ln N) \le C N^{-1} \ln N. \quad \blacksquare$$

Bemerkung 6.7 Man kann diesen Beweis auch führen, indem man die (L_∞, L_1)- Stabilität oder sogar die $(L_\infty, W_{1,\infty})$-Stabilität des upwind-Operators (auf einem *beliebigen* Gitter) ausnutzt. Denn z.B. in der diskreten L_1-Norm ist der Konsistenzfehler gleichmäßig beschränkt durch $C N^{-1} \ln N$! Diese verbesserten Stabilitätseigenschaften beruhen auf Eigenschaften der Greenschen Funktion. Aus der gleichmäßigen Beschränktheit der diskreten Greenschen Funktion des upwind-Operators folgt z.B. die gleichmäßige (L_∞, L_1)-Stabilität (s. [84]).

Ähnlich erhält man für B-Typ-Gitter und das upwind-Differenzenverfahren

$$|u(x_i) - u_i^N| \leq C N^{-1}.$$

Auch das zentrale Differenzenverfahren verhält sich auf einem grenzschichtangepaßten Gitter signifikant besser als auf einem äquidistanten! Die auftretenden Oszillationen sind nur noch moderat. Unter gewissen Voraussetzungen an das Gitter kann man die (L_∞, L_1)-Stabilität des zentralen Differenzenoperators nachweisen und erhält dann

$$|u(x_i) - u_i^N| \leq \begin{cases} C\,N^{-2} & \text{für} \quad B - \text{Typ} - \text{Gitter} \\ C\,(N^{-1}\ln N)^2 & \text{für} \quad S - \text{Gitter.} \end{cases}$$

Als nächstes analysieren wir lineare finite Elemente auf einem S-Gitter mit $\sigma = 2$. Zunächst schauen wir uns den Interpolationsfehler an. Auf einem Teilintervall (x_{i-1}, x_i) gilt für den Interpolationsfehler

$$(u^I - u)(x) = \frac{x_i - x}{h_i} \int_{x_i}^{x_{i-1}} u''(\xi)(x_{i-1} - \xi)d\xi - \int_{x_i}^{x} u''(\xi)(x - \xi)d\xi.$$

Daraus folgt

$$|(u^I - u)(x)| \leq 2 \int_{x_{i-1}}^{x_i} |u''(\xi)|(-x_{i-1} + \xi)d\xi.$$

Nun gilt für eine positive, monoton nicht wachsende Funktion g

$$\int_{x_{i-1}}^{x_i} g(\xi)(\xi - x_{i-1})d\xi \leq \frac{1}{2} \left\{ \int_{x_{i-1}}^{x_i} g^{1/2}(\xi)d\xi \right\}^2.$$

Das liefert

$$|(u^I - u)(x)| \leq C \left\{ \int_{x_{i-1}}^{x_i} (1 + \varepsilon^{-1}\exp(-\beta\xi/(2\varepsilon))d\xi \right\}^2.$$

Für ein S-Gitter erhält man damit sofort

$$|(u^I - u)(x)| \leq \begin{cases} C\,N^{-2} & \text{in} \quad [\tau, 1] \\ C\,(N^{-1}\ln N)^2 & \text{in} \quad [0, \tau]. \end{cases} \tag{1.37}$$

Mittels partieller Integration ergibt sich für die H^1-Seminorm

$$|u^I - u|_1^2 = -\int_0^1 (u^I - u)u''dx \leq C\varepsilon^{-1}\|u^I - u\|_\infty,$$

also

$$\varepsilon^{1/2}|u^I - u|_1^2 \leq C\,N^{-1}\ln N. \tag{1.38}$$

Da $|u|_1$ nicht gleichmäßig bezüglich ε beschränkt ist, erscheint es sinnvoll, die Fehleranalysis erneut in der ε- angepaßten Norm

$$\|v\|_\varepsilon^2 := \varepsilon |v|_1^2 + |v|_0^2$$

zu realisieren. Wir setzen (wegen $b(x) > \beta > 0$ o.B.d.A., wie man durch eine einfache Transformation erkennt) $c + b'/2 \geq \alpha > 0$ voraus. Dann ist die Bilinearform

$$a(v,w) := \varepsilon(v',w') + (cv - bv', w)$$

zwar gleichmäßig V-elliptisch bezüglich der Norm $\|\cdot\|_\varepsilon$, wie aber auch schon in 6.1.2 bemerkt gilt *nicht*

$$|a(v,w)| \leq C \|v\|_\varepsilon \|w\|_\varepsilon$$

mit einer von ε unabhängigen Konstanten C. Deshalb kann man nicht direkt vom Interpolationsfehler in der Norm $\|\cdot\|_\varepsilon$ auf den Diskretisierungsfehler schließen!

Nutzt man aber die Gitterstruktur aus und schätzt angepaßt auf $[0,\tau]$ bzw. $[\tau,1]$ ab, so erhält man mit $\gamma = \min(1,\alpha)$

$$
\begin{aligned}
\gamma \|\tilde{e}\|_\varepsilon : \; = \; & \gamma \|u^I - u^N\|_\varepsilon \leq a(u^I - u^N, u^I - u^N) = a(u^I - u, u^I - u^N) \\
= \; & \varepsilon((u^I - u)', (u^I - u^N)') + (b(u^I - u), (u^I - u^N)') + ((c + b')(u^I - u), u^I - u^N) \\
\leq \; & C \|u^I - u\|_\varepsilon \|u^I - u^N\|_\varepsilon \\
& + C \left(\|u^I - u\|_{\infty,(0,\tau)} \|(u^I - u^N)'\|_{L_1(0,\tau)} + \|u^I - u\|_{0,(0,\tau)} \|(u^I - u^N)'\|_{0,(0,\tau)} \right).
\end{aligned}
$$

Auf dem äquidistanten Teil des Gitters wenden wir eine inverse Ungleichung an; auf $(0,\tau)$ dagegen

$$\|(u^I - u^N)'\|_{L_1(0,\tau)} \leq C (\ln N)^{1/2} \|u^I - u^N\|_\varepsilon.$$

Zusammen ergibt das

$$\|u^I - u^N\|_\varepsilon \leq C \left\{ \|u^I - u\|_\varepsilon + (\ln N)^{1/2} \|u^I - u\|_{\infty,(0,\tau)} + N \|u^I - u\|_{0,(\tau,1)} \right\}.$$

Damit ist der folgende Satz bewiesen:

SATZ 6.4 *Diskretisiert man die Randwertaufgabe (1.30) mit linearen finiten Elementen auf einem S-Gitter mit $\sigma = 2$, so gilt die Fehlerabschätzung*

$$\|u - u^N\|_\varepsilon \leq C N^{-1} \ln N. \tag{1.39}$$

Natürlich kann man Finite-Elemente-Methoden höherer Ordnung ähnlich analysieren, wenn man voraussetzt, daß die notwendigen Informationen über das Verhalten der entsprechenden Ableitungen des glatten Lösungsanteils und des Grenzschichtteils bereitstehen.

6.2   Räumlich eindimensionale parabolische Probleme

6.2.1   Zum analytischen Verhalten der Lösung

Betrachtet wird die Anfangs-Randwertaufgabe

$$\frac{\partial u}{\partial t} - \varepsilon \frac{\partial^2 u}{\partial x^2} + b(x)\frac{\partial u}{\partial x} = f(x,t) \quad \text{in} \quad Q = (0,1) \times (0,T), \tag{2.1}$$

$$u(0,t) = u(1,t) = 0,$$

$$u(x,0) = g(x).$$

Im allgemeinen existiert eine eindeutige Lösung, wobei die Glätte der Lösung aber von der Glätte der Daten und Kompatibilitätsvoraussetzungen abhängt.

Für das asymptotische Verhalten der Lösung von (2.1) für $\varepsilon \to 0$ ist wieder der Koeffizient b maßgeblich. Es sei zunächst $X(t; \tau, \xi)$ die charakteristische Funktion des der reduzierten Gleichung

$$\frac{\partial u}{\partial t} + b(x)\frac{\partial u}{\partial x} = f(x,t)$$

zugeordneten Problems

$$\frac{dX}{dt} = b(X,t) \quad \text{mit} \quad X(\tau; \tau, \xi) = \xi.$$

Dann kann man die Lösung des Anfangswertproblems

$$\begin{aligned} \frac{\partial u_0}{\partial t} + b(x)\frac{\partial u_0}{\partial x} &= f(x,t), \\ u_0(x,0) &= g(x) \quad \text{für } x \in (0,1) \end{aligned} \tag{2.2}$$

explizit angeben, und zwar in einem Gebiet Q^*, welches durch alle Charakteristiken bestimmt ist, die durch die Menge der Punkte (x,t) mit $x \in (0,1)$, $t = 0$ laufen:

$$u_0(x,t) = g(X(0;t,x)) + \int_0^t f(X(\sigma;t,x),\sigma)d\sigma.$$

Die drei wesentlichen möglichen Fälle sind nun (siehe Abb. 6.4):
Fall A: $b(0) < 0$, $b(1) > 0$ (die Charakteristiken verlassen das Gebiet).
       Es gilt $Q^* \supset Q$.
Fall B: $b(0) > 0$, $b(1) < 0$ (die Charakteristiken treten ins Gebiet ein).
       Es gilt $Q^* \subset Q$.
Fall C: $b(0) = 0$, $b(1) = 0$ (tangierende Charakteristiken).

Im Fall B ist es sachgemäß, das reduzierte Problem so zu formulieren, daß beide Randbedingungen erfüllt sind. Schwierigkeiten gibt es dann dadurch, daß die Lösung des reduzierten Problems entlang der Charakteristiken durch die Punkte $(0,0)$ und $(1,0)$ unstetig (oder zumindest unstetig bezüglich höherer Ableitungen) sein kann.

Im Fall A liegen bei $x = 0$ und $x = 1$ *gewöhnliche Grenzschichten* vor, im Fall C *parabolische Grenzschichten* (die Grenzschichtgleichungen sind vom parabolischen Typ).

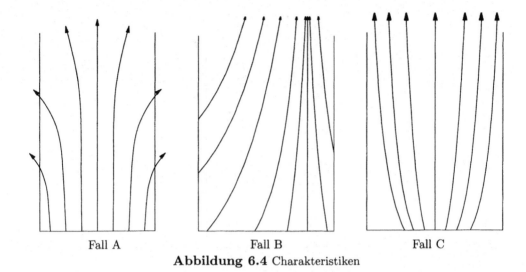

Fall A   Fall B   Fall C

Abbildung 6.4 Charakteristiken

Setzt man dagegen wie von gewöhnlichen Differentialgleichungen her naheliegend etwa $b(x) > 0$ voraus, so entsteht eine Mischsituation (siehe Abb. 6.5):

Das reduzierte Problem ist definiert gemäß

$$\frac{\partial u_0}{\partial t} + b(x)\frac{\partial u_0}{\partial x} = f(x,t), \tag{2.3}$$
$$u_0(x,0) = g(x) \quad \text{für} \quad x \in (0,1),$$
$$u_0(0,t) = 0,$$

in der Nähe des Randes $x = 1$ befindet sich eine gewöhnliche Grenzschicht. Die Grenzschichtkorrektur genügt mit $\zeta = (1-x)/\varepsilon$

$$\frac{d^2v}{d\zeta^2} + b(1)\frac{dv}{d\zeta} = 0 \quad \text{mit} \quad v(0) = u_0(1,t),$$

und man erwartet, daß $u_0(x,t) + v(\zeta,t)$ eine gleichmäßige asymptotische Approximation der Lösung des Ausgangsproblems ist. Wäre u_0 glatt, so könnte man problemlos unter Ausnutzung des Maximumprinzips

$$|u(x,t) - (u_0(x,t) + v(\zeta,t))| \leq C\varepsilon$$

beweisen und auch Schranken für die Ableitungen der exakten Lösung gewinnen [RST96]. Verzichtet man auf Kompatibilitätsvoraussetzungen, so kann man mit Hilfe eines schwachen Maximumprinzipes zwar

$$|u(x,t) - (u_0(x,t) + v(\zeta,t))| \leq C\varepsilon^{1/2}$$

beweisen, Schranken für die Ableitungen stehen aber dann nicht ohne weiteres zur Verfügung.

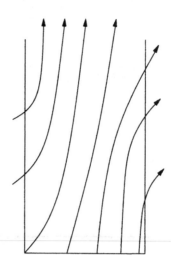

Abbildung 6.5 Mischsituation

Insgesamt ist damit die Ausgangsposition zur Übertragung der Ergebnisse von 6.1 auf den parabolischen Fall ungünstig: aus der Sicht der asymptotischen Struktur der Lösung ist der Fall $b(0) > 0$, $b(1) < 0$ einfach, während die in 6.1 entwickelten numerischen Verfahren konstantes Vorzeichen von b favorisieren, dann ist aber das entsprechende singulär gestörte parabolische Problem nicht so einfach.

6.2.2   Diskretisierungsverfahren

Zunächst diskutieren wir die Anwendung von Standard-Differenzenverfahren zur Diskretisierung von (2.1). Es sei $t^j = \tau\,j$, $x_i = h\,i$ und

$$\frac{u_i^{k+1} - u_i^k}{\tau} + (1 - \theta)\left[-\varepsilon\sigma_i \frac{u_{i-1}^k - 2u_i^k + u_{i+1}^k}{h^2} + b_i \frac{u_{i+1}^k - u_{i-1}^k}{2h} \right] +$$

$$+\theta\left[-\varepsilon\sigma_i \frac{u_{i-1}^{k+1} - 2u_i^{k+1} + u_{i+1}^{k+1}}{h^2} + b_i \frac{u_{i+1}^{k+1} - u_{i-1}^{k+1}}{2h} \right] = (1 - \theta)f_i^k + \theta f_i^{k+1}$$

$$(2.4)$$

das untersuchte Differenzenverfahren. Wir untersuchen also gleichzeitig den Einfluß von expliziter und impliziter Diskretisierung ($\theta = 0$ und $\theta = 1$) und mittels des Faktors σ_i eingeführter künstlicher Diffusion. Umordnung ergibt

$$u_i^{k+1}(1 \; + \; 2\theta\tau\mu_i) + u_{i-1}^{k+1}\theta\tau\left(-\frac{b_i}{2h} - \mu_i \right) + u_{i+1}^{k+1}\theta\tau\left(\frac{b_i}{2h} - \mu_i \right)$$

$$= \; u_i^k(1 - 2(1 - \theta)\tau\mu_i) + u_{i-1}^k(1 - \theta)\tau\left(\frac{b_i}{2h} + \mu_i \right) +$$

$$u_{i+1}^k(1 - \theta)\tau\left(-\frac{b_i}{2h} + \mu_i \right) + \tau[(1 - \theta)f_i^k + \theta f_i^{k+1}]$$

mit $\mu_i := \varepsilon\,\sigma_i/h^2$. Die Stabilitätsanalyse bezüglich der diskreten Maximumnorm wird bei folgenden Forderungen einfach:

(i) $0 \le \theta \le 1$

(ii) $\sigma(\rho) > |\rho|$ $\qquad$ (gesetzt wird wieder $\rho_i := h\,b_i/(2\varepsilon)$)

(iii) $\tau\,(1-\theta)2\,\varepsilon\,\sigma/h^2 \le 1$.

Setzen wir $b(x) > \beta > 0$ voraus, so folgt

LEMMA 6.6 *Das implizite Schema (2.4) ($\theta = 1$) ist gleichmäßig bezüglich ε stabil in der diskreten Maximumnorm für $\sigma(\rho) > \rho$. Das entsprechende explizite Schema ($\theta = 0$) besitzt diese Eigenschaft, wenn die Zeitschrittweite τ gleichzeitig die obige Bedingung (iii) erfüllt.*

Für das implizite Schema bei der Verwendung zentraler Differenzenquotienten hat man also die unangenehme Restriktion

$$\rho < 1 \qquad \text{bzw.} \qquad h < \frac{2}{\varepsilon b_i},$$

während das implizite Schema in Verbindung mit einer upwind-Diskretisierung ($\sigma(\rho) = 1 + \rho$) keinerlei Schrittweitenbeschränkung erfordert.

Wegen der Grenzschicht bei $x = 1$ ist auf Standardgittern nur für spezielle σ gleichmäßige Konvergenz bezüglich des singulären Störungsparameters zu erwarten. Geht man im Fall *konstanter Koeffizienten* ($b = const.$) und äquidistanter Schrittweiten allgemein von einem 6-Punkt-Schema der Form

$$\sum_{m=0,1}\sum_{n=-1,0,1} \alpha_{nm}\,u_{i+n}^{j+m} = h f_i^j$$

aus und berücksichtigt die oben angegebene asymptotische Darstellung der exakten Lösung, so kommt man wie bei gewöhnlichen Differentialgleichungen zu notwendigen Bedingungen für gleichmäßige Konvergenz. Diese lauten mit $\rho := bh/(2\varepsilon)$

$$\sum_m\sum_n \alpha_{nm} = 0$$

und

$$(\alpha_{-1,0} + \alpha_{-1,1})\exp(2\rho) + (\alpha_{0,0} + \alpha_{0,1}) + (\alpha_{1,0} + \alpha_{1,1})\exp(-2\rho) = 0.$$

Für unser spezielles Schema (2.4) gilt

$$\alpha_{-1,0} = \tau(1-\theta)(-b/(2h) - \mu) \quad \alpha_{-1,1} = \tau\theta(-b/(2h) - \mu)$$
$$\alpha_{0,0} = -1 + 2\tau(1-\theta)\mu \qquad \alpha_{0,1} = 1 + 2\tau\theta\mu$$
$$\alpha_{1,0} = \tau(1-\theta)(b/(2h) - \mu) \qquad \alpha_{1,1} = \tau\theta(b/(2h) - \mu).$$

Die erste der notwendigen Bedingungen ist automatisch erfüllt, die zweite Bedingung ist unabhängig von θ und τ und liefert bei konstantem $\sigma(\cdot)$

$$\sigma(\rho) = \rho\coth(\rho).$$

Favorisiert unter den Schemata der Form (2.4) auf äquidistanten Gittern ist also ein implizites Schema vom Iljin-Typ, gekennzeichnet durch die Wahl

$$\sigma_i = \rho_i \coth(\rho_i) \quad \text{mit} \quad \rho_i = hb_i/(2\varepsilon).$$

Der Nachweis der gleichmäßigen Konvergenz ist allerdings wegen der schon erwähnten Glätteproblematik nicht einfach.

Beweistechnisch günstiger zur Analyse von Verfahren mit exponentieller Anpassung erscheint erneut der Zugang über ein Petrov-Galerkin-Verfahren bei geeignet gewählten Testfunktionen. Ausgehend von der schwachen Formulierung der Anfangs-Randwertaufgabe (2.1)

$$(u_t, v) + \varepsilon(u_x, v_x) + (bu_x, v) = (f, v)$$

suchen wir eine Näherungslösung zur Zeit $t = t^k$ gemäß

$$u_h(x, t^k) = \sum_i u_i^k \phi_i(x, t^k).$$

Wir approximieren b wieder stückweise konstant auf jedem Teilintervall und definieren eine modifizierte Bilinearform $\bar{a}$ durch

$$\bar{a}(v, w) := \varepsilon(v_x, w_x) + (\bar{b}v_x, w).$$

Dann lautet eine implizite Diskretisierung in der Zeit, verbunden mit einem Petrov-Galerkin-Verfahren in der örtlichen Variablen

$$\frac{u_i^{k+1} - u_i^k}{\tau} + \bar{a}(u_h(\cdot, t^{k+1}), \psi_i) = (f^{k+1}, \psi_i).$$

Die Testfunktionen werden (vgl.6.1) wieder gewählt als Lösungen von

$$-\varepsilon\psi_k'' - \bar{b}\psi_k' = 0 \quad \text{auf jedem Teilintervall,}$$

$$\psi_k(x_j) = \delta_{k,j}.$$

Eine theoretische Analyse dieses Verfahrens findet man in [RST96]. Unter insbesondere Kompatibilitätsvoraussetzungen erhält man für den Fehler die gleichmäßige Fehlerabschätzung

$$\max_{i,j} |u(x_i, t^k) - u_i^k| \leq C(h + \tau)$$

in den Gitterpunkten.

Als nächstes diskutieren wir ein wichtiges Problem, die Behandlung parabolischer Randgrenzschichten. Diese treten z.B. bei folgender Anfangs-Randwertaufgabe für eine Reaktions-Diffusionsgleichung auf:

$$\begin{aligned} u_t - \varepsilon u_{xx} + c(x,t)u &= f(x,t) \quad \text{in } Q = (0,1) \times (0,T), \\ u(0,t) = u(1,t) &= 0, \quad u(x,0) = g(x). \end{aligned} \tag{2.5}$$

O.B.d.A. kann man $c(x,t) \geq c_0 \geq 0$ voraussetzen.

Da die Lösung des reduzierten Problems i.a. die Randbedingungen nicht erfüllt, hat man Randgrenzschichten bei $x = 0$ und bei $x = 1$. Sehen wir uns z.B. die bei $x = 0$ an und führen eine lokale Variable durch $\zeta = x/\varepsilon^{1/2}$ ein. Ist u_0 die Lösung des reduzierten Problems, so genügt eine lokale Grenzschichtkorrektur bei $x = 0$ dann

$$v_t - v_{\zeta\zeta} + c(0,t)v = 0, \quad v(\zeta,0) = 0, \quad v(0,t) = -u_0(0,t).$$

Dies ist ein parabolisches Problem, deshalb die Bezeichnung parabolische Grenzschicht. Es ist nun möglich, entweder auf der Basis expliziter Lösungsdarstellungen mit Hilfe der komplementären Fehlerfunktion oder durch Anwendung des Maximumprinzips die Grenzschichtfunktion v und ihre Ableitungen abzuschätzen. Setzt man Kompatibilität voraus, so dass entsprechende Glattheit der Lösung gesichert ist, erhält man nach einiger Rechnung

$$\left| \frac{\partial^{l+m}}{\partial x^l \partial t^m} v(x,t) \right| \leq C\, \varepsilon^{-l/2} e^{-\gamma x/\varepsilon^{1/2}}, \tag{2.6}$$

dabei ist γ eine beliebige positive Konstante. Bemerkenswert ist das folgende Resultat [110]: *Für Probleme mit parabolischen Randgrenzschichten gibt es auf Standardgittern keine in der Maximumnorm gleichmäßig bezüglich des Störungsparameters konvergenten Schemata.*

Wir versuchen nun, dieses tiefliegende Resultat heuristisch zu erklären. Dazu gehen wir davon aus, daß man bei entsprechender Wahl der Bedingung bei $x = 0$ das parabolische Grenzschichtproblem exakt lösen kann. Z.B. hat man für

$$v_t - v_{\zeta\zeta} = 0, \quad v(\zeta,0) = 0, \quad v(0,t) = t^2$$

die Lösungsdarstellung

$$v(\zeta,t) = 2 \int_0^t \int_0^\tau erfc(\zeta/(2\mu^{1/2}))d\mu d\tau \tag{2.7}$$

mit der komplementären Fehlerfunktion $erfc$. Notwendige Bedingungen für gleichmäßige Konvergenz besitzen die Form

$$AV_{i-1} + BV_i + DV_{i+1} = 0$$

und können von einer Funktion vom Typ $V_i \approx e^{-di^2}$ nicht erfüllt werden. Dies ist aber das Verhalten des aus (2.7) folgenden V_i, das aus dem entsprechenden Verhalten der komplementären Fehlerfunktion folgt.

Möchte man in der Maximumnorm gleichmäßige Konvergenz für Probleme mit parabolischen Randgrenzschichten sichern (dies trifft gleichermaßen auf die im nächsten Abschnitt diskutierten elliptischen Probleme mit solchen Grenzschichten zu), so muß man angepaßte Gitter in Grenzschichtnähe verwenden!

Auf der Basis der Abschätzungen (2.6) kann man nun z.B. ein adäquates S-Gitter definieren. Es sei

$$\rho = \min\left(1/4, \frac{\varepsilon^{1/2}}{\gamma}\ln N\right)$$

und $[0, \rho]$, $[\rho, 1 - \rho]$ und $[1 - \rho, 1]$ eine Zerlegung von $[0, 1]$ in $N/4$ bzw. $N/2$ und $N/4$
Teilintervalle. Diskretisieren wir dann (2.5) implizit gemäß

$$\frac{u_i^{k+1} - u_i^k}{\tau} - \varepsilon D^+ D^- u_i^{k+1} + c(x_i, t^{k+1})u_i^{k+1} = f_i^{k+1},$$

so kann man die gleichmäßige Fehlerabschätzung

$$|u(x_i, t^{k+1}) - u_i^{k+1}| \leq C\left((N^{-1}\ln N)^2 + \tau\right) \tag{2.8}$$

beweisen [Shi92]. Ähnliche Resultate erhält man auch für Probleme der Form (2.1) mit
Konvektion, bei einer Zeitdiskretisierung vom Crank-Nicholson-Typ ist dann sogar die
Ordnung zwei bezüglich der Zeitschrittweite zu erwarten [77].

6.3 Räumlich mehrdimensionale Konvektions-Diffusions-Probleme

6.3.1 Zur Analysis elliptischer Konvektions-Diffusions-Probleme

Konvektions-Diffusions-Gleichungen der Form

$$\frac{\partial u}{\partial t} - \nu \triangle u + b \cdot \nabla u + cu = f$$

treten in der Stömungsmechanik oft auf. Beispiele dafür sind

- die Berechnung der Temperatur in einer kompressiblen Strömung

- die Gleichungen der Konzentration von Pollutanten in Fluiden

- die Momentenbedingung in den Navier-Stokes Gleichungen
  (durch deren nichtlinearen Charakter und die Zusatzbedingung der Divergenzfreiheit ist in diesem komplizierten System aber unklar, ob es gerade die Konvektions-
  Diffusionsprobleme sind, die die Hauptschwierigkeiten verursachen).

Die Navier-Stokes Gleichungen im Fall großer Reynolds-Zahlen wurden in den ersten Arbeiten zur Numerik singulär gestörter Differentialgleichungen auch stets als Motivation
genannt, die Numerik von Problemen der Form

$$-\varepsilon u'' + bu' + cu = f$$

im Fall $\varepsilon \ll 1$ zu untersuchen. Von der vollständigen theoretischen Analyse der Navier-
Stokes Gleichungen und deren Diskretisierung im Fall großer Reynolds-Zahlen ist man

auch heute noch weit entfernt. Da es aber eine Reihe weiterer Anwendungen gibt (z.B. die beiden obengenannten), in denen Konvektions-Diffusions-Probleme, insbesondere auch im Fall dominanter Konvektion, eine wichtige Rolle spielen, sind angepaßte Diskretisierungsverfahren für stationäre Probleme der Form

$$-\varepsilon\Delta u + b \cdot \nabla u + cu = f \quad \text{in} \quad \Omega \subset \Re^2, \tag{3.1}$$
$$u = 0 \quad \text{auf} \quad \partial\Omega$$

mit $0 < \varepsilon \ll 1$ im mehrdimensionalen Fall von großem Interesse. Wir beschränken uns der Einfachheit halber auf den zweidimensionalen Fall und auf homogene Dirichletbedingungen. In (3.1) ist b natürlich ein Vektorfeld, im folgenden lassen wir aber im Skalarprodukt $b \cdot \nabla$ den Punkt wieder weg, wenn keine Mißverständnisse möglich sind.

Zunächst wenden wir uns der Frage nach dem asymptotischen Verhalten der Lösung von (3.1) für $\varepsilon \to 0$ zu. Vorausgesetzt werden soll stets, daß eine eindeutige klassische oder schwache Lösung existiert, typische Voraussetzungen wären also $c \geq 0$ oder $c - 1/2\,\mathrm{div}\,b \geq \omega > 0$. Setzt man $\varepsilon = 0$ in der Differentialgleichung, so kommt man zu

$$L_0 u := b\nabla u + cu = f.$$

Schon vom eindimensionalen Fall her wissen wir, daß es im allgemeinen nicht möglich ist, alle Randbedingungen des ursprünglichen Problems für dieses Problem zu übernehmen. Wir fordern deswegen

$$L_0 u = f, \tag{3.2}$$
$$u|_\Sigma = 0,$$

wobei Σ eine Teilmenge von Γ ist und fragen uns, welche Wahl von Σ sachgemäß ist. Löst man (3.2) mit dem Charakteristikenverfahren, so ist klar, daß die Charakteristiken, d.h. die Lösungen von

$$\frac{d\xi}{d\tau} = b(\xi(\tau)) \tag{3.3}$$

eine wesentliche Rolle spielen. Entscheidend ist das Verhalten der Charakteristiken in Randnähe. Sei F in einem Streifen in Randnähe definiert, glatt, dabei der Rand charakterisiert durch $F|_\Gamma = 0$ und $F < 0$ in Randnähe innerhalb des gegebenen Gebietes. Wir definieren

$$\begin{aligned}
\Gamma_+ &= \{x \in \Gamma \mid b\nabla F > 0\} &\quad &\text{„Ausströmrand”}\\
\Gamma_- &= \{x \in \Gamma \mid b\nabla F < 0\} &\quad &\text{„Einströmrand”}\\
\Gamma_0 &= \{x \in \Gamma \mid b\nabla F = 0\} &\quad &\text{„charakteristischer Rand”.}
\end{aligned}$$

In $\Gamma_\pm$ schneiden die Charakteristiken den Rand, während in Punkten aus Γ_0 der Rand tangiert wird. Ist Γ glatt, so gilt $\Gamma = \Gamma_+ \cup \Gamma_- \cup \Gamma_0$.

Sachgemäß ist, $\Sigma = \bar\Gamma_+$ oder $\Sigma = \bar\Gamma_-$ zu wählen. Untersucht man die Frage der Existenz von abklingenden Lösungen entsprechender lokaler Probleme - analog zum eindimensionalen Fall - so kommt man in Übertragung der Situation vom eindimensionalen

Fall zu dem Ergebnis, daß die Wahl $\Sigma = \bar{\Gamma}_-$ zweckmäßig ist. Das reduzierte Problem ist also

$$
\begin{aligned}
L_0 u &= f, \\
u|_{\bar{\Gamma}_-} &= 0,
\end{aligned}
\tag{3.4}
$$

in der Umgebung von Γ_+ sind gewöhnliche Grenzschichten zu erwarten. Letzteres erkennt man, wenn man lokale Variablen in Randnähe von Γ_+ einführt. Setzt man

$$
\begin{aligned}
x_1 &= x_1(\rho, \phi), \\
x_2 &= x_2(\rho, \phi)
\end{aligned}
$$

mit $\rho(x) = dist(x, \Gamma)$, $0 < \rho < \rho_0$ und $\zeta = \rho/\varepsilon$, so erhält man als Lösung einer gewöhnlichen Differentialgleichung die Grenzschichtkorrektur

$$
v = -u_0|_{\Gamma_+} \exp\left(-\frac{B_0(0, \phi)}{A_{2,0}(0, \phi)} \zeta \right).
$$

Dabei entsteht $A_{2,0}$ durch Transformation des elliptischen Differentialausdrucks und ist deswegen negativ, während ferner gilt $B_0(0, \phi) = b\nabla\rho|_{\rho=0} < 0$ laut Definition von Γ_+.

Wegen des möglicherweise komplizierten Verhaltens der Charakteristiken und Problemen mit der Glätte der exakten Lösung oder der des reduzierten Problems kann das asymptotische Verhalten der exakten Lösung äußerst kompliziert sein.

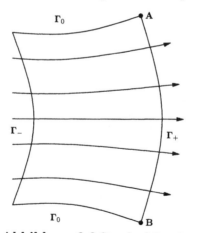

Abbildung 6.6 Standardsituation

Eine der Standardsituationen ist in Abbildung 6.6 skizziert. Dies ist eine Situation, die der Durchströmung etwa eines Kanals entspricht, das asymptotische Verhalten der Lösung ist dann gekennzeichnet durch eine gewöhnliche Grenzschicht bei Γ_+, parabolische Grenzschichten bei Γ_0 und zusätzliche Schwierigkeiten in den Punkten A,B.

In der Situation gemäß Abbildung 6.7 treten keine parabolischen Grenzschichten auf. Hier gibt es zusätzliche Schwierigkeiten dadurch, daß die Lösung des reduzierten Problems entlang der Charakteristik durch P nicht sehr glatt ist.

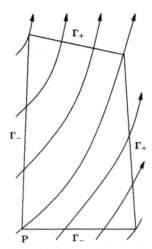

Abbildung 6.7 Problem ohne parabolische Grenzschichten

Natürlich sind weit kompliziertere Fälle möglich, wie das Beispiel

$$-\varepsilon\triangle u + (x^2 - 1)u_x + (y^2 - 1)u_y + cu = f \quad\text{in}\quad x^2 + y^2 < 3,$$
$$u = 0 \quad\text{auf}\quad \Gamma$$

zeigt (siehe Abbildung 6.8).

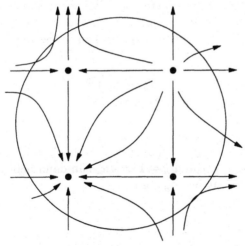

Abbildung 6.8 Problem mit stark variierender Konvektion

In nicht einfach zusammenhängenden Gebieten (siehe Abbildung 6.9) kann auch ein einfacher Charakteristikenverlauf zu schwierigen Problemen führen (hier entlang CD und EF).

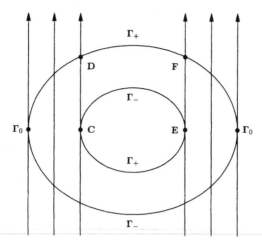

Abbildung 6.9 Charakteristiken bei einem mehrfach zusammmhängenden Gebiet

Für eine präzise Darstellung der komplizierten Zusammenhänge verweisen wir auf [GFL+83]. Tatsache ist, daß es im mehrdimensionalen Fall keine trivialen Probleme mehr gibt, die asymptotische Darstellung der Lösung weist in jedem Fall unangenehme Bestandteile auf. Dies führt natürlich auch zu Schwierigkeiten bei der numerischen Behandlung derartiger Probleme.

Ähnlich wie im eindimensionalen Fall ist es nützlich, die Lösung in eine glatte Komponente und Grenzschichtanteile zu zerlegen, ohne das Restglied der üblichen asymptotischen Analysis ins Spiel bringen zu müssen. Nur in wenigen Fällen ist eine derartige Zerlegung vollständig bekannt. Exemplarisch hierzu betrachten wir

$$-\varepsilon \triangle u + b \cdot \nabla u + cu \;=\; f \quad \text{in} \quad \Omega = (0,1)^2, \tag{3.5}$$
$$u \;=\; 0 \quad \text{auf} \quad \partial\Omega$$

unter der Voraussetzung $b_1(x,y) > \beta_1 > 0$, $b_2(x,y) > \beta_2 > 0$. Dann existieren gewöhnliche Grenzschichten bei $x = 1$ und $y = 1$. Setzt man dann neben einer gewissen Glätte der Daten die Kompatibilitätsbedingung

$$f(0,0) = f(1,0) = f(0,1) = f(1,1) = 0$$

voraus, so gilt $u \in C^{3,\alpha}(\bar{\Omega})$. Damit gibt es keine (starken) Ecksingularitäten, und man kann die Existenz folgender S-Typ-Zerlegung beweisen [86]:

$$u = S + E_1 + E_2 + E_3 \tag{3.6}$$

mit

$$\left| \frac{\partial^{i+j}}{\partial x^i \partial y^j} S \right| \leq C, \tag{3.7}$$

$$\left| \frac{\partial^{i+j}}{\partial x^i \partial y^j} E_1 \right| \leq C \varepsilon^{-i} e^{-\beta_1 (1-x)/\varepsilon},$$

$$\left| \frac{\partial^{i+j}}{\partial x^i \partial y^j} E_2 \right| \leq C \varepsilon^{-j} e^{-\beta_2 (1-y)/\varepsilon},$$

$$\left| \frac{\partial^{i+j}}{\partial x^i \partial y^j} E_3 \right| \leq C \varepsilon^{-(i+j)} e^{-(\beta_1(1-x)/\varepsilon + \beta_2(1-y)/\varepsilon)}.$$

Benötigt man nur Abschätzungen für die ersten Ableitungen $(i + j \leq 1)$, sind keine weiteren Voraussetzungen nötig, die in der genannten Arbeit angewandte Methode verlangt aber für Ableitungen höherer Ordnung die Gültigkeit weiterer Kompatibilitätsbedingungen.

Bemerkung 6.8 Im Falle der Reaktions-Diffusionsgleichung findet man eine umfassende Diskussion der Lösungszerlegung, Ecksingularitäten einschließend, in [Mel02]. Konvektionsprobleme sind komplizierter. Einige Resultate für parabolische Grenzschichten, Ecksingularitäten einschließend, findet man in [Shi92] und [74]. □

Sehr instruktiv ist es, im konvektionsdominanten Fall einmal einen Blick auf das Verhalten der Greenschen Funktion zu werfen. Betrachten wir einmal Problem (3.5) mit konstanten Koeffizienten $b_1 > 0$, $b_2 > 0$, $c > 0$. Ist $\tilde{G}$ die Greensche Funktion im $\mathbb{R}^2$, so gilt nach dem Maximumprinzip

$$0 \leq G \leq \tilde{G}.$$

Z.B. mittels Fourier-Transformation kann man aber $\tilde{G}$ explizit berechnen und erhält

$$\tilde{G}(x, y, \xi, \eta) = \frac{1}{2\pi\varepsilon} \exp\left[(b_1(\xi - x) + b_2(\eta - y)/(2\varepsilon)) \right] K_0(\lambda r)$$

mit

$$r^2 = (\xi - x)^2 + (\eta - y)^2, \qquad (2\varepsilon\lambda)^2 = b_1^2 + b_2^2 + 4\varepsilon c,$$

K_0 ist die modifizierte Besselfunktion. Das Verhalten von $\tilde{G}$ für kleine ε (s. Abbildung 6.10) zeigt deutlich die Abhängigkeit der Lösung von den upwind-Daten. Neben der logarithmischen Singularität bei $r = 0$ bemerkt man

$$\|G\|_{L_p} \leq C \varepsilon^{-(p-1)/p} \quad \text{für} \quad 1 \leq p < \infty.$$

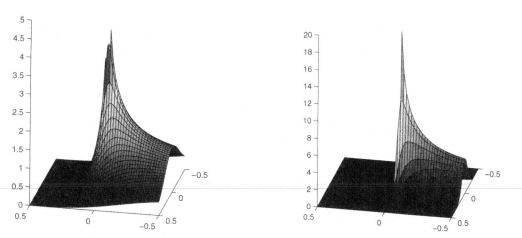

Abbildung 6.10 Greensche Funktion (ohne die Umgebung der Singularität) für $\xi = \eta = c = 0$ und $b_1 = 1$, $b_2 = 0$ sowie $\varepsilon = 0.1$ (links) und $\varepsilon = 0.01$ (rechts)

6.3.2 Diskretisierung auf Standardgittern

Die Frage ist, welche Eigenschaften eines numerischen Verfahrens man in Kenntnis der zu erwartenden Schwierigkeiten bei singulären Störungen anstrebt. Mögliche Zielstellungen sind:

(V_1): Einfache Verfahren, die für $h \leq h_0$ mit von ε unabhängigem h_0 arbeiten, stabil sind und gute Ergebnisse in dem Teilbereich des gegebenen Gebietes Ω liefern, in dem die asymptotische Struktur der Lösung nicht zu kompliziert ist (ausgenommen sind dann etwa Grenzschichtbereiche und Umgebungen besonderer Punkte des Charakteristikenfeldes)

(V_2): Verfahren höherer Ordnung (mit Eigenschaften analog zu V_1)

(V_3): gleichmäßig bezüglich des Parameters ε konvergente Verfahren im gegebenen Gebiet (in einer aussagekräftigen Norm, die insbesondere die Grenzschichten erkennt)

Mit letzterem ist folgendes gemeint: eine Grenzschicht, der ein Grenzschichtterm $e^{-x/\varepsilon}$ entspricht, wird in der Maximumnorm „erkannt", in der L_1-Norm für extrem kleine ε hingegen nicht.

Typische Vertreter der Verfahrensklasse V_1 sind *upwind-Differenzenverfahren* und entsprechende upwind-Verfahren auf Finite-Volumen Basis, der Klasse V_2 das Verfahren der *Stromliniendiffusion*, die sehr aktuellen Verfahren mit *Kantenstabilisierung* (s. [27]) und die *diskontinuierlichen Galerkin-Verfahren* und der Klasse V_3 *exponentiell angepaßte* Verfahren. (zu grenzschichtangepaßten Gittern kommen wir später)

Wir diskutieren zunächst upwind-Differenzenverfahren und beginnen mit der Modellaufgabe (siehe Abb. 6.10)

$$-\varepsilon\triangle u + b\nabla u + cu = f \quad \text{in} \quad \Omega = (0,1) \times (0,1), \tag{3.8}$$
$$u = 0 \quad \text{auf} \quad \Gamma$$

unter den Voraussetzungen

$$(a) \quad b = (b_1, b_2) > (\beta_1, \beta_2) > 0, \tag{3.9}$$
$$(b) \quad c \geq 0.$$

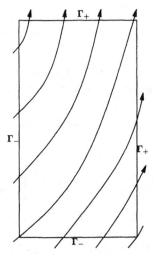

Abbildung 6.11 Charakteristikenverlauf von (3.8) und (3.9)

Die Lösung von (3.8) (ob klassische oder schwache) genügt einem Maximumprinzip, ist z.B. $f \geq 0$, so folgt $u \geq 0$. Da diese Eigenschaft für manche Anwendungsprobleme wichtig ist, z.B. wenn u einer Konzentration entspricht, ist es wünschenswert, sie auf die Diskretisierung zu übertragen. Die Maximumprinzipkonservierung hätte man auch als Forderung an die Verfahren der Klasse (V_1) zusätzlich aufnehmen können. Wie wir aus Kapitel 2 wissen, besitzen inversmonotone Matrizen, insbesondere M-Matrizen, Eigenschaften, die ein diskretes Analogon von Maximumprinzipien realisieren. Die Aufnahme dieser Zusatzforderung erschwert die Angabe von Verfahren der Klasse (V_1) einerseits, andererseits erleichtert die eventuell vorhandene inverse Monotonie die Stabilitätsanalyse.

Zunächst ist klar, wie man das einfache upwind-Verfahren aus 6.1.2 im Kontext von Differenzenverfahren auf (3.8) überträgt. Das entsprechende Differenzenverfahren, geschrieben als Differenzenstern, besitzt auf einem gleichmäßigen Gitter der Schrittweite

h die Form

$$-\frac{\varepsilon}{h^2}\begin{bmatrix} \cdot & 1 & \cdot \\ 1 & -4 & 1 \\ \cdot & 1 & \cdot \end{bmatrix} + \frac{1}{h}b_1^h\begin{bmatrix} \cdot & \cdot & \cdot \\ -1 & 1 & \cdot \\ \cdot & \cdot & \cdot \end{bmatrix} + \frac{1}{h}b_2^h\begin{bmatrix} \cdot & \cdot & \cdot \\ \cdot & 1 & \cdot \\ \cdot & -1 & \cdot \end{bmatrix} + c_h\begin{bmatrix} \cdot & \cdot & \cdot \\ \cdot & 1 & \cdot \\ \cdot & \cdot & \cdot \end{bmatrix} = f_h,$$

(3.10)

dabei ist z.B. $b_1^h = b_1$ in dem entsprechenden Gitterpunkt.

LEMMA 6.7 *Das durch das Schema (3.10) beschriebene upwind-Verfahren für die Aufgabe (3.8), (3.9) ist gleichmäßig stabil bezüglich ε in der diskreten Maximumnorm und inversmonoton.*

Beweis: Zunächst ist klar, daß die Koeffizientenmatrix des (3.10) entsprechenden Gleichungssystems eine L-Matrix ist. Wegen der Voraussetzungen $b_1 > 0$ und $c \geq 0$ ist $e(x) = (1+x)/2$ ein majorisierendes Element für das diskrete Problem. Das M-Kriterium liefert die M-Matrix-Eigenschaft und die notwendige Stabilitätsabschätzung. ∎

Um allgemeinere Gebiete behandeln zu können, ist es zweckmäßig, über einfache upwind-FEM nachzudenken. Betrachten wir zunächst (3.8),(3.9) und diskretisieren mit linearen finiten Elementen. Die Triangulierung entstehe aus einer gleichmäßigen Quadratzerlegung durch Einfügen einer Diagonalen. Sind b_1, b_2 konstant und ist $c \equiv 0$, so wird der Differenzenstern

$$-\frac{\varepsilon}{h}\begin{bmatrix} \cdot & 1 & \cdot \\ 1 & -4 & 1 \\ \cdot & 1 & \cdot \end{bmatrix} + \frac{b_1}{6}\begin{bmatrix} \cdot & -1 & 1 \\ -2 & \cdot & 2 \\ -1 & 1 & \cdot \end{bmatrix} + \frac{b_2}{6}\begin{bmatrix} \cdot & 2 & 1 \\ 1 & \cdot & -1 \\ -1 & -2 & \cdot \end{bmatrix}$$

erzeugt. Damit ist es nicht möglich, für $h \leq h_0$ mit von ε unabhängigem h_0 die M-Matrix-Eigenschaft zu konservieren. Zunächst versuchte man in den 70'iger Jahren, mit allen möglichen Tricks (eine Übersicht findet man in [RST96]) das Verfahren zu stabilisieren, etwa mittels Petrov-Galerkin-Technik und quadratischen Testfunktionen. Letztlich stellte es sich aber heraus, daß es keine so einfache upwind-Strategie für Finite-Elemente-Verfahren wie für Differenzenverfahren gibt!

Im FEM-Kontext favorisiert man heute die Methode der Stromliniendiffusion, die wir später beschreiben werden, zudem die bereits in Kapitel 4 vorgestellte diskontinuierliche Galerkin-Methode. Möchte man aber die inverse Monotonie der erzeugten diskreten Probleme garantieren, so kann man die upwind-Strategie erfolgreich im Finite-Volumen-Kontext realisieren.

Zur Beschreibung dieser upwind-Finite-Volumen-Methode verlassen wir die spezielle Randwertaufgabe (3.8),(3.9) und betrachten allgemeiner

$$\begin{aligned} -\varepsilon\triangle u + b\nabla u + cu &= f \quad \text{in} \quad \Omega \subset \mathbb{R}^2, \\ u &= 0 \quad \text{auf} \quad \Gamma \end{aligned}$$

(3.11)

in einem polygonalen Gebiet unter der Voraussetzung

$$c - \frac{1}{2}\operatorname{div} b \geq 0.$$

(3.12)

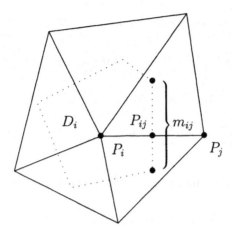

Abbildung 6.12 Voronoi-Box

Wir setzen eine zulässige Dreieckszerlegung vom schwach spitzen Typ voraus und konstruieren eine duale Vernetzung mittels Voronoi-Boxen (siehe Abb. 6.12). Es werden Bezeichnungen gemäß dieser Abbildung verwendet; zudem $l_{ij} = |P_iP_j|$.

Diskretisiert man $-\triangle u$ auf dieser Vernetzung mit der Finiten-Volumen-Methode oder mit linearen finiten Elementen, so entsteht bekanntlich die Differenzenapproximation

$$\sum_{j\in\Lambda_i} \frac{m_{ij}}{l_{ij}}(u(P_i) - u(P_j)). \tag{3.13}$$

Die zugehörige Matrix ist M-Matrix (sie ist L-Matrix, irreduzibel und diagonaldominant).

Als nächstes diskretisieren wir den wichtigen Konvektionsterm. An der Finiten-Volumen-Philosophie orientiert, beschreiben wir dies in der Finite-Elemente-Sprache.

Dazu gehen wir von der Aufspaltung

$$(b\nabla u_h, w_h) = (div(u_hb), w_h) - ((div\, b)u_h, w_h)$$

aus und behandeln zunächst den ersten Summanden:

$$
\begin{aligned}
(div(u_hb), w_h) &= \sum_i \int_{D_i} div(u_hb)w_h dx \\
&\approx \sum_i w_h(P_i) \int_{D_i} div(u_hb)dx,
\end{aligned}
$$

der Gauß'sche Integralsatz liefert

$$
\begin{aligned}
(div(u_hb), w_h) &\approx \sum_i w_h(P_i) \int_{\partial D_i} (b\cdot\nu)u_h d\Gamma_i \\
&= \sum_i w_h(P_i) \sum_{j\in\Lambda_i} \int_{\Gamma_{ij}} (b\cdot\nu_{ij})u_h d\Gamma_{ij}.
\end{aligned}
$$

Die Anwendung der Integrationsformel

$$\int_{\Gamma_{ij}} (b \cdot \nu_{ij}) u_h d\Gamma_{ij} = b(P_{ij}) \cdot \nu_{ij} meas\Gamma_{ij}(\lambda_{ij} u_h(P_i) + (1 - \lambda_{ij}) u_h(P_j))$$

mit noch unbestimmten Gewichten λ_{ij} liefert

$$(div(u_h b), w_h) \approx \sum_i w_h(P_i) \sum_{j \in \Lambda_i} (b(P_{ij}) \cdot \nu_{ij}) m_{ij}(\lambda_{ij} u_h(P_i) + (1 - \lambda_{ij}) u_h(P_j)).$$

Ähnlich wird der zweite Summand der obigen Aufspaltung approximiert:

$$\begin{aligned} ((div\, b) u_h, w_h) &= \sum_i \int_{D_i} (div\, b) u_h w_h \, dx \\ &\approx \sum_i u_h(P_i) w_h(P_i) \int_{D_i} div\, b \, dx, \end{aligned}$$

also

$$((div\, b) u_h, w_h) \approx \sum_i u_h(P_i) w_h(P_i) \sum_{j \in \Lambda_i} (b(P_{ij}) \cdot \nu_{ij}) m_{ij}.$$

Insgesamt lautet die Approximation des Konvektionstermes:

$$(b \nabla u_h, w_h) \approx \sum_i w_h(P_i) \sum_{j \in \Lambda_i} (b(P_{ij}) \cdot \nu_{ij}) m_{ij}((\lambda_{ij} - 1) u_h(P_i) + (1 - \lambda_{ij}) u_h(P_i)).$$

Diese Art der Approximation erzeugt eine Matrix B_h im zugeordneten diskreten Problem mit

$$\begin{aligned} (B_h)_{kk} &= \sum_{j \in \Lambda_k} (b(P_{kj}) \cdot \nu_{kj}) m_{kj}(\lambda_{kj} - 1) \\ (B_h)_{kl} &= (b(P_{kl}) \cdot \nu_{kl}) m_{kl}(1 - \lambda_{kl}), \qquad \text{wenn} \quad l \in \Lambda_k \\ (B_h)_{kl} &= 0 \quad \text{sonst.} \end{aligned}$$

Mit der Wahl

$$\lambda_{kl} = \begin{cases} 1 & \text{wenn} \quad b(P_{kl}) \cdot \nu_{kl} \geq 0 \\ 0 & \text{wenn} \quad b(P_{kl}) \cdot \nu_{kl} < 0 \end{cases} \tag{3.14}$$

wird gesichert, daß B_h eine L-Matrix ist.

Bemerkung 6.9 Die Wahl der λ_{kl} gemäß (3.14) überträgt die upwind-Strategie vom eindimensionalen auf den mehrdimensionalen Fall, denn auf einem regelmäßigen Netz erhält man bei dieser Wahl erneut das Schema (3.10). $\square$

Um die Diskretisierung zu komplettieren, sei noch angemerkt, daß $cu - f$ analog wie der zweite Summand der obigen Aufspaltung diskretisiert wird, also mit der bereits in Kapitel 4, Abschnitt 5.4 beschriebenen Technik. Die Wahl (3.14) ist nicht zwingend, betrachtet man die Gesamtmatrix, so hat man mehr Spielraum für die Wahl der Gewichte λ_{ij}.

Es sei insgesamt

$$a_l(u_h, v_h) = (f, v_h)_l$$

das diskrete Problem und

$$\|v_h\|_\varepsilon := \{\varepsilon |v_h|_1^2 + \|v_h\|_l^2\}^{\frac{1}{2}}$$

eine adäquate Norm mit

$$\|v_h\|_l^2 = \sum_i v_h^2(P_i) \cdot measD_i.$$

Dann gilt nach [5] der

SATZ 6.5 *Für die beschriebene upwind-FVM-Diskretisierung auf einer schwach-spitzen Triangulation gilt:*
(a) Das diskrete Problem ist invers-isoton für $h \leq h_0$ mit vom Parameter ε unabhängigen h_0. Der Fehler genügt
(b) $\|u - u_h\|_\varepsilon \leq C\varepsilon^{-\frac{1}{2}} h(\|u\|_2 + \|f\|_{W_q^1})$
(c) $\|u - u_h\|_\varepsilon \leq Ch(\|u\|_2 + \|f\|_{W_q^1})$, wenn das Gebiet regulär triangulierbar ist.

Das Gebiet heißt dabei *regulär triangulierbar*, wenn eine Triangulierung mit drei Scharen paralleler Geraden möglich ist.

Gemeinsam mit den Resultaten in [101], die im wesentlichen besagen, daß (b) und (c) auch lokal in den Teilgebieten gelten, in denen die exakte Lösung einschließlich ihrer Ableitungen gleichmäßig in ε beschränkt ist, zeigt Satz 6.5, daß das vorgestellte Verfahren die oben genannten Forderungen an Verfahren der Klasse (V_1) erfüllt.

Strebt man ein Verfahren höherer Ordnung an, das vom Typ (V_2) ist, so ist es nicht realistisch, weiterhin die inverse Monotonie des diskreten Problems im Auge zubehalten. Denn es ist bekannt, daß schon bei der Diskretisierung von $-\triangle$ mit quadratischen finiten Elementen die inverse Monotonie nur noch in speziellen geometrischen Situationen nachgewiesen werden kann. Die Methode der Stromliniendiffusion, die wir nun beschreiben wollen, zielt auch nicht in diese Richtung, sondern in Richtung der Stabilisierung durch geeignete Wahl von Testfunktionen.

Wir untersuchen wieder die Randwertaufgabe (3.11) unter der Voraussetzung (3.12). Ausgangspunkt für die Diskretisierung ist die übliche Galerkin-Diskretisierung: Gesucht sei ein $u_h \in V_h$ mit

$$\varepsilon(\nabla u_h, \nabla w_h) + (b\nabla u_h + cu_h, w_h) = (f, w_h)$$

für alle w_h eines Testraumes W_h.

Die Grundidee der *Stromliniendiffusion* besteht nun darin, Testfunktionen vom Typ

$$w_h := v_h + \beta\, b\nabla v_h \quad \text{mit} \quad v_h \in V_h$$

und einem Parameter β zu wählen.

Beispiel 6.1 Diskretisiert man

$$-\varepsilon\triangle - p\frac{\partial}{\partial x} - q\frac{\partial}{\partial y}$$

mit konstanten p, q auf einem regelmäßigen Gitter vom Friedrichs-Keller-Typ (Quadrat-netz plus eine Diagonale) mit linearen finiten Elementen mittels Stromliniendiffusion, so erzeugt man den Differenzenstern

$$\varepsilon\begin{bmatrix} \cdot & -1 & \cdot \\ -1 & 4 & -1 \\ \cdot & -1 & \cdot \end{bmatrix} + \frac{h}{6}\begin{bmatrix} \cdot & -p+2q & p+q \\ -2p+q & \cdot & 2p-q \\ -(p+q) & p-2q & \cdot \end{bmatrix} +$$

$$+\beta\begin{bmatrix} \cdot & pq-q^2 & -pq \\ pq-q^2 & 2(p^2+q^2-pq) & pq-q^2 \\ -pq & pq-q^2 & \cdot \end{bmatrix}.$$

Es gibt andererseits Vorschläge, zur Stabilisierung künstliche Diffusion einzuführen, also zu setzen $\varepsilon := \varepsilon + \gamma$ und γ geeignet zu wählen. Dies führt zu einer zu starken Ver-schmierung von Grenzschichten. Ein besserer Vorschlag besteht im zweidimensionalen Fall darin, zuerst den Differentialoperator auf die Form

$$-\varepsilon\triangle^* + \frac{\partial}{\partial\xi}$$

zu transformieren unter Berücksichtigung der Charakteristiken und dann *nur in Strom-richtung* künstliche Diffusion einzuführen, also

$$\varepsilon\frac{\partial^2}{\partial\xi^2} := (\varepsilon + \beta^*)\frac{\partial^2}{\partial\xi^2}$$

zu setzen. Rücktransformation und Diskretisierung mit linearen finiten Elementen führt dann ebenfalls zum obigen Differenzenstern! In diesem Sinne verallgemeinert das Ver-fahren der Stromliniendiffusion die Idee der Einführung künstlicher Diffusion in Strom-richtung zur Stabilisierung. $\square$

Da für C^0-Finite-Elemente gilt

$$v_h + \beta b\nabla v_h \notin H^1,$$

ist die Methode der Stromliniendiffusion gewissermaßen eine nichtkonforme Petrov-Galerkin-Technik. Wir setzen nun mit einem elementweise konstanten Parameter β_K

$$A(w,v) := \varepsilon(\nabla w, \nabla v) + (b\nabla w + cw, v) + \sum_K \beta_K(-\varepsilon\triangle w + b\nabla w + cw, b\nabla v)_K$$

und

$$F(v) := (f,v) + \sum_K \beta_K(f, b\nabla v)_K$$

Das diskrete Problem ist dann: Gesucht ist $u_h \in V_h$ mit

$$A(u_h, v_h) = F(v_h) \quad \text{für alle} \quad v_h \in V_h. \tag{3.15}$$

Die eingeführten Zusatzterme gegenüber einem Galerkin-Verfahren, das ja für $\beta = 0$ entsteht, sollen stabilisierend wirken. Die Methode der Stromliniendiffusion ist *konsistent*, da

$$A(u, v_h) = F(v_h) \quad \text{für alle} \quad v_h \in V_h$$

gilt. Dies impliziert die Galerkin-Orthogonalität

$$A(u - u_h, v_h) = 0 \quad \text{für alle} \quad v_h \in V_h,$$

die die Fehleranalysis erleichtert.

Wir analysieren jetzt das Stromliniendiffusionsverfahren im Fall linearer Elemente unter den (nicht notwendigen) Zusatzvoraussetzungem

$$\beta_K = \beta, \qquad c = const. > 0, \qquad div\, b = 0. \tag{3.16}$$

Es sei $e := u - u_h$ der Verfahrensfehler und $\eta := \Pi_h u - u$ die Differenz aus der Interpolierenden der exakten Lösung und der exakten Lösung.

Dann folgt zunächst aus $A(e, v_h) = 0$ für $v_h \in V_h$ wie üblich

$$A(e, e) = A(e, \eta). \tag{3.17}$$

Nach Definition gilt

$$A(e, e) = -\varepsilon(\triangle u, \beta\nabla e) + \varepsilon|\nabla e|_1^2 + \beta\|b\nabla e\|^2 + (1 + \beta c)(b\nabla e, e) + c(e, e),$$

wegen $div\, b = 0$ fällt ein Summand weg ($(b\nabla e, e) = 0$). Andererseits hat man

$$
\begin{aligned}
A(e, \eta) &= -\varepsilon(\triangle u, \beta b\nabla\eta) + \varepsilon(\nabla e, \nabla\eta) + +(b\nabla e + ce, \beta b\nabla\eta + \eta) + \\
&\quad +(b\nabla e, \beta b\nabla\eta) + (b\nabla e, \eta) + (ce, \beta b\nabla\eta) + (ce, \eta).
\end{aligned}
$$

Wir wenden jetzt wiederholt die Ungleichung

$$ab \le \frac{\alpha}{2}a^2 + \frac{1}{2\alpha}b^2$$

an:

$$A(e, \eta) \leq -\varepsilon(\triangle u, \beta b \nabla \eta) + \frac{\alpha_1}{2}\varepsilon||\nabla e||^2 + \frac{\alpha_2}{2}\beta||b\nabla e||^2 + \frac{\alpha_3}{2}||b\nabla e||^2$$

$$+ \frac{\alpha_4 + \alpha_5}{2}c||e||^2 + \frac{1}{2\alpha_1}\varepsilon||\nabla\eta||^2 + \frac{1}{2\alpha_2}\beta||b\nabla\eta||^2 + \frac{1}{2\alpha_3}||\eta||^2$$

$$+ \frac{1}{2\alpha_4}||b\nabla\eta||^2 + \frac{1}{2\alpha_5}c||\eta||^2 .$$

Die Wahl $\alpha_4 = \alpha_5 = 2$, $\alpha_1 = \alpha_2 = 1$, $\alpha_3 = \alpha/2$ liefert

$$A(e, \eta) \leq -\varepsilon(\triangle u, \beta b \nabla \eta) + \frac{1}{2}\left(\varepsilon||\nabla e||^2 + \frac{\alpha + \beta}{2}||b\nabla e||^2 + c||e||^2\right) +$$

$$+ \frac{\varepsilon}{2}||\nabla\eta||^2 + \left(\frac{\beta}{2} + \frac{\beta^2}{4}\right)||b\nabla\eta||^2 + \left(\frac{c}{4} + \frac{1}{\alpha}\right)||\eta||^2.$$

Zusammenfassen mit $\alpha = \beta$ führt zu

$$\varepsilon||\nabla e||^2 + \beta||b\nabla e||^2 + c||e||^2 \leq 2\varepsilon(\triangle u, \beta b \nabla e) - 2\varepsilon(\triangle u, \beta b \nabla \eta) +$$

$$+ \varepsilon||\nabla\eta||^2 + \left(\beta + \frac{\beta^2}{2}\right)||b\nabla\eta||^2 + \left(\frac{c}{2} + \frac{2}{\beta}\right)||\eta||^2.$$

Wir setzen jetzt $u \in H^2$ voraus, so daß die Interpolationsfehlerabschätzungen

$$||\eta|| \leq Ch^2||u||_2, \qquad ||\nabla\eta|| \leq Ch||u||_2$$

gelten. Diese führen dann zu

$$\varepsilon||\nabla e||^2 + \beta||b\nabla e||^2 + c||e||^2 \leq C[\varepsilon\beta||u||_2||b\nabla e|| + \varepsilon\beta h||u||_2^2 +$$

$$+ \varepsilon h^2||u||_2^2 + \left(\beta + \frac{\beta^2}{2}\right)h^2||u||_2^2 + \left(\frac{c}{2} + \frac{2}{\beta}\right)||u||_2^2].$$

Die Abschätzung

$$\varepsilon\beta||u||_2||b\nabla e|| \leq \frac{\beta}{2}||b\nabla e||^2 + \frac{\beta}{2}\varepsilon^2||u||_2^2$$

führt letzlich zu

$$\varepsilon||\nabla e||^2 + \beta||b\nabla e||^2 + c||e||^2 \leq C||u||_2^2\left[\beta\varepsilon(\varepsilon + h) + h^2\left(\varepsilon + \beta + \frac{\beta^2}{2}\right) + \left(\frac{c}{2} + \frac{2}{\beta}\right)h^4\right].$$

Wählt man $\beta = \beta^* \cdot h$, so erhält man

SATZ 6.6 *Für die Lösung von (3.11) gelte $u \in H^2(\Omega)$. Wählt man dann im Fall dominanter Konvektion mit $\varepsilon < h$ den Parameter β gemäß $\beta = \beta^* \cdot h$, so gelten unter den Zusatzvoraussetzungen (3.16) für das Verfahren der Stromliniendiffusion unter Verwendung linearer finiter Elemente die Fehlerabschätzungen*

$$||u - u_h||_0 \leq Ch^{\frac{3}{2}}||u||_2,$$

$$\varepsilon^{1/2}||u - u_h||_1 \leq Ch^{\frac{3}{2}}||u||_2,$$

$$||b\nabla(u - u_h)||_0 \leq Ch||u||_2.$$

Diese Abschätzungen zeigen deutlich den Erfolg der stabilisierenden Terme, denn für ein reines Galerkin-Verfahren bekommt man derartige Abschätzungen mit von ε zudem unabhängigen Konstanten nicht. Vergleicht man mit dem upwind-Verfahren (Satz 6.5), so erkennt man deutlich die verbesserten Konvergenzraten (insbesondere des Gradienten in Stromrichtung!), allerdings bei Verzicht auf inverse Monotonie.

Wesentlich ist, daß nun die Fehlerabschätzungen von Satz 6.6 verallgemeinert werden können. Umfaßt V_h Polynome k-ten Grades, so gilt [RST96]

$$\|u - u_h\|_0 \leq Ch^{k+\frac{1}{2}}\|u\|_{k+1},$$

$$\varepsilon^{1/2}\|u - u_h\|_1 \leq Ch^{k+\frac{1}{2}}\|u\|_{k+1} \quad \text{und}$$

$$\|b\nabla(u - u_h)\|_0 \leq Ch^k\|u\|_{k+1}.$$

Die Fehlerabschätzungen zum Verfahren der Stromliniendiffusion sind keine Abschätzungen, die gleichmäßige Konvergenz bezüglich des singulären Strömungsparameters sichern, da $\|u\|_{k+1}$ natürlich von ε abhängt und im allgemeinen $\|u\|_{k+1} \to \infty$ für $\varepsilon \to 0$ gilt. Lokale Abschätzungen [RST96] vom Typ

$$\||u - u_h\||_{\Omega'} \leq Ch^{k+\frac{1}{2}}\|u\|_{k+1,\Omega''}$$

mit

$$\||w\||^2 := \|w\|_0^2 + \varepsilon|w|_1^2 + h\|b\nabla w\|_0^2$$

zeigen jedoch gleichmäßige Konvergenzeigenschaften in den Teilgebieten, in denen die Ableitungen der exakten Lösung gleichmäßig beschränkt sind bezüglich ε.

Vom mathematischen Standpunkt aus interessant ist die Frage, ob es auch im zweidimensionalen Fall gleichmäßig bezüglich des singulären Störungsparameters konvergente Verfahren auf Standardgittern gibt. Entsprechend einer Feststellung im Abschnitt 6.2 ist dies für Probleme mit parabolischen Randgrenzschichten in der Maximumnorm *nicht* der Fall. Bei gewöhnlichen Grenzschichten jedoch gibt es exponentiell angepaßte Verfahren, deren Grundprinzipien beschreiben wir jetzt.

Wir studieren das Modellproblem

$$-\varepsilon\triangle u + b\nabla u + cu = f \quad \text{in} \quad \Omega = (0,1)^2, \tag{3.18}$$

$$u = 0 \quad \text{auf} \quad \Gamma$$

mit konstanten Koeffizienten $b = (b_1, b_2)$, c und $c > 0$. Auf einem regelmäßigen Quadratnetz der Schrittweite h sollen nun konforme Petrov-Galerkin-Diskretisierungen daraufhin untersucht werden, ob man auf ihrer Basis gleichmäßige Konvergenzresultate erzielen kann. Die zentrale Frage ist, wie man Ansatz- und Testraum wählt.

Gemäß den Überlegungen im eindimensionalen Fall würde man exponentielle Testfunktionen favorisieren, die dem adjungierten Problem angepaßt sind. Auf einem Rechteckgitter ist die Übertragung der Grundidee vom ein- auf den zweidimensionalen Fall problemlos möglich. Ist $\phi_i(x)$ die Lösung von

$$-\varepsilon\phi_i'' - b_1\phi_i' = 0 \quad \text{in} (0,1) \quad \text{mit Ausnahme der Gitterpunkte,}$$

$$\phi_i(x_j) = \delta_{i,j},$$

analog $\psi_k(y)$ die Lösung von

$$-\varepsilon\phi_k'' - b_2\phi_k' = 0 \quad \text{in} \, (0,1) \quad \text{mit Ausnahme der Gitterpunkte,}$$
$$\phi_i(y_k) = \delta_{k,j},$$

so werde der Raum der L^*-Splines aufgespannt von den Basisfunktionen $\{\phi_i\psi_k\}$.

Bemerkung 6.10 Im Fall variabler Koeffizienten ist die Definition geeigneter Basisfunktionen etwas komplizierter. Nehmen wir an, auf einem Rechteckgitter sei R_{ij} ein Element mit der linken unteren Ecke (x_i, y_j). Wir definieren nun eindimensionale, vollständig angepaßte Splines durch Einfrieren der Koeffizienten in den Mittelpunkten der Kanten. Z.B. genüge $\psi_{i+1/2,j}$ für $x \in (x_i, x_{i+1})$ und $y = y_j$ der Gleichung

$$-\varepsilon\psi'' + b_1(x_{i+1/2}, y_j)\psi' + c(x_{i+1/2}, y_j)\psi = 0,$$

dabei genüge $\psi^0_{i+1/2,j}$ den Bedingungen $\psi(x_i) = 1$, $\psi(x_{i+1}) = 0$, dagegen $\psi^1_{i+1/2,j}$ den Bedingungen $\psi(x_i) = 0$, $\psi(x_{i+1}) = 1$. Dann kann man Basisfunktionen der zweidimensionalen exponentiell angepaßten Splines definieren durch

$$\varphi_{ij}(x,y) = \begin{cases} \psi^1_{i-1/2,j}(x)\psi^1_{i,j-1/2}(y) & \text{in} \quad R_{i-1j-1} \\ \psi^0_{i+1/2,j}(x)\psi^1_{i,j-1/2}(y) & \text{in} \quad R_{ij-1} \\ \psi^0_{i+1/2,j}(x)\psi^0_{i,j+1/2}(y) & \text{in} \quad R_{ij} \\ \psi^1_{i-1/2,j}(x)\psi^0_{i,j+1/2}(y) & \text{in} \quad R_{i-1j}. \end{cases}$$

Die Konstruktion von derartigen Splines auf Dreiecksgittern findet man z.B. in [119]. $\square$

Analog zu den L^*-Splines seien ausgehend vom ursprünglichen Differentialoperator L-Splines definiert. Überraschend stellt man bei einer Analyse des diskreten Problems fest, daß die Wahl von L-Splines als Ansatzfunktionen und L^*-Splines als Testfunktionen zu Instabilität führt. Deshalb bleiben zunächst folgende Varianten als mögliche Kandidaten für gleichmäßig konvergente Verfahren:

Ansatzfunkionen	Testfunktionen
L-Splines	L-Splines
bilinear	L^*-Splines

Äquivalent dazu sind die Kombinationen (L^*-Splines, L^*-Splines) und (L^*-Splines, bilineare Elemente).

In [94] findet man die Ergebnisse zahlreicher numerischer Tests für verschiedene Realisierungen dieser Grundidee. Eine vollständige theoretische Analysise gelang allerdings bisher nur für das Galerkin-Verfahren mit L-Splines als Ansatz- und Testfunktionen.

Wir skizzieren nun Grundideen einer Fehlerabschätzung für diesen Fall. Erneut studieren wir den Fehler in der ε-gewichteten Norm

$$\|u\|_\varepsilon^2 := \varepsilon|u|_1^2 + \|u\|_0^2.$$

Dann ist die Bilinearform

$$a(u, v) := \varepsilon(\nabla u, \nabla v) + (b\nabla u + cu, v) \tag{3.19}$$

gleichmäßig V-elliptisch:

$$a(u, u) \geq \alpha \|u\|_\varepsilon^2 \qquad (\alpha > 0, \text{ unabhängig von } \varepsilon). \tag{3.20}$$

Wie bereits im eindimensionalen Fall ausgeführt, ist die Bilinearform aber nicht gleichmäßig beschränkt, so daß wir nicht direkt vom Interpolationsfehler auf den Fehler schließen können, sondern etwas subtiler abschätzen müssen.

Ausgangspunkt ist die Ungleichung

$$\alpha \|u - u_h\|_\varepsilon^2 \leq a(u - u_h, u - u_h) = a(u - u_h, u - u_I) + a(u - u_h, u_I - u_h) \tag{3.21}$$

und eine sorgfältige Abschätzung der "rechten" Seite unter Ausnutzung von Eigenschaften der Interpolierenden

$$u_I := \sum_i \sum_j u(x_i, y_j)\phi_i(x)\psi_i(y). \tag{3.22}$$

Nach Definition des stetigen und diskreten Problems hat man $a(u - u_h, u_I - u_h) = 0$.
Für den Interpolationsfehler gilt

LEMMA 6.8 *Es sei* $f(0,0) = f(1,0) = f(0,1) = f(1,1) = 0$. *Dann läßt sich der Intepolationsfehler bei der Interpolation mit L-Splines abschätzen zu*

$$\|u - u_I\|_\infty \leq Ch, \tag{3.23}$$

$$\|u - u_I\|_\varepsilon \leq Ch^{1/2}. \tag{3.24}$$

Beweisskizze: Zunächst beweisen wir die entsprechende Aussage im eindimensionalen Fall. Auf dem Intervall (x_{i-1}, x_i) sei

$$Mz := -\varepsilon\frac{d^2 z}{dx^2} + b\frac{dz}{dx}.$$

Dann gilt

$$M(u - u_I) = f - cu \leq C$$

und

$$(u - u_I)|_{x_{i-1}, x_i} = 0.$$

Die Schrankenfunktion $\Phi_1 = C(x - x_{i-1})$ mit hinreichend großem C führt sofort zu

$$|u - u_I| \leq Ch.$$

Präziser liefert die Schrankenfunktion $\Phi_2 = C|x - x_{i-1}|(1 - e^{-b(x-x_{i-1})/\varepsilon})$ sogar

$$|u - u_I| \leq C(x - x_{i-1})(1 - e^{-b(x-x_{i-1})/\varepsilon}).$$

Um den Interpolationsfehler in der $\|\cdot\|_\varepsilon$-Norm abzuschätzen, gehen wir aus von

$$
\begin{aligned}
\alpha\|u - u_I\|_\varepsilon^2 &= a(u - u_I, u - u_I) \\
&= \varepsilon((u - u_I)', (u - u_I)') + (b(u - u_I)', u - u_I) + (c(u - u_I), u - u_I)
\end{aligned}
$$

und erhalten nach partieller Integration

$$
\alpha\|u - u_I\|_\varepsilon^2 = \sum_i \int_{x_{i-1}}^{x_i} [-\varepsilon(u - u_I)'' + b(u - u_I)'](u - u_I) + (c(u - u_I), u - u_I).
$$

Aus $-\varepsilon(u - u_I)'' + b(u - u_I)' = f - cu$ und $\|u - u_I\|_\infty \le Ch$ folgt dann

$$
\|u - u_I\|_\varepsilon \le Ch^{1/2} .
$$

In [95] wird der entprechende Beweis im zweidimensionalen Fall ähnlich geführt, die zusätzliche Schwierigkeit besteht darin, daß die stückweise partielle Integration dann zusätzliche unangenehme Summanden hervorbringt, die abzuschätzen sind. Für diese Abschätzungen sind a-priori-Informationen über Ableitungen der exakten Lösung notwendig, die gestellten Kompatibilitätsvoraussetzungen dienen dazu, die erforderlichen Abschätzungen bereitzustellen. ■

Bemerkung 6.11 Das Interpolationsresultat in der ε-gewichteten H^1-Norm ist optimal. Ist nämlich z die Lösung von

$$
-\varepsilon z'' + bz' = w, \quad z(0) = z(1) = 0
$$

mit konstanten b, w, so gilt

$$
\|z - z_I\|_\varepsilon = \frac{w}{b}\varepsilon^{1/2}\left(\frac{bh}{2\varepsilon}\coth\left(\frac{bh}{2\varepsilon} - 1\right)\right)^{1/2},
$$

für kleine ρ mit $\rho = bh/2\varepsilon$ verhält sich dies wie $\varepsilon^{1/2}\rho^{1/2}$, also wie $h^{1/2}$. □

Zur Abschätzung des Verfahrensfehlers benötigt man noch ein weiteres technisches Resultat, den präzisen Zusammenhang zwischen der L_1-Norm und der L_2-Norm der Ableitung einer Funktion aus unserem Ansatzraum der L-Splines. Wir zitieren aus [95]

LEMMA 6.9 *Für jedes Element $v_h \in V_h$ gilt die Ungleichung*

$$
\left\|\frac{d}{dx}v_h\right\|_{L_1} \le Ch^{-1/2}\varepsilon^{1/2}\left\|\frac{d}{dx}v_h\right\|_{L_2}.
$$

Nun sind alle Ingredienzien für die Fehlerabschätzung bereit gestellt und wir gehen aus von

$$
a(u - u_h, u - u_I) = \varepsilon(\nabla(u - u_h), \nabla(u - u_I)) + (b\nabla(u - u_h), u - u_I) + (c(u - u_h), u - u_I).
$$

Den ersten und dritten Summanden schätzen wir auf dieselbe Art und Weise ab. Die Schwarzsche Ungleichung liefert z.B.

$$|\varepsilon(\nabla(u - u_h), \nabla(u - u_I))| \leq \varepsilon^{1/2}||u - u_h||_1 \varepsilon^{1/2}||u - u_I||_1 \leq \varepsilon^{1/2}||u - u_h||_1 Ch^{1/2},$$

nun wird

$$\alpha_1 \alpha_2 \leq \gamma_1 \frac{\alpha_1^2}{2} + \frac{\alpha_2^2}{2\gamma_1}$$

angewandt:

$$|\varepsilon(\nabla(u - u_h), \nabla(u - u_I))| \leq C(\gamma, \alpha)h + \gamma\alpha\varepsilon||u - u_h||_1^2.$$

Abgeschätzt wird also so, daß auf der rechten Seite einerseits Terme der Größenordnung h entstehen, andererseits $||u - u_h||_\varepsilon^2$ mit Faktoren $\alpha\gamma$, wobei γ beliebig ist. Dies ermöglicht dann, letztere Summanden wegen der V-Elliptizität der Bilinearform auf die andere Seite zu schaffen und das gewünschte Resultat zu erzielen.

Es bleibt der entscheidende Summand $(b\nabla(u - u_h), u - u_I)$ abzuschätzen. Nun gilt

$$(b\nabla(u - u_h), u - u_I) = (b\nabla(u - u_I), u - u_I) + (b\nabla(u_I - u_h), u - u_I),$$

also (da der erste Summand gleich Null ist)

$$(b\nabla(u - u_h), u - u_I) = (b\nabla(u_I - u_h), u - u_I).$$

Wegen Lemma 6.9 folgt

$$\begin{aligned}
|(b\nabla(u - u_h), u - u_I)| &\leq Ch^{-1/2}\varepsilon^{1/2}||u_I - u_h||_1||u - u_I||_\infty \\
&\leq Ch^{1/2}\varepsilon^{1/2}(||u_I - u||_1 + ||u - u_h||_1) \\
&\leq Ch + Ch^{1/2}\varepsilon^{1/2}||u - u_h||_1 \\
&\leq Ch + C(\gamma, \alpha)h + \gamma\alpha\varepsilon||u - u_h||_1^2.
\end{aligned}$$

Insgesamt ergibt sich

SATZ 6.7 *Es sei u die Lösung der Randwertaufgabe (3.18) unter der Kompatibilitäts-voraussetzung gemäß Lemma 6.8 sowie u_h die Lösung des diskreten Problems bei einer Galerkin-Diskretisierung mit L-Splines als Ansatz- und Testfunktionen. Dann gilt*

$$||u - u_h||_\varepsilon \leq Ch^{1/2}.$$

Beweise analoger Aussagen im Fall variabler Koeffizienten für Probleme mit gewöhnlichen Grenzschichten findet man in [103] und [Doe98]. In letzterer Arbeit findet man auch die Abschätzung

$$||u - u_h||_\infty \leq C h,$$

allerdings wird bei der Herleitung eine unbewiesene inf-sup-Bedingung ausgenutzt. Ansätze für ein Verfahren zweiter Ordnung finden sich dort ebenfalls.

Da es für Probleme mit parabolischen Randgrenzschichten aber keine gleichmäßig konvergenten Schemata auf Standardgittern gibt und auch die Analysis von Exponentialsplines auf Dreiecksgittern bisher keine überzeugende Resultate lieferte, ist es wohl praktisch wichtiger, angepaßte Gitter statt angepaßter Schemata zu benutzen.

6.3.3   Grenzschichtangepaßte Gitter

Als Modellproblem betrachten wir jetzt eine Aufgabe mit gewöhnlichen Grenzschichten bei $x = 0$ und $y = 0$, nämlich das Konvektions-Diffusions-Problem

$$-\varepsilon\Delta u - b \cdot \nabla u + cu = f \quad \text{in} \quad \Omega = (0,1)^2, \quad u = 0 \quad \text{auf } \Gamma = \partial\Omega \qquad (3.25)$$

unter den Voraussetzungen

$$(b_1, b_2) > (\beta_1, \beta_2) > 0 \quad \text{und o.B.d.A} \quad c + 1/2\operatorname{div}b \geq \omega > 0.$$

Zudem nehmen wir an, daß u eine S-Typ-Zerlegung (3.6) mit (3.7) in glatten Anteil und Grenzschichtanteile besitzen möge. Hingewiesen sei darauf, daß man Probleme mit parabolischen Grenzschichten dann analog behandeln kann, wenn man die Existenz einer adäquaten S-Typ-Zerlegung voraussetzen kann.

Als wichtigen Vertreter der grenzschichtangepaßten Gitter wählen wir ein S-Gitter. Dies ist bei $\Omega = (0,1)^2$ einfach ein Gitter mit Tensorprodukt-Struktur, wobei in x- und in y-Richtung die Übergangspunkte durch (1.34) mit $\beta = \beta_1$ bzw. $\beta = \beta_2$ definiert werden.

Bemerkung 6.12 Bei komplizierterer Gebietsgeometrie ist die Konstruktion grenzschichtangepaßter Gitter natürlich komplizierter, aber möglich, wenn man die entsprechenden Informationen über die Grenzschichtanteile besitzt. Details findet man in z.B. in [Mel02]. $\square$

Für das upwind-Differenzenverfahren kann man ähnlich wie im eindimensionalen Fall

$$|u(x_i, y_j) - u_{ij}^N| \leq C\, N^{-1} \ln N$$

beweisen; dieses Ergebnis gilt auch für das upwind-Finite-Volumen-Verfahren auf S-Gittern [84].

Detailliert schauen wir uns einmal lineare oder bilineare finite Elemente auf einem solchen Gitter an und beginnen mit dem Interpolationsfehler.

LEMMA 6.10 *Für den Interpolationsfehler bei linearen oder bilinearen Elementen auf einem S-Gitter mit $\sigma = 2$ gilt*

$$\begin{aligned} \|u - u^I\|_\infty &\leq C\,(N^{-1}\ln N)^2, \qquad \|u - u^I\|_0 \leq C\,N^{-2}, \\ \varepsilon^{1/2}|u - u^I|_1 &\leq C\,N^{-1}\ln N. \end{aligned} \qquad (3.26)$$

Zum Beweis betrachten wir nacheinander den Interpolationsfehler für den glatten Anteil und die Grenzschichtkomponenten in den verschiedenen Teilgebieten: in Ω_g, gekennzeichnet durch die Schrittweite $O(N^{-1})$ in x- und in y-Richtung, in Ω_f mit der extrem kleinen Schrittweite $O(\varepsilon N^{-1} \ln N)$ in beide Richtungen und in Ω_a, gekennzeichnet durch anisotrope Elemente. Bei diesen anisotropen Elementen ist der Quotient aus maximalem und minimalen Elementdurchmesser nicht gleichmäßig bezüglich ε beschränkt.

Wichtig ist, für die anisotropen Elemente anisotrope Interpolationfehlerabschätzungen zu nutzen (vgl. Kapitel 4, Abschnitt 4.1):

$$\|w - w^I\|_{L_p(\tau)} \leq C\left\{h_x^2\|w_{xx}\|_{L_p(\tau)} + h_x h_y\|w_{xy}\|_{L_p(\tau)} + h_y^2\|w_{yy}\|_{L_p(\tau)}\right\}, \quad (3.27)$$
$$\|(w - w^I)_x\|_0 \leq C\left\{h_x\|w_{xx}\|_0 + h_y\|w_{xy}\|_0\right\}.$$

Der Interpolationsfehler des glatten Anteils kann dann problemlos abgeschätzt werden. Sehen wir uns einmal den Grenzschichtanteil E_1 an, der durch

$$\left|\frac{\partial^{i+j}}{\partial x^i \partial y^j} E_1\right| \leq C\,\varepsilon^{-i}\exp(-\beta_1 x/\varepsilon)$$

gekennzeichnet ist. Im Bereich $x \leq \tau_x$ (dem Übergangspunkt in x-Richtung) wenden wir (3.27) an:

$$\|E_1 - E_1^I\|_\infty \leq C\left\{(\varepsilon\,N^{-1}\ln N)^2\,\varepsilon^{-2} + \varepsilon\,N^{-2}\ln N\,\varepsilon^{-1} + N^{-2}\right\} \leq C\,(\varepsilon\,N^{-1}\ln N)^2,$$
$$\|E_1 - E_1^I\|_0 \leq C\left\{(\varepsilon\,N^{-1}\ln N)^2\,\varepsilon^{-3/2} + \varepsilon\,N^{-1}\ln N\,N^{-1}\,\varepsilon^{-1/2} + N^{-2}\right\} \leq C\,N^{-2}.$$

Ist aber $x \geq \tau_x$, so ist wegen der Wahl $\sigma = 2$ der Grenzschichtanteil E_1 ausreichend klein:

$$\|E_1 - E_1^I\|_\infty \leq 2\,\|E_1\|_\infty \leq C\,N^{-2}.$$

Analog analysiert man die weiteren Komponenten der Zerlegung, der $|\cdot|_1$-Interpolationsfehler wird analog wie bei der Herleitung von (1.38) abgeschätzt. ∎

Auf der Basis der Interpolationsfehlerabschätzungen kann man die Ideen des Beweises von Satz 6.4 problemlos auf den mehrdimensionalen Fall übertragen und erhält

SATZ 6.8 *Diskretisiert man die Randwertaufgabe (3.25) auf einem S-Gitter mit $\sigma = 2$ mit linearen oder bilinearen finiten Elementen, so genügt der Fehler der Abschätzung*

$$\|u - u^N\|_\varepsilon \leq C\,N^{-1}\ln N.$$

Ähnliches kann man auch beweisen, wenn parabolische Grenzschichten mit adäquaten S-Gittern behandelt werden.

Abbildung 6.13 zeigt die numerische Lösung einer Modellaufgabe mit exponentiellen Grenzschichten. Links sieht man die starken Oszillationen bei der Galerkin-Methode auf Standardgittern, rechts bilineare Elemente auf einem Shishkin-Gitter.

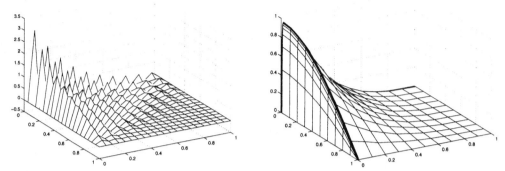

Abbildung 6.13 numerische Lösung einer Aufgabe mit exponentiellen Grenzschichten

Optimale L_∞-Abschätzungen sind bisher nicht bekannt. Natürlich vermutet man etwa die Ordnung 2 in Ω_g, und numerische Experimente bestätigen dies. In Grenzschichtnähe ist allerdings die beobachtete numerische Konvergenzrate kleiner, zudem ist sie für bilineare Elemente etwa doppelt so groß wie für lineare Elemente! Dies kann man durch Superkonvergenzeffekte bei bilinearen Elementen erklären [84].

Trotz der gleichmäßigen Konvergenzresultate auf S-Gittern gibt es Bedenken gegen die Anwendung des Galerkin-Verfahrens: die angepaßten Gitter verbessern zwar offenbar die Stabilität der Diskretisierung, aber die numerische Lösung weist weiter unrealistische Oszillationen auf. Zudem besitzt die Steifigkeitsmatrix Eigenwerte mit großem Imaginärteil, womit Standard-Iterationsverfahren zur Lösung der diskreten Probleme Schwierigkeiten haben.

Deswegen ist die Anwendung eines stabilisierenden Verfahrens, z.B. von Stromliniendiffusion oder der diskontinuierlichen Galerkin-Methode, in Kombination mit grenzschichtangepaßten Gittern durchaus sinnvoll. Optimale Fehlerabschätzungen sind aber momentan noch weitgehend ein offenes Problem [RST96] (zweite, aktualisierte Auflage 2006).

6.3.4   Zu parabolischen Problemen, mehrdimensional im Raum

Zum Abschluß dieses Kapitels über singulär gestörte Probleme noch einige Hinweise zu *instationären* Problemen im räumlich mehrdimensionalen Fall. Wir betrachten die Anfangs-Randwertaufgabe

$$\frac{\partial u}{\partial t} - \varepsilon \triangle u + b\nabla u + cu = f \quad \text{in} \quad \Omega \times (0, T), \qquad (3.28)$$
$$u = 0 \quad \text{auf} \quad \partial\Omega \times (0, T),$$
$$u = u_0(x) \quad \text{für} \quad t = 0.$$

Eine grundlegende Diskretisierungsmethode ist wieder die Methode der Stromliniendiffusion. Führt man diesmal ein

$$A(w, v) := (w_t, v) + \varepsilon(\nabla w, \nabla v) + (b\nabla w + cw, v)$$
$$+ \delta \sum_K (w_t - \varepsilon \triangle w + b\nabla w + cw, v_t + b\nabla v)_K$$

mit einem der Einfachheit halber konstanten Stabilisierungsparameter δ, so könnte man eine Stromliniendiffusionsmethode mit stetigen Raum-Zeit-Elementen basieren auf

$$\int_{t_{m-1}}^{t_m} A(u,v)dt = \int_{t_{m-1}}^{t_m} (f, v + \delta(v_t + b\nabla v))dt.$$

Günstiger erscheint es jedoch, der Philosophie der Diskretisierung von Anfangswertaufgaben folgend, in der Zeit wieder schrittweise vorzugehen. Dazu bietet sich die *diskontinuierliche Galerkin-Methode* bezüglich der Zeit an. Es sei V_h der Finite-Elemente-Raum hinsichtlich der räumlichen Variablen und U nun ein Polynom in t mit Werten in V_h auf dem Zeitintervall (t_{m-1}, t_m). Wir bestimmen U derart, daß gilt

$$\int_{t_{m-1}}^{t_m} A(U,v)dt + (U_+^{m-1}, v_+^{m-1}) = \int_{t_{m-1}}^{t_m} (f, v + \delta(v_t + b\nabla v) + (U_-^{m-1}, v_+^{m-1}))dt.$$

$$(3.29)$$

Da nun unstetige Approximationen in der Zeit zugelassen sind, kann man die räumlichen Gitter zu den Zeitpunkten t_m verändern. Nävert bewies in [Nä82] für dieses Verfahren ähnliche Fehlerabschätzungen wie für den stationären Fall.

Die Kombination von einer Diskretisierung im Raum mit der diskontinuierlichen Galerkin-Methode und der Zeitdiskretisierung, ebenfalls mit der diskontinuierlichen Galerkin-Methode, wurde in [47] analysiert.

Populär im instationären Fall ist weiterhin ein Verfahren, das ebenfalls am Charakteristikenverlauf orientiert ist, jetzt aber die totale Ableitung diskretisiert (auch: *Lagrange-Galerkin-Methode*. Dabei spielt das Vektorfeld $X = X(x, s, t)$ eine wesentliche Rolle, definiert als Lösung von

$$\frac{dX(x,s,t)}{dt} = b(X(x,s,t),t), \qquad X(x,s,t)|_{t=s} = x.$$

$$(3.30)$$

Nach der Kettenregel gilt dann für $u^*(x,t) := u(X(x,s,t),t)$ die Beziehung

$$\frac{\partial u^*}{\partial t} - \varepsilon \triangle u + c\, u = f.$$

Im Streifen (t_{m-1}, t_m) ist so mit $x = X(x, t_m, t_m)$ folgende Näherung naheliegend:

$$\frac{\partial u^*}{\partial t} \approx \frac{u^*(x,t_m) - u^*(x,t_{m-1})}{\tau} = \frac{1}{\tau}\left[u(x,t_m) - u(X(x,t_m,t_{m-1}),t_{m-1})\right].$$

Das Lagrange-Galerkin-Verfahren lautet folglich:
Bestimme $U^m \in V_h$ mit

$$\frac{1}{\tau}\left(U^m - U^{m-1}(X(\cdot,t_m,t_{m-1}),v_h) + \varepsilon(\nabla U^m, \nabla v_h) + (cU^m, v_h) = (f^m, v_h).\right.$$

Für dieses Verfahren findet man Fehlerabschätzungen in [12]. Die Voraussetzung, daß man das System (3.30) exakt zu lösen hat, kann man natürlich auch noch abschwächen.

Die Analyse von Diskretisierungsmethoden von Aufgabe (3.28) auf grenzschichtangepaßten Gittern steckt noch in den Kinderschuhen. Es gibt lediglich Resultate für upwind-Differenzenverfahren, basierend auf dem diskreten Maximumprinzip [Shi92].

Übung 6.1 Gegeben sei die singulär gestörte Randwertaufgabe

$$-\varepsilon u'' + b(x)u' + c(x)u = f(x), \quad u(0) = u(1) = 0$$

mit $\varepsilon \ll 1$, $b(x) > 0$.

u'' werde wie üblich diskretisiert, für die Diskretisierung von u' verwende man einen einseitigen Differenzenquotienten (welchen?). Man untersuche Stabilität und Konsistenz und diskutiere die Abhängigkeit der Konstanten vom Parameter ε.

Übung 6.2 Gegeben sei die singulär gestörte Randwertaufgabe

$$-\varepsilon u'' + bu' = f, \quad u(0) = u(1) = 0$$

mit konstanten b, f. Wie lautet das zugehörige exakte Differenzenschema? Man vergleiche das Resultat mit dem Iljin-Schema.

Übung 6.3 Gesucht ist ein Dreipunktschema der Form

$$r_- u_{i-1} + r_c u_i + r_+ u_{i+1} = f_i$$

zur Diskretisierung der singulär gestörten Randwertaufgabe

$$-\varepsilon u'' + bu' = f(x), \quad u(0) = u(1) = 0$$

mit konstantem $b > 0$. Dabei sollen die Funktionen $1, x$ und $\exp(-b(1-x)/\varepsilon)$ exakt diskretisiert werden. Man vergleiche das Resultat mit dem Iljin-Schema.

Übung 6.4 Die singulär gestörte Randwertaufgabe

$$-\varepsilon u'' + bu' = f, \quad u(0) = u(1) = 0$$

mit konstanten b, f wird mit einem Petrov-Galerkin-Verfahren unter Verwendung linearer Ansatzfunktionen und quadratischer Testfunktionen, die in den Knoten verschwinden, diskretisiert. Wie lautet das diskrete Problem in Abhängigkeit von dem freien Parameter in den Testfunktionen? Man diskutiere zweckmäßige Forderungen zur Festlegung des freien Parameters.

Übung 6.5 Man berechne explizit das diskrete Problem, das bei Anwendung des exponentiell angepaßten Petrov-Galerkin-Verfahrens nach O'Riordan und Stynes zur Diskretisierung der Randwertaufgabe

$$-\varepsilon u'' + b(x)u' + c(x)u = f(x), \quad u(0) = u(1) = 0$$

entsteht.

Übung 6.6 Man diskretisiere die elliptische Randwertaufgabe

$$-\varepsilon \triangle u + b\nabla u \;=\; f \quad \text{in} \quad \Omega \subset \mathbb{R}^2,$$
$$u \;=\; 0 \quad \text{auf} \quad \Gamma$$

mit der Finiten-Volumen-Methode auf der Basis dualer Voronoi-Boxen.

a) Ω sei polygonal und schwach spitz trianguliert. Unter welchen Bedingungen an die freien Parameter λ_{kl} der Integrationsformel ist die Koeffizientenmatrix des diskreten Problems eine M-Matrix?

b) Es sei $\Omega = (0,1)^2$, Ω werde regulär trianguliert auf der Basis der erzeugenden Geraden $x = 0$, $y = 0$, $x = y$. Man vergleiche das resultierende diskrete Problem mit dem einfachen upwind-Differenzenverfahren.

Übung 6.7 Die Randwertaufgabe

$$-\varepsilon \triangle u - pu_x - qu_y \;=\; f \quad \text{in} \quad \Omega = (0,1)^2,$$
$$u \;=\; 0 \quad \text{auf} \quad \Gamma$$

werde auf einem regelmäßigen Quadratnetz mit Hilfe der Stromliniendiffusionstechnik , basierend auf bilinearen Elementen, diskretisiert.

a) Wie lautet der resultierende Differenzenstern?

b) Kann man den freien Parameter im Verfahren so wählen, daß die Koeffizientenmatrix des diskreten Problems eine M-Matrix ist?

Übung 6.8 Diskretisiert man die Randwertaufgabe

$$\varepsilon \triangle u + b\nabla u \;=\; f \quad \text{in} \quad \Omega = (0,1)^2,$$
$$u \;=\; 0 \quad \text{auf} \quad \Gamma$$

mit konstantem $b = (b_1, b_2)$ auf einem regelmäßigem Quadratnetz mit einem Petrov-Galerkin-Verfahren, L-Splines ϕ als Ansatzfunktionen und Testfunktionen ψ der Form

$$\psi^{i,j}(x,y) = \psi^i(x)\psi_j(y)$$

mit

$$\psi^i(x_j) = \delta_{ij}, \quad \psi_i(y_j) = \delta_{ij}$$

und

$$supp\,(\psi^{i,j}) = [x_{i-1}, x_i] \times [y_{j-1}, y_j],$$

die ansonsten beliebig sind als Testfunktionen, so wird ein Differenzenstern der Form

$$\frac{\varepsilon}{h^2} \sum_{r=i-1}^{i+1} \sum_{q=j-1}^{j+1} \alpha_{rq} u_{rq}$$

erzeugt. Man weise folgende Beziehungen nach:

$$[\alpha_{ij}] = \begin{bmatrix} R_x^- S_y^+ + R_y^+ S_x^- & R_x^c S_y^+ + R_y^+ S_x^c & R_x^+ S_y^+ + R_y^+ S_x^+ \\ R_x^- S_y^c + R_y^c S_x^- & R_x^c S_y^c + R_y^c S_x^c & R_x^+ S_y^c + R_y^c S_x^+ \\ R_x^- S_y^- + R_y^- S_x^- & R_x^c S_y^- + R_y^- S_x^c & R_x^+ S_y^- + R_y^- S_x^+ \end{bmatrix}$$

mit

$$R_x^+ = \sigma(\rho_x), \quad R_x^- = \sigma(-\rho_x), \qquad R_x^c = -(R_x^- + R_x^+)$$
$$\rho_x = b_1 h/\varepsilon, \qquad \rho_y = b_2 h/\varepsilon, \quad \sigma(x) = x/(1 - \exp(-x))$$

und

$$hS_x^+ = (\phi^{i+1}, \psi^i), \quad hS_x^c = (\phi^i, \psi^i), \quad hS_x^- = (\phi^{i-1}, \psi^i)$$
$$hS_y^+ = (\phi_{j+1}, \psi_j), \quad hS_y^c = (\phi_j, \psi_j), \quad hS_y^- = (\phi_{j-1}, \psi_j).$$

Kapitel 7

Numerische Methoden für Variationsungleichungen, optimale Steuerung

7.1 Aufgabenstellung, analytische Eigenschaften

Schwache Formulierungen partieller Differentialgleichungen lassen sich, wie im Kapitel 3 gezeigt wurde, häufig in der Form von Variationsgleichungen darstellen. Diese bilden auch notwendige und hinreichende Optimalitätsbedingungen für die Minimierung konvexer Funktionale über einem linearen Unterraum oder über einer linearen Mannigfaltigkeit in einem entsprechenden Funktionenraum. Bei der Modellierung von Variationsproblemen besitzen die durch Restriktionen beschränkten zulässigen Mengen häufig auch andere Strukturen. In diesem Fall führen Optimalitätsbedingungen nicht mehr notwendig zu Variationsgleichungen, sondern es treten Variationsungleichungen auf. Im vorliegenden Abschnitt werden einige wichtige Eigenschaften von Variationsungleichungen zusammengestellt und die Verbindung zu Problemen der konvexen Analysis skizziert.

Es seien ein reeller Hilbert-Raum V und eine abgeschlossene konvexe Teilmenge $G \subset V$ gegeben. Dabei gelte $G \neq \emptyset$. Ferner sei eine Abbildung $F : G \subset V \longrightarrow V^*$ gegeben. Wir betrachten die folgende abstrakte Aufgabenstellung:
Gesucht ist ein $u \in G$ mit

$$\langle Fu, v - u \rangle \geq 0 \qquad \text{für alle } v \in G. \tag{1.1}$$

Hierbei bezeichnet $\langle s, v \rangle$ den Wert eines Funktionals $s \in V^*$ für das Element $v \in V$. Die Beziehung (1.1) wird *Variationsungleichung* genannt, u heißt Lösung dieser Variationsungleichung.

Ist G ein linearer Unterraum von V, dann gilt $v := u \pm z \in G$ für beliebige $z \in G$. Wegen der Linearität von $\langle Fu, \cdot \rangle$ ist damit (1.1) in diesem Spezialfall äquivalent zu

$$\langle Fu, z \rangle = 0 \qquad \text{für alle } z \in G.$$

Die Variationsgleichungen sind also spezielle Variationsungleichungen, und Aufgabe (1.1) verallgemeinert in direkter Weise die bisher betrachteten Variationsgleichungen.

Nachfolgend geben wir zwei einfache Beispiele dafür an, wie physikalische Modelle unmittelbar zu Variationsungleichungen führen.

Beispiel 7.1 Gegeben sei eine Membran, die über einem Gebiet $\Omega \subset \mathbb{R}^2$ durch eine Kraft der Flächendichte $f(x)$ ausgelenkt wird. Am Rande Γ sei die Membran fixiert, und im Inneren von Ω sei die Auslenkung durch eine vorgegebene Funktion g nach unten beschränkt (Hindernis). Dann läßt sich die Auslenkung $u = u(x)$ als Lösung der folgenden Variationsungleichung beschreiben:

$$u \in G : \qquad \int_\Omega \nabla u \nabla (v - u)\, dx \geq \int_\Omega f\, (v - u)\, dx \qquad \text{für alle } v \in G \qquad (1.2)$$

mit

$$G := \{\, v \in H_0^1(\Omega) \,:\, v \geq g \quad \text{f.ü. in } \Omega \,\}. \qquad (1.3)$$

Der in der abstrakten Aufgabe (1.1) auftretende Operator $F : G \to V^*$ ist in diesem Beispiel auf dem gesamten Raum $V = H_0^1(\Omega)$ definiert, nämlich durch

$$\langle Fu, v \rangle = \int_\Omega \nabla u \nabla v\, dx - \int_\Omega fv\, dx \qquad \text{für alle } u,\, v \in V\,. \qquad (1.4)$$

Analog zur Beziehung zwischen Differentialgleichungen und Variationsgleichungen läßt sich (1.2), (1.3) als schwache Formulierung eines Systems von Differentialungleichungen betrachten. Erfüllt die Lösung u von (1.2), (1.3) die zusätzliche Regularitätsforderung
$u \in H^2(\Omega)$, so erhält man aus (1.2) unter Beachtung von (1.3), daß u den folgenden Bedingungen genügt:

$$\left.\begin{aligned} -\Delta u &\geq f \\ u &\geq g \\ (\Delta u + f)(u - g) &= 0 \end{aligned}\right\} \quad \text{in } \Omega, \qquad\qquad (1.5)$$
$$u|_\Gamma = 0.$$

Andererseits löst jedes $u \in H^2(\Omega)$, das (1.5) erfüllt, auch die Variationsungleichung (1.2), (1.3). Das System (1.5) ermöglicht folgende Interpretation: Das Grundgebiet Ω wird in Abhängigkeit von der Lösung u in eine Teilmenge D_1, in der die Differentialgleichung $-\Delta u = f$ gilt, und in eine Teilmenge D_2 (Kontaktzone), in der die Lösung u auf dem vorgegebenen Hindernis g aufliegt, d.h.

$$D_2 = \{\, x \in \Omega \,:\, u(x) = g(x) \,\},$$

unterteilt. Eine Illustration dazu liefert Abbildung 7.1.

Die Aufgabe (1.2), (1.3), wird wegen der obigen Interpretation *Hindernisproblem* genannt. Die eigentliche Differentialgleichung gilt damit in einem von der Lösung abhängigem Bereich D_1, und es sind ebenfalls das zugehörige Randstück $\Gamma_* := \partial D_1 \cap \partial \overline{D}_2$

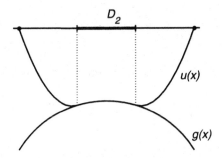

Abbildung 7.1 Hindernisproblem

sowie die dort zu erfüllenden Randbedingungen von u abhängig. Man nennt derartige Aufgaben auch *freie Randwertprobleme*. Aus den Übergangsbedingungen für stückweise definierte Funktionen (vgl. auch Lemma 4.2) erhält man auf Γ_* die Forderungen

$$u|_{\Gamma_*} = g|_{\Gamma_*} \quad \text{und} \quad \frac{\partial u}{\partial n}\Big|_{\Gamma_*} = \frac{\partial g}{\partial n}\Big|_{\Gamma_*}.$$

Eine ausführliche Darstellung zu unterschiedlichen Modellen, die auf freie Randwertprobleme führen, und deren analytische Untersuchung wird in [Fri82] gegeben. $\square$

Beispiel 7.2 Wir gehen hier zunächst vom physikalischen Modell aus und ordnen diesem abschließend eine Variationsungleichung als schwache Formulierung zu. Gegeben sei das Grundgebiet Ω mit dem Rand Γ. In Ω beschreibe $u(x)$ die Abweichung der Konzentration eines Stoffes von einem festen Bezugswert. Dabei erfolge der Stoffaustausch im Innern durch Quellen (bzw. Senken) der Dichte f und am Rand durch Diffusion. Ein Teil Γ_2 des Randes sei semipermeabel und erlaube nur einen nach Innen gerichteten Fluß. Dieser trete jedoch nur auf, falls die Konzentration am Rand den Bezugswert unterschreitet. Bei Vernachlässigung von Übergangsvorgängen in einer den Rand repräsentierenden Membran führt dieses Modell zu folgendem System (vgl. [DL72]):

$$
\begin{aligned}
-\Delta u &= f \quad \text{in } \Omega, \\
u &= 0 \quad \text{auf } \Gamma_1, \\
\left.\begin{aligned}
u &\geq 0 \\
\frac{\partial u}{\partial n} &\geq 0 \\
\frac{\partial u}{\partial n} u &= 0
\end{aligned}\right\} &\quad \text{auf } \Gamma_2.
\end{aligned}
\tag{1.6}
$$

Dabei gelte $\Gamma = \Gamma_1 \cup \Gamma_2$ und $\Gamma_1 \cap \Gamma_2 = \emptyset$. Für eine sachgemäße Formulierung einer Variationsungleichung wird

$$V = \{\, v \in H^1(\Omega) : v|_{\Gamma_1} = 0 \,\} \tag{1.7}$$

und

$$G = \{\, v \in V \,:\, v|_{\Gamma_2} \geq 0 \,\} \tag{1.8}$$

gewählt. Jede Lösung $u \in H^2(\Omega)$ von (1.6) genügt auch der Variationsungleichung

$$\int_{\Omega} \nabla u \nabla (v - u)\, dx \geq \int_{\Omega} f\,(v - u)\, dx \qquad \text{für alle } v \in G. \tag{1.9}$$

Andererseits besitzt (1.9) eine eindeutige Lösung $u \in G$. Damit bildet diese Variationsungleichung eine schwache Formulierung des Problems (1.6). Die Aufgabe (1.6) bzw. (1.9) wird häufig als *Signorini-Problem* bezeichnet. Da diese Aufgabe durch eine Hindernisbedingung auf dem Rand charakterisiert ist, wird z.T. auch von einem Problem mit "dünnem" Hindernis gesprochen. □

Für die weiteren Untersuchungen setzen wir voraus, daß der Operator F folgende Eigenschaften besitzt:

- Der Operator F ist stark monoton auf G, d.h. es gibt eine Konstante $\gamma > 0$ derart, daß

$$\gamma \,\|u - v\|^2 \leq \langle Fu - Fv, u - v \rangle \qquad \text{für alle } u,\, v \in G; \tag{1.10}$$

- F ist Lipschitz-stetig in dem Sinne, daß eine nichtfallende Funktion $\nu : \mathbb{R}_+ \to \mathbb{R}_+$ existiert mit

$$\|Fu - Fv\|_* \leq \nu(\delta)\|u - v\| \qquad \text{für alle } u,\, v \in G_\delta, \tag{1.11}$$

wobei G_δ definiert ist durch

$$G_\delta := \{\, v \in G \,:\, \|v\| \leq \delta \,\}. \tag{1.12}$$

Die getroffenen Voraussetzungen lassen sich in unterschiedlicher Weise abschwächen. Für die Analysis der Variationsungleichungen verweisen wir dabei z.B. auf [HHNL88], [KS80].

Das Ziel der von uns gewählten Aufgabenstellung und Untersuchungen liegt vor allem in der Aufbereitung wichtiger Grundprinzipien und Beweistechniken zur Entwicklung numerischer Algorithmen und deren Konvergenzanalysis.

Wir stellen zunächst einige nützliche Hilfsaussagen bereit.

LEMMA 7.1 *Unter den getroffenen Voraussetzungen gibt es eine nichtfallende Funktion $\mu : R_+ \to R_+$ mit*

$$|\langle Fu, v \rangle| \leq \mu(\|u\|)\|v\| \qquad \text{für alle } u,\, v \in G. \tag{1.13}$$

Beweis: Da $G \neq \emptyset$ ist, existiert mindestens ein $\tilde{v} \in G$. Dieses sei nun fixiert. Aus (1.11), (1.12) folgt mit der Definition der Norm $\|\cdot\|_*$ des Dualraumes V^* die Abschätzung

$$|\langle Fu - F\tilde{v}, v \rangle| \leq \nu(\max\{\|u\|, \|\tilde{v}\|\})\|u - \tilde{v}\| \, \|v\|.$$

Dies liefert

$$|\langle Fu, v \rangle| \leq \nu(\max\{\|u\|, \|\tilde{v}\|\})(\|u\| + \|\tilde{v}\|) \, \|v\| + |\langle F\tilde{v}, v \rangle|.$$

Setzt man

$$\mu(s) := \nu(\max\{s, \|\tilde{v}\|\})(s + \|\tilde{v}\|) + \|F\tilde{v}\|_* \, ,$$

so gilt mit dieser Funktion die Ungleichung (1.13). ∎

LEMMA 7.2 *Es sei $Q \subset V$ eine nichtleere, konvexe und abgeschlossene Menge. Dann gibt es zu jedem $y \in V$ ein eindeutig bestimmtes $u \in Q$ derart, daß*

$$(u - y, v - u) \geq 0 \qquad \text{für alle } v \in Q \tag{1.14}$$

gilt. Der durch $Py := u$ zugehörig definierte Projektor $P : V \to Q$ ist nichtexpansiv, d.h.

$$\|Py - P\tilde{y}\| \leq \|y - \tilde{y}\| \qquad \text{für alle } y, \tilde{y} \in V. \tag{1.15}$$

Beweis: Zu festem, aber beliebigem $y \in V$ betrachten wir die Variationsaufgabe

$$J(v) := (v - y, v - y) \longrightarrow \min ! \qquad \text{bei } v \in Q. \tag{1.16}$$

Wegen $Q \neq \emptyset$ und $J(v) \geq 0$ für alle $v \in V$ ist $\inf\limits_{v \in Q} J(v)$ endlich. Es bezeichne $\{\varepsilon_k\}$ eine beliebige, monotone Folge mit

$$\varepsilon_k > 0, \quad k = 1, 2, .. \qquad \text{und} \qquad \lim_{k \to +\infty} \varepsilon_k = 0.$$

Dann gibt es nach der Definition des Infimums eine Folge $\{v^k\} \subset Q$ mit

$$J(v^k) \leq \inf_{v \in Q} J(v) + \varepsilon_k, \quad k = 1, 2, \dots . \tag{1.17}$$

Insbesondere gilt damit auch

$$\|v^k - y\|^2 \leq \|z - y\|^2 + \varepsilon_k, \quad k = 1, 2, \dots$$

für ein beliebiges $z \in Q$. Hieraus folgt die Beschränktheit der Folge $\{v^k\}$. Wegen der Reflexivität von V ist damit $\{v^k\}$ schwach kompakt. Ohne Beschränkung der Allgemeinheit kann angenommen werden, dass $\{v^k\}$ selbst schwach gegen ein $\hat{v} \in V$ konvergiert. Da Q konvex und abgeschlossen ist, ist Q auch schwach abgeschlossen. Damit gilt $\hat{v} \in Q$. Die

Konvexität und Stetigkeit des Funktionals $J(\cdot)$ sichert die schwache Unterhalbstetigkeit (vgl. z.B. [Zei90]). Hieraus folgt

$$J(\hat{v}) \leq \lim_{\overline{k \in \mathcal{K}}} J(v^k).$$

Mit (1.17) erhält man so, daß $\hat{v}$ das Variationsproblem (1.16) löst. Wegen der speziellen Gestalt des Funktionals $J(\cdot)$ gilt damit

$$(\hat{v} - y, v - \hat{v}) \geq 0 \qquad \text{für alle } v \in Q. \tag{1.18}$$

Wir zeigen nun die Eindeutigkeit von $\hat{v}$. Falls $\tilde{v} \in Q$ ein weiteres Element bezeichnet mit

$$(\tilde{v} - y, v - \tilde{v}) \geq 0 \qquad \text{für alle } v \in Q \,,$$

so folgt mit (1.18) und $v = \tilde{v}$ bzw. $v = \hat{v}$ hieraus

$$(\hat{v} - \tilde{v}, \tilde{v} - \hat{v}) \geq 0,$$

also gilt $\hat{v} = \tilde{v}$. Damit ist die Abbildung $P : V \to Q$ eindeutig definiert. Aus

$$(Py - y, v - Py) \geq 0 \qquad \text{für alle } v \in Q$$

$$(P\tilde{y} - \tilde{y}, v - P\tilde{y}) \geq 0 \qquad \text{für alle } v \in Q$$

erhält man mit $v = P\tilde{y}$ bzw. $v = Py$ durch Addition

$$(Py - P\tilde{y} - (y - \tilde{y}), P\tilde{y} - Py) \geq 0$$

bzw.

$$(y - \tilde{y}, Py - P\tilde{y}) \geq (Py - P\tilde{y}, Py - P\tilde{y}).$$

Mit der Cauchy-Schwarzschen Ungleichung liefert dies die Abschätzung (1.15). ∎

Bemerkung 7.1 Die für Lemma 7.2 verwendete Beweistechnik kann analog zum Beweis des Rieszschen Darstellungssatzes genutzt werden (vgl. Übungsaufgabe 7.1). □

LEMMA 7.3 *Es sei $Q \subset V$ eine nichtleere, konvexe und abgeschlossene Menge. Der Operator F sei stark monoton und Lipschitz-stetig auf Q mit Monotonie- und Lipschitz-konstanten $\gamma > 0$ bzw. $L > 0$. Es bezeichne $P_Q V \to Q$ den Projektor auf Q und $j : V^* \to V$ den Rieszschen Darstellungsoperator. Dann ist die durch*

$$T(v) := P_Q(I - r\, j\, F)v, \qquad \text{für alle} \quad v \in V \tag{1.19}$$

definierte Abbildung $T : V \to Q$ für beliebige Parameter $r \in (0, \frac{2\gamma}{L^2})$ auf Q kontrahierend.

Beweis: Es gilt (vgl. Beweis des Lax-Milgram-Lemmas)

$$\|(I - rjF)v - (I - rjF)\tilde{v}\|^2 = (v - \tilde{v} - rj(Fv - F\tilde{v}), v - \tilde{v} - rj(Fv - F\tilde{v}))$$

$$= \|v - \tilde{v}\|^2 - 2r \langle Fv - F\tilde{v}, v - \tilde{v} \rangle + r^2 \|Fv - F\tilde{v}\|^2$$

$$\leq (1 - 2r\gamma + r^2 L^2) \|v - \tilde{v}\|^2 \qquad \text{für alle } v, \tilde{v} \in Q.$$

Mit Lemma 7.2 folgt hieraus die Kontraktivität von T_Q auf Q für $r \in (0, \frac{2\gamma}{L^2})$. ∎

Wir wenden uns nun einer Existenz- und Eindeutigkeitsaussage für Lösungen der Variationsungleichung (1.1) zu.

SATZ 7.1 *Die Variationsungleichung (1.1) besitzt eine eindeutig bestimmte Lösung $u \in G$. Dabei gilt mit der in Lemma 7.1 definierten Funktion $\mu : R_+ \to R_+$ die Abschätzung*

$$\|u\| \leq \frac{1}{\gamma} \mu(\|\hat{v}\|) + \|\hat{v}\| \qquad \text{für beliebige } \hat{v} \in G.$$

Beweis: Es wird auf der Grundlage von Lemma 7.3 eine geeignete kontrahierende Abbildung konstruiert. Da jedoch die Abbildung F im Unterschied zu den Voraussetzungen des Lax-Milgram-Lemmas nicht global Lipschitz-stetig ist, wird eine zusätzliche, von einem Parameter $\delta > 0$ abhängige Einschränkung getroffen. Für diese kann dann mit Hilfe von a-priori Abschätzungen gezeigt werden, daß sie für hinreichend große Parameter unwirksam ist und damit entfallen kann.

Wir wählen $\delta > 0$ so, daß $G_\delta \neq \emptyset$ für die nach (1.12) definierte Menge gilt. Als Durchschnitt zweier abgeschlossener konvexer Mengen ist G_δ selbst konvex und abgeschlossen. Die durch (1.19) erklärte Abbildung $T_{G_\delta} : G_\delta \to G_\delta$ ist nach Lemma 7.3 für jedes $r \in (2\gamma/\nu(\delta)^2)$ kontrahierend. Mit dem Banachschen Fixpunktsatz erhält man die Existenz eines eindeutig bestimmten $u_{r\delta} \in G_\delta$ mit

$$u_{r\delta} = T_{G_\delta} u_{r\delta}. \tag{1.20}$$

Die durch Lemma 7.2 gegebene Charakterisierung (1.14) der Projektion liefert mit der Definition (1.19) von T_{G_δ} sowie mit (1.20) die Ungleichung

$$(u_{r\delta} - (I - rjF)u_{r\delta}, v - u_{r\delta}) \geq 0 \qquad \text{für alle } v \in G_\delta,$$

also

$$r (jFu_{r\delta}, v - u_{r\delta}) \geq 0 \qquad \text{für alle } v \in G_\delta.$$

Da $j : V^* \to V$ hier den Rieszschen Darstellungsoperator bezeichnet und $r > 0$ gilt, ist dies äquivalent zu

$$\langle Fu_{r\delta}, v - u_{r\delta} \rangle \geq 0 \qquad \text{für alle } v \in G_\delta. \tag{1.21}$$

Damit löst $u_{r\delta} \in G_\delta$ eine durch die Bedingung $\|v\| \leq \delta$ zusätzlich eingeschränkte Variationsungleichung.

Es sei nun $\hat{v} \in G_\delta$ ein beliebiges, festes Element. Dann folgt aus (1.21) speziell

$$\langle Fu_{r\delta} - F\hat{v} + F\hat{v}, \hat{v} - u_{r\delta} \rangle \geq 0.$$

Wegen der starken Monotonie (1.10) und Lemma 7.1 erhält man nun

$$\|u_{r\delta} - \hat{v}\| \leq \frac{1}{\gamma} \mu(\|\hat{v}\|),$$

und damit gilt die Abschätzung

$$\|u_{r\delta}\| \leq \frac{1}{\gamma} \mu(\|\hat{v}\|) + \|\hat{v}\|. \tag{1.22}$$

Da bei Vergrößerung des Parameters δ das Element $\hat{v}$ fixiert bleiben kann, läßt sich $\delta > 0$ so wählen, dass

$$\delta > \frac{1}{\gamma} \mu(\|\hat{v}\|) + \|\hat{v}\|$$

gilt. Mit (1.22) erhält man

$$\|u_{r\delta}\| < \delta.$$

Wir zeigen nun, daß hieraus mit (1.21) folgt

$$\langle Fu_{r\delta}, v - u_{r\delta} \rangle \geq 0 \qquad \text{für alle } v \in G. \tag{1.23}$$

Wir nehmen an, daß (1.23) nicht gilt. Dann existiert ein $\overline{v} \in G$ mit

$$\langle Fu_{r\delta}, \overline{v} - u_{r\delta} \rangle < 0. \tag{1.24}$$

Wegen (1.21) gilt $\overline{v} \notin G_\delta$ und folglich $\|\overline{v}\| > \delta$. Wir wählen

$$\tilde{v} := (1 - \lambda)u_{r\delta} + \lambda\overline{v} \tag{1.25}$$

auf der Verbindungstrecke zwischen $u_{r\delta}$ und $\overline{v}$ mit dem Wert

$$\lambda := \frac{\delta - \|u_{r\delta}\|}{\|\overline{v}\| - \|u_{r\delta}\|}.$$

Wegen $\|u_{r\delta}\| < \delta < \|\overline{v}\|$ ist $\lambda \in (0, 1)$. Ferner hat man

$$\|\tilde{v}\| \leq (1 - \lambda)\|u_{r\delta}\| + \|\overline{v}\| = \delta.$$

Mit der Konvexität von G gilt nun $\tilde{v} \in G_\delta$. Aus (1.24), (1.25) folgt

$$\langle Fu_{r\delta}, \tilde{v} - u_{r\delta} \rangle = \lambda \langle Fu_{r\delta}, \overline{v} - u_{r\delta} \rangle < 0.$$

Dies steht mit $\tilde{v} \in G_\delta$ im Widerspruch zu (1.21). Also war die Annahme falsch, und es gilt (1.23), d.h. $u_{r\delta}$ bildet eine Lösung der Variationsungleichung (1.1). Die Eindeutigkeit folgt in üblicher Weise aus der Monotonieeigenschaft (1.10). Mit (1.22) ist auch die behauptete a-priori Abschätzung nachgewiesen. ∎

Im Beweis zu Lemma 7.2 wurde bereits die Verbindung zwischen restringierten Variationsaufgaben und Variationsungleichungen genutzt. In Verallgemeinerung dazu gilt (vgl. [KS80], [ET76])

LEMMA 7.4 *Es sei* $J : G \rightarrow R$ *ein auf* G *differenzierbares Funktional. Löst* $u \in G$ *das Variationsproblem*

$$J(v) \longrightarrow min! \qquad bei \ v \in G, \tag{1.26}$$

dann genügt u *auch der Variationsungleichung*

$$\langle J'(u), v - u \rangle \geq 0 \qquad für \ alle \ v \in G. \tag{1.27}$$

Ist J *ferner konvex, dann bildet (1.27) auch eine hinreichende Bedingung dafür, daß* $u \in G$ *das Variationsproblem (1.26) löst.*

In Verbindung mit nachfolgenden Untersuchungen, insbesondere zur Erzeugung einer Approximation G_h der Menge G, ist eine weitere Präzisierung der Darstellung von G erforderlich, z.B. in der bei Hindernisproblemen vorliegenden Form (1.3). Eine dazu äquivalente Beschreibung ist durch

$$G = \left\{ v \in H_0^1(\Omega) : \int_{\Omega} vw \, dx \geq \int_{\Omega} gw \, dx \quad für \ alle \ w \in L_2(\Omega), \ w \geq 0 \right\} \tag{1.28}$$

gegeben. Dabei ist in $L_2(\Omega)$ die natürliche (fast überall) Halbordnung zugrunde gelegt.

Es sei W ein weiterer reller Hilbert-Raum, und es bezeichne $\mathcal{K} \subset W$ einen konvexen, abgeschlossenen Kegel. Dabei heißt eine Menge $\mathcal{K} \subset W$ genau dann Kegel, falls die Implikation

$$w \in \mathcal{K} \qquad \Longrightarrow \qquad \lambda w \in \mathcal{K} \quad für \ alle \ \lambda \geq 0$$

gilt. Ferner sei $b : V \times W \rightarrow \mathbb{R}$ eine stetige Bilinearform. In Verallgemeinerung von (1.28) besitze die Menge $G \subset V$ eine Darstellung

$$G = \{ v \in V : b(v, w) \leq g(w) \quad für \ alle \ w \in \mathcal{K} \} \tag{1.29}$$

mit einem $g \in W^*$. Analog zu den gemischten Variationsgleichungen (vgl. Abschnitt 4.7) gilt nun

LEMMA 7.5 *Es sei* $G \subset V$ *durch (1.29) beschrieben, und es genüge* $(u, p) \in V \times \mathcal{K}$ *den gemischten Variationsungleichungen*

$$\begin{aligned} \langle Fu, v \rangle + b(v, p) &= 0 & für \ alle \ v \in V \\ b(u, w - p) &\leq g(w - p) & für \ alle \ w \in \mathcal{K}. \end{aligned} \tag{1.30}$$

Dann löst u *die Variationsungleichung (1.1).*

Beweis: Da $\mathcal{K}$ ein konvexer Kegel ist, folgt aus $p \in \mathcal{K}$ und $y \in \mathcal{K}$ stets

$$w := p + y \in \mathcal{K}.$$

Mit dem zweiten Teil von (1.30) erhält man unter Beachtung der Linearität von $g(\cdot)$ bzw. der Bilinearität von $b(\cdot,\cdot)$

$$b(u,y) \le g(y) \qquad \text{für alle } y \in \mathcal{K}.$$

Wegen (1.29) gilt damit $u \in G$.

Wir wählen nun speziell $w = 2p$ bzw. $w = \frac{1}{2}p$ in (1.30). Dies liefert $b(u,p) \le g(p)$ bzw. $b(u,p) \ge g(p)$. Also gilt $b(u,p) = g(p)$. Mit dem ersten Teil von (1.30) erhält man nun

$$\langle Fu, v - u \rangle + b(v,p) - g(p) = 0 \qquad \text{für alle } v \in V.$$

Da $p \in \mathcal{K}$ ist, folgt mit (1.29) hieraus die Ungleichung

$$\langle Fu, v - u \rangle \ge 0 \qquad \text{für alle } v \in G.$$

Damit löst u die Variationsungleichung (1.1). ∎

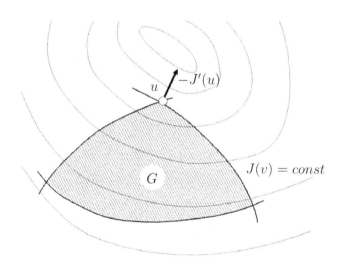

Abbildung 7.2 Charakterisierung der optimalen Lösung u

Im endlichdimensionalen Fall besitzt die Aussage von Lemma 7.5 eine geometrische Interpretation nach Abbildung 7.2.

Zur Sicherung der Existenz einer Lösung $(u,p) \in V \times \mathcal{K}$ des gemischten Problems fordern wir wie im Fall von Variationsgleichungen, dass die Babuška-Brezzi-Bedingung erfüllt ist. Es wird also angenommen, daß ein $\delta > 0$ existiert mit

$$\sup_{v \in V} \frac{b(v,w)}{\|v\|} \ge \delta \|w\| \qquad \text{für alle } w \in W. \tag{1.31}$$

SATZ 7.2 *Es sei $G \neq \emptyset$ beschrieben durch (1.29), und es gelte (1.31). Dann besitzt die gemischte Formulierung (1.30) eine Lösung $(u, p) \in V \times \mathcal{K}$.*

Beweis: Wegen $G \neq \emptyset$ und Satz 7.1 besitzt die Variationsungleichung (1.1) eine eindeutige Lösung $u \in G$. Wir definieren

$$Z := \{\, v \in V \;:\; b(v, w) = 0 \quad \text{für alle } w \in W \,\}.$$

Damit gilt $u + z \in G$ für alle $z \in Z$. Da $Z \subset V$ ein linearer Unterraum ist, folgt aus der Variationsungleichung (1.1) nun

$$\langle Fu, z \rangle = 0 \qquad \text{für alle } z \in Z.$$

Wegen der vorausgesetzten Gültigkeit der Babuška-Brezzi-Bedingung (1.31) gibt es damit ein $p \in W$ derart, daß

$$\langle Fu, v \rangle + b(v, p) = 0 \qquad \text{für alle } v \in V. \tag{1.32}$$

Ferner existiert ein $\tilde{u} \in Z^T$ mit

$$b(\tilde{u}, w) = g(w) \qquad \text{für alle } w \in W. \tag{1.33}$$

Aufgrund der Definition (1.29) der Menge G und $\mathcal{K} \subset W$ folgt hieraus $\tilde{u} \in G$ sowie $2u - \tilde{u} \in G$. Aus der Variationsungleichung (1.1) erhält man bei Wahl von $v = \tilde{u}$ bzw. $v = 2u - \tilde{u}$

$$\langle Fu, \tilde{u} - u \rangle \geq 0 \qquad \text{bzw.} \qquad \langle Fu, u - \tilde{u} \rangle \geq 0,$$

also

$$\langle Fu, \tilde{u} - u \rangle = 0.$$

Mit $v = \tilde{u} - u$ und (1.32) folgt hieraus

$$b(\tilde{u} - u, p) = 0.$$

Wählt man in (1.33) speziell $w = p$, so gilt

$$b(u, p) = g(p). \tag{1.34}$$

Mit $u \in G$ und (1.29) erhält man

$$b(u, w - p) \leq g(w - p) \qquad \text{für alle } w \in \mathcal{K}.$$

Zu zeigen bleibt, daß $p \in \mathcal{K}$ gilt. Aus (1.29) und (1.34) folgt

$$b(v - u, p) \leq 0 \qquad \text{für alle } v \in G.$$

Unter Beachtung von (1.31) liefert dies $p \in \mathcal{K}$. ∎

Ebenso wie bei gemischten Variationsgleichungen können auch Sattelpunktaussagen getroffen werden. Wird G durch (1.29) beschrieben, so kann ein Lagrange-Funktional wieder durch

$$L(v,w) := J(v) + b(v,w) - g(w) \qquad \text{für alle } v \in V, \, w \in \mathcal{K} \tag{1.35}$$

definiert werden. Der Unterschied zu den Variationsgleichungen besteht lediglich in der Verwendung des Kegels $\mathcal{K}$ anstelle des gesamten Raumes W. Entsprechend heißt ein Paar $(u,p) \in V \times \mathcal{K}$ *Sattelpunkt* des durch (1.35) definierten Lagrange-Funktionals, falls

$$L(u,w) \leq L(u,p) \leq L(v,p) \qquad \text{für alle } v \in V, \, w \in \mathcal{K} \tag{1.36}$$

gilt. Unter Benutzung der Beweistechnik von Lemma 7.5 kann analog zur Sattelpunktaussage für Variationsgleichungen das folgende Lemma gezeigt werden.

LEMMA 7.6 *Es sei* $(u,p) \in V \times \mathcal{K}$ *ein Sattelpunkt des Lagrange-Funktionals* $L(\cdot,\cdot)$. *Dann löst* u *das Variationsproblem (1.26).*

Beweis: Als Übungsaufgabe 7.2.

Übung 7.1 Mit Hilfe der für Lemma 7.2 verwendeten Technik beweise man den Rieszschen Darstellungssatz: Zu jedem $f \in V^*$ existiert ein eindeutig bestimmtes $g \in V$ mit

$$\langle f, v \rangle = (g, v) \qquad \text{für alle} \quad v \in V.$$

Übung 7.2 Man beweise Lemma 7.6.

7.2 Diskretisierung von Variationsungleichungen

Wir betrachten in diesem Abschnitt hauptsächlich die Diskretisierung von Variationsungleichungen mit der Methode der finiten Elemente. Für die Anwendung von Differenzenverfahren auf Variationsungleichungen und die zugehörigen Konvergenzuntersuchungen verweisen wir z.B. auf [43].

Als Ausgangsproblem wird die Variationsungleichung (1.1) zugrunde gelegt, und es sollen die in Abschnitt 7.1 getroffenen allgemeinen Voraussetzungen an diese Aufgabe erfüllt sein.

Es sei $V_h \subset V$ ein endlichdimensionaler Unterraum, und es bezeichne $G_h \subset V_h$ eine nichtleere, abgeschlossene und konvexe Menge. Als Diskretisierung des Ausgangsproblems (1.1) betrachten wir: *Gesucht ist ein* $u_h \in G_h$ *derart, daß*

$$\langle Fu_h, v_h - u_h \rangle \geq 0 \qquad \text{für alle } v_h \in G_h. \tag{2.1}$$

Formal besitzt diese Aufgabe eine ähnliche Struktur wie eine konforme Finite-Elemente-Diskretisierung einer Variationsgleichung. Eine nähere Betrachtung zeigt jedoch, daß trotz $V_h \subset V$ und $G_h \subset V_h$ i.allg. nicht $G_h \subset G$ gilt. Diese Forderung ist sogar häufig nicht sachgemäß. So wird z.B. beim Hindernisproblem die entsprechend (1.3) definierte Menge G in der Regel nicht durch

$$\tilde{G}_h = \{\, v_h \in V_h \,:\, v_h(x) \geq g(x) \text{ f.ü. in } \Omega \,\}\,,$$

sondern durch

$$G_h = \{\, v_h \in V_h \,:\, v_h(p^i) \geq g(p^i)\,, \quad i = 1, \ldots, N \,\} \tag{2.2}$$

approximiert. Dabei seien p^i, $i = 1, \ldots, N$ die inneren Gitterpunkte der zu V_h gehörigen Zerlegung des Grundgebietes Ω.

Wegen $G_h \not\subset G$ übertragen sich die Eigenschaften (1.10), (1.11) nicht automatisch auf G_h. Es sind daher bezüglich F zusätzliche Voraussetzungen zu treffen. Zur Vereinfachung der Darstellung sei $F : V \to V^*$, d.h. F sei auf dem gesamten Raum V definiert. Ferner gelte die Eigenschaft (1.11) in der erweiterten Form

$$\|Fu - Fv\|_* \leq \nu(\delta)\|u - v\| \qquad \text{für alle } u, v \in V \text{ mit } \|u\| \leq \delta,\ \|v\| \leq \delta\,, \tag{2.3}$$

und es existiere eine von der Diskretisierung abhängige Konstante $\gamma_h > 0$ mit

$$\gamma_h\|u_h - v_h\|^2 \leq \langle Fu_h - Fv_h, u_h - v_h \rangle \qquad \text{für alle } u_h, v_h \in G_h\,. \tag{2.4}$$

Unter den obigen Voraussetzungen läßt sich Satz 7.1 unmittelbar auf das diskrete Problem übertragen. Es gilt

SATZ 7.3 *Die diskrete Variationsungleichung (2.1) besitzt eine eindeutig bestimmte Lösung $u_h \in G_h$, und mit der analog zu Lemma 7.1 definierten Funktion μ gilt die Abschätzung*

$$\|u_h\| \leq \frac{1}{\gamma_h}\mu(\|\hat{v}_h\|) + \|\hat{v}_h\| \qquad \text{für beliebige } \hat{v}_h \in G_h\,.$$

Bevor wir die Variationsungleichung (2.1) weiter analysieren und speziell das Konvergenzverhalten von Lösungen u_h von (2.1) gegen die Lösung u von (1.1) untersuchen, soll die Struktur der erzeugten endlichdimensionalen Aufgabe näher betrachtet werden. Es sei $V_h = \text{span}\{\varphi_i\}_{i=1}^N$, d.h. $v_h \in V_h$ besitze die Darstellung

$$v_h(x) = \sum_{i=1}^N v_i\varphi_i(x)\,.$$

Damit liefert (2.1) das System

$$\left\langle F\Big(\sum_{j=1}^N u_j\varphi_j\Big), \sum_{i=1}^n (v_i - u_i)\varphi_i \right\rangle \geq 0 \qquad \text{für alle } v_h = \sum_{i=1}^N v_i\varphi_i \in G_h\,. \tag{2.5}$$

Während im Fall einer linearen Abbildung F die Ungleichungen (2.5) äquivalent zu den Galerkin-Gleichungen (3.3.26) sind, sind im vorliegenden Fall der Variationsungleichungen weitere Charakterisierungen von G_h erforderlich, um (2.5) ein überschaubares System zuordnen zu können.

Bei der Finitisierung (2.2) der Hindernisbedingung erhält man aus (1.2), (1.3) das folgende lineare Komplementaritätsproblem:

$$
\left.
\begin{aligned}
\sum_{j=1}^{N} a(\varphi_j, \varphi_i) u_j &\geq f_i \\
u_i &\geq g_i \\
\left(\sum_{j=1}^{N} a(\varphi_j, \varphi_i) u_j - f_i \right)(u_i - g_i) &= 0
\end{aligned}
\right\} \quad i = 1, \dots, N
\tag{2.6}
$$

mit $a(\varphi_j, \varphi_i) := \int\limits_{\Omega} \nabla \varphi_j \nabla \varphi_i \, dx$, $f_i := \int\limits_{\Omega} f \varphi_i \, dx$ und $g_i := g(p^i)$. Es sei darauf hingewiesen, daß Komplementaritätsprobleme spezielle Algorithmen für ihre numerische Behandlung erfordern. Bei der Finite-Elemente-Diskretisierung von Variationsungleichungen ist ferner die zu erwartende große Dimension speziell zu berücksichtigen.

Läßt sich die gegebene Variationsungleichung (1.1) entsprechend Lemma 7.4 als Optimalitätskriterium eines Variationsproblems darstellen, dann kann auch die diskrete Variationsungleichung (2.1) als Optimalitätskriterium

$$
\langle J'(u_h), v_h - u_h \rangle \geq 0 \qquad \text{für alle } v_h \in G_h
\tag{2.7}
$$

für das Problem

$$
J(v_h) \longrightarrow \min ! \qquad \text{bei } v_h \in G_h
\tag{2.8}
$$

betrachtet werden. Im Fall des Hindernisproblems (1.2), (1.3) liefert dies die Aufgabe

$$
J(v_h) = \frac{1}{2} a(v_h, v_h) - f(v_h) \longrightarrow \min ! \qquad \text{bei } v_h(p^i) \geq g(p^i), \; i = 1, \dots, N .
\tag{2.9}
$$

Mit der Steifigkeitsmatrix $A_h := (a(\varphi_j, \varphi_i))$ und $f_h := (f(\varphi_i))$ sowie $\underline{g} := (g(p^i))$, $\underline{v} := (v_1, ..., v_N)$ ist (2.9) äquivalent zu folgendem quadratischen Optimierungsproblem

$$
z(\underline{v}) := \frac{1}{2} \underline{v}^T A_h \underline{v} - f_h^T \underline{v} \longrightarrow \min ! \qquad \text{bei} \quad \underline{v} \in \mathbb{R}^N, \; \underline{v} \geq \underline{g} .
\tag{2.10}
$$

Ebenso wie bei den bereits betrachteten allgemeineren Komplementaritätsproblemen besitzen die mittels Finite-Elemente-Diskretisierung erzeugten Optimierungsaufgaben große Dimension und spezielle Struktur. Es sind daher angepaßte Verfahren zu deren numerischer Lösung erforderlich (vgl. z.B. [76]). Mit Hilfe von Penalty-Methoden können Variationsungleichungen näherungsweise in Variationsgleichungen überführt werden, die sich dann mittels angepaßter Verfahren effektiv behandeln lassen. Wir werden im Abschnitt 7.3 die Penalty-Methoden in Verbindung mit Variationsungleichungen näher untersuchen.

Als Zwischenergebnis schätzen wir nun den Abstand $\|u - u_h\|$ bei einer fixierten Diskretisierung ab. Hierzu gilt

LEMMA 7.7 *Der Operator $F : V \to V^*$ genüge den Bedingungen (1.10), (2.3) und (2.4). Ferner sei die übergreifende Eigenschaft*

$$\gamma \|v - v_h\|^2 \le \langle Fv - Fv_h, v - v_h \rangle \qquad \text{für alle } v \in G, \ v_h \in G_h \qquad (2.11)$$

erfüllt. Dann besitzen die Variationsungleichungen (1.1) und (2.1) eindeutig bestimmte Lösungen $u \in G$ bzw. $u_h \in G_h$, und es gilt die Abschätzung

$$\frac{\gamma}{2} \|u - u_h\|^2 \le \inf_{v \in G} \langle Fu, v - u_h \rangle + \inf_{v_h \in G_h} \left\{ \langle Fu, v_h - u \rangle + \frac{\sigma^2}{2\gamma} \|v_h - u\|^2 \right\} \qquad (2.12)$$

mit $\sigma := \nu(\max\{\|u\|, \|u_h\|\})$.

Beweis: Die Existenz und Eindeutigkeit der Lösungen u von (1.1) und u_h von (2.1) folgen aus den Sätzen 7.1 bzw. 7.3. Wir schätzen nun $\|u - u_h\|$ ab. Mit (2.11) erhält man

$$
\begin{aligned}
\gamma \|u - u_h\|^2 &\le \langle Fu - Fu_h, u - u_h \rangle \\
&= \langle Fu, u \rangle - \langle Fu, u_h \rangle + \langle Fu_h, u_h \rangle - \langle Fu_h, u \rangle \\
&= \langle Fu, u - v \rangle - \langle Fu, u_h - v \rangle + \langle Fu_h, u_h - v_h \rangle \\
&\quad - \langle Fu_h, u - v_h \rangle \qquad \text{für alle } v \in G, \ v_h \in G_h \, .
\end{aligned}
$$

Da u und u_h Lösungen der Variationsungleichungen (1.1) bzw. (2.1) sind, folgt hieraus

$$\gamma \|u - u_h\|^2 \le \langle Fu, v - u_h \rangle + \langle Fu, v_h - u \rangle + \langle Fu_h - Fu, v_h - u \rangle \, .$$

Mit der Definition von σ und der Eigenschaft (2.3) gilt

$$\gamma \|u - u_h\|^2 \le \langle Fu, v - u_h \rangle + \langle Fu, v_h - u \rangle + \sigma \|u_h - u\| \, \|v_h - u\| \, .$$

Beachtet man ferner die Beziehung

$$\|u_h - u\| \, \|v_h - u\| \le \frac{1}{2} \left(\frac{\gamma}{\sigma} \|u - u_h\|^2 + \frac{\sigma}{\gamma} \|v_h - u\|^2 \right) ,$$

so folgt hieraus

$$\frac{\gamma}{2} \|u - u_h\|^2 \le \langle Fu, v - u_h \rangle + \langle Fu, v_h - u \rangle + \frac{\sigma^2}{2\gamma} \|v_h - u\|^2 \, .$$

Da $v \in G$, $v_h \in G_h$ beliebig sind, ist damit die behauptete Abschätzung nachgewiesen. ∎

Bemerkung 7.2 Falls $G = V$ gilt, ist (1.1) äquivalent zu

$$\langle Fu, v \rangle = 0 \qquad \text{für alle } v \in V \, .$$

In diesem Fall liefert (2.12) die Abschätzung

$$\|u - u_h\| \le \frac{\sigma}{\gamma} \inf_{v_h \in V_h} \|v_h - u\| \, . \qquad (2.13)$$

Damit verallgemeinert Lemma 7.7 die Aussage des Lemmas von Cea. □

Wir untersuchen nun die Konvergenz der Lösungen u_h für Familien von Diskretisierungen (2.1). Dazu werden zunächst die Forderungen an die Approximationen G_h von G in der folgenden Form (vgl. [GLT81]) präzisiert:

- Für jedes $v \in G$ existiert eine Folge $\{v_h\}$ mit $v_h \in G_h$ derart, daß

$$\lim_{h \to 0} v_h = v\,;$$

- Falls $v_h \in G_h$ und $v_h \rightharpoonup v$ für $h \to 0$ gilt, folgt $v \in G$.

SATZ 7.4 *Es seien die Voraussetzungen von Lemma 7.7 erfüllt, und die Approxima-tionen G_h der Menge G mögen den obigen beiden Forderungen genügen. Ferner sei die Eigenschaft (2.4) gleichmäßig erfüllt, d.h. es existiere ein $\gamma_0 > 0$ mit $\gamma_h \geq \gamma_0$ für alle $h > 0$.   Dann gilt*

$$\lim_{h \to 0} \|u - u_h\| = 0\,.$$

Beweis: Die erste Approximationseigenschaft von G_h sichert

$$\lim_{h \to 0} \inf_{v_h \in G_h} \|v_h - u\| = 0\,. \tag{2.14}$$

Hieraus folgt insbesondere, daß ein $\hat{v}_h \in G_h$ und ein $r > 0$ existieren mit

$$\|\hat{v}_h\| \leq r \qquad \text{für alle } h > 0\,. \tag{2.15}$$

Nach Voraussetzung gilt ferner $\gamma_h \geq \gamma_0 > 0$. Mit Satz 7.3 und (2.15) liefert dies die Abschätzung

$$\|u_h\| \leq \frac{1}{\gamma_0}\mu(r) + r\,.$$

Folglich ist $\{u_h\}$ schwach kompakt. Bezeichnet $\{\tilde{u}_h\} \subset \{u_h\}$ eine beliebige schwach gegen ein $\tilde{u} \in V$ konvergente Folge, so gilt nach der zweiten Approximationseigenschaft von G_h damit $\tilde{u} \in G$. Dies liefert

$$\inf_{v \in G} \langle Fu, v - \tilde{u}_h \rangle \leq \langle Fu, \tilde{u} - \tilde{u}_h \rangle\,.$$

Mit Lemma 7.7 und $\tilde{u}_h \rightharpoonup \tilde{u}$ sowie (2.14) folgt nun

$$\lim_{h \to 0} \|\tilde{u} - \tilde{u}_h\| = 0\,.$$

Da die Lösung $u \in G$ von (1.1) eindeutig ist, folgt wegen der schwachen Kompaktheit von $\{u_h\}$ hieraus die Konvergenz von $\{u_h\}$ gegen u. ∎

Bevor wir uns einer quantitativen Konvergenzabschätzung widmen, sei hervorgeho-ben, daß es bei der Lösung von Variationsungleichungen unsachgemäß ist, hohe Glatt-heitsannahmen zu treffen. Im Gegensatz zur Situation bei Variationsgleichungen hängt die Glattheit der Lösung u nicht nur vom Grundgebiet Ω und von der Regularität des Operators F ab. Bei Hindernisproblemen ist z.B. $u \in H^2(\Omega)$ noch möglich (vgl. [KS80]), eine höhere Regularität tritt jedoch i.allg. nicht auf. Vom Standpunkt der zu erwartenden Konvergenzordnung ist es daher nicht sinnvoll, Finite-Elemente-Ansätze höherer Ordnung zu verwenden. Gute Ergebnisse sind für elliptische Variationsungleichungen zweiter Ordnung bereits für stückweise lineare C^0-Elemente über Dreiecksnetzen zu erwarten. Die Approximationsordnung läßt sich in speziellen Situationen mit stückweise quadratischen Elementen auf $O(h^{3/2})$ verbessern (vgl. [25]).

Ausgehend von der Abschätzung (2.12) untersuchen wir die Summanden

$$\inf_{v \in G} \langle Fu, v - u_h \rangle \qquad \text{und} \qquad \inf_{v_h \in G_h} \langle Fu, v_h - u \rangle$$

näher. Es sei $V = H_0^1(\Omega)$. Dann gelten die stetigen Einbettungen

$$V = H_0^1(\Omega) \hookrightarrow L_2(\Omega) \hookrightarrow H^{-1}(\Omega) = V^* . \tag{2.16}$$

Als zusätzliche Regularitätsbedingung an die Lösung u der Variationsungleichung (1.1) wird vorausgesetzt, daß mit einem $\tilde{F}u \in L_2(\Omega)$ gilt

$$\langle Fu, v \rangle = (\tilde{F}u, v)_{L_2(\Omega)} \qquad \text{für alle } v \in V .$$

Damit hat man insbesondere

$$|\langle Fu, v - u_h \rangle| \leq \|\tilde{F}u\| \, \|v - u_h\|_{0,\Omega} \tag{2.17}$$

bzw.

$$|\langle Fu, v_h - u \rangle| \leq \|\tilde{F}u\| \, \|v_h - u\|_{0,\Omega} , \tag{2.18}$$

und es können die in $L_2(\Omega)$ gegenüber $H^1(\Omega)$ verschärften Approximationsaussagen zur weiteren Abschätzung genutzt werden.

SATZ 7.5 *Es sei $\Omega \subset \mathbb{R}^2$ ein Polygon, und es gelte $f \in L_2(\Omega)$ sowie $g \in H^2(\Omega)$ mit $g|_\Gamma \leq 0$. Ferner genüge die Lösung u des zugehörigen Hindernisproblems (1.2), (1.3) der zusätzlichen Regularitätsbedingung $u \in H^2(\Omega)$. Dann gibt es eine Konstante $c > 0$ derart, daß*

$$\|u - u_h\| \leq c\,h$$

für die mit stückweise linearen C^0-Elementen und mit (2.2) erzeugte Näherungslösung u_h gilt.

Beweis: Da $u \in H^2(\Omega)$ gilt, erhält man mit (1.4) und partieller Integration

$$\langle Fu, v \rangle = -\int_\Omega (\Delta u + f)v \, dx \qquad \text{für alle } v \in V .$$

Damit kann die Abschätzung (2.17) bzw. (2.18) angewandt werden. Es bezeichne $\Pi_h : V \to V_h$ den durch Interpolation in den Gitterpunkten erklärten Interpolationsoperator. Wegen $u \in G$ und (1.2), (2.2) gilt auch $\Pi_h u \in G_h$. Ferner hat man aufgrund der Interpolationssätze

$$\|u - \Pi_h u\| \leq c\,h \qquad \text{und} \qquad \|u - \Pi_h u\|_{0,\Omega} \leq c\,h^2$$

mit einem $c > 0$. Hieraus folgt insgesamt

$$\inf_{v_h \in G_h} \left\{ \langle Fu, v_h - u \rangle + \frac{\sigma^2}{2\gamma} \|v_h - u\|^2 \right\} \leq c\,h^2$$

für den zweiten Summanden in der rechten Seite der Ungleichung (2.12).

Wir schätzen als nächstes $\inf_{v \in G} \langle Fu, v - u_h \rangle$ ab. Es bezeichne

$$\tilde{u}_h := \max\{u_h, g\}\,.$$

Dann kann gezeigt werden (vgl. [KS80]), daß $\tilde{u}_h \in V$ gilt. Mit der Definition von $\tilde{u}_h$ und (1.3) hat man damit trivialerweise $\tilde{u}_h \in G_h$. Mit (2.2) und der stückweisen Linearität ist ferner $u_h \in G_h$ genau dann, wenn $u_h \geq \Pi_h g$. Wir erhalten nun

$$0 \leq (\tilde{u}_h - u_h)(x) \leq |(g - \Pi_h g)(x)| \qquad \text{für alle } x \in \Omega\,.$$

Unter Beachtung von (2.17) folgt damit

$$\begin{aligned}
\inf_{v \in G} \langle Fu, v - u_h \rangle \;&\leq\; |\langle Fu, \tilde{u}_h - u_h \rangle| \\
&\leq\; \|\Delta u + f\|_{0,\Omega} \|\tilde{u}_h - u_h\|_{0,\Omega} \\
&\leq\; \|\Delta u + f\|_{0,\Omega} \|\tilde{g} - \Pi_h g\|_{0,\Omega}\,.
\end{aligned}$$

Mit $g \in H^2(\Omega)$ und den Approximationssätzen erhält man hieraus

$$\inf_{v \in G} \langle Fu, v - u_h \rangle \leq c\,h^2\,.$$

Lemma 7.7 vervollständigt den Beweis. ∎

Wir betrachten im weiteren eine gemischte Finite-Elemente-Diskretisierung der Variationsungleichung (1.1). Dazu sei die Menge $G \subset V$ mit Hilfe eines weiteren Hilbert-Raumes W, eines konvexen abgeschlossenen Kegels $\mathcal{K} \subset W$ sowie einer stetigen Bilinearform $b : V \times W \to \mathbb{R}$ durch (1.29) beschrieben, d.h. G besitzt die Darstellung

$$G = \{v \in V \,:\, b(v, w) \leq g(w) \quad \text{für alle } w \in \mathcal{K}\}$$

mit einem gegebenen $g \in W^*$. Eine natürliche Diskretisierung von G wird durch die Wahl eines endlichdimensionalen Unterraumes $W_h \subset W$ und eines konvexen abgeschlossenen Kegels $\mathcal{K}_h \subset W_h$ geliefert gemäß

$$G_h = \{v_h \in V_h \,:\, b(v_h, w_h) \leq g(w_h) \quad \text{für alle } w_h \in \mathcal{K}_h\}\,. \tag{2.19}$$

Ist $\mathcal{K}_h$ ein konvexer polyedrischer Kegel, d.h. läßt sich $\mathcal{K}_h$ mit einer endlichen Zahl von Elementen $s_l \in W_h$, $l = 1, \ldots, L$ darstellen durch

$$\mathcal{K}_h = \left\{ v_h = \sum_{l=1}^{L} \lambda_l s_l : \lambda_l \geq 0, \, l = 1, \ldots, L \right\}, \qquad (2.20)$$

dann folgt mit der Linearität von $g(\cdot)$ bzw. mit der Bilinearität von $b(\cdot, \cdot)$ aus (2.19), (2.20) die Äquivalenz

$$v_h \in G_h \qquad \Longleftrightarrow \qquad \sum_{i=1}^{N} b(\varphi_i, s_l) v_i \leq g(s_l), \, l = 1, \ldots, L \, .$$

In diesem Fall wird also die Zugehörigkeit eines Elementes $v_h \in V_h$ zur Menge G_h durch ein endliches lineares Ungleichungssystem beschrieben.

Für die allgemeine diskrete Aufgabe (2.1) mit G_h gemäß (2.19) lassen sich die Lemmata 7.5 und 7.6 unmittelbar übertragen.

LEMMA 7.8 *Es sei $G_h \subset V_h$ durch (2.19) beschrieben, und es genüge $(u_h, p_h) \in V_h \times \mathcal{K}_h$ den gemischten Variationsungleichungen*

$$\begin{aligned} \langle F u_h, v_h \rangle + b(v_h, p_h) &= 0 && \textit{für alle } v_h \in V_h \\ b(u_h, w_h - p_h) &\leq g(w_h - p_h) && \textit{für alle } w_h \in \mathcal{K}_h \, . \end{aligned} \qquad (2.21)$$

Dann löst u_h die Variationsungleichung (2.1).

LEMMA 7.9 *Das Ausgangsproblem liege in der Form einer restringierten Variationsaufgabe (1.26) mit einer durch (1.29) beschriebenen Menge G vor. Bildet das Paar $(u_h, p_h) \in V_h \times \mathcal{K}_h$ einen diskreten Sattelpunkt des durch (1.35) definierten Lagrange-Funktionals, d.h. gilt*

$$L(u_h, w_h) \leq L(u_h, p_h) \leq L(v_h, p_h) \qquad \textit{für alle } v_h \in V_h, \, w_h \in \mathcal{K}_h \, , \qquad (2.22)$$

dann löst u_h das endlichdimensionale Optimierungsproblem (2.8).

Wir untersuchen nun die Konvergenz der durch (2.21) definierten gemischten Finite-Elemente-Diskretisierung der Variationsungleichung (1.1). Dabei legen wir die in [61] entwickelte Beweistechnik zugrunde.

SATZ 7.6 *Gegeben sei das Ausgangsproblem (1.1) mit einer durch (1.29) beschriebenen Menge G. Der Operator $F : V \to V^*$ genüge (2.3) und sei auf dem gesamten Raum V stark monoton, d.h. mit einem $\gamma > 0$ gelte*

$$\gamma \| y - v \|^2 \leq \langle F y - F v, y - v \rangle \qquad \textit{für alle } y, \, v \in V \, . \qquad (2.23)$$

Die zugehörige gemischte Formulierung (1.30) besitze eine Lösung $(u, p) \in V \times \mathcal{K}$, und es sei (1.30) diskretisiert durch die gemischte Finite-Elemente-Methode (2.21) mit $V_h \subset V$,

$W_h \subset W$ und $\mathcal{K}_h \subset \mathcal{K}$. Ferner genüge die Diskretisierung gleichmäßig bezüglich h der Babuška-Brezzi-Bedingung derart, daß

$$\delta \, \|w_h\| \leq \sup_{v_h \in V_h} \frac{b(v_h, w_h)}{\|v_h\|} \qquad \text{für alle } w_h \in W_h \tag{2.24}$$

mit einer Konstanten $\delta > 0$ gilt, und es existiere ein $c_0 > 0$ sowie $\tilde{v}_h \in G_h$ mit $\|\tilde{v}_h\| \leq c_0$ für jedes $h > 0$. Dann besitzt die diskrete gemischte Formulierung (2.21) für jedes $h > 0$ eine Lösung $(u_h, p_h) \in V_h \times \mathcal{K}_h$, und es gelten die Abschätzungen

$$\|u - u_h\|^2 \leq c_1\{\|u - v_h\|^2 + \|p - w_h\|^2\} + c_2(g(w_h - p) - b(u, w_h - p))$$
$$\text{für alle } v_h \in V_h, \; w_h \in \mathcal{K}_h, \tag{2.25}$$

$$\|p - p_h\| \leq c\,(\|u - u_h\| + \|p - w_h\|) \qquad \text{für alle } w_h \in W_h \tag{2.26}$$

mit Konstanten $c, c_1, c_2 > 0$.

Beweis: Nach Voraussetzung existieren $\tilde{v}_h \in G_h$ mit $\|\tilde{v}_h\| \leq c_0$. Ferner ist G_h konvex und abgeschlossen. Wegen Satz 7.1 besitzt die diskrete Variationsungleichung

$$\langle Fu_h, v_h - u_h \rangle \geq 0 \qquad \text{für alle } v_h \in G_h$$

damit eine eindeutige Lösung $u_h \in G_h$. Ferner ist u_h gleichmäßig beschränkt für $h \to 0$. Mit der Gültigkeit von (2.24) folgt ferner, daß die gemischte Formulierung (2.21) stets eine Lösung $(u_h, p_h) \in G_h \times \mathcal{K}_h$ besitzt. Mit (1.30), (2.21) gilt insbesondere

$$\begin{aligned}
\langle Fu, v \rangle &+ b(v, p) &=& \; 0 \qquad \text{für alle } v \in V \\
\langle Fu_h, v_h \rangle &+ b(v_h, p_h) &=& \; 0 \qquad \text{für alle } v_h \in V_h \subset V.
\end{aligned} \tag{2.27}$$

Für beliebige $v_h \in V_h$, $w_h \in W_h$ erhält man

$$\begin{aligned}
b(v_h, w_h - p_h) &= b(v_h, w_h) - b(v_h, p_h) = b(v_h, w_h) + \langle Fu_h, v_h \rangle \\
&= b(v_h, w_h) + \langle Fu_h, v_h \rangle - \langle Fu, v_h \rangle - b(v_h, p) \\
&= b(v_h, w_h - p) + \langle Fu_h - Fu, v_h \rangle \\
&\leq (\beta \|w_h - p\| + \|Fu_h - Fu\|_*) \, \|v_h\|.
\end{aligned}$$

Hierbei bezeichnet β die Stetigkeitskonstante der Bilinearform b. Unter Nutzung der Bedingung (2.24) erhält man nun

$$\delta \, \|w_h - p_h\| \leq \beta \|w_h - p\| + \|Fu_h - Fu\|_*. \tag{2.28}$$

Wegen der gleichmäßigen Beschränktheit von u_h, der lokalen Lipschitz-Stetigkeit des Operators F und der Dreiecksungleichung folgt aus (2.27) die Abschätzung (2.26).

Wir wenden uns nun dem Nachweis von (2.25) zu. Wegen (1.30), (2.21) und $\mathcal{K}_h \subset \mathcal{K}$ gilt

$$b(u, p_h - p) \leq g(p_h - p) \quad \text{und} \quad b(u_h, w_h - p_h) \leq g(w_h - p_h) \qquad \text{für alle } w_h \in \mathcal{K}_h.$$

Hieraus folgt

$$b(u - u_h, p_h - p) \leq g(w_h - p) - b(u_h, w_h - p_h) \qquad \text{für alle } w_h \in \mathcal{K}_h. \qquad (2.29)$$

Andererseits erhält man aus (2.27) mit $v = u - u_h$ und $v_h = u_h - u + u$ die Beziehung

$$\langle Fu - Fu_h, u - u_h \rangle + b(u - u_h, p - p_h) + \langle Fu_h, u \rangle + b(u, p_h) = 0.$$

Unter Beachtung von (2.23), (2.27), (2.29) gilt nun für alle $v_h \in V_h$, $w_h \in \mathcal{K}_h$ die Abschätzung

$$\begin{aligned}
\gamma \|u - u_h\|^2 \ \leq \ & g(w_h - p) - b(u, w_h - p) + b(u - u_h, w_h - p) \\
& - \langle Fu - Fu_h, u - v_h \rangle - b(u - v_h, p - p_h) \\
\leq \ & g(w_h - p) - b(u, w_h - p) + \beta \|u - u_h\| \, \|w_h - p\| \\
& + L \|u - u_h\| \, \|u - v_h\| + \beta \|u - v_h\| \, \|p - p_h\|.
\end{aligned}$$

Mit (2.26) folgt hieraus

$$\begin{aligned}
\gamma \|u - u_h\|^2 \ \leq \ & g(w_h - p) - b(u, w_h - p) + \beta \|u - u_h\| \, \|w_h - p\| \\
& + (L + c\beta) \|u - u_h\| \, \|u - v_h\| + c\beta \|u - v_h\| \, \|w_h - p\|.
\end{aligned}$$

Da $2st \leq \varepsilon s^2 + \frac{1}{\varepsilon} t^2$ für beliebige $\varepsilon > 0$, $s, t, \in \mathbb{R}$ gilt, hat man somit

$$\begin{aligned}
\gamma \|u - u_h\|^2 \leq \ & g(w_h - p) - b(u, w_h - p) + \frac{\varepsilon}{2}((1 + c)\beta + L) \|u - u_h\|^2 \\
& + \frac{\beta}{2\varepsilon} \|w_h - p\|^2 + \frac{L + c\beta}{2\varepsilon} \|u - v_h\|^2 + \frac{c\beta}{2} (\|u - v_h\|^2 + \|w_h - p\|^2)
\end{aligned}$$

für alle $v_h \in V_h$, $w_h \in \mathcal{K}_h$. Wird $\varepsilon > 0$ hinreichend klein gewählt, so folgt hieraus (2.27). ∎

Bemerkung 7.3 Die in Satz 7.6 vorausgesetzte Existenz von Elementen $\tilde{v}_h \in G_h$ mit $\|\tilde{v}_h\| \leq c$ kann in einer Reihe konkreter Modelle, die auf Variationsungleichungen führen, überprüft werden. So eignet sich z.B. bei einem Hindernisproblem (1.2), (1.3) mit $g \leq 0$ trivialerweise $\tilde{v}_h = 0$ als von der Diskretisierung unabhängiges Bezugselement.

Eine andere Möglichkeit besteht in der Nutzung der aus den gemischten Variationsgleichungen (vgl. [BF91]) bekannten, zu (2.24) komplementären Forderung

$$\delta \|v_h\| \leq \sup_{w_h \in W_h} \frac{b(v_h, w_h)}{\|w_h\|} \qquad \text{für alle } v_h \in V_h \qquad (2.30)$$

mit einem $\delta > 0$. □

7.3 Penalty-Methoden und verallgemeinerte Lagrange-Funktionen für Variationsungleichungen

7.3.1 Grundkonzept von Penalty-Methoden

Die Methode der Straffunktionen, auch *Penalty-Methode* genannt, bildet eine Standard-technik der nichtlinearen Optimierung (vgl. z.B. [GLT81], [54]). Das Grundprinzip dieser Methode besteht darin, die asymptotische Einhaltung der Restriktionen durch einen gegen das Optimierungsziel gerichteten Zusatzterm (Strafe) zum Zielfunktional zu erreichen. Das restringierte Problem kann so in eine Familie parameterabhängiger Variationsaufgaben über dem gesamten Raum, also ohne Nebenbedingungen, umgewandelt werden. Bildet die Variationsungleichung (1.1) eine entsprechend Lemma 7.2 einem Optimierungsproblem (1.26) zugeordnete Optimalitätsbedingung, so kann eine geeignete Strafmethode direkt auf (1.26) angewandt werden. Die auf diese Weise erzeugten Ersatzaufgaben ohne Restriktionen können dann z.B. mit der Methode der finiten Elemente diskretisiert werden. Ähnliche diskrete Aufgaben erhält man, indem erst eine Finite-Elemente-Methode auf das Ausgangsproblem (1.26) angewandt und anschließend das erhaltene endlichdimensionale Optimierungsproblem mit einer Straftechnik behandelt wird.

Läßt sich dem Ausgangsproblem (1.1) keine Variationsaufgabe (1.26) zuordnen, dann können Penalty-Methoden analog zur Darstellung in Abschnitt 4.7 durch Regularisierung der gemischten Variationsformulierung (1.30) bzw. (2.21) erhalten werden. Wir betrachten zunächst diesen Zugang etwas näher. Es seien die Abbildung $F : V \to V^*$ und die stetige Bilinearform $b : V \times W \to \mathbb{R}$ gegeben. Ferner sei $G \subset V$ durch (1.29) beschrieben mit einem $g \in W^*$. Die zugehörige gemischte Variationsformulierung (1.30) wird nun in der folgenden Form regularisiert: *Gesucht ist ein* $(u_\rho, p_\rho) \in V \times \mathcal{K}$ *derart, daß*

$$
\begin{aligned}
\langle Fu_\rho, v \rangle \quad + \quad b(v, p_\rho) \quad &= \quad 0 &&\text{für alle } v \in V \\
b(u_\rho, w - p_\rho) \quad - \quad \tfrac{1}{\rho}(p_\rho, w - p_\rho) \quad &\leq \quad g(w - p_\rho) &&\text{für alle } w \in \mathcal{K}.
\end{aligned}
\tag{3.1}
$$

Dabei bezeichnen $(\cdot, \cdot)$ das Skalarprodukt in W und $\rho > 0$ einen festen Parameter. Zur Vereinfachung der Schreibweise identifizieren wir wieder W^* mit W. Ferner sei $B : V \to W^*$ definiert durch

$$
(Bv, w) = b(v, w) \qquad \text{für alle } v \in V, \ w \in W.
\tag{3.2}
$$

Dann läßt sich der zweite Teil von (3.1) äquivalent darstellen durch

$$
(p_\rho - \rho(Bu_\rho - g), w - p_\rho) \geq 0 \qquad \text{für alle } w \in \mathcal{K}.
\tag{3.3}
$$

Wir bezeichnen mit $P_\mathcal{K} : W \to \mathcal{K}$ die entsprechend Lemma 7.2 definierte Projektion auf den abgeschlossenen konvexen Kegel $\mathcal{K} \subset W$. Beachtet man, daß $\mathcal{K}$ ein Kegel ist, so folgt aus (3.3) und der in Lemma 7.2 gegebenen Darstellung des Projektors nun

$$
p_\rho = \rho P_\mathcal{K}(Bu_\rho - g).
\tag{3.4}
$$

Damit kann (3.1) auch beschrieben werden durch (3.4) und

$$\langle Fu_\rho, v \rangle + \rho \left(P_{\mathcal{K}}(Bu_\rho - g), Bv \right) = 0 \qquad \text{für alle } v \in V. \qquad (3.5)$$

Dies bildet ein zu (1.1), (1.29) gehöriges Strafproblem. Der ursprünglichen Variationsun-gleichung (1.1) ist somit ein Ersatzproblem in Form einer Variationsgleichung zugeordnet worden. Die Größe $\rho > 0$ bezeichnet dabei einen Strafparameter. Wir werden noch die Existenz und das Konvergenzverhalten von u_ρ für $\rho \to +\infty$ untersuchen. Zunächst soll jedoch ein einfaches Beispiel zur Realisierung von (3.5) betrachtet werden.

Beispiel 7.3 Es sei das Hindernisproblem (1.2), (1.3) betrachtet. Mit $W = L_2(\Omega)$ be-sitzt der Kegel $\mathcal{K}$ hier die spezielle Form

$$\mathcal{K} = \{ w \in L_2(\Omega) : w \geq 0 \}.$$

Wegen (1.3) ist $B : V = H_0^1(\Omega) \to W = L_2(\Omega)$ gleich dem identischen Operator. Bezeichnet $[\cdot]_+ : W \to \mathcal{K}$ die durch

$$[w]_+(x) := \max\{w(x), 0\} \qquad \text{f.ü. in } \Omega \qquad (3.6)$$

definierte Abbildung, so gilt

$$P_{\mathcal{K}}w = [w]_+ \qquad \text{für alle } w \in W.$$

Das Strafproblem (3.5) besitzt damit die Form (vgl. z.B. [GLT81])

$$\int_\Omega \nabla u_\rho \nabla v \, dx - \rho \int_\Omega [g - u_\rho]_+ v \, dx = \int_\Omega fv \, dx \qquad \text{für alle } v \in H_0^1(\Omega). \,\square \qquad (3.7)$$

Wir untersuchen nun die Lösbarkeit von (3.5). Dazu gilt

LEMMA 7.10 *Die Abbildung $F : V \to V^*$ sei auf dem gesamten Raum V stark mo-noton. Dann besitzt das Strafproblem (3.5) für jedes $\rho > 0$ eine Lösung $u_\rho \in V$, und diese ist eindeutig bestimmt.*

Beweis: Wir definieren einen Operator $S : V \to V^*$ durch

$$\langle Su, v \rangle := (P_{\mathcal{K}}(Bu - g), Bv) \qquad \text{für alle } u, v \in V. \qquad (3.8)$$

Damit ist (3.5) äquivalent zu

$$\langle (F + \rho S)u_\rho, v \rangle = 0 \qquad \text{für alle } v \in V. \qquad (3.9)$$

Wir zeigen nun, daß S Lipschitz-stetig ist. Nach der Definition (3.8) von S gilt

$$\langle Su - S\tilde{u}, v \rangle = (P_{\mathcal{K}}(Bu - g) - P_{\mathcal{K}}(B\tilde{u} - g), Bv) \qquad \text{für alle } u, \tilde{u}, v \in V.$$

Mit der Cauchy-Schwarzschen Ungleichung, der Linearität des Operators B und Lemma 7.2 folgt

$$
\begin{aligned}
|\langle Su - S\tilde{u}, v \rangle| &\leq \|P_{\mathcal{K}}(Bu - g) - P_{\mathcal{K}}(B\tilde{u} - g)\| \, \|Bv\| \\
&\leq \|B(u - \tilde{u})\| \, \|Bv\| \qquad \text{für alle } u, \tilde{u}, v \in V \, .
\end{aligned}
$$

Nach Voraussetzung ist die Bilinearform $b(\cdot, \cdot)$ stetig. Mit (3.2) gibt es damit ein $\beta > 0$ mit $\|Bv\| \leq \beta \|v\|$. Wir erhalten somit

$$
|\langle Su - S\tilde{u}, v \rangle| \leq \beta^2 \, \|u - \tilde{u}\| \, \|v\| \qquad \text{für alle } u, \tilde{u}, v \in V \, .
$$

Also gilt

$$
\|Su - S\tilde{u}\|_* \leq \beta^2 \, \|u - \tilde{u}\| \qquad \text{für alle } u, \tilde{u} \in V \, ,
$$

d.h. die Abbildung S ist Lipschitz-stetig.

Wir untersuchen nun das Monotonieverhalten von S. Nach der den Projektor $P_{\mathcal{K}}$ definierenden Ungleichung (1.14) hat man

$$
\begin{aligned}
(P_{\mathcal{K}}(a + c) - (a + c), w - P_{\mathcal{K}}(a + c)) &\geq 0 \qquad \text{für alle } w \in \mathcal{K} \, , \\
(P_{\mathcal{K}}(b + c) - (b + c), w - P_{\mathcal{K}}(b + c)) &\geq 0 \qquad \text{für alle } w \in \mathcal{K}
\end{aligned}
$$

für beliebige Elemente $a, b, c \in W$. Wählt man in der ersten Ungleichung $w := P_{\mathcal{K}}(b + c)$ und in der zweiten Ungleichung $w := P_{\mathcal{K}}(a + c)$, so erhält man nach Addition

$$
(P_{\mathcal{K}}(a + c) - P_{\mathcal{K}}(b + c) - (a - b), P_{\mathcal{K}}(b + c) - P_{\mathcal{K}}(a + c)) \geq 0 \, .
$$

Hieraus folgt

$$
(P_{\mathcal{K}}(a+c) - P_{\mathcal{K}}(b+c), a - b) \geq (P_{\mathcal{K}}(b+c) - P_{\mathcal{K}}(a+c), P_{\mathcal{K}}(b+c) - P_{\mathcal{K}}(a+c)) \geq 0. \quad (3.10)
$$

Es seien $u, \tilde{u} \in V$ beliebig gewählt. Mit $a := Bu$, $b := B\tilde{u}$ und $c := g$ erhält man aus (3.8), (3.10) nun

$$
\langle Su - S\tilde{u}, u - \tilde{u} \rangle \geq 0 \, .
$$

Damit gilt wegen (2.23) insgesamt

$$
\langle (F + \rho S)u - (F + \rho S)\tilde{u}, u - \tilde{u} \rangle \geq \gamma \, \|u - \tilde{u}\|^2 \qquad \text{für alle } u, \tilde{u} \in V \, . \quad (3.11)
$$

Aus Satz 7.1 (bei Wahl G=V) folgt die eindeutige Lösbarkeit von (3.5). ■

Wir untersuchen nun das Konvergenzverhalten der Strafmethode (3.5) für den Fall der Variationsungleichungen. Dazu wird jedoch zunächst vorausgesetzt, daß die Babuška-Brezzi-Bedingung (1.31) erfüllt sei. Für Aufgabenstellungen, die aus Optimierungsproblemen resultieren, können auch andere Kriterien genutzt werden, wie anschließend gezeigt wird. Es gelingt jedoch in diesem Fall nicht, die Konvergenzgeschwindigkeit von u_ρ in Abhängkeit vom Strafparameter $\rho > 0$ scharf abzuschätzen.

SATZ 7.7 *Es sei $G \neq \emptyset$, und es gelte die Babuška-Brezzi-Bedingung (1.31). Ferner sei $F : V \to V^*$ stark monoton. Dann konvergieren die Lösungen u_ρ der Strafprobleme (3.5) für $\rho \to +\infty$ gegen die Lösung u des Ausgangsproblems. Ferner konvergieren die durch (3.4) zugeordneten $p_\rho \in \mathcal{K}$ für $\rho \to +\infty$ gegen die Komponente p der Lösung der gemischten Formulierung (1.30). Dabei gelten mit einer Konstanten $c > 0$ die Abschätzungen*

$$\|u - u_\rho\| \leq c\,\rho^{-1} \qquad und \qquad \|p - p_\rho\| \leq c\,\rho^{-1}\,. \tag{3.12}$$

Beweis: Wir zeigen zunächst die Beschränktheit von u_ρ für $\rho \to +\infty$. Unter den getroffenen Voraussetzungen kann Lemma 7.10 angewandt werden. Damit existiert für jedes $\rho > 0$ eine eindeutige Lösung u_ρ des Strafproblems. Entsprechend (3.5) gilt

$$\langle Fu_\rho, v \rangle + \rho\,(P_\mathcal{K}(Bu_\rho - g), Bv) = 0 \qquad \text{für alle } v \in V\,.$$

Nach Satz 7.2 gibt es ein $p \in \mathcal{K}$ mit

$$\langle Fu, v \rangle + b(v, p) = 0 \qquad \text{für alle } v \in V\,.$$

Beachtet man die Definition der Abbildung $B : V \to W^*$ gemäß (3.2), so folgt

$$\langle Fu_\rho - Fu, v \rangle + (\rho P_\mathcal{K}(Bu_\rho - g) - p, Bv) = 0 \qquad \text{für alle } v \in V\,.$$

Mit $v = u_\rho - u$ erhält man

$$\begin{aligned}
\langle Fu_\rho - Fu, u_\rho - u \rangle + \rho(P_\mathcal{K}(Bu_\rho - g) - P_\mathcal{K}(Bu - g), B(u_\rho - u)) \\
= (p - \rho P_\mathcal{K}(Bu - g), B(u_\rho - u))\,.
\end{aligned} \tag{3.13}$$

Da $u \in G$ gilt, ist

$$b(u, w) \leq g(w) \qquad \text{für alle } w \in \mathcal{K}$$

und damit

$$(0 - (Bu - g), w - 0) \geq 0 \qquad \text{für alle } w \in \mathcal{K}.$$

Aus Lemma 7.2 folgt nun $P_\mathcal{K}(Bu - g) = 0$. Mit (3.13) liefert dies unter Beachtung der im Beweis zu Lemma 7.10 gezeigten Monotonie (3.11) die Abschätzung

$$\gamma \|u_\rho - u\|^2 \leq \beta \|p\|\,\|u_\rho - u\|\,,$$

also

$$\|u_\rho - u\| \leq \frac{\beta}{\gamma}\,\|p\|\,.$$

Damit ist u_ρ für $\rho \to +\infty$ beschränkt. Aus

$$\langle Fu_\rho, v \rangle + b(v, p_\rho) = 0 \qquad \text{für alle } v \in V$$

und der Babuška-Brezzi-Bedingung (1.31) folgt nun

$$\delta\,\|p_\rho\| \leq \sup_{v\in V} \frac{b(v,p_\rho)}{\|v\|} = \|Fu_\rho\|_*.$$

Mit der Beschränktheit von $\{u_\rho\}_{\rho>0}$ und der Stetigkeit von F erhält man damit die Beschränktheit von $\{p_\rho\}_{\rho>0}$.

Wir wenden uns nun der eigentlichen Konvergenzabschätzung zu. Aus

$$\langle Fu_\rho, v\rangle \;+\; b(v,p_\rho) \;=\; 0 \qquad \text{für alle } v\in V,$$
$$\langle Fu, v\rangle \;+\; b(v,p) \;=\; 0 \qquad \text{für alle } v\in V$$

folgt mit der Linearität von $b(v,\cdot)$

$$\langle Fu - Fu_\rho, v\rangle + b(v, p - p_\rho) = 0 \qquad \text{für alle } v\in V. \tag{3.14}$$

Speziell für $v = u - u_\rho$ liefert dies

$$\langle Fu - Fu_\rho, u - u_\rho\rangle = b(u_\rho - u, p - p_\rho). \tag{3.15}$$

Wegen des zweiten Teils von (3.1) bzw. von (1.30) gilt

$$b(u_\rho, w - p_\rho) - \frac{1}{\rho}\,(p_\rho, w - p_\rho) \leq g(w - p_\rho) \qquad \text{für alle } w\in \mathcal{K}$$

bzw.

$$b(u, w - p) \leq g(w - p) \qquad \text{für alle } w\in \mathcal{K}.$$

Wählt man $w = p$ bzw. $w = p_\rho$, so liefert die Addition dieser Ungleichungen die Abschätzung

$$b(u_\rho - u, p - p_\rho) \leq \frac{1}{\rho}\,(p_\rho, p - p_\rho).$$

Mit der Beschränktheit von $\{p_\rho\}_{\rho>0}$ gilt

$$b(u_\rho - u, p - p_\rho) \leq c\,\rho^{-1}\,\|p - p_\rho\|.$$

Dabei bezeichnet $c > 0$ hier wie im weiteren eine geeignete Konstante. Zur Vereinfachung der Schreibweise wird wiederum auf eine Unterscheidung unterschiedlicher Konstanten i.allg. verzichtet. Unter Beachtung der vorausgesetzten starken Monotonie (3.11) und der Beziehung (3.15) hat man schließlich

$$\gamma\,\|u - u_\rho\|^2 \leq c\,\rho^{-1}\,\|p - p_\rho\|. \tag{3.16}$$

Wir nutzen nun (3.14). Mit der Babuška-Brezzi-Bedingung (1.31) folgt daraus

$$\|p - p_\rho\| \leq \frac{1}{\delta}\,\|Fu - Fu_\rho\|_*.$$

Unter Verwendung von (1.11) erhält man mit der Beschränktheit von $\{u_\rho\}_{\rho>0}$ also

$$\|p - p_\rho\| \leq c \, \|u - u_\rho\| \, .$$

Mit (3.16) liefert dies

$$\|u - u_\rho\| \leq c \, \rho^{-1}$$

sowie

$$\|p - p_\rho\| \leq c \, \rho^{-1}$$

mit einer Konstanten $c > 0$. ∎

Bemerkung 7.4 Durch die vorausgesetzte Gültigkeit der Babuška-Brezzi-Bedingung (1.31) wurde die Lösbarkeit der gemischten Variationsungleichung (1.30) sowie die Stabilität der Lösung gesichert. Im obigen Beweis nutzten wir diese Tatsachen wesentlich aus. Unter abgeschwächten Voraussetzungen untersuchen wir die Konvergenz von Strafmethoden für Variationsungleichungen, die aus konvexen Optimierungsproblemen resultieren. □

Wir wenden uns nun der Konvergenzuntersuchung für eine Penalty-Methode zur näherungsweisen Lösung des restringierten Variationsproblems (1.26) zu. Dabei sei das Zielfunktional $J : V \to \mathbb{R}$ konvex und stetig. Damit existieren insbesondere auch ein $q_0 \in \mathbb{R}$ sowie ein $q \in V^*$ derart, daß

$$J(v) \geq q_0 + \langle q, v \rangle \qquad \text{für alle } v \in V \, . \tag{3.17}$$

Ferner sei eine stetiges, konvexes Straffunktional $\Psi : V \to \mathbb{R}$ zur Einbeziehung der Restriktion $v \in G$ in das Ersatzzielfunktional verfügbar. Die Strafeigenschaft wird durch

$$\Psi(v) \begin{cases} > 0 & , \text{ falls } v \notin G, \\ = 0 & , \text{ falls } v \in G \end{cases} \tag{3.18}$$

beschrieben. Anstelle von (1.26) werden bei der Strafmethode unrestringierte Ersatzprobleme der Form

$$J(v) + \rho \, \Psi(v) \longrightarrow \min ! \qquad \text{bei} \quad v \in V \tag{3.19}$$

betrachtet. Hierbei bezeichnet $\rho > 0$ wie bereits in (3.5) einen festen Strafparameter.

SATZ 7.8 *Es sei $\{u_\rho\}_{\rho>0}$ eine Familie von Lösungen der entsprechenden Ersatzprobleme (3.19). Dann löst jeder schwache Häufungspunkt von $\{u_\rho\}_{\rho>0}$ für $\rho \to +\infty$ das Ausgangsproblem (1.26).*

Beweis: Aus der Optimalität von u_ρ für das Ersatzproblem (3.19) folgt mit (3.18) die Abschätzung

$$J(u_\rho) \leq J(u_\rho) + \rho\Psi(u_\rho) \leq J(v) + \rho\Psi(v) = J(v) \qquad \text{für alle } v \in G. \qquad (3.20)$$

Da das Zielfunktional J konvex und stetig ist, ist J auch schwach nach unten halbstetig (siehe z.B. [Zei90]). Wegen (3.20) gilt somit

$$J(\overline{u}) \leq \inf_{v \in V} J(v) \qquad (3.21)$$

für jeden schwachen Häufungspunkt $\overline{u}$ von $\{u_\rho\}_{\rho>0}$. Unter Beachtung von (3.17) und (3.20) hat man ferner

$$q_0 + \langle q, u_\rho \rangle + \rho\,\Psi(u_\rho) \leq J(v) \qquad \text{für alle } v \in G. \qquad (3.22)$$

Es bezeichne $\{u_{\rho_k}\} \subset \{u_\rho\}$ eine schwach gegen $\overline{u}$ konvergente Teilfolge. Mit $\lim_{k\to\infty} \rho_k = \infty$ und $G \neq \emptyset$ sowie Eigenschaft (3.18) des Straffunktionals Ψ liefert (3.22) nun

$$\lim_{k\to\infty} \Psi(u_{\rho_k}) = 0.$$

Da Ψ konvex und stetig ist, folgt mit $u_{\rho_k} \rightharpoonup \overline{u}$ für $k \to \infty$ hieraus

$$\Psi(\overline{u}) \leq 0.$$

Wegen (3.18) gilt also $\overline{u} \in G$. Mit (3.21) erhält man nun die Behauptung. ∎

Bemerkung 7.5 Existenz und Beschränktheit der Folge $\{u_\rho\}_{\rho>0}$ für $\rho \to +\infty$ ist durch zusätzliche Voraussetzungen zu sichern. Für das schwach koerzitive Signorini-Problem (1.8), (1.9) kann dies z.B. für den Fall $f < 0$ gezeigt werden. Eine weitere Möglichkeit besteht in einer geeigneten Regularisierung des Ausgangsproblems (vgl. [KT94]). □

Bemerkung 7.6 Unter zusätzlichen Voraussetzungen an die Ausgangsaufgabe und die Wahl des Straffunktionals kann analog zu Satz 4.9 auch die starke Konvergenz von u_ρ gesichert werden (vgl. auch Satz 8.11). □

Bemerkung 7.7 Die konkrete Realisierung einer Strafmethode hängt wesentlich von der Wahl des Straffunktionals Ψ ab. Für Hindernisbedingungen der Form

$$G = \{\, v \in H_0^1(\Omega) : v \geq g \,\}$$

eignet sich beispielsweise das bereits in (3.7) zugrunde gelegte und auf anderem Weg gewonnene Funktional

$$\Psi(v) = \frac{\rho}{2} \int_\Omega [g - v]_+^2 (x)\, dx. \qquad (3.23)$$

Analog kann bei Restriktionen der Form (1.8) das Straffunktional

$$\Psi(v) \;=\; \frac{\rho}{2} \int\limits_{\Gamma_2} [-v]_+^2(s)\, ds \tag{3.24}$$

genutzt werden. Die reine Strafeigenschaft (3.18) läßt sich ferner durch vom Strafparameter $\rho > 0$ abhängige asymptotische Eigenschaften abschwächen. Wir werden ein Beispiel hierzu im Abschnitt 7.4 näher untersuchen. $\square$

Wir wenden uns nun der Gewinnung einer L_∞-Konvergenzabschätzung für die Strafmethode (3.5) bei Anwendung auf das Hindernisproblem (1.2), (1.3) zu.

SATZ 7.9 *Es seien $f \in L_\infty(\Omega)$ und $g \in W_\infty^2(\Omega)$ mit $g|_\Gamma \le 0$ (im Sinne der Spur), wobei $\Omega \subset R^2$ ein konvexes Polygon bezeichne. Dem Hindernisproblem (1.2), (1.3), d.h.*

$$\int\limits_\Omega \nabla u \nabla (v-u)\, dx \;\ge\; \int\limits_\Omega f\,(v-u)\, dx \qquad \text{für alle } v \in G \tag{3.25}$$

mit

$$G = \{\, v \in H_0^1(\Omega) \;:\; v \ge g \quad f.\ddot{u}.\ in\ \Omega \,\} \tag{3.26}$$

werde das Strafproblem

$$\int\limits_\Omega \nabla u_\rho \nabla v\, dx \;-\; \rho \int\limits_\Omega [g-u_\rho]_+ v\, dx \;=\; \int\limits_\Omega f\, v\, dx \qquad \text{für alle } v \in H_0^1(\Omega) \tag{3.27}$$

zugeordnet. Dann besitzen die Variationsgleichungen (3.27) für jedes $\rho > 0$ eine eindeutige Lösung $u_\rho \in H_0^1(\Omega)$, und es gilt

$$\|u - u_\rho\|_{0,\infty} \;\le\; (\|g\|_{2,\infty} + \|f\|_{0,\infty})\, \rho^{-1}\,. \tag{3.28}$$

Beweis: Unter den oben getroffenen Voraussetzungen besitzt das Ausgangsproblem (3.25), (3.26) eine eindeutige Lösung $u \in H_0^1(\Omega) \cap H^2(\Omega)$ (vgl. z.B. [KS80]). Bezeichnet man mit

$$\Omega_0 := \{\, x \in \Omega \;:\; u(x) = g(x)\,\}$$

die Kontaktmenge, so läßt sich der zum Ausgangsproblem gehörige optimale Lagrange-Multiplikator p durch

$$p(x) = \begin{cases} -\Delta g - f & ,\quad \text{f.ü. in } \Omega_0 \\[2mm] 0 & ,\quad \text{sonst} \end{cases} \tag{3.29}$$

angeben. Wegen $g \in W_\infty^2(\Omega)$ und $f \in L_\infty(\Omega)$ gilt $p \in L_\infty(\Omega)$. Es bezeichne wieder $a(\cdot,\cdot)$ die durch

$$a(u,v) = \int\limits_\Omega \nabla u \nabla v\, dx \qquad \text{für alle } u,\, v \in H^1(\Omega)$$

erklärte Bilinearform und $(\cdot, \cdot)$ sei das Skalarprodukt in $L_2(\Omega)$. Mit der speziellen Form der Restriktionen (3.26) und (3.29) folgt aus dem ersten Teil der gemischten Formulierung (1.30) nun

$$a(u, v) - (f, v) = (p, v) \qquad \text{für alle } v \in H_0^1(\Omega)$$

für die Lösung u des Ausgangsproblems (3.25), (3.26). Wegen $p > 0$ (vgl. (1.5)) erhält man somit

$$a(u, v) - (f, v) \geq 0 \qquad \text{für alle } v \in H_0^1(\Omega), \ v \geq 0.$$

Mit $u \in G$ folgt hieraus

$$a(u, v) - (f, v) - \rho \int_\Omega [g - u]_+ v \, dx \geq 0 \qquad \text{für alle } v \in H_0^1(\Omega), \ v \geq 0.$$

Andererseits ist

$$a(u_\rho, v) - (f, v) - \rho \int_\Omega [g - u_\rho]_+ v \, dx = 0 \qquad \text{für alle } v \in H_0^1(\Omega), \ v \geq 0. \quad (3.30)$$

Mit $u|_\Gamma = u_\rho|_\Gamma = 0$ und einem aus dem schwachen Maximumprinzip abgeleiteten Vergleichssatz (vgl. Abschnitt 3.2) folgt hieraus

$$u_\rho \leq u \qquad \text{f.ü. in } \Omega. \tag{3.31}$$

Wir konstruieren nun eine geeignete untere Schranke für die Lösung u_ρ des Ersatzproblems (3.27). Dazu sei

$$\underline{u}(x) := u(x) - \delta \qquad \text{f.ü. in } \Omega \tag{3.32}$$

mit einem $\delta > 0$. Aus der Definition von $a(\cdot, \cdot)$ erhält man unmittelbar

$$a(\underline{u}, v) = a(u, v) \qquad \text{für alle } v \in H_0^1(\Omega).$$

Damit gilt

$$\begin{aligned}
a(\underline{u}, v) - (f, v) - \rho \int_\Omega [g - \underline{u}]_+ v \, dx &= a(u, v) - (f, v) - \rho \int_\Omega [g - \underline{u}]_+ v \, dx \\
&= (p, v) - \rho \int_\Omega [g - \underline{u}]_+ v \, dx \\
&\leq \int_{\Omega_0} (p - \rho\delta) \, dx \qquad \text{für alle } v \in H_0^1(\Omega), \ v \geq 0.
\end{aligned}$$

Wird nun $\delta := \|p\|_{0,\infty} \, \rho^{-1} \rho$ gewählt, so folgt hieraus

$$a(\underline{u}, v) - (f, v) - \rho \int_\Omega [g - \underline{u}]_+ v \, dx \leq 0 \qquad \text{für alle } v \in H_0^1(\Omega), \ v \geq 0.$$

Dies liefert mit (3.30) und dem bereits erwähnten Vergleichssatz

$$\underline{u} \leq u_\rho \qquad \text{f.ü. in } \Omega.$$

Unter Beachtung von (3.31), (3.32) sowie $\delta = \|p\|_{0,\infty}\, \rho^{-1}$ und (3.29) erhält man (3.28). ∎

Ein Nachteil der Strafmethoden besteht generell darin, daß die erzeugten Ersatzprobleme für große Strafparameter $\rho > 0$ schlecht konditioniert sind. Durch eine geeignete Wahl dieses Parameters in Abhängigkeit der Schrittweite $h > 0$ bei Diskretisierung, etwa mit der Methode der finiten Elemente, kann bei speziellen Aufgaben eine abgestimmte Parameterstrategie angegeben werden, so daß die Gesamtkondition des diskreten Strafproblems die gleiche Ordnung besitzt wie eine entsprechende diskretisierte elliptische Variationsgleichung. Es sei hierzu auf Abschnitt 7.4 verwiesen.

Eine alternative Möglichkeit zur Zuordnung von unrestringierten Ersatzproblemen zu Variationsungleichungen liefert die modifizierte Lagrange-Methode. Ihr Grundprinzip läßt sich ebenso wie bei Variationsgleichungen aus einer gemischten Formulierung durch PROX-Regularisierung erhalten. Wird die gemischte Formulierung (1.30) zugrunde gelegt, so kann eine zugehörige modifizierte Lagrange-Methode beschrieben werden durch

$$\begin{aligned}
\langle Fu^k, v \rangle \quad + \quad b(v, p^k) \quad &= 0 & \text{für alle } v \in V \\
b(u^k, w - p^k) \quad - \quad \tfrac{1}{\rho}\,(p^k - p^{k-1}, w - p^k) \quad &\leq g(w - p^k) & \text{für alle } w \in \mathcal{K},
\end{aligned}$$
$$(3.33)$$

$k = 1, 2, \ldots$. Hierbei bezeichnen $\rho > 0$ einen festen Parameter und $p^0 \in \mathcal{K}$ eine vorzugebende Startiterierte. Schreibt man den zweiten Teil von (3.33) in der Form

$$(p^k - (p^{k-1} + \rho(Bu^k - g)), w - p^k) \geq 0 \qquad \text{für alle } w \in \mathcal{K}, \qquad (3.34)$$

so läßt sich unter Verwendung von Lemma 7.2 der erste Teil auflösen in der Form: *Gesucht ist ein* $u^k \in V$ *mit*

$$\langle Fu^k, v \rangle + (P_\mathcal{K}[p^{k-1} + \rho(Bu^k - g)], Bv) = 0 \qquad \text{für alle } v \in V.$$

Bei bekanntem $p^{k-1} \in \mathcal{K}$ wird damit die zugehörige Komponente $u^k \in V$ als Lösung einer unrestringierten Variationsgleichung bestimmt. Die neue Iterierte $p^k \in \mathcal{K} \subset W$ erhält man aus

$$p^k = P_\mathcal{K}[p^{k-1} + \rho(Bu^k - g)]. \qquad (3.35)$$

Wird speziell das Hindernisproblem (1.2), (1.3) betrachtet, so gilt (vgl. Beispiel 7.3) die Darstellung

$$P_\mathcal{K} w = [w]_+ \qquad \text{für alle } w \in W$$

für den entsprechenden Projektor $P_{\mathcal{K}} : W \to \mathcal{K}$. Die Iterationsvorschrift der modifizierten Lagrange-Methode besitzt damit in diesem Fall die Form:
Bestimme $u^k \in V := H_0^1(\Omega)$ derart, daß

$$\int\limits_{\Omega} \nabla u^k \nabla v \, dx - \int\limits_{\Omega} [p^{k-1} + \rho(g - u^k)]_+ v \, dx = \int\limits_{\Omega} fv \, dx \qquad \text{für alle } v \in V$$

gilt und ordne $p^k \in \mathcal{K}$ durch die folgende Vorschrift zu

$$p^k = [p^{k-1} + \rho(g - u^k)]_+ \, .$$

Wir wenden uns nun der Konvergenzanalysis für die modifizierte Lagrange-Methode (3.33) zu. Hierzu gilt

SATZ 7.10 *Die gemischte Variationsformulierung (1.30) besitze eine Lösung $(u, p) \in V \times \mathcal{K}$, und die Abbildung $F : V \to V^*$ sei stark monoton. Dann ist für beliebige Startiterierte $p^0 \in \mathcal{K}$ die Iteration (3.33) durchführbar, und es gilt*

$$\lim_{k \to \infty} \|u^k - u\| = 0 \, .$$

Unter der zusätzlichen Annahme, daß die Babuška-Brezzi-Bedingung (1.31) erfüllt ist, gilt ferner

$$\lim_{k \to \infty} \|p^k - p\| = 0 \, .$$

Dabei hat man die Abschätzungen

$$\begin{aligned} \|p^k - p\| &\leq \frac{1}{1 + c_1 \rho} \, \|p^{k-1} - p\| \\ \|u^k - u\| &\leq c_2 \rho^{-1} \, \|p^{k-1} - p\| \end{aligned} \quad , \ k = 1, 2, \dots \tag{3.36}$$

mit Konstanten $c_1, c_2 > 0$.

Beweis: Aus der gemischten Formulierung (1.30), d.h. aus

$$\begin{aligned} \langle Fu, v \rangle + b(v, p) &= 0 && \text{für alle } v \in V \, , \\ b(u, w - p) &\leq g(w - p) && \text{für alle } w \in \mathcal{K} \end{aligned}$$

und (3.33) erhält man

$$\langle Fu^k - Fu, v \rangle + b(v, p^k - p) = 0 \qquad \text{für alle } v \in V \tag{3.37}$$

sowie

$$b(u^k - u, p - p^k) - \frac{1}{\rho} \, (p^k - p^{k-1}, p - p^k) \leq 0 \, .$$

Mit (2.23) und (3.37) bei spezieller Wahl von $v = u^k - u$ folgt nun

$$\gamma \, \|u^k - u\|^2 \leq \frac{1}{\rho} \, (p^k - p^{k-1}, p - p^k) \, .$$

Dies liefert

$$\rho\gamma \|u^k - u\|^2 + \|p^k - p\|^2 \leq \|p^k - p\| \, \|p^{k-1} - p\| \, . \tag{3.38}$$

Speziell gilt damit

$$\|p^k - p\| \leq \|p^{k-1} - p\|, \ k = 1, 2, \dots \, .$$

Dies sichert die Konvergenz der Folge $\{\|p^k - p\|\}$, und aus (3.38) folgt

$$\lim_{k \to \infty} \|u^k - u\| = 0 \, .$$

Ist zusätzlich die Babuška-Brezzi-Bedingung (1.31) erfüllt, dann impliziert (3.37) die Ungleichung

$$\|p^k - p\| \leq \frac{1}{\delta} \|Fu^k - Fu\| \, . \tag{3.39}$$

Da die Abbildung F stetig ist, konvergiert somit auch $\{p^k\}$ gegen p.

Mit der Beschränktheit von $\{u^k\}$ und der lokalen Lipschitz-Stetigkeit von F kann ferner abgeschätzt werden

$$\|Fu^k - Fu\| \leq L \|u^k - u\| \, . \tag{3.40}$$

Aus (3.38), (3.39) folgt damit

$$\frac{\gamma\rho}{\delta L} \|u^k - u\| + \|p^k - p\| \leq \|p^{k-1} - p\|, \ k = 1, 2, \dots \, . \tag{3.41}$$

Eine nochmalige Anwendung von (3.39), (3.40) liefert

$$\left(\frac{\gamma}{\delta^2 L^2} \rho + 1 \right) \|p^k - p\| \leq \|p^{k-1} - p\|, \ k = 1, 2, \dots \, .$$

Also gilt die erste Abschätzung von (3.36). Die Gültigkeit der zweiten Abschätzung ergibt sich unmittelbar aus (3.41). ∎

Die bisher betrachteten Penalty- und verallgemeinerten Lagrange-Methoden konnten als Regularisierungen der zweiten Komponente der gemischten Variationsformulierung (1.30) interpretiert werden. Wir wollen nun diese Regularisierungsprinzipien direkt auf das Ausgangsproblem anwenden mit dem Ziel, konvexe Variationsaufgaben in eine Familie stark konvexer einzubetten.

Der Grundgedanke der *Tychonoff-Regularisierung* besteht darin, dem gegebenen Variationsproblem

$$J(v) \to \quad \min ! \quad \text{bei} \quad v \in G \tag{3.42}$$

Ersatzprobleme der Form

$$J(v) + \varepsilon \|v\|^2 \to \quad \min ! \quad \text{bei} \quad v \in G \tag{3.43}$$

zuzuordnen. Hierbei bezeichnet $\varepsilon > 0$ einen fixierten Regularisierungsparameter. Die zulässige Menge $G \subset V$ des Ausgangsproblems (3.43) sei wieder nichtleer, konvex und abgeschlossen. Ferner wird angenommen, daß (3.42) mindestens eine optimale Lösung besitze. Die Zielfunktionale der Ersatzprobleme (3.43) sind wegen $\varepsilon > 0$ und der Konvexität von J stark konvex. Folglich gibt es zu jedem $\varepsilon > 0$ eine eindeutig bestimmte Lösung $u_\varepsilon \in G$ von (3.43). Zur Konvergenz der Tychonoff-Regularisierung gilt

SATZ 7.11 *Unter den getroffenen Voraussetzungen konvergieren die Lösungen u_ε der Ersatzprobleme (3.43) für $\varepsilon \to 0$ gegen diejenige Lösung $\hat{u} \in G$ von (3.42), für die gilt*

$$\|\hat{u}\| \leq \|u\| \qquad \text{für alle } u \in G_{opt}\,,$$

wobei G_{opt} die Menge der Optimallösungen von (3.42) bezeichnet.

Beweis: Da das Funktional $J(\cdot) + \varepsilon \|\cdot\|^2$ stetig und stark konvex ist sowie $G \neq \emptyset$ konvex und abgeschlossen ist, gibt es ein eindeutig bestimmtes $u_\varepsilon \in G$ mit

$$J(u_\varepsilon) + \varepsilon \|u_\varepsilon\|^2 \leq J(v) + \varepsilon \|v\|^2 \qquad \text{für alle } v \in G\,. \tag{3.44}$$

Nach Voraussetzung ist das Ausgangsproblem (3.42) lösbar. Es sei $u \in G_{opt}$ beliebig. Dann gilt

$$J(u) \leq J(v) \qquad \text{für alle } v \in G\,. \tag{3.45}$$

Wählt man in (3.44) bzw. (3.45) speziell $v = u$ bzw. $v = u_\varepsilon$, so folgt

$$\|u_\varepsilon\| \leq \|u\| \qquad \text{für alle } u \in G_{opt}\,, \quad \varepsilon > 0\,. \tag{3.46}$$

Damit ist $\{u_\varepsilon\}_{\varepsilon>0}$ für $\varepsilon \to 0$ beschränkt und, da V ein Hilbert-Raum ist, schwach kompakt. Es sei $\lim_{k\to\infty} \varepsilon_k = 0$, und $\{u_{\varepsilon_k}\} \subset \{u_\varepsilon\}_{\varepsilon>0}$ bezeichne eine schwach gegen $\hat{u}$ konvergente Folge. Mit $u_{\varepsilon_k} \in G$, $k = 1, 2, \ldots$ sowie der Konvexität und Abgeschlossenheit von G folgt $\hat{u} \in G$. Wegen der Konvexität und Stetigkeit ist die Abbildung $v \mapsto \|v\|$ schwach unterhalbstetig. Die Ungleichung (3.46) liefert damit

$$\|\hat{u}\| \leq \|u\| \qquad \text{für alle } u \in G_{opt}\,. \tag{3.47}$$

Wir wenden nun erneut (3.44) an und erhalten

$$J(u_{\varepsilon_k}) \leq J(u) + \varepsilon_k \|u\|^2 \qquad \text{für alle } u \in G_{opt}\,.$$

Mit der Konvexität und Stetigkeit von J sowie mit $\lim_{k\to\infty} \varepsilon_k = 0$ folgt hieraus

$$J(\hat{u}) \leq J(u) \qquad \text{für alle } u \in G_{opt}\,.$$

Damit ist $\hat{u}$ selbst eine Lösung von (3.42). Aus (3.47) folgt ferner, daß $\hat{u}$ normminimales Element der konvexen, abgeschlossenen Menge G_{opt} ist. Dies bestimmt $\hat{u}$ eindeutig. Mit der schwachen Kompaktheit von $\{u_\varepsilon\}_{\varepsilon>0}$ erhält man nun $u_\varepsilon \rightharpoonup \hat{u}$ für $\varepsilon \to 0$. Da das Funktional $\|\cdot\|$ schwach unterhalbstetig ist, folgt

$$\underline{\lim}_{\varepsilon \to 0} \|u_\varepsilon\| \geq \|\hat{u}\|,$$

und mit (3.46) liefert dies

$$\lim_{\varepsilon \to 0} \|u_\varepsilon\| = \|\hat{u}\|. \tag{3.48}$$

Unter Verwendung des Skalarproduktes hat man

$$\|u_\varepsilon - \hat{u}\|^2 = (u_\varepsilon - \hat{u}, u_\varepsilon + \hat{u} - 2\hat{u}) = \|u_\varepsilon\|^2 - \|\hat{u}\|^2 - 2(\hat{u}, u_\varepsilon - \hat{u}).$$

Aus der schwachen Konvergenz $u_\varepsilon \rightharpoonup \hat{u}$ und (3.48) folgt hieraus die starke Konvergenz von u_ε für $\varepsilon \to 0$ gegen die normminimale Lösung $\hat{u}$ von (3.42). ∎

Mit Hilfe der Tychonoff-Regularisierung lassen sich schwach elliptische Variations-ungleichungen wie auch -gleichungen in eine Familie V-elliptischer einbetten. Für $\varepsilon \to 0$ strebt jedoch die Elliptizitätskonstante $\gamma = \gamma(\varepsilon) > 0$ bei derartigen Aufgaben gegen Null. Dies erfordert eine angepaßte Wahl von Regularisierungs- und Diskretisierungspa-rametern.

Eine alternative Form der sequentiellen Regularisierung besteht in der Nutzung der den verallgemeinerten Lagrange-Methoden zugrunde liegenden *PROX-Technik*. Bei An-wendung auf das Ausgangsproblem (3.42) liefert diese eine Folge von Ersatzaufgaben

$$J(v) + \varepsilon \|v - u^{k-1}\|^2 \to \quad \min ! \qquad \text{bei} \qquad v \in G, \ k = 1, 2, \dots . \tag{3.49}$$

Bei vorzugebendem Startelement $u^0 \in G$ und festem $\varepsilon > 0$ bezeichnen u^k die Lösun-gen der sukzessive erzeugten Variationsprobleme (3.49). Für Konvergenzuntersuchungen zur Methode (3.49) verweisen wir auf die Literatur, z.B. auf [87], [56]. Die angege-benen Regularisierungsmethoden lassen sich mit den Penalty- bzw. verallgemeinerten Lagrange-Methoden kombinieren (vgl. [KT94]).

Abschließend betrachten wir in diesem Abschnitt die Anwendung von Finite-Elemente-Diskretisierungen auf Strafprobleme bzw. die Anwendung von Straftechniken auf diskre-tisierte elliptische Variationsungleichungen. Beide Zugänge liefern parameterabhängi-ge endlichdimensionale Variationsgleichungen, die mit effektiven numerischen Verfahren gelöst werden können (vgl. Kapitel 5). Es sei dabei darauf hingewiesen, dass in Abhängig-keit von der Reihenfolge der Diskretisierung und Anwendung der Penalty-Methode un-terschiedliche Probleme entstehen können.

Wir untersuchen zunächst die konforme Diskretisierung der mit der Penalty-Methode erzeugten Variationgleichungen (3.5), d.h. der Probleme

$$\langle Fu_\rho, v \rangle + \rho \left(P_\mathcal{K}(Bu_\rho - g), Bv \right) = 0 \qquad \text{für alle } v \in V . \tag{3.50}$$

Es bezeichne $T_\rho : V \to V^*$ den durch

$$\langle T_\rho u, v \rangle := \langle Fu, v \rangle + \rho \left(P_\mathcal{K}(Bu - g), Bv \right) \qquad \text{für alle } u, v \in V \tag{3.51}$$

mit festem Parameter $\rho > 0$ definierten Operator. Unter den Voraussetzungen von Lemma 7.10 besitzt T_ρ die Eigenschaften

$$\gamma \|u - v\|^2 \leq \langle T_\rho u - T_\rho v, u - v \rangle \qquad \text{für alle } u,\, v \in V \tag{3.52}$$

und

$$\|T_\rho u - T_\rho v\|_* \leq (L(\sigma) + \rho\beta^2)\|u - v\| \quad \text{für alle } u,\, v \in V,\ \|u\| \leq \sigma,\ \|v\| \leq \sigma, \tag{3.53}$$

wobei $L(\cdot)$ die lokale Lipschitz-Konstante von F und β die Beschränktheitskonstante der Bilinearform $b(\cdot, \cdot)$ bezeichnen.

Der Operator T_ρ ist also V-elliptisch und beschränkt, damit sind die üblichen Voraussetzungen zur Anwendung von Finite-Elemente-Methoden erfüllt. Bezeichnet $V_h \subset V$ mit $dim\, V_h < +\infty$ einen entsprechenden Ansatzraum, so liefert die Diskretisierung von (3.50) die endlichdimensionalen Probleme:

Gesucht ist ein $u_{h\rho} \in V_h$ derart, daß

$$\langle Fu_{h\rho}, v_h \rangle + \rho \left(P_\mathcal{K}(Bu_{h\rho} - g), Bv_h \right) = 0 \qquad \text{für alle } v_h \in V_h\,. \tag{3.54}$$

Wir kürzen diese Aufgabe später in einer Übersicht durch

$$\langle T_{h\rho} u_{h\rho}, v_h \rangle = 0 \qquad \text{für alle } v_h \in V_h$$

ab. Zur Konvergenz dieser diskretisierten Strafmethode gilt

SATZ 7.12 *Es seien die Voraussetzungen von Satz 7.7 erfüllt. Dann besitzen die diskreten Strafprobleme (3.54) für jedes $\rho > 0$ eine eindeutige Lösung $u_{h\rho} \in V_h$, und es gilt*

$$\|u_\rho - u_{h\rho}\| \leq (c_1 + c_2\rho) \inf_{v_h \in V_h} \|u_\rho - v_h\| \tag{3.55}$$

mit Konstanten c_1, $c_2 > 0$. Dabei bezeichnet $u_\rho \in V$ die Lösung des zugehörigen stetigen Strafproblems (3.5).

Beweis: Da die Gültigkeit der Eigenschaften (3.52), (3.53) gesichert ist, läßt sich Lemma 7.7 mit V anstelle von G und mit V_h anstelle von G_h anwenden. Unter Beachtung von $V_h \subset V$ vereinfacht sich die dort gezeigte Abschätzung entsprechend der Bemerkung 7.2 zu (2.13). Dies liefert unmittelbar (3.55). ■

Die in Satz 7.12 gegebene Abschätzung weist auf ein bekanntes Phänomen der Strafmethoden bei direkter Verbindung mit Finite-Elemente-Methoden hin, nämlich auf eine zu erwartende Reduktion der Konvergenzordnung der Finite-Elemente-Methode wegen der asymptotischen Singularität für $\rho \to +\infty$. Dieser Nachteil der Strafmethoden wird auch in praktischen Realisierungen reflektiert. Einen Ausweg bietet eine Penalty-Methode, die durch Regularisierung einer diskretisierten gemischten Formulierung erzeugt wird, wobei die gemischte Diskretisierung den Babuška-Brezzi-Bedingungen

gleichmäßig mit einer vom Diskretisierungsparameter unabhängigen Konstanten $\delta > 0$ genüge. Auf diese Weise erhält man die diskreten Probleme:
Gesucht ist ein Paar $(u_{h\rho}, p_{h\rho}) \in V_h \times \mathcal{K}_h$ derart, daß

$$\langle Fu_{h\rho}, v_h \rangle \quad + \quad b(v_h, p_{h\rho}) \quad = \quad 0 \qquad \text{für alle } v_h \in V_h$$

$$b(u_{h\rho}, w_h - p_{h\rho}) \quad - \quad \tfrac{1}{\rho}\,(p_{h\rho}, w_h - p_{h\rho}) \quad \leq \quad g(w_h - p_{h\rho}) \quad \text{für alle } w_h \in \mathcal{K}_h\,.$$

$$(3.56)$$

Wie bei dem stetigen Problem (3.1) läßt sich der zweite Teil von (3.56) mit Hilfe des über Lemma 7.2 erklärten Projektors $P_{\mathcal{K}_h} : W_h \to \mathcal{K}_h$ auflösen. Aus (3.56) erhält man damit die diskrete Strafmethode

$$\langle Fu_{h\rho}, v_h \rangle + \rho\,(P_{\mathcal{K}_h}(Bu_{h\rho} - g), Bv_h) = 0 \qquad \text{für alle } v_h \in V_h\,. \tag{3.57}$$

Es sei darauf hingewiesen, daß zur Vereinfachung der Bezeichnung die Lösung von (3.57) ebenso wie die von (3.54) mit $u_{h\rho}$ bezeichnet werden, diese jedoch i.allg. nicht identisch sind.

Zur Konvergenz der Methode (3.57) kann unter Verwendung der in [BF91] angegebenen Konvergenzaussage für gemischte finite Elemente bei Variationsungleichungen gezeigt werden

SATZ 7.13 *Es sei $u_{h\rho} \in V_h$ Lösung von (3.57), und die angewandte gemischte Finite-Elemente-Diskretisierung genüge den Babuška-Brezzi-Bedingungen gleichmäßig, d.h. mit einem $\delta > 0$ gelte*

$$\sup_{v_h \in V_h} \frac{b(v_h, w_h)}{\|v_h\|} \geq \delta\,\|w_h\| \qquad \text{für alle } w_h \in W_h\,. \tag{3.58}$$

Dann gilt mit einem $c > 0$ die Abschätzung

$$\|u_h - u_{h\rho}\| \leq c\,\rho^{-1}\,, \tag{3.59}$$

wobei $u_h \in G_h$ die Lösung des mittels (1.30) diskretisierten Problems bezeichnet.

Bemerkung 7.8 Im Unterschied zur Strafmethode (3.54) läßt sich im Fall von (3.57) der Strafparameter $\rho = \rho(h) > 0$ in Abhängigkeit vom Diskretisierungsparameter $h > 0$ so wählen, dass die Gesamtmethode die gleiche Ordnung wie die zugrunde liegende gemischte Finite-Elemente-Diskretisierung besitzt (siehe z.B. Satz 7.10). $\square$

Bemerkung 7.9 Zur Vereinfachung der Berechnung der Projektion $P_{\mathcal{K}_h}$ ist eine nichtkonforme Realisierung von (3.56), z.B. durch Anwendung von Lumping-Techniken (vgl. Abschnitt 4.6) zu empfehlen. Man erhält dann

$$\langle Fu_{h\rho}, v_h \rangle + b_h(v_h, p_{h\rho}) \quad = \quad 0 \qquad \text{für alle } v_h \in V_h$$

$$b_h(u_{h\rho}, w_h - p_{h\rho}) - \tfrac{1}{\rho}\,(p_{h\rho}, w_h - p_{h\rho})_h \quad \leq \quad g_h(w_h - p_{h\rho}) \quad \text{für alle } w_h \in \mathcal{K}_h$$

$$(3.60)$$

anstelle von (3.56). Im Fall des Hindernisproblems (1.2), (1.3) mit stückweise linearen C^0-Elementen für V_h und stückweise konstanten Diskretisierungen für W_h liefert dies bei Verwendung von

$$(w_h, z_h) := \sum_{j=1}^{N} \text{meas}(D_j) w_j z_j$$

und

$$b_h(v_h, z_h) - g_h(z_h) := \sum_{j=1}^{N} \text{meas}(D_j)(g_j - v_j) z_j$$

mit den dualen Teilbereichen D_j (vgl. Abschnitt 4.6) die diskreten Strafprobleme

$$\sum_{j=1}^{N} a(\varphi_i, \varphi_j) u_j - f_i - \rho \, \text{meas}(D_i) \max\{0, g_i - u_i\} = 0, \quad i = 1, \dots, N. \qquad (3.61)$$

Dabei bezeichnen $u_{h\rho} = (u_j)_{j=1}^{N}$, $f_i := \int_{\Omega} f\varphi \, dx$ und $g_i := g(x_i)$. Damit entspricht (3.61) gerade der Anwendung der bekannten quadratischen Straffunktion auf das diskrete Problem (2.6), wobei eine sachgemäße Wichtung des Einflusses der Ansatzfunktionen φ_j durch das Maß $\text{meas}(D_j)$ des zugehörigen dualen Teilbereiches D_j erfolgt. $\square$

7.3.2 Abgestimmte Wahl der Straf- und Diskretisierungsparameter

Bei der Behandlung von Variationsungleichungen mittels Diskretisierungs- und Strafmethoden treten neben dem Ausgangsproblem folgende typische Teilaufgaben direkt oder indirekt auf.

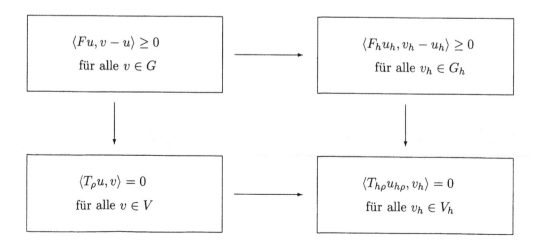

Sowohl das Diskretisierungsverfahren als auch die Penalty-Methode liefern einerseits nur gewisse Näherungslösungen für das jeweils zugrunde gelegte Ausgangsproblem und erfordern andererseits zu ihrer Behandlung um so mehr Aufwand, je feiner die Diskretisierung bzw. je größer der Strafparameter gewählt wurde. Letzteres begründet sich aus der schlechten Kondition der Strafprobleme für große Parameter $\rho > 0$. Aus den genannten Gründen sollten daher die Parameterwahl bei Diskretisierungs- und Penalty-Verfahren so aufeinander abgestimmt werden, dass

- die durch das Diskretisierungsverfahren erreichbare Ordnung für das Gesamtverfahren erhalten bleibt;

- die Kondition der Strafprobleme asymptotisch nicht schlechter ist als die Kondition vergleichbarer diskreter Variationsgleichungen.

Die genannte Zielstellung wird z.B. durch die in [55] vorgeschlagene Parameterwahl bei einer speziellen Strafmethode realisiert. Wir stellen diese Technik im folgenden dar.

Als Ausgangsproblem wird das Hindernisproblem (1.2), (1.3) mit einer Diskretisierung durch stückweise lineare C^0-Elemente und der Wahl von G_h gemäß (2.2) betrachtet. Im Unterschied zu [55] skizzieren wir hier den Zugang über die Diskretisierung eines stetigen Strafproblems. Der Ausgangsaufgabe (1.2), (1.3) wird zunächst das unrestringierte Variationsproblem

$$J_\rho(v) \to \min ! \qquad \text{bei} \quad v \in V := H_0^1(\Omega) \tag{3.62}$$

mit

$$J_\rho(v) := \frac{1}{2}a(v,v) - (f,v) + s \int_\Omega \left[g(x) - v(x) + \sqrt{(g(x) - v(x))^2 + \rho^{-1}} \right] dx$$

zugeordnet. Hierbei sind wieder $a(\cdot, \cdot)$ bzw. $(f, \cdot)$ durch

$$a(u,v) = \int_\Omega \nabla u \nabla v \, dx \qquad \text{bzw.} \qquad (f,v) = \int_\Omega fv \, dx$$

erklärt. Die Größen $s > 0$ sowie $\rho > 0$ bezeichnen Parameter der in (3.62) genutzten speziellen Strafmethode. Da später das Konvergenzverhalten der Methode bei geeignet fixiertem $s > 0$ für $\rho \to +\infty$ untersucht wird, erfolgt die Indizierung nur mit dem Parameter ρ.

Wegen der starken Konvexität und Stetigkeit von $J_\rho(\cdot)$ besitzen die Ersatzprobleme (3.62) für jedes $\rho > 0$ eine eindeutige Lösung $u_\rho \in V$. Diese werden durch die notwendige und hinreichende Bedingung

$$\langle T_\rho u_\rho, v \rangle := a(u_\rho, v) - (f, v) - s \int_\Omega \left(1 + \frac{g - u_\rho}{\sqrt{(g - u_\rho)^2 + \rho^{-1}}} \right) v \, dx = 0 \tag{3.63}$$
$$\text{für alle } v \in V$$

charakterisiert. Es bezeichne V_h den durch stückweise lineare C^0-Elemente über einer quasi-uniformen Dreieckszerlegung von Ω erzeugten Finite-Elemente-Ansatzraum. Zur

Vereinfachung der Untersuchungen wird dabei vorausgesetzt, daß das Grundgebiet Ω polygonal sei. Dadurch werden insbesondere Fehler bei der Randapproximation vermieden. Ferner wird vorausgesetzt, daß die Zerlegungen stets vom schwach-spitzen Typ seien, d.h. alle Innenwinkel der Teildreiecke lassen sich durch $\pi/2$ nach oben beschränken.

Die Variationsgleichung (3.63) wird unter partieller Nutzung einer Lumping-Technik diskretisiert durch

$$\langle T_{h\rho} u_{h\rho}, v_h \rangle = 0 \qquad \text{für alle } v_h \in V_h. \tag{3.64}$$

Dabei ist der Operator $T_{h\rho} u_{h\rho}$ definiert durch

$$\langle T_{h\rho} y_h, v_h \rangle := a(y_h, v_h) - (f, v_h) - s \sum_{i=1}^{N} \text{meas}(D_i) \left(1 + \frac{g_i - y_i}{\sqrt{(g_i - y_i)^2 + \rho^{-1}}} \right) v_i$$

mit

$$y_i := y_h(x_i), \ v_i := v_h(x_i), \ g_i := g(x_i) \ \text{und} \ u_i^{h\rho} := u_{h\rho}(x_i), \ i = 1, \dots, N$$

sowie den inneren Gitterpunkten $(x_i)_{i=1}^{N}$ der Zerlegung und den zugeordneten Teilbereichen D_i einer dualen Zerlegung (vgl. Abschnitt 4.6). Die zu (3.64) äquivalenten Ritz-Galerkin-Gleichungen lauten

$$\sum_{j=1}^{N} a_{ij} u_j^{h\rho} - f_i - \text{meas}(D_i) \left(1 + \frac{g_i - u_i^{h\rho}}{\sqrt{(g_i - u_i^{h\rho})^2 + \rho^{-1}}} \right) = 0, \quad i = 1, \dots, N \tag{3.65}$$

mit $a_{ij} = a(\varphi_j, \varphi_i)$ und $f_i = (f, \varphi_i)$. Die Variationgleichung (3.64) bzw. die Ritz-Galerkin-Gleichung (3.65) bilden eine notwendige und hinreichende Optimalitätsbedingung für die Variationsaufgaben

$$J_{h\rho}(v_h) \ \rightarrow \ \min ! \qquad \text{bei} \qquad v_h \in V_h \tag{3.66}$$

mit

$$J_{h\rho}(v_h) := J(v_h) + s \sum_{i=1}^{N} \text{meas}(D_i)(g_i - v_i + \sqrt{(g_i - v_i)^2 + \rho^{-1}}). \tag{3.67}$$

Wir analysieren nun das Konvergenzverhalten des Verfahrens (3.65). Dabei wird für die weiteren Untersuchungen dieses Abschnittes generell vorausgesetzt, daß die in Satz 7.5 an die Ausgangsaufgabe (1.2), (1.3) gestellten Bedingungen erfüllt sind. Unter dieser Annahme hat man

LEMMA 7.11 *Es gibt eine von der Diskretisierung unabhängige Konstante $c_0 > 0$ derart, daß $u_{h\rho} \in G_h$ für beliebige Parameter*

$$s \geq c_0 > 0 \qquad und \qquad \rho > 0$$

gilt.

Beweis: Wir untersuchen zunächst das zu (1.2), (1.3) gehörige diskrete Problem (2.6).
Mit Hilfe der entsprechenden Lösung $u_h(x) = \sum\limits_{j=1}^{N} u_j \varphi_j(x)$ definieren wir

$$p_i := \frac{1}{\text{meas}(D_i)} [a(u_h, \varphi_i) - (f, \varphi_i)], \quad i = 1, \dots, N. \tag{3.68}$$

Aus der in (2.6) enthaltenen Komplementaritätsbedingung folgt

$$p_i = 0, \quad \text{falls} \quad u_i > g_i$$

gilt.

Es sei nun $u_i = g_i$. Wegen $u_j \geq g_j$, $j = 1, \dots, N$ und der aus der schwach-spitzen Zerlegung des Grundgebietes resultierenden Eigenschaft $a(\varphi_i, \varphi_j) \leq 0$, $i \neq j$ erhält man mit (2.6) im vorliegenden Fall die Abschätzung

$$0 \leq p_i \leq \frac{1}{\text{meas}(D_i)} [a(g_h, \varphi_i) - (f, \varphi_i)].$$

Dabei bezeichnet g_h die über dem Gitter definierte stückweise lineare Interpolierende zur Hindernisfunktion g. Dies liefert nun

$$0 \leq p_i \leq \frac{1}{\text{meas}(D_i)} [a(g, \varphi_i) - (f, \varphi_i) + a(g_h - g, \varphi_i)].$$

Wegen $g \in W_\infty^2(\Omega)$, $f \in L_\infty(\Omega)$ gibt es ein $c_1 > 0$ mit

$$|a(g, \varphi_i) - (f, \varphi_i)| \leq c_1 h^2, \quad i = 1, \dots, N.$$

Ferner hat man

$$\left| \int_\Delta \nabla(g_h - g) \nabla \varphi_i \, dx \right| = \left| \int_{\partial \Delta} (g_h - g) \frac{\partial \varphi_i}{\partial n} \, ds \right| \leq c_2 h^{-1} \int_{\partial \Delta} |g_h - g| \, ds$$

mit einer Konstanten $c_2 > 0$ und für beliebige Teildreiecke Δ der Zerlegung mit $\Delta \in \text{supp } \varphi_i$. Damit gilt schließlich

$$|a(g_h - g, \varphi_i)| \leq c_3 h^2$$

mit einem $c_3 > 0$. Unter Beachtung von $\text{meas}(D_i) \geq c_4 h^2$ erhält man insgesamt

$$0 \leq p_i \leq c_0, \quad i = 1, \dots, N$$

mit einer von der Zerlegung unabhängigen Konstanten $c_0 > 0$.

Es sei nun $s \geq c_0$ mit der obigen Konstanten c_0 gewählt. Aus der Definition (3.68) von p_i folgt

$$a(u_h, \varphi_i) - (f, \varphi_i) = \text{meas}(D_i) p_i, \quad i = 1, \dots, N.$$

Unter Beachtung von $g_i \leq u_i$ gilt damit

$$\sum_{j=1}^{N} a_{ij} u_j - f_i - s \operatorname{meas}(D_i) \left(1 + \frac{g_i - u_i}{\sqrt{(g_i - u_i)^2 + \rho^{-1}}}\right) \leq$$
$$\leq \operatorname{meas}(D_i)(p_i - s) \leq 0, \qquad i = 1, \ldots, N. \tag{3.69}$$

Da durch die vorausgesetzte schwach-spitze Zerlegung $a_{ij} \leq 0$ für $i \neq j$ gesichert ist und die Funktionen

$$s \operatorname{meas}(D_i) \left(1 + \frac{t}{\sqrt{(g_i - t)^2 + \rho^{-1}}}\right), \qquad i = 1, \ldots, N$$

monoton wachsend in $t \in R$ sind, läßt sich ein diskretes Vergleichsprinzip anwenden. Aus (3.68), (3.69) erhält man damit

$$u_j \leq u_j^{h\rho}, \quad j = 1, \ldots, N.$$

Wegen $u_h = (u_j)_{j=1}^{N} \in G_h$ gilt damit auch $u_{h\rho} \in G_h$. ∎

LEMMA 7.12 *Es sei $s \geq c_0$ gemäß Lemma 7.11 gewählt. Dann gilt*

$$\|u_h - u_{h\rho}\| \leq c\rho^{-1/4},$$

wobei die Konstante $c > 0$ von der Diskretisierung unabhängig ist.

Beweis: Da $u_{h\rho}$ das Ersatzproblem (3.66) löst, hat man

$$J_{h\rho}(u_{h\rho}) \leq J_{h\rho}(u_h).$$

Wegen $J_{h\rho}(v_h) \geq J(v_h)$ für beliebige $v_h \in V_h$ und

$$J_{h\rho}(v_h) \leq J(v_h) + s \operatorname{meas}(\Omega) \rho^{-1/2} \qquad \text{für alle } v_h \in G_h$$

folgt mit Lemma 7.11 nun

$$J_{h\rho}(v_h) \leq J(u_h) + s \operatorname{meas}(\Omega) \rho^{-1/2}. \tag{3.70}$$

Andererseits gilt wegen $u_{h\rho} \in G_h$ und

$$\langle J'(u_h), v_h - u_h \rangle \geq 0 \qquad \text{für alle } v_h \in G_h$$

sowie der starken Konvexität von J die Abschätzung

$$J(u_{h\rho}) \geq J(u_h) + \langle J'(u_h), u_{h\rho} - u_h \rangle + \gamma \|u_{h\rho} - u_h\|^2 \geq J(u_h) \|u_{h\rho} - u_h\|^2.$$

Mit (3.70) hat man also

$$\gamma \|u_{h\rho} - u_h\|^2 \leq s \operatorname{meas}(\Omega) \rho^{-1/2},$$

und es gilt die Behauptung. ■

Mit dem Ziel der Sicherung der Konvergenzordnung $O(h)$ für das Gesamtverfahren erhält man unter Beachtung von Satz 7.5 und bei einer Wahl des Parameters s gemäß Lemma 7.11 die Parameterregel

$$\rho = \rho(h) = h^{-4}. \tag{3.71}$$

Zur Untersuchung der Kondition der diskreten Strafprobleme bezeichne $\Phi_{h\rho} : \mathbb{R}^N \to \mathbb{R}$ die durch

$$\Phi_{h\rho}(\underline{v}) := s \sum_{i=1}^N \text{meas}(D_i)\,(g_i - v_i + \sqrt{(g_i - V_i)^2 + \rho^{-1}}) \qquad \text{für alle } \underline{v} = (v_i)_{i=1}^N$$

definierte Abbildung.

SATZ 7.14 *Es sei $s \geq c_0$ mit der in Lemma 7.11 definierten Konstanten c_0. Wird der Parameter $\rho = \rho(h)$ mit der Feinheit $h > 0$ der Diskretisierung entsprechend (3.71) abgestimmt, dann gilt mit einem $c > 0$ die Abschätzung*

$$\|u - u_{h\rho}\| \leq c\,h$$

für die Lösung u des Ausgangsproblems (1.2), (1.3). Ferner besitzen die Matrizen $A_h + \Phi''(\underline{u}_{h\rho})$ mit $\underline{u}_{h\rho} = (u_i^{h\rho})_{i=1}^N$ asymptotisch die gleiche Kondition wie die Steifigkeitsmatrix A_h des elliptischen Problems ohne Hindernisbedingung.

Beweis: Mit der Dreiecksungleichung sowie Satz 7.5 und den Lemmata 7.11, 7.12 folgt unter Beachtung von (3.71) die Abschätzung

$$\|u_h - u_{h\rho}\| \leq \|u - u_h\| + \|u_h - u_{h\rho}\| \leq c\,h$$

mit einer Konstanten $c > 0$. Wir untersuchen nun die Kondition von $A_h + \Phi''(\underline{u}_{h\rho})$. Mit der Rayleigh-Charakterisierung von Eigenwerten gilt

$$
\begin{aligned}
\lambda_{min}(A_h + \Phi''(\underline{u}_{h\rho})) &= \min_{z \in \mathbb{R}^n,\, z \neq 0} \frac{z^T(A_h + \Phi''(\underline{u}_{h\rho}))z}{z^T z} \\
&\geq \min_{z \in \mathbb{R}^n,\, z \neq 0} \frac{z^T A_h z}{z^T z} + \min_{z \in \mathbb{R}^n,\, z \neq 0} \frac{z^T \Phi''(\underline{u}_{h\rho})z}{z^T z} \\
&\geq \min_{z \in \mathbb{R}^n,\, z \neq 0} \frac{z^T A_h z}{z^T z} \geq m\,h^2
\end{aligned}
$$

mit einer Konstanten $m > 0$. Analog gilt

$$
\begin{aligned}
\lambda_{max}(A_h + \Phi''(\underline{u}_{h\rho})) &= \max_{z \in \mathbb{R}^n,\, z \neq 0} \frac{z^T(A_h + \Phi''(\underline{u}_{h\rho}))z}{z^T z} \\
&\leq \max_{z \in \mathbb{R}^n,\, z \neq 0} \frac{z^T A_h z}{z^T z} + \max_{z \in \mathbb{R}^n,\, z \neq 0} \frac{z^T \Phi''(\underline{u}_{h\rho})z}{z^T z} \\
&\leq \min_{z \in \mathbb{R}^n,\, z \neq 0} \frac{z^T A_h z}{z^T z} \leq M + \max_{1 \leq i \leq N}\{s\,\text{meas}(D_i)\,\rho^{1/2}\}
\end{aligned}
$$

mit einer Konstanten $M > 0$. Bei der getroffenen Parameterwahl gilt damit

$$\operatorname{cond}(A_h + \Phi''(\underline{u}_{h\rho})) = \frac{\lambda_{max}(A_h + \Phi''(\underline{u}_{h\rho}))}{\lambda_{min}(A_h + \Phi''(\underline{u}_{h\rho}))} \leq c\, h^{-2}$$

mit einem $c > 0$. ■

Für viele Anwendungen besitzt neben der Bestimmung einer Näherungslösung $u_{h\rho} \in V_h$ die Approximation der Kontaktmenge

$$\Omega_0 := \{\, x \in \overline{\Omega} \,:\, u(x) = g(x) \,\}$$

eine wesentliche Bedeutung. Zur Charakterisierung des Verhaltens der Kontaktmenge Ω_0 bezüglich Störungen bezeichne

$$\Omega[\tau] := \{\, x \in \overline{\Omega} \,:\, u(x) \leq g(x) + \tau \,\}$$

mit $\tau \geq 0$. Mit einem fixierten Parameter $\sigma > 0$ sei ferner die Menge $\Omega_h^\beta \subset \mathbb{R}^2$ definiert durch

$$\Omega_h^\beta := \{\, x \in \overline{\Omega} \,:\, u_{h\rho}(x) \leq g_h(x) + \sigma\, h^\beta \,\}$$

für $\beta \in (0,1)$, und es bezeichne

$$d(A,B) := \max\{\, \sup_{y \in A} \inf_{x \in B} \|x - y\| \,;\, \sup_{y \in B} \inf_{x \in A} \|x - y\| \,\}$$

den Hausdorff-Abstand zwischen den Mengen A, $B \subset \mathbb{R}^2$. Zur näherungsweisen Ermittlung von Ω_0 gilt (vgl. [55]) der folgende

SATZ 7.15 *Es seien die Voraussetzungen von Satz 7.14 erfüllt. Dann gibt es ein $c > 0$ und ein $\overline{h} > 0$ derart, daß*

$$d(\Omega_h^\beta, \Omega_0) \leq \max\{\, \overline{h}; \, d(\Omega[ch^\beta], \Omega_0)\,\} \qquad \text{für alle } h \in (0, \overline{h}]$$

gilt.

Abschließend werde als Beispiel die elastisch-plastische Torsion eines zylindrischen Stabes (vgl. [GLT81], [Fri82]) betrachtet. Gegeben sei ein zylindrischer Stab mit dem Querschnitt $\Omega \subset \mathbb{R}^2$ aus elastisch-(ideal)plastischem Material (vgl. [GLT81], [Fri82]). Wird ein konstanter Torsionswinkel pro Längeneinheit mit C bezeichnet, so führt dies auf das Variationsproblem

$$J(v) := \tfrac{1}{2} a(v,v) - C \int_\Omega v(x)\, dx \;\rightarrow\; \min !$$
$$\text{bei} \qquad v \in H_0^1(\Omega), \; |\nabla v| \leq 1 \;\text{f.ü. in } \Omega. \tag{3.72}$$

Es kann gezeigt werden, daß die Aufgabe (3.72) äquivalent ist zu

$$J(v) := \tfrac{1}{2} a(v,v) - C \int_\Omega v(x)\, dx \;\rightarrow\; \min !$$
$$\text{bei} \qquad v \in H_0^1(\Omega), \; |\, v(x)| \leq \delta(x, \partial\Omega) \;\text{in } \Omega, \tag{3.73}$$

wobei $\delta(x, \partial\Omega)$ den Abstand des Punktes $x \in \Omega$ zum Rand von Ω bezeichnet. Wird $C < 0$ gewählt, dann liegt somit ein Hindernisproblem der Form (1.2), (1.3) vor, und es lassen sich die obigen Untersuchungen bei geringfügiger Abschwächung der Voraussetzungen an die Hindernisfunktion g (vgl. [55]) anwenden. Für die Mengen

$$\Omega = (0,1) \times (0,1) \qquad \text{bzw.} \qquad \Omega = ((0,1) \times (0.5,1)) \cup ((0.25, 0.75) \times (0,1))$$

wurden die erhaltenen Näherungen für die Grenzen des elastisch-plastischen Verhaltens des Stabes in [55] angegeben.

7.4 Optimale Steuerung partieller Differentialgleichungen

Mit der Verfügbarkeit effizienter Lösungsverfahren für partielle Differentialgleichungen werden zunehmend auch Aufgaben der optimalen Steuerung betrachtet, bei denen die Zustandsgleichungen partielle Differentialgleichungen sind. Als Beispiele derartiger Aufgaben seien die Temperatursteuerung (vgl. z.B. [114], [92]), Optimierung von Strömungen (vgl. z.B. [49], [41]) und die Designoptimierung (vgl. z.B. [62], [67]) genannt. Neben zahlreichen Einzelpublikationen sind in Monografien (z.B. [Lio71], [NT94]) vielfältige Aspekte der Analysis und Numerik der optimalen Steuerung partieller Differentialgleichungen zu finden. Mit dem Buch von Tröltzsch [Trö05] liegt jetzt ein Lehrbuch vor, das prinzipielle Fragen zur Theorie derartiger Aufgaben sowie zu Verfahren und Anwendungen kompakt aufbereitet. Wegen der Aktualität des angesprochenen Gebietes wie auch wegen der engen inhaltlichen Bezüge zu Variationsungleichungen im Sinne der voranstehenden Abschnitte dieses Kapitels soll nachfolgend eine kurze Einführung in die optimale Steuerung partieller Differentialgleichungen erfolgen und eine angepaßte Diskretisierung mittels Finiter-Elemente-Methoden skizziert werden.

7.4.1 Zur Analysis eines elliptischen Modellproblems

Es sei wieder $\Omega \subset \mathbb{R}^n$ ein beschränktes Gebiet mit regulärem Rand Γ, und es bezeichne $V := H_0^1(\Omega)$ den entsprechenden Sobolev-Raum und $U := L_2(\Omega)$ sowie

$$a(w,v) := \int_\Omega \nabla w \cdot \nabla v \qquad \text{für alle } w, v \in V$$

die zum Laplace-Operator $-\Delta$ gehörige Bilinearform. Als Modellproblem betrachten wir die Aufgabe

$$
\begin{aligned}
J(w,u) \quad &:= \quad \frac{1}{2}\|w - z\|^2 + \frac{\varrho}{2}\|u\|^2 \;\to\; \text{min!} \\
\text{bei} \quad w \in V, \quad a(w,v) \quad &= \quad (u,v) \qquad\qquad \text{für alle } v \in V, \qquad\qquad (4.1) \\
u \in U_{ad} \quad &:= \quad \{ u \in U : \alpha \leq u \leq \beta \}.
\end{aligned}
$$

Wegen der häufigen Verwendung im folgenden steht kurz $\| \cdot \|$ für die L_2-Norm anstelle der im Buch weitgehend verwendeten Notation $\| \cdot \|_0$. In (4.1) bezeichnen $z \in L_2(\Omega)$

ein vorgegebenes Ziel und α, $\beta \in \mathbb{R}$ Konstanten mit $\alpha < \beta$. Sie bilden Schranken für die Steuerung u. Die Halbordnung wird dabei im punktweisen Sinn fast überall in Ω verstanden, wobei die Schranken auch mit über Ω konstante Funktionen α, $\beta \in L_2(\Omega)$ identifiziert werden. Ferner bezeichne $\rho > 0$ eine Regularisierungskonstante bzw. einen Kostenfaktor für die Steuerung. Im Modellproblem (4.1) wirkt die Steuerung u als Quellterm im gesamten Gebiet Ω. Man spricht hier von *verteilter Steuerung*. Häufig werden auch Aufgaben der *Randsteuerung* (vgl. [Trö05]) betrachtet, bei denen im Unterschied zu (4.1) die Steuerung u über die Randbedingungen wirkt.

In klassischer Schreibweise entspricht (4.1) der Aufgabe

$$J(w,u) \; := \; \tfrac{1}{2} \int_\Omega (w(x) - z(x))^2 \, dx + \tfrac{\rho}{2} \int_\Omega u(x)^2 \, dx \; \to \; \min!$$

bei $\qquad -\Delta w \; = \; u \qquad$ in Ω, $\qquad w = 0 \qquad$ auf Γ, $\hspace{3cm}$ (4.2)

$\qquad\qquad u \in L_2(\Omega), \qquad \alpha \le u \le \beta \quad$ in Ω.

Die Verwendung des Symbols u für die Steuerung ist weitgehend Standard in der Literatur, und wir nutzen daher abweichend von voranstehenden Kapiteln w zur Bezeichnung der Lösung der in (4.1) auftretenden Variationsgleichung bzw. der Lösung der Poisson-Gleichung in (4.2). Diese Gleichung wird Zustandsgleichung genannt, und deren Lösung kurz als Zustand bezeichnet. Nach dem Lemma von Lax-Milgram wird durch

$$a(Su, v) \; = \; (u, v) \qquad \text{für alle } v \in V \tag{4.3}$$

ein stetiger linearer Operator $S : U \to V$ definiert. Mit Hilfe dieses Operators und unter Verwendung des Skalarproduktes in $U := L_2(\Omega)$ ist (4.1) äquivalent zu

$$J(u) \; := \; \frac{1}{2}\,(Su - z, Su - z) + \frac{\rho}{2}\,(u, u) \; \to \; \min! \qquad \text{bei} \quad u \in G. \tag{4.4}$$

Zur Vereinfachung der Schreibweise wie auch zur Verdeutlichung von Bezügen zu Aussagen der voranstehenden Abschnitte wurde dabei die Abkürzung $G := U_{ad}$ benutzt. Da kaum Verwechslungsgefahr besteht, wurde für das Zielfunktional in (4.4) das gleiche Symbol J benutzt wie im Fall von (4.1).

Die Aufgabe (4.4) wird auch reduziertes Problem zu (4.1) genannt.

LEMMA 7.13 *Das durch in (4.4) definierte Funktional J ist auf U stetig differenzierbar und stark konvex. Dabei gilt*

$$\langle J'(u), d \rangle = (Su - z, Sd) + \rho\,(u, d) \qquad \text{für alle } u,\, d \in U. \tag{4.5}$$

Beweis: Durch Ausmultiplizieren erhält man

$$J(u + d) = J(u) + (Su - z, Sd) + \rho\,(u, d) + \frac{1}{2}\,(Sd, Sd) + \frac{\rho}{2}\,(d, d) \tag{4.6}$$

$$\text{für alle } u,\, d \in U.$$

Da S linear und stetig ist, existiert ein $c_S > 0$ mit

$$\| Sd \| \le c_S \, \| d \| \qquad \text{für alle } d \in U, \tag{4.7}$$

und damit lässt sich abschätzen

$$\frac{1}{2}(Sd, Sd) + \frac{\rho}{2}(d, d) = \frac{1}{2}\|Sd\|^2 + \frac{\rho}{2}\|d\|^2 \leq \frac{1}{2}(c_S^2 + \rho)\|d\|^2 \quad \text{für alle } d \in U.$$

Wegen dieser Abschätzung und der Beziehung (4.6) ist J folglich stetig differenzierbar, und es gilt die Darstellung (4.5). Ebenfalls aus (4.6) erhält man

$$J(u + d) = J(u) + \langle J'(u), d \rangle + \frac{1}{2}(Sd, Sd) + \frac{\rho}{2}(d, d) \geq J(u) + \langle J'(u), d \rangle + \frac{\rho}{2}\|d\|^2$$

$$\text{für alle } u, d \in U.$$

Also ist J stark konvex. ∎

Bezeichnet man mit $S^* : U \to V$ den durch

$$(u, S^*v) = (Su, v) \qquad \text{für alle} \quad u \in U, \; v \in V$$

definierten adjungierten Operator zu S, dann lässt sich die Ableitung $J'(u)$ des Kostenfunktionals als Element von $U = L_2(\Omega)$ durch

$$J'(u) = S^*(Su - z) + \rho u \tag{4.8}$$

darstellen.

SATZ 7.16 *Die Aufgabe (4.4) besitzt eine eindeutig bestimmte optimale Lösung $\bar{u}$. Dabei ist die Bedingung*

$$\langle J'(\bar{u}), u - \bar{u} \rangle \geq 0 \qquad \text{für alle } u \in G \tag{4.9}$$

notwendig und hinreichend dafür, daß $\bar{u} \in G$ die Aufgabe (4.4) löst.

Beweis: Die Menge $G = U_{ad} \subset U$ ist konvex und abgeschlossen (vgl. Übung 7.3). Die Voraussetzung $\alpha < \beta$ sichert $G \neq \emptyset$. Die Existenz einer optimalen Lösung von (4.4) kann analog zum Beweis von Lemma 7.2 (vgl. Aufgabe (1.16)) erfolgen. Die Beschränktheit von J nach unten folgt dabei mit (4.7) aus

$$J(u) = \tfrac{1}{2}(Su, Su) - (Su, z) + \tfrac{1}{2}(z, z) + \tfrac{\rho}{2}(u, u) \geq \tfrac{1}{2}\|z\|^2 - c_S\|u\|\,\|z\| + \tfrac{\rho}{2}\|u\|^2$$

$$= \tfrac{1}{2}\|z\|^2 - \tfrac{c_S^2}{2\rho}\|z\|^2 + \left(\tfrac{c_S}{\sqrt{2\rho}}\|z\| - \sqrt{\tfrac{\rho}{2}}\|u\|\right)^2 \geq \tfrac{1}{2}(1 - c_S^2)\|z\|^2 \quad \text{für alle } u \in U.$$

Die in Lemma 7.13 gezeigte starke Konvexität von J sichert die Eindeutigkeit der optimalen Lösung, und aus Lemma 7.4 folgt die Charakterisierung (4.9). ∎

Wir kehren noch einmal zur ursprünglichen Form des Ausgangsproblems, d.h. zu (4.1) zurück. Dieses stellt ein abstraktes Optimierungsproblem mit Nebenbedingungen in einem Funktionenraum dar. Dabei sind die Ungleichungsrestriktionen relativ einfach, da sie sich lediglich auf die Steuerung beziehen. Wir werden diese Ungleichungen zunächst auch weiterhin in der Problemstellung beibehalten und nicht als Zusatzterme in die

Lagrange-Funktion einbeziehen. Zur Behandlung der Zustandsgleichungen nutzen wir dagegen das durch

$$L(w,u,v) := J(w,u) - a(w,v) + (u,v) \qquad \text{für alle} \quad w, v \in V, \ u \in U \qquad (4.10)$$

definierte Lagrange-Funktional. Die Struktur der Aufgabe (4.1) sichert die Existenz partieller Ableitungen von L. Für diese gilt für beliebige $w, v \in V$ und $u \in U$ die Darstellung

$$\langle L_w(w,u,v), \psi \rangle = (w - z, \psi) - a(\psi, v) \qquad \text{für alle} \quad \psi \in V \qquad (4.11)$$

$$\langle L_v(w,u,v), \xi \rangle = a(w, \xi) - (u, \xi) \qquad \text{für alle} \quad \xi \in V \qquad (4.12)$$

$$\langle L_u(w,u,v), \mu \rangle = \rho(u, \mu) + (v, \mu) \qquad \text{für alle} \quad \mu \in U. \qquad (4.13)$$

Hieraus folgt

SATZ 7.17 *Ein Paar* $(\bar{w}, \bar{u}) \in V \times G$ *löst (4.1) genau dann, wenn ein* $\bar{v} \in V$ *derart existiert, daß*

$$\langle L_w(\bar{w}, \bar{u}, \bar{v}), w \rangle = 0 \qquad \textit{für alle} \quad w \in V \qquad (4.14)$$

$$\langle L_v(\bar{w}, \bar{u}, \bar{v}), v \rangle = 0 \qquad \textit{für alle} \quad v \in V \qquad (4.15)$$

$$\langle L_u(\bar{w}, \bar{u}, \bar{v}), u - \bar{u} \rangle \geq 0 \qquad \textit{für alle} \quad u \in G. \qquad (4.16)$$

Beweis: Wir weisen die Aussage nach, indem wir mit Hilfe von (4.11) - (4.13) zeigen, daß (4.14) - (4.16) mit $\bar{w} = S\bar{u}$, $\bar{v} = S^*(S\bar{u} - z)$ äquivalent zu (4.9) ist.

Wir nehmen an, es sei (4.14) - (4.16) für ein Tripel $(\bar{w}, \bar{u}, \bar{v})$ erfüllt. Aus (4.12) und (4.15) folgt dann

$$\bar{w} = S\bar{u}.$$

Damit erhält man aus (4.11) und (4.14) die Beziehung

$$(S\bar{u} - z, w) = a(w, \bar{v}) \qquad \text{für alle} \quad w \in V.$$

Wird nun als Testfunktion $w = Sd$ mit einem beliebigen $d \in U$ gewählt, so folgt mit der Definition (4.3) von S hieraus

$$(S\bar{u} - z, Sd) = a(Sd, \bar{v}) = (d, \bar{v}) \qquad \text{für alle} \quad d \in U.$$

Also ist $\bar{v} = S^*(S\bar{u} - z)$, und wegen (4.8), (4.16) gilt

$$\langle J'(\bar{u}), u - \bar{u} \rangle = (S^*(S\bar{u} - z) + \rho \bar{u}, u - \bar{u}) \geq 0 \qquad \text{für alle} \quad u \in G.$$

Damit ist (4.9) erfüllt.

Die Gegenrichtung zeigt man mit $\bar{w} := S\bar{u}$, $\bar{v} := S^*(S\bar{u} - z)$ analog. ∎

Bemerkung 7.10 Die in den Optimalitätsbedingungen von Satz 7.17 auftreten Bedingungen beschreiben mit (4.15) die Zustandsgleichung, mit (4.14) die adjungierte Gleichung und mit (4.16) gerade die in Satz 7.16 angegebene Charakterisierung mit Hilfe von Richtungsableitungen des Zielfunktionals J. $\square$

Bemerkung 7.11 Wie aus dem voranstehenden Beweis hervorgeht, kann $J'(u) \in U$ dargestellt werden durch

$$J'(u) = v + \rho\, u,$$

wobei $v \in V$ durch die gestaffelten Variationsgleichungen

$$a(w, \xi) = (u, \xi) \qquad \text{für alle} \quad \xi \in V \tag{4.17}$$

$$a(\psi, v) = (w - z, \psi) \qquad \text{für alle} \quad \psi \in V \tag{4.18}$$

definiert ist. Wie schon bemerkt, stellt (4.17) die schwache Formulierung der Zustandsgleichung und (4.18) der zugehörigen adjungierten Gleichung dar. Die Existenz eindeutig bestimmter Lösungen von (4.17), d.h. des Zustandes, bzw. (4.18), des adjungierten Zustandes, ist durch das Lemma von Lax-Milgram gesichert. Als Randwertproblem beschreibt (4.17) die klassische Zustandsgleichung

$$-\Delta w = u \qquad \text{in } \Omega, \qquad w = 0 \qquad \text{auf } \Gamma.$$

Analog entspricht (4.18) der klassischen adjungierten Zustandsgleichung

$$-\Delta v = w - z \qquad \text{in } \Omega, \qquad w = 0 \qquad \text{auf } \Gamma.$$

Im betrachteten Fall ist der Differentialoperator mit Beachtung der Randbedingungen selbstadjungiert. Man hat also zur Bestimmung des Gradienten zwei Poisson-Gleichungen zu lösen. Im nichtselbstadjungierten Fall unterscheidet sich natürlich die adjungierte von der Zustandsgleichung. $\square$

Da $G \subset U$ nichtleer, konvex und abgeschlossen ist, definiert $Pu := \tilde{u} \in G$ mit

$$(\tilde{u} - u, \tilde{u} - u) \leq (v - u, v - u) \qquad \text{für alle} \quad v \in G$$

einen Projektor $P : U \to G$ auf die Menge G. Nach Lemma 7.2 ist P nichtexpansiv, d.h.

$$\|Pu - Pv\| \leq \|u - v\| \qquad \text{für alle} \quad u, v \in U.$$

Unter Verwendung des Projektors P kann man die Optimalitätsbedingung auch umformulieren. Es gilt dazu

LEMMA 7.14 *Die Optimalitätsbedingung (4.9) ist für beliebiges $\sigma > 0$ äqivalent zur Fixpunktgleichung*

$$\bar{u} = P\left(\bar{u} - \sigma J'(\bar{u})\right). \tag{4.19}$$

Insbesondere mit $\sigma = 1/\rho$ ist $\bar{u}$ genau dann optimal für (4.4), wenn mit dem durch (4.17), (4.18) zugeordneten adjungierten Zustand $\bar{v}$ gilt

$$\bar{u} = P\left(-\frac{1}{\rho}\bar{v}\right).$$ (4.20)

Beweis: Übungsaufgabe 7.4. ∎

Bemerkung 7.12 Im vorliegenden Fall $G = U_{ad}$ kann der Projektor P einfach ausgewertet werden. Es gilt nämlich fast überall in Ω die Darstellung

$$[Pu](x) = \begin{cases} \beta, & \text{falls } u(x) > \beta \\ u(x), & \text{falls } \alpha \le u(x) \le \beta \\ \alpha, & \text{falls } u(x) < \alpha. \end{cases}$$ (4.21)

LEMMA 7.15 *Es seien a, $b \in H^1(\Omega)$. Dann liegt auch die optimale Lösung $\bar{u}$ im Raum $H^1(\Omega)$.*

Beweis: Für den optimalen adjungierten Zustand hat man $\bar{v} \in V = H_0^1(\Omega)$. Mit der Lemma 7.14 gezeigten Beziehung (4.20), mit der Darstellung (4.21) des Projektors P und mit der Eigenschaft (vgl. [KS80])

$$\psi, \zeta \in H^1(\Omega) \quad \Longrightarrow \quad \max\{\psi, \zeta\} \in H^1(\Omega)$$

folgt die Behauptung. ∎

Bemerkung 7.13 In dem hier eigentlich ausgeschlossenen Fall $\rho = 0$, d.h. wenn keine Regularisierung vorgenommen wird, gilt i.allg. nicht $\bar{u} \in H^1(\Omega)$, und es lässt sich auch nicht die Charakterisierung (4.20) anwenden. Typischerweise treten im Fall $\rho = 0$ unstetige Optimallösungen (Bang-Bang-Prinzip, vgl. hierzu [Trö05]) auf. □

Auf der Basis von Lemma 7.14 lässt sich dem Problem (4.4) eine Fixpunktaufgabe zuordnen. Die zugehörige Fixpunktiteration

$$u^{k+1} = T(u^k) := P\left(u^k - \sigma J'(u^k)\right), \quad k = 0, 1, \dots$$ (4.22)

mit einem Schrittweitenparameter $\sigma > 0$ liefert für beliebige $u^0 \in V$ eine Folge $\{u^k\}_{k=1}^\infty \subset G$. Zur Konvergenz dieser als *projiziertes Gradientenverfahren* bezeichneten Vorgehensweise gilt

SATZ 7.18 *Das durch (4.22) definierte projizierte Gradientenverfahren erzeugt für hinreichende kleine Schrittweitenparameter $\sigma > 0$ und beliebige $u^0 \in V$ eine gegen die optimale Lösung $\bar{u}$ von (4.4) konvergente Folge $\{u^k\}_{k=1}^\infty \subset G$.*

Beweis: Da J stark konvex ist, bildet J' einen stark monotonen Operator. Die quadratische Struktur von J sichert ferner die Lipschitz-Stetigkeit von J'. Aus Lemma 7.3 folgt für hinreichend kleine Parameter $\sigma > 0$ (vgl. Übungsaufgabe 7.5) die Konvergenz der erzeugten Folge $\{u^k\} \subset Q$ gegen den Fixpunkt $\bar{u}$ des durch (4.22) erklärten Operators T. Nach Lemma 7.14 ist $\bar{u}$ optimal für (4.4). ∎

Bemerkung 7.14 Zur Beschleunigung der Konvergenz empfiehlt es sich, das projizierte Gradientenverfahren mit einer dem jeweiligen Iterationsschritt angepaßten Schrittweite zu realisieren. Das liefert dann anstelle von (4.22) die Iterationsvorschrift

$$u^{k+1} = T(u^k) := P\left(u^k - \sigma_k J'(u^k)\right), \quad k = 0, 1, \ldots$$

mit geeigneten $\sigma_k > 0$. □

Das Verfahren (4.22) ist direkt im Raum U definiert. Unter Nutzung der Darstellung von J' mit Hilfe der Adjungierten und der einfachen Gestalt (4.21) der Projektion P lässt sich ein Schritt des Verfahrens (4.22) wir folgt realisieren:

- Berechnung von $w^k \in V$ aus der Zustandsgleichung

$$a(w^k, v) = (u^k, v) \qquad \text{für alle} \quad v \in V.$$

- Berechnung von $v^k \in V$ aus der adjungierten Gleichung

$$a(v, v^k) = (v, w^k - z) \qquad \text{für alle} \quad v \in V.$$

- Setze $u^{k+1/2} := u^k - \sigma(v^k + \rho u^k)$ und bestimme $u^{k+1} \in G$ aus

$$u^{k+1}(x) := \begin{cases} \beta, & \text{falls} \quad u^{k+1/2}(x) > \beta \\ u^{k+1/2}(x), & \text{falls} \quad \alpha \leq u^{k+1/2}(x) \leq \beta \\ \alpha, & \text{falls} \quad u^{k+1/2}(x) < \alpha. \end{cases} \qquad x \in \Omega$$

Die ersten beiden Teilschritte erfordern dabei jedoch die Lösung elliptischer Randwertprobleme und damit letztlich auch entsprechende Diskretisierungen. Wir werden uns dieser Frage im Abschnitt 7.4.2 zuwenden.

In der bisher betrachteten Lagrange-Funktion (4.10) wurden die Zustandsgleichungen, nicht aber die in U_{ad} auftretenden Restriktionen einbezogen. Letztere waren direkt behandelt worden. Wir wollen zum Abschluss des vorliegenden Abschnittes kurz die erweiterte Lagrange-Funktion, die auch diese Restriktionen mit einbezieht, betrachten. Dazu beachten wir zunächst, daß für den die verwendete Halbordnung definierenden Kegel

$$K := \{u \in U : u \geq 0 \quad \text{fast überall in } \Omega\} \tag{4.23}$$

gilt $K = K^+ := \{u \in U : (u, z) \geq 0 \quad \forall z \in K\}$. Damit lässt sich die Menge der zulässigen Steuerungen äquivalent beschreiben durch

$$U_{ad} = \{u \in U : (\alpha, z) \leq (u, z) \leq (\beta, z) \quad \forall z \in K\}. \tag{4.24}$$

Dies führt mit (4.10) zu der um die Steuerbeschränkungen erweiterten Lagrange-Funktion

$$L(w, u, v, \zeta, \eta) := J(w, u) - a(w, v) + (u, v) + (\alpha - u, \zeta) + (u - \beta, \eta)$$
$$\text{für alle} \quad w, v \in V, \quad \zeta, \eta \in K, \, u \in U \tag{4.25}$$

Da keine Verwechslungsgefahr besteht, wurde erneut L als Symbol für die erweiterte Lagrange-Funktion verwendet.

Analog zu Satz 7.17 gilt (vgl. auch Übung 7.6)

SATZ 7.19 *Ein Paar* $(\bar{w}, \bar{u}) \in V \times G$ *löst (4.1) genau dann, wenn* $\bar{v} \in V$ *und* $\bar{\zeta}, \bar{\eta} \in K$ *derart existieren, daß*

$$\langle L_w(\bar{w}, \bar{u}, \bar{v}, \bar{\eta}, \bar{\zeta}), w \rangle = 0 \qquad \text{für alle} \quad w \in V \tag{4.26}$$

$$\langle L_v(\bar{w}, \bar{u}, \bar{v}, \bar{v}, \bar{\eta}, \bar{\zeta}), v \rangle = 0 \qquad \text{für alle} \quad v \in V \tag{4.27}$$

$$\langle L_u(\bar{w}, \bar{u}, \bar{v}, \bar{v}, \bar{\eta}, \bar{\zeta}), u \rangle = 0 \qquad \text{für alle} \quad w \in U \tag{4.28}$$

$$\langle L_\eta(\bar{w}, \bar{u}, \bar{v}, \bar{v}, \bar{\eta}, \bar{\zeta}), \eta \rangle \leq 0 \qquad \text{für alle} \quad \eta \in K \tag{4.29}$$

$$\langle L_\eta(\bar{w}, \bar{u}, \bar{v}, \bar{v}, \bar{\eta}, \bar{\zeta}), \bar{\eta} \rangle = 0 \tag{4.30}$$

$$\langle L_\zeta(\bar{w}, \bar{u}, \bar{v}, \bar{v}, \bar{\eta}, \bar{\zeta}), \zeta \rangle \leq 0 \qquad \text{für alle} \quad \zeta \in K \tag{4.31}$$

$$\langle L_\zeta(\bar{w}, \bar{u}, \bar{v}, \bar{v}, \bar{\eta}, \bar{\zeta}), \bar{\zeta} \rangle = 0. \tag{4.32}$$

Bemerkung 7.15 Das System (4.26) - (4.29) sind gerade die zu (4.1) gehörigen Karush-Kuhn-Tucker Bedingungen. Mit ihrer Hilfe können primal-dual Verfahren, z.B. entsprechende Strafmethoden, begründet werden. Ferner werden sie zur Steuerung der aktive Mengen Strategien in Algorithmen dieses Typs (vgl. [65]) verwendet. □

Im vorliegenden Abschnitt wurde mehrfach die enge Verbindung zwischen Variationsungleichungen und Kontrollproblemen deutlich. Bevor wir uns der Diskretisierung zuwenden, soll noch ein in [70] betrachtetes Steuerproblem mit elliptischen Variationsungleichungen kurz vorgestellt werden, dessen zulässiger Bereich selbst eine Variationsungleichung enthält. Zusätzlich zu den Daten des Modellproblems (4.1) sei ein $\Psi \in U$ gegeben derart, daß ein $v \in V$ existiert mit $v \leq \Psi$. Im Fall auf $\overline{\Omega}$ stetiger Funktionen Ψ ist dies äquivalent zur Forderung $\Psi(x) \geq 0$ für alle $x \in \Gamma$. Mit

$$Q := \{v \in V : v \leq \Psi\} \tag{4.33}$$

betrachen wir das folgende, gegenüber [70] durch die Wahl der Bilinearform $a(\cdot, \cdot)$ vereinfachte, Problem der optimalen Steuerung von Variationsungleichungen:

$$J(w,u) \quad := \quad \frac{1}{2}\|w - z\|^2 + \frac{\rho}{2}\|u\|^2 \to \text{ min!}$$

bei $w \in Q, \quad a(w, v - w) \geq (u, v - w)$ für alle $v \in Q,$ (4.34)

$$u \in U_{ad} \quad := \quad \{u \in U : a \leq u \leq b\}.$$

Definiert man eine zu $a(\cdot, \cdot)$ gehörige Abbildung $F : V \to V^*$ durch

$$\langle Fw, v \rangle = a(w, v) \quad \text{für alle} \quad w, v \in V,$$

dann genügt F den in Abschnitt 7.1 getroffenen Voraussetzungen, und Satz 7.1 sichert für beliebige $u \in U$ die Existenz eines eindeutig bestimmten $w \in Q$, das der Variationsungleichung in (4.34) genügt. Es kann also ein Operator $\tilde{S} : U \to Q$ definiert werden durch

$$\tilde{S}u \in Q, \quad a(\tilde{S}u, v - \tilde{S}u) \geq (u, v - \tilde{S}u) \quad \text{für alle} \quad v \in Q.$$ (4.35)

Im Unterschied zu S ist dieser Operator jedoch nichtlinear. Man hat aber

LEMMA 7.16 *Der Operator $\tilde{S}$ ist Lipschitz-stetig, und es gilt*

$$(\tilde{S}u - \tilde{S}\tilde{u}, u - \tilde{u}) \geq 0 \quad \text{für alle} \quad u, \tilde{u} \in U.$$ (4.36)

Beweis: Mit $w := \tilde{S}u$, $\tilde{w} := \tilde{S}\tilde{u}$ und (4.35) gilt

$$a(w, v - w) \geq (u, v - w) \quad \text{und} \quad a(\tilde{w}, v - \tilde{w}) \geq (u, v - \tilde{w}) \quad \text{für alle} \quad v \in Q.$$

Wählt man $v = \tilde{w}$ bzw. $v = w$, so erhält man durch Addition beider Ungleichungen unter Beachtung der Bilinearität von $a(\cdot, \cdot)$ die Abschätzung

$$a(w - \tilde{w}, w - \tilde{w}) \leq (u - \tilde{u}, w - \tilde{w}).$$

Wegen $a(v, v) \geq 0$ ist damit (4.36) gezeigt. Mit der Cauchyschen Ungleichung, der Elliptizität von $a(\cdot, \cdot)$ und der stetigen Einbettung $V \hookrightarrow U$ folgt ferner die Lipschitz-Stetigkeit von $\tilde{S}$. ∎

Wie im Fall der elliptischen Zustandsgleichungen kann nun mit $\tilde{S}$ anstelle von S ein reduziertes Kontrollproblem

$$\tilde{J}(u) := \frac{1}{2}(\tilde{S}u - z, \tilde{S}u - z) + \frac{\rho}{2}(u, u) \to \text{ min!} \quad \text{bei} \quad u \in G.$$ (4.37)

betrachtet werden. Mit Hilfe von Lemma 7.13 lässt sich wie in Satz 7.16 die Existenz der Optimallösung sichern. Dazu gilt

SATZ 7.20 *Die Aufgabe (4.37) besitzt eine eindeutig bestimmte optimale Lösung $\bar{u}$.*

Bemerkung 7.16 Im Unterschied zu (4.4) ist das Zielfunktional $\tilde{J}$ i.allg. nicht mehr differenzierbar. Dies erfordert den Einsatz nichtglatter Verfahren zur numerischen Behandlung von (4.37). Wir verweisen hierzu z.B. auf [70], [98]. □

7.4.2   Diskretisierung mittels Finite-Elemente-Methoden

Die im Modellproblem (4.1) auftretenden Räume $V = H_0^1(\Omega)$ und $U = L_2(\Omega)$ sind unendlichdimensional. Eine verbreitete Vorgehensweise zur numerischen Lösung von Problemen der optimalen Steuerung partieller Differentialgleichungen besteht darin, daß beide Räume mittels Finiter-Elemente diskretisiert und die die zulässige Steuermenge U_{ad} beschreibenden Ungleichungsrestriktionen geeignet durch endlich viele Bedingungen ersetzt werden. Man spricht bei dieser Herangehensweise von einer vollständigen Diskretisierung.

Ein alternatives Diskretisierungskonzept wurde von Hinze[66] auf der Basis der Optimalitätsbedingung (4.20) entwickelt. Bei diesem Konzept werden ausschließlich die Zustandsgleichung und zugehörige adjungierte Gleichung diskretisiert, nicht aber der Raum U der Steuerungen. Dadurch gelingt es optimale Konvergenzabschätzungen zu erhalten, da die diskrete Steuerung im Unterschied zur vollständigen Diskretisierung nicht auf einen a-priori gewählten Finite-Elemente-Raum U_h beschränkt bleiben muß. Wir werden hierauf am Ende dieses Abschnittes noch einmal kurz eingehen, wenden uns aber zunächst der Darstellung und Konvergenzanalysis einer vollständigen Diskretisierung zu.

Es sei $V_h \subset V$ ein konformer Finite-Elemente-Raum. Die Funktionen $\varphi_j \in V$, $j = 1, \ldots, N$ mögen dabei eine Basis von V_h bilden, i.e. $V_h = \mathrm{span}\{\varphi_j\}_{j=1}^N$. Analog wählen wir $U_H := \mathrm{span}\{\psi_l\}_{l=1}^M$ mit linear unabhängigen Funktionen $\psi_l \in U$, $l = 1, \ldots, M$. Dabei bezeichnen h, $H > 0$ die Feinheiten der jeweiligen Gitter.

Die Wahl der Ansatzräume $V_h \subset V$ und $U_H \subset U$ für die Diskretisierung der Zustände v_h bzw. Steuerungen u_h kann zunächst unabhängig erfolgen. Um günstige Fehlerabschätzungen zu erhalten, sind beide Diskretisierungen aufeinander abzustimmen. Es ist z.B. vom numerischen Aufwand her nicht sinnvoll, bei einer groben Approximation von U durch U_H die Zustandsgleichungen extrem genau zu lösen, d.h. eine sehr hohe Appoximationsgüte für V_h anzusetzen. In praktischen Anwendungen verbreitet ist die Nutzung der gleichen Triangulation für die Konstruktion von V_h und U_h. Dies führt insbesondere auch gegenüber dem allgemeinen Fall zu einer vereinfachten Berechnung der bei der Auswertung von $a(w, v)$ bzw. (u, v) auftretenden Integrale. Wir beschränken uns im weiteren auf diesen Fall und markieren beide diskrete Räume mit h, also auch U_h anstelle von U_H.

Als Diskretisierung des Modellproblems (4.1) wird betrachtet

$$J(w_h, u_h) := \tfrac{1}{2}\|w_h - z\|^2 + \tfrac{\varrho}{2}\|u_h\|^2 \to \min!$$

$$\text{bei} \quad w_h \in V_h, \quad a(w_h, v_h) = (u_h, v_h) \quad \text{für alle } v_h \in V_h \tag{4.38}$$

$$u_h \in G_h \subset U_h.$$

Dabei bezeichnet $G_h := U_{h,ad}$ eine Diskretisierung der zulässigen Steuerungen. In der Literatur verbreitet ist

$$G_h := U_{h,ad} := \{\, u_h \in U_h \,:\, \alpha \le u_h \le \beta \quad \text{f.ü. in } \Omega \,\}.$$

Im Fall stückweise linearer C^0-Elemente für U_h gilt hierfür

$$u_h \in U_{h,ad} \quad \Longleftrightarrow \quad \alpha \le u(x_h) \le \beta \quad \forall x_h \in \Omega_h.$$

Dabei bezeichne Ω_h die Menge der inneren Gitterpunkte der Triangulierung. In diesem Fall lässt sich G_h durch eine diskrete punktweise Bedingung charakterisieren.

Ausgehend von der Darstellung (4.24) ist eine alternative Diskretisierung von U_{ad} gegeben durch

$$G_h := U_{h,ad} := \{\, u_h \in U_h \, : \, (\alpha, z_h) \leq (u_h, z_h) \leq (\beta, z_h) \quad \forall z_h \in U_h, \, z_h \geq 0 \,\}.$$

Dies stellt eine Art gemischte Diskretisierung dar, wobei hier der Einfachheit halber der Raum U_h sowohl für Ansatz- als auch Testfunktionen genutzt wird.

Wir konzentrieren uns im folgenden auf den Fall, daß $\Omega \subset \mathbb{R}^n$ polyedrisch ist, die Diskretisierung der Zustandsgleichung wie auch der adjungierten Gleichung mit stückweise linearen C^0-Elementen über einer regulären simplizialen Zerlegung erfolgt und die diskreten Steuerungen stückweise konstant über der gleichen Dreieckszerlegung gewählt werden. Mit einer Triangulation $T_h = \{\Omega_j\}_{j=1}^M$ der Feinheit $h > 0$ sind also

$$V_h \; := \; \{\, v_h \in C(\overline{\Omega}) \, : \, v_h|_{\Omega_j} \in P_1(\Omega_j), \, j = 1, \ldots, M \,\}$$

$$U_h \; := \; \{\, u_h \in L_2(\Omega) \, : \, u_h|_{\Omega_j} \in P_0(\Omega_j), \, j = 1, \ldots, M \,\}.$$

Dabei wird vorausgesetzt, daß alle Ecken von Ω auch Ecken der Triangulation sind. Damit treten keine zusätzlichen Fehler durch Randapproximationen auf. Für de Behandlung allgemeinerer Gebiete Ω verweisen wir in Verbindung mit Problemen der optimalen Steuerung auf [34], [90].

Analog zum Lösungsoperator $S \, : \, U \rightarrow V$ der Zustandsgleichung wird durch $S_h u := w_h$, wobei $w_h \in V_h$ der diskreten Variationsgleichung

$$a(w_h, v_h) \; = \; (u, v_h) \qquad \text{für alle } v_h \in V_h \tag{4.39}$$

genügt, ein stetiger linearer Operator $S_h \, : \, U \rightarrow V_h$ definiert. Offensichtlich stellt (4.39) die Anwendung der Finite-Elemente-Methode auf die Zustandsgleichung (4.3) dar. Wegen $V_h \subset V$ und der Verwendung der gleichen Bilinearform im diskreten wie im stetigen Fall liegt eine konforme Diskretisierung vor, und das Lemma von Lax-Milgram sichert Existenz und Eindeutigkeit von $w_h \in V_h$ für beliebige $u \in U$. Ferner gilt mit der gleichen Konstanten $c_s > 0$ wie in (4.7) auch

$$\| S_h d \| \leq c_S \, \| d \| \qquad \text{für alle } d \in U. \tag{4.40}$$

Unter Nutzung des Operators S_h lässt sich das zu (4.38) gehörige reduzierte diskrete Steuerproblem wie folgt formulieren:

$$J_h(u_h) := \frac{1}{2} \, (S_h u_h - z, S_h u_h - z) + \frac{\rho}{2} \, (u_h, u_h) \rightarrow \; \text{min!} \qquad \text{bei } u_h \in G_h. \tag{4.41}$$

Mit dem durch (4.41) definierten Funktional $J_h; \, U_h \rightarrow \mathbb{R}$ gilt

SATZ 7.21 *Die reduzierte diskrete Aufgabe (4.41) besitzt eine eindeutig bestimmte optimale Lösung $\bar{u}_h \in G_h$. Dabei ist die Bedingung*

$$\langle J_h'(\bar{u}_h), u_h - \bar{u}_h \rangle \geq 0 \qquad \text{für alle } u_h \in G_h \tag{4.42}$$

notwendig und hinreichend dafür, daß $\bar{u}_h \in G_h$ die Aufgabe (4.41) löst.

Beweis: Der Beweis kann mit Hilfe der auf den diskreten Fall übertragenen Argumenten des Beweises zu Satz 7.16 geführt werden. ∎

Bezeichnet $S_h^* : U_h \to V_h$ den durch

$$(u_h, S_h^* v_h) = (S_h u_h, v_h) \qquad \text{für alle} \quad u_h \in U_h, \; v_h \in V_h$$

definierten adjungierten Operator zu S_h, dann lässt sich die auch Ableitung $J_h'(u)$ des diskreten Kostenfunktionals als Element von U_h durch

$$J_h'(u_h) = S_h^*(S_h u_h - z) + \rho \, u_h \tag{4.43}$$

darstellen.

Analog zu Lemma 7.14 gilt

LEMMA 7.17 *Die Optimalitätsbedingung (4.42) ist für beliebiges $\sigma > 0$ äqivalent zur Fixpunktgleichung*

$$\bar{u}_h = P_h \left(\bar{u}_h - \sigma \, J_h'(\bar{u}_h) \right). \tag{4.44}$$

Insbesondere mit $\sigma = 1/\rho$ ist $\bar{u}$ genau dann optimal für (4.41), wenn mit dem zugeordneten diskreten adjungierten Zustand $\bar{v}_h$ gilt

$$\bar{u}_h = P_h \left(-\frac{1}{\rho} \, \bar{v}_h \right). \tag{4.45}$$

Dabei bezeichnet $P_h : U \to G_h$ den Projektor in der Norm des $L_2(\Omega)$.

Bevor wir die Konvergenz der diskreten Optimallösung $\bar{u}_h$ gegen die Lösung $\bar{u}$ des Ausgangsproblems zeigen, wollen wir kurz auf die endlichdimensionale Darstellung des diskreten Problems (4.41) eingehen. Mit den bereits Basisfunktionen von V_h bzw. U_h sind die entsprechenden Darstellungen von $w_h \in V_h$, $u_h \in U_h$

$$w_h = \sum_{j=1}^{N} \hat{w}_j \, \varphi_j \qquad \text{bzw.} \qquad u_h = \sum_{j=1}^{M} \hat{u}_j \, \psi_j$$

mit $\hat{w}_h = (w_j) \in \mathbb{R}^N$ und $\hat{u}_h = (u_j) \in \mathbb{R}^M$. Die diskrete Zustandsgleichung (4.39) ist damit äquivalent zu den Galerkin-Gleichungen

$$\sum_{j=1}^{N} a(\varphi_j, \varphi_i) \, w_j = \sum_{j=1}^{M} (\psi_j, \varphi_i) \, u_j \qquad i = 1, \dots, N,$$

und unter Verwendung der Steifigkeitsmatrix $A_h = (a_{ij})$ mit $a_{ij} := a(\varphi_j, \varphi_i)$ und $B_h = (b_{ij})$ mit $b_{ij} := (\psi_j, \varphi_i)$ äquivalent zu

$$A_h \hat{w} = B_h \, \hat{u}. \tag{4.46}$$

Dies liefert $\hat{w} = A_h^{-1} B_h \hat{u}$, wobei natürlich praktisch die Inverse nicht zu bilden ist, sondern man stets $\hat{w} \in \mathbb{R}^N$ mittels effektiver Lösungsverfahren aus dem diskreten elliptischen Gleichungssystem (4.46) bestimmt. Wir geben daher besser die endlichdimensionale Repräsentation des vollständigen diskreten System an. Diese lautet

$$J_h(w_h, u_h) = \tfrac{1}{2} \hat{w}^T C_h \hat{w} - d_h^T \hat{w} + \tfrac{\varrho}{2} \hat{u}^T E_h \hat{u} \to \min !$$

bei　　　$A_h \hat{w} = B_h \hat{u}, \quad \alpha \leq u_j \leq \beta, \ j = 1, \dots, M.$

(4.47)

Dabei sind die Matrizen $C_h = (c_{ij})$, $E_h = (e_{ij})$ und $d_h = (d_i) \in \mathbb{R}^N$ definiert durch

$$c_{ij} := (\varphi_i, \varphi_j), \qquad e_{ij} := (\psi, \psi_j) \qquad \text{bzw.} \qquad d_i := (z, \varphi_i).$$

Obwohl die Aufgabe (4.47) ein quadratisches Optimierungsproblem mit recht einfachen Restriktionen, nähmlich Box-Constraints, ist, erfordert dessen numerische Lösung wegen der i.allg. sehr hohen Dimension und speziellen Struktur angepaßte Lösungsverfahren. Durch die auf der Grundlage von (4.43) gegebenen effektiven Bestimmbarkeit des Gradienten der reduzierten Zielfunktion können geeignete gradientenbasierte Minimierungsverfahren genutzt werden. Andere angepaßte Verfahren nutzen erfolgreich Aktive-Mengen-Strategien (vgl. [13]) oder nichtglatte Newton-Verfahren (vgl. [115]). Ebenso lassen sich die in Abschnitt 7. diskutierten Strafmethoden mit angepaßter Parametersteuerung zur Lösung von (4.47) einsetzen.

　　Wir untersuchen nun die Konvergenz der Lösung $\bar{u}_h$ des diskreten Problems (4.41) gegen die Lösung $\bar{u}$ der stetigen Aufgabe (4.4). Dabei wird eine in [34] für eine semidiskrete Variante entwickelte Technik genutzt.

　　Es bezeichne $\Pi_h : U \to U_h$ den durch

$$\Pi_h u \in U_h \quad \text{mit} \quad \|\Pi_h u - u\| \leq \|u_h - u\| \qquad \text{für alle} \quad u_h \in U_h$$

definierten Orthoprojektor im $L_2(\Omega)$. Da als U_h Raum der stückweise konstanten Funktionen ist, lässt sich dieser Projektor explizit angeben durch

$$[\Pi_h u](x) = \frac{1}{\text{meas}\,\Omega_j} \int_{\Omega_j} u(\xi)\,d\xi \qquad \text{für alle} \quad x \in \Omega_j, \quad j = 1, \dots, M$$

(4.48)

mit dem Flächeninhalt $\text{meas}\,\Omega_j$ des jeweiligen Elementes Ω_j.

LEMMA 7.18 *Für den durch (4.48) definierten Projektor Π_h gilt*

$$u \in G \quad \Longrightarrow \quad \Pi_h u \in G_h,$$

(4.49)

$$(\Pi_h u - u, v_h) = 0 \qquad \text{für alle} \quad v_h \in U_h,$$

(4.50)

und mit einer Konstanten $c > 0$

$$\|\Pi_h v - v\| \leq c\,h\,\|v\|_2 \qquad \text{für alle} \quad v \in H^2(\Omega).$$

(4.51)

Beweis: Nach Definition von G impliziert $u \in G$ die Einschließung

$$\alpha \leq u(x) \leq \beta \quad \text{für fast alle} \quad x \in \Omega.$$

Mit (4.48) folgt hieraus $\alpha \leq u_j \leq \beta$, $j = 1, \ldots, M$ für $u_j := \dfrac{1}{\text{meas}\,\Omega_j} \int\limits_{\Omega_j} u(\xi)\,d\xi$.
Also gilt auch $u_h \in G_h$.

Da U_h einen linearen Teilraum von U bildet, ist (4.50) die Charakterisierung des Projektors über die notwendigen und hinreichenden Optimalitätsbedingungen für den minimalen Abstand.

Die Abschätzung (4.51) folgt aus dem Bramble-Hilbert Lemma. ∎

SATZ 7.22 *Für $h \to 0$ konvergiert die Lösung $\bar{u}_h \in G_h$ des diskreten Problems (4.41) gegen die Lösung $\bar{u} \in G$ des stetigen Ausgangsproblems (4.4). Ist das Gebiet Ω konvex, dann existiert eine Konstante $c > 0$ derart, daß gilt*

$$\|\bar{u}_h - \bar{u}\| \leq c\,h. \tag{4.52}$$

Beweis: Wir zeigen zunächst die Beschränktheit von $\|\bar{u}_h\|$ für $h \to 0$. Für die Funktion $\hat{u}_h \equiv \alpha$ hat man $\hat{u}_h \in U_h$ und $\alpha \leq \hat{u}_h \leq \beta$, also $\hat{u}_h \in G_h$ für beliebige $h > 0$. Für die optimale Lösung $\bar{u}_h$ des diskreten Problems (4.41) gilt damit $J_h(\bar{u}_h) \leq J_h(\hat{u}_h)$. Zusammen mit den Eigenschaften von J_h erhält man

$$J_h(\bar{u}_h) \geq J_h(\hat{u}_h) + \langle J_h'(\hat{u}_h), \bar{u}_h - \hat{u}_h \rangle + \rho\,\|\hat{u}_h - \bar{u}_h\|^2$$
$$\geq J_h(\bar{u}_h) + \langle J_h'(\hat{u}_h), \bar{u}_h - \hat{u}_h \rangle + \rho\,\|\hat{u}_h - \bar{u}_h\|^2$$

und mit $J_h'(\hat{u}_h) \in L_2(\Omega)$ hieraus

$$\|J_h'(\hat{u}_h)\|\,\|\bar{u}_h - \hat{u}_h\| \geq |\langle J_h'(\hat{u}_h), \bar{u}_h - \hat{u}_h \rangle| \geq \rho\,\|\hat{u}_h - \bar{u}_h\|^2.$$

Also gilt

$$\|\bar{u}_h\| \leq \|\hat{u}_h\| + \frac{1}{\rho}\,\|J_h'(\hat{u}_h)\|.$$

Da $\hat{u}_h \equiv \alpha$ unabhängig vom Diskretisierungsparameter h ist, stellt diese Abschätzung eine von h unabhängige Schranke für $\|\bar{u}_h\|$ dar.

Wir wenden uns nun dem Nachweis der Konvergenz zu. Mit der Darstellung der Gradienten der Zielfunktionale J bzw. J_h der stetigen und diskreten reduzierten Ausgaben gilt

$$(S^*(S\bar{u} - z) + \rho\,\bar{u}, v - \bar{u}) \geq 0 \quad \text{für alle} \quad v \in G,$$
$$(S_h^*(S_h\bar{u}_h - z) + \rho\,\bar{u}_h, v_h - \bar{u}_h) \geq 0 \quad \text{für alle} \quad v_h \in G_h.$$

Wir wählen in diesen Ungleichungen speziell die Testfunktionen $v_h := \Pi_h\bar{u}$ bzw. $v = \bar{u}_h$. Letztere Wahl ist wegen $G_h \subset G$ zulässig. Damit hat man

$$(S^*(S\bar{u} - z) + \rho\,\bar{u}, \bar{u}_h - \bar{u}) \geq 0,$$
$$(S_h^*(S_h\bar{u}_h - z) - (S^*(S\bar{u}_h - z), \Pi_h\bar{u} - \bar{u}_h) + ((S^*(S\bar{u}_h - z) + \rho\,\bar{u}_h, \Pi_h\bar{u} - \bar{u}_h) \geq 0.$$

Die Addition beider Ungleichungen und die Monotonie des Operators S^*S liefern nun

$$((S_h^*S_h - S^*S)\bar{u}_h, \Pi_h\bar{u} - \bar{u}_h) + ((S^* - S_h^*)z, \Pi_h\bar{u} - \bar{u}_h)$$

$$+ ((S^*(S\bar{u}_h - z) + \rho\,\bar{u}_h, \Pi_h\bar{u} - \bar{u}) \tag{4.53}$$

$$\geq ((S^*S(\bar{u}_h - \bar{u}) + \rho\,(\bar{u}_h - \bar{u}), \bar{u}_h - \bar{u}) \geq \rho\,\|\bar{u}_h - \bar{u}\|^2.$$

Die Konvergenzeigenschaften der Finite-Elemente-Methode und die Eigenschaften des Projektors Π_h sichern

$$\lim_{h\to 0}\|S_h^*S_h - S^*S\| = 0, \quad \lim_{h\to 0}\|S_h^* - S^*\| = 0, \quad \lim_{h\to 0}\|\Pi_h\bar{u} - \bar{u}\| = 0. \tag{4.54}$$

Mit der gezeigten Beschränktheit von $\|\bar{u}_h\|$ strebt damit die linke Seite der Ungleichungskette für $h \to 0$ gegen Null, und es folgt

$$\lim_{h\to 0}\|\bar{u}_h - \bar{u}\| = 0.$$

Zum Nachweis der mit (4.52) behaupteten Konvergenzordnung setzen wir nun voraus, daß Ω eine konvexe Menge ist. In diesem Fall gilt $Su \in V \cap H^2(\Omega)$, und mit einer Konstanten $c > 0$ gilt

$$\|(S_h - S)u\| \leq c\,h^2\,\|u\|, \qquad \|(S_h^* - S^*)u\| \leq c\,h^2\,\|u\| \quad \text{für alle} \quad u \in U. \tag{4.55}$$

Da $z \in L_2(\Omega)$ vorausgesetzt wurde, gilt speziell

$$\|(S^* - S_h^*)\,z\| \leq c\,h^2\,\|z\|, \tag{4.56}$$

und mit der Beschränktheit von $\bar{u}_h$ impliziert (4.55) auch

$$\|(S_h^*S_h - S^*S)\bar{u}_h\| \leq c\,h^2. \tag{4.57}$$

Damit gilt

$$|((S_h^*S_h - S^*S)\bar{u}_h, \Pi_h\bar{u} - \bar{u}_h) + ((S^* - S_h^*)z, \Pi_h\bar{u} - \bar{u}_h)| \leq c\,h^2. \tag{4.58}$$

Wir schätzen nun den dritten Summanden aus (4.53) ab. Zunächst hat man

$$(S^*(S\bar{u}_h - z) + \rho\,\bar{u}_h, \Pi_h\bar{u} - \bar{u})$$

$$= (S^*(S\bar{u}_h - z) - \Pi_h S^*(S\bar{u}_h - z) + \Pi_h S^*(S\bar{u}_h - z) + \rho\,\bar{u}_h, \Pi_h\bar{u} - \bar{u}).$$

Da $\Pi_h S^*(S\bar{u}_h - z) + \rho\,\bar{u}_h \in U_h$ gilt, folgt mit der Fehlerorthogonalität (4.50) des Projektors Π_h hieraus

$$(\Pi_h S^*(S\bar{u}_h - z) + \rho\,\bar{u}_h, \Pi_h\bar{u} - \bar{u}) = 0.$$

Wegen der Konvexität des Gebietes Ω gilt $S^*(S\bar{u}_h - z) \in V \cap H^2(\Omega)$, und mit Lemma 7.18 folgt die Abschätzung

$$|(S^*(S\bar{u}_h - z) + \rho\,\bar{u}_h, \Pi_h\bar{u} - \bar{u})| \leq c\,h^2\,\|S^*(S\bar{u}_h - z)\|_2\,\|\bar{u}\|_2. \tag{4.59}$$

Die Konvexität von Ω impliziert mit $S^*v \in H^2$ auch die Existenz eines $c > 0$ mit

$$\|S^*u\|_2 \leq c\,\|u\| \qquad \text{für alle} \quad u \in L_2(\Omega).$$

Mit der bereits gezeigten Beschränktheit von $\bar{u}_h$ und (4.58) folgt aus (4.53) insgesamt

$$\rho\,\|\bar{u}_h - \bar{u}\|^2 \leq c\,h^2.$$

Also gilt (4.52). ∎

Bemerkung 7.17 Durch Verwendung einer stückweise linearen Diskretisierung der Steuerung anstelle einer stückweise konstanten kann die Konvergenzordnung erhöht werden. Die im obigen Konvergenzbeweis wesentliche Eigenschaft (4.49) überträgt sich jedoch nicht auf den entsprechenden Projektor $\tilde{\Pi}_h : U \to V_h$. Für die vollständige Diskretisierung der Zustände und Steuerungen mit stückweise linearen C^0-Elementen kann $\|\bar{u}_h - \bar{u}\| = O(h^{3/2})$ gezeigt werden (vgl. [104]).

Bemerkung 7.18 Neben der vollständigen Diskretisierung, d.h. der Diskretisierung der Zustandsgleichungen wie auch der Steuerungen, sind in der Literatur auch Semidiskretisierungen analysiert worden. In [34] wird der Fall untersucht, bei dem nur die Steuerung, nicht aber die Zustandsgleichungen diskretisiert werden. Der Beweis von Satz 7.22 ist an die in [34] genutzte Vorgehensweise angelehnt. Dabei treten im gegebenen Beweis lediglich die in (4.56) - (4.58) abgeschätzten Terme zusätzlich auf. In [66] wird alternativ vorgeschlagen, lediglich die Zustandsgleichungen zu diskretisieren. Dies vereinfacht die Analysis erheblich, da sowohl im stetigen als auch semidiskreten Fall auf die gleiche Menge der zulässigen Steuerungen projiziert wird. Wegen der in der Charakterisierung der optimalen Steuerung auftretenden Projektion besitzt die optimale Steuerung i.allg. eine geringere Glattheit als die Lösung der Zustandsgleichung. Mit einer a-priori vorgegebenen Diskretisierung der Steuerung kann daher nur eine geringere Approximationsgüte gesichert werden. Verzichtet man dagegen auf eine explizite Diskretisierung der Steuerung, dann werden die Spezifika ihres stückweisen Verhaltens besser berücksichtigt, und man erhält eine nur durch den Diskretisierungsfehler der Zustandsgleichung und ihrer adjungierten bestimmte optimale Konvergenzordnung.

Auf der Grundlage der Charakterisierung (4.20) bzw. (4.45) hat man in diesem semidiskreten Fall eine analoge Charakterisierung der Optimallösung $\tilde{u}_h$ durch

$$\tilde{u}_h = P\left(-\frac{1}{\rho}\,\tilde{v}_h\right), \tag{4.60}$$

wobei $\tilde{v}_h \in V_h$ den zu $\tilde{u}_h \in U$ gehörigen diskreten adjungierten Zustand bezeichnet. Dafür wurde in [66] unter relativ schwachen Voraussetzungen

$$\|\tilde{u}_h - \bar{u}\| \leq c\,h^2$$

gezeigt. Wesentlich ist bei der in [66] vorgeschlagenen Semidiskretisierung, daß im Unterschied zu (4.45) hier der Projektor P, nicht aber P_h auftritt. Das Verfahren kann trotzdem numerisch umgesetzt werden, indem man die Struktur von $P\left(-\frac{1}{\rho}\bar{v}_h\right)$ gezielt auswertet. $\square$

Bemerkung 7.19 Ein ähnlicher Weg zur Erhöhung der Konvergenzordnung wird in [90] vorgeschlagen. Er besteht darin, ein post processing der durch vollständige Diskretisierung erhaltenen Lösung u_h vorzunehmen. Mittels der zugehörigen optimalen diskreten Adjungierten $\bar{v}_h$ wird in Abwandlung von (4.60) eine neue Approximation $\hat{u}_h \in U$ bestimmt durch

$$\hat{u}_h = P\left(-\frac{1}{\rho}\bar{v}_h\right).$$

Dafür gilt dann ebenfalls (siehe [90])

$$\|\hat{u}_h - \bar{u}\| \leq c\,h^2. \quad \square$$

Bemerkung 7.20 Die in Kapitel 4 erwähnte DWR-Methode ist auch zur adaptiven Lösung von Steuerproblemen geeignet (vgl. [BR03, Kap. 8]). $\square$

Abschließend sei noch einmal darauf verwiesen, daß die numerische Behandlung der diskreten Steuerprobleme die Nutzung an die Problemstellung angepaßter effektiver Lösungsverfahren erfordert. Dies können, wie schon voranstehend bemerkt wurde, Aktive-Mengen-Strategien, nichtglatte Newton-Verfahren oder auch Strafmethoden sein. Wir widmen uns im vorliegenden Buch diesen algorithmischen Aspekten nicht weiter, sondern verweisen auf Spezialliteratur und auch auf die in Kapitel 8 für diskretisierte Variationsgleichungen vorgestellten Grundprinzipien, die sich z.T. übertragen lassen.

Übung 7.3 Man zeige, daß die in (4.1) definierte Menge $U_{ad} \subset L_2(\Omega)$ konvex und abgeschlossen ist.

Übung 7.4 Man beweise Lemma 7.14.

Übung 7.5 Bestimmen sie unter Verwendung der Normen S, S^* und der Eigenschaften der Bilinearform $a(\cdot,\cdot)$ ein möglichst großes $\sigma_{max} > 0$ derart, daß das projizierte Gradientenverfahren für $\sigma \in (0, \sigma_{max})$ konvergiert.

Übung 7.6 Unter Beachtung, das K ein konvexer Kegel ist, zeige man, daß die Beziehungen (4.29), (4.30) und (4.31), (4.32) äquivalent zu den Variationsungleichungen

$$\langle L_\eta(\bar{w}, \bar{u}, \bar{v}, \bar{v}, \bar{\eta}, \bar{\zeta}), \eta - \bar{\eta}\rangle \ \leq \ 0 \qquad \text{für alle} \quad \eta \in K$$
bzw.
$$\langle L_\zeta(\bar{w}, \bar{u}, \bar{v}, \bar{v}, \bar{\eta}, \bar{\zeta}), \zeta - \bar{\zeta}\rangle \ \leq \ 0 \qquad \text{für alle} \quad \zeta \in K.$$

Übung 7.7 Man zeige anhand eines einfachen Beispiels, daß für L_2-Projektoren $\tilde{\Pi}_h$ in den Raum der stückweise linearen Funktionen $u \in G$ nicht $\tilde{\Pi}_h u \in G_h$ impliziert (vgl. Bemerkung 7.17).

Kapitel 8

Numerische Verfahren für die diskretisierten Probleme

8.1 Einige Besonderheiten der Aufgabenstellung

Bei der Diskretisierung partieller Differentialgleichungen werden dem Ausgangsproblem zur Ermittlung einer entsprechenden Lösungsfunktion endlichdimensionale algebraische Gleichungssysteme für die in der jeweiligen Diskretisierungstechnik zu bestimmenden endlich vielen Parametern zugeordnet. Bei einem Differenzenverfahren für elliptische Probleme werden z.B. Gleichungssysteme für Näherungswerte v_i für die gesuchte Lösung $v(\cdot)$ in Gitterpunkten x_i, $i = 1, \ldots, N$ erzeugt. Analog liefern Finite-Elemente-Verfahren Gleichungssysteme, die Ritz-Galerkin-Gleichungen, zur Bestimmung der Koeffizienten des gewählten Ansatzes. Dabei werden in beiden Fällen linearen Differentialgleichungen endlichdimensionale lineare Gleichungssysteme zugeordnet. Diese Gleichungssysteme besitzen folgende spezifische Eigenschaften:

- eine sehr große Dimension;

- eine schwach besetzte Koeffizientenmatrix;

- eine schlechte Kondition.

Aus diesen Gründen sind Standardverfahren der linearen Algebra, z.B. die Gauß-Elimination, i.allg. zur Lösung derartiger Gleichungssysteme nicht effektiv bzw. wegen Speicherplatz- und Rechenzeitbeschränkungen nicht anwendbar. Für einige Arten linearer Gleichungssysteme mit spezieller Struktur existieren geeignete schnelle Löser (vgl. Abschnitt 5.2), während für alle anderen Gleichungssysteme angepaßte iterative Verfahren zu empfehlen sind.

Zur Veranschaulichung der Sachlage betrachten wir zunächst eine regelmäßige Diskretisierung des Dirichlet-Problems

$$
\begin{aligned}
-\Delta u &= f \quad \text{in } \Omega := (0,1)^2 \\
u|_\Gamma &= 0
\end{aligned}
\tag{1.1}
$$

mit stückweise linearen finiten Elementen entsprechend der Abbildung 8.1.

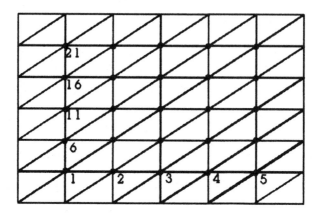

Abbildung 8.1 Regelmäßige Triangulierung

Der Aufgabe (1.1) wird damit ein lineares Gleichungssystem

$$A_h v_h = f_h \tag{1.2}$$

zugeordnet. Die zugehörige Koeffizientenmatrix A_h besitzt bei zeilenweiser Numerierung der inneren Gitterpunkte die in Abbildung 8.2 angegebene Form, wobei die restlichen Elemente der Matrix gleich Null sind.

$$\left(\begin{array}{ccccc|ccccc|ccccc|ccccc|ccccc}
4 & -1 & & & & -1 & & & & & & & & & & & & & & & & & & & \\
-1 & 4 & -1 & & & & -1 & & & & & & & & & & & & & & & & & & \\
& -1 & 4 & -1 & & & & -1 & & & & & & & & & & & & & & & & & \\
& & -1 & 4 & -1 & & & & -1 & & & & & & & & & & & & & & & & \\
& & & -1 & 4 & & & & & -1 & & & & & & & & & & & & & & & \\
\hline
-1 & & & & & 4 & -1 & & & & -1 & & & & & & & & & & & & & & \\
& -1 & & & & -1 & 4 & -1 & & & & -1 & & & & & & & & & & & & & \\
& & -1 & & & & -1 & 4 & -1 & & & & -1 & & & & & & & & & & & & \\
& & & -1 & & & & -1 & 4 & -1 & & & & -1 & & & & & & & & & & & \\
& & & & -1 & & & & -1 & 4 & & & & & -1 & & & & & & & & & & \\
\hline
& & & & & -1 & & & & & 4 & -1 & & & & -1 & & & & & & & & & \\
& & & & & & -1 & & & & -1 & 4 & -1 & & & & -1 & & & & & & & & \\
& & & & & & & -1 & & & & -1 & 4 & -1 & & & & -1 & & & & & & & \\
& & & & & & & & -1 & & & & -1 & 4 & -1 & & & & -1 & & & & & & \\
& & & & & & & & & -1 & & & & -1 & 4 & & & & & -1 & & & & & \\
\hline
& & & & & & & & & & -1 & & & & & 4 & -1 & & & & -1 & & & & \\
& & & & & & & & & & & -1 & & & & -1 & 4 & -1 & & & & -1 & & & \\
& & & & & & & & & & & & -1 & & & & -1 & 4 & -1 & & & & -1 & & \\
& & & & & & & & & & & & & -1 & & & & -1 & 4 & -1 & & & & -1 & \\
& & & & & & & & & & & & & & -1 & & & & -1 & 4 & & & & & -1 \\
\hline
& & & & & & & & & & & & & & & -1 & & & & & 4 & -1 & & & \\
& & & & & & & & & & & & & & & & -1 & & & & -1 & 4 & -1 & & \\
& & & & & & & & & & & & & & & & & -1 & & & & -1 & 4 & -1 & \\
& & & & & & & & & & & & & & & & & & -1 & & & & -1 & 4 & -1 \\
& & & & & & & & & & & & & & & & & & & -1 & & & & -1 & 4
\end{array}\right)$$

Abbildung 8.2 Steifigkeitsmatrix

Bereits bei einer Schrittweite von $h = 1/6$ entsteht eine (25,25)-Matrix. Diese enthält jedoch nur 105 Nichtnullelemente. Aufgrund der Regelmäßigkeit der gewählten Zerlegung wie auch der Numerierung der Gitterpunkte und damit der Komponenten u_i von $u_h = (u_i)$ sind diese durch ihre Position in der Matrix in einfacher Weise bestimmt. Bei dieser Diskretisierung wird daher i.allg. die Steifigkeitsmatrix A_h nicht abgespeichert, sondern es werden ihre Elemente an der jeweiligen Stelle der Rechnung neu bestimmt.

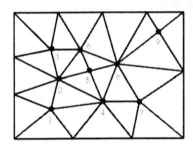

Abbildung 8.3 Unregelmäßiges Gitter

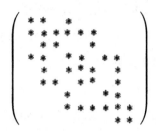

Abbildung 8.4 Steifigkeitsmatrix zur Diskretisierung nach Abb. 8.3

Völlig anders ist die Situation bei einem unregelmäßigen Gitter. Als Beispiel sei die in Abbildung 8.3 dargestellte Zerlegung mit der angegebenen Numerierung der Knoten betrachtet. In diesem Fall erhält man mit der stückweise linearen Finite-Elemente-Diskretisierung eine Steifigkeitsmatrix mit dem in Abbildung 8.4 dargestellten Muster der Nichtnullelemente, wobei die von Null verschiedenen Elemente mit * bezeichnet sind.

In den betrachteten Fällen ist die erzeugte Koeffizientenmatrix wegen der Eigenschaften des zugrunde liegenden stetigen Problems positiv definit, schwach diagonal dominant und irreduzibel. Damit kann die Matrix A_h auch ohne Pivotisierung durch das Gauß-Verfahren mit einer unteren bzw. oberen Dreiecksmatrix L bzw. U faktorisiert werden in der Form

$$A = LU. \tag{1.3}$$

Zur Vereinfachung der Schreibweise verzichten wir hier und im weiteren auf die Indizierung mit dem Diskretisierungsparameter h, falls nur Eigenschaften einer fest vorgegebenen Diskretisierung untersucht werden. Die LU-Zerlegung (1.3) von A erzeugt i.allg. jedoch auch Nichtnullelemente an Stellen, an denen die Ausgangsmatrix A Nullelemente besitzt. Das Entstehen dieser neuen Nichtnullelemente wird häufig *fill in* genannt. Durch geeignete Pivotstrategien (vgl. z.B. [HY81]) kann das fill in reduziert werden. Es lässt sich unmittelbar zeigen, dass ohne Pivotisierung außerhalb der maximalen Bandbreite im Besetzungsmuster von A kein fill in erzeugt wird. Zur Aufwandsreduktion lässt sich die LU-Zerlegung der Bandstruktur von A anpassen (vgl. Abschnitt 5.2).

Es sei aber auch auf eine vorteilhafte Eigenschaft diskretisierter Probleme verwiesen, nämlich auf eine aus der Konsistenz der Diskretisierung resultierende Asymptotik von

Eigenschaften des diskreten Problems gegen entsprechende Eigenschaften des zugrunde liegenden Randwertproblems partieller Differentialgleichungen. Diese Asymptotik bildet sowohl die analytische Grundlage für Mehrgitterverfahren als auch für optimale Vorkonditionierer und sichert so eine hohe Effektivität angepaßter Lösungsverfahren.

8.2   Angepaßte direkte Lösungsverfahren

8.2.1   Das Gauß-Verfahren für Bandmatrizen

Gegeben sei ein lineares Gleichungssystem

$$A u = b \tag{2.1}$$

mit einer (N, N)-Matrix $A = (a_{ij})$, deren Bandbreite nur $m \ll N$ sei. Es gelte also

$$a_{ij} = 0 \qquad \text{für } |i - j| > m. \tag{2.2}$$

Ferner setzen wir der Einfachheit halber voraus, daß A stark diagonaldominant ist, d.h. es sei

$$|a_{ii}| > \sum_{j \neq i} |a_{ij}|, \quad i = 1, \dots, N. \tag{2.3}$$

In diesem Fall kann die Matrix A ohne vorherige Umordnung von Zeilen bzw. Spalten (Pivotisierung) faktorisiert werden durch

$$A = LU \tag{2.4}$$

mit einer unteren Dreiecksmatrix L und einer oberen Dreiecksmatrix U. Durch Ausmultiplizieren und elementweisen Vergleich erhält man unter Beachtung der Dreiecksgestalt die Beziehung von L, U die Beziehung

$$\sum_{j=1}^{\min\{i,k\}} l_{ij} u_{jk} = a_{ik} \quad i, k = 1, \dots, N. \tag{2.5}$$

Bei Festlegung der Diagonalelemente von L oder U, z.B. durch $l_{ii} := 1$, lässt sich diese schrittweise für $\min\{i, k\} = 1, \dots, N$ abwechselnd zeilen- und spaltenweise nach den gesuchten Elementen auflösen. Wegen der Bandgestalt von A gilt zusätzlich

$$l_{ij} = 0, \qquad \text{falls } j > i \text{ oder } j < i - m \tag{2.6}$$

bzw.

$$u_{ij} = 0, \qquad \text{falls } j < i \text{ oder } j > i + m. \tag{2.7}$$

Unter Beachtung von (2.3) - (2.7) liefert dies

$$a_{ik} = \sum_{j=\max\{i,k\}-m}^{\min\{i,k\}} l_{ij} u_{jk} \qquad \text{für } i, k = 1, \dots, N. \tag{2.8}$$

Wird $l_{ii} = 1$ gesetzt, so folgt hieraus die rekursive Auflösbarkeit von (2.8) für $\min\{i, k\} = 1, \ldots, N$ in der Form

$$u_{ik} = a_{ik} - \sum_{j=\max\{1,k-m\}}^{i-1} l_{ij} u_{jk}, \quad k = i, \ldots, i + m, \tag{2.9}$$

$$l_{ik} = \frac{1}{u_{kk}} \left[a_{ik} - \sum_{j=\max\{1,i-m\}}^{k-1} l_{ij} u_{jk} \right], \quad i = k + 1, \ldots, k + m. \tag{2.10}$$

Im Fall symmetrischer Matrizen A lässt sich Speicherplatz und Rechenzeit sparen durch eine ebenfalls symmetrische Dreieckszerlegung. Diese erhält man aus der allgemeinen Vorschrift, indem man die Forderung $l_{ii} = u_{ii}$ anstelle von $l_{ii} = 1$ verwendet. Dann sichert die Zerlegung (2.9), (2.10) die Beziehung $U = L^T$, d.h. man erhält die *Cholesky-Faktorisierung*

$$A = L L^T. \tag{2.11}$$

Die Eigenschaften des zugrunde liegenden stetigen Problems sichern die Regularität von L und damit die positive Definitheit der Koeffizientenmatrix A. Anstelle von (2.11) wird heute anstelle von (2.11) auch häufig die modifizierte Form

$$A = L D L^T \tag{2.12}$$

mit einer Diagonalmatrix D und einer unteren Dreiecksmatrix L, die $l_{ii} = 1$, $i = 1, \ldots, N$ genügt, eingesetzt. Unter Zusatzbedingungen kann (2.12) auch auf indefinite Matrizen angewandt werden.

Bei der Diskretisierung partieller Differentialgleichungen sind in der Regel lineare Gleichungssysteme mit einer schwach besetzten Koeffizientenmatrix A zu lösen. Die Implementierung des Gauß-Verfahrens erfordert dann eine angepaßte Organisation zur Abspeicherung der wenigen von Null verschieden Elemente. Zur Reduktion der Anzahl der bei der LU-Zerlegung erzeugten neuen Nichtnullelemente werden spezielle Umordnungsalgorithmen (vgl. z.B. [HY81]) vor Anwendung des Gauß-Verfahrens eingesetzt. Eine weitere Form der Behandlung des Ausgangssystems besteht in einer nur näherungsweisen LU-Zerlegung und der Nutzung dieser in iterativen Verfahren (vgl. Abschnitt 5.5).

Abschließend soll noch auf einen in der Numerik von Differentialgleichungen häufig genutzten Spezialfall hingewiesen werden. Erfüllt die Koeffizientenmatrix A die Bedingung (2.2) mit $m = 1$, d.h. ist A eine tridiagonale Matrix, dann vereinfacht sich die Eliminationsvorschrift (2.9), (2.10) wesentlich. Man erhält in diesem Fall mit $u_{11} = a_{11}$ und $u_{NN} = a_{NN} - l_{NN-1} u_{N-1N}$ die Rekursion

$$u_{ii} = a_{ii} - l_{ii-1} u_{i-1i}, \quad u_{ii+1} = a_{ii+1}, \quad l_{i+1i} = a_{i+1i}/u_{ii}, \quad i = 2, \ldots, N - 1. \tag{2.13}$$

Diese Form des Gauß-Verfahrens, die in der englischsprachigen Literatur auch häufig Thomas-Algorithmus genannt wird, lässt sich z.B. im ADI-Verfahren (vgl. Abschnitt 5.4) sehr effektiv zur Lösung der dort erzeugten Teilprobleme eingesetzt werden.

Bemerkung 8.1 Bei der üblichen Variante der Finite-Elemente-Methode wird zunächst die Steifigkeitsmatrix A vollständig erzeugt (Assemblierung), bevor ein entsprechendes Lösungsverfahren zur Behandlung des entstandenen endlichdimensionalen Gleichungssystems angewandt wird. Die mit Finite-Elemente-Methoden generierten Gleichungssysteme besitzen bei einer feinen Diskretisierung eine extrem hohe Dimension, so daß die vollständige Behandlung im Haupspeicher oft nicht mehr möglich ist. Ein Weg zur Reduktion von Datentransfers besteht nun in der Verbindung der Assemblierung mit der LU-Faktorisierung der Steifigkeitsmatrix A. Sind zunächst nur die ersten p Zeilen und Spalten von A bestimmt, so kann nach (2.5) jedoch die LU-Faktorisierung dieser bereits erfolgen. Die entsprechenden Elemente von L bzw. U sind damit bestimmt. Die Effektivität dieser als *Frontlösungsmethode* bezeichneten Technik (vgl. [36], [46]) beruht dabei auch auf der Bestimmung der Steifigkeitsmatrix über die Elementsteifigkeitsmatrizen. Werden zugehörig zu einem Gitterpunkt x_i über alle entsprechenden Teilgebiete der Finite-Elemente-Diskretisierung, die diesen enthalten, die Elementsteifigkeitsmatrizen gebildet, so liegen damit als Summe dieser neben a_{ii} auch alle anderen nichtverschwindenden Elemente a_{ik} und a_{ki} der i-ten Zeile bzw. i-ten Spalte von A vollständig vor. So kann gleitend mit der schrittweisen Erzeugung der Steifigkeitsmatrix über die Teilelemente bereits auch die LU-Faktorisierung begonnen werden. Für ein einfaches Demonstrationsbeispiel zur Frontlösungsmethode verweisen wir auf [GRT93].

Aufbauend auf einem in [45] vorgestellten Frontlösers wird im Programmpaket MUMPS (MUltifrontal Massively Parallel sparse direct Solver) durch Parallelisierung die Effektivität von Frontlösungsmethoden weiter gesteigert (vgl. http://graal.ens-lyon.fr/MUMPS). □

8.2.2   Schnelle Lösung diskreter Poisson-Gleichungen, FFT

Das zu lösende Gleichungssystem

$$A u = b \tag{2.14}$$

besitze eine reguläre, symmetrische $((N-1),(N-1))$-Koeffizientenmatrix A, und es sei ein vollständiges System $\{v^l\}_{l=1}^{N-1} \subset \mathbb{R}^{N-1}$ paarweise orthogonaler Eigenvektoren bezüglich eines Skalarproduktes $(\cdot,\cdot)$ bekannt. Die zugehörigen Eigenwerte seien mit $\{\lambda_l\}_{l=1}^{N-1}$ bezeichnet. Dann kann die gesuchte Lösung u von (2.14) dargestellt werden durch

$$u = \sum_{l=1}^{N-1} c_l v^l \quad \text{mit} \quad c_l = \frac{1}{\lambda_l} \frac{(b, v^l)}{(v^l, v^l)}, \quad l = 1, \dots, N-1. \tag{2.15}$$

Im Fall spezieller Aufgaben lässt sich die Berechnung von (2.15) unter Nutzung von Symmetrien sehr effektiv realisieren. Hierzu betrachten wir folgendes wichtige eindimensionale Beispiel.

Es sei (2.14) durch Diskretisierung der Randwertaufgabe

$$-u'' = f \quad \text{in } \Omega = (0,1), \qquad u(0) = u(1) = 0$$

mit dem gewöhnlichen Differenzenverfahren über einem äquidistanten Gitter der Schrittweite h erzeugt, d.h. wir betrachten das System

$$-u_{j-1} + 2u_j - u_{j+1} = h^2 f_j, \qquad j = 1, \ldots, N-1$$
$$u_0 = u_N = 0. \tag{2.16}$$

Die Eigenelemente $v^l = (v_j^l)_{j=0}^N$ der zu (2.16) gehörigen Koeffizientenmatrix genügen damit der homogenen Differenzengleichung

$$-v_{j-1}^l + 2v_j^l - v_{j+1}^l = \lambda_l v_j^l, \qquad j = 1, \ldots, N-1$$
$$v_0^l = v_N^l = 0. \tag{2.17}$$

Zur Vereinfachung der Darstellung wurden in (2.16) und in (2.17) jeweils eine 0-te und N-te Komponente der betreffenden Vektoren zusätzlich eingeführt. Mit dem Ansatz $v_j^l = e^{i\rho_l j}$ erhält man nun

$$2(1 - \cos\rho_l) e^{i\rho_l j} = \lambda_l e^{i\rho_l j}.$$

Aus den Randbedingungen $v_0 = v_N = 0$ folgt ferner

$$\sin(\rho_l N) = 0, \qquad l = 1, 2, \ldots.$$

Dies liefert $\rho_l = \pm\frac{l\pi}{N}$, $l = 1, 2, \ldots$, und unter Beachtung der Periodizität der Winkelfunktionen sowie $v^l \not\equiv 0$ erhält man schließlich

$$\lambda_l = 2\left(1 - \cos\frac{l\pi}{N}\right) = 4\sin^2\frac{l\pi}{2N}, \qquad l = 1, \ldots, N-1$$

für die Eigenwerte λ_l von (2.17). Die zugehörigen reellen Eigenvektoren $v^l \in \mathbb{R}^{N-1}$ besitzen die Form

$$v_j^l = -\frac{i}{2}(e^{i\rho_l j} - e^{-i\rho_l j}) = \sin(\rho_l j) = \sin\frac{l\pi j}{N}, \quad l, j = 1, \ldots, N-1. \tag{2.18}$$

Dabei gilt

$$(v^l, v^m) = \begin{cases} 0, & \text{falls } l \neq m \\ \frac{N}{2}, & \text{falls } l = m. \end{cases}$$

Mit (2.15) liefert dies

$$c_l = \left(2N\sin^2\frac{l\pi}{2N}\right)^{-1} \sum_{j=1}^{N-1} b_j \sin\frac{l\pi j}{N}, \qquad l = 1, \ldots, N-1.$$

Zur Berechnung der Koeffizienten c_l sind also Summen der Form

$$c_l = \sum_{j=1}^{N-1} \tilde{b}_j \sin\frac{l\pi j}{N}, \qquad l = 1, \ldots, N-1 \tag{2.19}$$

mit $\tilde{b}_j := (2N \sin^2 \frac{l\pi}{2N})^{-1} b_j$ zu bestimmen. Die gleiche Aufgabenstellung erhält man auch bei der Berechnung der Komponenten u_j der gesuchten diskreten Lösung $u_h = (u_j)_{j=1}^{N-1}$, denn mit (2.15), (2.18) gilt

$$
u_j = \sum_{l=1}^{N-1} c_l \sin \frac{l\pi j}{N}, \qquad j = 1, \ldots, N-1. \tag{2.20}
$$

Nutzt man die Symmetrien der Winkelfunktionen aus und bestimmt die Komponenten u_j, $j = 1, \ldots, N-1$ nicht getrennt, dann lassen sich die Summen (2.19) bzw. (2.20) sehr effektiv berechnen. Diese Technik wird als *schnelle Fourier-Transformation* oder kurz *FFT* (fast Fourier transform) bezeichnet.

Wir skizzieren im folgenden das zugehörige Grundprinzip und stellen die Basisidee anhand der vollständigen diskreten Fourier-Transformation dar. Die (2.20) entsprechende Sinus-Transformation kann analog behandelt werden, erfordert jedoch anstelle der nachfolgend auftretenden Unterscheidung in gerade und ungerade Indizes vier Fälle. Mit $a := \exp(\frac{i 2\pi}{N})$ betrachten wir als Ausgangsproblem die Bestimmung eines Matrix-Vektor-Produktes wobei die einzelnen Komponenten Summen die Form

$$
z_j = \sum_{l=0}^{N-1} \beta_l\, a^{lj}, \qquad j = 0, 1, \ldots, N-1 \tag{2.21}
$$

besitzen. Zur Vereinfachung wird dabei ferner angenommen, daß $N = 2^n$ mit einer natürlichen Zahl n gelte (für allgemeinere Fälle vgl. z.B. [106]).

Charakteristisch für (2.21) ist, daß $a^N = 1$ gilt und damit nur Linearkombinationen von $1, a, a^2, \ldots, a^{N-1}$ auftreten. Es bezeichne $\tilde{N} := N/2$. Wir splitten die Summen (2.21) wie folgt auf

$$
z_j = \sum_{l=0}^{\tilde{N}-1} \beta_l\, a^{lj} + \sum_{l=\tilde{N}}^{N-1} \beta_l\, a^{lj} = \sum_{l=0}^{\tilde{N}-1} \left(\beta_l + \beta_{\tilde{N}+l}\, a^{\tilde{N}j} \right) a^{lj}, \quad j = 0, 1, \ldots, N-1. \tag{2.22}
$$

Mit $a^N = 1$ und $\tilde{a} := a^2$ erhält man für gerade Indizes j nun

$$
\begin{aligned}
z_{2k} &= \sum_{l=0}^{\tilde{N}-1} \left(\beta_l + \beta_{\tilde{N}+l}\, a^{2\tilde{N}k} \right) a^{2lk} \\
&= \sum_{l=0}^{\tilde{N}-1} \left(\beta_l + \beta_{\tilde{N}+l} \right) \tilde{a}^{lk}, \quad k = 0, 1, \ldots, \tilde{N}-1.
\end{aligned} \tag{2.23}
$$

Analog folgt für ungerade j aus (2.22) unter Berücksichtung von $a^{\tilde{N}} = -1$ die Darstellung

$$
\begin{aligned}
z_{2k+1} &= \sum_{l=0}^{\tilde{N}-1} \left(\beta_l + \beta_{\tilde{N}+l}\, a^{\tilde{N}\,(2k+1)} \right) a^{l\,(2k+1)} \\
&= \sum_{l=0}^{\tilde{N}-1} \left(\beta_l - \beta_{\tilde{N}+l} \right) a^l\, \tilde{a}^{lk}, \quad k = 0, 1, \ldots, \tilde{N}-1.
\end{aligned} \tag{2.24}
$$

Mit

$$\begin{aligned}
\tilde{z}_k &:= z_{2k}, & \tilde{\beta}_l &:= \beta_l + \beta_{\tilde{N}+l} \\
\hat{z}_k &:= z_{2k+1}, & \hat{\beta}_l &:= (\beta_l - \beta_{\tilde{N}+l})\, a^l,
\end{aligned} \qquad k,l = 0,1,\dots,\tilde{N}-1 \qquad (2.25)$$

liegt für die geraden wie auch für die ungeraden Indizes wieder eine Darstellung

$$\tilde{z}_k = \sum_{l=0}^{\tilde{N}-1} \tilde{\beta}_l\, \tilde{a}^{lk} \qquad \text{bzw.} \qquad \hat{z}_k = \sum_{l=0}^{\tilde{N}-1} \hat{\beta}_l\, \tilde{a}^{lk}, \quad k = 0,1,\dots,\tilde{N}-1$$

vor. Dies entspricht in beiden Fällen der Ausgangsform (2.21) mit $\tilde{a}^{\tilde{N}} = 1$ und jeweils der halben Zahl der Summanden. Es liegt damit eine rekursive Struktur vor, die sich wegen $N = 2^n$ wiederholt anwenden lässt, bis lediglich ein Summand verbleibt. Man erhält auf diese Weise einen schnellen Algorithmus zur diskreten Fourier-Transformation, der für die Bestimmung des gesuchten Matrix-Vektor-Produktes lediglich $O(N \log N)$ Operationen benötigt. Das in Abbildung 8.5 dargestellte Schema skizziert die prinzipielle Struktur eines vollständigen Rekursionsschrittes im Algorithmus.

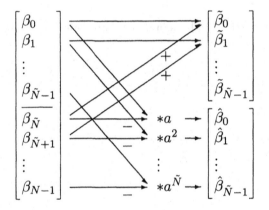

Abbildung 8.5 Wirkungsweise des FFT-Schemas

Mit der Darstellung (2.20) eignet sich das entsprechend auf diskrete Sinus-Entwicklungen modifizierte Verfahren (vgl. [VL92]) zur effektiven Lösung der diskreten Randwertaufgabe (2.16). Es sei darauf hingewiesen, daß Algorithmen zur schnellen Fourier-Transformation als Standardsoftware verfügbar sind (siehe z.B. MATLAB [Dav04], NAG-Library [NAG05]) und auf einigen Rechnern zusätzlich durch Hardware unterstützt werden.

Die schnelle Fourier-Transformation lässt sich analog auf den mehrdimensionalen Fall übertragen. Voraussetzung ist dabei, daß sich die Ausgangsaufgabe durch einen Separationsansatz behandeln lässt. Der eindimensionale Algorithmus wird dann auf die einzelnen Richtungen getrennt angewandt.

Wir betrachten das Modellproblem

$$
\begin{aligned}
-\Delta u &= f \quad \text{in } \Omega = (0,1) \times (0,1) \\
u|_\Gamma &= 0.
\end{aligned}
$$

Mit einer in beiden Richtungen äquidistanten Diskretisierung mit der Schrittweite $h := 1/N$ erhält man mit dem gewöhnlichen Differenzenverfahren (vgl. Kapitel 2) das diskrete Problem

$$
\left.
\begin{aligned}
4u_{jk} - u_{j-1k} - u_{jk-1} - u_{j+1k} - u_{jk+1} &= h^2 f_{jk} \\
u_{0k} = u_{Nk} = u_{j0} = u_{jN} &= 0
\end{aligned}
\right\} \quad j,\,k = 1, \ldots, N-1. \qquad (2.26)
$$

Die zugehörigen Eigenvektoren $v^{lm} = \{v^{lm}_{jk}\}$ besitzen mit den eindimensionalen Eigenvektoren $v^l,\, v^k \in \mathbb{R}^{N-1}$, $l, k = 1, \ldots, N-1$ in diesem Fall die Darstellung

$$
v^{lm}_{jk} = v^l_j v^m_k = \sin \frac{l\pi j}{N} \sin \frac{m\pi k}{N}, \qquad (2.27)
$$

und für die Eigenwerte hat man

$$
\lambda_{lm} = 4 \left(\sin^2 \frac{l\pi}{2N} + \sin^2 \frac{m\pi}{2N} \right), \quad l,\, m = 1, \ldots, N-1. \qquad (2.28)
$$

Die Eigenvektoren sind orthogonal zueinander, dabei gilt

$$
(v^{lm}, v^{rs}) = \sum_{j,k=1}^{N-1} v^{lm}_{jk}, v^{rs}_{jk} = \sum_{j,k=1}^{N-1} v^l_j v^m_k v^r_j v^s_k = \sum_{j=1}^{N-1} v^l_j v^r_j \sum_{k=1}^{N-1} v^m_k v^s_k = \frac{N^2}{4} \delta_{lr}\, \delta_{ms}\,.
$$

Anstelle von (2.19) bzw. (2.20) sind nun Summen der Form

$$
u_{jk} = \sum_{l,m=0}^{N-1} c_{lm} \sin \frac{l\pi j}{N} \sin \frac{m\pi k}{N}
$$

zu bestimmen. Wegen

$$
u_{jk} = \sum_{m=0}^{N-1} \left(\sum_{l=0}^{N-1} c_{lm} \sin \frac{l\pi j}{N} \right) \sin \frac{m\pi k}{N}
$$

führt dies erneut auf eindimensionale Aufgaben, die mit dem FFT-Verfahren effektiv gelöst werden können.

Bemerkung 8.2 Die schnelle Fourier-Transformation lässt sich wie auch andere schnelle Löser für partielle Differentialgleichungen, z.B. das zyklische Reduktionsverfahren (vgl. [SN89]), nur auf spezielle Aufgabenklassen direkt anwenden. Mit Hilfe von Gebietszerlegungen können bei einigen weiteren Aufgaben Teilprobleme erzeugt werden, die sich mit FFT behandeln lassen. Eine weitere Einsatzmöglichkeit der schnellen Löser besteht in der Nutzung spezifischer Vorkonditionierer und deren Lösung z.B. mit FFT. $\square$

Bemerkung 8.3 Die oben skizzierte Zerlegung einer mehrdimensionalen Aufgabe lässt sich auch modifizieren, in dem nur in ausgewählten Raumrichtungen Eigenansätze benutzt werden, während in den verbleibenden Richtungen z.B. Finite-Elemente-Methoden eingesetzt werden. Dies ist z.B. bei dreidimensionalen Problemen mit rotationssymmetrischer Geometrie des Grundgebietes gegeben (vgl. [64]). $\square$

Übung 8.1 Es sei die Matrix A block-strukturiert (Hypermatrix) gemäß

$$
A = \begin{pmatrix} A_{11} & A_{12} & \cdot & \cdot & A_{1m} \\ A_{21} & A_{22} & \cdot & \cdot & A_{2m} \\ \cdot & & \cdot & \cdot & \cdot \\ A_{m1} & \cdot & & \cdot & A_{mm} \end{pmatrix}
$$

mit Matrizen $A_{ij} \in \mathcal{L}(\mathbb{R}^{N_j}, \mathbb{R}^{N_i})$, A_{ii} regulär und $\sum_{i=1}^{m} N_i = N$. Dabei sei die Bedingung (vgl. (3.39))

$$
\|A_{ii}^{-1}\| \sum_{j \neq i} \|A_{ij}\| < 1, \qquad i = 1, \dots, m
$$

erfüllt. Man gebe analog zur *LU*-Zerlegung eine zur obigen Struktur passende Block-*LU*-Zerlegung an. Wie berechnen sich die Teilblöcke?

Übung 8.2 Man zeige, daß die durch (2.27) definierten Vektoren

$$
v^{lm} = (v_{jk}^{lm})_{j,k=1}^{N-1} \in \mathbb{R}^{(N-1)^2}
$$

paarweise orthogonal sind.

Übung 8.3 Gegeben sei die Aufgabe

$$
\begin{aligned}
\frac{\partial^2}{\partial x^2} u(x,y) - \frac{\partial}{\partial y}\left(a(y)\frac{\partial}{\partial y}u(x,y)\right) &= 1 & \text{in } \Omega := (0,1) \times (0,1) \\
u|_\Gamma &= 0
\end{aligned} \tag{2.29}
$$

mit einer stetig differenzierbaren Funktion a. Über einem in beiden Richtungen äquidistanten Gitter mit der Schrittweite $h = 1/N$ werde (2.29) mit dem gewöhnlichen Differenzenverfahren diskretisiert. Man beschreibe ein Lösungsverfahren zur Behandlung der erzeugten endlichdimensionalen Probleme, das in x-Richtung eine diskrete Fourier-Transformation ausnutzt.

8.3   Klassische Iterationsverfahren

8.3.1   Basisstruktur und Konvergenz

Es bezeichne wieder

$$Au = b \tag{3.1}$$

das betrachtete Ausgangsproblem mit einer regulären Koeffizientenmatrix A und einem vorgegebenen $b \in \mathbb{R}^N$. Mit Hilfe einer weiteren regulären Matrix B lässt sich (3.1) äquivalent darstellen durch

$$Bu = (B - A)u + b.$$

Dies liefert ein häufig genutztes Grundmodell für die iterative Behandlung von (3.1) mittels

$$Bu^{k+1} = (B - A)u^k + b, \qquad k = 0, 1, \dots \tag{3.2}$$

mit einem vorzugebenden Startvektor $u^0 \in \mathbb{R}^N$. Mit dem zur Iterierten u^k gehörigen Defekt $d^k := b - Au^k$ ist (3.2) äquivalent zu

$$u^{k+1} = u^k + B^{-1}d^k.$$

Mit einem zusätzlichen Schrittweitenparameter $\alpha_k > 0$ liefert dies

$$u^{k+1} = u^k + \alpha_k B^{-1}d^k, \quad k = 0, 1, \dots. \tag{3.3}$$

Im Fall $B = I$ ist dies gerade das klassische Richardson-Verfahren. Bei Wahl von $B \neq I$ werden (3.3) vorkonditioniertes Richardson-Verfahren und B zugehöriger Vorkonditionierer genannt. Ist ferner A eine symmetrische, positiv definite Matrix, dann entspricht (3.3) auch einem vorkonditionierten Gradientenverfahren zur Minimierung von

$$F(u) := \frac{1}{2}u^T A u - b^T u.$$

Im Fall konstanter Schrittweitenparameter, d.h. $\alpha_k = \alpha > 0$, $k = 0, 1, \dots$ fällt (3.3) auch unter die nachfolgend untersuchte allgemeine Klasse von Iterationsverfahren des Typs

$$u^{k+1} = Tu^k + t, \quad k = 0, 1, \dots$$

mit einer Matrix T und einem Vektor $t \in \mathbb{R}^N$. Dabei gilt hierfür speziell

$$T = T(\alpha) = I - \alpha B^{-1}A.$$

Es bezeichne $\|\cdot\|$ eine beliebige Vektornorm in $\mathbb{R}^N$. Für die weiteren Konvergenzuntersuchungen von Iterationsverfahren zur Lösung endlichdimensionaler Probleme

(3.1) wird i.allg. eine der folgenden Vektornormen zugrunde gelegt:

$$\|y\|_\infty \ := \ \max_{1 \le i \le N} |y_i| \qquad (\text{ Maximumnorm })$$

$$\|y\|_2 \ := \ \left(\sum_{i=1}^{N} y_i^2\right)^{1/2} \qquad (\text{ Euklidische Norm })$$

$$\|y\|_1 \ := \ \sum_{i=1}^{N} |y_i| \qquad (\text{ diskrete } L_1\text{-Norm })$$

$$\|y\|_A \ := \ \left(y^T A\, y\right)^{1/2} \qquad (\text{ Energienorm }).$$

Im letztgenannten Fall wird dabei vorausgesetzt, daß A eine symmetrische und positiv definite Matrix ist. Falls keine explizite Unterscheidung erforderlich ist, wird auf die die spezielle Norm identifizierende Indizierung verzichtet. Dies ist wegen der Äquivalenz der Normen in endlichdimensionalen Räumen stets möglich. Dabei ist jedoch darauf hinzuweisen, daß bei unterschiedlichen Diskretisierungen und damit Dimensionen die entsprechenden Äquivalenzkoeffizienten von der jeweiligen Feinheit h der Diskretisierung abhängen. Ferner sei angemerkt, dass häufig auch die Normen mit von der Diskretisierung abhängigen Faktoren gewichtet werden, um die Konsistenz zu den zugehörigen stetigen Normen zu sichern (vgl. Abschnitt 2.1).

Falls nicht explizit auf eine andere Norm hingewiesen wird, wählen wir als Matrixnorm die durch die Vektornorm $\|\cdot\|$ erzeugte Norm

$$\|C\| \ := \ \sup_{y \in \mathbb{R}^N, y \ne 0} \frac{\|Cy\|}{\|y\|} \tag{3.4}$$

zugeordnete Matrixnorm. Diese ist trivialerweise zu $\|\cdot\|$ passend, d.h. es gilt

$$\|Cy\| \le \|C\|\,\|y\| \qquad \text{für alle } y \in \mathbb{R}^N,\ C \in \mathcal{L}(\mathbb{R}^N).$$

An die im Iterationsverfahren (3.2) zu wählende Matrix B stellt man i.allg. die Forderungen

- Gleichungssysteme der Form

$$By \ = \ c \tag{3.5}$$

  sind mit wenig Aufwand lösbar;

- für $y \in \mathbb{R}^N$ lässt sich $c := (B - A)y + b$ mit wenig Aufwand ermitteln;

- es ist $\|B^{-1}(B - A)\|$ möglichst klein.

Es ist nicht möglich, alle drei Forderungen gleichzeitig zu erfüllen. Das Konvergenzverhalten des Verfahrens (3.2) lässt sich unmittelbar aus dem Banachschen Fixpunktsatz für

$$u^{k+1} \ = \ Tu^k + t \qquad k = 0, 1, \dots \tag{3.6}$$

mit $T := B^{-1}(B - A)$ und $t := B^{-1}b$ ableiten. Es gilt hierfür

LEMMA 8.1 *Es sei* $\|T\| < 1$. *Dann besitzt die Fixpunktaufgabe*

$$u = Tu + t$$

eine eindeutige Lösung $u \in \mathbb{R}^N$, *und für beliebige Startvektoren* $u^0 \in \mathbb{R}^N$ *liefert (3.6) eine gegen* u *konvergente Folge* $\{u^k\}$. *Dabei gilt*

$$\|u^{k+1} - u\| \leq \|T\|\,\|u^k - u\|, \qquad k = 0, 1, \ldots$$

und

$$\|u^k - u\| \leq \frac{\|T\|^k}{1 - \|T\|}\,\|u^1 - u^0\|, \qquad k = 1, 2, \ldots . \tag{3.7}$$

Bemerkung 8.4 Die Ungleichung (3.7) liefert eine a-priori Abschätzung für die zu er-wartende Güte der Approximation der gesuchten Lösung u durch die Iterierte u^k. Mit u^{k-1}, u^k anstelle von u^0 bzw. u^1 folgt aus (3.7) aber auch die a-posteriori Abschätzung

$$\|u^k - u\| \leq \frac{\|T\|}{1 - \|T\|}\,\|u^k - u^{k-1}\|. \tag{3.8}$$

Diese liefert i.allg. eine schärfere Schranke als (3.7), kann jedoch erst nach Bestimmung von u^{k-1}, u^k genutzt werden. $\square$

Da der Wert $\|T\|$ von der Wahl der zugrunde gelegten Norm abhängt, kann Lemma 8.1 nur ein hinreichendes Konvergenzkriterium für die Iteration (3.6) liefern. Es bezeichne

$$\rho(T) := \max\{\,|\lambda_i| \;:\; \lambda_i \text{ Eigenwert von } T\,\}$$

den *Spektralradius* von T. Damit erhält man

LEMMA 8.2 *Die durch (3.6) definierte Iterationsfolge* $\{u^k\}$ *konvergiert genau dann für jedes* $t \in \mathbb{R}^N$ *und für beliebige Startpunkte* u^0, *wenn*

$$\rho(T) < 1 \tag{3.9}$$

gilt.

Beweis: Wir beschränken uns hier auf den Fall einer symmetrischen Matrix T und verweisen nur darauf, daß im allgemeinen auch komplexe Eigenwerte und -Vektoren zu berücksichtigen sind.

Ist T symmetrisch, dann existiert eine orthogonale Matrix C mit

$$CTC^T = diag(\lambda_i) =: \Lambda.$$

Unter Beachtung von $C^TC = I$ ist damit (3.6) äquivalent zur Iteration

$$\tilde{u}^{k+1} = \Lambda\tilde{u}^k + \tilde{t}, \qquad k = 0, 1, \ldots \tag{3.10}$$

mit $\tilde{u}^k := Cu^k$, $\tilde{t} := Ct$. Da Λ eine Diagonalmatrix ist, kann (3.10) komponentenweise durch

$$\tilde{u}_i^{k+1} = \lambda_i \tilde{u}_i^k + \tilde{t}_i, \qquad i = 1, \ldots, N, \ k = 0, 1, \ldots \tag{3.11}$$

dargestellt werden. Mit der Definition des Spektralradius folgt aus $\rho(T) < 1$ nun die Konvergenz der Folge $\{\tilde{u}^k\}$. Da $\{u^k\}$ durch $u^k = C^T \tilde{u}^k$ zugeordnet ist, hat man damit auch die Konvergenz der Folge $\{u^k\}$.

Im Fall $\rho(T) \geq 1$ folgt aus (3.11) die Divergenz von $\{\tilde{u}^k\}$ und damit auch von $\{u^k\}$, falls für $|\lambda_i| \geq 1$ gilt $\tilde{u}_i^0 \neq 0$ und $\tilde{t}_i \neq 0$ für alle Indizes i mit $\lambda_i = 1$ erfüllt ist. ∎

Bei der Diskretisierung von Randwertproblemen partieller Differentialgleichungen hängen sowohl die Dimension der Gleichungssysteme als auch die Eigenschaften der Matrizen $A = A_h$ und $B = B_h$ stark von der Feinheit h der Diskretisierung ab. In der Darstellung der obigen Iterationsverfahren als vorkonditionierte stationäre Richardson-Verfahren ist für die zu erwartende Iterationszahl zur Sicherung einer vorgegebenen Genauigkeit $\varepsilon > 0$ die Größe

$$\sigma_h := \|T_h\|_h \quad \text{mit} \qquad T_h = I_h - \alpha_h B_h^{-1} A_h \tag{3.12}$$

entscheident. Lemma 8.1 liefert a-priori die Schranke

$$\|u_h^k - u_u\|_h \leq \frac{(\sigma_h)^k}{1 - \sigma_h} \|u_h^1 - u_h^0\|_h, \quad k = 0, 1, \ldots \ .$$

Damit sind zur Erzielung der Genauigkeit ε maximal $k_h(\varepsilon)$ Iterationsschritte erforderlich, wobei

$$k_h(\varepsilon) := \min \left\{ j \in \mathbb{N} : j \geq \frac{1}{\ln \sigma_h} \left(\ln \varepsilon + \ln(1 - \sigma_h) - \ln \|u_h^1 - u_h^0\|_h \right) \right\}. \tag{3.13}$$

Wir werden diese Aussage im folgenden Abschnitt speziell für das dort betrachtete Gauß-Seidel- bzw. Jacobi-Verfahren näher analysieren.

8.3.2 Jacobi- und Gauß-Seidel-Verfahren

Wird in dem Ausgangsgleichungssystem (3.1) nacheinander jede der Gleichungen nach der Variablen gleichen Index aufgelöst, so erhält man je nachdem, ob man die neu berechnete Näherung bereits beim nächsten Teilschritt oder erst nach Vollendung aller Teilschritte verwendet, das *Gauß-Seidel-Verfahren* (Einzelschrittverfahren) bzw. das *Jacobi-Verfahren* (Gesamtschrittverfahren) als einfachstes iteratives Lösungsverfahren für (3.1). Bei natürlicher Reihenfolge der Abarbeitung der Teilschritte i des k-ten Verfahrensschrittes zur Berechnung von $u^{k+1} \in \mathbb{R}^N$ erhält man beim *Gauß-Seidel-Verfahren* die Form

$$\sum_{j=1}^{i-1} a_{ij} u_j^{k+1} + a_{ii} u_i^{k+1} + \sum_{j=i+1}^{N} a_{ij} u_j^k = b_i, \quad i = 1, \ldots, N \tag{3.14}$$

bzw. beim *Jacobi-Verfahren* die Form

$$\sum_{j=1}^{i-1} a_{ij} u_j^k + a_{ii} u_i^{k+1} + \sum_{j=i+1}^{N} a_{ij} u_j^k = b_i, \qquad i = 1, \ldots, N. \tag{3.15}$$

Zerlegt man die Koeffizientenmatrix A von (3.1) additiv in ihren echten unteren Dreiecksanteil L, den Diagonalanteil D sowie ihren echten oberen Dreiecksanteil R, d.h.

$$A = L + D + R \tag{3.16}$$

mit

$$L = \begin{pmatrix} 0 & \cdot & \cdot & \cdot & 0 \\ a_{21} & 0 & \cdot & \cdot & 0 \\ \cdot & & \cdot & & \cdot \\ \cdot & & & \cdot & \cdot \\ a_{N1} & \cdot & \cdot & a_{NN-1} & 0 \end{pmatrix}, \qquad R = \begin{pmatrix} 0 & a_{12} & \cdot & \cdot & a_{1N} \\ 0 & 0 & a_{23} & \cdot & a_{2N} \\ \cdot & & \cdot & & \cdot \\ \cdot & & & \cdot & a_{N-1N} \\ 0 & \cdot & \cdot & \cdot & 0 \end{pmatrix}$$

und $D = diag(a_{ii})$, dann können die Verfahren (3.14) bzw. (3.15) durch die Wahl von

$$B = L + D \qquad \text{bzw.} \qquad B = D \tag{3.17}$$

in das allgemeine Iterationsschema (3.2) eingeordnet werden. Mit diesen Matrizen B sind die zugehörigen Gleichungssysteme (3.5) trivial lösbar. Zu untersuchen bleibt das Konvergenzverhalten. Wir schätzen dazu die Norm $\|B^{-1}(B - A)\|$ für die vorliegenden Fälle ab. Im Fall des Jacobi-Verfahrens erhält man für die Elemente t_{ij} der Iterationsmatrix $T := B^{-1}(B - A)$ die Darstellung

$$t_{ij} = (\delta_{ij} - 1) \frac{a_{ij}}{a_{ii}}, \qquad i, j = 1, \ldots, N, \tag{3.18}$$

wobei δ_{ij} das Kronecker-Symbol bezeichnet. Legt man die Maximumnorm zugrunde, so liefert (3.4) die Matrixnorm

$$\|T\| = \max_{1 \le i \le N} \sum_{j=1}^{N} |t_{ij}|.$$

Unter Beachtung von (3.18) liefert dies

$$\|T\| = \max_{1 \le i \le N} \mu_i \tag{3.19}$$

mit

$$\mu_i := \frac{1}{a_{ii}} \sum_{j=1}^{N} |a_{ij}|, \qquad i = 1, \ldots, N. \tag{3.20}$$

Wir erinnern, daß eine Matrix A stark diagonaldominant heißt (vgl. Kapitel 2), falls für die durch (3.20) definierten Zahlen gilt

$$\mu_i < 1, \qquad i = 1, \ldots, N. \tag{3.21}$$

LEMMA 8.3 *Es sei A stark diagonaldominant. Dann hat man sowohl für das Gauß-Seidel-Verfahren als auch für das Jacobi-Verfahren unter Zugrundelegung der Maximumnorm die Abschätzung*

$$\|B^{-1}(B - A)\| \leq \max_{1 \leq i \leq N} \mu_i < 1$$

mit den durch (3.20) definierten Werten μ_i.

Beweis: Zu beliebigem $y \in \mathbb{R}^N$ sei durch

$$Bz = (B - A)y$$

ein $z \in \mathbb{R}^N$ zugeordnet. Unter Beachtung von (3.16), (3.17) erhält man

$$z_i = -\frac{1}{a_{ii}} \left(\sum_{j=1}^{i-1} a_{ij} z_j + \sum_{j=i+1}^{N} a_{ij} y_j \right), \qquad i = 1, \ldots, N$$

bzw.

$$z_i = -\frac{1}{a_{ii}} \left(\sum_{j=1}^{i-1} a_{ij} y_j + \sum_{j=i+1}^{N} a_{ij} y_j \right), \qquad i = 1, \ldots, N.$$

Im ersten Fall folgt mit (3.21) und der Maximumnorm induktiv für $i = 1, \ldots, N$ die Abschätzung

$$|z_i| \leq \frac{1}{|a_{ii}|} \sum_{j \neq i} |a_{ij}| \, \|y\| < \|y\|$$

und damit

$$\|z\| \leq \max_{1 \leq i \leq N} \mu_i \, \|y\|. \tag{3.22}$$

Im zweiten Fall erhält man diese Abschätzung unmittelbar. Mit der Definition (3.4) und der verwendeten Maximumnorm folgt somit aus (3.22) die Behauptung. ∎

Bei der Diskretisierung elliptischer Aufgaben sind die erzeugten Matrizen A jedoch häufig nur schwach diagonaldominant. Dabei heißt A schwach diagonaldominant (siehe Kapitel 1), falls für die durch (3.20) definierten Zahlen

$$\mu_i \leq 1, \qquad i = 1, \ldots, N \tag{3.23}$$

gilt. Ferner besitze A die Ketteneigenschaft (vgl. Kapitel 1), d.h. es gibt zu beliebigen Indizes $i, j \in \{1, ..., N\}$ mit $i \neq j$ ein $l = l_{ij} \in \{1, ..., N\}$ und eine Indexfolge $\{i_k\}_{k=0}^{l}$ gemäß:

$$i_0 = i, \qquad i_l = j;$$
$$i_s \neq i_t \quad \text{für } s \neq t;$$
$$a_{i_{k-1} i_k} \neq 0, \qquad k = 1, \ldots, l.$$

Eine derartige Indexfolge beschreibt im Sinne der Graphentheorie einen Weg vom Knoten i zum Knoten j, wobei der Weg die Länge l besitzt.

Des einfacheren Beweises wegen untersuchen wir für schwach diagonaldominante Matrizen A nur das Konvergenzverhalten des Jacobi-Verfahrens. Hierzu gilt

LEMMA 8.4 *Es sei A schwach diagonaldominant und besitze die Ketteneigenschaft. Ferner existiere ein Index $m \in \{1, ..., N\}$ mit*

$$|a_{mm}| > \sum_{j \neq m} |a_{mj}| . \tag{3.24}$$

Dann gilt für das Jacobi-Verfahren unter Zugrundelegung der Maximumnorm die Abschätzung

$$\|(B^{-1}(B - A))^N\| < 1 \tag{3.25}$$

Beweis: Es sei $y \in \mathbb{R}^N$, $y \neq 0$ beliebig. Von $y^0 := y$ ausgehend bezeichne

$$y^{k+1} := B^{-1}(B - A)\, y^k , \qquad k = 0, 1, \dots .$$

Da wir das Jacobi-Verfahren betrachten, gilt damit

$$y_i^{k+1} = -\frac{1}{a_{ii}} \sum_{j \neq i} a_{ij}\, y_j^k , \qquad i = 1, \dots, N,\ k = 0, 1, \dots . \tag{3.26}$$

Mit der schwachen Diagonaldominanz von A folgt nun

$$|y_i^{k+1}| \leq \frac{1}{|a_{ii}|} \sum_{j \neq i} |a_{ij}|\, |y_j^k| \leq \|y^k\|, \qquad i = 1, \dots, N,\ k = 0, 1, \dots$$

und damit

$$\|y^{k+1}\| \leq \|y^k\| \leq \|y\|, \qquad k = 0, 1, \dots . \tag{3.27}$$

Wir definieren

$$I^k := \{\, i\ :\ \text{Es existiert ein Weg von } i \text{ nach } m \text{ der maximalen Länge } k\,\}$$

und wir setzen $I^0 := \{m\}$. Induktiv wird nun gezeigt, dass

$$|y_i^{k+1}| < \|y\|, \qquad \text{für alle } i \in I^k,\ k = 0, 1, \dots \tag{3.28}$$

gilt.

Aus (3.24) erhält man

$$|y_m^1| < \|y\| .$$

Wegen $I^0 = \{m\}$ ist somit (3.28) für $k = 0$ gültig.
$'k \Rightarrow k + 1'$

Es sei $i \in I^{k+1} \backslash \{m\}$. Mit der Definition von I^{k+1} gibt es ein $s \in I^k$ mit $a_{is} \neq 0$. Mit (3.26) erhält man nun

$$|y_i^{k+2}| \leq \frac{1}{a_{ii}} \sum_{j \neq i, \, j \neq s} |a_{ij}| \, |y_j^{k+1}| + \frac{|a_{is}|}{|a_{ii}|} \, |y_s^{k+1}| \, .$$

Da $a_{is} \neq 0$ und $s \in I^k$ gilt, lässt sich unter Beachtung von (3.27), (3.28) mit der verwendeten Maximumnorm abschätzen

$$|y_i^{k+2}| < \left(\frac{1}{a_{ii}} \sum_{j \neq i} |a_{ij}| \right) \|y\| \leq \|y\| \, .$$

Also ist die Ungleichung (3.28) für $k+1$ anstelle von k und für alle Indizes $j \in I^{k+1} \backslash \{m\}$ gezeigt. Für den Index m hat man wegen (3.24) und (3.27) unmittelbar

$$|y_m^{k+2}| \leq \left(\frac{1}{a_{mm}} \sum_{j \neq m} |a_{mj}| \right) \|y\| < \|y\| \, .$$

Damit gilt die behauptete Abschätzung (3.28).

Wegen der endlichen Dimension des Ausgangsproblems (3.1) und der vorausgesetzten Ketteneigenschaft der Matrix A hat man

$$I^{N-1} = \{1, ..., N\} \, ,$$

und aus (3.4), (3.28) folgt unter Beachtung der Kompaktheit der Einheitskugel im $\mathbb{R}^N$ die behauptete Abschätzung (3.25). ∎

Für den speziellen Fall symmetrischer, positiv definiter Matrizen kann man folgendes beweisen (vgl. [GR94])

LEMMA 8.5 *Es sei A eine symmetrische, positiv definite Matrix. Dann gilt für das Gauß-Seidel-Verfahren mit der durch A induzierten Energienorm die Abschätzung*

$$\|B^{-1}(B - A)\| < 1 \, .$$

Die Lemmata 8.3 - 8.5 liefern für das jeweilige Verfahren hinreichende Bedingungen für

$$\|B^{-1}(B - A)\| < 1 \, . \tag{3.29}$$

Dies sichert nach Lemma 8.1 die Konvergenz des zugehörigen Verfahrens. Dabei erfolgt die Konvergenz umso schneller, je kleiner $\|B^{-1}(B - A)\|$ ist. Für die betrachteten Verfahren (3.14) bzw. (3.15) erhält man i.allg.

$$\lim_{h \to 0} \|B_h^{-1}(B_h - A_h)\| = 1 \, ,$$

wobei A_h, B_h die zur Feinheit h der Diskretisierung gehörigen Matrizen bezeichnen. Wendet man z.B. das gewöhnliche Differenzenverfahren mit einem äquidistanten Gitter auf

$$\begin{aligned} -\Delta u &= f \qquad \text{in } \Omega = (0,1) \times (0,1) \\ u|_\Gamma &= 0 \end{aligned} \tag{3.30}$$

an, dann besitzen die erzeugten Probleme $A_h u_h = f_h$ bei Verwendung einer der Struktur der zweidimensionalen Aufgaben angepaßten Doppelindizierung die Form

$$\left. \begin{aligned} 4u_{ii} - u_{i-1j} - u_{ij-1} - u_{i+1j} - u_{ij+1} &= h^2 f_{ij} \\ u_{0j} = u_{nj} = u_{i0} = u_{in} &= 0 \end{aligned} \right\} , \quad i, j = 1, \dots, n-1 . \tag{3.31}$$

Das Gauß-Seidel-Verfahren lässt sich bei natürlicher Abarbeitungsreihenfolge darstellen durch

$$\left. \begin{aligned} 4u_{ii}^{k+1} - u_{i-1j}^{k+1} - u_{ij-1}^{k+1} - u_{i+1j}^{k} - u_{ij+1}^{k} &= h^2 f_{i,j} \\ u_{0j}^{k+1} = u_{nj}^{k+1} = u_{i0}^{k+1} = u_{in}^{k+1} &= 0 \end{aligned} \right\} , \quad i, j = 1, \dots, n-1, \; k = 0, 1, \dots$$

$$\tag{3.32}$$

Mit den entsprechenden Matrizen A_h, B_h gilt sowohl für das Gauß-Seidel-Verfahren als auch analog für das Jacobi-Verfahren die asymptotische Aussage (vgl. z.B. [SN89])

$$\| B_h^{-1}(B_h - A_h) \| = 1 - O(h^2) . \tag{3.33}$$

Für beide Verfahren ist der Aufwand je vollständigem Iterationsschritt $O(N)$ mit der Zahl N der Freiheitsgrade, da A_h je Zeile nur eine feste, von h unabhängige Zahl von Nichtnullelementen enthält. Dies gilt unter schwachen Zusatzvoraussetzungen auch für allgemeinere Diskretisierungen und höhere Raumdimensionen d des stetigen Ausgangsproblems. Mit $N = O(h^{-d})$ liefert (3.33) mit (3.12), (3.13) für das Gauß-Seidel- und das Jacobi-Verfahren die Komplexität

$$O\left(h^{-(2+d)} \, |\ln(\varepsilon)| \right) \tag{3.34}$$

und damit speziell für ebene Probleme $O(N^2 \ln \varepsilon)$. Damit erfordern diese Verfahren bei kleinen Diskretisierungsschrittweiten h zur Erreichung vorgegebener Genauigkeit einen hohen Aufwand und sind bei feinen Diskretisierungen zur Lösung der Gittergleichungen praktisch nicht geeignet. Aufgrund des guten räumlich lokalen Charakters der einzelnen Teilschritte ihrer Iterationen besitzen sie als Glätter bei Mehrgitterverfahren eine große Bedeutung.

Bevor wir uns einfachen Verbesserungsmöglichkeiten der betrachteten Iterationsverfahren im nächsten Abschnitt zuwenden, soll auf einige weitere Aspekte hingewiesen werden.

Die konkrete Auflösung beim Gauß-Seidel-Verfahren hängt bei natürlicher Abarbeitung von der gewählten Numerierung der Variablen und damit der Gitterpunkte ab. Wird das Gauß-Seidel-Verfahren (3.14) auf eine Aufgabe (3.1) mit Symmetrien in der

Lösung u angewandt, so führt dies trotz eines symmetrischen Startvektors u^0 und einer symmetrischen Matrix A zu unsymmetrischen Iterierten u^k. Dieses Verhalten kann gedämpft werden, indem man Verfahren unterschiedlicher Eliminationsreihenfolge kombiniert. Man erhält bei Verbindung einer Vorwärts- mit einer Rückwärtsvariante so z.B. das aus zwei Halbschritten bestehende *symmetrische Gauß-Seidel-Verfahren*

$$
\begin{aligned}
(L+D)u^{k+1/2} \quad + \qquad\quad Ru^k &= b, \\
Lu^{k+1/2} \quad + \quad (D+R)u^{k+1} &= b.
\end{aligned}
\tag{3.35}
$$

Andererseits wird das unsymmetrische Verhalten des einfachen Gauß-Seidel-Verfahrens z.B. als angepaßtes Glättungsverfahren bei Mehrgittermethoden für Konvektions-Diffusions-Probleme gezielt genutzt, indem man die Eliminationsreihenfolge dem natürlichen Strömungsverhalten anpaßt.

Eine weitere Möglichkeit zur Symmetrisierung des Gauß-Seidel-Verfahrens wird durch eine schachbrettartige Auflösung der Gittergleichungen erreicht. Dieses auch als Red-Black-Iteration bezeichnete Vorgehen wird in Verbindung mit Block-Gauß-Seidel-Verfahren anschließend noch näher erläutert.

8.3.3 Block-Iterations-Verfahren

Bei regelmäßiger Diskretisierung besitzen die erzeugten Gleichungssysteme (3.1) i.allg. eine spezielle *Blockstruktur*. Betrachtet man Systeme der Form

$$
\sum_{j=1}^{m} A_{ij} u_j = b_i, \qquad i = 1, \ldots, m
\tag{3.36}
$$

mit

$$
b_i,\ u_i \in \mathbb{R}^{N_i}, \quad A_{ij} \in \mathcal{L}(\mathbb{R}^{N_j}, \mathbb{R}^{N_i}), \quad \sum_{i=1}^{m} N_i = N,
$$

sowie regulären Matrizen A_{ii}, dann lassen sich unmittelbar Blockvarianten des Gauß-Seidel-Verfahrens bzw. des Jacobi-Verfahrens angeben durch

$$
\sum_{j=1}^{i} A_{ij} u_j^{k+1} + \sum_{j=i+1}^{m} A_{ij} u_j^k = b_i, \qquad i = 1, \ldots, m
\tag{3.37}
$$

bzw.

$$
A_{ii} u_i^{k+1} + \sum_{j \neq i} A_{ij} u_j^k = b_i, \qquad i = 1, \ldots, m.
\tag{3.38}
$$

Die Konvergenzuntersuchungen übertragen sich sinngemäß auf die Blockvarianten. So liefert z.B. die Bedingung

$$
\|A_{ii}^{-1}\| \sum_{j \neq i}^{m} \|A_{ij}\| < 1, \qquad i = 1, \ldots, m
\tag{3.39}
$$

ein hinreichendes Kriterium für die Konvergenz des Iterationsverfahrens (3.37) bzw. (3.38). Dies verallgemeinert in direkter Weise die starke Diagonaldominanz von A.

Zur Anwendung des Block-Gauß-Seidel-Verfahrens (3.37) auf die diskrete Poisson-Gleichung (3.31) fassen wir zunächst die diskreten Variablen u_{ij} spaltenweise zusammen durch

$$u_i = (u_{ij})_{j=1}^{n-1} \in \mathbb{R}^{n-1}, \qquad i = 1, \ldots, n-1.$$

Dann ist das lineare Gleichungssystem (3.31) mit $m = n - 1$ und $N_j = m$, $j = 1, \ldots, m$ darstellbar (vgl. Abbildung 8.2) in der Form

$$-A_{ii-1}u_{i-1} + A_{ii}u_i - A_{ii+1}u_{i+1} = h^2 f_i, \qquad i = 1, \ldots, m \tag{3.40}$$

mit

$$A_{ii} = \begin{pmatrix} 4 & -1 & 0 & \cdot & 0 \\ -1 & 4 & -1 & 0 & \cdot \\ 0 & -1 & 4 & -1 & 0 \\ \cdot & \cdot & \cdot & \cdot & \cdot \\ 0 & \cdot & 0 & -1 & 4 \end{pmatrix}, \quad A_{ii-1} = A_{ii+1} = I, \qquad f_i = (f_{ij})_{j=1}^m.$$

Zugehörig erhält man als Blockvariante des Gauß-Seidel-Verfahrens

$$-A_{ii-1}u_{i-1}^{k+1} + A_{ii}u_i^{k+1} - A_{ii+1}u_{i+1}^k = h^2 f_i, \qquad i = 1, \ldots, n-1$$
$$u_0^{k+1} = u_n^{k+1} = 0. \tag{3.41}$$

Die hierbei in den i-ten Teilschritten des Gauß-Seidel-Verfahrens zur Bestimmung von u_i^{k+1} zu lösenden Gleichungssysteme

$$A_{ii}u_i^{k+1} = b_i^k \qquad \text{mit} \qquad b_i^k := h^2 f_i + A_{ii-1}u_{i-1}^{k+1} + A_{ii+1}u_{i+1}^k$$

besitzen tridiagonale Koeffizientenmatrizen A_{ii}, deren starke Diagonaldominanz den Einsatz der schnellen Gauß-Elimination (vgl. Abschnitt 5.2) zur Bestimmung von $u_i^{k+1} \in \mathbb{R}^{n-1}$ aus (3.41) gestattet.

Fasst man im Unterschied zu der voranstehenden Blockbildung die bei der Diskretisierung (3.31) erzeugten Indizes in zwei Gruppen $I_\bullet$, $I_\circ$ entsprechend der folgenden Abbildung zusammen, dann hängt z.B. die i-te Gleichung für $i \in I_\bullet$ außer von u_i nur von Variablen u_j mit $j \in I_\circ$ ab.

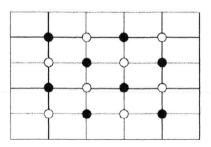

Abbildung 8.6 Red-black Markierung der Steifigkeitsmatrix

Dies ermöglicht eine unabhängige Auflösbarkeit in jeder Variablengruppe und wirkt Symmetrie erhaltend. Nachteilig sind Oszillationen in den Komponenten der Iterierten, die bei gewissen Startvektoren auftreten können. Man nennt das zur beschriebenen Auflösungsstrategie gehörige Gauß-Seidel-Verfahren auch *Schachbrettiteration* oder *red-black-Iteration*. Fasst man die Variablen entsprechend zu $u_\bullet$, $u_\circ$ zusammen, dann kann das Ausgangssystem $A u = b$ umgeordnet werden zu

$$
\begin{pmatrix} A_{\bullet\bullet} & A_{\bullet\circ} \\ A_{\circ\bullet} & A_{\circ\circ} \end{pmatrix} \begin{pmatrix} u_\bullet \\ u_\circ \end{pmatrix} = \begin{pmatrix} b_\bullet \\ b_\circ \end{pmatrix} \tag{3.42}
$$

Die red-black-Iteration hat dann die Form

$$
A_{\bullet\bullet} u_\bullet^{k+1} = b_\bullet - A_{\bullet\circ} u_\circ^k, \qquad A_{\circ\circ} u_\circ^{k+1} = b_\circ - A_{\circ\bullet} u_\bullet^{k+1}, \tag{3.43}
$$

ist also ein spezielles Block-Gauß-Seidel-Verfahren. Dabei besitzen die Matrizen $A_{\bullet\bullet}$, $A_{\circ\circ}$ Diagonalgestalt. Löst man den ersten Teil nach $u_\bullet^{k+1}$ auf und setzt ihn in den zweiten Teil ein, so erhält man für $u_\circ^{k+1}$ nun

$$
A_{\circ\circ} u_\circ^{k+1} = b_\circ - A_{\circ\bullet} A_{\bullet\bullet}^{-1} b_\bullet + A_{\circ\bullet} A_{\bullet\bullet}^{-1} A_{\bullet\circ} u_\circ^k.
$$

Analog gilt für $u_\bullet^{k+1}$ die Iterationsvorschrift

$$
A_{\bullet\bullet} u_\bullet^{k+1} = b_\bullet - A_{\bullet\circ} A_{\circ\circ}^{-1} b_\circ + A_{\bullet\circ} A_{\circ\circ}^{-1} A_{\circ\bullet} u_\bullet^k.
$$

Beide Vorschriften entsprechen damit einem gewöhnlichen Iterationsverfahren zur Lösung der jeweiligen reduzierten Gleichungen

$$
\left(A_{\circ\circ} - A_{\circ\bullet} A_{\bullet\bullet}^{-1} A_{\bullet\circ} \right) u_\circ = b_\circ - A_{\circ\bullet} A_{\bullet\bullet}^{-1} b_\bullet
$$

bzw.

$$
\left(A_{\bullet\bullet} - A_{\bullet\circ} A_{\circ\circ}^{-1} A_{\circ\bullet} \right) u_\bullet = b_\bullet - A_{\bullet\circ} A_{\circ\circ}^{-1} b_\circ.
$$

Die dabei auftretende Matrix $A_{\circ\circ} - A_{\circ\bullet} A_{\bullet\bullet}^{-1} A_{\bullet\circ}$ bzw. $A_{\bullet\bullet} - A_{\bullet\circ} A_{\circ\circ}^{-1} A_{\circ\bullet}$ ist gerade das Schur-Komplement zur jeweilige partiellen Auflösung des linearen Ausgangssystem.

Analog lassen sich bei geeigneter Aufteilung der Indizes in komplementäre Mengen $I_\bullet$, $I_\circ$ auch spezielle *Gebietszerlegungs-Verfahren*, in der Literatur häufig als *Domain-Decomposition-Verfahren* (kurz auch *DD-Verfahren*) bezeichnet, beschreiben. Wir skizzieren nachfolgend die Vorgehensweise speziell für das diskrete Dirichlet-Problem (2.26). Allgemeinere Aspekte von Gebietszerlegungs-Verfahren werden in Abschnitt 8.6 betrachtet.

Bei einer Gebietszerlegung werden in $I_\circ$ die Indizes längs einer inneren Grenze erfasst (vgl. Abbildung 8.7) und in $I_\bullet$ die restlichen. Bei dieser Splittung der Freiheitsgrade zerfällt das lineare Teilsystem

$$
A_{\bullet\bullet} u_\bullet^{k+1} = b_\bullet - A_{\bullet\circ} u_\circ^k
$$

in zwei voneinander unabhängige diskrete Poisson-Gleichungen jeweils über den auf einer Seite der inneren diskreten Grenze liegenden Gebieten. Das ferner in jedem Iterationsschritt zu lösende Gleichungssystem

$$
A_{\circ\circ} u_\circ^{k+1} = b_\circ - A_{\circ\bullet} u_\bullet^{k+1},
$$

koppelt dagegen die Freiheitsgrade auf der diskreten Grenze. Dieser Teilschrittes des Block-Gauß-Seidel-Verfahrens erfordert damit lediglich die Lösung eines tridiagonalen Gleichungssystems.

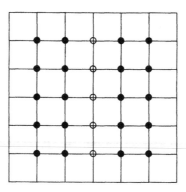

Abbildung 8.7 Diskrete Gebietszerlegung

Die Gebietszerlegung reduziert nicht nur den numerischen Aufwand gegenüber einer direkten Lösung des Ausgangsproblems, sondern erlaubt auch eine parallele Abarbeitung. Die in Abbildung 8.7 skizzierte Zerlegung des Gebietes entspricht der in Abbildung 8.8 angegebenen Splittung der Matrix A. Die Konvergenz des Iterationsverfahren lässt sich analog zur Vorgehensweise für das Gauß-Seidel-Verfahren begründen. Zur Frage von Konvergenzverbesserungen gegenüber dem punktweisen Verfahren wird auf die allgemeinen Untersuchungen zu Gebietszerlegungs-Verfahren in Abschnitt 8.6 verwiesen.

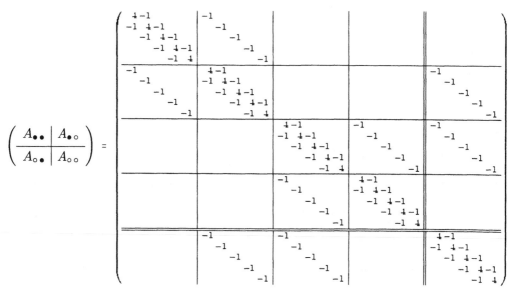

Abbildung 8.8 Umgeordnete Matrix

Übung 8.4 Man zeige, daß sich die durch (3.4) definierte Matrixnorm unter Zugrunde-
legung der Vektornorm $|| \cdot ||_1$ bzw. $|| \cdot ||_2$ darstellen lässt durch

$$||A||_1 = \max_j \sum_{i \neq j} |a_{ij}| \qquad \text{bzw.} \qquad ||A||_2 = \rho(A^T A)^{1/2}.$$

Man überlege sich auf der Basis von $||A||_1$ ein einfach überprüfbares Kriterium, das
hinreichend für die Konvergenz des Gauß-Seidel-Verfahrens ist.

Übung 8.5 Man weise nach, daß in endlichdimensionalen Räumen alle Vektornormen
äquivalent sind. Mit welchen nichtverbesserbaren Konstanten $\underline{c}$, $\bar{c}$ gilt

$$\underline{c}||u||_\infty \leq ||u||_2 \leq \bar{c}||u||_\infty \qquad \text{für alle } u \in \mathbb{R}^N \text{ ?}$$

Übung 8.6 Unter Verwendung der Eigenvektoren berechne man für das Jacobi-Verfahren
bei Anwendung auf die Modellaufgabe (3.31) die Verfahrensgröße $||B_h^{-1}(A_h - B_h)||_2$.

8.3.4 Relaxations- und Splittingverfahren

Ein erheblicher Nachteil einfacher Iterationsverfahren vom Typ der Gauß-Seidel- bzw.
Jacobi-Verfahren besteht in der asymptotisch langsamen Konvergenz, die sich z.B. in
der Beziehung (3.33) ausdrückt. Gewisse Beschleunigungen dieser Verfahren lassen sich
durch die Verwendung von Relaxationen, d.h. einer Modifikation des Verfahrens durch
Einführung einer zusätzlichen Schrittweite für die Korrektur im jeweiligen Verfahrensschritt, erreichen. Wir betrachten im weiteren ausschließlich das Gauß-Seidel-Verfahren
als Basismethode. Die Darlegungen lassen sich analog auf das Jacobi-Verfahren übertragen.

Die Iterationsvorschrift (3.14) wird beim *Relaxationsverfahren* wie folgt modifiziert:

$$\sum_{j=1}^{i-1} a_{ij}u_j^{k+1} + a_{ii}\tilde{u}_i^{k+1} + \sum_{j=i+1}^{N} a_{ij}u_j^k = b_i, \qquad i = 1, \dots, N \tag{3.44}$$

$$u_i^{k+1} = u_i^k + \omega\left(\tilde{u}_i^{k+1} - u_i^k\right).$$

Dabei bezeichnet $\omega > 0$ einen Relaxationsparameter. Nach Elimination der Zwischen-
iterierten $\tilde{u}_i^{k+1}$ erhält man unter Verwendung der Zerlegung von $A = L + D + R$ aus
(3.44) die Darstellung

$$\left(L + \frac{1}{\omega}D\right)u^{k+1} + \left(R + (1 - \frac{1}{\omega})D\right)u^k = b, \qquad k = 0, 1, \dots \tag{3.45}$$

bzw. in aufgelöster Form

$$u^{k+1} = T(\omega)u^k + t(\omega), \qquad k = 0, 1, \dots \tag{3.46}$$

mit

$$T(\omega) := \left(L + \frac{1}{\omega}D\right)^{-1}\left((L + \frac{1}{\omega}D) - A\right), \qquad t(\omega) := \left(L + \frac{1}{\omega}D\right)^{-1}b. \tag{3.47}$$

Ausgehend von Lemma 8.2 wird angestrebt, den eingeführten Relaxationsparameter $\omega > 0$ so zu bestimmen, daß der Spektralradius $\rho(T(\omega))$ der Iterationsmatrix von (3.46) minimal ist. Wie später gezeigt wird, ist es in vielen Situationen günstig, $\omega \in (1,2)$ zu wählen. Die Methode (3.45) wird daher auch *SOR-Verfahren* (successive *over*relaxation) genannt.

Analog zum symmetrischen Gauß-Seidel-Verfahren (3.35) lässt sich das SOR-Verfahren durch Kombination von Vorwärts- und Rückwärtsvarianten symmetrisieren. Man erhält so die folgende, als *SSOR-Verfahren* bezeichnete Iteration

$$
\begin{aligned}
\left(L + \tfrac{1}{\omega}D\right) u^{k+1/2} + \left(R + (1 - \tfrac{1}{\omega})D\right) u^k &= b, \\
\left(L + (1 - \tfrac{1}{\omega})D\right) u^{k+1/2} + \left(R + \tfrac{1}{\omega}D\right) u^{k+1} &= b,
\end{aligned}
\qquad k = 0, 1, \dots \quad (3.48)
$$

Zur Eingrenzung der Relaxationsparameter eignet sich

LEMMA 8.6 *Für die Iterationsmatrix $T(\omega)$ des SOR-Verfahrens gilt*

$$
\rho(T(\omega)) \geq |1 - \omega| \qquad \text{für alle } \omega > 0.
$$

Beweis: Die durch (3.47) definierte Matrix $T(\rho)$ lässt sich auch in der Form

$$
T(\omega) = (I + \omega D^{-1}L)^{-1}((1 - \omega)I - \omega D^{-1}R)
$$

darstellen. Beachtet man, daß $D^{-1}L$ bzw. $D^{-1}R$ eine strenge untere bzw. obere Dreiecksmatrix ist, so gilt

$$
\det\left(T(\omega)\right) = \det\left((I + \omega D^{-1}L)^{-1}\right) \det\left((1 - \omega)I - \omega D^{-1}R\right) = 1 \cdot (1 - \omega)^N. \quad (3.49)
$$

Die Determinante einer Matrix lässt sich auch als Produkt ihrer Eigenwerte darstellen. Dies liefert mit (3.49) und den Eigenwerten λ_j von $T(\omega)$ die Beziehung

$$
(1 - \omega)^N = \prod_{j=1}^{N} \lambda_j. \qquad (3.50)
$$

Nach der Definition des Spektralradius gilt $|\lambda_j| \leq \rho(T(\omega))$, $j = 1, \dots, N$, und aus (3.50) folgt die Behauptung. ∎

Aus Lemma 8.6 folgt mit Lemma 8.2 unmittelbar, daß die Bedingung

$$
\omega \in (0, 2)
$$

notwendig für die Konvergenz des SOR-Verfahrens ist.

Unter zusätzlichen Voraussetzungen an die Koeffizientenmatrix A lässt sich der Spektralradius $\rho(T(\omega))$ für die Iterationsmatrix des SOR-Verfahrens explizit angeben. Man sagt, die Koeffizientenmatrix von (3.1) besitzt die *property* A, falls eine Permutations-matrix P existiert mit (gleichzeitigem Vertauschen von Zeilen und Spalten)

$$
P^T A P = \begin{pmatrix} D_1 & R_1 & & & \\ L_2 & D_2 & R_2 & & \\ & \cdot & \cdot & \cdot & \\ & & \cdot & \cdot & R_{m-1} \\ & & & L_m & D_m \end{pmatrix}, \tag{3.51}
$$

wobei D_j, $j = 1, \ldots, m$ reguläre Diagonalmatrizen seien. Für die Konvergenzabschätzun-gen bei SOR-Verfahren gilt unter den getroffenen Annahmen (vgl. [HY81], [Axe96])

LEMMA 8.7 *Der Spektralradius der Iterationsmatrix $T(\omega)$ des SOR-Verfahrens lässt sich darstellen durch*

$$
\rho(T(\omega)) = \begin{cases} 1 - \omega + \frac{\omega^2 \rho(J)^2}{2} + \omega \rho(J) \sqrt{\frac{\omega^2 \rho(J)^2}{4} - \omega + 1}, & \text{falls } \omega \in (0, \omega_{opt}] \\ \omega - 1, & \text{falls } \omega \in (\omega_{opt}, 2) \end{cases}
$$

mit ω_{opt} gemäß

$$
\omega_{opt} := \frac{2}{\rho(J)^2} \left(1 - \sqrt{1 - \rho(J)^2} \right). \tag{3.52}
$$

Insbesondere gilt damit

$$
\rho(T(\omega_{opt})) \leq \rho(T(\omega)) \qquad \text{für alle } \omega \in (0, 2).
$$

Mit dem optimalen Relaxationsparameter $\omega = \omega_{opt}$ erhält man z.B. bei Anwendung des SOR-Verfahrens auf das Modellproblem (3.31) das asymptotische Verhalten

$$
\rho(T_h(\omega_{opt})) = 1 - O(h)
$$

in Abhängigkeit von der Diskretisierungsschrittweite h.

Bemerkung 8.5 Die Bestimmung von ω_{opt} aus (3.52) erfordert die Kenntnis des Spek-tralradius $\rho(J)$ des zugehörigen Jacobi-Verfahrens. Eine Schätzung $\tilde{\rho}(J)$ für $\rho(J)$ erhält man aus einem Näherungswert $\tilde{\rho}(T(\omega))$ für ein festes ω durch

$$
\tilde{\rho}(J) = \frac{\tilde{\rho}(T(\omega)) + \omega - 1}{\omega \, \tilde{\rho}(T(\omega))^{1/2}}.
$$

Damit lässt sich eine Näherung des optimalen Relaxationsparameters ω_{opt} aus (3.52) berechnen. $\square$

Für eine ausführliche Untersuchung der SOR-Verfahren wird z.B. auf [HY81] verwiesen.

Wir wenden uns nun den Splittingverfahren zu. Gegeben sei das Ausgangsproblem

$$A\,u = b \tag{3.53}$$

mit einer positiv definiten Koeffizientenmatrix A. Ferner seien zwei positiv definite Matrizen P, Q bekannt mit

$$A = P + Q. \tag{3.54}$$

Hiervon ausgehend erhält man zwei zu (3.53) äquivalente Formulierungen

$$(\sigma I + P)u = (\sigma I - Q)u + b$$

bzw.

$$(\sigma I + Q)u = (\sigma I - P)u + b,$$

wobei $\sigma > 0$ einen reellen Parameter bezeichnet. Der Grundtyp der *Splittingverfahren* nutzt dies in folgender zweistufiger Iterationsvorschrift

$$
\begin{aligned}
(\sigma I + P)u^{k+1/2} &= (\sigma I - Q)u^k + b, \\
(\sigma I + Q)u^{k+1} &= (\sigma I - P)u^{k+1/2} + b,
\end{aligned}
\qquad k = 0, 1, \dots \,. \tag{3.55}
$$

Nach Elimination der Zwischenstufe erhält man hieraus

$$u^{k+1} = T(\sigma)\,u^k + t(\sigma) \tag{3.56}$$

mit

$$T(\sigma) := (\sigma I + Q)^{-1}(\sigma I - P)(\sigma I + P)^{-1}(\sigma I - Q) \tag{3.57}$$

und einem entsprechenden Vektor $t(\sigma) \in \mathbb{R}^N$.

Betrachtet man das Modellproblem (3.31), so lassen sich P und Q in natürlicher Weise jeweils aus der Diskretisierung von $\frac{\partial^2 u}{\partial x^2}$ bzw. von $\frac{\partial^2 u}{\partial y^2}$ gewinnen. Man erhält auf diese Weise mit (3.55) die Iterationsvorschrift

$$(2+\sigma)u_{ij}^{k+1/2} - u_{i-1j}^{k+1/2} - u_{i+1j}^{k+1/2} + (2-\sigma)u_{ij}^k - u_{ij-1}^k - u_{ij+1}^k = h^2 f_{ij}$$

$$(2-\sigma)u_{ij}^{k+1/2} - u_{i-1j}^{k+1/2} - u_{i+1j}^{k+1/2} + (2+\sigma)u_{ij}^{k+1} - u_{ij-1}^{k+1} - u_{ij+1}^{k+1} = h^2 f_{ij}$$

für $i, j = 1, \dots, n-1$, $k = 0, 1, \dots$. Dieses Verfahren wurde von Peaceman-Rachford in Verbindung mit parabolischen Problemen untersucht und wegen der wechselnden Richtungen bei der Wahl des Zusammenhanges der Variablen in den zu lösenden Gleichungssystemen als *ADI-Verfahren* (alternating direction implicit) bezeichnet.

Die Konvergenzuntersuchungen von Splittingverfahren basieren auf

LEMMA 8.8 *Es sei* $C \in \mathcal{L}(\mathbb{R}^N)$ *eine symmetrische, positiv definite Matrix. Dann gilt mit der Euklidischen Norm für beliebige* $\sigma > 0$ *die Abschätzung*

$$\| (\sigma I - C)(\sigma I + C)^{-1} \| \leq \rho((\sigma I - C)(\sigma I + C)^{-1}) < 1. \tag{3.58}$$

Beweis: Da die Matrix C symmetrisch ist, existiert ein orthonormiertes System $\{v^i\}_{i=1}^N$ von zugehörigen Eigenvektoren. Bezeichnet man mit μ_i die entsprechenden Eigenwerte, so gilt

$$(\sigma I - C)(\sigma I + C)^{-1} v^i = \frac{\sigma - \mu_i}{\sigma + \mu_i} v^i, \qquad i = 1, \ldots, N. \tag{3.59}$$

Damit bildet $\{v^i\}_{i=1}^N$ zugleich ein orthonormiertes Eigensystem für die Matrix $(\sigma I - C)(\sigma I + C)^{-1}$. Für den Spektralradius erhält man unter Beachtung der vorausgesetzten positiven Definitheit von C und mit $\sigma > 0$ nun

$$\rho((\sigma I - C)(\sigma I + C)^{-1}) = \max_{1 \leq i \leq N} \left| \frac{\sigma - \mu_i}{\sigma + \mu_i} \right| < 1. \tag{3.60}$$

Es sei $y \in \mathbb{R}^N$ ein beliebiger Vektor. Dann gibt es eine eindeutige Darstellung

$$y = \sum_{i=1}^N \eta_i v^i$$

über der Basis $\{v^i\}$. Für den durch

$$z := (\sigma I - C)(\sigma I + C)^{-1})y$$

zu y zugeordneten Vektor gilt wegen (3.59) die Darstellung

$$z = \sum_{i=1}^N \frac{\sigma - \mu_i}{\sigma + \mu_i} \eta_i v^i.$$

Aus der Orthonormalität von $\{v^i\}$ folgt ferner

$$\begin{aligned}
\|z\|^2 &= \sum_{i=1}^N \left(\frac{\sigma-\mu_i}{\sigma+\mu_i}\right)^2 \eta_i^2 \leq \max_{1 \leq i \leq N} \left(\frac{\sigma-\mu_i}{\sigma+\mu_i}\right)^2 \sum_{i=1}^N \eta_i^2 \\
&= \max_{1 \leq i \leq N} \left(\frac{\sigma-\mu_i}{\sigma+\mu_i}\right)^2 \|y\|^2.
\end{aligned}$$

Mit (3.60) hat man also

$$\|z\| \leq \rho((\sigma I - C)(\sigma I + C)^{-1}) \, \|y\|,$$

und mit (3.4) folgt

$$\|(\sigma I - C)(\sigma I + C)^{-1}\| \leq \rho((\sigma I - C)(\sigma I + C)^{-1}). \qquad \blacksquare$$

Bemerkung 8.6 Ist man lediglich an der Normabschätzung

$$\| (\sigma I - C)(\sigma I + C)^{-1} \| < 1$$

interessiert, so kann diese auch für den nichtsymmetrischen Fall und in einfacherer Weise durch direkte Nutzung der Definition (3.4) erhalten werden. $\square$

Zur Konvergenz des Splitting-Verfahrens (3.55) gilt

SATZ 8.1 *Mit symmetrischen, positiv definiten Matrizen P, Q besitze A die Darstellung (3.54). Dann konvergiert das Verfahren (3.55) für jedes $\sigma > 0$ und beliebige Startvektoren $u^0 \in \mathbb{R}^N$ gegen die Lösung u von (3.53).*

Beweis: Wir schätzen den Spektralradius der durch (3.57) definierten Iterationsmatrix $T(\sigma)$ ab. Diese besitzt wegen der verbindenden Ähnlichkeitstransformation das gleiche Spektrum wie die Matrix

$$(\sigma I - P)(\sigma I + P)^{-1}(\sigma I - Q)(\sigma I + Q)^{-1}.$$

Mit der Euklidischen Norm und Lemma 8.8 folgt nun

$$\rho(T(\sigma)) \leq \|(\sigma I - P)(\sigma I + P)^{-1}\| \, \|(\sigma I - Q)(\sigma I + Q)^{-1}\| < 1.$$

Unter Verwendung von Lemma 8.2 erhält man hieraus die Aussage des Satzes. $\blacksquare$

Abschließend sei darauf verwiesen, daß sich unter der zusätzlichen Voraussetzung der Vertauschbarkeit von P und Q der Spektralradius der Iterationsmatrix $\rho(T(\sigma))$ unter Nutzung der Abschätzung (3.60) minimieren lässt (vgl. [HY81]).

Übung 8.7 Man gebe für das SSOR-Verfahren (3.48) eine Darstellung in der Form

$$u^{k+1} = T u^k + t, \qquad k = 1, 2, \dots$$

an. Welche Form besitzt die Matrix T? Wie lautet speziell die Matrix T im Fall des symmetrischen Gauß-Seidel-Verfahrens (3.35)?

Übung 8.8 Wie verhält sich der nach Lemma 8.7 dargestellte Spektralradius $\rho(T(\omega))$ für $\omega \to \omega_{opt}$? Welche Empfehlung ist damit für die näherungsweise Berechnung von ω_{opt} zu geben?

Übung 8.9 Wie ist σ zu wählen, damit der Ausdruck

$$\max_{1 \leq i \leq 2} \left| \frac{\sigma - \mu_i}{\sigma + \mu_i} \right|$$

bei gegebenen $\mu_1, \mu_2 > 0$ minimal wird?

8.4   CG - Verfahren

8.4.1   Grundkonzept, Konvergenzeigenschaften

Wir betrachten in diesem Abschnitt lineare Gleichungssysteme

$$A\,u \;=\; b \tag{4.1}$$

mit einer positiv definiten Koeffizientenmatrix A. Es bezeichne $(\cdot,\cdot)$ ein Skalarprodukt im $\mathbb{R}^N$, und es wird ferner vorausgesetzt, daß A bezüglich dieses Skalarproduktes selbstadjungiert ist, d.h. es gilt

$$(Ay,z) \;=\; (y,Az) \qquad \text{für alle } y,\,z \in \mathbb{R}^N. \tag{4.2}$$

Für den Spezialfall des euklidischen Skalarproduktes, d.h. von $(x,y) = x^T y$, ist A genau dann selbstadjungiert, wenn A symmetrisch ist, d.h. $A = A^T$ gilt.

Der zur numerischen Lösung des linearen Gleichungssystems (4.1) erforderliche Aufwand lässt sich durch Verwendung einer der Matrix angepaßten Basis $\{p^j\}_{j=1}^N$ des $\mathbb{R}^N$ gezielt reduzieren. Es besitze $\{p^j\}_{j=1}^N$ die Eigenschaften

$$(Ap^i,p^j) \;=\; 0, \qquad \text{falls } i \neq j \tag{4.3}$$

und

$$(Ap^i,p^i) \;\neq\; 0 \qquad \text{für } i = 1,\dots,N. \tag{4.4}$$

Richtungen $\{p^j\}$ mit den Eigenschaften (4.3), (4.4) heißen *konjugiert* oder auch *A-orthogonal*. Stellt man die gesuchte Lösung u des Gleichungssystems (4.1) über der Basis $\{p^j\}_{j=1}^N$ dar, d.h.

$$u \;=\; \sum_{j=1}^N \eta_j\,p^j\,, \tag{4.5}$$

dann lassen sich die zugehörigen Koeffizienten η_j, $j = 1,\dots,N$ wegen (4.3), (4.4) explizit darstellen durch

$$\eta_j \;=\; \frac{(b,p^j)}{(Ap^j,p^j)}\,, \qquad j = 1,\dots,N.$$

Sieht man von den in Abschnitt 5.2 angesprochenen Spezialfällen ab, so sind konjugierte Richtungen in der Regel nicht a priori bekannt. Der Grundidee der CG-Verfahren besteht nun darin, diese Richtungen mit Hilfe der Gram-Schmidt-Orthogonalisierung aus den verbleibenden Defekten $d^{k+1} := b - Au^{k+1}$ in den Iterationspunkten u^{k+1} rekursiv zu erzeugen. Man stellt also die neue Richtung p^{k+1} in der Form

$$p^{k+1} \;=\; d^{k+1} + \sum_{j=1}^k \beta_{kj}\,p^j$$

dar, und bestimmt die Koeffizienten $\beta_{kj} \in \mathbb{R}$ aus der verallgemeinerten Orthogonalitätsbedingung $(Ap^{k+1}, p^j) = 0$, $j = 1, \ldots, k$. Dies wird im Schritt 2 des nachfolgend angegebenen Basisverfahrens realisiert.

Die Richtungen d^{k+1}, die auch Anti-Gradient der (4.1) zugeordneten Funktion

$$F(u) = \frac{1}{2}(Au, u) - (b, u)$$

in den Punkten u^{k+1} sind, gaben dem *CG-Verfahren* (conjugate gradients) seinen Namen.

Die vorgestellte Grundidee eines Lösungsverfahrens, das konjugierte Richtungen erzeugt und zur Darstellung der Iterierten nutzt, führt zu folgendem

Basisverfahren

Schritt 0: Vorgabe eines Startvektors $u^1 \in \mathbb{R}^N$. Setze $k := 1$ und

$$p^1 := d^1 := b - Au^1. \tag{4.6}$$

Schritt 1: Bestimme ein

$$v^k \in V_k := \operatorname{span}\left\{p^j\right\}_{j=1}^k \tag{4.7}$$

mit

$$(Av^k, v) = (d^k, v) \qquad \text{für alle } v \in V_k \tag{4.8}$$

und setze

$$u^{k+1} := u^k + v^k, \tag{4.9}$$

$$d^{k+1} := b - A u^{k+1}. \tag{4.10}$$

Schritt 2: Falls $d^{k+1} = 0$ gilt, stoppe. Andernfalls bestimme ein $q^k \in V_k$ mit

$$(Aq^k, v) = -(A d^{k+1}, v) \qquad \text{für alle } v \in V_k. \tag{4.11}$$

Setze

$$p^{k+1} := d^{k+1} + q^k \tag{4.12}$$

und gehe mit $k + 1$ anstelle von k zu Schritt 1.

Bemerkung 8.7 Wegen der positiven Definitheit von A besitzen nach dem Lemma von Lax-Milgram die Teilaufgaben (4.8) und (4.11) stets eine eindeutige Lösung $v^k \in V_k$ bzw. $q^k \in V_k$. $\square$

Bemerkung 8.8 Von seiner Grundstruktur her kann das CG-Verfahren prinzipiell auch ohne Diskretisierung auf symmetrische elliptische Probleme angewandt werden. Dies wurde z.B. in [53] analysiert. □

Für die weiteren Untersuchungen schließen wir den Trivialfall $d^1 = 0$ aus. In diesem löst bereits der Startpunkt u^1 das gegebene Gleichungssystem (4.1).

LEMMA 8.9 *Die im Basisverfahren erzeugten Richtungen $\{p^j\}_{j=1}^k$ sind konjugiert, d.h. sie genügen den Bedingungen*

$$
\begin{aligned}
(Ap^i, p^j) &= 0, \quad i, j = 1, \ldots, k, \ i \neq j, \\
(Ap^i, p^i) &\neq 0, \quad i = 1, \ldots, k.
\end{aligned}
\tag{4.13}
$$

Beweis: Wir führen den Nachweis induktiv. Für $k = 1$ sind wegen $p^1 = d^1 \neq 0$ und der positiven Definitheit von A die Bedingungen (4.13) trivialerweise erfüllt.
$'k \Rightarrow k + 1'$
Nach (4.11), (4.12) gilt

$$(Ap^{k+1}, v) = 0 \qquad \text{für alle } v \in V_k.$$

Speziell mit $v = p^j$, $j = 1, \ldots, k$ folgt hieraus

$$(Ap^{k+1}, p^j) = 0, \qquad j = 1, \ldots, k.$$

Wegen der Selbstadjungiertheit von A ist damit auch

$$(Ap^j, p^{k+1}) = 0, \qquad j = 1, \ldots, k,$$

also gilt unter Beachtung der Konjugiertheit von $\{p^j\}_{j=1}^k$ insgesamt

$$(Ap^i, p^j) = 0, \qquad i, j = 1, \ldots, k+1, \ i \neq j.$$

Zu zeigen bleibt

$$(Ap^{k+1}, p^{k+1}) \neq 0. \tag{4.14}$$

Wir nehmen an, (4.14) gelte nicht. Dann folgt aus der positiven Definitheit von A, daß $p^{k+1} = 0$ ist. Nach (4.11), (4.12) gilt damit

$$d^{k+1} = -q^k \in V_k. \tag{4.15}$$

Andererseits erhält man aus (4.8) - (4.10) die Beziehung

$$(d^{k+1}, v) = (b - Au^k - Av^k, v) = (d^k - Av^k, v) = 0 \qquad \text{für alle } v \in V_k. \tag{4.16}$$

Mit (4.15) und der Wahl $v = d^{k+1}$ folgt hieraus $d^{k+1} = 0$ im Widerspruch zu Schritt 2 des Basisverfahrens. Also war die Annahme falsch, und es gilt (4.14). ■

LEMMA 8.10 *Für die im Basisverfahren erzeugten linearen Unterräume $V_k \subset \mathbb{R}^N$ gilt*

$$V_k = \operatorname{span}\{d^j\}_{j=1}^k \qquad und \qquad \dim V_k = k. \tag{4.17}$$

Beweis: Die Aussage wird induktiv nachgewiesen.

Für $k = 1$ gilt wegen $p^1 = d^1$ und der Definition (4.7) von V_k die Behauptung trivialerweise.

$'k \Rightarrow k+1'$

Es sei die Aussage für k richtig. Mit (4.11), (4.12) und mit der Definition (4.7) von V_{k+1} erhält man

$$V_{k+1} \subset \operatorname{span}\{d^j\}_{j=1}^{k+1}. \tag{4.18}$$

Aus Lemma 8.9 folgt insbesondere die lineare Unabhängigkeit von $\{p^j\}_{j=1}^{k+1}$. Dies liefert

$$\dim V_{k+1} = k+1, \tag{4.19}$$

und mit (4.18) folgt die Behauptung

$$V_{k+1} = \operatorname{span}\{d^j\}_{j=1}^{k+1}.$$

∎

Als nächstes zeigen wir, daß sich die Teilschritte (4.8) und (4.11) des Basisverfahrens unter Ausnutzung der Konjugiertheit von $p^1, ..., p^k$ und der Verfahrensvorschrift wesentlich vereinfachen lassen.

LEMMA 8.11 *Für die Koeffizienten $\alpha_{kj}, \beta_{kj} \in \mathbb{R}$, $j = 1, ..., k$ zur Darstellung der durch (4.8) bzw. (4.11) bestimmten Vektoren $v^k \in V_k$ bzw. $q^k \in V_k$ über der Basis $\{p^j\}_{j=1}^k$, d.h.*

$$v^k = \sum_{j=1}^k \alpha_{kj}\, p^j, \qquad q^k = \sum_{j=1}^k \beta_{kj}\, p^j, \tag{4.20}$$

gilt

$$\alpha_{kj} = \beta_{kj} = 0 \qquad für\ j = 1, ..., k-1$$

und

$$\alpha_{kk} = \frac{(d^k, d^k)}{(Ap^k, p^k)}, \qquad \beta_{kk} = \frac{(d^{k+1}, d^{k+1})}{(d^k, d^k)}. \tag{4.21}$$

Beweis: Aus der im Beweis zu Lemma 8.9 gezeigten Beziehung (4.16) folgt

$$(d^{k+1}, p^j) = 0, \qquad j = 1, ..., k, \tag{4.22}$$

sowie unter Beachtung von Lemma 8.10 auch

$$(d^{k+1}, d^j) = 0, \qquad j = 1, ..., k. \tag{4.23}$$

Mit (4.20) und der Bestimmungsgleichung (4.7) für v^k gilt

$$\sum_{i=1}^{k} \alpha_{ki} (Ap^i, v) = (d^k, v) \qquad \text{für alle } v \in V_k. \tag{4.24}$$

Wählt man speziell $v = p^j$, so folgt aus (4.13) und (4.22) damit

$$\alpha_{kj} = 0, \qquad j = 1, \ldots, k-1 \tag{4.25}$$

und

$$\alpha_{kk} = \frac{(d^k, p^k)}{(Ap^k, p^k)}. \tag{4.26}$$

Berücksichtigt man (4.12), (4.20), (4.22), so erhält man

$$\alpha_{kk} = \frac{(d^k, d^k)}{(Ap^k, p^k)} \tag{4.27}$$

als eine zu (4.26) äquivalente Darstellung. Wegen $d^k \neq 0$ gilt insbesondere auch $\alpha_{kk} \neq 0$. Wir untersuchen nun das Verhalten der Koeffizienten β_{kj}. Mit (4.12), (4.20) hat man

$$p^{k+1} = d^{k+1} + \sum_{j=1}^{k} \beta_{kj} \, p^j.$$

Unter Beachtung der Konjugiertheit der Richtungen $\{p^j\}_{j=1}^{k+1}$ folgt

$$0 = (Ap^i, d^{k+1}) + \sum_{j=1}^{k} \beta_{kj} (Ap^i, p^j), \qquad j = 1, \ldots, k,$$

und schließlich

$$\beta_{kj} = \frac{(Ap^j, d^{k+1})}{(Ap^j, p^j)}, \qquad j = 1, \ldots, k. \tag{4.28}$$

Wie im ersten Teil des Beweises gezeigt wurde, gilt

$$u^{j+1} = u^j + \alpha_{jj} \, p^j, \qquad j = 1, \ldots, k$$

mit Koeffizienten $\alpha_{jj} \neq 0$. Dies liefert

$$Ap^j = \frac{1}{\alpha_{jj}} A(u^{j+1} - u^j) = \frac{1}{\alpha_{jj}} (d^j - d^{j+1}).$$

Durch Einsetzen in (4.28) erhält man

$$\beta_{kj} = \frac{1}{\alpha_{jj}} \frac{(d^{k+1}, d^{j+1} - d^j)}{(Ap^j, p^j)}, \qquad j = 1, \ldots, k.$$

Unter Beachtung von (4.22) folgt nun $\beta_{kj} = 0$, $j = 1, \ldots, k-1$. Ferner ist

$$\beta_{kk} = \frac{(d^{k+1}, d^{k+1})}{(d^k, p^k)}.$$

Berücksichtigt man noch (4.12) und (4.22), so gilt (4.21). ∎

Nach Lemma 8.11 kann auf die Doppelindizierung in den Darstellungen (4.20) verzichtet werden. Ferner sind mit (4.21) explizite Formeln zur Bestimmung der Koeffizienten $\alpha_k := \alpha_{kk}$ und $\beta_k := \beta_{kk}$ verfügbar.

Zusammenfassend erhält man aus dem Basisalgorithmus unter Nutzung der obigen Lemmata das folgende

CG-Verfahren

Berechne von einem $u^1 \in \mathbb{R}^N$ ausgehend mit

$$p^1 := d^1 := b - Au^1 \tag{4.29}$$

rekursiv für $k = 1, 2, \ldots$, solange $d^k \neq 0$ gilt, die Größen

$$\alpha_k \ := \ \frac{(d^k, d^k)}{(Ap^k, p^k)}, \tag{4.30}$$

$$u^{k+1} \ := \ u^k + \alpha_k p^k, \tag{4.31}$$

$$d^{k+1} \ := \ b - Au^{k+1}, \tag{4.32}$$

$$\beta_k \ := \ \frac{(d^{k+1}, d^{k+1})}{(d^k, d^k)}, \tag{4.33}$$

$$p^{k+1} \ := \ d^{k+1} + \beta_k p^k. \tag{4.34}$$

Als unmittelbare Konsequenz von Lemma 8.10 und (4.7), (4.8) erhält man

SATZ 8.2 *Das CG-Verfahren liefert bei exakter Rechnung nach maximal N Schritten die Lösung u des Ausgangsproblems (4.1).*

Da bei Diskretisierung von partiellen Differentialgleichungen Gleichungssysteme großer Dimensionen auftreten, wird das CG-Verfahren häufig als iterative Methode betrachtet, die nicht bis zur Erreichung der exakten Lösung durchgeführt wird. Bei großen Dimensionen führen zusätzlich die Rundungsfehler dazu, daß nur Näherungslösungen von (4.1) erhalten werden. Daher ist auch eine Abschätzung des iterativen Konvergenzverhaltens des CG-Verfahrens wichtig. Hierzu hat man die folgende Aussage:

SATZ 8.3 *Für die Konvergenz der im CG-Verfahren erzeugten Iterierten u^k gegen die Lösung u von (4.1) gilt die Abschätzung*

$$\|u^{k+1} - u\|_A^2 \leq 2 \left(\frac{\sqrt{\mu} - \sqrt{\nu}}{\sqrt{\mu} + \sqrt{\nu}} \right)^k \|u^1 - u\|_A^2, \tag{4.35}$$

wobei $\mu \geq \nu > 0$ reelle Zahlen bezeichnen mit

$$\nu\,(y,y) \leq (Ay,y) \leq \mu\,(y,y) \qquad \text{für alle } y \in \mathbb{R}^N. \tag{4.36}$$

Beweis: Es bezeichne $e^j := u^j - u$. Wir zeigen zunächst induktiv, dass Polynome $p_j(\cdot)$ existieren mit

$$e^{j+1} = p_j(A)\,e^1, \qquad j = 0, 1, \ldots, k. \tag{4.37}$$

Für $j = 0$ ist dies trivialerweise richtig.
$'j \Rightarrow j + 1'$
Nach der Definition von e^{j+1} und (4.33) ist

$$e^{j+1} = u^{j+1} - u = u^{j+1} - u^j + u^j - u = \alpha_j\,p^j + e^j. \tag{4.38}$$

Aus (4.34) folgt

$$\begin{aligned} p^j &= d^j + \beta_{j-1}p^{j-1} = b - Au^j + \frac{\beta_{j-1}}{\alpha_{j-1}}\,(u^j - u^{j-1}) \\ &= -A(u^j - u) + \frac{\beta_{j-1}}{\alpha_{j-1}}(u^j - u + u - u^{j-1}). \end{aligned}$$

Also ist

$$p^j = \left(\frac{\beta_{j-1}}{\alpha_{j-1}}I - A\right)e^j - \frac{\beta_{j-1}}{\alpha_{j-1}}\,e^{j-1}.$$

Unter Nutzung der Induktionsannahme erhält man

$$p^j = \left(\frac{\beta_{j-1}}{\alpha_{j-1}}I - A\right)p_{j-1}(A)e^1 - \frac{\beta_{j-1}}{\alpha_{j-1}}\,p_{j-2}(A)e^1.$$

Einsetzen in (4.38) liefert nun die Zwischenbehauptung

$$e^{j+1} = p_j(A)\,e^1$$

mit

$$p_j(A) := \left[\left(1 + \frac{\alpha_j\beta_{j-1}}{\alpha_{j-1}}\right)I - A\right]p_{j-1}(A) - \frac{\alpha_j\beta_{j-1}}{\alpha_{j-1}}\,p_{j-2}(A),$$

wobei im Fall $j = 1$ definiert wird $\beta_0 := 0$.

Wir untersuchen nun (e^{k+1}, Ae^{k+1}) näher. Unter Beachtung von $d^{j+1} = -Ae^{j+1}$ und (4.23) hat man

$$(e^{k+1}, Ae^{k+1}) = -(e^{k+1}, d^{k+1}) = -(e^{k+1} + \sum_{j=1}^{k}\sigma_j d^j, d^{k+1})$$

für beliebige $\sigma_1, \ldots, \sigma_k \in \mathbb{R}$. Mit (4.37) liefert dies

$$(e^{k+1}, Ae^{k+1}) = ((p_k(A) + \sum_{j=1}^{k}\sigma_j\,A\,p_{j-1}(A))e^1, Ae^{k+1}).$$

Bezeichnet $q_k(\cdot)$ ein beliebiges Polynom k-ten Grades mit $q_k(0) = 1$, so existieren eindeutig bestimmte $\tilde{\sigma}_1, ..., \tilde{\sigma}_k$ derart, dass

$$q_k(\xi) \equiv p_k(\xi) + \sum_{j=1}^{k} \tilde{\sigma}_j \, \xi \, p_{j-1}(\xi)$$

gilt. Damit hat man die Identität

$$(e^{k+1}, A e^{k+1}) = (q_k(A)e^1, A e^{k+1}) \tag{4.39}$$

für beliebige Polynome k-ten Grades mit $q_k(0) = 1$. Durch

$$\langle y, z \rangle := (y, Az) \qquad \text{für alle } y, \, z \in \mathbb{R}^N$$

wird wegen der Selbstadjungiertheit von A ein weiteres Skalarprodukt $\langle \cdot, \cdot \rangle$ in $\mathbb{R}^N$ definiert. Die zugehörige Cauchy-Schwarzsche Ungleichung liefert mit (4.39) die Abschätzung

$$(e^{k+1}, A e^{k+1}) \leq (q_k(A)e^1, A \, q_k(A)e^1)^{1/2} (e^{k+1}, A e^{k+1})^{1/2}.$$

Also gilt

$$(e^{k+1}, A e^{k+1}) \leq (q_k(A)e^1, A \, q_k(A)e^1). \tag{4.40}$$

Wegen der Selbstadjungiertheit von A bezüglich des Skalarproduktes $(\cdot, \cdot)$ existiert ein orthonormales Eigensystem $\{w^j\}_{j=1}^N$ von A entsprechend

$$(Aw^j, v) = \lambda_j \, (w^j, v) \qquad \text{für alle } v \in \mathbb{R}^N.$$

Wegen (4.36) gilt für die Eigenwerte λ_j dabei

$$\lambda_j \in [\nu, \mu], \qquad j = 1, \dots, N. \tag{4.41}$$

Nutzt man eine Entwicklung über dem Eigensystem $\{w^j\}$, so folgt mit (4.41) nun

$$(q_k(A)e^1, A \, q_k(A)e^1) \leq \max_{\lambda \in [\nu, \mu]} |q_k(\lambda)|^2 \, (e^1, A e^1). \tag{4.42}$$

Durch geeignete Wahl des Polynoms $q_k(\cdot)$ wird der Vorfaktor der rechten Seite minimiert. Mit Hilfe der Tschebyscheff-Polynome kann gezeigt werden (vgl. [Str04]), daß ein Polynom $\tilde{q}_k(\cdot)$ mit $\tilde{q}_k(0) = 1$ existiert mit

$$\max_{\lambda \in [\nu, \mu]} |\tilde{q}_k(\lambda)| \leq 2 \left(\frac{\sqrt{\mu} - \sqrt{\nu}}{\sqrt{\mu} + \sqrt{\nu}} \right)^k.$$

Unter Beachtung von (4.40), (4.42) erhält man hieraus die Konvergenzabschätzung (4.35). ■

Bemerkung 8.9 Für das CG-Verfahren ist die Selbstadjungiertheit von A wesentlich. In diesem Fall bildet $(A\cdot,\cdot)$ selbst wieder ein Skalarprodukt, und dem Problem $Au = b$ kann eine Projektionsaufgabe zugeordnet werden. Im Fall nichtselbstadjungierter Matrizen lassen sich analog zu den CG-Verfahren die durch

$$U_k(A, u^1) := \text{span}\left\{ d^1, Ad^1, a^2 d^1, \ldots, A^{k-1} d^1 \right\}$$

definierten *Krylov-Räume* (vgl. Übungsaufgabe 8.11) nutzen. Eine verbreitete Technik ist das *GMRES-Verfahren*. Bei ihm wird im k-ten Schritt eine Korrektur $v^k \in U_k(A, u^1)$ erzeugt aus

$$\|d^k - Av^k\| = \min_{v \in U_k(A, u^1)} \|d^k - Av\|$$

und $u^{k+1} := u^k + v^k$ gesetzt. Im Unterschied zu den CG-Verfahren lässt sich die Iteration nicht mit den jeweils beiden letzten Vektoren allein realisieren, sondern es sind alle den aktuellen Krylov-Raum aufspannenden Vektoren zu beachten. Für eine ausführliche Diskussion des GMRES-Verfahrens verweisen wir z.B. auf [Axe96]. □

8.4.2 Vorkonditionierte CG-Verfahren

Im Fall des euklidischen Skalarproduktes bedeutet die Selbstadjungiertheit $A = A^T$, und es können Schranken für die Eigenwerte von A als Konstanten ν, μ gewählt werden. Insbesondere hat man wegen Satz 8.3 dann

$$\|u^{k+1} - u\|_A^2 \leq 2 \left(\frac{\sqrt{\lambda_{max}} - \sqrt{\lambda_{min}}}{\sqrt{\lambda_{max}} + \sqrt{\lambda_{min}}} \right)^k \|u^1 - u\|_A^2, \quad k = 1, 2, \ldots$$

Speziell die zum diskreten Poisson-Problem (2.26) gehörige Steifigkeitsmatrix A gilt in Abhängigkeit von der Diskretisierungsschrittweite h die Asymptotik $\lambda_{max}/\lambda_{min} = O(h^{-2})$. Damit ergibt sich in der obigen Abschätzung ein Kontraktionsfaktor der Größenordnung $1 - O(h)$.

Es seien A, B zwei positiv definite, bezüglich $(\cdot, \cdot)$ selbstadjungierte Matrizen. Anstelle der Ausgangsaufgabe (4.1) betrachten wir nun das dazu äquivalente Problem

$$\tilde{A} u = \tilde{b} \qquad \text{mit} \qquad \tilde{A} := B^{-1} A, \ \tilde{b} := B^{-1} b. \tag{4.43}$$

Aufgrund der Eigenschaften von B wird durch

$$(x, y)_B := (Bx, y) \quad \text{für alle} \quad x, y \in \mathbb{R}^N \tag{4.44}$$

ein weiteres Skalarprodukt $(x, y)_B$ über R^N definiert. Die Matrix $\tilde{A}$ ist damit bezüglich dieses Skalarproduktes selbstadjungiert, denn unter Beachtung der Selbstadjungiertheit von A, B bezüglich $(\cdot, \cdot)$ folgt

$$(\tilde{A}x, y)_B = (B\tilde{A}x, y) = (BB^{-1}Ax, y) = (Ax, y) = (x, Ay)$$

$$= (x, B\tilde{A}y) = (Bx, \tilde{A}y) = (x, \tilde{A}y)_B \qquad \text{für alle} \quad x, y \in \mathbb{R}^N.$$

Wir wenden nun das CG-Verfahren mit dem Skalarprodukt $(\cdot,\cdot)_B$ auf die transformierte Aufgabe (4.43) an. Für die zugehörigen Verfahrensschritte (4.29) - (4.33) erhält man unter Verwendung des Ausgangsskalarproduktes $(\cdot,\cdot)$ die folgende Darstellung in den untransformierten Variablen

$$\tilde{\alpha}_k \ := \ \frac{(B^{-1}d^k, d^k)}{(Ap^k p^k)},\tag{4.45}$$

$$u^{k+1} \ := \ u^k + \tilde{\alpha}_k\, p^k,\tag{4.46}$$

$$d^{k+1} \ := \ b - Au^{k+1},\tag{4.47}$$

$$\tilde{\beta}_k \ := \ \frac{(B^{-1}d^{k+1}, d^{k+1})}{(B^{-1}d^k, d^k)},\tag{4.48}$$

$$p^{k+1} \ := \ B^{-1}d^{k+1} + \tilde{\beta}_k\, p^k.\tag{4.49}$$

Das unter Nutzung der Matrix B durch (4.45) - (4.49) definierte Verfahren zur Lösung von (4.1) heißt *vorkonditioniertes CG-Verfahren* oder *PCG-Verfahren* (preconditioned CG). Die in (4.45) bzw. (4.48) benötigten Vektoren $s^k := B^{-1}d^k$ sind durch Lösung des linearen Gleichungssystems

$$B\, s^k \ = \ d^k\tag{4.50}$$

zu ermitteln. Hierzu muß ein leistungsfähiges Lösungsverfahren verfügbar sein. Die Matrix B in Aufgabe (4.50) oder auch die zugehörigen Lösungsverfahren werden als *Vorkonditionierer* bezeichnet. Ihre Wahl bestimmt wesentlich die Effektivität des PCG-Verfahrens.

Es sei hier speziell noch einmal darauf hingewiesen, daß sowohl das Ausgangsproblem (4.1) als auch die Hilfsprobleme (4.50) im Fall diskretisierter elliptischer Probleme von der Diskretisierung abhängen. Zur Verdeutlichung schreiben wir nun A_h, B_h und ν_h, μ_h, anstelle von A, B bzw. von ν, μ. Die Abschätzungen (4.36), d.h.

$$\nu_h\,(y,y)_{B_h} \ \le \ (B_h^{-1}A_h y, y)_{B_h} \ \le \ \mu_h\,(y,y)_{B_h} \qquad \text{für alle } y \in \mathbb{R}^N,$$

im Skalarprodukt $(\cdot,\cdot)_B$ entspricht im Originalskalarprodukt $(\cdot,\cdot)$ der Bedingung

$$\nu_h\,(B_h y, y) \ \le \ (A_h y, y) \ \le \ \mu_h\,(B_h y, y) \qquad \text{für alle } y \in \mathbb{R}^N.\tag{4.51}$$

Sind für A_h und B_h jeweils beidseitig Spektralschranken verfügbar, so lassen sich hieraus auch Abschätzungen vom Typ (4.51) gewinnen. Dazu gilt

LEMMA 8.12 *Mit Konstanten $\mu_A \ge \nu_A > 0$ und $\mu_A \ge \nu_A > 0$ mögen A, B den Abschätzungen*

$$\nu_A\,(y,y) \le (A_h y, y) \le \mu_A\,(y,y) \quad \text{bzw.} \quad \nu_B(y,y) \le (B_h y, y) \le \mu_B,(y,y) \quad \text{für alle } y \in \mathbb{R}^N$$

genügen. Dann gilt (4.51) mit $\nu_h = \dfrac{\nu_A}{\mu_B}$ und $\mu_h = \dfrac{\mu_A}{\nu_B}$.

Beweis: Die Abschätzung mit $\nu_h = \nu_A/\mu_B$ und $\mu_h = \mu_A/\nu_B$ folgt unmittelbar aus den vorausgesetzten Ungleichungsketten. ∎

Für die Behandlung von diskretisierten elliptischen Variationsproblemen sind spezielle Vorkonditionierer entwickelt worden, für die der in (4.51) auftretende Quotient μ_h/ν_h nur moderat mit Abnahme von h wächst oder sich sogar durch eine Konstante beschränken lässt. Letztere Art von Vorkonditionierern sichern eine optimale Komplexität des PCG-Verfahrens.

Wir skizzieren nun einige in der Literatur vorgeschlagene Vorkonditionierer B.

Es bezeichne L eine untere Dreiecksmatrix, und es gelte

$$A = LL^T + R \tag{4.52}$$

mit einer Matrix R, wobei $\|R\|$ möglichst klein sei. Im Spezialfall $R = 0$ ist (4.52) die Cholesky-Zerlegung von A. In diesem Fall erhält man nach Satz 8.3 die Lösung von (4.1) in einem Schritt. Bei einer vollständigen Cholesky-Zerlegung, d.h. $R = 0$, besitzt i.allg. die erhaltene Dreiecksmatrix L wesentlich mehr Nichtnullelemente als der entsprechende untere Teil von A (vgl. Abschnitt 5.2). Eine häufig genutzte Modifizierung der Zerlegung besteht darin, daß bei der Berechnung von L auftretende 'fill ins' ignoriert werden, falls sie betragsmäßig eine Schranke δ nicht übersteigen. Speziell für $\delta = 0$ liefert dies die exakte Cholesky-Zerlegung, während für hinreichende große $\delta > 0$ eine Zerlegung erzeugt wird, deren Faktoren L das gleiche Besetzheitsmuster wie A aufweisen. Vorkonditionierte CG-Verfahren mit näherungsweiser Cholesky-Zerlegung werden als *ICCG-Verfahren* (*incomplete Cholesky CG*) bezeichnet.

Eine weitere Möglichkeit, Vorkonditionierer zu (4.1) zu konstruieren, besteht in der Verwendung von Diskretisierungen über benachbarten Gittern. Wir bezeichnen die zu zwei unterschiedlichen Diskretisierungen gehörigen diskreten Räume mit U_h bzw. U_H. Die entsprechenden linearen Gleichungssysteme seien

$$A_h\, u_h = b_h \tag{4.53}$$

und

$$A_H\, u_H = b_H\,. \tag{4.54}$$

Zur Umrechnung von Finite-Elemente-Funktionen von U_h nach U_H und umgekehrt seien stetige lineare Abbildungen

$$I_h^H : U_h \to U_H \qquad \text{und} \qquad I_H^h : U_H \to U_h \tag{4.55}$$

gegeben. Diese können z.B. durch Interpolation erklärt werden. Wird die Ausgangsaufgabe (4.1) durch (4.53) beschrieben, dann definiert

$$I_H^h\, A_H^{-1}\, I_h^H\, b_h \tag{4.56}$$

unter zusätzlichen Voraussetzungen eine Näherungslösung für (4.53). Folglich kann die Matrix $B_h^{-1} := I_H^h A_H^{-1} I_h^H$ zur Vorkonditionierung von (4.53) genutzt werden. In Verbindung mit Mehrgitterverfahren entwickelte Vorkonditionierer werden z.B. in [Osw94],

[124] untersucht. Diese Verfahren besitzen ein gutes asymptotisches Konvergenzverhalten.

Als Beispiel eines auf hierarchischen Gittern basierenden Vorkonditionierers betrachten wird den Bramble/Pasciak/Xu[24] vorgeschlagenen, dieser ist als *BPX-Vorkonditionierer* in der Literatur bekannt. Wir stellen den BPX-Vorkonditionierer nachfolgend für die schwache Formulierung des Modellproblems

$$-\Delta u = f \quad \text{in } \Omega, \qquad u = 0 \quad \text{auf } \Gamma \tag{4.57}$$

vor und analysieren seine Spektraleigenschaften (4.51). Dabei seien $f \in H^{-1}(\Omega)$ und $\Omega \subset \mathbb{R}^2$ eine ebenes polyedrisches Gebiet. $\mathcal{Z}_0$ bezeichne eine erste (grobe) zulässige Dreieckszerlegung von Ω. Durch jeweils Halbierung aller Seiten und damit Bildung von vier Dreiecken je vorherigem Dreieck (*dyadische Verfeinerung*) werden rekursiv aus $\mathcal{Z}_0$ verfeinerte Zerlegungen $\mathcal{Z}_1, \mathcal{Z}_2, \ldots, \mathcal{Z}_m$ (vgl. Abbildung 8.9) erzeugt.

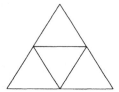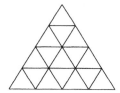

Abbildung 8.9 Dyadische Verfeinerungen von Dreiecken

Nutzt man als Feinheiten h_l der Zerlegungen $\mathcal{Z}_l$ jeweils die maximale Länge aller darin enthaltenen Dreieckseiten, dann gilt wegen der dyadische Verfeinerung

$$h_{l-1} = 2\,h_l \quad l = 1, \ldots, m. \tag{4.58}$$

Über den Zerlegungen $\mathcal{Z}_0, \mathcal{Z}_1, \ldots, \mathcal{Z}_m$ definieren stückweise lineare C^0-Elemente ineinander geschachtelte diskreten Räume

$$U_0 \subset U_1 \subset \cdots \subset U_{m-1} \subset U_m \subset H_0^1(\Omega).$$

Die zu U_l gehörigen Lagrange-Basisfunktionen werden mit $\varphi_{l,j}$, $j \in J_l$, $l = 0, 1, \ldots, m$ bezeichnet, wobei J_l die entspechenden Indexmengen sind. Es gilt also

$$U_l = \text{span}\{\varphi_{l,j}\}_{j \in J_l} \quad l = 0, 1, \ldots, m.$$

Ferner bezeichnen wir mit

$$U_{l,j} = \text{span}\{\varphi_{l,j}\} \quad j \in J_l, \quad l = 0, 1, \ldots, m.$$

die jeweils von einer einzigen Funktion $\varphi_{l,j}$ aufgespannten Unterräume von U_l. Der zur feinsten Zerlegung $\mathcal{Z}_m$ gehörige Raum U_m ist der die FEM-Diskretisierung erzeugende Raum U_h mit $h = h_m$, und das betrachtete diskrete Problem hat damit die Form

$$u_h \in U_h : \qquad a(u_h, v_h) = f(v_h) \qquad \text{für alle } v_h \in U_h, \tag{4.59}$$

wobei $a(\cdot, \cdot)$ die zu (4.57) gehörige Bilinearform

$$a(u, v) := \int_\Omega \nabla u \cdot \nabla v \, dx \qquad \text{für alle } u, v \in H_0^1(\Omega)$$

ist.

BPX-Vorkonditionierer lassen sich als *additive Schwarz-Methoden* (vgl. [124], [TW05], [52]) darstellen. Bei der sich anschließenden Beschreibung und teilweisen Analysis der BPX-Vorkonditionierer folgen wir weitgehend [52].

Zur Vereinfachung der Schreibweise, insbesondere zur Vermeidung der doppelten Indizierung benutzen wir die Bezeichnungen $V = V_h$ und $\{V_i\}_{i=0}^M$ für die Unterräume $U_0, U_{l,j}, j \in J_l, l = 1, \ldots, m$. Dabei ist $M := \sum_{l=1}^m |J_l|$ die Gesamtzahl der auftretenden eindimensionalen Unterräume V_i. Ferner seien symmetrische, V_i-elliptische, stetige Bilinearformen $b_i : V_i \times V_i \to \mathbb{R}$, $i = 0, 1, \ldots, M$ gegeben. Mit Hilfe der Bilinearformen b_i werden Projektoren $P_i : V \to V_i$ und $Q_i : H^{-1}(\Omega) \to V_i$, $i = 0, 1, \ldots, M$ definiert durch

$$b_i(P_i v, v_i) = a(v, v_i) \quad \text{bzw.} \quad b_i(Q_i f, v_i) = f(v_i) \quad \text{für alle } v_i \in V_i. \tag{4.60}$$

Das Lemma von Lax-Milgram sichert, daß für beliebige $v \in V$ bzw. $f \in H^{-1}(\Omega)$ die Elemente $P_i v, Q_i f \in V_i$ eindeutig bestimmt sind.

LEMMA 8.13 *Der durch* $P := \sum_{i=0}^M P_i$ *definierte Operator* $P : V \to V$ *ist bezüglich des Energieskalarprodukts* $a(\cdot, \cdot)$ *selbstadjungiert und positiv definit. Ferner ist* $u \in V$ *Lösung des diskreten Problems (4.59) genau dann, wenn* $u \in V$ *der Operatorgleichung*

$$P u = Q f \tag{4.61}$$

genügt mit $Q := \sum_{i=0}^M Q_i$.

Beweis: Für beliebige $u, v \in V$ gilt

$$a(Pu, v) = a\left(\sum_{i=0}^M P_i u, v\right) = \sum_{i=0}^M a(P_i u, v) = \sum_{i=0}^M a(v, P_i u)$$

$$= \sum_{i=0}^M b_i(P_i v, P_i u) = \sum_{i=0}^M b_i(P_i u, P_i v) = \sum_{i=0}^M a(u, P_i v)$$

$$= a\left(u, \sum_{i=0}^M P_i v\right) = a(u, Pv).$$

Damit ist P bezüglich $a(\cdot, \cdot)$ selbstadjungiert.

Wir zeigen nun die positive Definitheit von P. Mit der V_i-Elliptizität der Bilinearformen b_i und der Definition der Projektoren P_i folgt

$$a(Pu, u) = \sum_{i=0}^M a(P_i u, u) = \sum_{i=0}^M b_i(P_i u, P_i u) \geq 0 \qquad \text{für alle } u \in V.$$

Wegen $b_i(P_i u, P_i u) \geq 0$, $i = 0, \ldots, M$ und der V_i-Elliptizität gilt damit

$$a(Pu, u) = 0 \qquad \Longleftrightarrow \qquad P_i u = 0, \quad i = 0, \ldots, M$$

Letzteres impliziert, daß u orthogonal bzgl. $a(\cdot, \cdot)$ zu allen Unterräumen V_i, $i = 0, \ldots, M$ ist, und damit hat man $u = 0$, falls $a(Pu, u) = 0$ gilt. Also ist $a(Pu, u) > 0$ für beliebige $u \neq 0$.

Genügt $u \in V$ der Variationsgleichung (4.59), so folgt für beliebige $v_i \in V_i$ mit $v := \sum_{i=0}^{M} v_i$, der Bilinearität von $a(\cdot, \cdot)$ und der Definition der Projektoren P_i nun

$$a(u, v) = a\left(u, \sum_{i=0}^{M} v_i\right) = \sum_{i=0}^{M} a(u, v_i) = \sum_{i=0}^{M} b_i(P_i u, v_i).$$

Analog hat man

$$a(u, v) = f(v) = \sum_{i=0}^{M} f(v_i) = \sum_{i=0}^{M} b_i(Q_i f, v_i).$$

Damit genügt u auch der Operatorgleichung (4.61). Wegen der positiven Definitheit von P ist diese Lösung von (4.61) eindeutig bestimmt. ∎

Die in Lemma 8.13 gezeigte Symmetrie und positive Definitheit des Operators P sowie die Äquivalenz der diskreten Variationsgleichung (4.59) mit der Operatorgleichung (4.61) ermöglicht, das CG-Verfahren auf (4.61) anzuwenden, um (4.59) zu lösen. Dabei wird das durch die Bilinearform $a(\cdot, \cdot)$ Skalarprodukt zugrunde gelegt. Der wesentliche Aufwand je Verfahrensschritt besteht in der Bestimmung der Defekte $d^k = Qf - Pu^k$. Diese führt auf die Auswertung der Teiloperatoren $Q_i f$ bzw. $P_i u^k$ für $i = 0, 1, \ldots, M$. Entsprechend der Definition (4.60) sind jeweils diskrete elliptische Variationsgleichungen in den Teilräumen V_i zu lösen. Im Fall der eindimensionalen Räume $V_i = \text{span}\{\varphi_i\}$ kann die Lösung unmittelbar angegeben werden durch

$$P_i u^k = \frac{a(u^k, \varphi_i)}{b_i(\varphi_i, \varphi_i)} \varphi_i \qquad \text{bzw.} \qquad Q_i f = \frac{f(\varphi_i)}{b_i(\varphi_i, \varphi_i)} \varphi_i \qquad i = 1, \ldots, M. \qquad (4.62)$$

Für den über der gröbsten Zerlegung $\mathcal{Z}_0$ definierten Raum V_0 sind, falls dessen Dimension größer als eins ist, entsprechende diskrete elliptische Probleme zu lösen, um $P_0 u^k$ bzw. $Q_0 f$ zu bestimmen. Mit der Lösung $z^k = (\zeta_j^k)_{j \in J_0}$ der zu V_0 gehörigen Galerkin-Gleichungen

$$\sum_{j \in J_0} b_0(\varphi_j, \varphi_i) \zeta_j^k = f(\varphi_i) - \sum_{j \in J_0} a(\varphi_j, \varphi_i) u_j^k \qquad (4.63)$$

erhält man

$$Q_0 f - P_0 u^k = \sum j \in J_0 \zeta_j^k \varphi_j$$

und damit in der Ausgangsnotation schließlich insgesamt

$$d^k = Qf - Pu^k = \sum_{j \in J_0} \zeta_j^k \varphi_j + \sum_{i=1}^m \sum_{j \in J_0} \frac{f(\varphi_j) - a(u^k, \varphi_j)}{b_i(\varphi_j, \varphi_j)} \varphi_j. \tag{4.64}$$

Für die betrachteten stückweise linearen C^0-Elemente existieren Konstanten $C \geq c > 0$ mit

$$c\, h_l^{-2} (\varphi_j, \varphi_j)_{0,\Omega} \leq a(\varphi_j, \varphi_j) \leq C\, h_l^{-2} (\varphi_j, \varphi_j)_{0,\Omega} \quad \text{für alle } j \in J_l,\ l = 1, \ldots, m. \tag{4.65}$$

Die rechte Ungleichung folgt aus der für die linearen Elemente geltenden inversen Ungleichung, und die linke Abschätzung ergibt aus der Friedrichs'schen Ungleichung und dem maximalen Durchmesser des Trägers supp φ_j der Langrange-Basisfunktionen in der jeweiligen Verfeinerungstiefe.

Wählt man

$$b_{l,j}(u, v) := h_l^{-2} (u, v)_{0,\Omega} \quad u,\, v \in U_{l,j}, \tag{4.66}$$

dann liefert dies den BPX-Vorkonditionierer (vgl. [24])

$$d^k = Qf - Pu^k = \sum_{j \in J_0} \zeta_j^k \varphi_j + \sum_{l=1}^m \sum_{j \in J_l} 2^{-2l} \frac{f(\varphi_j) - a(u^k, \varphi_j)}{(\varphi_j, \varphi_j)_{0,\Omega}} \varphi_j. \tag{4.67}$$

Wählt man dagegen $b_i(\cdot, \cdot) = a(\cdot, \cdot)$, so besitzt (4.64) die Form

$$d^k = Qf - Pu^k = \sum_{j \in J_0} \zeta_j^k \varphi_j + \sum_{l=1}^m \sum_{j \in J_l} \frac{f(\varphi_j) - a(u^k, \varphi_j)}{a(\varphi_j, \varphi_j)} \varphi_j. \tag{4.68}$$

Dabei bezeichnet ζ^k die Lösung des Problems (4.63) über dem gröbsten Gitter $\mathcal{Z}_0$. In (4.67) bzw. (4.68) ist d^k als Element des endlichdimensionalen Ansatzraums U_h dargestellt. Die im CG-Verfahren zu bestimmenden Skalarprodukte können direkt ausgewertet werden (vgl. [124]). Die Speicherung von Zwischenlösungen erfolgt mittels Repräsention über der Basis $\{\varphi_j\}_{j \in J_m}$ des Raumes U_h.

Die dyadische Verfeinerung sichert, daß die Konstanten c, C in (4.65) unabhängig von der Verfeinerungstiefe wählbar sind, und die Beziehung (4.58) liefert schließlich die Spektraläquivalenz von (4.68) mit (4.67).

Zur quantitativen Abschätzung des Konvergenzverhaltens des PCG-Verfahren mit dem Skalarprodukt $a(\cdot, \cdot)$, angewandt auf das durch Transformation aus (4.59) erhaltene Problem (4.61), dient Satz 8.3. In Lemma 8.13 wurde bereits gezeigt, daß P in diesem Skalarprodukt selbstadjungiert und positiv definit ist. Das Ziel ist es, Schranken $\mu \geq \nu > 0$ zu gewinnen mit

$$\nu\, (v, v) \leq (Pv, v) \leq \mu\, (v, v) \quad \text{für alle } v \in V. \tag{4.69}$$

Es bezeichne

$$|||v||| := \min \left\{ \left(\sum_{i=0}^M b_i(v_i, v_i) \right)^{1/2} : v = \sum_{i=0}^M v_i,\, v_i \in V_i \right\}.$$

LEMMA 8.14 *Es gilt*

$$a(P^{-1}v, v) = |||v|||^2 \quad \text{für alle } v \in V. \tag{4.70}$$

Beweis: Es sei $v \in V$ beliebig und $v = \sum_{i=0}^{M}$ mit $v_i \in V_i$, $i = 0, 1, \ldots, M$. Mit der Bilinearität von $a(\cdot, \cdot)$ und der Definition der Projektoren P_i folgt

$$a(P^{-1}v, v) = \sum_{i=1}^{M} a(P^{-1}v, v_i) = \sum_{i=1}^{M} b_i(P_i P^{-1}v, v_i) = \sum_{i=1}^{M} b_i(w_i, v_i) \tag{4.71}$$

mit $w_i := P_i P^{-1}v$, $i = 0, 1, \ldots, M$. Nach den getroffenen Voraussetzungen definieren $b_i(\cdot, \cdot)$ in V_i jeweils Skalarprodukte. Die Cauchy-Schwarzsche Ungleichung liefert nun

$$|b_i(w_i, v_i)| \leq b_i(w_i, w_i)^{1/2} b_i(v_i, v_i)^{1/2}.$$

Mit der Cauchy-Schwarzsche Ungleichung im $\mathbb{R}^{M+1}$ für das euklidische Skalarprodukt folgt mit (4.71) hieraus

$$\begin{aligned}
a(P^{-1}v, v) &= \sum_{i=1}^{M} b_i(w_i, v_i) \leq \sum_{i=1}^{M} b_i(w_i, w_i)^{1/2} \sum_{i=1}^{M} b_i(v_i, v_i)^{1/2} \\
&\leq \left(\sum_{i=1}^{M} b_i(w_i, w_i) \right)^{1/2} \left(\sum_{i=1}^{M} b_i(v_i, v_i) \right)^{1/2}.
\end{aligned} \tag{4.72}$$

Andererseits hat man mit der Definition von w_i und der Definition der Operatoren die Gleichungskette

$$\begin{aligned}
\sum_{i=1}^{M} b_i(w_i, w_i) &= \sum_{i=1}^{M} b_i(P_i P^{-1}v, w_i) = \sum_{i=1}^{M} a(P^{-1}v, w_i) = a(P^{-1}v, \sum_{i=1}^{M} w_i) \\
&= a(P^{-1}v, \sum_{i=1}^{M} P_i P^{-1}v) = a(P^{-1}v, v),
\end{aligned}$$

und mit (4.72) erhält man die Abschätzung

$$a(P^{-1}v, v) \leq \sum_{i=1}^{M} b_i(v_i, v_i) \quad \text{für beliebige Darstellungen} \quad v = \sum_{i=0}^{M} v_i, \; v_i \in V_i.$$

Wählt man speziell $v_i = P_i P^{-1}v$, also $v_i = w_i$, $i = 0, 1, \ldots, M$, so gilt in den verwendeten Abschätzungen, die auf der Cauchy-Schwarzschen Ungleichung beruhen, die Gleichheit. Dies liefert die behauptete Beziehung (4.70). ■

Für die Verbindung zwischen Abschätzungen für $||| \cdot |||$ durch die von $a(\cdot, \cdot)$ induzierte Norm $|| \cdot ||$ und (4.69) gilt

LEMMA 8.15 *Es seien $\bar{c} \geq \underline{c} > 0$ Konstanten mit*

$$\underline{c} ||v|| \leq |||v||| \leq \bar{c} ||v|| \quad \text{für alle } v \in V. \tag{4.73}$$

dann gilt (4.69) mit $\nu = \bar{c}^{-2}$, $\mu = \underline{c}^{-2}$.

Beweis: Nach Lemma 8.14 ist (4.73) äquivalent zu

$$\underline{c}^2 \, \|v\|^2 \leq a(P^{-1}v, v) \leq \bar{c}^2 \, \|v\|^2 \quad \text{für alle } v \in V. \tag{4.74}$$

Da P positiv definit und symmetrisch bzgl. $a(\cdot, \cdot)$ ist, ist dies auch der Operator P^{-1}. Für die maximalen und minimalen Eigenwerte $\lambda_{max}(P)$ bzw. $\lambda_{min}(P)$ des Eigenwertproblems

$$(Pv, w) = \lambda(v, w) \quad \text{für alle } w \in V$$

hat man

$$\begin{aligned} \lambda_{min}(v, v) &\leq (Pv, v) \leq \lambda_{max}(P)(v, v), \\ \lambda_{max}^{-1}(v, v) &\leq (P^{-1}v, v) \leq \lambda_{min}^{-1}(P)(v, v) \end{aligned} \quad \text{für alle } v \in V.$$

Mit $\underline{c} \leq \lambda_{min}$ und $\bar{c} \geq \lambda_{max}$ folgt hieraus die Behauptung. ■

Für den BPX-Vorkonditionierer kann schließlich gezeigt werden (vgl. [Osw94, Theorem 19]), daß (4.73) mit vom Diskretisierungsniveau und der Diskretisierungsfeinheit h unabhängigen Konstanten $\bar{c} \geq \underline{c} > 0$ gilt. Zusammen mit seiner einfachen Auswertbarkeit (4.67) sichert damit der BPX-Vorkonditionierer eine sehr effiziente Wirkungsweise des PCG-Verfahrens für diskrete elliptische Probleme.

Bemerkung 8.10 Ein auf Dahmen [39] zurückgehendes Konzept (s. auch [Urb02]) transformiert das Ausgangsproblem

$$a(u, v) = f(v) \quad \text{für alle } v \in V,$$

für das die Voraussetzungen des Lax-Milgram-Lemmas erfüllt sein mögen, auf eine (unendliche) Matrix-Gleichung über dem Raum l_2. Dazu wird vorausgesetzt, daß eine Wavelet-Basis $\{\psi_\lambda, \lambda \in J\}$ zur Verfügung steht mit

$$c \, \|(v_\lambda)\|_{l_2} \leq \| \sum_\lambda v_\lambda \psi_\lambda \|_V \leq C \, \|(v_\lambda)\|_{l_2} \quad \text{für alle } (v_\lambda) \in l_2.$$

Definiert man dann

$$\tilde{A} := (a(\psi_\nu, \psi_\lambda))_{\nu, \lambda \in J} \quad \text{und} \quad \tilde{f} := (f(\psi_\lambda)_{\lambda \in J}),$$

so ist die Matrix-Gleichung

$$\tilde{A}w = \tilde{f}$$

äquivalent zum Ausgangsproblem und zudem wohlkonditioniert: Es existieren Konstanten c_1, c_2 mit

$$c_1 \|w\|_{l_2} \leq \|\tilde{A}w\|_{l_2} \leq c_2 \|w\|_{l_2} \quad \text{für alle } w \in l_2.$$

Dies ist auch die Basis adaptiver Wavelet-Methoden. □

Für weiterführende Darstellungen zur Wahl von effizienten Vorkonditionierern verweisen wir z.B. auf [AB84], [Bra92], [Axe96], [Osw94].

Übung 8.10 Man zeige, daß die im CG-Verfahren erzeugten Iterierten u^{k+1} die Variationsaufgaben

$$F(u) = \frac{1}{2}(u, Au) - (b, u) \rightarrow \min ! \qquad \text{bei } u \in V_k$$

lösen.

Übung 8.11 Man zeige, daß CG-Verfahren spezielle *Krylov-Verfahren* sind, d.h. es gilt $u^k \in u^1 + U_{k-1}(A, u^1)$, $k = 2, 3, \ldots$. Dabei bezeichnen $U_k(A, u^1)$ die durch

$$U_k(A, u^1) := \operatorname{span}\left\{ d^1, Ad^1, a^2 d^1, \ldots, A^{k-1} d^1 \right\}$$

definierten *Krylov-Räume* (vgl. [DH02]).

Übung 8.12 Man zeige, daß sich die im CG-Verfahren bestimmten Parameter β_k äquivalent auch in der Form

$$\beta_k = \frac{(d^{k+1}, d^{k+1} - d^k)}{(d^k, d^k)}$$

angeben lassen. Bemerkung: Diese auf Polak/Ribiére zurückgehende Darstellung eignet sich insbesondere für die Übertragung des CG-Verfahrens auf nichtlineare Probleme.

Übung 8.13 Die Zweipunkt-Randwertaufgabe

$$-((1 + x)u')' = f \quad \text{in } (0, 1), \qquad u(0) = u(1) = 0$$

werde mit stückweise linearen Elementen über einem äquidistanten Gitter diskretisiert. Man wende auf die erzeugten endlichdimensionalen Probleme das CG-Verfahren direkt und mit Vorkonditionierung mittels der Matrix

$$B_h = \begin{pmatrix} 2 & -1 & 0 & \cdot & \cdot & \cdot \\ -1 & 2 & -1 & \cdot & \cdot & \cdot \\ \cdot & -1 & 2 & -1 & \cdot & \cdot \\ \cdot & \cdot & \cdot & \cdot & \cdot & \cdot \\ \cdot & \cdot & \cdot & -1 & 2 & -1 \\ \cdot & \cdot & \cdot & \cdot & -1 & 2 \end{pmatrix}$$

an. Wie kann das asymptotische Konvergenzverhalten in beiden Fällen abgeschätzt werden?

Übung 8.14 Dem Dirichlet-Problem

$$\begin{aligned} -\Delta u &= f \quad \text{in } \Omega := (0, 1) \times (0, 1) \\ u|_\Gamma &= 0 \end{aligned}$$

sei durch die Finite-Elemente-Methode mit stückweise linearen Funktionen über einem unregelmäßigen Dreiecksgitter eine diskrete Aufgabe (4.53) erzeugt. Ein Näherungsproblem (4.54) kann nun über eine regelmäßige Dreieckszerlegung vergleichbarer Feinheit erzeugt werden. Man nutze die exakte Lösung der so erzeugten Näherungsprobleme mit Hilfe der schnellen Fourier-Transformation als Vorkonditionierer B und teste dies praktisch.

8.5 Mehrgitterverfahren

Die Iterierten u_h^k, die man bei Anwendung eines klassischen Iterationsverfahren auf eine diskretisierte elliptische Randwertaufgabe erhält, zeigen typischerweise das folgende Kontraktionsverhalten:

$$\|u_h^{k+1} - u_h\| \leq \|T_h\| \, \|u_h^k - u_h\|, \qquad k = 1, 2, \dots$$

wobei

$$\lim_{h \to 0} \|T_h\| = 1$$

gilt. Andererseits liefern gerade für kleine Schrittweiten h, H Lösungen der zugehörigen diskreten Probleme

$$A_h \, u_h = b_h \qquad \text{und} \qquad A_H \, u_H = b_H$$

wechselseitig gute Näherungen für das jeweilig andere Problem. Bei Mehrgitterverfahren werden diese Eigenschaften von einfachen Iterationsverfahren, wie z.B. dem Gauß-Seidel-Verfahren, und dem Approximationsverhalten von diskretisierten Differentialoperatoren auf unterschiedlichen Gittern gezielt zur Sicherung einer von der Diskretisierungsschrittweite h unabhängigen Kontraktionskonstanten eingesetzt. Man erhält so bei geeigneter Kombination der Verfahren Abschätzungen der Form

$$\|u_h^{k+1} - u_h\| \leq \gamma \, \|u_h^k - u_h\|, \qquad k = 1, 2, \dots \tag{5.1}$$

mit einer von h unabhängigen Konstanten $\gamma \in (0, 1)$.

Wir betrachten zunächst ein *Zweigitterverfahren*. Das diskrete Problem

$$A_h \, u_h = b_h \tag{5.2}$$

sei aus einer elliptischen Randwertaufgabe durch eine Finite-Elemente-Methode oder durch ein Differenzenverfahren über einem Gitter der Feinheit h erzeugt. Ferner sei eine Diskretisierung

$$A_H \, u_H = b_H \tag{5.3}$$

auf einem zweiten, i.allg. gröberen Gitter der Feinheit H verfügbar. Die zu (5.2) bzw. (5.3) gehörigen diskreten Räume werden mit U_h bzw. U_H bezeichnet, und es seien

$$I_h^H : U_h \to U_H \qquad \text{bzw.} \qquad I_H^h : U_H \to U_h$$

stetige lineare Abbildungen. Die Abbildungen I_h^H, I_H^h werden *Einschränkungs-* bzw. *Fortsetzungsoperator* genannt.

Es sei außerdem eine zu (5.2) äquivalente Fixpunktaufgabe

$$u_h = T_h u_h + t_h \tag{5.4}$$

gegeben. Diese entspreche einem klassischen Iterationsverfahren, wie z.B. dem Gauß-Seidel-Verfahren oder dem SOR-Verfahren (vgl. Abschnitt 5.3, 5.4). Dabei gelte $\gamma_h \in (0,1)$ für eine Kontraktionskonstante dieses Verfahrens, d.h. $\|T_h\| \leq \gamma_h$.

Gemeinsam mit einer vorgegebenen Zahl von Iterationsschritten auf der Basis von (5.4) erfolgt eine zusätzliche Korrektur des erhaltenen Näherungswertes durch Lösung einer benachbarten Aufgabe (5.3). Der k-te Iterationsschritt eines Zweigitterverfahrens besitzt damit folgende Struktur:

Zweigitterverfahren

$$z_h^{k,l+1} \; := \; T_h z_h^{k,l} + t_h, \qquad l = 0,1,\ldots,n_1 - 1 \qquad \text{mit} \quad z_h^{k,0} := u_h^k, \tag{5.5}$$

$$d_h^k \; := \; b_h - A_h z_h^{k,n_1}, \tag{5.6}$$

$$d_H^k \; := \; I_h^H d_h^k. \tag{5.7}$$

Bestimme $v_H^k \in U_H$ als Lösung von

$$A_H v_H^k = d_H^k. \tag{5.8}$$

Setze

$$w_h^{k,0} \; := \; z_h^{k,n_1} + I_H^h v_H^k, \tag{5.9}$$

$$w_h^{k,l+1} \; := \; T_h w_h^{k,l} + t_h, \qquad l = 0,1,\ldots,n_2 - 1, \tag{5.10}$$

$$u_h^{k+1} \; := \; w_h^{k,n_2}. \tag{5.11}$$

Die Teilschritte (5.5) bzw. (5.10) werden als *Vorglättung* bzw. *Nachglättung* bezeichnet, und (5.6) - (5.9) bildet eine *Grobgitterkorrektur*. Die natürlichen Zahlen n_1, n_2 geben die Anzahl der eingesetzten Vor- bzw. Nachglättungsschritte an. Fasst man die Teilschritte des Zweigitterverfahrens zusammen, so lässt sich der durch (5.5) - (5.11) bestimmte Algorithmus auch in der Form

$$u_h^{k+1} := S_h u_h^k + s_h, \qquad k = 1,2,\ldots \tag{5.12}$$

mit

$$S_h := T_h^{n_2} \left(I - I_H^h A_H^{-1} I_h^H A_h \right) T_h^{n_1} \tag{5.13}$$

und einem $s_h \in U_h$ darstellen. Durch eine geeignete Wahl der Vor- und Nachglättung sowie des Einschränkungsoperators $I_h^H : U_h \to U_H$ und des Fortsetzungsoperators $I_H^h :$

$U_H \to U_h$ kann für viele Verfahren gezeigt werden (vgl. z.B. [Hac85]), daß eine von der Diskretisierungsschrittweite h unabhängige Konstante $\gamma \in (0,1)$ existiert mit $\|S_h\| \leq \gamma$.

Wir geben am Ende dieses Abschnitts einen Beweis für das h-unabhängige Konvergenzverhalten eines speziellen Zweigitterverfahrens an.

Zunächst soll das Prinzip der *Mehrgitterverfahren* erläutert werden. Der Grundgedanke besteht dabei darin, daß die bei der Grobgitterkorrektur zu lösende Aufgabe (5.8) selbst wieder die Struktur des Ausgangsproblems (5.2) besitzt. Es kann daher erneut ein Zweigitterverfahren zur näherungsweisen Lösung von (5.8) angewandt werden, wobei sich Null als Startvektor nutzen lässt, da $\|d_H^k\|$ asymptotisch verschwindet. Man erhält auf diese Weise zunächst ein Dreigitterverfahren. Rekursiv gelangt man entsprechend zu Mehrgitterverfahren. Dabei wird vorausgesetzt, daß die schließlich erzeugten Korrekturgleichungen auf dem gröbsten Gitter exakt gelöst werden.

Wird zur näherungsweisen Berechnung der Grobgitterkorrekturen in jeder Ebene jeweils nur ein Mehrgitterschritt auf den verbleibenden Gittern genutzt, so spricht man von einem Mehrgitterverfahren mit einem *V-Zyklus* und im anderen Fall mit einem *W-Zyklus*. Diese Bezeichnungen leiten sich aus einer grafischen Darstellung der Iteration in den unterschiedlichen Räumen ab (vgl. Abbildung 8.10). Es seien

$$h_0 > h_1 > \cdots > h_{l-1} > h_l > 0$$

die Schrittweiten von l unterschiedlichen Gittern (l-Gitter-Verfahren). Die dazugehörigen Räume sowie Einschränkungs- und Fortsetzungsoperatoren bezeichnen wir durch

$$U_j := U_{h_j}, \quad j = 1, \ldots, l, \qquad I_{j+1}^j : U_{j+1} \to U_j \qquad \text{und} \qquad I_j^{j+1} : U_j \to U_{j+1}.$$

Die unterschiedliche Iterationsstruktur eines V-Zyklus und eines W-Zyklus wird in der folgenden, zu einem Dreigitterverfahren gehörigen Skizze dargestellt.

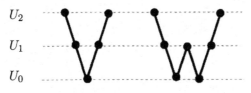

Abbildung 8.10 V- und W-Zyklus

Während im ersten Fall nur ein Zweigitterschritt (unter Verwendung der Räume U_2, U_3) zur näherungsweisen Berechnung der Grobgitterkorrektur (auf U_2) verwendet wird, sind es im zweiten Fall zwei Schritte des nachgelagerten Zweigitterverfahrens.

Wir untersuchen nun das Konvergenzverhalten von Mehrgitterverfahren. Dazu ist zunächst deren Struktur weiter zu analysieren. Ein zugrunde liegendes Zweigitterverfahren mit den Räumen U_j, U_{j-1} zur Lösung der Aufgabe

$$A_j w_j = q_j$$

für ein $q_j \in U_j$ besitzt die Struktur

$$w_j^{i+1} = S_{j,j-1} w_j^i + C_{j,j-1} q_j, \qquad i = 0, 1, \dots \tag{5.14}$$

mit dem durch (5.13) definierten Operator

$$S_{j,j-1} := T_j^{n_2} (I - I_{j-1}^j A_{j-1}^{-1} I_j^{j-1} A_j) T_j^{n_1} \tag{5.15}$$

und einer zugehörigen Matrix $C_{j,j-1}$.

Es sei zunächst ein Dreigitterverfahren über U_j, U_{j-1}, U_{j-2} angegeben. Dabei werden zur näherungsweisen Lösung der Grobgittergleichungen über U_{j-1} jeweils σ Schritte des Zweigitterverfahrens über U_{j-1}, U_{j-2} mit Null als Startvektor eingesetzt. Man erhält so den Dreigitteroperator

$$S_{j,j-1} := T_j^{n_2} (I - I_{j-1}^j \tilde{A}_{j-1}^{-1} I_j^{j-1} A_j) T_j^{n_1}, \tag{5.16}$$

wobei $\tilde{A}_{j-1}^{-1}$ die entsprechende Zweigitternäherung für A_{j-1}^{-1} über U_{j-1}, U_{j-2} bezeichnet. Nach (5.14) gilt

$$w_{j-1}^\sigma = S_{j-1,j-2}^\sigma w_{j-1}^0 + p_{j-1} \tag{5.17}$$

mit einem $p_{j-1} \in U_{j-1}$. Da die Lösung w_{j-1} von

$$A_{j-1} w_{j-1} = q_{j-1}$$

auch Fixpunkt von (5.17) ist, hat man

$$A_{j-1}^{-1} q_{j-1} = S_{j-1,j-2}^\sigma A_{j-1}^{-1} q_{j-1} + p_{j-1}$$

und damit

$$p_{j-1} = (I - S_{j-1,j-1}^\sigma) A_{j-1}^{-1} q_{j-1}.$$

Unter Beachtung von $w_{j-1}^0 = 0$ folgt mit (5.17) die Darstellung

$$w_{j-1}^\sigma = (I - S_{j-1,j-1}^\sigma) A_{j-1}^{-1} q_{j-1}.$$

Da dadurch die entsprechende Näherung $\tilde{A}_{j-1}^{-1}$ in (5.16) definiert ist, erhält man insgesamt für den das Konvergenzverhalten des Dreigitterverfahrens bestimmenden Operator

$$S_{j,j-2} = T_j^{n_2} (I - I_{j-1}^j (I - S_{j-1,j-2}^\sigma) A_{j-1}^{-1} I_j^{j-1} A_j) T_j^{n_1}. \tag{5.18}$$

Damit ergibt sich durch rekursive Erklärung für den $(m+1)$-Gitter-Operator die Darstellung

$$S_{j,j-m} = T_j^{n_2} (I - I_{j-1}^j (I - S_{j-1,j-m}^\sigma) A_{j-1}^{-1} I_j^{j-1} A_j) T_j^{n_1}. \tag{5.19}$$

Zur gitterunabhängigen Konvergenz der Mehrgitterverfahren gilt

SATZ 8.4 *Die durch (5.15) definierten Zweigitteroperatoren $S_{j,j-1}$ seien beschränkt durch*

$$\|S_{j,j-1}\| \leq c_1, \qquad j = 2, \ldots, l$$

mit einer Konstanten $c_1 \in (0,1)$. Ferner existiere ein $c_2 > 0$ mit

$$\|T_j^{n_2} I_{j-1}^j\| \, \|A_{j-1}^{-1} I_j^{j-1} A_j T_j^{n_1}\| \leq c_2, \qquad j = 2, \ldots, l.$$

Dann gibt es eine natürliche Zahl σ derart, daß sich die durch (5.19) erklärten Mehrgitteroperatoren abschätzen lassen durch

$$\|S_{j,1}\| \leq c, \qquad j = 2, \ldots, l$$

mit einer von l unabhängigen Konstanten $c \in (0,1)$.

Beweis: Mit (5.15) und (5.19) erhält man

$$S_{j,j-m} = S_{j,j-1} + T_j^{n_2} I_{j-1}^j S_{j-1,j-m}^{\sigma} A_{j-1}^{-1} I_j^{j-1} A_j T_j^{n_1}.$$

Dies liefert

$$
\begin{aligned}
\|S_{j,j-m}\| &\leq \|S_{j,j-1}\| + \|T_j^{n_2} I_{j-1}^j\| \, \|S_{j-1,j-m}\|^{\sigma} \, \|A_{j-1}^{-1} I_j^{j-1} A_j T_j^{n_1}\| \\
&\leq c_1 + c_2 \|S_{j-1,j-m}\|^{\sigma}.
\end{aligned}
\tag{5.20}
$$

Da $c_1 \in (0,1)$ ist, existiert eine natürliche Zahl σ derart, daß

$$c_1 + c_2 \, \alpha^{\sigma} = \alpha$$

eine Lösung $\alpha \in (0,1)$ besitzt. Mit diesem Wert α gilt insbesondere auch $c_1 \leq \alpha$. Aus (5.20) folgt nun rekursiv von $\|S_{j,j-1}\| \leq c_1 \leq \alpha$ ausgehend die Abschätzung $\|S_{j,1}\| \leq \alpha$. ∎

In Satz 8.4 wurde damit die Existenz einer gitterunabhängigen Kontraktionszahl $\gamma \in (0,1)$, mit der (5.1) gilt, gezeigt. Zur Vereinfachung haben wir dabei nur den W-Zyklus mit hinreichend vielen inneren Schritten untersucht. Zur Analyse des V-Zyklus, dieser entspricht $\sigma = 1$, verweisen wir z.B. auf [23].

Wir wollen nun noch das Konvergenzverhalten eines speziellen Zweigitterverfahrens analysieren. Wir betrachten dabei das Dirichlet-Problem

$$
\begin{aligned}
-\Delta u &= f, \qquad \text{in } \Omega := (0,1) \times (0,1) \\
u|_\Gamma &= 0.
\end{aligned}
\tag{5.21}
$$

Ausgehend von einer äquidistanten Rechteckzerlegung wird (5.21) durch eine Finite-Elemente-Methode mit stückweise linearen Ansatzfunktionen über einem Dreiecksgitter

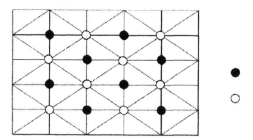

Abbildung 8.11 Spezielles Dreiecksgitter

gemäß der Abbildung 8.11 diskretisiert.

Den Gesamtraum U_h, der durch die über den inneren Gitterpunkten erklärten Ansatzfunktionen aufgespannt wird, zerlegen wir entsprechend den unterschiedlichen Trägern der Ansatzfunktionen in die beiden Teilräume $U_{1,h}$ und $U_{2,h}$. Es lässt sich dabei U_h als direkte Summe darstellen durch

$$U_h = U_{1,h} \oplus U_{2,h}.$$

Insbesondere gilt damit auch $U_{1,h} \cap U_{2,h} = \{0\}$. In [21] wurde vorgeschlagen, ein Zweigitterverfahren durch abwechselndes Lösen von Variationsgleichungen in den Teilräumen wie folgt zu erklären:

$$u_h^{k+1/2} := u_h^k + v_{1,h}^k \qquad \text{mit } v_{1,h}^k \in U_{1,h} \quad \text{gemäß} \tag{5.22}$$

$$a(v_{1,h}^k, v) = (f, v) - a(u_h^k, v) \qquad \text{für alle } v \in U_{1,h}. \tag{5.23}$$

$$u_h^{k+1} := u_h^{k+1/2} + v_{2,h}^k \qquad \text{mit } v_{2,h}^k \in U_{2,h} \quad \text{gemäß} \tag{5.24}$$

$$a(v_{2,h}^k, v) = (f, v) - a(u_h^{k+1/2}, v) \qquad \text{für alle } v \in U_{2,h}. \tag{5.25}$$

Dabei bezeichnet $a(\cdot, \cdot)$ die zu (5.21) gehörige Bilinearform (vgl. Kapitel 4)

$$a(u, v) = \int_\Omega \nabla u \, \nabla v \, dx.$$

Es bildet dann

$$a(u, v) = (f, v) \qquad \text{für alle } v \in U := H_0^1(\Omega) \tag{5.26}$$

die schwache Formulierung von (5.21).

Bemerkung 8.11 Nach Konstruktion des Teilraumes $U_{1,h}$ gilt für die Träger der aufspannenden stückweise linearen Basisfunktionen φ_i, $i \in I_{1,h}$ die Beziehung

$$int \, supp \, \varphi_i \cap int \, supp \, \varphi_j = \emptyset, \qquad i, j \in I_{1,h}, \ i \neq j. \tag{5.27}$$

Damit zerfallen die Ritz-Galerkin-Gleichungen (5.23). Ihre Lösung ist folglich äquivalent zu einem Halbschritt einer red-black-Iteration. Die Variationsgleichung (5.25) stellt dagegen eine diskretisierte Aufgabe über einem gröberen Gitter dar. Somit bildet das Verfahren (5.22) - (5.25) insgesamt ein spezielles Zweigitterverfahren. □

Da U_h die direkte Summe die Unterräume $U_{1,h}$, $U_{2,h}$ ist, gibt es eindeutig bestimmte stetige lineare Projektionen $S_1 : U_h \to U_{1,h}$ bzw. $S_2 : U_h \to U_{2,h}$ mit $S_1 + S_2 = I$. Es bezeichne $\| \cdot \|$ die durch die Bilinearform $a(\cdot,\cdot)$ definierte Energienorm, d.h.

$$\|u\|^2 = a(u,u) \qquad \text{für alle } u \in U.$$

Wir definieren nun auf U_h eine als *Pseudonorm* bezeichnete Abbildung $[| \cdot |] : U_h \to \mathbb{R}^2$ durch

$$[|u|] := \left(\begin{array}{c} \|S_1 u\| \\ \|S_2 u\| \end{array} \right) \qquad \text{für alle } u \in U_h. \tag{5.28}$$

Entsprechend ist die Pseudonorm eines beschränkten linearen Operators $Q : U_h \to U_h$ definiert durch

$$[|Q|] := \left(\begin{array}{cc} \|Q\|_{11} & \|Q\|_{12} \\ \|Q\|_{21} & \|Q\|_{22} \end{array} \right) \tag{5.29}$$

mit

$$\|Q\|_{ij} := \sup_{v \in U_{j,h}, v \neq 0} \frac{\|S_i Q v\|}{\|v\|}, \quad i,j = 1,2. \tag{5.30}$$

Diese Definition führt zu

$$[|Qu|] \leq [|Q|][|u|],$$

wobei das Produkt auf der rechten Seite als Matrizenmultiplikation erklärt ist. Ebenso gilt unmittelbar die Submultiplikativität

$$[|Q_1 Q_2|] \leq [|Q_1|] [|Q_2|] \tag{5.31}$$

für die Pseudonormen von zwei beliebigen beschränkten linearen Operatoren $Q_1, Q_2 : U_h \to U_h$. In [21] (vgl. auch [Her87]) wurde die folgende Aussage nachgewiesen.

LEMMA 8.16 *Für die betrachteten Räume $U_{1,h}$, $U_{2,h}$ gilt*

$$|a(u,v)| \leq \frac{1}{\sqrt{2}} \|u\| \|v\| \qquad \text{für alle } u \in U_{1,h}, \ v \in U_{2,h}.$$

Wir definieren mittels $a(\cdot,\cdot)$ Projektoren $P_j : U_h \to U_{j,h}$ durch

$$P_j u \in U_{j,h} \qquad \text{mit} \qquad a(P_j u, v) = a(u,v) \qquad \text{für alle } v \in U_{j,h}. \tag{5.32}$$

Für diese Abbildungen hat man nun

LEMMA 8.17 *Für die Pseudonormen der mit Hilfe von (5.32) erklärten Abbildungen $I - P_j$ gelten die Abschätzungen*

$$[|I - P_1|] \leq \begin{pmatrix} 0 & \frac{1}{\sqrt{2}} \\ 0 & 1 \end{pmatrix}^T, \qquad [|I - P_2|] \leq \begin{pmatrix} 1 & 0 \\ \frac{1}{\sqrt{2}} & 0 \end{pmatrix}^T.$$

Beweis: Wegen (5.32) hat man

$$P_1 u = u \qquad \text{für alle } u \in U_{1,h}, \tag{5.33}$$

und damit auch

$$(I - P_1) u = 0 \qquad \text{für alle } u \in U_{1,h}. \tag{5.34}$$

Die Eigenschaft (5.33) sichert ferner

$$P_1^2 = P_1 \qquad \text{und} \qquad (I - P_1)^2 = I - P_1. \tag{5.35}$$

Es sei nun $u \in U_{2,h}$ mit $(I - P_1)u = 0$. Hieraus folgt $u = P_1 u$. Wegen $U_{1,h} \cap U_{2,h} = \{0\}$ erhält man damit die Implikation

$$(I - P_1)u = 0, \quad u \in U_{2,h} \qquad \Longrightarrow \qquad u = 0. \tag{5.36}$$

Wir untersuchen jetzt die Pseudonorm von $(I - P_1)$. Wegen (5.34) und der Linearität der Zerlegungsoperatoren S_1, S_2 gilt

$$S_j (I - P_1) u = 0 \qquad \text{für alle } u \in U_{1,h}, \quad j = 1, 2. \tag{5.37}$$

Es sei nun $u \in U_{2,h}$. Aus

$$(I - P_1) u = S_1 (I - P_1) u + S_2 (I - P_1) u \tag{5.38}$$

folgt unter Beachtung von (5.34), (5.35)

$$(I - P_1) u = (I - P_1)^2 u = (I - P_1) S_2 (I - P_1) u$$

und somit

$$(I - P_1)(I - S_2(I - P_1)) u = 0.$$

Mit (5.36) erhält man

$$S_2 (I - P_1) u = u \qquad \text{für alle } u \in U_{2,h}. \tag{5.39}$$

Aus (5.38) folgt ferner

$$S_1 (I - P_1) u = -P_1 u \qquad \text{für alle } u \in U_{2,h}. \tag{5.40}$$

Lemma 8.16 liefert mit (5.32) außerdem die Abschätzung

$$\|P_1 u\|^2 = a(P_1 u, P_1 u) = a(u, P_1 u) \leq \frac{1}{\sqrt{2}} \|u\| \, \|P_1 u\| \quad \text{für alle } u \in U_{2,h},$$

und wegen (5.40) hat man

$$\|S_1 (I - P_1) u\| \leq \frac{1}{\sqrt{2}} \|u\| \qquad \text{für alle } u \in U_{2,h}. \tag{5.41}$$

Unter Beachtung der Definition (5.29), (5.30) der Pseudonorm erhält man aus (5.37), (5.39) und (5.41) nun

$$[|I - P_1|] \leq \begin{pmatrix} 0 & \frac{1}{\sqrt{2}} \\ 0 & 1 \end{pmatrix}^T.$$

Die Untersuchungen für $(I - P_2)$ können analog erfolgen. ∎

Mit Hilfe der durch (5.28) erklärten Pseudonorm kann eine zur Energienorm äquivalente Norm $||| \cdot |||$ durch

$$|||u||| := \max \{ \|S_1 u\|, \|S_2 u\| \} \tag{5.42}$$

definiert werden. Zur Konvergenz des betrachteten Zweigitterverfahrens gilt

SATZ 8.5 *Für beliebige Startiterierte $u_h^1 \in U_h$ konvergiert die durch das Verfahren (5.22) - (5.25) erzeugt Folge $\{u_h^k\}$ gegen die Lösung $u_h \in U_h$ des diskreten Problems*

$$a(u_h, v_h) = (f, v_h) \qquad \text{für alle } v_h \in U_h, \tag{5.43}$$

und es gilt unabhängig von der Diskretisierungsschrittweite h die Abschätzung

$$|||u_h^{k+3/2} - u_h||| \leq \frac{1}{2} |||u_h^k - u_h|||, \qquad k = 1, 2, \dots .$$

Beweis: Nach (5.23) ist $v_{1,h}^k \in U_{1,h}$ bestimmt durch

$$a(v_{1,h}^k, v) = a(u_h - u_h^k, v) \qquad \text{für alle } v \in U_{1,h}.$$

Dies liefert

$$v_{1,h}^k = -P_1 (u_h^k - u_h).$$

Mit (5.22) hat man also

$$u_h^{k+1/2} - u_h = (I - P_1) (u_h^k - u_h).$$

Analog gilt

$$u_h^{k+1} - u_h = (I - P_2) (u_h^{k+1/2} - u_h).$$

Unter Verwendung von Lemma 8.17 folgt für die Pseudonorm die Abschätzung

$$[|u_h^{k+3/2} - u_h|] \leq \begin{pmatrix} 0 & \frac{1}{\sqrt{2}} \\ 0 & 1 \end{pmatrix}^T \begin{pmatrix} 1 & 0 \\ \frac{1}{\sqrt{2}} & 0 \end{pmatrix}^T \begin{pmatrix} 0 & \frac{1}{\sqrt{2}} \\ 0 & 1 \end{pmatrix}^T [|u_h^k - u_h|],$$

und mit (5.42) erhält man die Behauptung. ∎

Bemerkung 8.12 Formal lässt sich das betrachtete Verfahren auch um jeweils einen Halbschritt ergänzen (vgl. [21]) gemäß

$$\tilde{u}_h^{k+1} - u_h := (I - P_1)(I - P_2)(I - P_1)(\tilde{u}_h^k - u_h).$$

Der red-black-Halbschritt $(I - P_1)$ ist dabei wegen $(I - P_1)^2 = (I - P_1)$ praktisch nicht doppelt auszuführen. □

Bemerkung 8.13 Das Verfahren (5.22) - (5.25) kann auf allgemeinere Gittertypen und weitere elliptische Differentialoperatoren angewandt werden (vgl. [Her87]). Es ist jedoch zu sichern, daß die Zerlegung der Gitter der Bedingung (5.27) genügt und eine *strenge Cauchysche Ungleichung* der Form

$$|a(u,v)| \leq \mu_{ij}\|u\|\,\|v\| \qquad \text{für alle } u \in U_{i,h}, \ v \in U_{j,h}$$

mit $\mu_{12}\,\mu_{21} < 1$ erfüllt ist. Die Bedingung (5.27) garantiert dabei, daß die entsprechenden Teilprobleme (5.23) trivial zu lösen sind. □

Neben den klassischen Mehrgitterverfahren sind im zurückliegenden Jahrzehnt auch *kaskadische Verfahren* entwickelt und theoretisch begründet (siehe z.B. [20], [108]) worden. Ebenso wie die Mehrgitterverfahren nutzen sie ineinander verschachtelte diskrete Räume, z.B.

$$U_0 \subset U_1 \subset U_2 \subset \cdots \subset U_l \subset H_0^1(\Omega),$$

jedoch im Unterschied zu diesen wird nicht abwechselnd über feineren und gröberen Gittern iteriert. Stattdessen werden bei kaskadischen Verfahren die Räume nur in Richtung sich verfeinernder Gitter durchlaufen. Bezeichnen $B_j : V_j \to V_j$ Iterationsverfahren (z.B. CG-Verfahren) zur Lösung der entsprechenden diskreten Probleme

$$A_j\, w_j = q_j\,,$$

dann besteht das Grundprinzip kaskadischer Verfahren darin, m_j Iterationen in dem jeweiligen Raum U_j auszuführen und die so erhaltene Näherungslösung $\tilde{u}_j$ als Startiterierte für das Problem im Raum U_{j+1} zu nutzen. Formal ergibt sich so die Bestimmung einer Näherungslösung $\tilde{u}_h$ im feinsten Raum $U_h = U_l$ zu

$$\tilde{u}_h = B_l^{m_l}\, B_{l-1}^{m_{l-1}} \cdots B_1^{m_1}\, B_0^{m_0}\, \tilde{u}_0.$$

Dabei ist $\tilde{u}_0$ eine vorzugebende Startiterierte im gröbsten Raum U_0. Im Unterschied zu den Mehrgitterverfahren erfordern die kaskadischen Verfahren eine hinreiche feine Startdiskretisierung und eine gute Approximation von u_0 durch die Iteration $B_0^{m_0} \tilde{u}_0$ im Raum U_0. Für konkrete kaskadischen Verfahren wie auch zur Konvergenzanalysis verweisen wir auf [20], [108].

Übung 8.15 Man begründe, daß es für symmetrische Probleme sinnvoll ist, die Einschränkungs- und Fortsetzungsoperatoren so zu wählen, daß gilt

$$I_h^H = (I_H^h)^T.$$

Übung 8.16 Gegeben sei das eindimensionale Randwertproblem

$$-(\alpha(x)y')' = f \quad \text{in } \Omega := (0,1), \qquad y(0) = y(1) = 0. \tag{5.44}$$

Dabei sei $\alpha \in C^1(\overline{\Omega})$, und es gelte $\min_{x\in\Omega} \alpha(x) > 0$. Die Aufgabe (5.44) werde diskretisiert mit stückweise linearen finiten Elementen. Mit einem geradzahligen $N > 0$ und

$$h := 1/N, \qquad x_i := ih, \quad i = 0, 1, \ldots, N$$

sei definiert

$$\varphi_i^h(x) := \begin{cases} 1 - |x - x_i|/h & , \text{ falls } x \in (x_i - h, x_i + h) \\ 0 & , \text{ sonst.} \end{cases}$$

a) Man zeige, daß sich der Ansatzraum $U_h := \mathrm{span}\{\varphi_i^h\}_{i=1,\ldots,N-1}$ als direkte Summe

$$U_h = U_{1,h} \oplus U_{2,h} \quad \text{mit} \quad U_{1,h} := \mathrm{span}\{\varphi_i^h\}_{i=1,3,5,\ldots,N-1}, \ U_{2,h} := \mathrm{span}\{\varphi_i^{2h}\}_{i=2,4,\ldots,N-2}$$

darstellen lässt.

b) Wie lautet die zu der in a) gegebenen Repräsentation $U_h = U_{1,h} \oplus U_{2,h}$ gehörige Steifigkeitsmatrix der Aufgabe (5.44)?

c) Man zeige, daß mit

$$a(u,v) := \int_0^1 \alpha\, u'v'\, dx$$

und der zugehörigen Energienorm eine strenge Cauchysche Ungleichung der Form

$$|a(u,v)| \le \mu_h \|u\|\,\|v\| \qquad \text{für alle } u \in U_{1,h},\ v \in U_{2,h} \tag{5.45}$$

mit einem $\mu_h \in [0,1)$ gilt. Welches Verhalten lässt sich von μ_h für $h \to 0$ nachweisen?

d) Man berechne μ_h in (5.45) speziell für den Fall $\alpha(x) \equiv 1$ und interpretiere das erhaltene Ergebnis (Hinweis: Man beachte die konkrete Gestalt der Greenschen Funktion für (5.44)).

8.6   Gebietszerlegung, parallele Algorithmen

Sind Randwertprobleme partieller Differentialgleichungen über geometrisch komplexen Strukturen zu lösen, so wird häufig bei der Diskretisierung das Grundgebiet in einfachere Teilgebiete zerlegt und die Diskretisierung zunächst über diesen vorgenommen. Die Eigenschaften des Gesamtproblems sind dabei durch entsprechende Übergangsbedingungen an den aufeinandertreffenden oder sich überlappenden Teilgebieten zu berücksichtigen. Ein wesentlicher Aspekt dieser als *Gebietszerlegung* (auch kurz DD, d.h. *domain decomposition*) bezeichneten Technik besteht jedoch auch in der Zerlegung großer diskreter Gleichungssysteme in voneinander teilweise unabhängig zu behandelnde Teilaufgaben. Dies erlaubt die Parallelisierung eines Großteils der zur Lösung des diskreten Problems erforderlichen numerischen Rechnungen, und derartige Algorithmen werden auf Parallelrechnern zur Verkürzung der Rechenzeiten eingesetzt. Ein weiteres wichtiges Einsatzgebiet der Gebietszerlegung besteht in ihrem Einsatz als Vorkonditionierer für Iterationsverfahren.

Im vorliegenden Abschnitt skizzieren wir einige Grundideen der Gebietszerlegungsverfahren am Beispiel der Diskretisierung der Poisson-Gleichung über ebenen Gebieten mittels stückweise linearer C^0-Elemente. Für eine allgemeinere Theorie der Gebietszerlegung verweisen wir auf [TW05], [QV99].

Betrachtet wird das Problem

$$-\Delta u = f \quad \text{in } \Omega, \qquad u = 0 \quad \text{auf } \Gamma.$$

Dabei bezeichnen $\Omega \subset \mathbb{R}^2$ ein beschränktes polyedrisches Gebiet und Γ dessen Rand. Die zu dieser Aufgabe gehörige schwache Formulierung

$$u \in V := H_0^1(\Omega), \qquad a(u,v) = (f,v) \qquad \text{für alle } v \in V \tag{6.1}$$

diskretisieren wir mittels stückweise linearer C^0-Elemente über einer quasi-uniformen Dreieckszerlegung $\mathcal{Z}_h$ der Feinheit h. Die Dreiecke der Zerlegung seien durch T_j, $j \in J$ mit einer Indexmenge J, d.h. $\mathcal{Z}_h = \{T_l\}_{l \in J}$, bezeichnet. Ferner seien $x_i \in \Omega$, $i \in I$ und $x_i \in \Gamma$, $i \in \hat{I}$ die Gitterpunkte der Zerlegung im Gebiet bzw. auf dessen Rand. Mit den zugehörigen Lagrange-Basisfunktionen φ_i bezeichne

$$V_h := \text{span}\,\{\varphi_i\}_{i \in I}$$

Die Finite-Elemente-Diskretisierung von (6.1) lautet damit:

$$u_h \in V_h, \qquad a(u_h, v_h) = (f, v_h) \qquad \text{für alle } v_h \in V_h\,. \tag{6.2}$$

Wir wählen nun m Teilgebiete $\Omega_j := \text{int}\,(\bigcup_{l \in J_j} T_l)$ von Ω derart aus, dass

$$\Omega_j \cap \Omega_l = \emptyset \quad j \neq l \qquad \text{und} \qquad \bigcup_{j=1}^m \overline{\Omega}_j = \overline{\Omega}$$

gilt und bezeichnen mit $\Gamma_j = \partial\Omega_j$ deren Ränder. Die Teilgebiete Ω_j sind durch die Wahl der Indexmengen $J_j \subset J$ charakterisiert. Die Menge der Indizes der inneren Gitterpunkte wird mit I_j bezeichnet, d.h. $I_j = \{\, i \in I \,:\, x_i \in \Omega_j \,\}$, $j = 1, \dots, m$.

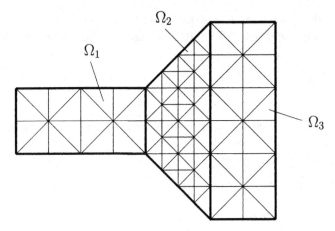

Abbildung 8.12 Zerlegung des diskretisierten Gebietes in Teilgebiete

Zur Vereinfachung der Darstellung wird im weiteren auf den Index h verzichtet, sofern nicht speziell vom Diskretisierungsparameter h abhängige Eigenschaften untersucht werden oder die vereinfachte Bezeichnung zu Missverständnissen führt. Der diskrete Raum V wird passend zur gewählten Zerlegung von Ω in Teilgebiete Ω_j als direkte Summe dargestellt durch

$$V = W + Z \qquad \text{mit} \qquad W = \sum_{j=1}^{m} W_j \tag{6.3}$$

mit den linearen Unterräumen

$$W_j = \operatorname{span}\left\{\varphi_i\right\}_{i \in I_j}, \; j = 1, \ldots, m \quad \text{und} \quad Z = \operatorname{span}\left\{\varphi_i\right\}_{i \in (I \setminus (\bigcup_{j=1}^{m} I_j))}. \tag{6.4}$$

Die diskrete Aufgabe (6.2) lautet damit (ohne Indizierung mit h):

Bestimme $u = w + z$, $w \in W$, $z \in Z$ mit

$$a(w + z, \omega + \zeta) = (f, \omega + \zeta) \qquad \text{für alle } \omega \in W, \; \zeta \in Z \tag{6.5}$$

bzw. unter Beachtung der Bilinearität von $a(\cdot, \cdot)$

$$a(w, \omega) + a(z, \omega) = (f, \omega) \quad \text{für alle } \omega \in W \tag{6.6}$$

$$a(w, \zeta) + a(z, \zeta) = (f, \zeta) \quad \text{für alle } \zeta \in Z. \tag{6.7}$$

Für jedes $z \in Z$ existiert genau ein $w(z) \in W$ derart, das der diskreten Variationsgleichung (6.6) genügt, d.h.

$$a(w(z), \omega) + a(z, \omega) = (f, \omega) \quad \text{für alle } \omega \in W. \tag{6.8}$$

Zusammen mit (6.7) liefert dies das reduzierte Problem

$$a(w(z), \zeta) + a(z, \zeta) = (f, \zeta) \quad \text{für alle } \zeta \in Z \tag{6.9}$$

zur Bestimmung des gesuchten $z \in Z$ und damit der diskreten Lösung $u = w(z) + z$. In Matrixdarstellung entspricht (6.8), (6.9) einem linearen Gleichungssystem mit der Blockstruktur

$$A_{ww}\, w + A_{wz}\, z = f_w \tag{6.10}$$

$$A_{zw}\, w + A_{zz}\, z = f_z. \tag{6.11}$$

Dabei werden der Einfachheit halber für die Koordinatenvektoren die gleichen Symbole verwendet wie für die damit über den jeweiligen Basen dargestellte Funktionen w und z. Durch Blockelimination erhält man

$$w(z) = A_{ww}^{-1}(f_w - A_{wz}\, z)$$

und so das reduzierte Problem

$$S z = q \quad \text{mit} \quad S = A_{zz} - A_{zw}\, A_{ww}^{-1}\, A_{wz}, \quad q = f_z - A_{zw}\, A_{ww}^{-1}\, f_w. \tag{6.12}$$

Die Matrix S ist gerade das entsprechende *Schur-Komplement*. Eine explizite Berechnung des Schur-Komplements S ist für die betrachteten Probleme i.allg. nicht möglich - insbesondere wegen des darin auftretenden Terms A_{ww}^{-1}. Dagegen lässt sich des Matrix-Vektor-Produkt $S z$ für gegebenes $z \in Z$ effektiv auswerten. Das Kernstück dieser Auswertung bildet dabei die Bestimmung von $w(z)$ aus (6.8) bzw. (6.10). Es bezeichne

$$a_j(u,v) = \int\limits_{\Omega_j} \nabla u \cdot \nabla v\, dx, \qquad (f,v)_j = \int\limits_{\Omega_j} f\, v\, dx, \qquad \langle \lambda, v \rangle_j = \int\limits_{\Gamma_j} \lambda\, v\, dx.$$

Wegen $\text{int}(\text{supp}\, w_j) \subset \Omega_j$ für beliebige $w_j \in W_j$ ist (6.8) äquivalent zu $w(z) = \sum\limits_{j=1}^{m} w_j(z)$ mit

$$w_j(z) \in W_j \quad a_j(w_j(z), \omega_j) = (f, \omega_j)_j - a_j(z, \omega_j) \qquad \text{für alle } \omega_j \in W_j,\ j = 1, \dots, m.$$

Diese m Teilaufgaben stellen voneinander unabhängige diskrete elliptische Probleme dar, die parallel abgearbeitet werden können. Für eine programmtechnische Realisierung von Parallelalgorithmen in Verbindung mit der Numerik partieller Differentialgleichungen verweisen wir auf [Haa99].

Wir wenden uns nun der weiteren Untersuchung des zweiten Teilsystems (6.9) zu. Ausgehend von der Greenschen Formel

$$-\int\limits_{\Omega} \Delta u\, v\, dx = -\sum_{j=1}^{m} \int\limits_{\Omega_j} \Delta u\, v\, dx = -\sum_{j=1}^{m} \int\limits_{\Gamma_j} \frac{\partial u}{\partial n}\, v\, ds + \sum_{j=1}^{m} \int\limits_{\Omega_j} \nabla u \cdot \nabla v\, dx$$

lassen sich analog zum stetigen Fall diskrete Normalenableitungen λ_j auf Γ_j, wobei die Normale bezüglich Ω_j nach außen gerichtet ist, zu $v = w + z$ mit $w = \sum\limits_{j=1}^{m} w_j$, $w_j \in W_j,\ j = 1, \dots, m$ und $z \in Z$ definieren durch

$$\langle \lambda_j, \zeta \rangle_j = a_j(w_j, \zeta) + a_j(z, \zeta) - (f, \zeta)_j \quad \text{für alle } \zeta \in Z, \quad j = 1, \dots, m. \tag{6.13}$$

Mit den Normalenableitungen (bzw. Flüssen) λ_j kann (6.9) äquivalent dargestellt werden durch

$$\sum_{j=1}^{m} \langle \lambda_j, \zeta \rangle_j = 0. \tag{6.14}$$

Die Bedingung (6.9) entspricht damit diskret der Stetigkeit der Flüsse über die inneren Ränder. Die Stetigkeit der diskreten Lösung selbst wird durch die verwendeten Basen und damit durch die gewählten Räume gesichert.

Es wird wieder das reduzierte System (6.12), d.h.

$$S z = q \tag{6.15}$$

betrachtet. Könnte man dies direkt lösen und zugehörig $w \in W$ aus (6.8) (bzw. äquivalent dazu aus (6.10)) bestimmen, dann entspräche dies, wie schon bemerkt wurde, einem Blockeliminationsverfahren. Das Wesen der Gebietszerlegungs-Verfahren besteht jedoch darin, das System (6.15) unter Verwendung der Substrukturierung iterativ zu lösen. Die Anwendung des Block-Gauß-Seidel-Verfahrens auf (6.8), (6.9) liefert für vorgegebenes $z^k \in Z$ zur Bestimmung von $w^{k+1} = \sum_{j=1}^{m} w_j^{k+1}$ mit $w_j^{k+1} \in W_j$, $j = 1, \ldots, m$ die m voneinander unabhängigen Teilprobleme

$$a_j(w_j^{k+1}, \omega_j) + a_j(z^k, \omega_j) = (f, \omega_j)_j \qquad \text{für alle } \omega_j \in W_j, \quad j = 1, \ldots, m \tag{6.16}$$

und das über die inneren Gebietsränder verbindende Problem

$$a(w^{k+1}, \zeta) + a(z^{k+1}, \zeta) = (f, \zeta) \qquad \text{für alle } \zeta \in Z. \tag{6.17}$$

Das Verfahren (6.16), (6.17) verallgemeinert den im Abschnitt 8.3 als red-black-Iteration betrachteten Spezialfall eines Gebietszerlegungs-Verfahrens auf mehr als zwei Teilgebiete und eine Finite-Element-Methode.

Es sei darauf hingewiesen, daß das Schur-Komplement S symmetrisch ist (vgl. Übungsaufgabe 8.17). Mit der effektiven Auswertung von Sz für gegebenes $z \in Z$ ist damit prinzipiell ein CG-Verfahren zur Lösung der reduzierten Gleichung (6.15) nutzbar. Wegen der schlechten Kondition von S sind jedoch passende Vorkonditionierer erforderlich, um die Konvergenz des CG-Verfahrens zu beschleunigen. In Analogie zu Lösungsstrategien für Gebietszerlegungs-Techniken für das das stetige Ausgangsproblem (vgl. [QV99]) erhält man unterschiedliche Vorkonditionierer je nach der Wahl der zunächst genutzten diskreten Randbedingungen für die lokalen Teilprobleme und der Aufdatierung der Kopplungsvariablen. Wir beschreiben dazu nachfolgend die Grundidee der Neumann-Neumann-Iteration.

Der Neumann-Neumann-Algorithmus modifiziert die beschriebene Block-Gauß-Seidel-Iteration (6.16), (6.17) so, daß das anstelle von (6.17) ein approximierendes Teilproblem eingesetzt wird, das wie (6.16) vollständig über den Gebieten Ω_j und damit auch parralel behandelt werden kann. Die Bestimmung einer neuen Näherungslösung $z^{k+1} \in Z$

für (6.15) erfolgt von $z^k \in Z$ ausgehend in zwei Stufen. Zunächst werden $w_j^{k+1/2} \in W_j$ bestimmt als Lösung der diskreten Dirichlet-Probleme

$$a_j(w_j^{k+1/2}, \omega_j) + a_j(z^k, \omega_j) = (f, \omega_j)_j \qquad \text{für alle } \omega_j \in W_j, \quad j = 1, \ldots, m. \quad (6.18)$$

Korrekturen $v^k \in W$, $y^k \in Z$ werden berechnet durch

$$a_j(v_j^k, \omega_j) + a(y_j^k, \omega_j) = 0 \qquad \text{für alle } \omega_j \in W \qquad\qquad (6.19)$$

$$a_j(v_j^k, \zeta_j) + a_j(y_j^k, \zeta_j) = (f, \zeta_j) - a(w^{k+1/2}, \zeta_j) + a(z^k, \zeta_j) \text{ für alle } \zeta_j \in Z_j. \quad (6.20)$$

Dabei bezeichnen

$$Z_j = \operatorname{span}\{\varphi_i\}_{i \in \hat{I}_j} \qquad \text{mit} \qquad \hat{I}_j = \{i \in I : x_i \in \Gamma_j\} \quad j = 1, \ldots, m$$

die für Ω_j relevanten Teilräume von Z, die mittels der Indexmengen $\hat{I}_j$ der Gitterpunkte auf dem *inneren* Rand der Teilgebiete Ω_j, d.h. auf Grenzen zu benachbarten Teilgebieten der Gebietszerlegung, definiert sind. Als neue Iterierte wird gewählt

$$z^{k+1} = z^k + \theta \sum_{j=1}^{m} y_j^k \qquad\qquad (6.21)$$

mit einem Relaxationsparameter $\theta > 0$. Die Aufgaben (6.19), (6.20) sind Neumann-Probleme über den jeweiligen Teilgebieten Ω_j, falls $\Gamma_j \cap \Gamma = \emptyset$. In diesem Fall ist das diskrete Problem (6.19), (6.20) durch die minimale Normlösung im Sinne der Pseudoinversen zu behandeln. Wir verweisen für Details ebenso wie für die Konvergenzanalysis des Neumann-Neumann-Algorithmus auf [TW05].

Bemerkung 8.14 Die Probleme (6.19), (6.20) approximieren die Korrekturgleichungen

$$a(w^{k+1/2} + \tilde{v}^k, \omega) + a(z^k + \tilde{y}^k, \omega) = (f, \omega) \qquad \text{für alle } \omega \in W \qquad (6.22)$$

$$a(w^{k+1/2} + \tilde{v}^k, \zeta) + a(z^k + \tilde{y}^k, \zeta) = (f, \zeta) \qquad \text{für alle } \zeta \in Z, \qquad (6.23)$$

die mit $z = z^k + \tilde{v}^k$ die Lösung von (6.15) liefern. Mit (6.13) wird die rechte Seite von (6.23) in der Literatur in der Regel durch Flüsse $\lambda^{k+1/2}$ in der Form

$$(f, \zeta_j) - a(w^{k+1/2}, \zeta_j) + a(z^k, \zeta_j) = -\sum_{j=1}^{m} \langle \lambda^{k+1/2}, \zeta_j \rangle_j$$

dargestellt (vgl. [TW05], [QV99]). $\square$

Beim Neumann-Neumann-Algorithmus wird stets durch Ansatz die Stetigkeit der diskreten Lösung über die Grenzen der Teilbereiche eingehalten, nicht aber die Stetigkeit der diskreten Ableitungen. Bei den FETI-Algorithmen (Finite Element Tearing and Integrating) wird jedoch die Stetigkeit im Ansatz aufgegeben, und in jedem Teilbereich werden zunächst unabhängig Ansatzfunktionen gewählt. Die Stetigkeit der diskreten

Lösung wird als zusätzliche Restriktion formuliert.

Es bezeichne

$$V_j = W_j + \text{span } \{\varphi_{jl}\}_{l \in \tilde{I}_j}$$

mit

$$\varphi_{jl}(x) = \begin{cases} \varphi_l(x), & \text{falls} \quad x \in \Omega_j \\ 0, & \text{sonst,} \end{cases} \quad \text{und} \quad \tilde{I}_j := \{\, l \in I : x_l \in \Gamma_j \,\}.$$

Für den zusammengesetzten diskreten Raum $\tilde{V}_h := \sum_{j=1}^{m} V_j$ (vgl. auch diskontinuierliche Galerkin-Methoden, Abschnitt 4.8) gilt

$$\tilde{V}_h \subset L_2(\Omega) \quad \text{und} \quad V_h \subset \tilde{V}_h\,.$$

Dabei hat man für die stückweise definierten Funktionen v_h die Charakterisierung

$$v_h \in V_h \quad \Longleftrightarrow \quad v_h \in C(\overline{\Omega}).$$

Das diskrete Ausgangsproblem (6.2) ist als Ritz-Verfahren äquivalent zu

$$J(v_h) = \frac{1}{2} \sum_{j=1}^{m} \Big(a_j(v_j, v_j) - (f, v_j)_j \Big) \;\to\; \min ! \quad \text{bei} \quad v_h \in \tilde{V}_h \cap C(\overline{\Omega}). \quad (6.24)$$

Die Bedingung $v_h \in C(\overline{\Omega})$ kann durch ein einfaches System linearer Restriktionen beschrieben werden, z.B. durch

$$\int_{\Gamma_{ij}} v_i\, z = \int_{\Gamma_{ji}} v_j\, z \quad \text{für alle } z \in Z, \quad \text{für jedes} \quad \Gamma_{ij} := \Gamma_i \cap \Gamma_j, \quad \Gamma_{ij} \neq \emptyset. \quad (6.25)$$

Bemerkung 8.15 Die betrachteten Gebietszerlegungs-Methoden lassen sich auch als additive Schwarz-Verfahren beschreiben und analysieren. Für eine ausführliche Darstellung und eine detaillierte Konvergenzanalyse für Gebietszerlegungs-Methoden verweisen wir auf [TW05]. □

Bemerkung 8.16 In der Literatur (vgl. [TW05]) wird anstelle von (6.25) in der Regel die Stetigkeit von v_h in den auf den inneren Rändern liegenden Gitterpunkten, d.h. in

$$x_i \in \left(\bigcup_{j=1}^{m} \Gamma_j \right) \setminus \Gamma, \text{ gefordert. Treffen in einem Punkt mehr als zwei Teilgebiete aufein-}$$

ander, dann erhält man Redundanzen in den Restriktionen, falls alle paarweisen Übereinstimmungen gefordert werden. □

Es seien $\tilde{a} : \tilde{V} \times \tilde{V} \to \mathbb{R}$ und $\tilde{b} : Z \times \tilde{V} \to \mathbb{R}$ definiert durch

$$\tilde{a}(v_h, \nu_h) := \sum_{j=1}^{m} a_j(v_j, \nu_j) \qquad \text{bzw.} \qquad \tilde{b}(z_h, \nu_h) := \sum_{i,j=1}^{m} \int_{\Gamma_{ij}} z \cdot (v_i - v_j).$$

Dann löst $v_h \in \tilde{V}$ das Problem (6.24) genau dann, wenn ein $z_h \in Z$ existiert mit

$$
\begin{aligned}
\tilde{a}(v_h, \nu_h) \;+\; \tilde{b}(z_h, \nu_h) \;&=\; (f, \nu_h) && \text{für alle } \nu_h \in \tilde{V}, \\
\tilde{b}(\zeta_h, v_h) \;&=\; 0 && \text{für alle } \zeta_h \in Z.
\end{aligned}
$$

Dies stellt eine gemischte Formulierung dar, die sich auch anwenden lässt für Gitter, die an den inneren Grenzen nicht übereinstimmen. Dabei ist der Raum Z der Lagrange-Multiplikatoren im Unterschied zu einer diskreten Gebietszerlegung mit konformer Diskretisierung nicht durch die Diskretisierung induziert. Stattdessen wird wie bei allgemeinen gemischten FEM-Diskretisierungen der diskrete Raum Z geeignet zu wählen. Insbesondere muß diese Wahl mit der Diskretisierung V so abgestimmt werden, daß die Babuška-Brezzi-Bedingungen erfüllt sind.

Werden diskrete Werte auf einer Seite, die als *Nichtmortar-Seite* bezeichnet wird, vorgegeben, so lassen sich auch der anderen Seite, der *Mortar-Seite* zugehörige Basisfunktionen durch Abgleich im schwachen Sinn gewinnen. Diese Vorgehensweise wird als Mortar-Technik (vgl. [22], [TW05], [122]) bezeichnet. Die konkrete Gestalt der Basisfunktionen auf der Mortar-Seite hängt dabei wesentlich von dem verwendeten diskreten Raum der Lagrange-Multiplikatoren ab (vgl. [121]).

Wir illustrieren die Mortar-Technik an einem einfachen Beispiel. Es sei das Grundgebiet $\Omega := (-1, 1) \times (0, 1) \subset \mathbb{R}^2$ zerlegt (vgl. Abb. 8.13) in die Teilgebiete

$$\Omega_1 := (-1, 0) \times (0, 1), \qquad \Omega_1 := (0, 1) \times (0, 1).$$

Wir wählen das zu Ω_2 weisende Randstück Γ_{21} der gemeinsamen Grenze $\Gamma_1 \cap \Gamma_2$ als Nichtmortar-Seite und entsprechend das nach Ω_1 weisende Randstück Γ_{12} als Mortar-Seite aus. Wir betrachten über der angegebenen Triangulation stückweise lineare Elemente, die jedoch nur jeweils in den beiden Teilgebieten stetig, nicht aber über die Grenze $\Gamma_1 \cap \Gamma_2$ hinweg stetig sind.

$$\Omega_1 \qquad\qquad\qquad \Omega_2$$

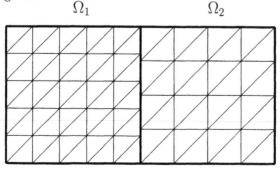

Abbildung 8.13 Nichtübereinstimmende Gitter

Es bezeichne $x_i \in \Omega$, $i \in I := \{1, \ldots, N\}$ die Menge aller inneren Gitterpunkte, und wir setzen

$$I_1 := \{\, i \in I \,:\, x_i \in \Omega_1 \}, \qquad \bar{I}_1 := \{\, i \in I \,:\, x_i \in \Gamma_{1,2} \},$$

$$I_2 := \{\, i \in I \,:\, x_i \in \Omega_2 \}, \qquad \bar{I}_2 := \{\, i \in I \,:\, x_i \in \Gamma_{2,1} \}.$$

Es seien $\tilde{\varphi}_i \in C(\Omega_j)$, $i \in I_j \cup \bar{I}_j$, $j = 1, 2$ die Lagrange-Basisfunktionen über den jeweiligen Teilgebieten. Für $i \in I_1 \cup I_2$ können diese trivial auf das jeweilig andere Teilgebiet fortgesetzt werden durch

$$\varphi_i(x) := \begin{cases} \tilde{\varphi}_i(x), & \text{falls } x \in \Omega_j \\ 0 & \text{falls } x \notin \Omega_j \end{cases} \qquad i \in I_j, \; j = 1, 2.$$

Die zur Nichtmortar-Seite gehörigen Funktionen $\tilde{\varphi}_i$, $i \in \bar{I}_2$ werden nun mit Hilfe der zur Mortar-Seite gehörigen Funktionen $\tilde{\varphi}_i$, $i \in \bar{I}_1$ in Ω_1 fortgesetzt, d.h.

$$\varphi_i(x) := \begin{cases} \tilde{\varphi}_i(x), & \text{falls } x \in \Omega_2 \\ \displaystyle\sum_{j \in \bar{I}_1} \sigma_{ij} \tilde{\varphi}_j(x) & \text{falls } x \in \Omega_1 \end{cases} \qquad i \in \bar{I}_2. \tag{6.26}$$

Die Koeffizienten $c_{ij} \in \mathbb{R}$, $i \in \bar{I}_2$, $j \in \bar{I}_1$ werden durch die Übergangsbedingung in schwacher Form definiert, d.h. durch

$$\sum_{j \in \bar{I}_1} \sigma_{ij}\, b(\tilde{\varphi}_j, z) = b(\tilde{\varphi}_i, z) \quad \text{für alle } z \in Z.$$

Wählt man $Z = \text{span}\{\tilde{\varphi}_j\}_{j \in \bar{I}_1}$, so erhält man hieraus die linearen Gleichungssysteme

$$\sum_{j \in \bar{I}_1} \sigma_{ij}\, b(\tilde{\varphi}_j, \tilde{\varphi}_k) = b(\tilde{\varphi}_i, \tilde{\varphi}_k) \qquad k \in \bar{I}_1, \quad i \in \bar{I}_2. \tag{6.27}$$

zur Bestimmung der gesuchten Koeffizienten σ_{ij}. Mit (6.27) ergibt sich z.B. die in Abbildung 8.14 dargestellte Fortsetzung einer Funktion von der Nichtmortar-Seite zur Mortar-Seite längs der verbindenen Grenze.

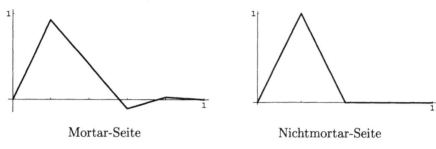

Mortar-Seite   Nichtmortar-Seite

Abbildung 8.14 Fortsetzung bei Mortar-Elementen

In dieser Realisierung der Übergangsbedingungen treten auf der Nichtmortar-Seite Oszillationen auf, da die Systemmatrix nur nichtnegative Elemente besitzt. Durch geeignete Wahl anderer Testfunktionen können sowohl die Oszillationen vermieden als auch die Träger der fortgesetzten Funktionen möglichst klein gehalten werden. Letzteres lässt sich durch biorthogonale Basen erreichen, z.B. wenn man zugehörig zu den stückweise linearen Ansatzfunktionen die Testfunktionen wie folgt wählt

$$
\psi_i(\eta) = \left\{
\begin{array}{ll}
-\frac{1}{3}, & \text{falls } \eta \in (y_{i-1}, y_{i-1/2}) \cup (y_{i+1/2}, y_{i+1}) \\
1, & \text{falls } \eta \in [y_{i-1/2}, y_{i+1/2}] \\
0, & \text{sonst.}
\end{array}
\right.
$$

In diesem sind die Koeffizientenmatrizen positive Diagonalmatrizen.

Für weitere konkrete Möglichkeiten zur Wahl von Z und damit der Bestimmung der Koeffizienten σ_{ij} verweisen wir auf [121].

Übung 8.17 Man zeige, daß das Schur-Komplement S für die betrachtete diskrete Aufgabe (6.2) symmetrisch ist.

Übung 8.18 Man stelle die Block-Gauß-Seidel-Iteration (6.16). (6.17) als spezielle Realisierung des Verfahrens (5.22) - (5.25) dar. Wie sind dabei die Teilräume $U_{1,h}$, $U_{2,h}$ zu wählen?

Übung 8.19 Man bestimme unter Verwendung von stückweise konstanten Testfunktionen (Lagrange-Multiplikatoren) für die in Abbildung 8.13 gebenen Zerlegung alle Mortar-Fortsetzungen aus (6.26).

Bücher u. ä.

[AB84]   O. Axelsson and V.A. Barker. *Finite element solution of boundary value problems.* Academic Press, New York, 1984.

[Ada75]   R.A. Adams. *Sobolev spaces.* Academic Press, New York, 1975.

[AO00]   M. Ainsworth and J.T. Oden. *A posteriori error estimation in finite element analysis.* Wiley, 2000.

[Axe96]   O. Axelsson. *Iterative solution methods.* Cambridge Univ. Press, Cambridge, 1996.

[Ban98]   R.E. Bank. *PLTMG user's guide (edition 8.0).* SIAM Publ., Philadelphia, 1998.

[Bel90]   A.I. Beltzer. *Variational and finite element methods: a symbolic computation approach.* Springer, Berlin, 1990.

[Bey98]   J. Bey. *Finite-Volumen- und Mehrgitterverfahren für elliptische Randwertprobleme.* Teubner, Stuttgart, 1998.

[BF91]   F. Brezzi and M. Fortin. *Mixed and hybrid finite element methods.* Springer, Berlin, 1991.

[BR03]   W. Bangerth and R. Rannacher. *Adaptive finite element methods for differential equations.* Birkhäuser, Basel, 2003.

[Bra92]   D. Braess. *Finite Elemente.* Springer, Berlin, 1992.

[BS94]   S.C. Brenner and L.R. Scott. *The mathematical theory of finite element methods.* Springer, 1994.

[Cia78]   P. Ciarlet. *The finite element method for elliptic problems.* North-Holland, Amsterdam, 1978.

[CL91]   P.G. Ciarlet and J.L. Lions. *Handbook of numerical analysis 2.* North Holland, 1991.

[Dau88]   M. Dauge. *Elliptic boundary alue problems in corner domains.* Springer, Berlin, 1988.

[Dav04]   J.H. Davis. *Methods of applied mathematics with a MATLAB overview.* Birkhuser, Boston, 2004.

[DH02]   P. Deuflhard and A. Hohmann. *Numerische Mathematik. 1: Eine algorithmisch orientierte Einfhrung. 3. Aufl.* de Gruyter, Berlin, 2002.

[dJF96]   E.M. de Jager and J. Furu. *The theory of singular perturbations.* North Holland, 1996.

[DL72]   G. Duvant and J.-L. Lions. *Les inéquations en mécanique et en physique.* Dunod, Paris, 1972.

[Dob78]   M. Dobrowolski. *Optimale Konvergenz der Methode der finiten Elemente bei parabolischen Anfangs-Randwertaufgaben.* PhD thesis, Universität, Bonn, 1978.

[Doe98]   W. Doerfler. *Uniformly convergent finite element methods for singularly perturbed convection-diffusion equations.* PhD thesis, Habilitation, Univ. Freiburg, 1998.

[ET76]   I. Ekeland and R. Temam. *Convex analysis and variational problems.* North Holland, Amsterdam, 1976.

[Fri82]   A. Friedman. *Variational principles and free boundary value problems.* Wiley, New York, 1982.

[GFL$^+$83] H. Goering, A. Felgenhauer, G. Lube, H.-G. Roos, and L. Tobiska. *Singularly perturbed differential equations.* Akademie-Verlag, Berlin, 1983.

[GGZ74]   H. Gajewski, K. Gröger, and K. Zacharias. *Nichtlineare Operatorgleichungen.* Akademie Verlag, Berlin, 1974.

[GLT81]   R. Glowinski, J.L. Lions, and R. Trémoliere. *Numerical analysis of variational inequalities (2-nd ed.).* North Holland, Amsterdam, 1981.

[GR89]   V. Girault and P.A. Raviart. *Finite element for Navier-Stokes equations (Theory and algorithms).* Springer, Berlin, 1989.

[GR94]   C. Großmann and H.-G. Roos. *Numerik partieller Differentialgleichungen. 2.Aufl.* Teubner, Stuttgart, 1994.

[Gri85]   P. Grisvard. *Elliptic problems in nonsmooth domains.* Pitman, Boston, 1985.

[Gri92]   P. Grisvard. *Singularities in boundary value problems.* Springer and Masson, Paris, 1992.

[GRT93]   H. Goering, H.-G. Roos, and L. Tobiska. *Finite-Element-Methoden, 3. Aufl.* Akademie-Verlag, Berlin, 1993.

[GT83]   D. Gilbarg and N.S. Trudinger. *Elliptic partial differential equations of second order.* Springer, Berlin, 1983.

[Haa99]   G. Haase. *Parallelisierung numerischer Algorithmen fr partielle Differentialgleichungen.* Teubner, Stuttgart, 1999.

[Hac85]   W. Hackbusch. *Multi-grid methods and applications.* Springer, Berlin, 1985.

[Hac86]   W. Hackbusch. *Theorie und Numerik elliptischer Differentialgleichungen.* Teubner, Stuttgart, 1986.

[Hac89]   W. Hackbusch. *Integralgleichungen. Theorie und Numerik.* Teubner, Stuttgart, 1989.

[Hei87]   B. Heinrich. *Finite difference methods on irregular networks.* Akademie-Verlag, Berlin, 1987.

[Her87]   R. Herter. *Konvergenzanalyse von Zweigitterverfahren für nichtselbstadjungierte elliptische Probleme 2.Ordnung mittels Raumsplittung.* PhD thesis, TU Dresden, 1987.

[HHNL88]   I. Hlaváček, J. Haslinger, J. Nečas, and J. Lovišek. *Numerical solution of variational inequalities.* Springer, Berlin, 1988.

[HL89]   J. Hoschek and D. Lasser. *Grundlagen der geometrischen Datenverarbeitung.* Teubner, Stuttgart, 1989.

[HNW87] E. Hairer, S.P. Norsett, and G. Wanner. *Solving ordinary differential equations I.Nonstiff problems.* Springer-Verlag, Berlin, 1987.

[HW91] E. Hairer and G. Wanner. *Solving ordinary differential equations II.* Springer, Berlin, 1991.

[HY81] L.A. Hagemann and D.M. Young. *Applied Iterative Methods.* Academic Press, New York, 1981.

[Ike83] T. Ikeda. *Maximum principle in finite element models for convection-diffusion phenomena.* North-Holland, Amsterdam, 1983.

[JL01] M. Jung and U. Langer. *Methode der finiten Elemente für Ingenieure.* Teubner, Stuttgart, 2001.

[Joh88] C. Johnson. *Numerical solutions of partial differential equations by the finite element method.* Cambride University Press, 1988.

[KA00] P. Knabner and L. Angermann. *Numerik partieller Differentialgleichungen. Eine anwendungsorientierte Einführung.* Springer, Berlin, 2000.

[Kač85] J. Kačur. *Method of Rothe in evolution equations.* Teubner, Leipzig, 1985.

[KN96] M. Křižek and P. Neittanmäki. *Mathematical and numerical modelling in electrical engineering: theory and application.* Kluwer, Dordrecht, 1996.

[KNS98] M. Křižek, P. Neittanmäki, and R. Sternberg. *Finite element methods: superconvergence, post-processing and a posteriori estimates.* Marcel Dekker, 1998.

[Krö97] D. Kröner. *Numerical schemes for conservation laws.* Wiley-Teubner, Chichester: Wiley. Stuttgart, 1997.

[KS80] D. Kinderlehrer and G. Stampacchia. *An introduction to variational inequalities and their applications.* Academic Press, New York, 1980.

[KT94] A. Kaplan and R. Tichatschke. *Stable methods for ill-posed variational problems: prox-regularization of elliptic variational inequalities and semi-infinite problems.* Akademie Verlag, Berlin, 1994.

[Lan01] J. Lang. *Adaptive multilevel solution of nonlinear parabolic PDE systems.* Springer, 2001.

[Lax72] P.D. Lax. *Hyperbolic systems of conservation laws and the mathematical theory of shock waves.* SIAM, Philadelphia, 1972.

[Lio71] J.L. Lions. *Optimal control of systems governed by partial differential equations.* Springer, Berlin-Heidelberg, 1971.

[LLV85] G.S. Ladde, V. Lakshmikantam, and A.S. Vatsala. *Monotone iterative techniques for nonlinear differential equations.* Pitman, 1985.

[LT05] S. Larsson and V. Thomée. *Partielle Differentialgleichungen and numerische Methoden.* Springer, Berlin, 2005.

[Maz85] V.G. Mazja. *Sobolew-Räume (russisch).* Izd. Leningrad Univ., 1985.

[Mel02] J.M. Melenk. *h-p-finite element methods for singular perturbations.* Springer, 2002.

[Mic78] S. G. Michlin. *Partielle Differentialgleichungen der mathematischen Physik.* Akademie-Verlag, Berlin, 1978.

[Mic81]   S. G. Michlin. *Konstanten in einigen Ungleichungen der Analysis.* Teubner-Verlag, Lepzig, 1981.

[MS83]   G.I. Marchuk and V.V. Shaidurov. *Difference methods and their extrapolations.* Springer, New York, 1983.

[MW77]   A.R. Mitchel and R. Wait. *The finite element method in partial differential equations.* Wiley, New York, 1977.

[Nä82]   U. Nävert. *A finite element method for convection-diffusion problems.* PhD thesis, Göteborg, 1982.

[NAG05]   NAG Fortran Library Manual, mark 21. NAG Ltd., Oxford, 2005.

[Neč83]   J. Nečas. *Introduction to the theory of nonlinear elliptic equations.* Teubner, Leipzig, 1983.

[NH81]   J. Nečas and I. Hlavaček. *Mathematical theory of elastic and elasto-plastic bodies: an introduction.* Elsevier, Amsterdam, 1981.

[NT94]   P. Neittaanmäki and D. Tiba. *Optimal control of nonlinear parabolic systems: theory, algorithms, and applications.* Marcel Dekker, New York, 1994.

[OR70]   J.M. Ortega and W.C. Rheinboldt. *Iterative solution of nonlinear equations in several variables.* Academic Press, New York, 1970.

[Osw94]   P. Oswald. *Multilevel finite element approximation.* Teubner, Stuttgart, 1994.

[PW67]   M.H. Protter and H.F. Weinberger. *Maximum principles in differential equations.* Prentice-Hall, Englewood Cliffs, 1967.

[QV94]   A. Quarteroni and A. Valli. *Numerical approximation of partial differential equations.* Springer, 1994.

[QV99]   A. Quarteroni and A. Valli. *Domain decomposition methods for partial differential equations.* Clarendon Press, Oxford, 1999.

[Ran04]   R. Rannacher. Numerische mathematik 2 (Numerik partieller Differentialgleichungen). Technical report, Univ. Heidelberg, 2004.

[Rek80]   K. Rektorys. *Variational methods in mathematics, science and engineering.* Reidel Publ.Co., Dordrecht, 1980.

[Rek82]   K. Rektorys. *The method of discretization in time and partial differential equations.* Dordrecht, Boston, 1982.

[RST96]   H.-G. Roos, M. Stynes, and L. Tobiska. *Numerical methods for singularly perturbed differential equations.* Springer, 1996.

[Sam84]   A.A. Samarskij. *Theorie der Differenzenverfahren.* Geest & Portig, Leipzig, 1984.

[Sch78]   H. Schwetlick. *Numerische Lösung nichtlinearer Gleichungen.* Verlag der Wissenschaften, Berlin, 1978.

[Sch84]   H.R. Schwarz. *Methode der finiten Elemente.* Teubner, Stuttgart, 1984.

[Sch97]   F. Schieweck. *Parallele Lösung der inkompressiblen Navier-Stokes Gleichungen.* PhD thesis, Univ. Magdeburg, 1997.

[Sch98]   Ch. Schwab. *p- and hp-finite element methods.* Clarendon press, Oxford, 1998.

[Shi92]   G. I. Shishkin. *Grid approximation of singularly perturbed elliptic and parabolic problems*. Ural Russian Academy of Science (russisch), 1992.

[SN89]   A.A. Samarskii and E.S. Nikolaev. *Numerical methods for grid equations. Vol.II: Iterative methods*. Birkhäuser, Basel, 1989.

[SS05]   A. Schmidt and K.G. Siebert. *Design of adaptive finite element software. The finite element toolbox ALBERTA*. Springer, 2005.

[Str04]   J. C. Strikwerda. *Finite difference schemes and partial differential equations. 2nd ed.* SIAM Publ., Philadelphia, 2004.

[Tem79]   R. Temam. *Navier-Stokes equations. Theory and numerical analysis*. North-Holland, Amsterdam, 1979.

[Tho97]   V. Thomée. *Galerkin finite element methods for parabolic problems*. Springer, 1997.

[Tri72]   H. Triebel. *Höhere Analysis*. Deutscher Verlag der Wissenschaften, Berlin, 1972.

[Trö05]   F. Tröltzsch. *Optimale Steuerung partieller Differentialgleichungen*. Vieweg, Wiesbaden, 2005.

[TW05]   A. Toselli and O. Widlund. *Domain decomposition methods – algorithms and theory*. Springer, Berlin, 2005.

[Urb02]   K. Urban. *Wavelets in numerical simulation*. Springer, 2002.

[Ver96]   V. Verfürth. *A review of a posteriori error estimation and adaptive mesh-refinement techniques*. Wiley/Teubner, Stuttgart, 1996.

[VL92]   C.F. Van Loan. *Computational frameworks for the Fast Fourier Transform*. SIAM, Philadelphia, 1992.

[Wah95]   L.S. Wahlbin. *Superconvergence in Galerkin finite element methods*. Springer, 1995.

[Wlo82]   J. Wloka. *Partielle Differentialgleichungen, Sobolevräume und Randwertaufgaben*. Teubner, Stuttgart, 1982.

[Xu89]   J. Xu. *Theory of multilevel methods*. PhD thesis, Cornell University, 1989.

[Yos66]   K. Yosida. *Functional analysis*. Springer, Berlin, 1966.

[Zei90]   E. Zeidler. *Nonlinear functional analysis and its applications I-IV*. Springer, Berlin, 1985-90.

Zeitschriftenartikel

[1] S. Agmon, A. Douglis, and N. Nirenberg. Estimates near the boundary for solutions of elliptic partial differential equations satisfying general boundary conditions. *Comm. Pure Appl. Math.*, 12:623–727, 1959.

[2] M. Ainsworth and I. Babuska. Reliable and robust a posteriori error estimation for singularly perturbed reaction-diffusion problems. *SIAM Journal Numerical Analysis*, 36:331–353, 1999.

[3] J. Alberty, C. Carstensen, and S. Funken. Remarks around 50 lines of MATLAB. *Numerical Algorithms*, 20:117–137, 1999.

[4] E.L. Allgower and K. Böhmer. Application of the independence principle to mesh refinement strategies. *SIAM J.Numer.Anal.*, 24:1335–1351, 1987.

[5] L. Angermann. Numerical solution of second order elliptic equations on plane domains. M^2AN, 25(2), 1991.

[6] T. Apel and M. Dobrowolski. Anisotropic interpolation with applications to the finite element method. *Computing*, 47:277–293, 1992.

[7] D. Arnold, F. Brezzi, B. Cockburn, and D. Marini. Unified analysis of discontinuous Galerkin methods for elliptic problems. *SIAM J. Numer. Anal.*, 39:1749–1779, 2002.

[8] I. Babuška and K.A. Aziz. Survey lectures on the mathematical foundations of the finite element method. In K.A. Aziz, editor, *The·mathematics of the finite element method with applications to partial differential equations*, pages 3–359. Academic press, New York, 1972.

[9] I. Babuška, T. Strouboulis, and C.S. Upadhyag. A model study of the quality of a posteriori error estimators for linear elliptic problems in the interior of patchwise uniform grids of triangles. *Comput. Meth. Appl. Mech. Engngr.*, 114:307–378, 1994.

[10] E. Bänsch. Local mesh refinement in 2 and 3 dimensions. *Impact of Comp. in Sci. and Engngr.*, 3:181–191, 1991.

[11] C. Baumann and J. Oden. A discontinuous hp-finite element method for convection-diffusion problems. *Comput. Meth. Appl. Mech. Engrg.*, 175:311–341, 1999.

[12] M. Bause and P. Knabner. Uniform error analysis for Lagrangian-Galerkin approximations of convection-dominated problems. *SIAM Journal Numerical Analysis*, 39:1954–1984, 2002.

[13] M. Bergounioux, M. Haddou, M. Hintermller, and K. Kunisch. A comparison of a moreau-yosida-based active set strategy and interior point methods for constrained optimal control problems. *SIAM J. Optim.*, 11:495–521, 2000.

[14] C. Bernardi and E. Süli. Time and space adaptivity for the second-order wave equation. *Math. Models Methods Appl. Sci.*, 15:199–225, 2005.

[15] P. Binev, W. Dahmen, and R. de Vore. Adaptive finite element methods with convergence rates. *Numer. Math.*, 97:219–268, 2004.

[16] P. Bochev and R. B. Lehoucq. On the finite element solution of the pure Neumann problem. *SIAM Review*, 47:50–66, 2005.

[17] F.A. Bornemann. An adaptive multilevel approach to parabolic equations I. *Impact Comput. in Sci. and Engnrg.*, 2:279–317, 1990.

[18] F.A. Bornemann. An adaptive multilevel approach to parabolic equations II. *Impact Comput. in Sci. and Engnrg.*, 3:93–122, 1991.

[19] F.A. Bornemann. An adaptive multilevel approach to parabolic equations III. *Impact Comput. in Sci. and Engnrg.*, 4:1–45, 1992.

[20] F.A. Bornemann and P. Deuflhard. The cascadic multigrid method for elliptic problems. *Numer. Math.*, 75:135–152, 1996.

[21] D. Braess. The contraction number of a multigrid method for solving the Poisson equation. *Numer. Math.*, 37:387–404, 1981.

[22] D. Braess and W. Dahmen. Stability estimates of the mortar finite element method for 3-dimensional problems. *East-West J. Numer. Math.*, 6:249–263, 1998.

[23] D. Braess and W. Hackbusch. A new convergence proof for the multigrid method including the V-cycle. *SIAM J.Numer.Anal.*, 20:967–975, 1983.

[24] J.H. Bramble, J.E. Pasciak, and J. Xu. Parallel multilevel preconditioners. *Math. Comput.*, 55:1–22, 1990.

[25] F. Brezzi, W.W. Hager, and P.A. Raviart. Error estimates for the finite element solution of variational inequalities. Part I: Primal theory. *Numer. Math.*, 28:431–443, 1977.

[26] F. Brezzi, D. Marini, and A. Süli. Discontinuous Galerkin methods for first order hyperbolic problems. *Math. Models a. Meth. in Appl. Sci.*, 14:1893–1903, 2004.

[27] E. Burman and P. Hansbo. Edge stabilization for Galerkin approximations of convection-diffusion-reaction problems. *Comput. Methods Appl. Mech. Eng.*, 193:1437–1453, 2004.

[28] C. Carstensen. Merging the Bramble-Pasciak-Steinbach and Crouzeix-Thomee criterion for h^1-stability of the l_2-projection onto finite element spaces. *Mathematics of Computation*, 71:157–163, 2002.

[29] C. Carstensen. Some remarks on the history and future of averaging techniques in a posteriori finite element error analysis. *ZAMM*, 84:3–21, 2004.

[30] C. Carstensen and S. Bartels. Each averaging technique yields reliable a posteriori error control in FEM on unstructured grids i. *Mathematics of Computation*, 71:945–969, 2002.

[31] C. Carstensen and S. Bartels. Each averaging technique yields reliable a posteriori error control in FEM on unstructured grids ii. *Mathematics of Computation*, 71:971–994, 2002.

[32] C. Carstensen and S.A. Funken. Constants in Clements interpolation error and residual based a posteriori estimates in finite element methods. *East West J. Numer. Anal.*, 8:153–175, 2002.

[33] C. Carstensen and R. Verfürth. Edge residuals dominate a posteriori error estimates for low-order finite element methods. *SIAM Journal Numerical Analysis*, 36:1571–1587, 1999.

[34] E. Casas and F. Tröltzsch. Error estimates for linear-quadratic elliptic control problems. In V. et al. Barbu, editor, *Analysis and optimization of differential systems. IFIP TC7/WG 7.2 international working conference.*, pages 89–100, Constanta, Romania, 2003. Kluwer, Boston.

[35] P. Castillo. Performance of discontinuous Galerkin methods for elliptic PDE's. *J. Sci. Comput.*, 24:524–547, 2002.

[36] K.A. Cliffe, I.S. Duff, and J.A. Scott. Performance issues for frontal schemes on a cache-based high-performance computer. *Int. J. Numer. Methods Eng.*, 42:127–143, 1998.

[37] B. Cockburn. Discontinuous Galerkin methods. *ZAMM*, 83:731–754, 2003.

[38] M.C. Crandall and A. Majda. Monotone difference approximations for scalar conservation laws. *Math. Comput.*, 34:1–21, 1980.

[39] W. Dahmen. Wavelets and multiscale methods for operator equations. *Acta Numerica*, 6:55–228, 1997.

[40] W. Dahmen, B. Faermann, I.B. Graham, W. Hackbusch, and S.A. Sauter. Inverse inequalities on non-quasi-uniform meshes and application to the Mortar element method. *Mathematics of Computation*, 73:1107–1138, 2004.

[41] K. Deckelnick and M. Hinze. Semidiscretization and error estimates for distributed control of the instationary navier-stokes equations. *Numer. Math.*, 97:297–320, 2004.

[42] V. Dolejsi, M. Feistauer, and C. Schwab. A finite volume discontinuous Galerkin scheme for nonlinear convection-diffusion problems. *Calcolo*, 39:1–40, 2002.

[43] S. Domschke and W. Weinelt. Optimale Konvergenzaussagen für ein Differenzenverfahren zur Lösung einer Klasse von Variationsungleichungen. *Beitr.Numer.Math.*, 10:37–45, 1981.

[44] W. Dörfler. A convergent adaptive algorithm for Poisson's equation. *SIAM Journal Numerical Analysis*, 33:1106–1124, 1996.

[45] J.K. Duff, I.S.; Reid. The multifrontal solution of indefinite sparse symmetric linear equations. *ACM Trans. Math. Softw.*, 9:302–325, 1983.

[46] J.S. Duff and J.A. Scott. A frontal code for the solution of sparse positive-definite symmetric systems arising from finite-element applications. *ACM Trans. Math. Softw.*, 25:404–424, 1999.

[47] M. Feistauer and K. Svadlenka. Space-time discontinuous Galerkin method for solving nonstationary convection-diffusion-reaction problems. *SIAM Journal Numerical Analysis*, pages , 2005.

[48] J. Frehse and R. Rannacher. Eine l^1-Fehlerabschätzung für diskrete Grundlösungen in der Methode der finiten Elemente. *Bonner Math. Schriften*, 89:92–114, 1976.

[49] A.V. Fursikov, M.D. Gunzburger, and L.S. Hou. Boundary value problems and optimal boundary control for the navier-stokes system: The two-dimensional case. *SIAM J. Control Optimization*, 36:852–894, 1998.

[50] E. H. Georgoulis. hp-version interior penalty discontinuous Galerkin finite element methods on anisotropic meshes. Report University of Leicester, Deptm. of Mathematics, 2005.

[51] J. Gopalakrishnan and G. Kanschat. A multilevel discontinuous Galerkin method. *Numerische Mathematik*, 95:527–550, 2003.

[52] M. Griebel and P. Oswald. On the abstract theory of additive and multiplicative schwarz algorithms. *Numer. Math.*, 70: 163–180, 1995.

[53] A. Griewank. The local convergence of Broyden-like methods on Lipschitzian problems in Hilbert spaces. *SIAM Journal Numerical Analysis*, 24: 684–705, 1987.

[54] C. Großmann. Dualität und Strafmethoden bei elliptischen Differentialgleichungen. *ZAMM*, 64, 1984.

[55] C. Großmann and A.A. Kaplan. On the solution of discretized obstacle problems by an adapted penalty method. *Computing*, 35, 1985.

[56] O. Gueler. On the convergence of the proximal point algorithm for convex minimization. *SIAM J. Control Optim.*, 29: 403–419, 1991.

[57] W. Hackbusch. On first and second order box schemes. *Computing*, 41: 277–296, 1989.

[58] K. Harriman, P. Houston, Bill Senior, and Endre Süli. hp-version discontinuous Galerkin methods with interior penalty for partial differential equations with nonnegative characteristic form. *Contemporary Mathematics*, 330:89–119, 2003.

[59] A. Harten. High resolution schemes for hyperbolic conservation laws. *J. Comput. Phys.*, 49: 357–393, 1983.

[60] A. Harten, J.N. Hyman, and P.D. Lax. On finite-difference approximations and entropy conditions for shocks. *Comm.Pure Appl.Math.*, 19: 297–322, 1976.

[61] J. Haslinger. Mixed formulation of elliptic variational inequalities and its approximation. *Applikace Mat.*, 26: 462–475, 1981.

[62] J. Haslinger and P. Neittaanmäki. Shape optimization in contact problems. approximation and numerical realization. *RAIRO, Modlisation Math. Anal. Numr.*, 21:269–291, 1987.

[63] R. Haverkamp. Zur genauen Ordnung der gleichmäßigen Konvergenz von H_0^1-Projektionen. Workshop, Bad Honnef, 1983.

[64] B. Heinrich. The Fourier-finite-element method for poisson's equation in axisymmetric domains with edges. *SIAM Journal Numerical Analysis*, 33: 1885–1911, 1996.

[65] M. Hintermüller. A primal-dual active set algorithm for bilaterally control constrained optimal control problems. *Q. Appl. Math.*, 61:131–160, 2003.

[66] M. Hinze. A variational discretization concept in control constrained optimization: The linear-quadratic case. *Comput. Optim. Appl.*, 30:45–61, 2005.

[67] M. Hinze and R. Pinnau. An optimal control approach to semiconductor design. *Math. Models Methods Appl. Sci.*, 12:89–107, 2002.

[68] P. Houston, C. Schwab, and E. Süli. Discontinuous hp-finite element methods for advection-diffusion problems. *SIAM Journal Numerical Analysis*, 39: 2133–2163, 2002.

[69] P. Houston, C. Schwab, and E. Süli. Discontinuous hp-finite element methods for advection-diffusion-reaction problems. *SIAM J. Num. Anal.*, 39:2133–2163, 2002.

[70] K. Ito and K. Kunisch. Optimal control of elliptic variational inequalities. *Appl. Math. Optimization.*, 41:343–364, 2000.

[71] J.W. Jerome. On n-widths in Sobolev spaces and applications to elliptic boundary value problems. *Journal of Mathematical Analysis and Applications*, 29: 201–215, 1970.

[72] C. Johnson, U. Nävert, and J. Pitkäranta. Finite element methods for linear hyperbolic problems. *Comp. Meth. Appl. Mech. Engrg.*, 45:285–312, 1984.

[73] G. Kanschat and R. Rannacher. Local error analysis of the interior penalty discontinuous Galerkin method for second order elliptic problems. *J. Numer. Math.*, 10: 249–274, 2002.

[74] R.B. Kellogg and M. Stynes. Corner singularities and boundary layers in a simple convection-diffusion problem. *J. Diff. Equations*, 213: 81–120, 2005.

[75] R.B. Kellogg and A. Tsan. Analysis of some difference approximations for a singularly perturbed problem without turning points. *Math. Comput.*, 32(144): 1025–1039, 1978.

[76] H. Kirsten. *Numerische Lösung elliptischer Variationsungleichungen mit Verfahren der zuläßigen Richtungen.* PhD thesis, TH Karl-Marx-Stadt, 1985.

[77] N. Kopteva. On the uniform in a small parameter convergence of weighted schemes for the one-dimensional time-dependent convection-diffusion equation. *Comput. Math. Math. Phys.*, 37: 1173–1180, 1997.

[78] N. Kopteva. The two-dimensional Sobolev inequality in the case of an arbitrary grid. *Comput. Math. and Math. Phys.*, 38: 574–577, 1998.

[79] S.N. Kruzkov. First order quasilinear equations with several independent variables. *Mat. Sbornik*, 81: 228–255, 1970.

[80] M. Křížek and P. Neittaanmäki. On superconvergence techniques. *Acta Applicandae Mathematicae*, 9: 175–198, 1987.

[81] A.Y. Le Roux. A numerical concept of entropy for quasi-linear equations. *Math. Comput.*, 31: 848–872, 1977.

[82] R. Lehmann. Computable error bounds in the finite element method. *IMA J.Numer.Anal.*, 6: 265–271, 1986.

[83] J. Li. Full order convergence of a mixed finite element method for fourth order elliptic equations. *Journal of Mathematical Analysis and Applications*, 230: 329–349, 1999.

[84] T. Linss. Layer-adapted meshes for convection-diffusion problems. *Comput. Meth. Appl. Mech. Engrg.*, 192: 1061–1105, 2003.

[85] T. Linss. Solution decomposition of linear convection-diffusion problems. *Z. f. Analysis u. Anwendungen*, 2002: 209–214, 21.

[86] T. Linss and M. Stynes. Asymptotic analysis and shishkin-type decomposition for an elliptic convection-diffusion problem. *J. Math. Anal. Appl.*, 31: 255–270, 2001.

[87] R. Martinet. Regularisation d'inequations variationelles par approximation successive. *RAIRO*, 4: 154–159, 1970.

[88] J. M. Melenk. On approximation in meshless methods. In J. Blowey and A. Craig, editors, *EPSRC-LMS summer schoole.* Oxford university press, 2004.

[89] J.M. Melenk. On condition numbers in hp-FEM with Gauss-Lobatto based shape functions. *J. Comput. Appl. Math.*, 139: 21–48, 2002.

[90] C. Meyer and A. Rösch. Superconvergence properties of optimal control problems. *SIAM J. Control Optimization*, 43:970–985, 2004.

[91] J.H. Michael. A general theory for linear elliptic partial differential equations. *J. Diff. Equ.*, 23: 1–29, 1977.

[92] V.J. Mizel and T.I. Seidman. An abstract bang-bang principle and time-optimal boundary control of the heat equation. *SIAM J. Control Optimization*, 35:1204–1216, 1997.

[93] P. Morin, R. Nochetto, and K. Siebert. Data oscillation and convergence of adaptive FEM. *SIAM Journal Numerical Analysis*, 38: 466–488, 2000.

[94] E. O'Riordan, A.F. Hegarty, and M. Stynes. Construction and analysis of some exponentially upwinded finite element methods for singularly perturbed two-dimensional elliptic problems. In *Proceeding of ISAM91, TU Dresden*, pages 91–96, 1991.

[95] E. O'Riordan and M. Stynes. A uniformly convergent finite element method for a singularly perturbed elliptic problem in two dimensions. *Math. Comput.*, 1991.

[96] A. Ostermann and M. Roche. Rosenbrock methods for partial differential equations and fractional orders of convergence. *SIAM Journal Numerical Analysis*, 30: 1094–1098, 1993.

[97] A. Ostermann and M. Roche. Runge-Kutta methods for partial differential equations and fractional orders of convergence. *SIAM Journal Numerical Analysis*, 30: 1084–1098, 1993.

[98] J. Outrata and J. Zowe. A numerical approach to optimization problems with variational inequality constraints. *Math. Program.*, 68:105–130, 1995.

[99] R. Rannacher and S. Turek. Simple nonconforming quadrilateral Stokes element. *Num. Meth. Part. Diff. Equ.*, 8: 97–111, 1992.

[100] W. H. Reed and T. R. Hill. Triangular mesh methods for the neutron transport equation. Technical Report LA-UR-73-479. Los Alamos, 1973.

[101] U. Risch. An upwind finite element method for singularly perturbed problems and local estimates in the l_∞-norm. *Math. Modell. Anal. Num.*, 24: 235–264, 1990.

[102] H.-G. Roos. Ten ways to generate the Iljin and related schemes. *J. Comput. Appl. Math.*, 51: 43–59, 1994.

[103] H.-G. Roos, D. Adam, and A. Felgenhauer. A novel nonconforming uniformly convergent finite element method in two dimensions. *J. Math. Anal. Appl.*, 201: 715–755, 1996.

[104] A. Rösch. Error estimates for parabolic optimal control problems with control constraints. *Z. Anal. Anwend.*, 23:353–376, 2004.

[105] R. Scholz. Numerical solution of the obstacle problem by the penalty method. *Computing*, 32: 297–306, 1984.

[106] H.R. Schwarz. The fast Fourier transform for general order. *Computing*, 19: 341–350, 1978.

[107] R. Scott. Optimal L_∞ estimates for the finite element method on irregular meshes. *Math. Comput.*, 30: 681–697, 1976.

[108] V. Shaidurov and L. Tobiska. The convergence of the cascadic conjugate-gradient method applied to elliptic problems in domains with re-entrant corners. *Math. Comput.*, 69: 501–520, 2000.

[109] J. Shi. The F-E-M test for convergence of nonconforming finite elements. *Mathematics of Computation*, 49: 391–405, 1987.

[110] G. I. Shishkin. On finite difference fitted schemes for singularly perturbed boundary value problems with a parabolic boundary layer. *J. Math. Anal. Appl.*, 208: 181–204, 1997.

[111] R. Stevenson. Optimality of a standard adaptive finite element method. *Foundations of Comput. Math.*, pages , 2005.

[112] F. Stummel. The generalized patch test. *SIAM J.Numer.Anal.*, 16: 449–471, 1979.

[113] E. Trefftz. Ein Gegenstück zum Ritzschen Verfahren. In *Verhandl.2.Intern.Kongreß tech.Mech.*, pages 131–138, 1927.

[114] F. Tröltzsch. An SQP method for the optimal control of a nonlinear heat equation. *Control Cybern.*, 23:267–288, 1994.

[115] M. Ulbrich. On a nonsmooth newton method for nonlinear complementarity problems in function space with applications to optimal control. In M. et al. Ferris, editor, *Complementarity: applications, algorithms and extensions.*, pages 341–360, Madison, USA, 2001. Kluwer, Dordrecht.

[116] R. Vanselow and H.-P. Scheffler. Convergence analysis of a finite volume method via a new nonconforming finite element method. *Numer. Methods Partial Differ. Equations*, 14:213–231, 1998.

[117] V. Verfürth. Robust a posteriori error estimators for a singularly perturbed reaction-diffusion equation. *Numer. Math.*, 78: 479–493, 1998.

[118] V. Verfürth. A posteriori error estimates for finite element discretizations of the heat equation. Technical report, Ruhr-Univ. Bochum, Bericht 321, 2003.

[119] S. Wang. A novel exponentially fitted triangular finite element method. *J. Comput. Physics*, 134: 253–260, 1997.

[120] N.M. Wigley. Mixed boundary value problems in plane domains with corners. *Math. Z.*, 115: 33–52, 1970.

[121] B. Wohlmuth. A comparison of dual lagrange multiplier spaces for mortar finite element discretizations. *Math. Model. Numer. Anal.*, 36:995–1012, 2002.

[122] B. Wohlmuth and R.H. Krause. A multigrid method based on the unconstrained product space for mortar finite element discretizations. *SIAM Journal Numerical Analysis*, 39: 192–213, 2001.

[123] J. Xu and L. Zikatanov. Some observations on Babuška and Brezzi theories. *Numer. Mathematik*, 94: 195–202, 2003.

[124] H. Yserentant. Two preconditioners based on the multilevel splitting of finite element spaces. *Numer.Math.*, 58: 163–184, 1990.

[125] A. Ženišek. Interpolation polynomials on the triangle. *Numer. Math.*, 15: 238–296, 1970.

[126] Z. Zhang. Polynomial preserving gradient recovery and a posteriori error estimation for bilinear elements on irregular quadrilaterals. *Int. J. Num. Anal. and Modelling*, 1: 1–24, 2004.

[127] M. Zlamal. On the finite element method. *Numer. Math.*, 12: 394–409, 1968.

Index

Teubner Lehrbücher: einfach clever

Eberhard Zeidler (Hrsg.)

Teubner-Taschenbuch der Mathematik

2., durchges. Aufl. 2003. XXVI, 1298 S. Geb.
€ 34,90   ISBN 3-519-20012-0

Formeln und Tabellen - Elementarmathematik - Mathematik auf dem Computer - Differential- und Integralrechnung - Vektoranalysis - Gewöhnliche Differentialgleichungen - Partielle Differentialgleichungen - Integraltransformationen - Komplexe Funktionentheorie - Algebra und Zahlentheorie - Analytische und algebraische Geometrie - Differentialgeometrie - Mathematische Logik und Mengentheorie - Variationsrechnung und Optimierung - Wahrscheinlichkeitsrechnung und Statistik - Numerik und Wissenschaftliches Rechnen - Geschichte der Mathematik

Grosche/Ziegler/Zeidler/
Ziegler (Hrsg.)

Teubner-Taschenbuch der Mathematik. Teil II

8., durchges. Aufl. 2003. XVI, 830 S. Geb.
€ 44,90   ISBN 3-519-21008-8

Mathematik und Informatik - Operations Research - Höhere Analysis - Lineare Funktionalanalysis und ihre Anwendungen - Nichtlineare Funktionalanalysis und ihre Anwendungen - Dynamische Systeme, Mathematik der Zeit - Nichtlineare partielle Differentialgleichungen in den Naturwissenschaften - Mannigfaltigkeiten - Riemannsche Geometrie und allgemeine Relativitätstheorie - Liegruppen, Liealgebren und Elementarteilchen, Mathematik der Symmetrie - Topologie - Krümmung, Topologie und Analysis

Stand Juli 2005.
Änderungen vorbehalten.
Erhältlich im Buchhandel
oder beim Verlag.

B. G. Teubner Verlag
Abraham-Lincoln-Straße 46
65189 Wiesbaden
Fax 0611.7878-400
www.teubner.de

Teubner